普通高等教育“十一五”国家级规划教材
北京高等教育精品教材
首批国家级一流本科课程(线下)

# 传感器技术及应用
# （第3版）

樊尚春　编著

U0833116

北京航空航天大学出版社

## 内容简介

本教材较系统地介绍传感器的原理及其应用，包括传感器的特性及其评估；传感器中常用的弹性敏感元件的力学特性；电位器式传感器；应变式传感器；压阻式传感器；热电式传感器；电容式传感器；变磁路式传感器；压电式传感器；谐振式传感器；声表面波传感器；光纤传感器；微机械传感器以及智能化传感器等。

本教材在每一章都配有适量的思考题与习题，在重点章节有应用实例与分析。

本教材可作为测控技术与仪器、机械工程及自动化、电气工程与自动化、过程装备与控制工程、探测制导与控制技术等专业本科生的教材，也可供相关专业的师生和有关工程技术人员参考。

**图书在版编目(CIP)数据**

传感器技术及应用 / 樊尚春编著. --3版. -- 北京：北京航空航天大学出版社，2016.11

ISBN 978-7-5124-2292-6

Ⅰ. ①传… Ⅱ. ①樊… Ⅲ. ①传感器—教材 Ⅳ. ①TP212

中国版本图书馆 CIP 数据核字(2016)第 258339 号

**版权所有，侵权必究。**

**传感器技术及应用**

**(第 3 版)**

樊尚春　编著

责任编辑　蔡　喆

*

北京航空航天大学出版社出版发行

北京市海淀区学院路 37 号(邮编 100191)　http://www.buaapress.com.cn

发行部电话：(010)82317024　传真：(010)82328026

读者信箱：goodtextbook@126.com　邮购电话：(010)82316936

北京时代华都印刷有限公司印装　各地书店经销

*

开本：787×1 092　1/16　印张：23.5　字数：602 千字

2016 年 11 月第 3 版　2021 年 8 月第 5 次印刷　印数：7 501～9 500 册

ISBN 978-7-5124-2292-6　定价：59.00 元

---

若本书有倒页、脱页、缺页等印装质量问题，请与本社发行部联系调换。联系电话：(010)82317024

# 第3版前言

《传感器技术及应用》一书2004年8月首次出版，第2版2010年10月出版，被遴选为教育部"普通高等教育'十一五'国家级规划教材"，累计印刷16 000册。本教材是国家级精品课、国家级精品资源共享课"传感器技术及应用"的配套教材，作者为本课程的负责人与主讲教师。

自出版以来，本教材得到了许多专家、教师和学生的关注，期间收到一些读者来信，就教材所涉及的传感器原理、技术与应用进行交流、研讨，提出了一些宝贵的建议与意见。在此，作者对为本书修订再版给予帮助与支持的专家、同行以及读者表示衷心的感谢！

借再版之机，作者全面认真检查了第2版教材，对当时修订及出版中的疏漏逐一进行了核实、修正、补充与完善。在教材整体结构基本保持不变的情况下，对大多数内容进行了精细处理，加强了不同章节内容的相互联系。结合当前传感器原理、技术与应用的发展现状，对一些重点内容进行了增补和修改。对涉及传感器共性基础的第2章、第3章的内容进行了较多的调整与完善，充分考虑了它们与后面章节具体传感器的呼应。为了便于读者系统、全面地掌握本教材涉及的主要内容和重要知识点，增加或完善了一些应用实例分析，同时新增了73个习题与思考题，使习题与思考题几乎覆盖了本教材的全部知识点。

希望各位读者继续关注本教材，并对教学内容、教学方法提出宝贵意见。联系方式：shangcfan@buaa.edu.cn。索取本书相关教学资料，请发送邮件至：goodtextbook@126.com，或致电010－82317036咨询。

作　者

2016年9月

# 第2版前言

本教材自2004年8月出版以来，得到了许多专家、教师和学生的关注。期间收到一些读者来信，就教材所涉及的传感器原理、技术与应用进行研讨，提出了一些宝贵的意见与建议。在准备修订过程中，适逢教育部遴选"普通高等教育'十一五'国家级规划教材"，本书顺利入选。在此，作者对为本书修订再版给予帮助与支持的专家表示衷心的感谢！

借再版之机，作者全面认真检查了初版教材，对当时编写及出版中的疏漏逐一进行了核实、修正、补充与完善。此外，结合当前传感器原理、技术与应用的发展现状，对一些重点内容进行了增补和修改。特别反映在：传感器的作用与功能，传感器的发展状况，热式气体质量流量传感器，谐振式科氏质量流量计分类与应用特点，具有直接输出频率量的谐振式微机械陀螺等。

希望各位读者继续关注本书，并对教学内容、教学方法提出宝贵意见。联系方式：shangcfan@buaa.edu.cn。索取本书相关教学资料，请发送邮件至：goodtextbook@126.com，或致电010－82317036咨询。

作　者

2010年5月

# 前　言

本教材是根据国防科工委本科生仪器科学与技术一级学科专业重点教材建设计划制定的教学大纲而编写的，也适用于其他相关学科专业。

作为信息获取的关键环节，传感器在当代科学技术中占有十分重要的地位。现在，所有的自动化测控系统，都需要传感器提供赖以作出实时决策的信息。随着科学技术的发展与进步，特别是系统自动化程度和复杂性的增加，对传感器测量的准确度、稳定性、可靠性和实时性的要求越来越高。业已表明：传感器技术已经成为重要的基础性技术；掌握传感器技术，合理应用传感器几乎是所有技术领域工程技术人员必须具备的基本素养。本教材便是在这样的大背景下，综合国内外传感器技术发展过程和最新进展，参考借鉴国内外大量专家、学者的教材和论著，以及作者近20年在该技术领域积累的教学、科研与工程实践的体会编著而成的。

人们通常认为：传感器是通过敏感元件直接感受被测量，并把被测量转变为可用电信号的一套完整的测量装置。对于传感器，可以从三个方面来把握：一是传感器的工作机理——体现在其敏感元件上；二是传感器的作用——体现在完整的测量装置上；三是传感器的输出信号形式——体现在可以直接利用的电信号上。

本教材在编写中遵循“一条主线、两个基础、三个重点、多个独立模块”的原则，注重传感器理论基础知识以及传感器结构组成、设计思路、误差补偿和应用特点等的介绍；注重典型的、常规的传感器与近年来出现的新型传感器技术的介绍；注重在国防工业与一般工业领域中应用的传感器的介绍。

本教材共分 15 章。

第 1 章是绪论，介绍有关传感器的基本概念、功能、发展过程、分类、特点以及本教材的主要内容等。

第 2 章则重点介绍传感器的静、动态特性的描述与数据处理。其中包括传感器静、动态特性的一般描述方式；典型静、动态测试数据的获取过程；典型静、动态数据处理过程，即利用实际数据计算、分析和评估传感器自身的静、动态特性等。同时，本章对非线性传感器静态性能指标计算进行了有益的讨论，对传感器的噪声及其减小的方法进行了简要介绍。

第 3 章介绍在传感器中应用的基本弹性敏感元件的力学特性；基于实际的测量过程，结合具体弹性敏感元件（如弹性柱体、弹性弦丝、梁、平膜片、波纹膜片、E 形膜片、圆柱壳、弹簧管、波纹管等）的几何边界条件和被测物理量的作用方式，给出其位移特性、应变特性、应力特性以及振动特性；简要介绍了弹性敏感元件常用的材料。

第 2，3 章属于传感器技术内容中重要的基础部分。

第 4～7 章介绍变电阻传感器，包括电位器式、应变式、压阻式和热电阻式传感器等。在电位器式传感器部分，介绍其基本构造、工作原理、输出特性、阶梯特性和阶梯误差，非线性电位器的特性及其实现，电位器的负载特性、负载误差以及改善措施，电位器的结构与材料等。在应变式传感器部分，介绍金属电阻丝产生应变效应的机理，金属应变片的结构及应变效应，应变片的横向效应及减小横向效应的措施，应变片的动态响应特性，电阻应变片的温度误差及补偿方法；详细介绍电桥原理、差动检测原理及其应用特点等。在压阻式传感器部分，介绍半导体材料产生压阻效应的机理、特点，单晶硅的晶向、晶面，压阻效应与金属应变效应的比较，单晶硅的压阻系数，扩散电阻的阻值与几何参数的确定,压阻式传感器温度漂移的补偿等。在热电阻式传感器部分,重点介绍金属热电阻和半导体热敏电阻的特性、应用特点及测温电桥。考虑到热电式传感器的测量对象的特殊性,还有针对性地介绍温度的概念、温度标准的传递以及温度传感器的标定与校正等;同时也介绍了在温度测量中常用的热电偶、半导体P-N结传感器的测温原理;介绍常用的非接触测温系统,如全辐射式测温系统、亮度式测温系统和比色式测温系统等。

第8章对电容式传感器进行讨论,介绍电容式变换元件的基本结构形式、特性、等效电路以及典型的信号转换电路;介绍电容式传感器的结构及抗干扰问题等。

第9章对变磁路式传感器进行讨论,介绍电感式和差动变压器式变换元件的基本结构形式、特性、等效电路以及典型的信号转换电路;介绍电涡流效应、霍尔效应等;还介绍了磁栅式位移传感器与感应同步器。

第10章介绍压电式传感器。其中分析并讨论石英晶体、压电陶瓷、聚偏二氟乙烯等常用压电材料的压电效应及应用特点,还介绍压电换能元件的等效电路及信号转换电路;对压电式传感器的抗干扰问题进行了讨论。

第11章介绍先进的谐振式传感器。其中详细讨论机械谐振敏感元件的谐振现象,谐振子的机械品质因数$Q$值,谐振式传感器闭环自激系统的基本结构及幅值、相位的实现条件和敏感机理及特点,谐振式传感器输出信号的检测等。

第12章介绍声表面波传感器。其中包括声表面波叉指换能器的基本特性及其基本分析模型,声表面波谐振器的结构组成、工作原理以及频率与温度的稳定性问题。

第13章介绍光纤传感器。其中包括光纤的结构与种类、传光原理、集光能力及其传输损耗;详细介绍光纤传感器中应用的强度调制、相位调制、偏振态调制、频率调制的原理及其应用特点;简要介绍分布式光纤传感器。

第14章介绍近年来迅速发展起来的微机械传感器,包括其发展过程、所应用的材料与加工工艺;通过微机械传感器的典型实例说明其特点、发展前景。

第15章对代表传感器发展大趋势的智能化传感器的组成原理、功能和涉及的基本传感器、应用软件以及发展前景进行扼要讨论,并以一些实例说明它能完成过去传统传感器无法实现的功能。

在第4~15章中都介绍一些测量典型参数的传感器,包括其结构组成、设计思路、应用特点以及误差补偿等。

本教材由北京航空航天大学仪器科学与光电工程学院测控与信息技术系樊尚春教授编著。

教材中的一些内容,是作者近年来在国家自然科学基金"谐振式直接质量流量传感器结构优化及系统实现(69674029)"、"科氏质量流量计若干干扰因素影响机理与抑制(60274039)"、"谐振式硅微结构压力传感器优化设计与闭环系统实现(50275009)"、航空科学基金"谐振式硅微结构压力传感器的热学特性研究(99I51006)"和"谐振式硅微结构压力传感器闭环系统研究(02I51018)"等资助下取得的阶段性研究结果,在此向国家自然科学基金委员会和航空科学基金委员会表示衷心感谢。

在教材编写过程中,参考并引用了许多专家、学者的教材与论著;严谱强教授、李德胜教授审阅了全稿并提出了许多宝贵的意见与建议,在此一并表示衷心感谢。

传感器技术领域内容广泛且发展迅速,由于编著者学识、水平有限,教材中的错误与不妥之处,敬请读者批评指正。

作　者

2004年3月

# 目 录

# 第1章　绪　论

基本内容：

测量　敏感　电信号

传感器的功能

传感器的分类

传感器技术的特点

传感器的新原理、新材料、新功能

微机械加工工艺

传感器的多功能化

传感器的智能化

传感器模型及其仿真

多传感器融合与传感器网络

传感器　仪表　仪器　变送器

## 1.1　传感器的作用

什么是传感器？其作用是什么？以两个用于航空机载的压力传感器作为实例进行说明。

实例1：电位器式压力传感器(potentiometer pressure transducer)，如图1.1.1所示。该传感器的核心部件为真空膜盒，由它直接感受被测气体压力。气体压力变化使膜盒产生位移变化，经放大传动机构带动电刷在电位器上滑动，则可从电位器电刷与电源地端间得到相应的输出电压，因此该输出电压的大小即可反映出被测压力的大小。若想知道被测气体压力与传感器输出电压信号的定量关系，就必须深入研究、分析传感器的敏感元件，即真空膜盒自身在气体压力作用下，其中心位移特性变化的有关规律；还要研究真空膜盒的几何结构参数和材料参数对这种定量关系的影响规律。在此基础上，合理设计、选择真空膜盒的有关参数，以便使所实现的电位器式压力传感器达到较理想的工作状态。

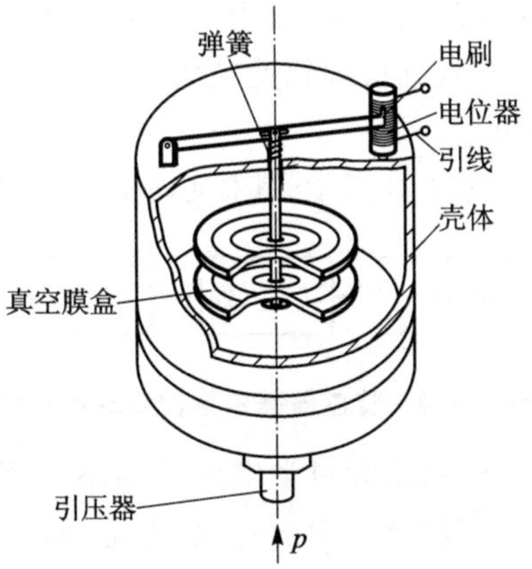


图1.1.1　电位器式真空膜盒压力传感器

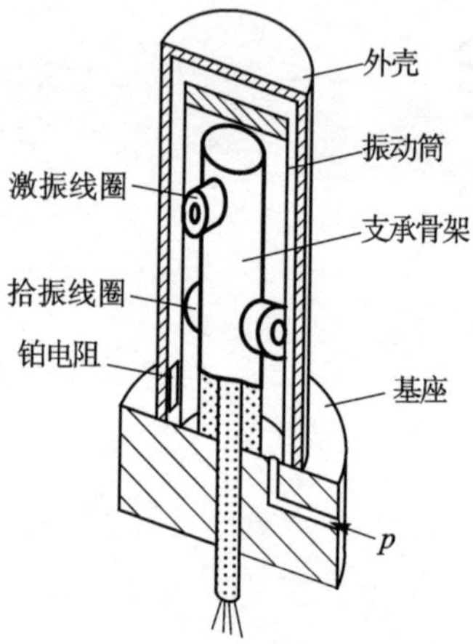


图 1.1.2 谐振筒式压力传感器

实例2:谐振筒式压力传感器(resonant cylinder pressure transducer),如图1.1.2所示。它也是用于测量气体压力的,即测量飞机所在高度的大气静态压力和总压力。谐振筒能够测量气体压力的原理是什么呢?因为气体压力变化引起谐振筒的应力变化,导致其等效刚度发生变化;这个过程中谐振筒的等效质量几乎没有变化,因此,谐振筒的谐振频率发生了变化。所以通过对谐振筒谐振频率的测量就可以得到作用于谐振筒内的气体压力的大小。至于被测气体压力与传感器输出频率信号的定量关系,就必须深入研究、分析传感器的敏感元件,即谐振筒自身在气体压力作用下,其固有振动特性的有关规律;还要研究谐振筒的几何结构参数和材料参数对这种定量关系的影响规律。在此基础上,合理设计、选择谐振筒的有关参数,以便使所实现的谐振筒压力传感器达到较理想的工作状态。

两个实例说明,传感器直接的作用与功能就是测量,即获取被测量的信息。利用传感器,可以实现对被测对象(被测目标)特征参数的测量,在此基础上进行分析、反馈(监控)、处理,从而掌握被测对象的运行状态与趋势。

国家标准GB/T 7665—2005对传感器(transducer/sensor)的定义是:能感受被测量并按一定的规律转换成可用输出信号的器件或装置,通常由敏感元件和转换元件组成。敏感元件(sensing element),指传感器中能直接感受或响应被测量的部分;转换元件(transducing element),指传感器中能将敏感元件感受或响应的被测量转换成适于传输或测量的电信号部分。

根据国标的定义和传感器的内涵,传感器应当从三个方面来理解与把握,即

1. 传感器的作用——体现在测量上。获取被测量,即被测对象的特征量。

2. 传感器的工作机理——体现在其敏感元件上。敏感元件是传感器技术的核心,也是研究、设计和制作传感器的关键,更是学习本课程的重点。

3. 传感器的输出信号形式——体现在其适于传输、处理与分析的电信号上。输出信号时需要解决非电量向电信号转换以及不适于传输、处理与分析的微弱电信号向适于传输、处理与测量的可用的电信号转换的技术问题,反映了传感器技术在信息技术领域作为源头的时代性。

因此,认识一个传感器就必须从其功能、作用上入手,分析它是用来测量什么"量"的;这个"量"为什么能够被测量,基于什么敏感机理感受被测量;通过什么样的转换装置或信号调理电路才能够给出可用的电信号输出。

传感器的基本结构组成如图1.1.3所示,其核心是敏感元件。

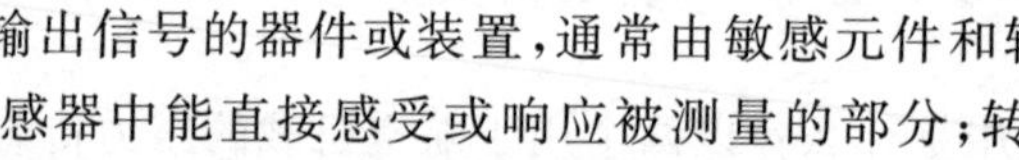


图 1.1.3 传感器基本结构组成示意图

事实上,人类的日常生活、生产活动和科学实验都离不开测量。从本质上说,测量的功能就是人们感觉器官(眼、耳、鼻、舌、身)所产生的视觉、听觉、嗅觉、味觉、触觉的延伸和替代。如果把计算机看作自动化系统的"电脑",就可以把传感器形象地比喻为自动化系统的"电五官"。

可见，传感器技术是信息系统、自动化系统中信息获取的首要环节。如果没有传感器对原始参数进行准确、可靠、在线、实时地测量，那么无论信号转换、信息分析处理的功能多么强大，都没有任何实际意义。

在信息技术领域，传感器是源头。没有传感器，就不能获取原始信息；没有测量，就没有科学，就没有技术。因此，大力发展传感器技术在任何领域、任何时候都是重要的和必要的。

# 1.2　传感器的分类

传感器主要按其工作原理和被测量来分类。

## 1.2.1　按工作原理分类

传感器按其敏感的工作原理，一般可分为物理型、化学型和生物型三大类，如图 1.2.1 所示。

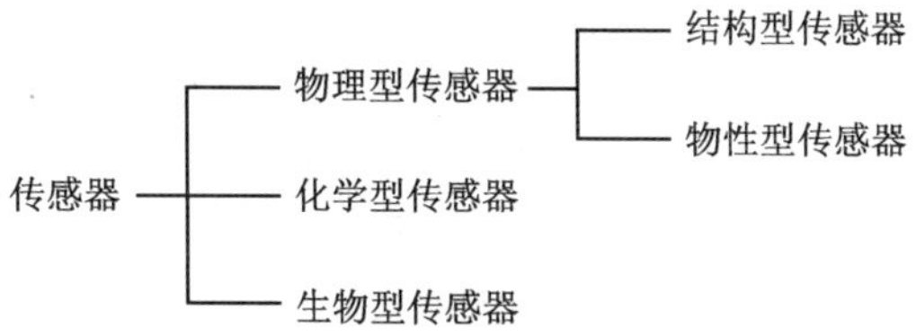


图 1.2.1　传感器的分类

物理型传感器是利用某些敏感元件的物理性质或某些功能材料的特殊物理性能制成的传感器。如利用金属材料在被测量作用下引起的电阻值变化的应变效应的应变式传感器；利用半导体材料在被测量作用下引起的电阻值变化的压阻效应制成的压阻式传感器；利用电容器在被测量的作用下引起电容值的变化制成的电容式传感器；利用磁阻随被测量变化的简单电感式、差动变压器式传感器；利用压电材料在被测力作用下产生的压电效应制成的压电式传感器等。

物理型传感器又可以分为结构型传感器和物性型传感器。

结构型传感器是以结构（如形状、几何参数等）为基础，利用某些物理规律来感受（敏感）被测量，并将其转换为电信号实现测量的。例如电容式压力传感器，必须有按规定参数设计制成的电容式敏感元件；当被测压力作用在电容式压力敏感元件的动极板上时，引起电容间隙的变化导致电容值的变化，从而实现对压力的测量。又比如谐振式压力传感器，必须设计制作一个合适的感受被测压力的谐振敏感元件；当被测压力变化时，改变谐振敏感结构的等效刚度，导致谐振敏感元件的固有频率发生变化，从而实现对压力的测量。

物性型传感器就是利用某些功能材料本身所具有的内在特性及效应感受（敏感）被测量，并转换成可用电信号的传感器。例如利用半导体材料在被测压力作用下引起其内部应力变化导致其电阻值变化制成的压阻式传感器，就是利用半导体材料的压阻效应而实现对压力测量的；利用具有压电特性的石英晶体材料制成的压电式压力传感器，就是利用石英晶体材料本身具有的正压电效应而实现对压力测量的。

一般而言，物理型传感器对物理效应和敏感结构都有一定要求，但侧重点不同。结构型传感器强调要依靠精密设计制作的结构才能保证其正常工作；而物性型传感器则主要依靠材料本身的物理特性、物理效应来实现对被测量的敏感。

近年来,由于材料科学技术的飞速发展与进步,物性型传感器应用越来越广泛。这与该类传感器便于批量生产、成本较低及易于小型化等特点密切相关。

化学传感器是利用电化学反应原理,把无机或有机化学的物质成分、浓度等转换为电信号的传感器。最常用的是离子敏传感器,即利用离子选择性电极,测量溶液的pH值或某些离子的活度,如$K^+$,$Na^+$,$Ca^{2+}$等。电极的测量对象不同,但其测量原理基本相同,主要是利用电极界面(固相)和被测溶液(液相)之间的电化学反应,即利用电极对溶液中离子的选择性响应而产生的电位差。所产生的电位差与被测离子活度对数成线性关系,故检测出其反应过程中的电位差或由其影响的电流值,即可给出被测离子的活度。化学传感器的核心部分是离子选择性敏感膜。膜可以分为固体膜和液体膜。玻璃膜、单晶膜和多晶膜属固体膜;而带正、负电荷的载体膜和中性载体膜则为液体膜。

化学传感器广泛应用于化学分析、化学工业的过程在线检测及环保检测中。

生物传感器是近年来发展很快的一类传感器。它是一种利用生物活性物质选择性来识别和测定生物化学物质的传感器。生物活性物质对某种物质具有选择性亲和力,也称其为功能识别能力;利用这种单一的识别能力来判定某种物质是否存在,其浓度是多少,进而利用电化学的方法进行电信号的转换。生物传感器主要由两大部分组成。其一是功能识别物质,其作用是对被测物质进行特定识别。这些功能识别物有酶、抗原、抗体、微生物及细胞等。用特殊方法把这些识别物固化在特制的有机膜上,从而形成具有对特定的从低分子到大分子化合物进行识别功能的功能膜。其二是电、光信号转换装置,此装置的作用是把在功能膜上进行的识别被测物所产生的化学反应转换成便于传输的电信号或光信号。其中最常应用的是电极,如氧电极和过氧化氢电极。近来有把功能膜固定在场效应晶体管上代替栅-漏极的生物传感器,使得传感器整个体积做得非常小。如果采用光学方法来识别在功能膜上的反应,则要靠光强的变化来测量被测物质,如荧光生物传感器等。变换装置直接关系着传感器的灵敏度及线性度。生物传感器的最大特点是能在分子水平上识别被测物质,不仅在化学工业的监测上,而且在医学诊断、环保监测等方面都有着广泛的应用前景。

本书将重点讨论物理型传感器。

### 1.2.2 按被测量分类

按传感器的被测量——输入信号分类,能够很方便地表示传感器的功能,也便于用户使用。按这种分类方法,传感器可以分为温度、压力、流量、物位、质量、加速度、速度、位移、转速、角位移、力、力矩、湿度、粘度、浓度等传感器。生产厂家和用户都习惯于这种分类方法。

上面所述仍很概括,仅温度传感器中就包括有用不同材料和方法制成的各种传感器,如热电偶温度传感器、热敏电阻温度传感器、金属热电阻温度传感器、P-N结二极管温度传感器、红外温度传感器等。通常对传感器的命名就是将其工作原理和被测参数结合在一起,先说工作原理,后说被测参数,如硅压阻式压力传感器、电容式加速度传感器、压电式振动传感器、谐振式质量流量传感器等。

针对传感器的分类,不同的被测量可以采用相同的测量原理,同一个被测量可以采用不同的测量原理。因此,必须掌握在不同的测量原理之间测量不同的被测量时,各自具有的特点。

# 1.3　传感器技术的特点

传感器技术是涉及到传感器的机理研究与分析、传感器的设计与研制、传感器的性能评估与应用等的综合性技术。因此，传感器技术具有以下特点：

① 涉及多学科与技术，包括物理学科中的各个门类（力学、热学、电学、光学、声学、原子物理等）以及各个技术学科门类（材料科学、机械、电工电子、微电子、控制、计算机技术等）。由于现代技术发展迅速，敏感元件、转换元件与信号调理电路，以及传感器产品也得到了较快发展，使得一些新型传感器具有原理新颖、机理复杂、技术综合等鲜明的特点。相应地，需要不断更新生产技术，配套相关的生产设备，同时需要配备多方面的高水平技术人才协作攻关。

② 品种繁多。被测参数包括热工量（温度、压力、流量、物位等）、电工量（电压、电流、功率、频率等）、物理量（光、磁、湿度、浊度、声、射线等）、机械量（力、力矩、位移、速度、加速度、转角、角速度、振动等）、化学量（氧、氢、一氧化碳、二氧化碳、二氧化硫、瓦斯等）、生物量（酶、细菌、细胞、受体等）、状态量（开关、二维图形、三维图形等），故需要发展多种多样的敏感元件和传感器。除了基型品种外，还要根据应用场合和不同具体要求来研制大量的派生产品和规格。

③ 要求具有高的稳定性、高的可靠性、高的重复性、低的迟滞和快的响应，做到准确可靠、经久耐用。对于处于工业现场和自然环境下的传感器，还要求具有良好的环境适应性，能够耐高温，耐低温，抗干扰，耐腐蚀，安全防爆，便于安装、调试与维修。

④ 应用领域十分广泛。无论是工业、农业和交通运输业，还是能源、气象、环保和建材业；无论是高新技术领域，还是传统产业；无论是大型成套技术装备，还是日常生活用品和家用电器，都需要采用大量的敏感元件和传感器。例如，航天飞机所用的传感器数量大约3500只，其中运载火箭上2500只，航天飞机上1000只；一座大型钢铁厂需要20 000台套传感器和检测仪表；大型石油化工厂需要6 000台套传感器和检测仪表；大型发电机组需要3 000台套传感器和检测仪表等。

⑤ 应用要求千差万别，有量大、面广、通用性的，也有专业性强的；有单独使用、单独销售的，也有与主机密不可分的；有的要求高精度，有的要求高稳定性，有的要求高可靠性，有的要求耐振动，有的要求防爆，如此等等。因此，不能用统一的评价标准进行考核、评估，也不能用单一的模式进行科研与生产。

⑥ 相对于信息技术领域的传输技术与处理技术，传感器技术发展缓慢；但一旦成熟，其生命力强，不会轻易退出竞争舞台，可长期应用，持续发展的能力非常强。像应变式传感技术已有80多年的历史，硅压阻式传感器也有50多年的历史，目前仍然在传感器技术领域占有重要的地位。

# 1.4　传感器技术的发展

从传感器的作用，即从测量的角度考虑，传感器的历史相当久远，可以说伴随着人类的文明进程。传感器技术（测量技术）的发展程度，影响、决定着人类认识世界的程度与能力。人类认识到的客观世界就是能够利用各种各类的传感器技术测量到的范围与程度。但如果将传感器限定于可用的电信号输出时，那么传感器技术则是近百年的事。

早期的结构型敏感元件利用物质的机械尺寸或形状受外界环境引起的变化来探测外界物质世界的参量。1860年,发明了利用铜线圈电阻变化检测温度。随着电子技术的进步,出现了热敏电阻、热电偶、压电敏感元件等。20世纪70年代,微电子技术促进了各种半导体传感器的发展。80年代初期,出现了以半导体传感器与微电子电路集成为主要特点的集成传感器(integrated sensors)和智能传感器(smart sensors)。90年代开始,微电子技术的进步促进了微机械电子技术(MEMS:micro electro-mechanical systems)的兴起和发展。由于出现了大量新型的加工手段,使传感器微小型化、生产批量化成为主流。

近年来迅速发展起来的现代信息技术的三大技术基础是信息的获取、信息的传输和信息的分析处理,也就是传感器技术、通信技术和计算机技术。它们分别构成了信息技术系统的"感官"、"神经"和"大脑"。20世纪70年代以来,由于微电子技术的大力发展与进步,极大地促进了通信技术与计算机技术的快速发展。与此形成鲜明对照的是,传感器技术发展十分缓慢,制约了信息技术的发展,被称为技术发展的瓶颈。这种发展不协调的状况以及由此带来的负面影响在近几年科学技术的快速发展过程中表现得尤为突出,甚至局部领域出现了由于传感器技术发展的滞后反过来影响、制约了其他相关方面的发展与进步的情况。因此许多国家都把传感器技术列为重点发展的关键技术之一。美国曾把20世纪80年代看成是传感器技术时代,并列为20世纪90年代22项关键技术之一,美国空军2000年提出的15项有助于提高21世纪美国空军作战能力的关键技术中,传感器技术名列第二。日本将开发和利用传感器技术列为国家重点发展6大核心技术之一。日本文部科学省制定的20世纪90年代重点科研项目中有70个重点课题,其中有18项与传感器技术密切相关。德国80项优先资助的计划中,两项为传感器的计划,一项为微型化传感器,另一项为生物传感器。代表欧洲国家在高新技术领域的整体研究趋向的计划有29个项目直接与传感技术相关。欧盟已经把传感器技术作为带动各领域技术水平提升的关键性技术来看待,而且在传感器技术的研究中非常重视传感器技术与其他高新技术的交叉研究。

我国传感技术的发展起始于20世纪50年代初期,60年代先后研制出应变元件、霍尔元件、离子电极;70年代初研制生产出一批新型敏感元件及传感器,如扩散硅力敏传感器、砷化镓霍尔元件、碳化硅热敏电阻等。80年代"敏感元件与传感器"列入国家攻关计划,研制出一批包括集成温度传感器、集成磁敏传感器以及薄膜和厚膜铂电阻、电涡流故障诊断等集成传感器。1987年国家科委制定了《传感器技术发展政策》白皮书,1991年《中共中央关于制定国民经济和社会发展十年规划和"八五"计划建议》中明确要求"大力加强传感器的开发和在国民经济中普遍应用",把传感器技术列为国家优先发展的技术之一。特别是从"十二五"开始,以提高我国科学仪器设备自主创新能力和自我装备水平为宗旨,国家自然科学基金委、科技部分别设立了重大科学仪器专项,安排专项经费支持。为我国仪器仪表、传感技术的发展提供了强有力的保障。我国传感器技术迎来了又好又快发展的时期。

近几年来,大规模集成电路、微纳加工、网络等技术的发展,为传感技术的发展奠定了基础。微电子、光电子、生物化学、信息处理等各学科、各种新技术的互相渗透和综合利用,可望研制出一批新颖、先进的传感器。传感器领域的主要技术将在现有基础上予以延伸和提高,并加速新一代传感器的开发和产业化。随着生产自动化程度的不断提高,人们生活水平的不断改善,对传感器的需求也不断增加。技术推动和需求牵引共同决定了未来传感器技术的发展趋势,突出表现在以下几个方面:一是开发新原理、新材料、新工艺的新型传感器;二是实现传感器的微型化、集成化、多功能化、高精度和智能化;三是多传感器的集成融合,以及传感器与其他学科的交叉融合,实现无线网络化。

### 1.4.1 新原理、新材料和新工艺传感器的发展

1. 新原理传感器

传感器的工作机理是基于各种物理(化学或生物)效应和定律,由此启发人们进一步探索具有新效应的敏感功能材料。并以此研制具有新原理的新型传感器,这是发展高性能、多功能、低成本和小型化传感器的重要途径。例如,近年来量子力学为纳米技术、激光、超导研究、大规模集成电路等的发展提供了理论基础,利用量子效应研制具有敏感某种被测量的量子敏感器件,像共振隧道二级管、量子阱激光器和量子干涉部件等,具有高速(比电子敏感器件速度提高1 000倍)、低耗(低于电子敏感器件能耗的千分之一)、高效、高集成度、经济可靠等优点。此外,仿生传感器也有了较快的发展。这些将会在传感器技术领域中引起一次新的技术革命,从而把传感器技术推向更高的发展阶段。

2. 新材料传感器

一代材料,一代传感器。传感器材料是传感器技术的重要基础。无论是何种传感器,都要选择恰当的材料来制作,而且要求所使用的材料具有优良的机械特性,不能有材料缺陷。近年来,在传感器技术领域,所应用的新型材料主要有:

(1) 半导体硅材料,包括单晶硅、多晶硅、非晶硅、硅蓝宝石等。由于它具有相互兼容的优良的电学特性和机械特性,因此,可采用硅材料研制各种类型的硅微结构传感器。

(2) 石英晶体材料,包括压电石英晶体和熔凝石英晶体(又称石英玻璃)。它具有极高的机械品质因数和非常好的温度稳定性,同时,天然的石英晶体还具有良好的压电特性,因此,可采用石英晶体材料研制各种微小型化的高精密传感器。

(3) 功能陶瓷材料。近年来,一些新型传感器利用某些精密陶瓷材料的特殊功能来达到测量目的,因此,探索已知材料的新功能或研究具有新功能的新材料都对研制这类新型传感器有着十分重要的意义。随着材料学和物理科学的进步,目前已经能够按照人为的设计配方,制造出所要求性能的功能材料。例如气体传感器的研制,就可以用不同配方混合的原料,在精密调制化学成分的基础上,经高精度成型烧结而成为能对某一种或某几种气体进行识别的功能识别陶瓷,用以制成新型气体传感器。这种功能陶瓷材料的进步意义非常大,因为尽管半导体硅材料已广泛用于制作各种传感器,但其有着工作上限温度低的缺点,限制了其应用范围。按上述方法自由配方烧结而成的功能陶瓷材料,不仅具有半导体材料的特点,而且其工作温度上限很高,大大地拓展了其应用领域。

此外,一些化合物半导体材料、复合材料、薄膜材料、石墨烯材料、形状记忆合金材料等,在传感器技术中得到了成功的应用。随着研究的不断深入,未来将会有更多更新的传感器材料被开发出来。特别是开发新型功能材料是发展传感器技术的关键之一。

3. 加工技术微精细化

传感器有逐渐小型化、微型化的趋势,这为传感器的应用带来了许多方便。以IC制造技术发展起来的微机械加工工艺,可使被加工的敏感结构的尺寸达到微米、亚微米级,并可以批量生产,从而制造出微型化而价格便宜的传感器。如微型加速度计已经商品化,广泛应用于汽车工业。微机械加工工艺主要包括:

(1) 平面电子加工工艺技术,如光刻、扩散、沉积、氧化、溅射等;

(2) 选择性的三维刻蚀工艺技术,各向异性腐蚀技术、外延技术、牺牲层技术、LIGA 技术(X 射线深层光刻、电铸成型、注塑工艺的组合)等;

(3) 固相键合工艺技术,如 Si—Si 键合,实现硅一体化结构;

(4) 机械切割技术,将每个芯片用分离切断技术分割开来,以避免损伤和残余应力;

(5) 整体封装工艺技术,将传感器芯片封装于一个合适的腔体内,隔离外界干扰对传感器芯片的影响,使传感器工作于较理想的状态。

图 1.4.1 给出了利用硅微机械加工工艺制成的一种精巧的复合敏感结构。被测量直接作用于 E 形圆膜片的下表面上,在其环形膜片的上表面,制作一对起差动作用的硅梁谐振子:梁谐振子 1 和梁谐振子 2,封装于真空内。该复合敏感结构可用于测量绝对压力、集中力或加速度。图中所示为测量绝对压力的结构。

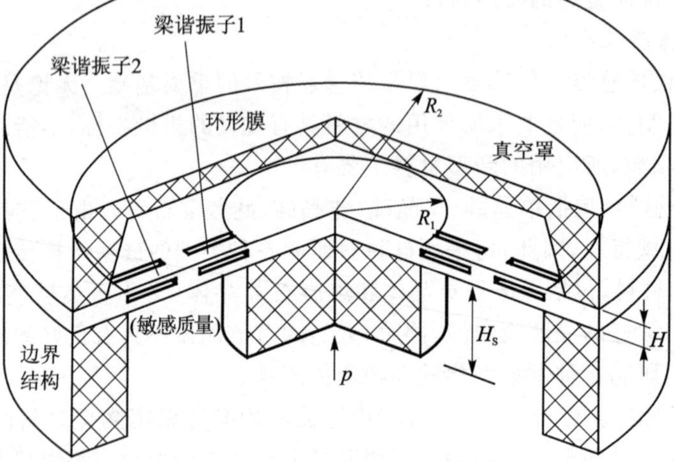


**图 1.4.1 一种精巧的复合敏感结构**

4. 传感器模型及其仿真技术

针对传感器技术的上述发展特点,传感器技术充分体现了其综合性。涉及敏感元件输入/输出特性规律的参数以及影响传感器输入/输出特性的不同环节的参数越来越多。因此,在分析、研究传感器的特性,设计、研制传感器的过程中,甚至在选用、对比传感器时,都要对传感器的工作机理有针对性地建立模型和进行深入细致的模拟计算。如图 1.1.2 所示的谐振筒式压力传感器和图 1.4.1 所示的精巧的复合敏感结构,没有符合实际情况的传感器的模型建立与相应的模拟计算就不可能在定量的意义上掌握它们,更谈不上研究、分析和设计。可见,传感器模型及其仿真技术在传感器技术领域中的地位日益突出。

## 1.4.2 传感器的微型化、集成化、多功能化和智能化发展

1. 微型化传感器

微传感器的特征之一就是体积小,其敏感元件的尺寸一般为微米级,由微机械加工技术制做,包括光刻、腐蚀、淀积、键合和封装等工艺。利用各向异性腐蚀、牺牲层技术和 LIGA 工艺,

可以制造出层与层之间有很大差别的三维微结构，包括可活动的膜片、悬臂梁、桥以及凹槽、孔隙、锥体等。这些微结构与特殊用途的薄膜和高性能的集成电路相结合，已成功地用于制造各种微传感器乃至多功能的敏感元阵列（如光电探测器等），实现了诸如压力、力、加速度、角速率、应力—应变、温度、流量、成像、磁场、湿度、pH 值、气体成分、离子和分子浓度以及生物传感器等。

2. 集成化传感器

集成化技术包括传感器与 IC 的集成制造技术以及多参量传感器的集成制造技术，缩小了传感器的体积、提高了抗干扰能力。采用敏感结构和检测电路的单芯片集成技术，能够避免多芯片组装时管脚引线引入的寄生效应，改善器件的性能。单芯片集成技术在改善器件性能的同时，还可以充分发挥 IC 技术可批量化，低成本生产的优势，因此成为现在传感器技术研究的主流方向之一。

3. 多功能化的传感器

一般的传感器多为单个参数测量的传感器。近年来，出现了利用一个传感器实现多参数测量的多功能传感器。如一种同时检测 $Na^+$，$K^+$ 和 $H^+$ 离子的传感器，其几何参数为 $2.5\times0.5\times0.5\ mm^3$，可直接用导管送到心脏内进行检测，检测血液中的钠、钾和氢离子的浓度，对诊断心血管疾患非常有意义。

气体传感器在多功能方面的进步最具代表性。图 1.4.2 所示为一种多功能气体传感器结构示意图，能够同时测量 $H_2S$、$C_8H_{18}$、$C_{10}H_{20}O$、$NH_3$ 四种气体。该结构共有 6 个用不同敏感材料制成的敏感部分，其敏感材料分别是：$WO_3$、ZnO、$SnO_2$、$SnO_2$(Pb)、ZnO(Pt)、$WO_3$(Pt)。它们对上述四种被测气体均有响应，但其响应的灵敏度差别很大；利用其从不同敏感部分输出的差异，即可测出被测气体的浓度。这种多功能的气体传感器采用厚膜制造工艺做在同一基板上。根据上述 6 种敏感材料的工作机理，在测量时需要加热。

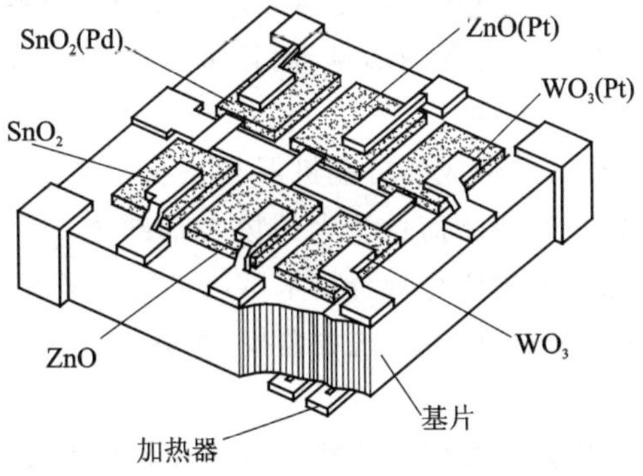


**图 1.4.2 一种多功能气体传感器**

4. 智能化传感器

所谓智能化传感器就是将传感器获取信息的基本功能与专用的微处理器的信息处理分析功能紧密结合在一起，并具有诊断、数字双向通信等新功能的传感器。由于微处理器具有强大的计算和逻辑判断功能，故可方便地对数据进行滤波、变换、校正补偿、存储记忆、输出标准化等；同时实现必要的自诊断、自检测、自校验以及通信与控制等功能。智能化传感器将由多片模块组成,其中包括微传感器、微处理器、微执行器和接口电路,它们构成一个闭环微系统,有数字接口与更高一级的计算机控制相连,通过利用专家系统中得到的算法对微传感器提供更好的校正与补偿。

图1.4.3所示为一个应用三维集成器件和异质结技术制成的三维图像传感器示意图,主要由光电变换部分(图像敏感单元)、信号传送部分、存储部分、运算部分、电源与驱动部分等组成。

此外,近年来传感器技术领域的一些专家、学者还提出了模糊传感器、符号传感器的新概念。总之,智能化传感器功能会更多,精度和可靠性会更高,优点会更突出,应用会更广泛。

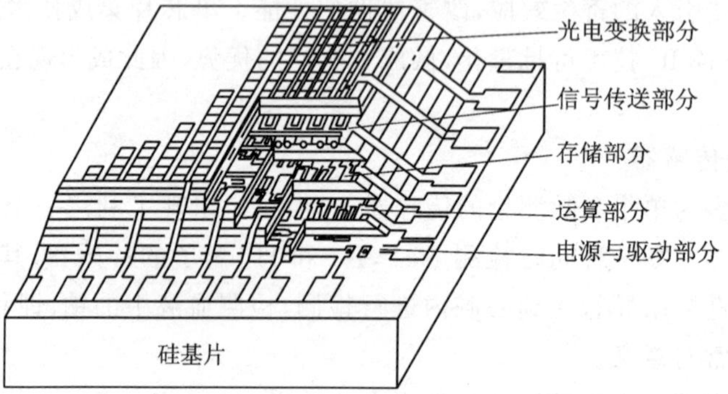


图1.4.3 一种智能化图像传感器

### 1.4.3 多传感器融合与网络化发展

1. 多传感器的集成与融合

由于单传感器不可避免存在不确定或偶然不确定性,缺乏全面性,缺乏鲁棒性,所以偶然的故障就会导致系统失效。多传感器集成与融合技术正是解决这些问题的良方。多个传感器不仅可以描述同一环境特征的多个冗余的信息,而且可以描述不同的环境特征。其显著特点是冗余性、互补性、及时性和低成本性。

多传感器的集成与融合技术已经成为智能机器与系统领域的一个重要的研究方向,它涉及信息科学的多个领域,是新一代智能信息技术的核心基础之一。从20世纪80年代初以军事领域的研究为开端,多传感器的集成与融合技术迅速扩展到军事和非军事的多个应用领域,如自动目标识别、自主车辆导航、遥感、生产过程监控、机器人、医疗应用等。

2. 传感器的网络化

随着通信技术、嵌入式计算技术和传感器技术的飞速发展和日益成熟,具有感知能力、计算能力和通信能力的微型传感器广泛应用。由这些微型传感器构成的传感器网络更是引起人们的极大关注。这种传感器网络综合了传感器技术、嵌入式计算技术、分布式信息处理技术和通信技术,能够协作地实时监测、感知和采集网络分布区域内的各种环境或监测对象的信息,并对这些信息进行处理,获得详尽而准确的信息,传送到需要这些信息的用户。例如,某型电动汽车,约有10000只传感器对7000多块电池的工作状态进行实时测量,为车载电源管理系统的优化工作提供及时准确可靠的信息。传感器网络可以向正在准备进行登陆作战的部队指挥官报告敌方岸滩的详实特征信息,如丛林地带的地面坚硬度、干湿度等,为制定作战方案提供可靠的信息。传感器网络可以使人们在任何时间、地点和环境条件下获取大量详实而可靠的信息。因此，这种网络系统可以被广泛地应用于国防军事、国家安全、环境监测、交通管理、医疗卫生、制造业、反恐抗灾等领域。目前，传感器网络化的发展重点之一是无线传感器网络WSN（wireless sensor network）以及以传感技术为重点的物联网（IOT，internet of things）技术。

综上，近年来传感器技术得到了较大的发展，同时也有力地推动着各个技术领域的发展与进步。有理由相信：作为信息技术源头的传感器技术，当其获得较快的发展时，必将为信息技术领域以及其他技术领域的发展、进步带来新的动力与活力。

## 1.5 传感器技术相关的一些基本概念

被测量（measurand）：作为测量对象的特定量或特征参数。被测量可称为待测量的量，也可以称为已测量的量。要注意将被测量的载体即被测对象与被测量加以区分。

测量（measurement）：利用某种装置对可观测量（或称被测参数）进行定性或定量的过程，即为确定被测量（可观测量）的存在或量值大小及单位而进行的实验过程。

测量结果（result of a measurement）：通过测量得到的，属于被测量或认作被测量的值，即赋予被测量的值。测量结果只是被测量值的近似或估计值。

仪表（meter）：具有目视输出的测量装置，强调的是可以由操作者直接通过显示装置读出被测量。在自动化系统中，主要起监测作用。

仪器（instrument）：具有分析、处理功能的测量装置，强调的是通过装置内部的软件系统能够进行专业化的信息处理与分析，给出具有综合意义的结果。近年来出现的“虚拟仪器”技术发展相当快，给出了“软件就是仪器”的观念。

变送器（transmitter）：具有输出标准量值及单位的测量装置，如对电压输出信号，要求1～5 V；电流输出信号，要求4～20 mA；频率输出信号，要求0～10 000 Hz；有些还要求以RS-232，RS-485方式输出等。需要说明的是，有些变送器的敏感结构需要采取特殊措施，如压力变送器敏感结构直接接触的是硅油介质，硅油外的结构才直接接触被测压力介质。而对于有些仪器仪表，“变送器”局限在传感器输出的电信号到标准的电信号输出部分，俗称“二次表”。变送器在工业自动化领域中的应用相当普遍。

## 1.6 本教材的特点及主要内容

传感器技术是涉及传感器的机理研究与分析、传感器的设计与研制以及传感器的应用等方面的综合性技术。掌握传感器技术，合理应用传感器几乎是所有技术领域工程技术人员必须具备的基本素养。本教材是根据普通高等教育“十一五”国家级教材规划“传感器原理及应用”（指南号：B080401）制定的大纲而编写的，综合了国内外传感器技术发展过程、最新进展以及作者近30年来在该技术领域积累的教学、科研与工程实践的体会。

本教材在编写中遵循“一条主线、两个基础、三个重点、多个独立模块”的原则。

一条主线：以测量即“通过敏感元件将被测量转变为可用电信号”为主线；

两个基础：以传感器的特性以及处理分析、典型传感器用弹性敏感元件的力学特性（包括

位移特性、应变特性、应力特性和振动特性)为基础;

三个重点:重物理效应、重变换原理、重不同传感器各自的特点;

多个独立模块:不同的传感器既有联系,又相互独立,教师与学生可以根据具体教学需要进行选用。

本教材既注重介绍传感器理论基础知识,又适当介绍传感器结构组成、误差补偿、应用特点等;既注重介绍典型的、常规的传感器,又适当介绍近年来出现的新型传感器技术;既注重介绍在航空航天工业中应用的传感器,又适当介绍在一般工业领域中应用的传感器。

基于上述考虑,本教材较系统地介绍了传感器技术涵盖的主要内容。其中包括传感器的特性及其评估;传感器中常用的弹性敏感元件的力学特性;以及电位器式传感器、应变式传感器、压阻式传感器、热电式传感器、电容式传感器、变磁路式传感器、压电式传感器、谐振式传感器、声表面波传感器、光纤传感器、微机械传感器、智能化传感器等。在每一章都配有一定数量的思考题与习题;在一些重要知识点配有较详细的应用实例与分析,其中多数是作者近年来研究的心得。

通过本教材学习传感器原理、技术及应用课程,便于读者掌握传感器技术涵盖的主要内容,了解传感器技术领域中的新进展、新内容,也有利于读者了解在航空航天工业和一般工业领域中传感器技术的典型应用。

## 思考题与习题

**1.1** 如何理解传感器?举例说明。

**1.2** 简述传感器技术在信息技术中的作用。

**1.3** 针对传感器的基本结构,简要说明各组成部分的作用。

**1.4** 在现代技术中,为什么要把传感器的输出界定在可用的电信号上?

**1.5** 举例说明传感器的功能。

**1.6** 图1.1.1所示的传感器提供了哪些信息?

**1.7** 简要说明图1.1.2所示传感器的工作机理。

**1.8** 如何对传感器进行分类?

**1.9** 阐述传感器技术的特点。

**1.10** 简要说明传感器技术发展过程中的主要特征。

**1.11** 查阅相关文献,说明“量子力学”对现代传感器技术的重要作用。

**1.12** 如何理解定性测量?举例说明。

**1.13** 如何理解传感器模型及其仿真技术的重要性?

**1.14** 如何理解变送器?

**1.15** 简述图1.4.1所示的复合敏感结构实现测量加速度的机理。

**1.16** 图1.4.1所示的复合敏感结构能否测量相对压力?如果不能,应如何改进?

**1.17** 查阅相关文献,给出一个多功能化传感器的示意图,并进行简要说明。

**1.18** 简要说明图1.4.2所示传感器的工作机理,写出其解算被测气体浓度的简单数学模型。

**1.19** 物联网的组成及其主要应用领域有哪些?为什么说感知层是基础?

**1.20** 查阅相关文献,针对一个物联网的应用实例进行简要说明。

**1.21** 查阅资料,了解国家在重大科学仪器专项方面的项目支持情况。

# 第 2 章　传感器的特性

基本内容：

传感器静态特性的描述
静态标定条件
测量范围与量程
静态灵敏度
分辨力与分辨率
时漂与温漂
线性度、迟滞与重复性
综合误差
微分方程　传递函数　状态方程
传感器动态响应及其性能
传感器动态特性测试
传感器动态模型建立
传感器噪声产生的原因与减小的措施
传感器的信噪比

## 2.1　传感器静态特性的一般描述

传感器的静态特性就是指当被测量 $x$ 不随时间变化，或随时间的变化程度远缓慢于传感器固有的最低阶运动模式的变化程度时，传感器的输出量 $y$ 与输入量 $x$ 之间的函数关系。通常可以将其描述为

$$y = f(x) = \sum_{k=0}^{N} a_k x^k \tag{2.1.1}$$

式中　$N$——传感器拟合曲线的阶次；

$a_k$——传感器的标定系数，反映了传感器静态特性曲线的形态，$a_N \neq 0$。

当式(2.1.1)写成

$$y = a_0 + a_1 x \tag{2.1.2}$$

时，传感器的静态特性为一条直线，称 $a_0$ 为零位输出，$a_1$ 为静态传递系数(或静态增益)。通常传感器的零位是可以补偿的，使传感器的静态特性变为

$$y = a_1 x \tag{2.1.3}$$

这时称传感器为线性的。

## 2.2　传感器的静态标定

传感器的静态特性是通过静态标定(calibration)或静态校准的过程获得的。

静态标定就是在一定的标准条件下，利用一定等级的标定设备对传感器进行多次往复测

试的过程,如图2.2.1所示。

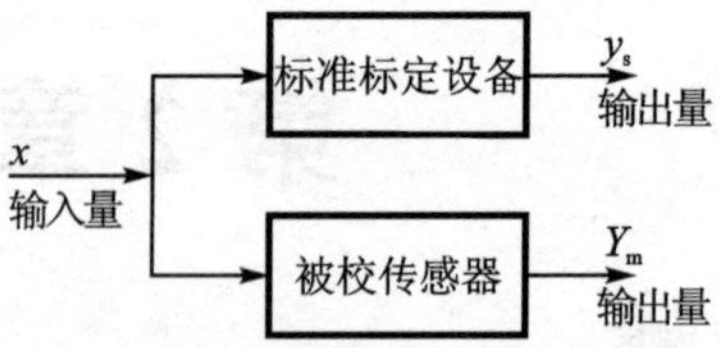


图 2.2.1　传感器的静态标定

## 2.2.1　静态标定条件

静态标定的标准条件主要反映在标定的环境、所用的标定设备和标定的过程上。

1. 对标定环境的要求

① 无加速度,无振动,无冲击;

② 温度在15～25 ℃;

③ 相对湿度不大于85 %;

④ 大气压力为0.1 MPa。

2. 对所用的标定设备的要求

当标定设备和被标定的传感器的确定性系统误差较小或可以补偿,而只考虑它们的随机误差时,应满足如下条件:

$$\sigma_s \leqslant \frac{1}{3}\sigma_m \tag{2.2.1}$$

式中　$\sigma_s$——标定设备的随机误差;

$\sigma_m$——被标定的传感器的随机误差。

若标定设备和被标定的传感器的随机误差比较小,只考虑它们的系统误差时,应满足如下条件:

$$\varepsilon_s \leqslant \frac{1}{10}\varepsilon_m \tag{2.2.2}$$

式中　$\varepsilon_s$——标定设备的系统误差;

$\varepsilon_m$——被标定的传感器的系统误差。

对于高性能传感器或测量装置的标定,有时很难有合适的满足式(2.2.1)、式(2.2.2)的标定设备,这时可以通过间接评估,如根据传感器被测量的单位所包含的基本量的不确定度进行评估。

例如压力的单位为Pa,包含长度(m)、质量(kg)和时间(s)3个基本量,压力测量的不确定度能力应溯源到对长度(m)、质量(kg)、时间(s)三个量测量的不确定度能力。

3. 标定过程的要求

在上述条件下,在标定的范围(即被测量的输入范围)内,选择$n$个测量点$x_i$,$i=1,2,\cdots,n$;共进行$m$个循环,于是可以得到$2mn$个测试数据。

正行程的第$j$个循环,第$i$个测点为$(x_i, y_{uij})$;

反行程的第$j$个循环,第$i$个测点为$(x_i, y_{dij})$;

$j=1,2,\cdots,m$,为循环数。

应当指出:$n$个测点$x_i$通常是等分的,根据实际需要也可以是不等分的。通常第一个测点$x_1$就是被测量的最小值$x_{min}$,第$n$个测点$x_n$就是被测量的最大值$x_{max}$。

## 2.2.2　传感器的静态特性

基于上述标定过程得到的$(x_i, y_{uij})$,$(x_i, y_{dij})$,对其进行处理便可以得到传感器的静态特性。

对于第$i$个测点,基于上述标定值,所对应的平均输出为

$$\bar{y}_i = \frac{1}{2m}\sum_{j=1}^{m}(y_{uij} + y_{dij}), \qquad i = 1,2,\cdots,n \tag{2.2.3}$$

通过式(2.2.3)得到了传感器 $n$ 个测点对应的输入/输出关系$(x_i, \bar{y}_i)(i=1,2,\cdots,n)$，这就是传感器的静态特性。在具体表述形式上，可以将 $n$ 个$(x_i, \bar{y}_i)$用有关方法拟合成曲线来表述，如式(2.1.1)或如图 2.2.2 所示；也可以用表格来表述。对于数字式传感器，一般直接利用上述 $n$ 个离散的点进行分段(线性)插值来表述传感器的静态特性。

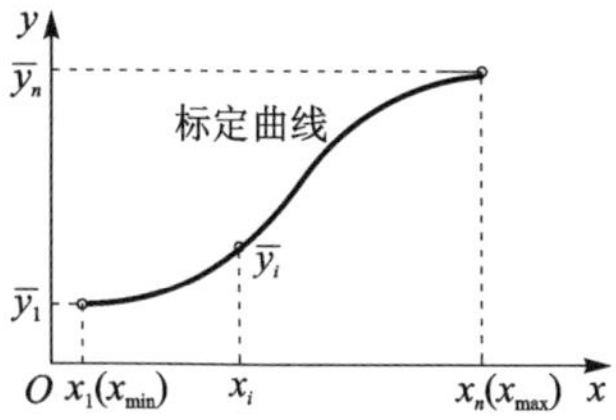


图 2.2.2　传感器的标定曲线

# 2.3　传感器的主要静态性能指标及其计算

## 2.3.1　测量范围与量程

传感器所能测量到的最小被测量(输入量)$x_{min}$与最大被测量(输入量)$x_{max}$之间的范围称为传感器的测量范围(measuring range)，即$(x_{min}, x_{max})$。传感器测量范围的上限值 $x_{max}$ 与下限值 $x_{min}$ 的代数差 $x_{max}-x_{min}$，称为量程(span)。

例如一温度传感器的测量范围是－55～＋125 ℃，那么该传感器的量程为 180 ℃。

## 2.3.2　静态灵敏度

传感器被测量的单位变化量引起的输出变化量称为静态灵敏度(sensitivity)，如图 2.3.1 所示，其表达式为

$$S = \lim_{\Delta x \to 0}\left(\frac{\Delta y}{\Delta x}\right) = \frac{\mathrm{d}y}{\mathrm{d}x} \tag{2.3.1}$$

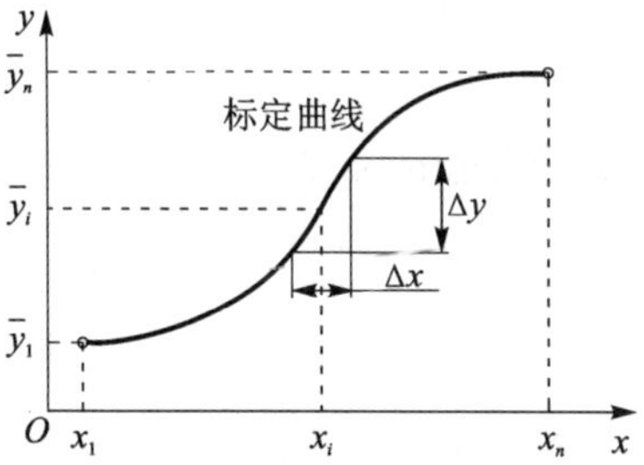


图 2.3.1　传感器的静态灵敏度

某一测点处的静态灵敏度是其静态特性曲线的斜率。线性传感器的静态灵敏度为常数；非线性传感器的静态灵敏度为变量。计算实例：某压力传感器的测量范围为 0～$10^5$ Pa，输出电压为 $u=10^2(10^{-5}p-10^{-12}p^2+10^{-17}p^3)$ mV(压力的单位为 Pa)，则该传感器的灵敏度为 $S=\mathrm{d}u/\mathrm{d}p=10^2(10^{-5}-2\times10^{-12}p+3\times10^{-17}p^2)$ (mV/Pa)。$p=0$ 时的灵敏度为 $10^{-3}$ mV/Pa；$p=10^5$ Pa 时的灵敏度为 $1.01\times10^{-3}$ mV/Pa；同时可以分析出在 $p\approx0.333\times10^5$ Pa 处，灵敏度最低为 $0.997\times10^{-3}$ mV/Pa。

静态灵敏度是重要的性能指标。它可以根据传感器的测量范围、抗干扰能力等进行选择；特别是对于传感器中的敏感元件，其灵敏度的选择尤为关键。一般来说，敏感元件不仅受被测量的影响，而且也受到其他干扰量的影响。这时在优选敏感元件的结构及其参数时，就要使敏感元件的输出对被测量的灵敏度尽可能地大，而对于干扰量的灵敏度尽可能地小。例如，加速度敏感元件的输出量 $y$，理想情况下只是被测量 $x$ 轴方向的加速度 $a_x$ 的函数；但实际上它也与干扰量 $y$ 轴方向的加速度 $a_y$，$z$ 轴方向的加速度 $a_z$ 有关，即其输出为

$$y = f(a_x, a_y, a_z) \tag{2.3.2}$$

那么对该敏感元件优化设计的原则为

$$1 \ll \left| \frac{S_{a_x}}{S_{a_y}} \right| \tag{2.3.3}$$

$$1 \ll \left| \frac{S_{a_x}}{S_{a_z}} \right| \tag{2.3.4}$$

式中　$S_{a_x}=\frac{\partial f}{\partial a_x}$——敏感元件输出对被测量 $a_x$ 的静态灵敏度；

$S_{a_y}=\frac{\partial f}{\partial a_y}$——敏感元件输出对干扰量 $a_y$ 的静态灵敏度；

$S_{a_z}=\frac{\partial f}{\partial a_z}$——敏感元件输出对干扰量 $a_z$ 的静态灵敏度。

## 2.3.3　分辨力与分辨率

传感器的输入/输出关系在整个测量范围内不可能做到处处连续。输入量变化太小时，输出量不会发生变化；而当输入量变化到一定程度时，输出量才发生变化。因此，从微观来看，实际传感器的输入/输出特性有许多微小的起伏，如图2.3.2所示。

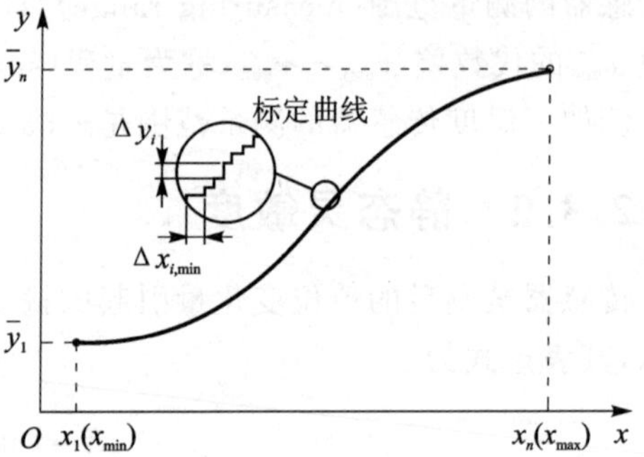


图2.3.2　分辨力

对于实际标定过程的第 $i$ 个测点 $x_i$，当有 $\Delta x_{i,\min}$ 变化时，输出就有可观测到的变化，那么 $\Delta x_{i,\min}$ 就是该测点处的分辨力(resolution)，对应的分辨率为

$$r_i=\frac{\Delta x_{i,\min}}{x_{\max}-x_{\min}} \tag{2.3.5}$$

显然各测点处的分辨力是不一样的。在全部工作范围内，都能够产生可观测输出变化的最小输入变化量的最大值 $\max|\Delta x_{i,\min}|(i=1,2,\cdots,n)$ 就是该传感器的分辨力，而传感器的分辨率为

$$r=\frac{\max|\Delta x_{i,\min}|}{x_{\max}-x_{\min}} \tag{2.3.6}$$

分辨力反映了传感器检测输入微小变化的能力，对正、反行程都是适用的。造成传感器具有有限分辨力的因素很多，例如机械运动部件的干摩擦和卡塞等，以及电路系统中的储能元件、A/D转换器的位数等。

此外，传感器在最小(起始)测点处的分辨力通常称为阈值(threshold)或死区(dead band)等。

## 2.3.4　时漂与温漂

当传感器的输入和环境温度不变时，输出量随时间变化的现象就是漂移(drift)，又称时漂。它是由于传感器内部各个环节性能不稳定，或内部温度变化引起的，是反映传感器稳定性的指标。通常考察传感器时漂的时间范围可以是一小时、一天、一个月、半年或一年等。

由外界环境温度变化引起的输出量变化的现象称为温漂(temperature drift)。温漂可以从两个方面来考察：一方面是零点漂移(zero drift)，即传感器零点处的温漂，反映了温度变化引起传感器特性曲线平移而斜率不变的漂移；另一方面是满量程漂移(full scale drift)。对于线性传感器，满量程漂移可以用灵敏度漂移(sensitivity drift)或刻度系数漂移(scale-factor drift)描述，反映了传感器特性曲线斜率变化的漂移。

零点漂移可由式(2.3.7)计算，满量程漂移可由式(2.3.8)计算。

$$\nu = \frac{\bar{y}_0(t_2) - \bar{y}_0(t_1)}{\bar{y}_{FS}(t_1)(t_2 - t_1)} \times 100\ \% \tag{2.3.7}$$

$$\beta = \frac{\bar{y}_{FS}(t_2) - \bar{y}_{FS}(t_1)}{\bar{y}_{FS}(t_1)(t_2 - t_1)} \times 100\ \% \tag{2.3.8}$$

式中　$\bar{y}_0(t_2)$——在规定的温度(高温或低温) $t_2$ 保温一小时后，传感器零点输出的平均值；

$\bar{y}_0(t_1)$——在室温 $t_1$ 时，传感器零点输出的平均值；

$\bar{y}_{FS}(t_1)$——在室温 $t_1$ 时，传感器满量程输出的平均值；

$\bar{y}_{FS}(t_2)$——在规定的温度(高温或低温)$t_2$ 保温一小时后时，传感器满量程输出的平均值。

## 2.3.5　传感器的测量误差

被测量在客观上存在一个真实的值，简称被测量的真值，记为 $x_t$；利用传感器对其测量就是将它作用于所选用的传感器上，并以传感器的输出值 $y_t$(或称响应值、实测值、指示值等)来表示被测真值的大小。因此，对传感器的根本要求就是希望通过它能够无失真地解算出被测量的大小。而实际传感器，由于其实现结构及参数、测量原理、测试方法的不完善，或由于使用环境条件的变化，致使传感器给出的输出值 $y_a$ 不等于无失真输出值 $y_t$。同时由 $y_a$ 解算出的被测量值 $x_a$ 也不等于被测量的真值 $x_t$。因此，测量误差可定义为

$$\left.\begin{aligned} \Delta y &= y_a - y_t \\ \Delta x &= x_a - x_t \end{aligned}\right\} \tag{2.3.9}$$

式中　$\Delta y$——针对传感器输出值定义的误差；

$\Delta x$——针对被测量的值定义的误差。

传感器在测量过程中产生的测量误差的大小是衡量传感器水平的重要技术指标之一。

## 2.3.6　线性度

由式(2.1.2)描述的传感器的静态特性是一条直线。但实际上，由于种种原因传感器实测的输入/输出关系并不是一条直线，因此传感器实际的静态特性的校准特性曲线与某一参考直线不吻合程度的最大值就是线性度(linearity)，如图 2.3.3 所示。其计算公式为

$$\xi_L = \frac{|(\Delta y_L)_{max}|}{y_{FS}} \times 100\ \% \tag{2.3.10}$$

$$(\Delta y_L)_{max} = \max|\Delta y_{i,L}|, \qquad i = 1,2,\cdots,n$$

$$\Delta y_{i,L} = \bar{y}_i - y_i$$

式中　$y_{FS}$——满量程输出，$y_{FS} = |B(x_{max} - x_{min})|$；$B$ 为所选定的参考直线的斜率。

$\Delta y_{i,L}$是第 $i$ 个校准点平均输出值与所选定的参考直线的偏差，称为非线性偏差；$(\Delta y_L)_{max}$ 则是 $n$ 个测点中的最大偏差。

依上述定义，选取不同的参考直线所计算出的线性度不同。下面介绍几种常用的线性度的计算方法。

1. 绝对线性度 $\xi_{La}$

又称理论线性度。其参考直线是事先规定好的，与实际标定过程和标定结果无关。通常这条参考直线过坐标原点 $O$ 和所期望的最大输入值对应的输出点，如图 2.3.4 所示。

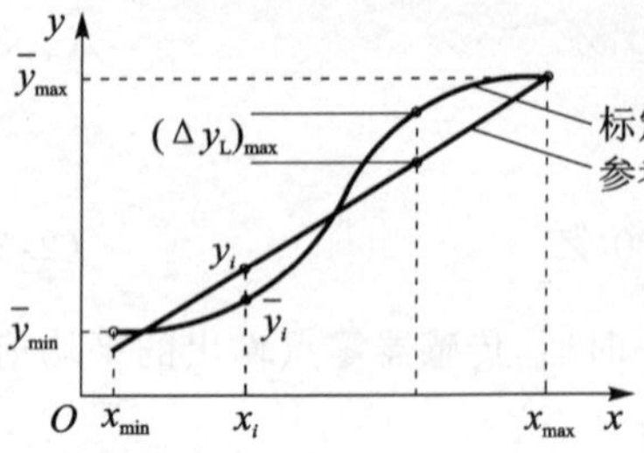


图 2.3.3 线性度

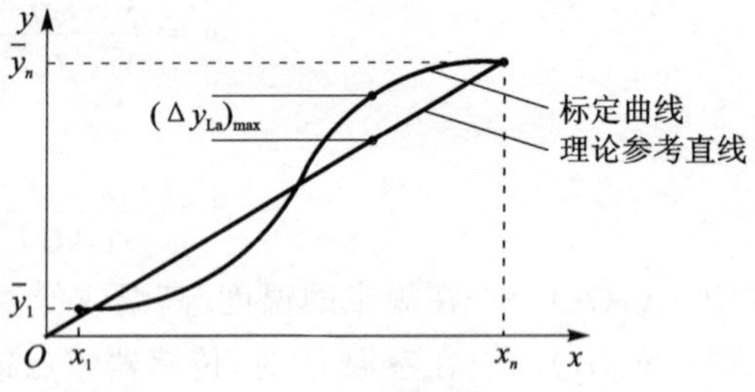


图 2.3.4 理论参考直线

2. 端基线性度 $\xi_{Lt}$

参考直线是标定过程获得的两个端点 $(x_1,\bar{y}_1)$，$(x_n,\bar{y}_n)$ 的连线，如图 2.3.5 所示。端基直线为

$$y = \bar{y}_1 + \frac{\bar{y}_n - \bar{y}_1}{x_n - x_1}(x - x_1) \tag{2.3.11}$$

端基直线只考虑了实际标定的两个端点，而没有考虑其他测点的实际分布情况，因此实测点对上述参考直线的偏差分布也不合理，最大正偏差与最大负偏差的绝对值也不会相等。为了尽可能减小最大偏差，可将端基直线平移，以使最大正、负偏差绝对值相等。从而得到"平移端基直线"，如图 2.3.6 所示。按此直线计算得到的线性度就是"平移端基线性度"。

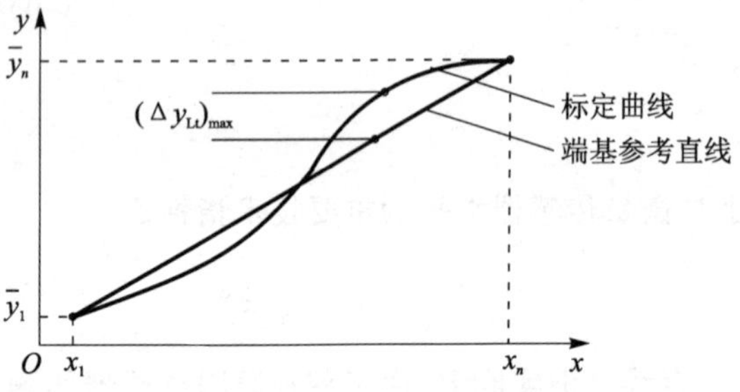


图 2.3.5 端基参考直线

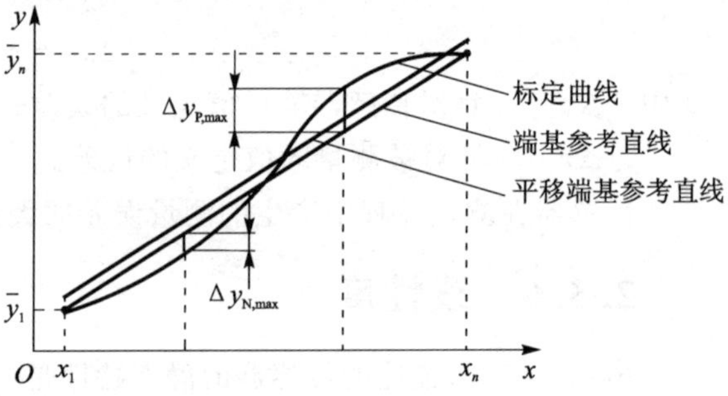


图 2.3.6 平移端基参考直线

由式(2.3.11)可以计算出第 $i$ 个校准点平均输出值与端基参考直线的偏差

$$\Delta y_i = \bar{y}_i - y_i = \bar{y}_i - \bar{y}_1 - \frac{\bar{y}_n - \bar{y}_1}{x_n - x_1}(x_i - x_1) \tag{2.3.12}$$

假设上述 $n$ 个偏差 $\Delta y_i$ 的最大正偏差为 $0 \leqslant \Delta y_{P,max}$，最大负偏差为 $\Delta y_{N,max} \leqslant 0$，"平移端基直线"为

$$y = \bar{y}_1 + \frac{\bar{y}_n - \bar{y}_1}{x_n - x_1}(x - x_1) + \frac{1}{2}(\Delta y_{P,max} + \Delta y_{N,max}) \tag{2.3.13}$$

$n$ 个测点的标定值对于"平移端基直线"的最大正偏差与最大负偏差的绝对值是相等的，均为

$$\Delta y_{M\_BASE} = \frac{1}{2}(\Delta y_{P,max} - \Delta y_{N,max}) \tag{2.3.14}$$

于是“平移端基线性度”为

$$\xi_{L,M\_BASE} = \frac{\Delta y_{M\_BASE}}{y_{FS}} \times 100\ \% \tag{2.3.15}$$

3. 最小二乘线性度 $\xi_{LS}$

基于所得到的 $n$ 个标定点$(x_i, \bar{y}_i)(i=1,2,\cdots,n)$，利用偏差平方和最小来确定“最小二乘直线”。

当参考直线为

$$y = a + bx \tag{2.3.16}$$

第 $i$ 个测点的偏差为

$$\Delta y_i = \bar{y}_i - y_i = \bar{y}_i - (a + bx_i) \tag{2.3.17}$$

总的偏差平方和为

$$J = \sum_{i=1}^{n} (\Delta y_i)^2 = \sum_{i=1}^{n} [\bar{y}_i - (a + bx_i)]^2 \tag{2.3.18}$$

利用 $\frac{\partial J}{\partial a} = 0, \frac{\partial J}{\partial b} = 0$ 可以得到最小二乘法最佳 $a, b$ 值。

$$a = \frac{\sum_{i=1}^{n} x_i^2 \sum_{i=1}^{n} \bar{y}_i - \sum_{i=1}^{n} x_i \sum_{i=1}^{n} x_i \bar{y}_i}{n \sum_{i=1}^{n} x_i^2 - \left(\sum_{i=1}^{n} x_i\right)^2} \tag{2.3.19}$$

$$b = \frac{n \sum_{i=1}^{n} x_i \bar{y}_i - \sum_{i=1}^{n} x_i \sum_{i=1}^{n} \bar{y}_i}{n \sum_{i=1}^{n} x_i^2 - \left(\sum_{i=1}^{n} x_i\right)^2} \tag{2.3.20}$$

由式(2.3.17)可以计算出每一个测点的偏差，得到最大的偏差，进而求出最小二乘线性度。

4. 独立线性度 $\xi_{Ld}$

它是相对于“最佳直线”的线性度，又称最佳线性度。所谓最佳直线指的是，依此直线作为参考直线时，任意改变直线的截距与斜率，得到的最大偏差是最小的。

## 2.3.7 符合度

对于静态特性具有明显的非线性的传感器，就必须用非线性曲线，而不是用直线来拟合传感器的静态特性。这样，实际标定得到的测点相对于某一非线性参考曲线的偏差程度就是符合度(conformity)。通常参考曲线的选择方式较参考直线要多，选择参考曲线时应当考虑以下原则：

① 应满足所需要的拟合误差要求；

② 函数的形式尽可能简单；

③ 选用多项式时，其阶次尽可能低。

## 2.3.8 迟　滞

由于传感器机械部分的摩擦和间隙、敏感结构材料等的缺陷以及磁性材料的磁滞等，传感器同一个输入量对应的正、反行程的输出不一致程度，就是“迟滞”(hysteresis)。

对于第 $i$ 个测点，其正、反行程输出的平均校准点分别为$(x_i, \bar{y}_{ui})$和$(x_i, \bar{y}_{di})$

$$\bar{y}_{ui} = \frac{1}{m}\sum_{j=1}^{m} y_{uij} \tag{2.3.21}$$

$$\bar{y}_{di} = \frac{1}{m}\sum_{j=1}^{m} y_{dij} \tag{2.3.22}$$

第 $i$ 个测点的正、反行程的偏差(如图 2.3.7 所示)为

$$\Delta y_{i,H} = |\ \bar{y}_{ui} - \bar{y}_{di}\ | \tag{2.3.23}$$

则迟滞指标为

$$(\Delta y_H)_{max} = \max\ (\Delta y_{i,H}), \qquad i = 1,2,\cdots,n \tag{2.3.24}$$

迟滞误差为

$$\xi_H = \frac{(\Delta y_H)_{max}}{2y_{FS}} \times 100\ \% \tag{2.3.25}$$

## 2.3.9 非线性迟滞

非线性迟滞是表征传感器正行程和反行程标定曲线与参考直线不一致或不吻合的程度,如图 2.3.8 所示。

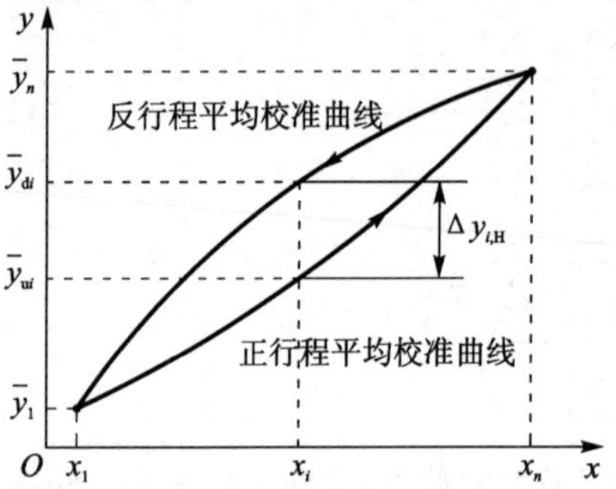


图 2.3.7 迟 滞

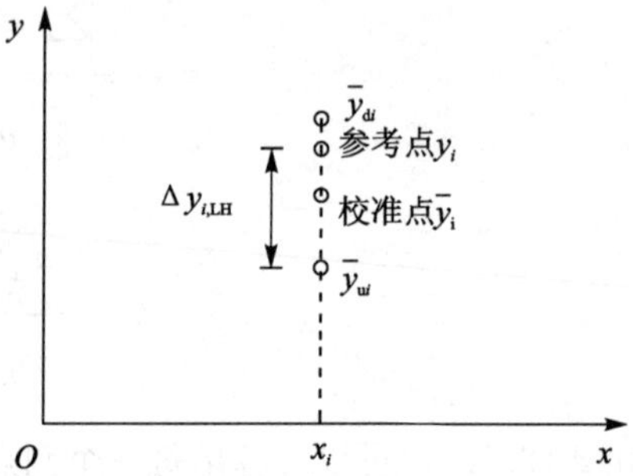


图 2.3.8 非线性迟滞

对于第 $i$ 个测点,传感器的标定点为$(x_i,\bar{y}_i)$,相应的参考点为$(x_i,y_i)$;而正、反行程输出的平均校准点分别为$(x_i,\bar{y}_{ui})$和$(x_i,\bar{y}_{di})$,则正、反行程输出的平均校准点对参考点$(x_i,y_i)$的偏差分别为 $\bar{y}_{ui} - y_i$ 和 $\bar{y}_{di} - y_i$ 。这两者中绝对值较大者就是非线性迟滞,即

$$\Delta y_{i,LH} = \max\ (|\ \bar{y}_{ui} - y_i\ |, |\ \bar{y}_{di} - y_i\ |) \tag{2.3.26}$$

对于第 $i$ 个测点,非线性迟滞与非线性偏差、迟滞的关系为

$$\Delta y_{i,LH} = |\ \Delta y_{i,L}\ | + 0.5\Delta y_{i,H} \tag{2.3.27}$$

在整个测量范围,非线性迟滞为

$$(\Delta y_{LH})_{max} = \max\ (\Delta y_{i,LH}), \qquad i = 1,2,\cdots,n \tag{2.3.28}$$

非线性迟滞误差为

$$\xi_{LH} = \frac{(\Delta y_{LH})_{max}}{y_{FS}} \times 100\ \% \tag{2.3.29}$$

## 2.3.10 重复性

同一个测点,传感器按同一方向作全量程的多次重复测量时,每一次的输出值都不一样,是随机的。为反映这一现象,引入重复性(repeatability)指标,如图 2.3.9 所示。

考虑正行程的第 $i$ 个测点，其平均校准值由式(2.3.21)表述。基于统计学的观点，将 $y_{uij}$ 看成第 $i$ 个测点正行程的子样，$\bar{y}_{ui}$ 则是第 $i$ 个测点正行程输出值的数学期望值的估计值。可以利用下面两种方法来计算第 $i$ 个测点的子样标准偏差。

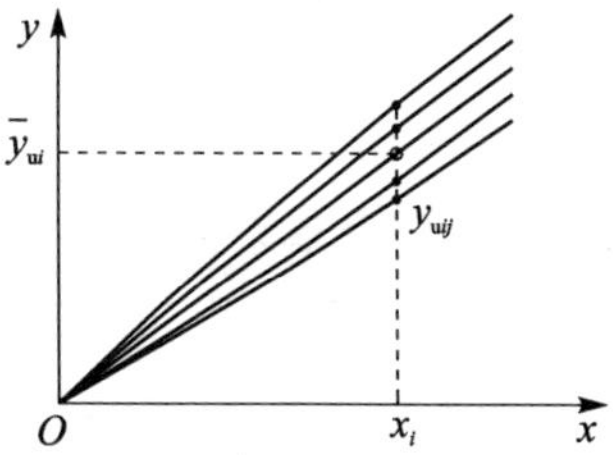

图 2.3.9 重复性

方法 1. 极差法

$$s_{ui} = \frac{W_{ui}}{d_m} \tag{2.3.30}$$

$$W_{ui} = \max(y_{uij}) - \min(y_{uij}), \qquad j = 1,2,\cdots,m \tag{2.3.31}$$

式中 $W_{ui}$——极差，即第 $i$ 个测点正行程的 $m$ 个标定值中的最大值与最小值之差；

$d_m$——极差系数，取决于测量循环次数，即样本容量 $m$。极差系数与 $m$ 的关系见表 2.3.1。

类似可以得到第 $i$ 个测点反行程的极差 $W_{di}$ 和相应的 $s_{di}$。

**表 2.3.1 极差系数表**

| $m$ | 2 | 3 | 4 | 5 | 6 | 7 | 8 | 9 | 10 | 11 | 12 |
|---|---|---|---|---|---|---|---|---|---|---|---|
| $d_m$ | 1.41 | 1.91 | 2.24 | 2.48 | 2.67 | 2.83 | 2.96 | 3.08 | 3.18 | 3.26 | 3.33 |

方法 2. 贝赛尔(Bessel)公式

$$s_{ui}^2 = \frac{1}{m-1}\sum_{j=1}^{m}(\Delta y_{uij})^2 = \frac{1}{m-1}\sum_{j=1}^{m}(y_{uij} - \bar{y}_{ui})^2 \tag{2.3.32}$$

$s_{ui}$ 的物理意义是：当随机测量值 $y_{uij}$ 可以看成是正态分布时，$y_{uij}$ 偏离期望值 $\bar{y}_{ui}$ 的范围在 $(-s_{ui}, s_{ui})$ 之间的概率为 68.37 %；在 $(-2s_{ui}, 2s_{ui})$ 之间的概率为 95.45 %；在 $(-3s_{ui}, 3s_{ui})$ 之间的概率为 99.73 %，如图 2.3.10 所示。

类似地可以给出第 $i$ 个测点反行程的子样标准偏差 $s_{di}$。

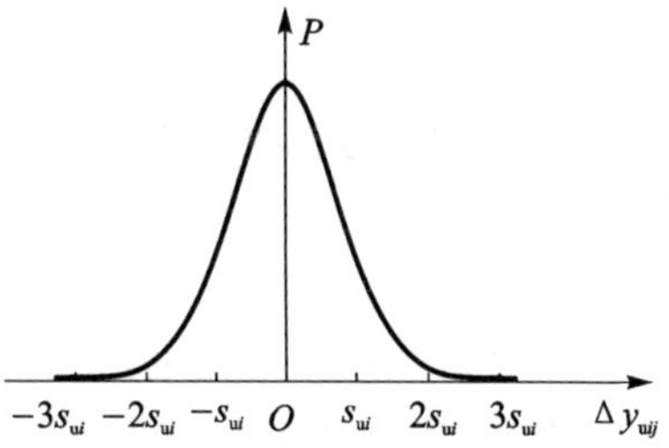

图 2.3.10 正态分布概率曲线

对于整个测量范围，综合考虑正、反行程问题，并假设正、反行程的测量过程是等精密性的，即正行程的子样标准偏差和反行程的子样标准偏差具有相等的数学期望。这样第 $i$ 个测点的子样标准偏差为 $s_i$，由式(2.3.33)计算。

$$s_i = \sqrt{0.5(s_{ui}^2 + s_{di}^2)} \tag{2.3.33}$$

对于全部 $n$ 个测点，当认为是等精密性测量时，可以用式(2.3.34)来计算整个测量过程的标准偏差。

$$s = \sqrt{\frac{1}{n}\sum_{i=1}^{n} s_i^2} = \sqrt{\frac{1}{2n}\sum_{i=1}^{n}(s_{ui}^2 + s_{di}^2)} \tag{2.3.34}$$

也可以利用 $n$ 个测点的正、反行程子样标准偏差中的最大值，即式(2.3.35)来计算整个测量过程的标准偏差。

$$s = \max(s_{ui}, s_{di}), \qquad i = ,1,2,\cdots,n \tag{2.3.35}$$

整个测试过程的标准偏差 $s$ 就可以描述传感器的随机误差,则传感器的重复性误差为

$$\xi_R = \frac{3s}{y_{FS}} \times 100\ \% \qquad (2.3.36)$$

式中,3 为置信概率系数,$3s$ 为置信限或随机不确定度。其物理意义是:在整个测量范围内,传感器相对于满量程输出的随机误差不超过 $\xi_R$ 的置信概率为 99.73 %。

## 2.3.11 综合误差

传感器的测量误差是系统误差与随机误差的综合。它反映了传感器的实际输出在一定置信率下对其参考特性的偏离程度都不超过的一个范围。目前讨论传感器"综合误差"的方法尚不统一。下面先以线性传感器为例简要介绍几种方法。

1. 综合考虑非线性、迟滞和重复性

可以采用直接代数和或均方根来表示综合误差,见式(2.3.37)和式(2.3.38)。

$$\xi_a = \xi_L + \xi_H + \xi_R \qquad (2.3.37)$$

$$\xi_a = \sqrt{\xi_L^2 + \xi_H^2 + \xi_R^2} \qquad (2.3.38)$$

2. 综合考虑非线性迟滞和重复性

由于非线性、迟滞同属于系统误差,可以将它们统一考虑。因此可以由式(2.3.39)计算综合误差。

$$\xi_a = \xi_{LH} + \xi_R \qquad (2.3.39)$$

3. 综合考虑迟滞和重复性

现在的传感器设计绝大多数应用了微处理器,因此可以针对校准点进行计算。将平均校准点作为参考点,这时只考虑迟滞与重复性,非线性误差可以不考虑,则可以由式(2.3.40)计算综合误差。

$$\xi_a = \xi_H + \xi_R \qquad (2.3.40)$$

由于不同的参考直线将影响各分项指标的具体数值,所以在提综合误差的同时应指出使用何种参考直线。

从数学意义上说,直接代数和表明所考虑的各个分项误差是线性相关的,而均方根则表明所考虑的各个分项误差是完全独立、相互正交的。另一方面,非线性,迟滞或非线性迟滞误差属于系统误差;重复性属于随机误差。实际上系统误差与随机误差的最大值并不一定同时出现在相同的测点上。总之上述几种处理方法虽然简单,但人为因素大。

4. 极限点法

对于第 $i$ 个测点,其正行程输出的平均校准点为$(x_i, \bar{y}_{ui})$,如果以 $s_{ui}$ 记其子样标准偏差,那么随机测量值 $y_{uij}$ 偏离期望值 $\bar{y}_{ui}$ 的范围在$(-3s_{ui}, 3s_{ui})$之间的置信概率为 99.73 %,那么第$i$ 个测点的正行程输出值以99.73 % 的置信概率落在区域$(\bar{y}_{ui} - 3s_{ui}, \bar{y}_{ui} + 3s_{ui})$。类似地,第 $i$ 个测点的反行程输出值以 99.73 % 的置信概率落在区域$(\bar{y}_{di} - 3s_{di}, \bar{y}_{di} + 3s_{di})$,如图 2.3.11所示。

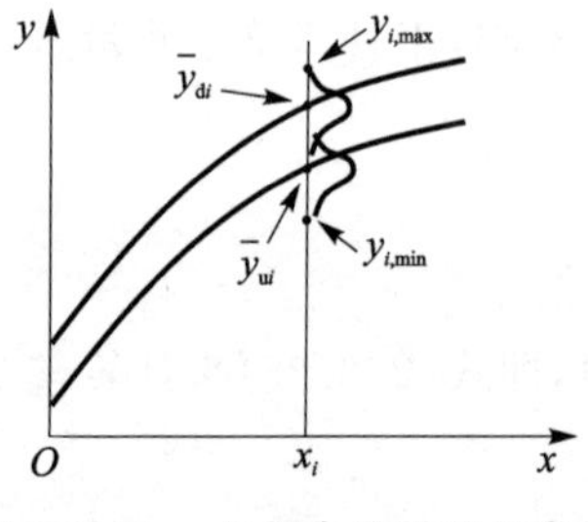


图 2.3.11 极限点法原理示意图

第 $i$ 个测点的输出值以 99.73 % 的置信概率落在区域$(y_{i,min}, y_{i,max})$。其中 $y_{i,min}$, $y_{i,max}$ 称为第 $i$ 个测点的极限点,满足

$$y_{i,min} = \min(\bar{y}_{ui} - 3s_{ui}, \bar{y}_{di} - 3s_{di}) \qquad (2.3.41)$$

$$y_{i,\max} = \max(\bar{y}_{ui} + 3s_{ui}, \bar{y}_{di} + 3s_{di}) \tag{2.3.42}$$

这样可以得到 $2n$ 个极限点，而这些极限点的置信概率都将是 99.73 %。可以把上述这组数据看成是在一定置信概率意义上的“确定的”点，由它们可以限定出传感器静态特性的一个“实际不确定区域”。为此，应用逼近的概念，可以采用一条最佳直线或曲线来拟合这组数据，以使拟合的最大偏差达到最小。可见，该方法人为规定的因素最小。

下面讨论一种针对测点的计算方法。

当考虑第 $i$ 个测点时，如果以极限点的中间值 $0.5(y_{i,\min}+y_{i,\max})$ 为参考值（称为极限点参考值），那么该点的极限点偏差为

$$\Delta y_{i,\text{ext}} = 0.5(y_{i,\max} - y_{i,\min}) \tag{2.3.43}$$

利用上述 $n$ 个极限点偏差中的最大值 $\Delta y_{\text{ext}}$ 可以给出综合误差指标，即

$$\xi_a = \frac{\Delta y_{\text{ext}}}{y_{\text{FS}}} \times 100\ \% \tag{2.3.44}$$

$$\Delta y_{\text{ext}} = \max(\Delta y_{i,\text{ext}}), \qquad i = 1,2,\cdots,n \tag{2.3.45}$$

$$y_{\text{FS}} = 0.5[(y_{n,\min} + y_{n,\max}) - (y_{1,\min} + y_{1,\max})] \tag{2.3.46}$$

## 2.3.12 计算实例

表 2.3.2 给出了一压力传感器的实际标定值。表 2.3.3 给出了中间计算过程值。参考直线选为最小二乘直线。

$$y = -2.535\,0 + 967.125x$$

**表 2.3.2 某压力传感器标定数据**

| 行程 | 输入压力 $x \cdot 10^{-5}$/Pa | 传感器输出电压 $y$/mV | | | | |
| --- | --- | --- | --- | --- | --- | --- |
| | | 第 1 循环 | 第 2 循环 | 第 3 循环 | 第 4 循环 | 第 5 循环 |
| 正行程 | 0.2 | 190.9 | 191.1 | 191.3 | 191.4 | 191.4 |
| | 0.4 | 382.8 | 383.2 | 383.5 | 383.8 | 383.8 |
| | 0.6 | 575.8 | 576.1 | 576.6 | 576.9 | 577.0 |
| | 0.8 | 769.4 | 769.8 | 770.4 | 770.8 | 771.0 |
| | 1.0 | 963.9 | 964.6 | 965.2 | 965.7 | 966.0 |
| 反行程 | 1.0 | 964.4 | 965.1 | 965.7 | 965.7 | 966.1 |
| | 0.8 | 770.6 | 771.0 | 771.4 | 771.4 | 772.0 |
| | 0.6 | 577.3 | 577.4 | 578.1 | 578.1 | 578.5 |
| | 0.4 | 384.1 | 384.2 | 384.1 | 384.9 | 384.9 |
| | 0.2 | 191.6 | 191.6 | 192.0 | 191.9 | 191.9 |

表 2.3.3 某压力传感器标定数据的计算处理过程

| 计算内容 | 输入压力 $x \cdot 10^{-5}$/Pa | | | | | 备 注 |
|---|---|---|---|---|---|---|
| | 0.2 | 0.4 | 0.6 | 0.8 | 1.0 | |
| 正行程平均校准输出 $\bar{y}_{ui}$ | 191.22 | 383.42 | 576.48 | 770.28 | 965.08 | |
| 反行程平均校准输出 $\bar{y}_{di}$ | 191.80 | 384.56 | 577.88 | 771.28 | 965.40 | |
| 迟滞 $\Delta y_{i,\mathrm{H}}$ | 0.58 | 1.14 | 1.40 | 1.00 | 0.32 | $(\Delta y_{\mathrm{H}})_{\max}=1.40$ |
| 总平均校准输出 $\bar{y}_i$ | 191.51 | 383.99 | 577.18 | 770.78 | 965.24 | |
| 最小二乘直线输出 $y_i$ | 190.89 | 384.32 | 577.74 | 771.17 | 964.59 | $y_{\mathrm{FS}}=773.70$ |
| 非线性偏差 $\Delta y_{i,\mathrm{L}}$ | 0.62 | −0.33 | −0.56 | −0.39 | 0.65 | $(\Delta y_{\mathrm{L}})_{\max}=0.65$ |
| 正行程非线性迟滞 $\bar{y}_{ui}-y_i$ | 0.33 | −0.90 | −1.26 | −0.88 | 0.49 | $(\Delta y_{\mathrm{LH}})_{\max}=1.26$ |
| 反行程非线性迟滞 $\bar{y}_{di}-y_i$ | 0.91 | 0.24 | 0.14 | 0.11 | 0.81 | |
| 正行程极差 $W_{ui}$ | 0.5 | 1.0 | 1.2 | 1.6 | 2.1 | $\max(s_{ui},s_{di})=0.847$ |
| 反行程极差 $W_{di}$ | 0.4 | 0.8 | 1.2 | 1.4 | 1.7 | |
| 正行程标准偏差 $s_{ui}$ | 0.217 | 0.427 | 0.517 | 0.672 | 0.847 | $s_{ui}$由式(2.3.32)计算 |
| 反行程标准偏差 $s_{di}$ | 0.187 | 0.385 | 0.512 | 0.522 | 0.663 | $\max(s_{ui},s_{di})=0.847$ |
| 正行程极限点 $(\bar{y}_{ui}-3s_{ui},\bar{y}_{ui}+3s_{ui})$ | 190.57, 191.87 | 382.14, 384.70 | 574.93, 578.03 | 768.26, 772.30 | 962.54, 967.62 | $s_{ui}$由式(2.3.32)计算 |
| 反行程极限点 $(\bar{y}_{di}-3s_{di},\bar{y}_{di}+3s_{di})$ | 191.24, 192.36 | 383.40, 385.72 | 576.34, 579.42 | 769.71, 772.85 | 963.41, 967.39 | |
| 综合极限点 $(y_{i,\min},y_{i,\max})$ | 190.57, 192.36 | 382.14, 385.72 | 574.93, 579.42 | 768.26, 772.85 | 962.54, 967.62 | |
| 极限点偏差 $\Delta y_{i,\mathrm{ext}}$ | 0.90 | 1.79 | 2.25 | 2.30 | 2.54 | $\Delta y_{\mathrm{ext}}=2.54$ |

1. 测量范围与量程

测量范围为$(0.2\times10^5\,\mathrm{Pa},1.0\times10^5\,\mathrm{Pa})$，量程为 $0.8\times10^5\,\mathrm{Pa}$

2. 灵敏度

$$S=\frac{(965.24-191.51)\mathrm{mV}}{0.8\times10^5\,\mathrm{Pa}}=967.16\times10^{-5}\,\mathrm{mV/Pa}$$

3. 非线性(最小二乘线性度)

$$\xi_{\mathrm{LS}}=\frac{|(\Delta y_{\mathrm{L}})_{\max}|}{y_{\mathrm{FS}}}\times100\ \%=\frac{0.65}{773.70}\times100\ \%=0.084\ \%$$

4. 迟 滞

$$\xi_{\mathrm{H}}=\frac{(\Delta y_{\mathrm{H}})_{\max}}{2y_{\mathrm{FS}}}\times100\ \%=\frac{1.40}{2\times773.70}\times100\ \%=0.091\ \%$$

5. 非线性迟滞

$$\xi_{\mathrm{LH}}=\frac{(\Delta y_{\mathrm{LH}})_{\max}}{y_{\mathrm{FS}}}\times100\ \%=\frac{1.26}{773.70}\times100\ \%=0.163\ \%$$

6. 重复性

(1) 极差法

利用式(2.3.30)可以计算出各个测点处的 $s_{ui}$ 和 $s_{di}$，然后利用式(2.3.33)计算出 $s_i$ 。则按式(2.3.34)计算出的标准偏差为

$$s = \sqrt{\frac{1}{n}\sum_{i=1}^{n} s_i^2} = \sqrt{\frac{1}{2n}\sum_{i=1}^{n}(s_{ui}^2 + s_{di}^2)} =$$

$$\sqrt{\frac{1}{2\times 5}\left[\frac{1}{2.48^2}(0.5^2+0.4^2+1.0^2+0.8^2+1.2^2+1.2^2+1.6^2+1.4^2+2.1^2+1.7^2)\right]} = 0.522$$

重复性为

$$\xi_R = \frac{3s}{y_{FS}}\times 100\ \% = \frac{3\times 0.522}{773.70}\times 100\ \% = 0.202\ \%$$

按式(2.3.35)计算出的标准偏差为

$$s = \max(s_{ui}, s_{di}) = 0.847$$

重复性为

$$\xi_R = \frac{3s}{y_{FS}}\times 100\ \% = \frac{3\times 0.847}{773.70}\times 100\ \% = 0.328\ \%$$

(2) 贝赛尔公式

按式(2.3.34)计算出的标准偏差为

$$s = \sqrt{\frac{1}{n}\sum_{i=1}^{n} s_i^2} = \sqrt{\frac{1}{2n}\sum_{i=1}^{n}(s_{ui}^2 + s_{di}^2)} =$$

$$\sqrt{\frac{1}{2\times 5}(0.217^2+0.187^2+0.427^2+0.385^2+0.517^2+0.512^2+0.672^2+0.522^2+0.847^2+0.663^2)} = 0.532$$

重复性为

$$\xi_R = \frac{3s}{y_{FS}}\times 100\ \% = \frac{3\times 0.532}{773.70}\times 100\ \% = 0.206\ \%$$

按式(2.3.35)计算出的标准偏差为

$$s = \max(s_{ui}, s_{di}) = 0.847$$

重复性为

$$\xi_R = \frac{3s}{y_{FS}}\times 100\ \% = \frac{3\times 0.847}{773.70}\times 100\ \% = 0.328\ \%$$

7. 综合误差

① 直接代数和(重复性由贝赛尔公式计算得到，$\xi_R = 0.206\ \%$)为

$$\xi_a = \xi_L + \xi_H + \xi_R = 0.084\ \% + 0.091\ \% + 0.206\ \% = 0.381\ \%$$

② 均方根(重复性由贝赛尔公式计算得到，$\xi_R = 0.206\ \%$)为

$$\xi_a = \sqrt{\xi_L^2 + \xi_H^2 + \xi_R^2} = \sqrt{(0.084\ \%)^2 + (0.091\ \%)^2 + (0.206\ \%)^2} = 0.240\ \%$$

③ 综合考虑非线性迟滞和重复性(重复性由贝赛尔公式计算得到，$\xi_R = 0.206\ \%$)，则

$$\xi_a = \xi_{LH} + \xi_R = 0.163\ \% + 0.206\ \% = 0.369\ \%$$

④ 综合考虑迟滞和重复性(重复性由贝赛尔公式计算得到，$\xi_R = 0.206\ \%$)，则

$$\xi_a = \xi_H + \xi_R = 0.091\ \% + 0.206\ \% = 0.297\ \%$$

⑤ 极限点法。

利用式(2.3.45)可以计算出“极限点法”综合误差为

$$\xi_a = \frac{\Delta y_{ext}}{y_{FS}} \times 100\ \% = \frac{2.54}{773.62} \times 100\ \% = 0.328\ \%$$

注:此处 $y_{FS}$ 由式(2.3.46)计算得到,即

$$y_{FS} = 0.5(962.54 + 967.62) - 0.5(190.57 + 192.36) = 773.62$$

# 2.4 非线性传感器静态性能指标计算的进一步讨论

## 2.4.1 问题的提出

近年来,计算机已成为自动化领域信息处理的基础,在测量、控制系统中得到了广泛的应用。因此,对于系统中使用的传感器已不再特别地追求其输入/输出特性的线性度,而更多地考虑其灵敏度、稳定性、重复性和可靠性等指标。设计、研制实用的、性能稳定的、重复性好的非线性传感器,如谐振式传感器等,受到了人们的普遍重视。同时,对于以往仅利用“线性范围”的传感器,合理地扩展其使用范围和量程成为可能,如变间隙的电容式传感器等。这些变化为传感器技术领域和自动化技术领域的研究人员、工程技术人员提供了更多的选择。

对于传感器的性能评估、指标计算方法,2.3 节给出了基于传感器的输出测量值进行的。但所有的测量过程,实际上希望的是,通过传感器的输出值解算得出的输入被测量的值是精确的。如要测量大气压力,不论采用什么敏感原理来实现测量,目的都是一致的,即要精确地给出输入被测压力值。如果是通过输出“电压”变换的(如对于硅压阻式压力传感器、应变式压力传感器等),则希望由输出电压解算出的被测压力值精确;如果是通过输出“频率”变换的(如对于谐振筒式压力传感器、谐振膜式压力传感器、声表面波压力传感器等),则希望由输出频率解算出的被测压力值精确。

因此,严格地说,人们关心的是传感器反映被测输入量的测量误差,而不是传感器的直接输出量;即对传感器性能指标的评估、计算,应当都针对由直接的输出测量值解算出相应的被测量值,然后由它们来评估、计算传感器的各项性能指标。

应当指出,对于线性传感器,传感器的静态灵敏度为常值时,由其输出测量值计算出的性能指标,与由它们解算出的相应的输入被测量值计算得到的性能指标相差极小,可忽略(这可从下面的结果中直接导出)。因此对于线性传感器,现有的评估、计算性能指标的方法是可行的。

但对于非线性传感器,如谐振筒式压力传感器、谐振膜式压力传感器等,其灵敏度不为常值,即相同的输出变化量对应的输入变化量不同,特别是当非线性程度很大时,差别更加明显。因此直接由传感器的输出测量值来评估、计算非线性传感器的性能指标,就不能准确地反映传感器的特性,应当采用新的计算方法。

## 2.4.2 数据的基本处理

基于标定过程得到的传感器的实测数据$(x_i, y_{uij})$与$(x_i, y_{dij})$$(i=1,2,\cdots,n;j=1,2,\cdots,m)$,可以得到传感器的输入/输出关系$(x_i, \bar{y}_i)$。利用这组点$(x_i, \bar{y}_i)$可以拟合成一条曲线来表述,通常可以写成式(2.1.1)的形式,即 $y=f(x)$,也可以将其写成

$$x = g(y) \tag{2.4.1}$$

函数 $g(\cdot)$是函数 $f(\cdot)$的反函数。理论上，$g(\cdot)$是存在的，即为传感器实际应用时的"解算函数"。它可以是整段描述的，也可以是分段描述的。

实际的测量过程就是根据得到的输出测量值 $y$，利用式(2.4.1)计算相应的输入被测量值 $x$。为了反映这一物理本质，这里称式(2.4.1)计算得到的 $x$ 为"被测校准值"。

对于给定的第 $i$ 个测点的输入量值 $x_i$，第 $j$ 个循环正、反行程得到的输出测量值分别为 $y_{uij}$ 和 $y_{dij}$。利用式(2.4.1) 可以得到由传感器输入 / 输出特性计算出相应的"被测校准值"$x_{uij}$ 和 $x_{dij}$，即

$$\left.\begin{aligned} x_{uij} &= g(y_{uij}) \\ x_{dij} &= g(y_{dij}) \end{aligned}\right\} \tag{2.4.2}$$

为便于讨论，假设

$$\left.\begin{aligned} y_{uij} &= \bar{y}_i + \Delta y_{Uij} \\ y_{dij} &= \bar{y}_i + \Delta y_{Dij} \end{aligned}\right\} \tag{2.4.3}$$

式中　$\bar{y}_i$——第 $i$ 个测点对应的输出测量值的平均值，由式(2.2.3)确定；

$\Delta y_{Uij}$，$\Delta y_{Dij}$——第 $j$ 个循环，正、反行程的输出测量值 $y_{uij}$ 和 $y_{dij}$ 与输出测量值的平均值 $\bar{y}_i$ 之间的偏差(为了区别该偏差与式(2.3.32) 对应的偏差 $\Delta y_{uij}$，正行程用下标 U 描述，反行程用下标 D 描述)，均为小量。

故式(2.4.2)可写为

$$\left.\begin{aligned} x_{uij} &\approx g(\bar{y}_i) + g'(\bar{y}_i)\Delta y_{Uij} = \bar{x}_i + g'(\bar{y}_i)\Delta y_{Uij} \\ x_{dij} &\approx g(\bar{y}_i) + g'(\bar{y}_i)\Delta y_{Dij} = \bar{x}_i + g'(\bar{y}_i)\Delta y_{Dij} \end{aligned}\right\} \tag{2.4.4}$$

式中　$g(\bar{y}_i)$，$g'(\bar{y}_i)$—— 在传感器的输入 / 输出特性曲线上，以输出测量值为自变量，以输入被测量为因变量，对应于 $\bar{y}_i$ 的函数值和一阶导数值；

$\bar{x}_i$—— 第 $i$ 个测点，对应于传感器输入 / 输出特性曲线上的"被测校准值" 的平均值，$\bar{x}_i = g(\bar{y}_i)$，而且满足

$$\frac{1}{2m}\sum_{j=1}^{m}(x_{uij} + x_{dij}) = \bar{x}_i + g'(\bar{y}_i)\frac{1}{2m}\sum_{j=1}^{m}(\Delta y_{Uij} + \Delta y_{Dij}) = \bar{x}_i \tag{2.4.5}$$

这表明：第 $i$ 个测点的 $2m$ 个"被测校准值"$x_{uij}$ 和 $x_{dij}$ $(j = 1,2,\cdots,m)$的平均值就是传感器输入/输出特性曲线上对应于 $\bar{y}_i$ 的"被测校准值"。

## 2.4.3　误差的描述

对于给定的输入被测量值 $x_{sm}$(注：下标 sm 代表 standard measurand，标准测量值)，如果某次输出测量值为 $y_m$，则由式(2.4.1)计算出的"被测校准值"为

$$x_{cm} = g(y_m) \tag{2.4.6}$$

因此，在实际测量过程中，所关心的是"被测校准值"$x_{cm}$与给定的输入被测量值 $x_{sm}$之间的偏差。这个偏差才是真正意义上的测量误差，如图 2.4.1 所示，可描述为

$$\Delta x_m = x_{cm} - x_{sm} \tag{2.4.7}$$

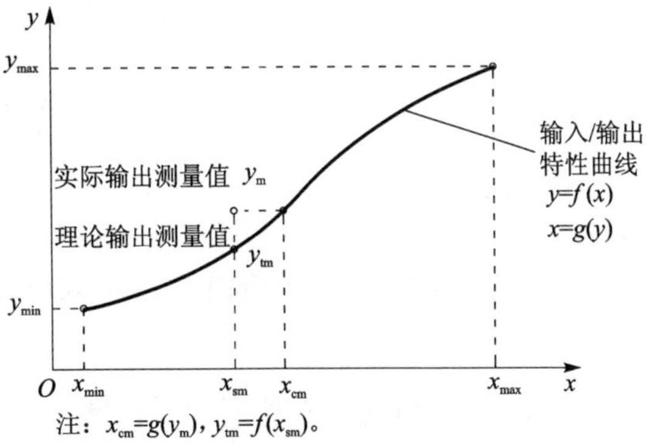


图 2.4.1　误差的描述示意图

### 2.4.4 符合度的计算

由式(2.4.1)描述的传感器的静态特性曲线 $x=g(y)$,是根据一组校准点$(x_i,\bar{y}_i)$拟合而成的,但是这些点$(x_i,\bar{y}_i)$不一定在这条静态曲线上,即由输出校准值 $\bar{y}_i$ 解算出来的"被测校准值"的均值 $\bar{x}_i$ 与给定的输入被测量值 $x_i$ 之间有偏差,这里称之为符合性偏差。反映它们之间不吻合程度的最大值就是符合度,如图 2.4.2 所示。计算公式为

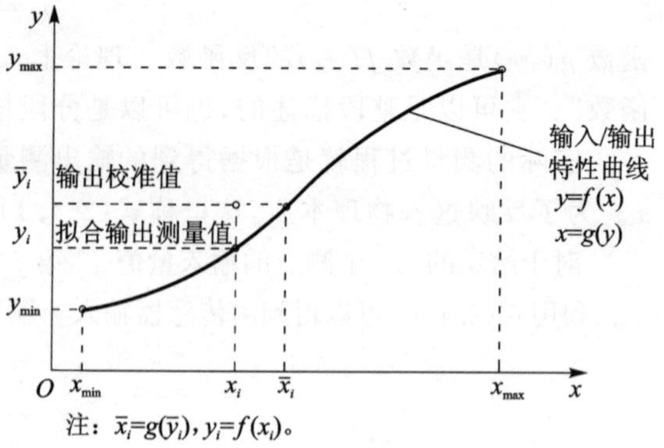


图 2.4.2 符合度偏差示意图

$$\xi_C^x=\frac{(\Delta x_C)_{max}}{x_{FS}}\times 100\ \% \qquad (2.4.8)$$

$$(\Delta x_C)_{max}=\max|\Delta x_{i,C}|,\ i=1,2,\cdots,n$$

式中 $x_{FS}$——满量程输入,$x_{FS}=x_{max}-x_{min}$;

$\Delta x_{i,C}$——符合性偏差,$\Delta x_{i,C}=\bar{x}_i-x_i$。

### 2.4.5 迟滞的计算

对于给定的第 $i$ 个测点的输入量值 $x_i$,第 $j$ 个循环正行程得到的输出测量值为 $y_{uij}$。利用式(2.4.4)可以导出传感器正行程"被测校准值"的算术平均值,即

$$\bar{x}_{ui}=\frac{1}{m}\sum_{j=1}^{m}x_{uij}=\bar{x}_i+g'(\bar{y}_i)\frac{1}{m}\sum_{j=1}^{m}(y_{uij}-\bar{y}_i)=$$
$$\bar{x}_i+g'(\bar{y}_i)\frac{1}{m}\sum_{j=1}^{m}y_{uij}-g'(\bar{y}_i)\bar{y}_i=\bar{x}_i+g'(\bar{y}_i)\bar{y}_{ui}-g'(\bar{y}_i)\bar{y}_i=$$
$$\bar{x}_i+g'(\bar{y}_i)(\bar{y}_{ui}-\bar{y}_i) \qquad (2.4.9)$$

类似地,可以导出传感器反行程"被测校准值"的算术平均值为

$$\bar{x}_{di}=\bar{x}_i+g'(\bar{y}_i)(\bar{y}_{di}-\bar{y}_i) \qquad (2.4.10)$$

于是,对于第 $i$ 个测点,传感器正、反行程"被测校准值"的平均值的偏差,即迟滞值为

$$\Delta x_{i,H}=|\bar{x}_{ui}-\bar{x}_{di}|=|g'(\bar{y}_i)(\bar{y}_{ui}-\bar{y}_{di})|=|g'(\bar{y}_i)|\Delta y_{i,H} \qquad (2.4.11)$$

则迟滞指标为

$$(\Delta x_H)_{max}=\max(\Delta x_{i,H}),\qquad i=1,2,\cdots,n \qquad (2.4.12)$$

迟滞误差为

$$\xi_H^x=\frac{(\Delta x_H)_{max}}{2x_{FS}}\times 100\ \% \qquad (2.4.13)$$

对于线性传感器,$g'(\bar{y}_i)$ 为常数,且有 $x_{FS}=|g'(\bar{y}_i)|\cdot y_{FS}$(或 $y_{FS}=|f'(\bar{x}_i)|\cdot x_{FS}$),即式(2.3.24)确定的$(\Delta y_H)_{max}$与式(2.4.12)确定的$(\Delta x_H)_{max}$对应着同一个测点;于是,由式(2.4.13)确定的"被测校准值"的迟滞误差 $\xi_H^x$ 与式(2.3.25)确定的输出测量值的迟滞误差 $\xi_H$ 是相同的,即 $\xi_H^x=\xi_H$。

### 2.4.6 符合性迟滞的计算

类似于非线性迟滞,符合性迟滞是表征传感器正行程和反行程标定曲线与参考曲线不一

致的程度。这里考虑一个反映传感器正、反行程"被测平均校准值" $\bar{x}_{ui}$，$\bar{x}_{di}$ 与给定的标准输入被测量值 $x_i$ 之间的误差。

对于第 $i$ 个测点 $x_i$，在拟合的输入 / 输出特性曲线上对应的"被测校准值"为 $\bar{x}_i$；正、反行程"被测校准值"的平均值分别为 $\bar{x}_{ui}$，$\bar{x}_{di}$，则正、反行程"被测校准值"的平均值对被测量值 $x_i$ 的偏差分别为 $\bar{x}_{ui}-x_i$ 和 $\bar{x}_{di}-x_i$。这两者中绝对值较大者就是符合性迟滞，即

$$\Delta x_{i,\mathrm{CH}} = \max\left(\left|\bar{x}_{ui}-x_i\right|,\left|\bar{x}_{di}-x_i\right|\right)=\left|\Delta x_{i,\mathrm{C}}\right|+0.5\Delta x_{i,\mathrm{H}},\qquad i=1,2,\cdots,n \tag{2.4.14}$$

在整个测量范围，符合性迟滞为

$$(\Delta x_{\mathrm{CH}})_{\max} = \max\left(\Delta x_{i,\mathrm{CH}}\right),\qquad i=1,2,\cdots,n \tag{2.4.15}$$

符合性迟滞误差为

$$\xi_{\mathrm{CH}}^{x} = \frac{(\Delta x_{\mathrm{CH}})_{\max}}{x_{\mathrm{FS}}}\times 100\ \% \tag{2.4.16}$$

### 2.4.7　重复性的计算

方法 1. 极差法

$$s_{ui}^{x} = \frac{W_{ui}^{x}}{d_m} \tag{2.4.17}$$

$$W_{ui}^{x} = \max\left(x_{uij}\right)-\min\left(x_{uij}\right),\qquad j=1,2,\cdots,m \tag{2.4.18}$$

式中　$W_{ui}^{x}$——极差，即第 $i$ 个测点正行程的 $m$ 个被测校准值中的最大值与最小值之差；

$d_m$——极差系数，见表 2.3.1。

基于传感器通常为单调的输入/输出特性的结论，结合式(2.4.4)、式(2.3.31)和式(2.4.17)，可有如下结论：

$$s_{ui}^{x} = \left|g'(\bar{y}_i)\right|\frac{W_{ui}}{d_m}=\left|g'(\bar{y}_i)\right|\cdot s_{ui} \tag{2.4.19}$$

式中 $W_{ui}$ 由式(2.3.31)计算得到。

用类似方法可以得到第 $i$ 个测点反行程被测校准值的极差 $W_{di}^{x}$ 和相应的 $s_{di}^{x}$。

方法 2. 贝赛尔公式

$$s_{ui}^{x} = \sqrt{\frac{1}{m-1}\sum_{j=1}^{m}(\Delta x_{uij})^2}=\sqrt{\frac{1}{m-1}\sum_{j=1}^{m}(x_{uij}-\bar{x}_{ui})^2} \tag{2.4.20}$$

进一步地，由式(2.4.4)、式(2.4.9)和式(2.4.20)，可得

$$s_{ui}^{x} = \sqrt{\frac{1}{m-1}\sum_{j=1}^{m}\left[\bar{x}_i+g'(\bar{y}_i)\Delta y_{\mathrm{U}ij}-\bar{x}_i-g'(\bar{y}_i)(\bar{y}_{ui}-\bar{y}_i)\right]^2}=$$

$$\left|g'(\bar{y}_i)\right|\cdot\sqrt{\frac{1}{m-1}\sum_{j=1}^{m}\left[\Delta y_{\mathrm{U}ij}-(\bar{y}_{ui}-\bar{y}_i)\right]^2}=\left|g'(\bar{y}_i)\right|\cdot\sqrt{\frac{1}{m-1}\sum_{j=1}^{m}\left[(y_{uij}-\bar{y}_i)-(\bar{y}_{ui}-\bar{y}_i)\right]^2}=$$

$$\left|g'(\bar{y}_i)\right|\cdot\sqrt{\frac{1}{m-1}\sum_{j=1}^{m}\left[(y_{uij}-\bar{y}_{ui})\right]^2}=\left|g'(\bar{y}_i)\right|\cdot s_{ui} \tag{2.4.21}$$

由式(2.4.17)，式(2.4.19)、式(2.4.20)或式(2.4.21)确定的 $s_{ui}^{x}$ 的物理意义与利用传感器输出值计算得到的 $s_{ui}$（见式(2.3.30)、式(2.3.32)）是一致的，此不赘述。

类似地可以给出第 $i$ 个测点由反行程被测校准值计算得到的子样标准偏差 $s_{di}^x$。

$$s_{di}^x = |g'(\bar{y}_i)| \cdot s_{di} \tag{2.4.22}$$

综合考虑正、反行程问题,第 $i$ 个测点由被测校准值计算得到的子样标准偏差为 $s_i^x$,由式(2.4.23)计算。

$$s_i^x = \sqrt{0.5[(s_{ui}^x)^2 + (s_{di}^x)^2]} = |g'(\bar{y}_i)| \cdot s_i \tag{2.4.23}$$

考虑整个测量范围,对于全部 $n$ 个测点,可以用式(2.4.24)来计算整个测试过程的标准偏差。

$$s^x = \sqrt{\frac{1}{n}\sum_{i=1}^{n}(s_i^x)^2} = \sqrt{\frac{1}{2n}\sum_{i=1}^{n}[(s_{ui}^x)^2 + (s_{di}^x)^2]} = \sqrt{\frac{1}{2n}\sum_{i=1}^{n}[g'(\bar{y}_i)]^2[(s_{ui})^2 + (s_{di})^2]} \tag{2.4.24}$$

也可以利用 $n$ 个测点的正、反行程子样标准偏差中的最大值,即式(2.4.25)来计算整个测试过程的标准偏差。

$$s^x = \max(s_{ui}^x, s_{di}^x), \qquad i = 1,2,\cdots,n \tag{2.4.25}$$

整个测试过程的标准偏差 $s$ 就可以描述传感器的随机误差,则传感器的重复性误差为

$$\xi_R^x = \frac{3s^x}{x_{FS}} \times 100\ \% \tag{2.4.26}$$

式中,3 为置信概率系数,$3s^x$ 为置信限或随机不确定度。其物理意义是:在整个测量范围内,传感器相对于满量程输出的随机误差不超过 $\xi_R^x$ 的置信概率为 99.73 %。

## 2.4.8 综合误差的计算

1. 综合考虑符合性、迟滞和重复性

可以采用直接代数和或均方根来表示"综合误差",见式(2.4.27)和式(2.4.28)。

$$\xi_a^x = \xi_C^x + \xi_H^x + \xi_R^x \tag{2.4.27}$$

$$\xi_a^x = \sqrt{(\xi_C^x)^2 + (\xi_H^x)^2 + (\xi_R^x)^2} \tag{2.4.28}$$

2. 综合考虑符合性迟滞和重复性

由于符合性、迟滞同属于系统误差,故可以将它们统一考虑。因此可以由式(2.4.29)计算综合误差。

$$\xi_a^x = \xi_{CH}^x + \xi_R^x \tag{2.4.29}$$

由于不同的拟合曲线 $x=g(y)$ 的表述将影响各分项指标的具体计算数值,所以在提出综合误差的同时,应指出使用拟合曲线 $x=g(y)$ 的具体形式。

直接代数和表明所考虑的各个分项误差是线性相关的,而均方根则表明所考虑的各个分项误差是完全独立、相互正交的。另一方面,由于符合性,迟滞或符合性迟滞误差属于系统误差,重复性属于随机误差,实际上系统误差与随机误差的最大值并不一定同时出现在相同的测点上。总之,上述处理方法人为因素比较大。

3. 极限点法

(1)方法一

对于第 $i$ 个测点,其正行程输出的平均校准点为 $(x_i, \bar{y}_{ui})$。如果以 $s_{ui}$ 记其子样标准偏差,那么随机测量值 $y_{uij}$ 偏离期望值 $\bar{y}_{ui}$ 的范围在 $(-3s_{ui}, 3s_{ui})$ 之间的置信概率为 99.73 %,则第 $i$ 个

测点的正行程输出值 $y_{uij}$ 以 99.73 % 的置信概率落在区域( $\bar{y}_{ui}-3s_{ui},\bar{y}_{ui}+3s_{ui}$)。类似地，第 $i$ 个测点的反行程输出值 $y_{dij}$ 以 99.73 % 的置信概率落在区域($\bar{y}_{di}-3s_{di},\bar{y}_{di}+3s_{di}$)。

对于 $\bar{y}_{ui}-3s_{ui},\bar{y}_{di}-3s_{di},\bar{y}_{ui}+3s_{ui}$ 和 $\bar{y}_{di}+3s_{di}$，可以由式(2.4.1) 确定的拟合曲线 $x=g(y)$ 计算，得到相应的“被测校准值” 分别为

$$x_{\text{ext},ui}^{(-)}=g(\bar{y}_{ui}-3s_{ui}) \tag{2.4.30}$$

$$x_{\text{ext},ui}^{(+)}=g(\bar{y}_{ui}+3s_{ui}) \tag{2.4.31}$$

$$x_{\text{ext},di}^{(-)}=g(\bar{y}_{di}-3s_{di}) \tag{2.4.32}$$

$$x_{\text{ext},di}^{(+)}=g(\bar{y}_{di}+3s_{di}) \tag{2.4.33}$$

于是，在 $x_i$ 处，由式(2.4.34)确定的误差

$$\Delta x_{i1,\text{ext}}=\max\left[\left|x_{\text{ext},ui}^{(-)}-x_i\right|,\left|x_{\text{ext},ui}^{(+)}-x_i\right|,\left|x_{\text{ext},di}^{(-)}-x_i\right|\left|x_{\text{ext},di}^{(+)}-x_i\right|\right],\quad i=1,2,\cdots,n \tag{2.4.34}$$

的置信概率为 99.73 %，即由“被测校准值”确定的测量误差不超过 $\Delta x_{i1,\text{ext}}$的概率为99.73 %。

在整个测量范围，由“被测校准值”确定的最大测量误差为

$$\Delta x_{\text{ext}}=\max(\Delta x_{i1,\text{ext}}),\qquad i=1,2,\cdots,n \tag{2.4.35}$$

对应的综合误差指标为

$$\xi_a^x=\frac{\Delta x_{\text{ext}}}{x_{\text{FS}}}\times 100\ \% \tag{2.4.36}$$

(2) 方法二

利用式(2.4.2)和式(2.4.9)以及 $s_{ui}^x$ 的物理意义，$x_{uij}$ 落入($\bar{x}_{ui}-3s_{ui}^x,\bar{x}_{ui}+3s_{ui}^x$) 的概率为 99.73 %；$x_{dij}$ 落入($\bar{x}_{di}-3s_{di}^x,\bar{x}_{di}+3s_{di}^x$) 的概率为 99.73 %。因此，在第 $i$ 个测点 $x_i$ 处，由正、反行程的输出测量值 $y_{uij}$ 和 $y_{dij}$ 计算得到的“被测校准值”$x_{uij}$ 或 $x_{dij}$ 落入集合($\bar{x}_{ui}-3s_{ui}^x,\bar{x}_{ui}+3s_{ui}^x$) 与集合($\bar{x}_{di}-3s_{di}^x,\bar{x}_{di}+3s_{di}^x$) 并集的概率为 99.73 %。即在第 $i$ 个测点 $x_i$ 处，最大测量误差为 $\bar{x}_{ui}-3s_{ui}^x,\bar{x}_{ui}+3s_{ui}^x,\bar{x}_{di}-3s_{di}^x,\bar{x}_{di}+3s_{di}^x$ 分别与 $x_i$ 差值的绝对值的最大值，即

$$\Delta x_{i2,\text{ext}}=\max\left[\left|(\bar{x}_{ui}-3s_{ui}^x)-x_i\right|,\left|(\bar{x}_{ui}+3s_{ui}^x)-x_i\right|,\left|(\bar{x}_{di}-3s_{di}^x)-x_i\right|,\left|(\bar{x}_{di}+3s_{di}^x)-x_i\right|\right]$$
$$i=1,2,\cdots,n \tag{2.4.37}$$

在整个测量范围，由“被测校准值”确定的最大测量误差为

$$\Delta x_{\text{ext}}=\max(\Delta x_{i2,\text{ext}}),\qquad i=1,2,\cdots,n \tag{2.4.38}$$

对应的综合误差指标为

$$\xi_a^x=\frac{\Delta x_{\text{ext}}}{x_{\text{FS}}}\times 100\ \% \tag{2.4.39}$$

### 2.4.9　计算实例

**计算实例 1：**一非线性传感器正、反行程的实测特性为 $y_u=1+0.01x+x^2-0.002\,5x^3$ 和 $y_d=1-0.01x+x^2+0.002\,5x^3$；$x,y$ 分别为传感器的输入和输出。输入范围为 $0\leqslant x\leqslant 2$。若以 $y=1+x^2$ 为传感器的参考输入 / 输出曲线特性，试计算该传感器的迟滞误差。

**解:**

1. 由输出值进行评估

基于题中给出的条件,传感器的满量程输出为

$$y_{FS} = (1+x^2)\Big|_{x=2} - (1+x^2)\Big|_{x=0} = 4$$

传感器正、反行程的迟滞特性为

$$\Delta y_H = y_u - y_d = 0.02x - 0.005x^3$$

利用 $\dfrac{\partial \Delta y_H}{\partial x} = 0$ ,可得

$$0.02 - 0.015x^2 = 0$$

即在输入范围 $0 \leqslant x \leqslant 2$ 内,$x = \dfrac{2}{\sqrt{3}}$ 时,迟滞值 $\Delta y_H$ 取得极大值,即

$$(\Delta y_H)_{max} = 0.02 \times \frac{2}{\sqrt{3}} - 0.005 \times \left(\frac{2}{\sqrt{3}}\right)^3 \approx 0.015\ 396$$

由式(2.3.25)计算得到的迟滞误差为

$$\xi_H = \frac{(\Delta y_H)_{max}}{2y_{FS}} \times 100\ \% = \frac{0.015\ 396}{2 \times 4} \times 100\ \% \approx 0.192\ 5\ \%$$

2. 由输入值(被测量)进行评估

由传感器的测量范围可得传感器的量程为

$$x_{FS} = 2 - 0 = 2$$

由于传感器的正、反行程特性曲线比较复杂,不便于给出由输出量对应的传感器正、反行程的输入量的简单函数表达式。利用数值分析的方法,可以给出不同的输出值对应的传感器正、反行程的输入量值 $x_u$ 和 $x_d$,详见表 2.4.1。

**表 2.4.1 给定输出值 y,计算得到的传感器正、反行程对应的输入被测量值**

| $y$ | $x_u$ | $x_d$ | $x_u - x_d$ |
|---|---|---|---|
| 1.00 | 0.0 | 0.0 | 0.0 |
| 1.02 | 0.146 48 | 0.136 53 | 0.009 96 |
| 1.05 | 0.228 60 | 0.218 72 | 0.009 88 |
| 1.10 | 0.321 13 | 0.311 38 | 0.009 75 |
| 1.2 | 0.451 98 | 0.442 48 | 0.009 50 |
| 1.4 | 0.636 96 | 0.627 97 | 0.009 00 |
| 1.6 | 0.778 85 | 0.770 35 | 0.008 50 |
| 1.8 | 0.898 43 | 0.890 43 | 0.008 00 |
| 2.0 | 1.003 75 | 0.996 25 | 0.007 50 |
| 2.2 | 1.098 94 | 1.091 94 | 0.007 00 |
| 2.4 | 1.186 46 | 1.179 96 | 0.006 50 |

续表 2.4.1

| $y$ | $x_u$ | $x_d$ | $x_u - x_d$ |
|---|---|---|---|
| 2.6 | 1.267 90 | 1.261 90 | 0.006 00 |
| 2.8 | 1.344 38 | 1.338 89 | 0.005 50 |
| 3.0 | 1.416 71 | 1.411 71 | 0.005 00 |
| 3.2 | 1.485 48 | 1.480 98 | 0.004 50 |
| 3.4 | 1.551 19 | 1.547 19 | 0.004 00 |
| 3.6 | 1.614 20 | 1.610 69 | 0.003 50 |
| 3.8 | 1.674 82 | 1.671 82 | 0.003 00 |
| 4.0 | 1.733 30 | 1.730 80 | 0.002 50 |
| 4.2 | 1.789 85 | 1.787 85 | 0.002 00 |
| 4.4 | 1.844 66 | 1.843 16 | 0.001 50 |
| 4.6 | 1.897 86 | 1.896 86 | 0.001 00 |
| 4.8 | 1.949 61 | 1.949 11 | 0.000 50 |
| 5.0 | 2.0 | 2.0 | 0.0 |

由表 2.4.1 提供的数值计算结果可知：在所计算的范围内，由输入被测量计算得到的传感器的迟滞为

$$(\Delta x_H)_{max} = 0.009\ 96$$

由式(2.4.13) 计算得到的迟滞误差为

$$\xi_H^x = \frac{(\Delta x_H)_{max}}{2x_{FS}} \times 100\ \% = \frac{0.009\ 96}{2 \times 2} \times 100\ \% = 0.249\ \%$$

另一方面，根据传感器的参考输入/输出曲线 $y=1+x^2$，可得由输出测量值计算传感器的被测量值的模型为

$$x = \sqrt{y-1}$$

$$g'(y) = \frac{1}{2\sqrt{y-1}}$$

借助于式(2.4.11)，由输入被测量计算得到的迟滞为

$$\Delta x_H = x_u - x_d = g'(y)\Delta y_H = \frac{1}{2\sqrt{y-1}}(0.02x - 0.005x^3)$$

将 $x=\sqrt{y-1}$代入上式，可得

$$\Delta x_H = \frac{1}{2x}(0.02x - 0.005x^3) = 0.01 - 0.002\ 5x^2 \qquad (2.4.40)$$

由于 $x=0$ 时，测量灵敏度 $y'(x)=0$，相应的 $f'(y)=\infty$，因此式(2.4.40) 只能讨论 $0 \leqslant x \leqslant 2$ 的情况，而不能讨论 $x=0$ 的极端情况(事实上，由 $y_u = 1+0.01x+x^2-0.002\ 5x^3$，$y_d = 1-0.01x+x^2+0.002\ 5x^3$ 可知：$x=0$ 时，$y_u = y_d = 1$；同样，$y=1$ 时，$x_u = x_d = 0$，$\Delta x_H = 0$，此即为表 2.4.1 第 2 行列出的数值)。在 $0 \leqslant x \leqslant 2$ 的范围内，输入被测量值接近于 $0(x \to 0)$ 时，迟滞值 $\Delta x_H$ 取得极大值，即

$$(\Delta x_H)_{max} = 0.01$$

于是,由输入被测量值计算得到的迟滞误差为

$$\xi_H^x = \frac{(\Delta x_H)_{max}}{2x_{FS}} \times 100\ \% = \frac{0.01}{2\times 2} \times 100\ \% = 0.25\ \%$$

数值分析、计算的结果与上述分析的结果是吻合的。

由上述分析、计算可见,在该算例中,由于传感器的输入/输出特性的非线性程度比较大,因此由传感器的输出值计算得到的迟滞误差小于由输入被测量值计算得到的迟滞误差。而且,对应于由输出值评估迟滞误差的输入量($x=\frac{2}{\sqrt{3}}\approx 1.1547$)和对应于由输入被测量评估迟滞误差的输入量($x\to 0$)差别也很大。

基于上述分析可知:由输入被测量值计算得到的迟滞误差和由传感器的输出值计算得到的迟滞误差之间的偏差与传感器输入/输出特性的非线性程度密切相关。

**计算实例 2:** 某电涡流式位移传感器,其输出为频率,特性方程形式为 $f = e^{(bx+a)} + f_\infty$。已知其 $f_\infty = 2.333$ MHz 及表 2.4.2 所列的一组标定数据,试评估其性能。

**表 2.4.2 某电涡流式位移传感器标定数据**

| 行程 | 输入位移 $x$/mm | 传感器输出频率 $f$/MHz | | | | |
|---|---|---|---|---|---|---|
| | | 第1循环 | 第2循环 | 第3循环 | 第4循环 | 第5循环 |
| 正行程 | 0.3 | 2.523 1 | 2.523 5 | 2.523 7 | 2.523 9 | 2.523 4 |
| | 0.5 | 2.502 9 | 2.502 6 | 2.502 3 | 2.502 5 | 2.502 4 |
| | 1.0 | 2.461 4 | 2.461 4 | 2.461 8 | 2.461 5 | 2.461 2 |
| | 1.5 | 2.432 1 | 2.432 4 | 2.432 9 | 2.432 9 | 2.432 1 |
| | 2.0 | 2.410 7 | 2.410 1 | 2.410 6 | 2.410 8 | 2.410 5 |
| | 3.0 | 2.380 7 | 2.381 0 | 2.380 3 | 2.380 1 | 2.380 6 |
| | 4.0 | 2.362 7 | 2.363 0 | 2.362 1 | 2.362 6 | 2.362 4 |
| | 5.0 | 2.351 8 | 2.351 6 | 2.351 2 | 2.351 1 | 2.351 9 |
| | 6.0 | 2.343 7 | 2.343 2 | 2.343 1 | 2.343 8 | 2.343 9 |
| 反行程 | 6.0 | 2.342 9 | 2.342 3 | 2.342 1 | 2.342 2 | 2.342 8 |
| | 5.0 | 2.350 0 | 2.350 8 | 2.350 6 | 2.350 3 | 2.350 7 |
| | 4.0 | 2.361 4 | 2.361 3 | 2.361 1 | 2.361 9 | 2.361 5 |
| | 3.0 | 2.379 1 | 2.379 2 | 2.379 8 | 2.379 3 | 2.379 9 |
| | 2.0 | 2.409 7 | 2.409 6 | 2.409 3 | 2.409 7 | 2.409 0 |
| | 1.5 | 2.431 6 | 2.431 5 | 2.431 3 | 2.431 7 | 2.431 5 |
| | 1.0 | 2.460 5 | 2.460 7 | 2.460 9 | 2.460 1 | 2.460 5 |
| | 0.5 | 2.501 3 | 2.501 2 | 2.501 5 | 2.501 8 | 2.501 6 |
| | 0.3 | 2.522 3 | 2.522 7 | 2.522 6 | 2.522 3 | 2.522 5 |

**解:**

第一步:利用标定数据拟合曲线。

由给出的标定数据,可以计算出该电涡流式位移传感器正行程平均输出 $\bar{f}_{ui}$、反行程平均输出 $\bar{f}_{di}$ 和总平均输出 $\bar{f}_i$。

利用曲线化直线的拟合方法，将该电涡流式位移传感器特性方程 $f=\mathrm{e}^{(bx+a)}+f_{\infty}$ 改写为 $y=\ln(f-f_{\infty})=bx+a$。根据 $\bar{f}_i$，可以计算出 $\bar{y}_i=\ln(\bar{f}_i-f_{\infty})$；利用得到的 $(x_i,\bar{y}_i)$，采用最小二乘法作直线拟合，可以得出 $a=-1.533\ 1$，$b=-0.506\ 14$。进一步可以计算出总平均输出 $\bar{f}_i$ 与拟合曲线输出 $f_i$ 的差值。其中最大负偏差为 −0.002 1，最大正偏差为 0.004 6，拟合效果较好。

有关计算数据列于表 2.4.3 中。

**表 2.4.3　某位移传感器输出标定数据的计算处理过程**

| 计算内容 | 输入位移 $x$/mm | | | | | | | | |
|---|---|---|---|---|---|---|---|---|---|
| | 0.3 | 0.5 | 1.0 | 1.5 | 2.0 | 3.0 | 4.0 | 5.0 | 6.0 |
| 正行程平均输出 $\bar{f}_{ui}$ | 2.523 5 | 2.502 5 | 2.461 5 | 2.432 5 | 2.410 5 | 2.380 5 | 2.362 6 | 2.351 5 | 2.343 5 |
| 反行程平均输出 $\bar{f}_{di}$ | 2.522 5 | 2.501 5 | 2.460 5 | 2.431 5 | 2.409 5 | 2.379 5 | 2.361 4 | 2.350 5 | 2.342 5 |
| 总平均输出 $\bar{f}_i$ | 2.523 0 | 2.502 0 | 2.461 0 | 2.434 0 | 2.410 0 | 2.380 0 | 2.362 0 | 2.351 0 | 2.343 0 |
| $\bar{y}_i=\ln(\bar{f}_i-f_{\infty})$ 值 | −1.660 7 | −1.777 8 | −2.055 7 | −2.312 6 | −2.563 9 | −3.057 6 | −3.540 5 | −4.017 4 | −4.605 2 |
| 拟合曲线输出 $f_i$ | 2.518 4 | 2.500 6 | 2.463 1 | 2.434 0 | 2.411 4 | 2.380 3 | 2.361 5 | 2.350 2 | 2.343 4 |
| 总平均输出 $\bar{f}_i$ 与拟合曲线输出 $f_i$ 的差值 | 0.004 6 | 0.001 4 | −0.002 1 | −0.00 20 | −0.001 4 | −0.000 3 | 0.000 5 | 0.000 8 | −0.000 4 |
| 正行程极差 $W_{ui}$ | 0.000 8 | 0.000 6 | 0.000 6 | 0.000 8 | 0.000 7 | 0.000 9 | 0.000 7 | 0.000 8 | 0.000 8 |
| 反行程极差 $W_{di}$ | 0.000 4 | 0.000 6 | 0.000 8 | 0.000 4 | 0.000 7 | 0.000 8 | 0.000 8 | 0.000 8 | 0.000 8 |
| 极差法正行程标准偏差 $s_{ui}$ | 0.000 32 | 0.000 24 | 0.000 24 | 0.000 32 | 0.000 28 | 0.000 36 | 0.000 28 | 0.000 32 | 0.000 32 |
| 极差法反行程标准偏差 $s_{di}$ | 0.000 16 | 0.000 24 | 0.000 32 | 0.000 16 | 0.000 28 | 0.000 32 | 0.000 32 | 0.000 32 | 0.000 32 |
| 极差法正行程极限点 $(\bar{f}_{ui}-3s_{ui},\bar{f}_{ui}+3s_{ui})$ | (2.522 5, 2.524 5) | (2.501 8, 2.503 2) | (2.460 8, 2.462 2) | (2.431 5, 2.433 5) | (2.409 7, 2.411 3) | (2.379 4, 2.381 6) | (2.361 8, 2.363 4) | (2.350 5, 2.352 5) | (2.342 5, 2.344 5) |
| 极差法反行程极限点 $(\bar{f}_{di}-3s_{di},\bar{f}_{di}+3s_{di})$ | (2.522 0, 2.523 0) | (2.500 8, 2.502 2) | (2.459 5, 2.461 5) | (2.431 0, 2.432 0) | (2.408 7, 2.410 3) | (2.378 5, 2.380 5) | (2.360 4, 2.362 4) | (2.349 5, 2.351 5) | (2.341 5, 2.343 5) |
| 极差法极限点偏差 $\Delta f_{i,\mathrm{ext}}$ | 0.006 1 | 0.002 6 | 0.003 6 | 0.003 0 | 0.002 7 | 0.001 8 | 0.001 9 | 0.002 3 | 0.001 9 |
| 贝赛尔公式计算正行程标准偏差 $s_{ui}$ | 0.0003 0 | 0.000 23 | 0.000 22 | 0.000 40 | 0.000 27 | 0.000 35 | 0.000 34 | 0.000 36 | 0.000 36 |
| 贝赛尔公式计算反行程标准偏差 $s_{di}$ | 0.0001 8 | 0.000 24 | 0.000 30 | 0.000 15 | 0.000 31 | 0.000 36 | 0.000 30 | 0.000 33 | 0.000 36 |
| 贝赛尔公式正行程极限点 $(\bar{f}_{ui}-3s_{ui},\bar{f}_{ui}+3s_{ui})$ | (2.522 6, 2.524 4) | (2.501 8, 2.503 2) | (2.460 8, 2.462 2) | (2.431 3, 2.433 7) | (2.409 7, 2.411 3) | (2.379 5, 2.381 6) | (2.361 6, 2.363 6) | (2.350 4, 2.352 6) | (2.342 4, 2.344 6) |
| 贝赛尔公式反行程极限点 $(\bar{f}_{di}-3s_{di},\bar{f}_{di}+3s_{di})$ | (2.522 0, 2.523 0) | (2.500 8, 2.502 2) | (2.459 6, 2.461 4) | (2.431 1, 2.432 0) | (2.408 6, 2.410 4) | (2.378 4, 2.380 6) | (2.360 5, 2.362 3) | (2.349 5, 2.351 5) | (2.341 4, 2.343 6) |
| 贝赛尔公式极限点偏差 $\Delta f_{i,\mathrm{ext}}$ | 0.006 0 | 0.002 6 | 0.003 5 | 0.002 9 | 0.002 8 | 0.001 9 | 0.002 1 | 0.002 4 | 0.002 0 |

第二步：利用输出标定数据对该位移传感器进行性能评估。

利用输出标定数据，可以计算出正行程极差 $W_{ui}$、反行程极差 $W_{di}$；可以由极差法计算出正行程标准偏差 $s_{ui}$、反行程标准偏差 $s_{di}$、相应的正行程极限点($\bar{f}_{ui}-3s_{ui}$，$\bar{f}_{ui}+3s_{ui}$)、反行程极限点($\bar{f}_{di}-3s_{di}$，$\bar{f}_{di}+3s_{di}$)以及由极差法得到的极限点偏差 $\Delta f_{i,ext}$；可以由贝赛尔公式计算出正行程标准偏差 $s_{ui}$、反行程标准偏差 $s_{di}$、相应的正行程极限点($\bar{f}_{ui}-3s_{ui}$，$\bar{f}_{ui}+3s_{ui}$)、反行程极限点($\bar{f}_{di}-3s_{di}$，$\bar{f}_{di}+3s_{di}$)以及相应的极限点偏差 $\Delta f_{i,ext}$ 等指标。其中按极限点评估标准偏差而得到的最大极限点偏差 $\Delta f_{ext}=0.006\,1$，发生在 $x=0.3$ 处；综合误差为 $\Delta f_{ext}/f_{FS}=0.006\,1/(2.518\,4-2.343\,4)=3.49\ \%$。(注：按照定义，$f_{FS}$ 为拟合曲线输出的最大值 2.518 4 与最小值 2.343 4 之差)。按贝赛尔公式评估标准偏差而得到的最大极限点偏差 $\Delta f_{ext}=0.006\,0$，也发生在 $x=0.3$ 处；综合误差为 $\Delta f_{ext}/f_{FS}=0.006\,0/(2.518\,4-2.343\,4)=3.43\ \%$。极差法与贝赛尔公式评估重复性有关计算数据列于表 2.4.3 中。

第三步：由方法一，利用"被测校准值"对该位移传感器进行性能评估。

基于上述计算结果，由方法一中式(2.4.30)～(2.4.34)可以评估该非线性传感器的静态特性，有关数据见表 2.4.4。由表 2.4.4 可知，最大极限点偏差 $\Delta x_{ext}=0.421\,9$，发生在 $x=6.0$ 处；综合误差为 $\Delta x_{ext}/x_{FS}=0.421\,9/(6.0-0.3)=7.40\ \%$。

**表 2.4.4 某位移传感器按被测校准值的计算处理过程(方法一)**

| 计算内容 | 输入位移 $x$/mm | | | | | | | | |
|---|---|---|---|---|---|---|---|---|---|
| | 0.3 | 0.5 | 1.0 | 1.5 | 2.0 | 3.0 | 4.0 | 5.0 | 6.0 |
| $x_{ext,ui}^{(-)}$ | 0.256 1 | 0.485 2 | 1.035 5 | 1.554 6 | 2.043 5 | 3.033 6 | 3.861 8 | 4.741 0 | 5.770 4 |
| $x_{ext,ui}^{(+)}$ | 0.237 3 | 0.469 0 | 1.015 3 | 1.506 7 | 2.002 2 | 2.946 1 | 3.996 7 | 4.969 4 | 6.182 1 |
| $x_{ext,di}^{(-)}$ | 0.263 1 | 0.499 0 | 1.053 4 | 1.558 6 | 2.074 3 | 3.081 8 | 4.067 2 | 5.080 2 | 6.421 9 |
| $x_{ext,di}^{(+)}$ | 0.251 9 | 0.481 2 | 1.025 8 | 1.540 8 | 2.027 0 | 2.988 8 | 3.943 5 | 4.858 2 | 5.962 9 |
| $\Delta x_{i1,ext}$ | 0.062 7 | 0.031 0 | 0.053 4 | 0.058 6 | 0.074 3 | 0.081 8 | 0.138 2 | 0.259 0 | 0.421 9 |

第四步：由方法二，利用"被测校准值"对该位移传感器进行性能评估。

对于该电涡流式位移传感器，由拟合曲线，利用获得的输出标定值可以计算出相应的"被测校准值"，列于表 2.4.5 中。基于表 2.4.5，可以计算出该电涡流式位移传感器正行程"被测校准值"的平均值 $\bar{x}_{ui}$、反行程"被测校准值"的平均值 $\bar{x}_{di}$ 和"被测校准值"的平均值 $\bar{x}_i$；可以由被测校准值计算出正行程极差 $W_{ui}^x$、反行程极差 $W_{di}^x$；可以由极差法计算出正行程标准偏差 $s_{ui}^x$、反行程标准偏差 $s_{di}^x$、相应的正行程极限点($\bar{x}_{ui}-3s_{ui}^x$，$\bar{x}_{ui}+3s_{ui}^x$)、反行程极限点($\bar{x}_{di}-3s_{di}^x$，$\bar{x}_{di}+3s_{di}^x$)以及由极差法得到的极限点偏差 $\Delta x_{i,ext}$；可以由贝赛尔公式计算出正行程标准偏差 $s_{ui}^x$、反行程标准偏差 $s_{di}^x$、相应的正行程极限点($\bar{x}_{ui}-3s_{ui}^x$，$\bar{x}_{ui}+3s_{ui}^x$)、反行程极限点($\bar{x}_{di}-3s_{di}^x$，$\bar{x}_{di}+3s_{di}^x$)以及相应的极限点偏差 $\Delta x_{i2,ext}$ 等指标。其中按极限点评估标准偏差而得到的最大极限点偏差 $\Delta x_{ext}=0.381\,6$，发生在 $x=6.0$ 处；综合误差为 $\Delta x_{ext}/x_{FS}=0.381\,6/(6.0-0.3)=6.69\ \%$。按贝赛尔公式评估标准偏差而得到的最大极限点偏差 $\Delta x_{ext}=0.408\,0$，也发生在 $x=6.0$ 处；综合误差为 $\Delta x_{ext}/x_{FS}=0.408\,0/(6.0-0.3)=7.16\ \%$。有关计算数据列于表 2.4.6 中。

**表 2.4.5　某电涡流式位移传感器依输出值计算得到的被测校准值**

| 行程 | 输入位移 $x$/mm | 传感器的被测校准值 $x$/mm | | | | |
|---|---|---|---|---|---|---|
| | | 第 1 循环 | 第 2 循环 | 第 3 循环 | 第 4 循环 | 第 5 循环 |
| 正行程 | 0.3 | 0.251 0 | 0.246 9 | 0.244 8 | 0.242 7 | 0.247 9 |
| | 0.5 | 0.473 0 | 0.476 5 | 0.480 0 | 0.477 7 | 0.478 8 |
| | 1.0 | 1.026 3 | 1.026 3 | 1.020 2 | 1.024 8 | 1.029 4 |
| | 1.5 | 1.538 1 | 1.532 1 | 1.522 2 | 1.522 2 | 1.538 1 |
| | 2.0 | 2.018 7 | 2.034 0 | 2.021 3 | 2.016 2 | 2.023 8 |
| | 3.0 | 2.982 7 | 2.970 3 | 2.999 3 | 3.007 7 | 2.986 9 |
| | 4.0 | 3.918 8 | 3.898 9 | 3.959 1 | 3.925 4 | 3.938 8 |
| | 5.0 | 4.822 3 | 4.843 4 | 4.886 3 | 4.897 2 | 4.811 8 |
| | 6.0 | 5.935 8 | 6.030 3 | 6.049 8 | 5.917 4 | 5.899 2 |
| 反行程 | 6.0 | 6.089 3 | 6.212 9 | 6.255 8 | 6.234 2 | 6.109 4 |
| | 5.0 | 5.021 1 | 4.930 2 | 4.952 6 | 4.986 5 | 4.941 4 |
| | 4.0 | 4.007 2 | 4.014 2 | 4.028 2 | 3.972 7 | 4.000 3 |
| | 3.0 | 3.050 1 | 3.045 8 | 3.020 3 | 3.041 6 | 3.016 1 |
| | 2.0 | 2.044 3 | 2.046 9 | 2.054 6 | 2.044 3 | 2.062 4 |
| | 1.5 | 1.548 1 | 1.550 1 | 1.554 1 | 1.546 1 | 1.550 1 |
| | 1.0 | 1.040 2 | 1.037 1 | 1.034 0 | 1.046 4 | 1.040 2 |
| | 0.5 | 0.491 7 | 0.492 9 | 0.489 3 | 0.485 8 | 0.488 2 |
| | 0.3 | 0.259 4 | 0.255 0 | 0.256 2 | 0.259 4 | 0.257 3 |

**表 2.4.6　某位移传感器按被测校准值的计算处理过程(方法二)**

| 计算内容 | 输入位移 $x$/mm | | | | | | | | |
|---|---|---|---|---|---|---|---|---|---|
| | 0.3 | 0.5 | 1.0 | 1.5 | 2.0 | 3.0 | 4.0 | 5.0 | 6.0 |
| 正行程"被测校准值"的平均值 $\bar{x}_{ui}$ | 0.246 7 | 0.477 2 | 1.025 4 | 1.530 5 | 2.022 8 | 2.989 4 | 3.928 2 | 4.852 2 | 5.966 5 |
| 反行程"被测校准值"的平均值 $\bar{x}_{di}$ | 0.257 5 | 0.489 6 | 1.039 6 | 1.549 7 | 2.050 5 | 3.034 8 | 4.004 5 | 4.966 4 | 6.180 3 |
| "被测校准值"的平均值 $\bar{x}_i$ | 0.252 1 | 0.483 4 | 1.032 5 | 1.540 1 | 2.036 7 | 3.012 1 | 3.966 4 | 4.909 3 | 6.073 4 |
| "被测校准值"的平均值 $\bar{x}_i$ 与给定输入 $\bar{x}_i$ 的差值 | −0.047 9 | −0.016 6 | 0.032 5 | 0.040 1 | 0.036 7 | 0.012 1 | −0.033 6 | −0.090 7 | 0.073 4 |

**续表 2.4.6**

| 计算内容 | 输入位移 $x$/mm | | | | | | | | |
|---|---|---|---|---|---|---|---|---|---|
| | 0.3 | 0.5 | 1.0 | 1.5 | 2.0 | 3.0 | 4.0 | 5.0 | 6.0 |
| “被测校准值”正行程极差 $W_{ui}^{x}$ | 0.008 3 | 0.007 0 | 0.009 2 | 0.015 9 | 0.017 8 | 0.037 4 | 0.060 6 | 0.085 4 | 0.150 2 |
| “被测校准值”反行程极差 $W_{di}^{x}$ | 0.004 4 | 0.007 1 | 0.012 4 | 0.008 0 | 0.018 1 | 0.034 0 | 0.055 5 | 0.090 9 | 0.166 5 |
| 极差法正行程标准偏差 $s_{ui}^{x}$ | 0.003 3 | 0.002 8 | 0.003 7 | 0.006 4 | 0.007 2 | 0.015 1 | 0.024 4 | 0.034 4 | 0.060 6 |
| 极差法反行程标准偏差 $s_{di}^{x}$ | 0.001 8 | 0.002 9 | 0.005 0 | 0.003 2 | 0.007 3 | 0.013 7 | 0.022 4 | 0.036 7 | 0.067 1 |
| 极差法正行程极限点 $(\bar{x}_{ui}-3s_{ui}^{x},\bar{x}_{ui}+3s_{ui}^{x})$ | (0.236 8, 0.256 6) | (0.468 8, 0.485 6) | (1.014 3, 1.036 5) | (1.511 3, 1.549 7) | (2.001 2, 2.044 4) | (2.944 1, 3.034 7) | (3.855 0, 4.074 6) | (4.749 0, 4.955 4) | (5.784 7, 6.148 3) |
| 极差法反行程极限点 $(\bar{x}_{di}-3s_{di}^{x},\bar{x}_{di}+3s_{di}^{x})$ | (0.252 1, 0.262 9) | (0.480 9, 0.498 3) | (1.024 6, 1.054 6) | (1.540 1, 1.559 3) | (2.028 6, 2.072 4) | (2.993 7, 3.075 9) | (3.937 3, 4.138 9) | (4.856 3, 5.076 5) | (5.979 0, 6.381 6) |
| 极差法极限点偏差 $\Delta x_{i2,\mathrm{ext}}$ | 0.063 2 | 0.031 2 | 0.054 6 | 0.059 3 | 0.072 4 | 0.075 9 | 0.138 9 | 0.251 0 | 0.381 6 |
| 贝赛尔公式计算正行程标准偏差 $s_{ui}^{x}$ | 0.003 1 | 0.002 7 | 0.003 4 | 0.008 0 | 0.006 9 | 0.014 6 | 0.022 5 | 0.038 1 | 0.068 7 |
| 贝赛尔公式计算反行程标准偏差 $s_{di}^{x}$ | 0.001 9 | 0.002 8 | 0.004 6 | 0.003 0 | 0.007 9 | 0.015 5 | 0.021 6 | 0.037 2 | 0.075 9 |
| 贝赛尔公式正行程极限点 $(\bar{x}_{ui}-3s_{ui}^{x},\bar{x}_{ui}+3s_{ui}^{x})$ | (0.237 4, 0.256 0) | (0.469 1, 0.485 3) | (1.015 2, 1.035 6) | (1.506 5, 1.554 5) | (2.002 1, 2.043 5) | (2.945 8, 3.033 4) | (3.860 7, 3.995 7) | (4.739 0, 4.967 6) | (5.760 4, 6.172 6) |
| 贝赛尔公式反行程极限点 $(\bar{x}_{di}-3s_{di}^{x},\bar{x}_{di}+3s_{di}^{x})$ | (0.251 8, 0.263 2) | (0.481 2, 0.498 0) | (1.025 8, 1.053 4) | (1.540 7, 1.558 7) | (2.268 0, 2.074 2) | (2.988 3, 3.081 3) | (3.939 7, 4.069 3) | (4.854 8, 5.078 0) | (5.952 6, 6.408 0) |
| 贝赛尔公式极限点偏差 $\Delta x_{i2,\mathrm{ext}}$ | 0.062 6 | 0.030 9 | 0.053 4 | 0.058 7 | 0.074 2 | 0.081 3 | 0.139 3 | 0.261 0 | 0.408 0 |

通过上述计算分析可知,如果直接按输出标定值进行评估,则最大偏差发生在测量的初段,即位移较小的区域;而如果按被测校准值进行评估,则最大偏差发生在测量的末段,即位移较大的区域。由于该非线性位移传感器在位移较大时,其灵敏度较低,故折算到被测输入值的偏差就较大。所以按被测校准值评估得到的偏差,就比直接按输出标定值进行评估得到的偏差要大许多。针对本算例,按输出标定值评估传感器的静态特性时就有较大的失真,特别在被测位移较大的区域,其实际测量偏差较大。至于按被测校准值对非线性传感器静态特性进行评估,采用方法一或方法二,得到的评估结果比较吻合。从计算的过程来考虑,方法二更符合实际情况。

上述计算实例充分说明,对于非线性传感器,应当由其输入被测量值来评估传感器的特性,这样更科学,能更准确地反映出传感器的实际性能指标。

# 2.5　传感器动态特性方程

在测试过程中，被测量 $x(t)$ 总是不断变化的，传感器的输出 $y(t)$ 也是不断变化的。而测试的任务就是通过传感器的输出 $y(t)$ 来获取、估计输入被测量 $x(t)$。这就要求输出 $y(t)$ 能够实时地、无失真地跟踪被测量 $x(t)$ 的变化过程，因此就必须要研究传感器的动态特性。

传感器的动态特性反映的是传感器在动态测量过程中的特性。在动态测量过程中，描述传感器系统的一些特征量随时间而变化，而且随时间的变化程度与传感器固有的最低阶运动模式的变化程度相比，不是缓慢的变化过程。

传感器动态特性方程就是指在动态测量时，传感器的输出量与输入被测量之间随时间变化的函数关系。它依赖于传感器本身的测量原理、结构，取决于系统内部机械的、电气的、磁性的、光学的等各种参数，而且这个特性本身不因输入量、时间和环境条件的不同而变化。为了便于分析、讨论问题，本书只针对线性传感器来讨论。

对于线性传感器，通常可以采用时域的微分方程、状态方程和复频域的传递函数来描述。

## 2.5.1　微分方程

通常实际应用的传感器均可看作线性系统，利用其测试原理、结构和参数，可以建立输入/输出的微分方程。

$$\sum_{i=0}^{n} a_i \frac{\mathrm{d}^i y(t)}{\mathrm{d}t^i} = \sum_{j=0}^{m} b_j \frac{\mathrm{d}^j x(t)}{\mathrm{d}t^j} \tag{2.5.1}$$

式中　$x(t)$——传感器的输入量（被测量）；

$y(t)$——传感器的输出量；

$a_i(i=1,2,\cdots,n)$；$b_j(j=1,2,\cdots,m)$——由传感器的测试原理、结构和参数等确定的常数，一般情况下 $m\leqslant n$；同时，考虑到实际传感器的物理特征，上述某些常数不能为零。

$n$——传感器的阶次，式(2.5.1)描述的为 $n$ 阶传感器（$a_n\neq 0$）。

1. 零阶传感器

$$a_0 y(t) = b_0 x(t) \tag{2.5.2}$$

$$y(t) = kx(t)$$

式中　$k$——传感器的静态灵敏度或静态增益，$k=\dfrac{b_0}{a_0}$。

2. 一阶传感器

$$a_1 \frac{\mathrm{d}y(t)}{\mathrm{d}t} + a_0 y = b_0 x(t) \tag{2.5.3}$$

$$T \frac{\mathrm{d}y(t)}{\mathrm{d}t} + y(t) = kx(t)$$

式中　$T$——传感器的时间常数(s)，$T=\dfrac{a_1}{a_0}$，$a_0 a_1\neq 0$。

3. 二阶传感器

$$a_2 \frac{\mathrm{d}^2 y(t)}{\mathrm{d}t^2} + a_1 \frac{\mathrm{d}y(t)}{\mathrm{d}t} + a_0 y(t) = b_0 x(t) \tag{2.5.4}$$

$$\frac{1}{\omega_n^2}\cdot\frac{d^2y(t)}{dt^2}+\frac{2\zeta_n}{\omega_n}\cdot\frac{dy(t)}{dt}+y(t)=kx(t)$$

式中 $\omega_n$——传感器的固有角频率(rad/s),$\omega_n^2=\dfrac{a_0}{a_2}$,$a_0a_2\neq 0$;

$\zeta_n$——传感器的阻尼比,$\zeta_n=\dfrac{a_1}{2\sqrt{a_0a_2}}$。

4. 高阶传感器

对于式(2.5.1)描述的系统,当 $3\leqslant n$ 时称为高阶传感器。高阶传感器可看成由若干个低阶系统串联或并联组合而成。

## 2.5.2 传递函数

对于初始条件为零的线性定常系统,对式(2.5.1)两端进行拉氏(Laplace)变换,得

$$\sum_{i=0}^{n}a_is^iY(s)=\sum_{j=0}^{m}b_js^jX(s) \tag{2.5.5}$$

该系统输出量的拉氏变换 $Y(s)$ 与输入量的拉氏变换 $X(s)$ 之比称为其传递函数 $G(s)$,即

$$G(s)=\frac{Y(s)}{X(s)}=\frac{\sum\limits_{j=0}^{m}b_js^j}{\sum\limits_{i=0}^{n}a_is^i} \tag{2.5.6}$$

## 2.5.3 状态方程

用微分方程或传递函数来描述传感器时,只能了解传感器输出量与输入量之间的关系,而不能了解传感器在输入量的变化过程中,传感器系统的某些中间过程或中间量的变化情况。因此可以采用状态空间法来描述传感器的动态方程。

系统的“状态”,是在某一给定时间($t=t_0$)描述该系统所具备的最小变量组。当知道了系统在 $t=t_0$ 时刻的状态(上述变量组)和 $t\geqslant t_0$ 时系统的输入变量时,就能够完全确定系统在任何时刻的特性。将描述该动态系统所必需的最小变量组称为“状态变量”;用状态变量描述的一组独立的一阶微分方程组称为“状态变量方程”,或简称为“状态方程”。

为便于讨论,将式(2.5.6)描述的动态系统改写为

$$G(s)=\frac{Y(s)}{X(s)}=d_0+\frac{\beta_1s^{n-1}+\beta_2s^{n-2}+\cdots+\beta_{n-1}s+\beta_n}{s^n+\alpha_1s^{n-1}+\alpha_2s^{n-2}+\cdots+\alpha_{n-1}s+\alpha_n} \tag{2.5.7}$$

于是式(2.5.7)描述的线性传感器可以用一个单输入、单输出状态方程来描述。

$$\dot{\boldsymbol{Z}}(t)=\boldsymbol{A}\boldsymbol{Z}(t)+\boldsymbol{b}x(t) \tag{2.5.8}$$

$$y(t)=\boldsymbol{c}\boldsymbol{Z}(t)+dx(t) \tag{2.5.9}$$

式中 $\boldsymbol{Z}(t)$——$n\times 1$ 维状态向量;

$\boldsymbol{A}$——$n\times n$ 维矩阵;

$\boldsymbol{b}$——$n\times 1$ 维向量;

$\boldsymbol{c}$——$1\times n$ 维向量;

$d$——常数。

矩阵 $\boldsymbol{A}$ 和向量 $\boldsymbol{b}$,$\boldsymbol{c}$ 的具体实现形式并不惟一,其可控型实现为

$$
\boldsymbol{A}=\begin{bmatrix}0 & 1 & 0 & 0 & \cdots & 0\\ 0 & 0 & 1 & 0 & \cdots & 0\\ 0 & 0 & 0 & 1 & \cdots & 0\\ \vdots & \vdots & \vdots & \vdots & & \vdots\\ 0 & 0 & 0 & 0 & \cdots & 1\\ -\alpha_n & -\alpha_{n-1} & -\alpha_{n-2} & -\alpha_{n-3} & \cdots & -\alpha_1\end{bmatrix}_{n\times n}
$$

$$\boldsymbol{b}=[0\quad 0\quad 0\quad \cdots\quad 1]^{\mathrm{T}}_{1\times n}$$

$$\boldsymbol{c}=[\beta_n\quad \beta_{n-1}\quad \beta_{n-2}\quad \cdots\quad \beta_1]_{1\times n}$$

$$d=d_0$$

# 2.6　传感器动态响应及动态性能指标

若传感器系统的单位脉冲响应函数为 $g(t)$，输入被测量为 $x(t)$，那么传感器的输出为二者的卷积，即

$$y(t)=g(t)*x(t) \tag{2.6.1}$$

若传感器的传递函数为 $G(s)$，输入被测量的拉氏变换为 $X(s)$，那么传感器在复频域的输出为

$$Y(s)=G(s)\cdot X(s) \tag{2.6.2}$$

传感器的时域输出为

$$y(t)=\mathscr{L}^{-1}[\mathrm{Y(s)}]=\mathscr{L}^{-1}[\mathrm{G(s)}\cdot \mathrm{X(s)}] \tag{2.6.3}$$

对于传感器的动态特性，可以从时域和频域来分析。本教材只针对时域阶跃响应、频域幅频特性和相频特性进行讨论。

## 2.6.1　时域动态性能指标

当被测量为单位阶跃信号时

$$x(t)=\varepsilon(t)=\begin{cases}1, & t\geqslant 0\\ 0, & t<0\end{cases} \tag{2.6.4}$$

若要求传感器能对此信号进行无失真、无延迟测量，则应使其输出为

$$y(t)=k\times\varepsilon(t) \tag{2.6.5}$$

式中　$k$——传感器的静态增益。

这就要求传感器的特性为

$$G(s)=k \tag{2.6.6}$$

或

$$G(\mathrm{j}\omega)=k,\qquad 0\leqslant\omega<+\infty \tag{2.6.7}$$

在实际中要做到这一点十分困难。为了评估传感器的实际输出偏离希望的无失真输出的程度，常在实际输出响应曲线中从幅值和时间两方面找出有关的特征量，并以此作为衡量依据。

1. 一阶传感器的时域单位阶跃响应特性及其动态性能指标

设某一阶传感器的传递函数为

$$G(s)=\frac{k}{Ts+1} \tag{2.6.8}$$

式中 $T$——传感器的时间常数(s)；

$k$——传感器的静态增益。

当输入为单位阶跃信号时，其拉氏变换为

$$X(s)=\mathscr{L}[\varepsilon(t)]=\frac{1}{s} \tag{2.6.9}$$

传感器的单位阶跃响应输出为

$$Y(s)=G(s)\cdot X(s)=\frac{k}{Ts+1}\cdot\frac{1}{s}=\frac{k}{s}-\frac{kT}{Ts+1} \tag{2.6.10}$$

$$y(t)=k\left[\varepsilon(t)-e^{-\frac{t}{T}}\right] \tag{2.6.11}$$

图 2.6.1 给出了一阶传感器阶跃输入下的归一化响应曲线 $\bar{y}(t)$($y(t)=k\bar{y}(t)$)。为了便于分析传感器的动态误差，引入"相对动态误差"

$$\xi(t)=\frac{y(t)-y_s}{y_s}\times 100\ \%=-e^{-\frac{t}{T}}\times 100\ \% \tag{2.6.12}$$

式中 $y_s$——传感器的稳态输出，$y_s=y(\infty)=k$。

图 2.6.2 给出了一阶传感器单位阶跃输入下的相对动态误差。

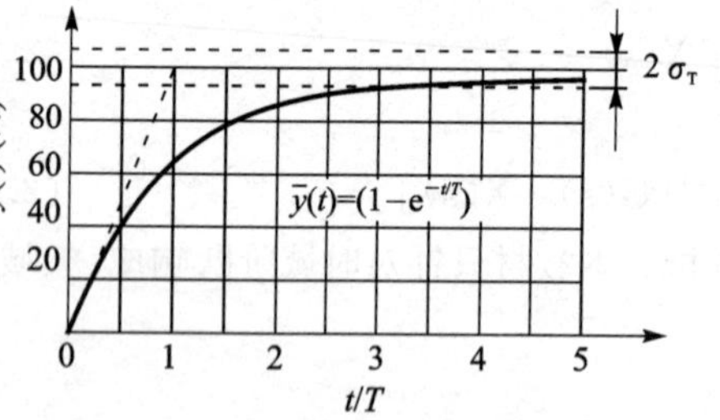


**图 2.6.1 一阶传感器阶跃输入下的归一化响应曲线**

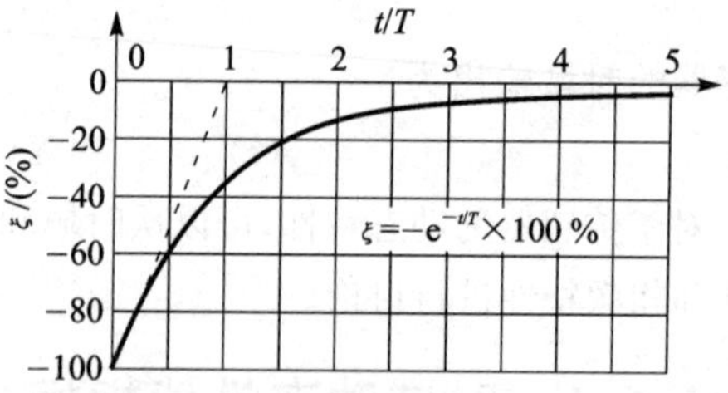


**图 2.6.2 一阶传感器阶跃输入下的相对动态误差 ξ(t)**

对于传感器的实际输出特性曲线，可以选择几个特征时间点作为其时域动态性能指标。

① 时间常数 $T$。输出 $y(t)$ 由零上升到稳态值 $y_s$ 的 63 %所需的时间。

② 响应时间 $t_s$。输出 $y(t)$ 由零上升达到并保持在与稳态值的相对偏差的绝对值不超过某一量值 $\sigma_T$ 的时间，又称过渡过程时间。$\sigma_T$ 可以理解为传感器所允许的动态相对误差值，通常为 5 %，2 %或 10 %。响应时间分别记为 $t_{0.05}$，$t_{0.02}$ 或 $t_{0.10}$。在本教材中，若不特别指出，则响应时间即指 $t_{0.05}$。

③ 延迟时间 $t_d$。输出 $y(t)$ 由零上升到稳态值 $y_s$ 的一半所需要的时间。

④ 上升时间 $t_r$。输出 $y(t)$ 由 $0.1y_s$(或 $0.05y_s$)上升到 $0.9y_s$ 所需要的时间。

对于一阶传感器，时间常数是相当重要的指标，其他指标与它的关系是

$$t_{0.05}\approx 3T$$

$$t_{0.02}\approx 3.91T$$

$$t_{0.10}\approx 2.3T$$

$$t_d\approx 0.69T$$

$$t_r \approx 2.20T \quad 或 \quad t_r \approx 2.25T$$

对于上升时间 $t_r$，前者$(2.20T)$对应输出 $y(t)$由 $0.1y_s$ 上升到 $0.9y_s$ 所需要的时间；后者$(2.25T)$对应输出 $y(t)$由 $0.05y_s$ 上升到 $0.9y_s$ 所需要的时间。在本书中，若不特别指出，则上升时间即指前者。

显然时间常数越大，到达稳态的时间就越长，相对动态误差就越大，传感器的动态特性就越差。因此，应当尽可能地减小时间常数。

2. 二阶传感器的时域响应特性及其动态性能指标

二阶传感器的典型传递函数为

$$G(s) = \frac{k\omega_n^2}{s^2 + 2\zeta_n\omega_n s + \omega_n^2} \tag{2.6.13}$$

式中　$\omega_n$——传感器的固有角频率( rad/s)；

$\zeta_n$——传感器的阻尼比；

$k$——传感器的静态增益。

当输入为单位阶跃时，传感器的输出为

$$Y(s) = \frac{k\omega_n^2}{s^2 + 2\zeta_n\omega_n s + \omega_n^2} \cdot \frac{1}{s} \tag{2.6.14}$$

二阶传感器动态性能指标与 $\omega_n$，$\zeta_n$ 有关；其归一化输出特性曲线 $\bar{y}(t)$与其阻尼比密切相关，如图 2.6.3 所示。下面分三种情况进行讨论。

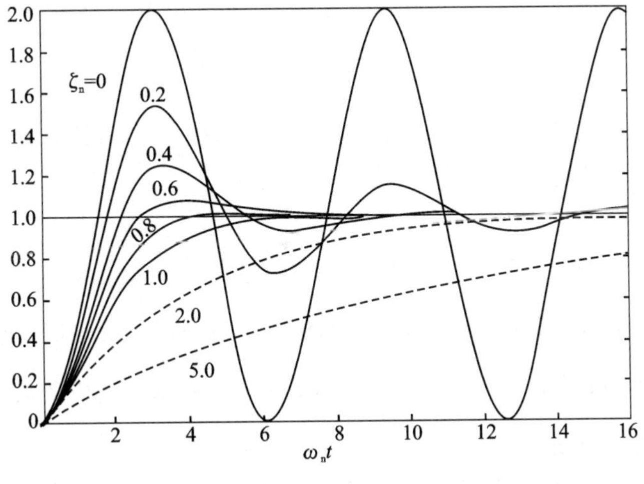


**图 2.6.3　二阶传感器归一化阶跃响应曲线与阻尼比关系**

① 当 $1<\zeta_n$ 时，传感器为过阻尼无振荡系统。其归一化阶跃响应为

$$\bar{y}(t) = \varepsilon(t) - \frac{(\zeta_n + \sqrt{\zeta_n^2 - 1})e^{(-\zeta_n + \sqrt{\zeta_n^2-1})\omega_n t}}{2\sqrt{\zeta_n^2 - 1}} + \frac{(\zeta_n - \sqrt{\zeta_n^2 - 1})e^{-(\zeta_n + \sqrt{\zeta_n^2-1})\omega_n t}}{2\sqrt{\zeta_n^2 - 1}} \tag{2.6.15}$$

相对动态误差为

$$\xi(t) = \left[-\frac{(\zeta_n + \sqrt{\zeta_n^2 - 1})e^{(-\zeta_n + \sqrt{\zeta_n^2-1})\omega_n t}}{2\sqrt{\zeta_n^2 - 1}} + \frac{(\zeta_n - \sqrt{\zeta_n^2 - 1})e^{-(\zeta_n + \sqrt{\zeta_n^2-1})\omega_n t}}{2\sqrt{\zeta_n^2 - 1}}\right] \times 100\% \tag{2.6.16}$$

考虑到 $1<\zeta_n$ 时传感器为过阻尼无振荡系统，因此由式(2.6.16)可以给出根据不同误差带 $\sigma_T$ 对应的系统响应时间 $t_s$ 的求解方程：

$$\sigma_T = \frac{(\zeta_n + \sqrt{\zeta_n^2 - 1})e^{(-\zeta_n + \sqrt{\zeta_n^2-1})\omega_n t_s}}{2\sqrt{\zeta_n^2-1}} - \frac{(\zeta_n - \sqrt{\zeta_n^2 - 1})e^{-(\zeta_n + \sqrt{\zeta_n^2-1})\omega_n t_s}}{2\sqrt{\zeta_n^2-1}} \tag{2.6.17}$$

而上升时间 $t_r$、延迟时间 $t_d$ 可以近似写为

$$t_r \approx \frac{1+0.9\zeta_n+1.6\zeta_n^2}{\omega_n} \tag{2.6.18}$$

$$t_d \approx \frac{1+0.6\zeta_n+0.2\zeta_n^2}{\omega_n} \tag{2.6.19}$$

② 当 $\zeta_n=1$ 时，传感器为临界阻尼无振荡系统。其归一化阶跃响应为

$$\bar{y}(t) = \varepsilon(t) - (1+\omega_n t)e^{-\omega_n t} \tag{2.6.20}$$

相对动态误差为

$$\xi(t) = -(1+\omega_n t)e^{-\omega_n t} \times 100\% \tag{2.6.21}$$

这时传感器的动态性能指标与 $\omega_n$ 有关，$\omega_n$ 越高，衰减越快。

考虑到 $\zeta_n=1$ 时传感器为临界阻尼无振荡系统，因此利用式(2.6.21)可以给出不同误差带 $\sigma_T$ 对应的系统响应时间 $t_s$ 的求解方程：

$$\sigma_T = (1+\omega_n t)e^{-\omega_n t_s} \tag{2.6.22}$$

而上升时间 $t_r$、延迟时间 $t_d$ 仍可以利用式(2.6.18)和式(2.6.19)近似计算(将 $\zeta_n=1$ 代入)。

③ 当 $0<\zeta_n<1$ 时，传感器为欠阻尼振荡系统。其归一化阶跃响应为

$$\bar{y}(t) = \varepsilon(t) - \frac{1}{\sqrt{1-\zeta_n^2}}e^{-\zeta_n\omega_n t}\cos(\omega_d t - \varphi) \tag{2.6.23}$$

式中 $\omega_d$——传感器的阻尼振荡角频率(rad/s)，$\omega_d=\sqrt{1-\zeta_n^2}\omega_n$；其倒数的 $2\pi$ 倍为阻尼振荡周期 $T_d$，$T_d=\frac{2\pi}{\omega_d}$(s)；

$\varphi$——传感器的相位延迟，$\varphi=\arctan\left(\frac{\zeta_n}{\sqrt{1-\zeta_n^2}}\right)$。

这时，二阶传感器的归一化响应以其稳态输出 1 为平衡位置的衰减振荡曲线，其包络线为 $\left(1-\frac{1}{\sqrt{1-\zeta_n^2}}e^{-\zeta_n\omega_n t}\right)$ 和 $\left(1+\frac{1}{\sqrt{1-\zeta_n^2}}e^{-\zeta_n\omega_n t}\right)$，如图 2.6.4 所示。响应的振荡角频率和衰减的快慢程度取决于 $\omega_n\zeta_n$ 的大小。

当 $\zeta_n$ 一定时，$\omega_n$ 越高，振荡角频率越高，衰减越快；当 $\omega_n$ 一定时，$\zeta_n$ 越接近于 1，振荡角频率越低，振荡衰减部分前的系数 $\frac{1}{\sqrt{1-\zeta_n^2}}$ 也越大。这两个因素使衰减变缓。另一方面，$e^{-\zeta_n\omega_n t}$ 部分的衰减将加快，因此阻尼比对系统的影响比较复杂。

二阶传感器的相对动态误差为

$$\xi(t) = -\frac{1}{\sqrt{1-\zeta_n^2}}e^{-\zeta_n\omega_n t}\cos(\omega_d t - \varphi) \times 100\% \tag{2.6.24}$$

为便于计算，相对误差的大小可以用其包络线来限定(这是较为保守的做法)，即

$$|\xi(t)| \leqslant \frac{1}{\sqrt{1-\zeta_n^2}}e^{-\zeta_n\omega_n t} \tag{2.6.25}$$

图 2.6.4 给出了衰减振荡二阶传感器的归一化阶跃响应包络线和有关指标示意图。

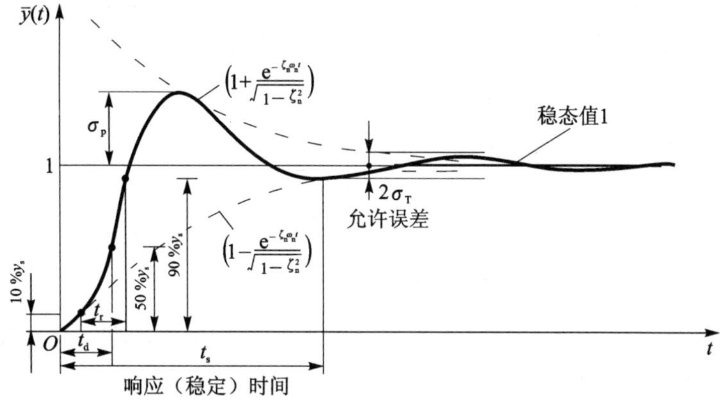


**图 2.6.4　二阶传感器归一化阶跃响应包络线及指标**

当 $0<\zeta_n<1$ 时，二阶传感器的响应过程有振荡，所以还应当讨论一些衡量振荡的动态性能指标。

① 振荡次数 $N$：相对振荡误差曲线 $\xi(t)$ 的幅值超过允许误差限 $\sigma_T$ 的次数。

② 峰值时间 $t_P$ 和超调量 $\sigma_P$：动态误差曲线由起始点到达第一个振荡幅值点的时间间隔。动态误差曲线的幅值随时间的变化率为零时将出现峰值，即

$$\frac{d\xi(t)}{dt}=0 \tag{2.6.26}$$

利用式(2.6.24)和式(2.6.26)可得

$$\sin(\omega_d t)=0 \tag{2.6.27}$$

于是 $t_P$ 满足

$$\omega_d t_P=\pi \tag{2.6.28}$$

即

$$t_P=\frac{\pi}{\omega_d}=\frac{\pi}{\omega_n\sqrt{1-\zeta_n^2}}=\frac{T_d}{2} \tag{2.6.29}$$

这表明峰值时间为阻尼振荡周期 $T_d$ 的一半。

超调量是指峰值时间对应的相对动态误差值，即

$$\sigma_P=\frac{1}{\sqrt{1-\zeta_n^2}}e^{-\zeta_n\omega_n t_P}\cos(\omega_d t_P-\varphi)\times 100\%=e^{-\frac{\pi\zeta_n}{\sqrt{1-\zeta_n^2}}}\times 100\% \tag{2.6.30}$$

图 2.6.5 给出了超调量 $\sigma_P$ 与阻尼比 $\zeta_n$ 的近似关系曲线。$\zeta_n$ 越小，$\sigma_P$ 越大。在实际传感器中，可以根据所允许的相对误差 $\sigma_T$ 为系统的超调量 $\sigma_P$ 的原则来选择传感器应具有的阻尼比 $\zeta_n$，并称这时的阻尼比为“时域最佳阻尼比”，用 $\zeta_{best,\sigma_P}$ 表示。表 2.6.1 给出了 $\zeta_{best,\sigma_P}$ 与 $\sigma_P$ 的关系。可以看出：所允许的相对动态误差 $\sigma_P$ 越小，时域最佳阻尼比就越大。

表 2.6.1 二阶传感器阶跃响应允许相对动态误差超调量 $\sigma_P$ 与时域最佳阻尼比 $\zeta_{best,\sigma_P}$ 的关系

| $\sigma_P(\times 0.01)$ | $\zeta_{best,\sigma_P}$ | $\sigma_P(\times 0.01)$ | $\zeta_{best,\sigma_P}$ | $\sigma_P(\times 0.01)$ | $\zeta_{best,\sigma_P}$ | $\sigma_P(\times 0.01)$ | $\zeta_{best,\sigma_P}$ |
|---|---|---|---|---|---|---|---|
| 0.1 | 0.910 | 1.5 | 0.801 | 4.0 | 0.716 | 8.0 | 0.627 |
| 0.2 | 0.892 | 2.0 | 0.780 | 4.5 | 0.703 | 9.0 | 0.608 |
| 0.3 | 0.880 | 2.5 | 0.762 | 5.0 | 0.690 | 10.0 | 0.591 |
| 0.5 | 0.860 | 3.0 | 0.745 | 6.0 | 0.667 | 12.0 | 0.559 |
| 1.0 | 0.826 | 3.5 | 0.730 | 7.0 | 0.646 | 15.0 | 0.517 |

③ 振荡衰减率 $d$:是指相对动态误差曲线相邻两个阻尼振荡周期 $T_d$ 的两个峰值 $\xi(t_P)$ 和 $\xi(t_P+T_d)$ 之比,如图 2.6.6 所示。

$$d=\frac{\xi(t_P)}{\xi(t_P+T_d)}=\frac{e^{-\zeta_n\omega_n t_P}}{e^{-\zeta_n\omega_n(t_P+T_d)}}=e^{\zeta_n\omega_n T_d}=e^{\frac{2\pi\zeta_n}{\sqrt{1-\zeta_n^2}}} \tag{2.6.31}$$

或用对数衰减率 $D$ 来描述,即

$$D=\ln d=\frac{2\pi\zeta_n}{\sqrt{1-\zeta_n^2}} \tag{2.6.32}$$

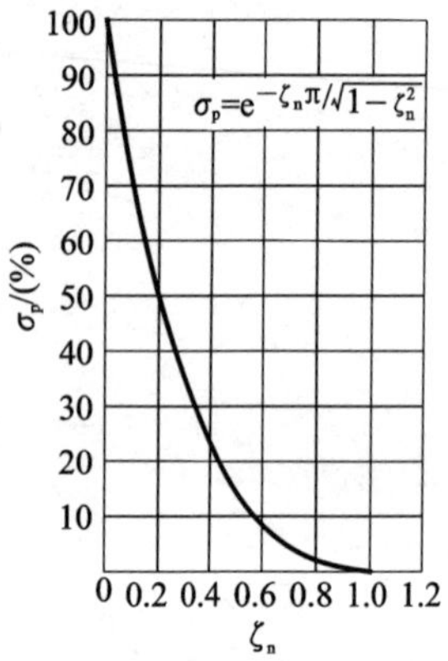


图 2.6.5 超调量 $\sigma_P$ 与阻尼比 $\zeta_n$ 的近似关系曲线

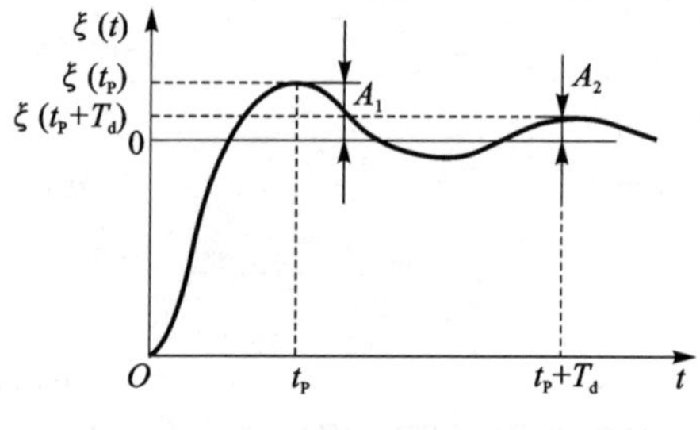


图 2.6.6 求振荡衰减率示意图

下面考虑响应时间,可以分两种情况进行讨论。

当超调量 $\sigma_T<\sigma_P$ 时,可以基于式(2.6.25)来确定不同误差带 $\sigma_T$ 对应的传感器的响应时间 $t_s$,即由式(2.6.33)来求解。

$$\sigma_T=\frac{1}{\sqrt{1-\zeta_n^2}}e^{-\zeta_n\omega_n t_s} \tag{2.6.33}$$

可得

$$t_s=\frac{-\ln\left(\sigma_T\sqrt{1-\zeta_n^2}\right)}{\zeta_n\omega_n} \tag{2.6.34}$$

而当超调量 $\sigma_P\leqslant\sigma_T$ 时,应当直接基于式(2.6.24)来确定不同误差带 $\sigma_P$ 对应的传感器的响应时间 $t_s$,即由式(2.6.35)来求解。

$$\sigma_T = \frac{1}{\sqrt{1-\zeta_n^2}} e^{-\zeta_n \omega_n t} \cos\left[\sqrt{1-\zeta_n^2}\omega_n t - \arctan\left(\frac{\zeta_n}{\sqrt{1-\zeta_n^2}}\right)\right] \tag{2.6.35}$$

上升时间 $t_r$、延迟时间 $t_d$ 可以近似写为

$$t_r \approx \frac{0.5+2.3\zeta_n}{\omega_n} \tag{2.6.36}$$

$$t_d \approx \frac{1+0.7\zeta_n}{\omega_n} \tag{2.6.37}$$

## 2.6.2 频域动态性能指标

当被测量为正弦函数时

$$x(t) = \sin \omega t \tag{2.6.38}$$

要求传感器能对此信号进行无失真、无延迟测量，使其输出为

$$y(t) = k \times \sin \omega t \tag{2.6.39}$$

式中　$k$——传感器的静态增益。

对于实际传感器不可能做到这一点，传感器的稳态输出响应为

$$y(t) = k \times A(\omega) \sin[\omega t + \varphi(\omega)] \tag{2.6.40}$$

式中　$A(\omega)$——传感器的归一化幅值频率特性，即幅值增益；

$\varphi(\omega)$——传感器的相位频率特性，即相位差。

为了评估传感器的频域动态性能指标，常就 $A(\omega)$ 和 $\varphi(\omega)$ 进行研究。

1. 一阶传感器的频域响应特性及其动态性能指标

设某一阶传感器的传递函数为

$$G(s) = \frac{k}{Ts+1}$$

其归一化幅值增益和相位特性分别为

$$A(\omega) = \frac{1}{\sqrt{(T\omega)^2+1}} \tag{2.6.41}$$

$$\varphi(\omega) = -\arctan T\omega \tag{2.6.42}$$

一阶传感器归一化幅值增益 $A(\omega)$ 与所希望的无失真的归一化幅值增益 $A(0)$ 的误差为

$$\Delta A(\omega) = A(\omega) - A(0) = \frac{1}{\sqrt{(T\omega)^2+1}} - 1 \tag{2.6.43}$$

一阶传感器相位差 $\varphi(\omega)$ 与所希望的无失真的相位差 $\varphi(0)$ 的误差为

$$\Delta\varphi(\omega) = \varphi(\omega) - \varphi(0) = -\arctan T\omega \tag{2.6.44}$$

图 2.6.7 给出了一阶传感器的归一化幅频特性和相频特性曲线。当输入被测量的角频率 $\omega$ 变化时，传感器的稳态响应的幅值增益和相位特性随之而变。当 $\omega=0$ 时，归一化幅值增益 $A(0)$ 最大，为 1，幅值误差 $\Delta A(0)=0$，相位差 $\varphi(0)=0$，相位误差 $\Delta\varphi(\omega)=0$，即传感器的输出信号并不衰减。当 $\omega$ 增大时，归一化幅值增益逐渐减小，相位差由零变负，绝对值逐渐增大。这表明传感器输出信号的幅值衰减增强，相位误差增大。特别当 $\omega \to \infty$ 时，幅值增益衰减到零，相位误差达到最大，为 $-\frac{\pi}{2}$。

从上述分析可知：一阶传感器对于正弦周期输入信号的响应与输入信号的频率密切相关。

当频率较低时,传感器的输出能够在幅值和相位上较好地跟踪输入量;当频率较高时,传感器的输出就很难在幅值和相位上跟踪输入量,而出现较大的幅值衰减和相位延迟。因此必须对输入信号的工作频率范围加以限制。

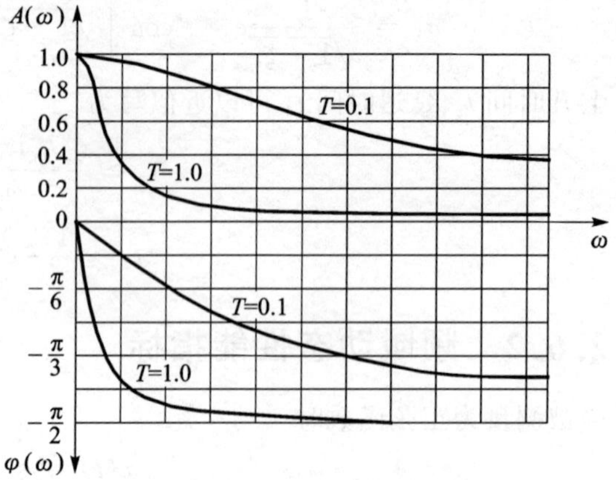


**图 2.6.7 一阶传感器的归一化幅频特性和相频特性曲线**

对于一阶传感器,除了幅值增益误差和相位误差以外,其动态性能指标还有通频带和工作频带。

① 通频带 $\omega_B$:幅值增益的对数特性衰减 3 dB 处所对应的频率范围。由式(2.6.41)可得

$$-20\lg\left[\sqrt{(T\omega_B)^2+1}\right]=-3$$

$$\omega_B=\frac{1}{T} \tag{2.6.45}$$

② 工作频带 $\omega_g$:归一化幅值误差小于所规定的允许误差 $\sigma_F$ 时,幅频特性曲线所对应的频率范围。

$$|\Delta A(\omega)|\leqslant\sigma_F \tag{2.6.46}$$

依式(2.6.43)以及一阶传感器幅值增益随角频率 $\omega$ 单调变化的规律,可得

$$1-\frac{1}{\sqrt{(T\omega_g)^2+1}}\leqslant\sigma_F$$

$$\omega_g=\frac{1}{T}\sqrt{\frac{1}{(1-\sigma_F)^2}-1} \tag{2.6.47}$$

分析表明:提高一阶传感器的通频带和工作频带的有效途径是减小其时间常数。

2. 二阶传感器的频域响应特性及其动态性能指标

设某二阶传感器的传递函数为

$$G(s)=\frac{k\omega_n^2}{s^2+2\zeta_n\omega_n s+\omega_n^2}$$

其归一化幅值增益和相位特性分别为

$$A(\omega)=\frac{1}{\sqrt{\left[1-\left(\frac{\omega}{\omega_n}\right)^2\right]^2+\left(2\zeta_n\frac{\omega}{\omega_n}\right)^2}} \tag{2.6.48}$$

$$\varphi(\omega)=\begin{cases}-\arctan\dfrac{2\zeta_n\dfrac{\omega}{\omega_n}}{1-\left(\dfrac{\omega}{\omega_n}\right)^2}, & \omega\leqslant\omega_n\\[2ex] -\pi+\arctan\dfrac{2\zeta_n\dfrac{\omega}{\omega_n}}{\left(\dfrac{\omega}{\omega_n}\right)^2-1}, & \omega>\omega_n\end{cases} \tag{2.6.49}$$

二阶传感器归一化幅值增益 $A(\omega)$与所希望的无失真的归一化幅值增益 $A(0)$的误差为

$$\Delta A(\omega)=A(\omega)-A(0)=\frac{1}{\sqrt{\left[1-\left(\frac{\omega}{\omega_n}\right)^2\right]^2+\left(2\zeta_n\frac{\omega}{\omega_n}\right)^2}}-1 \tag{2.6.50}$$

二阶传感器相位差 $\varphi(\omega)$ 与所希望的无失真的相位差 $\varphi(0)$ 的误差为

$$\Delta\varphi(\omega)=\varphi(\omega)-\varphi(0)=\begin{cases}-\arctan\dfrac{2\zeta_n\frac{\omega}{\omega_n}}{1-\left(\frac{\omega}{\omega_n}\right)^2}, & \omega\leqslant\omega_n\\[2ex] -\pi+\arctan\dfrac{2\zeta_n\frac{\omega}{\omega_n}}{\left(\frac{\omega}{\omega_n}\right)^2-1}, & \omega>\omega_n\end{cases} \tag{2.6.51}$$

图 2.6.8 给出了二阶传感器的幅频特性和相频特性曲线(a),(b)。输入被测量的角频率 $\omega$ 变化时,传感器稳态响应的幅值增益和相位特性随之而变,且变化规律与阻尼比密切相关。

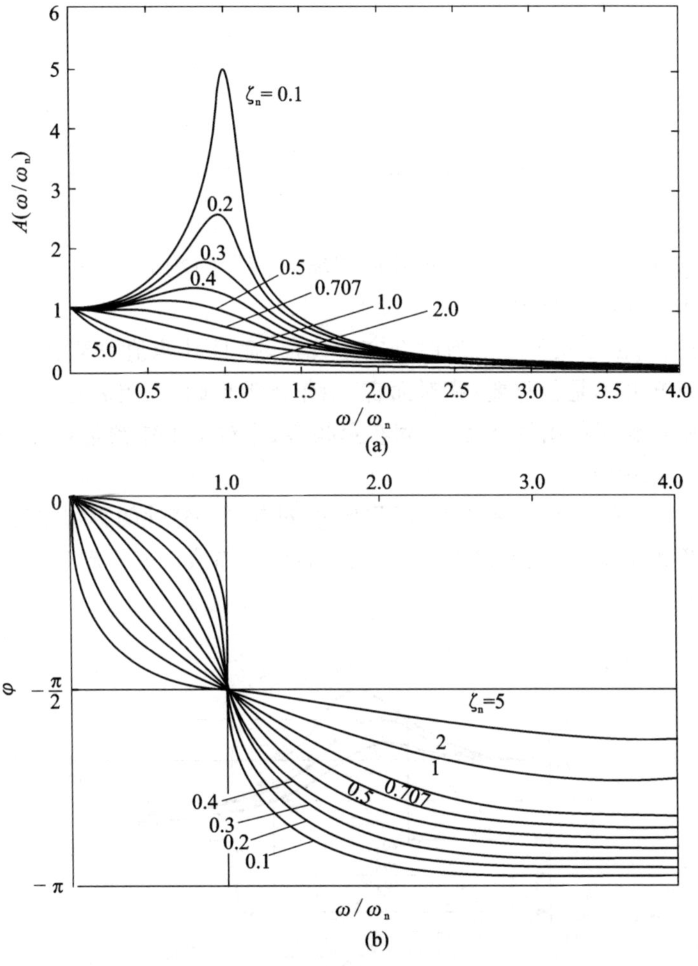


**图 2.6.8　二阶传感器的幅频特性和相频特性曲线**

由图2.6.8看出：

① 当 $\omega=0$ 时，相对幅值误差 $\Delta A(\omega)=0$，相位误差 $\Delta\varphi(0)=0$，即传感器的输出信号不失真、不衰减；

② 当 $\omega=\omega_n$ 时，相对幅值误差 $\Delta A(\omega)=\frac{1}{2\zeta_n}-1$，相位误差 $\Delta\varphi(\omega_n)=-\frac{\pi}{2}$；

③ 当 $\omega\to\infty$ 时，幅值增益衰减到零，相对幅值误差 $\Delta A(\omega)\to -1$，相位延迟达到最大，为 $-\pi$；

④ 幅频特性曲线是否出现峰值取决于传感器所具有的阻尼比 $\zeta_n$ 的大小，依 $\frac{dA(\omega)}{d\omega}=0$，可得

$$\omega_r=\sqrt{1-2\zeta_n^2}\omega_n\leqslant\omega_n \tag{2.6.52}$$

由式(2.6.52)可知：当阻尼比在 $0\leqslant\zeta_n<\frac{1}{\sqrt{2}}$ 时，幅频特性曲线会出现峰值。这时 $\omega_r$ 称为传感器的谐振角频率。谐振角频率 $\omega_r$ 对应的谐振峰值为

$$A_{max}=A(\omega_r)=\frac{1}{2\zeta_n\sqrt{1-\zeta_n^2}} \tag{2.6.53}$$

相应的相角为

$$\varphi(\omega_r)=-\arctan\frac{\sqrt{1-2\zeta_n^2}}{2\zeta_n}\geqslant-\frac{\pi}{2} \tag{2.6.54}$$

从上述分析可知：二阶传感器对于正弦周期输入信号的响应，与输入信号的频率、传感器的固有频率以及阻尼比密切相关。

对于二阶传感器，由于幅值增益有时会产生峰值，而且其峰值可能比较大，故二阶传感器的通频带的实际意义并不是很重要；相对而言，工作频带更确切、更有意义。

下面讨论二阶传感器的阻尼比 $\zeta_n$ 和固有角频率 $\omega_n$ 对其工作频带 $\omega_g$ 的影响情况。

(1) 阻尼比 $\zeta_n$ 的影响

二阶传感器的固有角频率 $\omega_n$ 不变时，阻尼比 $\zeta_n$ 对其动态特性的影响非常大。图2.6.9给出了具有相同固有角频率 $\omega_n$ 而阻尼比不同，在允许的相对幅值误差不超过 $\sigma_F$ 时，所对应的工作频带各不相同的示意。

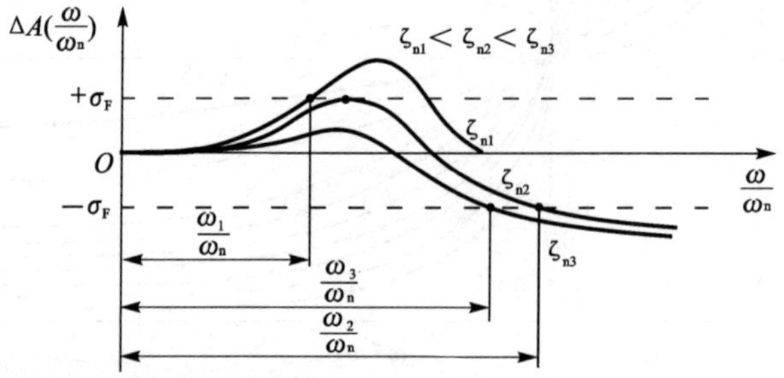


**图2.6.9 二阶传感器的阻尼比与工作频带的关系**

由图2.6.9可以看出，对于相同的允许误差 $\sigma_F$，有一个使二阶传感器获得最大工作频带

的阻尼比，称之为“频域最佳阻尼比”，以 $\zeta_{\text{best},\sigma_F}$ 表示。由图 2.6.8 所示的分析，$\zeta_{\text{best},\sigma_F} < \frac{1}{\sqrt{2}}$，即这时的二阶传感器的幅值特性一定有峰值。

由该阻尼比所得的归一化幅值特性应具有峰值，且峰值为 $1+\sigma_F$。由式(2.6.48)可得

$$A_{\max} = A(\omega_r) = \frac{1}{2\zeta_{\text{best},\sigma_F}\sqrt{1-\zeta_{\text{best},\sigma_F}^2}} = 1+\sigma_F$$

即

$$\zeta_{\text{best},\sigma_F} = \sqrt{\frac{1}{2} - \sqrt{\frac{\sigma_F(2+\sigma_F)}{4(1+\sigma_F)^2}}} \approx \sqrt{\frac{1}{2} - \frac{\sigma_F}{2}} \tag{2.6.55}$$

再根据最大工作频带 $\omega_{g\max}$ 应满足

$$A(\omega_{g\max}) = \frac{1}{\sqrt{\left[1-\left(\frac{\omega_{g\max}}{\omega_n}\right)^2\right]^2 + \left(2\zeta_{\text{best},\sigma_F}\frac{\omega_{g\max}}{\omega_n}\right)^2}} = 1-\sigma_F$$

可得

$$\frac{\omega_{g\max}}{\omega_n} = \sqrt{\sqrt{2\sigma_F} + \sqrt{\frac{\sigma_F(4-5\sigma_F+2\sigma_F^2)}{1-\sigma_F}}} \approx \sqrt{\sqrt{2\sigma_F}+\sqrt{4\sigma_F}} \approx 1.848\sqrt[4]{\sigma_F} \tag{2.6.56}$$

由式(2.6.55)和式(2.6.56)可知：在二阶传感器所允许的相对幅值误差 $\sigma_F$ 增大时，其最佳的阻尼比随之减小，而最大工作频带随之增宽。表 2.6.2 给出了不同允许相对幅值误差 $\sigma_F$ 所对应的频域最佳阻尼比 $\zeta_{\text{best},\sigma_F}$ 和二阶传感器的最大工作频带 $\omega_{g\max}$ 相对于固有角频率 $\omega_n$ 的比值 $\frac{\omega_{g\max}}{\omega_n}$。它们分别由式(2.6.55)和式(2.6.56)计算得到。

最大工作频带对应的相角误差为

$$\Delta\varphi(\omega_{g\max}) = \begin{cases} -\arctan\dfrac{1+2\zeta_{\text{best},\sigma_F}\dfrac{\omega_{g\max}}{\omega_n}}{1-\left(\dfrac{\omega_{g\max}}{\omega_n}\right)} \geqslant -\dfrac{\pi}{2}, & \omega_{g\max}\leqslant\omega_n \\ -\pi+\arctan\dfrac{1+2\zeta_{\text{best},\sigma_F}\dfrac{\omega_{g\max}}{\omega_n}}{\left(\dfrac{\omega_{g\max}}{\omega_n}\right)^2-1} < -\dfrac{\pi}{2}, & \omega_n<\omega_{g\max} \end{cases} \tag{2.6.57}$$

利用式(2.6.52)、式(2.6.53)和式(2.6.54)，可得

$$\Delta\varphi(\omega_{g\max}) = \begin{cases} -\arctan\dfrac{1+3.696\sqrt{\dfrac{1}{2}-\sqrt{\dfrac{\sigma_F}{2}}}\sqrt[4]{\sigma_F}}{1-3.414\sqrt{\sigma_F}}, & \sigma_F\leqslant 0.085\ 8 \\ -\pi+\arctan\dfrac{1+3.696\sqrt{\dfrac{1}{2}-\sqrt{\dfrac{\sigma_F}{2}}}\sqrt[4]{\sigma_F}}{3.414\sqrt{\sigma_F}-1}, & 0.085\ 8\leqslant\sigma_F \end{cases} \tag{2.6.58}$$

这表明：当二阶传感器所允许的相对动态误差 $\sigma_F \leqslant 0.085\ 8$ 时，系统的最大工作频带 $\omega_{g\max}$ 要比其固有角频率小，介于系统的谐振角频率和固有角频率之间，即 $\omega_r \leqslant \omega_{g\max} \leqslant \omega_n$；而当所允

许的相对动态误差 0.085 8<$\sigma_F$ 时,传感器的最大工作频带 $\omega_{g\max}$ 要比其固有角频率大,即 $\omega_r<\omega_n\leqslant\omega_{g\max}$。

**表 2.6.2 在二阶传感器不同的允许相对动态误差 $\sigma_F$ 值下频域最佳阻尼比 $\zeta_{best,\sigma_F}$ 和 $\omega_{g\max}/\omega_n$**

| $\sigma_F(\times0.01)$ | $\zeta_{best,\sigma_F}$ | $\omega_{g\max}/\omega_n$ | $\sigma_F(\times0.01)$ | $\zeta_{best,\sigma_F}$ | $\omega_{g\max}/\omega_n$ | $\sigma_F(\times0.01)$ | $\zeta_{best,\sigma_F}$ | $\omega_{g\max}/\omega_n$ |
|---|---|---|---|---|---|---|---|---|
| 0 | 0.707 | 0 | 2.0 | 0.634 | 0.695 | 8.0 | 0.558 | 0.983 |
| 0.1 | 0.691 | 0.329 | 2.5 | 0.625 | 0.735 | 9.0 | 0.549 | 1.012 |
| 0.2 | 0.684 | 0.391 | 3.0 | 0.617 | 0.769 | 10.0 | 0.540 | 1.039 |
| 0.3 | 0.679 | 0.432 | 3.5 | 0.609 | 0.779 | 11.0 | 0.532 | 1.064 |
| 0.4 | 0.675 | 0.465 | 4.0 | 0.602 | 0.826 | 12.0 | 0.524 | 1.088 |
| 0.5 | 0.671 | 0.491 | 5.0 | 0.590 | 0.874 | 13.0 | 0.517 | 1.110 |
| 1.0 | 0.656 | 0.584 | 6.0 | 0.578 | 0.915 | 14.0 | 0.510 | 1.120 |
| 1.5 | 0.644 | 0.647 | 7.0 | 0.568 | 0.951 | 15.0 | 0.476 | 1.150 |

(2) 固有角频率 $\omega_n$ 的影响

当二阶传感器的阻尼比 $\zeta_n$ 不变时,系统的固有角频率 $\omega_n$ 越高,频带就越宽,如图 2.6.10 所示。事实上,这一结论由上面的分析也能反映出来,参见式(2.6.56)。

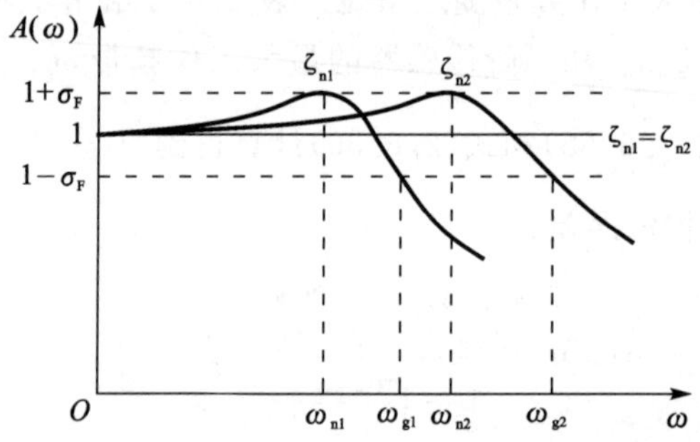


**图 2.6.10 二阶传感器的固有角频率与工作频带的关系**

# 2.7 传感器动态特性测试与动态模型建立

## 2.7.1 传感器动态标定

通过对传感器进行动态标定,可建立传感器动态模型,进而研究、分析传感器的动态特性。对传感器进行动态标定的过程要比静态标定的过程复杂得多。本教材仅仅针对一般意义的动态标定过程,就传感器典型输入下的动态响应过程获取一阶或二阶传感器的动态模型进行讨论。

在时域,主要针对传感器在阶跃输入、回零过渡过程和脉冲输入下的瞬态响应进行分析;而在频域,则主要针对传感器在正弦输入下的稳态响应的幅值增益和相位差进行分析。通过上述传感器在时域或频域的典型响应就可以分析、获取传感器的有关动态性能指标。

对传感器进行动态标定，除了获取传感器的动态模型、动态性能指标，还有一个重要的目的，就是当传感器的动态性能不满足动态测试需求时，确定一个动态补偿环节的模型，以改善传感器的动态性能指标。

本节将重点讨论传感器是如何根据典型的实际动态输出响应来确定传感器的动态模型的；而对于传感器动态特性补偿的有关问题本教材不作详细讨论，而通过一个典型应用实例进行说明。

为了对实际的传感器进行动态标定，获取传感器在典型输入下的动态响应，必须要有合适的动态测试设备，包括合适的典型输入信号发生器、动态信号记录设备和数据采集处理系统。由于动态测试设备与实际的被标定的测量系统是连接在一起的，因此实际的输出响应包含了动态传感器和被标定的传感器响应。为了减少动态传感器对实际输出的影响，就必须考虑如何选择动态测试设备的问题。

通常为了获得较高准确度的动态测试数据，就要求动态测试设备中的所有影响动态测试过程的环节，如典型输入信号发生器、动态信号记录设备和数据采集处理系统等具有很宽的频带。例如典型信号发生器要能够产生较为理想的动态输入信号，如果是要获得时域的脉冲响应，就必须要保证输入能量足够大，且脉冲宽度尽可能地窄；如果是要获得频域的幅值频率特性和相位频率特性，就必须要保证输入信号是不失真的正弦周期信号，而不能有其他谐波信号。

对于动态信号记录设备，工作频带要足够宽，应大于被标定传感器输出响应中最高次的谐波的频率。但这一点在实际传感器系统中很难满足，因此实际动态标定中，常选择记录设备的固有角频率不低于动态传感器固有角频率的 3～5 倍，或记录设备的工作角频率不低于被标定测试设备固有角频率的 2～3 倍，即

$$\left.\begin{aligned}(3\sim5)\omega_n\leqslant\Omega_n\\(2\sim3)\omega_n\leqslant\Omega_g\end{aligned}\right\}\tag{2.7.1}$$

式中　$\Omega_n$，$\Omega_g$——记录设备的固有角频率(rad/s)和工作角频率(rad/s)；

$\omega_n$——被标定传感器的固有角频率(rad/s)。

对于信号采集系统来说，为了减少其对传感器输出响应的影响，其采样频率或周期应按下式选择，即

$$10\,f_n\leqslant f_s\tag{2.7.2}$$

$$T_s\leqslant 0.1\,T_n\tag{2.7.3}$$

式中　$f_s$，$T_s$——数据采集处理系统的采样频率(Hz)和周期( s)；

$f_n$，$T_n$——被标定传感器的固有角频率(Hz)和周期(s)。

利用式(2.6.23)，结合式(2.7.2)和式(2.7.3)给出的条件可以得出，对于二阶传感器，当其阻尼比较小时，传感器的输出响应相当于在一个衰减振荡周期内采集 10 个以上的数据；当阻尼比为 0.7 时，相当于在一个衰减振荡周期内采集 14 个以上的数据。

在动态测试过程中，为了减少干扰的影响，还应正确连接测试电路的地线和加强输入信号的强度，并适当对输出响应信号进行滤波处理。

## 2.7.2　由实验阶跃响应曲线获取传感器传递函数的回归分析法

对于一阶传感器来说，在阶跃输入作用下，传感器的输出响应是非周期型的。对于二阶传感器来说，在阶跃输入作用下，当阻尼比 $1\leqslant\zeta_n$ 时，传感器的输出响应是非周期型的；而当 $0<\zeta_n<1$ 时，传感器的输出响应为衰减振荡。下面分别讨论。

1. 由非周期型阶跃响应过渡过程曲线求一阶或二阶传感器的传递函数的回归分析

(1) 一阶传感器

典型一阶传感器的传递函数为

$$G(s)=\frac{k}{Ts+1}$$

传感器的阶跃响应过渡过程曲线如图2.6.1所示。因此当实际的阶跃过渡过程曲线与图2.6.1相似时,就可以近似地认为传感器是一阶的。

由上式可知,$k$为传感器的静态增益,可以由静态标定获得。因此只要根据实验过渡过程曲线求出时间常数$T$,就可以获得传感器的动态数学模型。

对于一阶传感器,其归一化的阶跃过渡过程为

$$y(t)=1-e^{-\frac{t}{T}} \tag{2.7.4}$$

归一化的回零过渡过程为

$$y(t)=e^{-\frac{t}{T}} \tag{2.7.5}$$

利用式(2.7.4)可得

$$e^{-\frac{t}{T}}=1-y(t)$$

$$-\frac{t}{T}=\ln[1-y(t)]$$

取$Y=\ln[1-y(t)]$,$A=-\frac{1}{T}$,则上式可以转换为

$$Y=At \tag{2.7.6}$$

对于回零过渡过程,由式(2.7.5)可得

$$-\frac{t}{T}=\ln[y(t)]$$

取$Y=\ln[y(t)]$,$A=-\frac{1}{T}$,则上式也可以转换为式(2.7.6)。

因此,通过求解由式(2.7.6)描述的线性特性方程求解回归直线的斜率$A(A=-\frac{1}{T})$,就可以获得回归传递函数。

将所得到的$T$代入式(2.7.4)或式(2.7.5)可以计算出$y(t)$,然后与实验所得到的过渡过程曲线进行比较,检查回归效果。

**计算实例**:表2.7.1的前三行给出了某传感器单位阶跃响应的实测动态数据及数据相关处理。试回归其传递函数。

**表2.7.1 某传感器单位阶跃响应的实测动态数据及相关处理数据**

| 实验点数 | 1 | 2 | 3 | 4 | 5 | 6 | 7 |
|---|---|---|---|---|---|---|---|
| 时间$t$/s | 0 | 0.1 | 0.2 | 0.3 | 0.4 | 0.5 | 0.6 |
| 实测值$y(t)$ | 0 | 0.426 | 0.670 | 0.812 | 0.892 | 0.939 | 0.965 |
| $Y=\ln[1-y(t)]$ | 0 | −0.555 | −1.109 | −1.671 | −2.226 | −2.797 | −3.352 |
| 回归值$\hat{y}(t)$ | 0 | 0.427 | 0.672 | 0.812 | 0.893 | 0.938 | 0.965 |
| 偏差$\hat{y}(t)-y(t)$ | 0 | 0.001 | 0.002 | 0 | 0.001 | −0.001 | 0 |

**解**:首先计算 $Y=\ln[1-y(t)]$,列于表 2.7.1 中的第四行。

利用有约束的最小二乘法(即这时直线的截距为零),求回归直线的斜率。

$$A=\frac{\sum_{i=1}^{7}Y_i}{\sum_{i=1}^{7}t_i}=-5.576$$

故回归时间常数为

$$T=-\frac{1}{A}=0.179\ 3\ (\mathrm{s})$$

回归传递函数为

$$G(s)=\frac{1}{0.179\ 3s+1}$$

检查回归效果:利用式(2.7.4)可以计算出回归得到的过渡过程曲线,结果列于表 2.7.1 中的第五行;同时,在表 2.7.1 中的第六行列出了回归结果与实测值的偏差。回归效果较好。

(2) 二阶传感器

当阻尼比 $1\leqslant\zeta_n$ 时,典型二阶传感器的传递函数为

$$G(s)=\frac{k\omega_n^2}{s^2+2\zeta_n\omega_n s+\omega_n^2}$$

或

$$G(s)=\frac{k}{(T_1s+1)(T_2s+1)}=\frac{kp_1p_2}{[s-(-p_1)][s-(-p_2)]} \tag{2.7.7}$$

式中 $-p_1,-p_2$——特征方程式中的两个负实根;它们与 $T_1,T_2$ 以及 $\omega_n,\zeta_n$ 的关系是

$$\left.\begin{aligned}&p_1=\frac{1}{T_1},\qquad p_2=\frac{1}{T_2}\\&p_1=\omega_n\left(\zeta_n-\sqrt{\zeta_n^2-1}\right)\\&p_2=\omega_n\left(\zeta_n+\sqrt{\zeta_n^2-1}\right)\end{aligned}\right\} \tag{2.7.8}$$

二阶传感器归一化阶跃过渡过程曲线如图 2.6.3 所示。

① 当 $\zeta_n=1$ 时,$p_1=p_2=\omega_n$,特征方程有两个相等的根。归一化单位阶跃响应为

$$y(t)=1-(1+\omega_n t)e^{-\omega_n t} \tag{2.7.9}$$

归一化的回零过渡过程为

$$y(t)=(1+\omega_n t)e^{-\omega_n t} \tag{2.7.10}$$

当 $t=\dfrac{1}{\omega_n}$ 时,由式(2.7.9)有

$$y\left(\frac{1}{\omega_n}\right)=1-2e^{-1}\approx 0.26 \tag{2.7.11}$$

由式(2.7.10)有

$$y\left(\frac{1}{\omega_n}\right)=2e^{-1}\approx 0.74 \tag{2.7.12}$$

基于上述分析,对于归一化单位阶跃响应曲线,$y(t)=0.26$ 处的时间 $t_{0.26}$ 的倒数就是传感器近似的固有角频率;对于归一化回零过渡过程曲线,$y(t)=0.74$ 处的时间 $t_{0.74}$ 的倒数就是传感器近似的固有角频率。

② 当$1<\zeta_n$时,归一化单位阶跃响应为

$$y(t)=1+C_1e^{-p_1t}+C_2e^{-p_2t}=$$
$$1-\frac{(\zeta_n+\sqrt{\zeta_n^2-1})e^{(-\zeta_n+\sqrt{\zeta_n^2-1})\omega_nt}}{2\sqrt{\zeta_n^2-1}}+\frac{(\zeta_n-\sqrt{\zeta_n^2-1})e^{-(\zeta_n+\sqrt{\zeta_n^2-1})\omega_nt}}{2\sqrt{\zeta_n^2-1}} \quad (2.7.13)$$

由于这时传感器系统有两个负实根,而且一个的绝对值相对较小,$p_1=\omega_n(\zeta_n-\sqrt{\zeta_n^2-1})$;另一个的绝对值相对较大,$p_2=\omega_n(\zeta_n+\sqrt{\zeta_n^2-1})$。例如当$\zeta_n=1.5$时,$p_2/p_1\approx6.85$。这样经过一段时间后,过渡过程中只有稳态值和$p_1=\omega_n(\zeta_n-\sqrt{\zeta_n^2-1})$对应的暂态分量$C_1e^{-p_1t}$。因此这时的二阶传感器阶跃响应与一阶传感器的阶跃响应相类似,即经过一段时间后,有

$$y(t)\approx1+C_1e^{-p_1t}=1-\frac{(\zeta_n+\sqrt{\zeta_n^2-1})e^{(-\zeta_n+\sqrt{\zeta_n^2-1})\omega_nt}}{2\sqrt{\zeta_n^2-1}} \quad (2.7.14)$$

因此当利用实际测试数据的后半段时,处理过程同一阶传感器。这样就可以求出系数$C_1$和$p_1$。

再利用初始条件,即$t=0$时,$y(t)=0$,$\frac{dy(t)}{dt}=0$,可得方程组

$$\left.\begin{aligned}1+C_1+C_2&=0\\C_1p_1+C_2p_2&=0\end{aligned}\right\} \quad (2.7.15)$$

由式(2.7.15)可得

$$\left.\begin{aligned}C_2&=-1-C_1\\p_2&=\frac{C_1p_1}{1+C_1}\end{aligned}\right\} \quad (2.7.16)$$

对于$1<\zeta_n$时的归一化回零过渡过程,其后半段有

$$y(t)\approx C_1e^{-p_1t}=-\frac{(\zeta_n+\sqrt{\zeta_n^2-1})e^{(-\zeta_n+\sqrt{\zeta_n^2-1})\omega_nt}}{2\sqrt{\zeta_n^2-1}} \quad (2.7.17)$$

类似于一阶传感器的处理方式,可以得到$C_1$,$p_1$;再利用初始条件,即$t=0$时,$y(t)=y_0$,$\frac{dy(t)}{dt}=0$,可得

$$\left.\begin{aligned}C_2&=y_0-C_1\\p_2&=-\frac{C_1p_1}{y_0-C_1}\end{aligned}\right\} \quad (2.7.18)$$

将所得到的$C_1$,$C_2$,$p_1$,$p_2$代入式(2.7.14)或式(2.7.17),可以计算出$y(t)$,然后与实验所得到的相应的过渡过程曲线进行比较,检查回归效果。

2. 由衰减振荡型阶跃响应过渡过程曲线求二阶传感器的传递函数的回归分析

当实测得到的阶跃响应的过渡过程曲线为衰减振荡型时,其动态模型可以利用衰减振荡型的二阶传感器来回归。

振荡二阶传感器的归一化阶跃响应为

$$y(t)=1-\frac{1}{\sqrt{1-\zeta_n^2}}e^{-\zeta_n\omega_nt}\cos(\omega_dt-\varphi)$$

不同的阻尼比对应的阶跃响应差别比较大,下面根据不同情况进行讨论。

① 阻尼比较小、振荡次数较多,如图2.7.1(a)所示。这时实验曲线提供的信息比较多,因

此可以用 $A_1$，$A_2$，$T_d$，$t_r$，$t_P$ 来回归；可以用下面任何一组来确定 $\omega_n$ 和 $\zeta_n$。

第一组：利用 $A_1$，$A_2$ 和 $T_d$。

在输出响应曲线上可量出 $A_1$，$A_2$ 和振荡周期 $T_d$，根据衰减率 $d$ 和动态衰减率 $D$ 与 $A_1$，$A_2$ 和 $T_d$ 的关系，即

$$d = \frac{A_1}{A_2} = e^{\zeta_n \omega_n t_d} = e^{\frac{2\pi\zeta_n}{\sqrt{1-\zeta_n^2}}}$$

$$D = \ln d = \frac{2\pi\zeta_n}{\sqrt{1-\zeta_n^2}}$$

可以得到阻尼比 $\zeta_n$，再根据振荡角频率与固有角频率的关系，即

$$\omega_d = \sqrt{1-\zeta_n^2}\omega_n$$

就可以得到固有角频率 $\omega_n$。

第二组：利用 $A_1$ 和 $t_P$。

利用超调量 $A_1$、峰值时间 $t_P$ 与 $\omega_n$ 和 $\zeta_n$ 的关系，即

$$\sigma_P = A_1 = e^{-\frac{\pi\zeta_n}{\sqrt{1-\zeta_n^2}}}$$

$$t_P = \frac{\pi}{\omega_d} = \frac{\pi}{\omega_n \sqrt{1-\zeta_n^2}} = \frac{T_d}{2}$$

可以得到固有角频率 $\omega_n$ 和阻尼比 $\zeta_n$。

第三组：利用 $t_P$ 和 $t_r$。

利用峰值时间 $t_P$、上升时间 $t_r$ 与 $\omega_n$ 和 $\zeta_n$ 的关系，即

$$t_P = \frac{\pi}{\omega_d} = \frac{\pi}{\omega_n \sqrt{1-\zeta_n^2}} = \frac{T_d}{2}$$

$$t_r \approx \frac{0.5 + 2.3\zeta_n}{\omega_n}$$

可以得到固有角频率 $\omega_n$ 和阻尼比 $\zeta_n$。

② 振荡次数 $0.5 < N < 1$，如图 2.7.1(b)所示。

只要在衰减振荡响应曲线上量出峰值 $A_1$、上升时间 $t_r$ 和峰值时间 $t_P$，用上述第二组或第三组的方法就可以求得 $\omega_n$ 和 $\zeta_n$。

③ 振荡次数 $N \leqslant 0.5$，如图 2.7.1(c)所示。

这时峰值 $A_1$ 测不准，但上升时间 $t_r$ 和峰值时间 $t_P$ 仍然可以准确量出，因此可以利用上述第三组的方法求得 $\omega_n$ 和 $\zeta_n$。

④ 超调很小的情况，如图 2.7.1(d)所示。

这时只能准确量出上升时间 $t_r$。此时阻尼比约在 0.8～1.0 之间。利用式

$$t_r \approx \frac{0.5 + 2.3\zeta_n}{\omega_n}$$

在 0.8～1.0 之间初选阻尼比，计算 $\omega_n$，然后利用其他信息来检验回归效果。

**计算实例**：传感器的单位回零过渡过程如图 2.7.2 所示，试求其回归传递函数。

**解**：首先确定其振荡周期和振荡角频率。

由测试曲线量出三个振荡周期对应的时间为 0.1 s，故振荡周期为

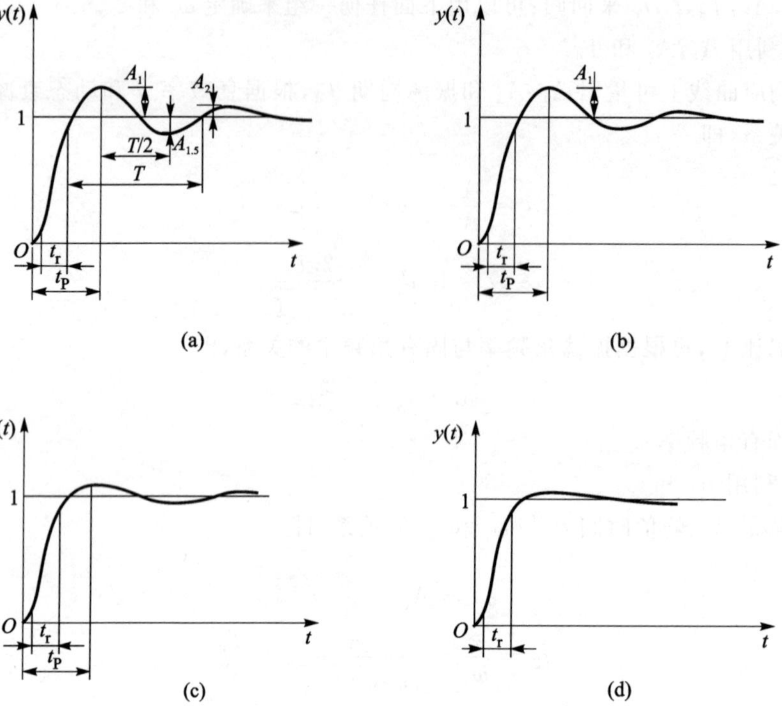


图 2.7.1 二阶传感器在单位阶跃作用下的衰减振荡响应曲线

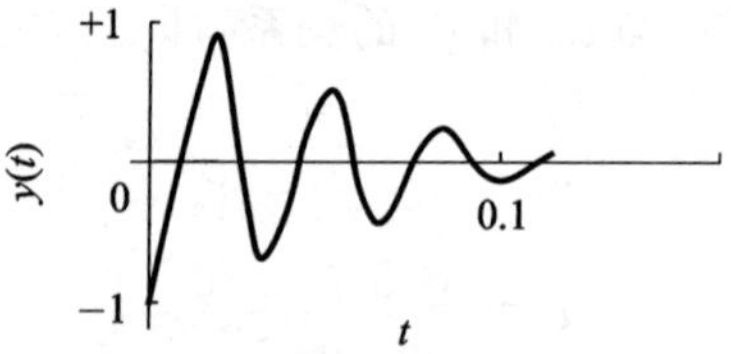


图 2.7.2 传感器的单位回零过渡过程曲线

$$T_d = \frac{0.1}{3} = 0.033\ 3\ \text{s}$$

振荡角频率为

$$\omega_d = \frac{2\pi}{T_d} = 188.5\ \text{rad/s}$$

计算衰减率。由测试曲线上量出相差一个振荡周期的幅值分别为

$$A_1 = 0.75, \qquad A_2 = 0.5$$

$$D = \frac{2\pi\zeta_n}{\sqrt{1-\zeta_n^2}} = \ln\frac{A_1}{A_2} = \ln\frac{0.75}{0.5} = 0.405\ 5$$

计算阻尼比和固有角频率。利用上式,可得阻尼比为

$$\zeta_n = 0.064\ 4$$

利用 $\omega_d = \sqrt{1-\zeta_n^2}\omega_n$,可得

$$\omega_n = 189.3\ \text{rad/s}$$

回归传递函数为

$$G(s)=\frac{189.3^2}{s^2+2\times 0.0644\times 189.3s+189.3^2}=\frac{35834}{s^2+24.38s+35834}$$

## 2.7.3 由实验频率特性获取传感器传递函数的回归法

许多传感器的动态标定可以在频域进行，即通过获得传感器的频率特性来获取其动态性能指标。下面主要讨论如何利用传感器的幅频特性曲线获得传感器的传递函数。

1. 一阶传感器

典型的一阶传感器的传递函数为

$$G(s)=\frac{k}{Ts+1}$$

其归一化幅值频率特性为

$$A(\omega)=\frac{1}{\sqrt{(T\omega)^2+1}} \tag{2.7.19}$$

图 2.7.3 为一阶传感器幅频特性曲线示意图。$A(\omega)$取 0.707，0.900 和 0.950 时的角频率分别记为 $\omega_{0707}$，$\omega_{0.900}$ 和 $\omega_{0.950}$。由式(2.7.19)可得

$$\left.\begin{aligned}\omega_{0.707}&=\frac{1}{T}\\ \omega_{0.900}&=\frac{0.484}{T}\\ \omega_{0.950}&=\frac{0.329}{T}\end{aligned}\right\} \tag{2.7.20}$$

一种比较实用的方法是利用 $\omega_{0.707}$，$\omega_{0.900}$ 和 $\omega_{0.950}$ 来回归一阶传感器的时间常数 $T$，即

$$T=\frac{1}{3}\left(\frac{1}{\omega_{0.707}}+\frac{0.484}{\omega_{0.900}}+\frac{0.329}{\omega_{0.950}}\right) \tag{2.7.21}$$

当然也可以利用其他数据处理的方法，例如最小二乘法来回归。得到传感器的模型参数后，将利用式(2.7.19)得到的计算值与实验值进行比较，检查回归效果。

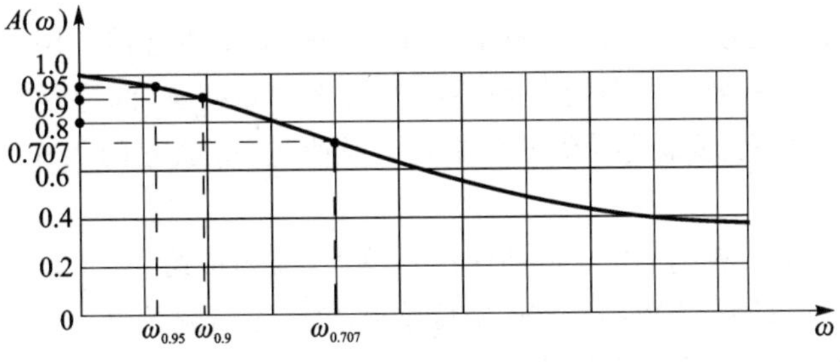


**图 2.7.3　一阶传感器幅频特性曲线**

2. 二阶传感器

典型的二阶传感器的传递函数为

$$G(s)=\frac{k\omega_n^2}{s^2+2\zeta_n\omega_n s+\omega_n^2}$$

其归一化幅值频率特性为

$$A(\omega)=\frac{1}{\sqrt{\left[1-\left(\frac{\omega}{\omega_n}\right)^2\right]^2+\left(2\zeta_n\frac{\omega}{\omega_n}\right)^2}} \tag{2.7.22}$$

图2.6.8为二阶传感器幅频特性曲线示意图。幅频特性可以分为两类:一类为有峰值的;另一类为无峰值的。

当$\zeta_n<0.707$时,幅频特性有峰值,峰值大小$A_{max}$及对应的角频率$\omega_r$分别为

$$A_{max}=A(\omega_r)=\frac{1}{2\zeta_n\sqrt{1-\zeta_n^2}} \tag{2.7.23}$$

$$\omega_r=\sqrt{1-2\zeta_n^2}\omega_n \tag{2.7.24}$$

利用式(2.7.23)可以求得阻尼比$\zeta_n$,再利用式(2.7.24)可以求得传感器的固有角频率$\omega_n$。

利用所求得的$\omega_n$和$\zeta_n$,由式(2.7.22)可以计算出幅频特性曲线;将其与实测得到的幅频特性曲线进行比较,以检查回归效果。

对于动态测试所得的幅频特性曲线无峰值的二阶传感器而言,在曲线上可以读出使$A(\omega)$为0.707,0.900和0.950时的值$\omega_{0.707}$,$\omega_{0.900}$和$\omega_{0.950}$。由式(2.7.22)可得

$$\frac{\omega_{0.950}}{\omega_n}=\sqrt{(1-2\zeta_n^2)+\sqrt{(1-2\zeta_n^2)^2+\left[\left(\frac{1}{A(\omega_{0.950})}\right)^2-1\right]}} \tag{2.7.25}$$

$$\frac{\omega_{0.900}}{\omega_n}=\sqrt{(1-2\zeta_n^2)+\sqrt{(1-2\zeta_n^2)^2+\left[\left(\frac{1}{A(\omega_{0.900})}\right)^2-1\right]}} \tag{2.7.26}$$

$$\frac{\omega_{0.707}}{\omega_n}=\sqrt{(1-2\zeta_n^2)+\sqrt{(1-2\zeta_n^2)^2+\left[\left(\frac{1}{A(\omega_{0.707})}\right)^2-1\right]}} \tag{2.7.27}$$

由上述三式中的任意两式,可以求得$\omega_n$和$\zeta_n$。利用所得到的$\omega_n$和$\zeta_n$,由式(2.7.22)就可以计算幅频特性曲线,然后与实验值进行比较,检查回归效果。

### 2.7.4 应用实例——高频响、低量程的加速度传感器幅频特性测试及改进

在一些实际工程应用场合,需要高频响、低量程的加速度传感器。国内外众多传感器厂家中,很少有现成的满足这一要求并具有较高性能价格比的高频响、低量程的加速度传感器。因此,需要对现有的加速度传感器进行动态性能测试及改进,扩展它的工作频带,以适合一些特殊现场测试需要。

在现场测试中使用的WLJ-200型加速度传感器,其频带约为75 Hz,尚不能满足实际应用。本节的目的就是通过研究WLJ-200型传感器本身的幅频特性,建立传感器的传递函数模型、设计动态补偿滤波器,以改善和扩展传感器本身的幅频特性,扩展其工作频带。

1. 传感器的原始幅频特性测试

加速度传感器幅频特性测试框图如图2.7.4所示。它是一个闭环测控系统,通过标准传感器的输出作为反馈信号,不断修正输出值使振动台稳定。在实际测试中,系统提供幅值一定的正弦扫频信号进行扫频;然后在固定频率下进行了逐点测试,用示波器读取标准传感器和被测传感器的输出峰值。为了检验测试数据的重复性,对被测加速度传感器进行多次测试。

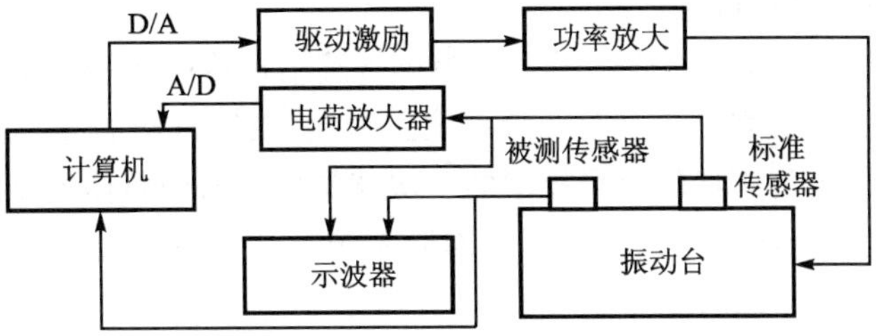


图 2.7.4　加速度传感器幅频特性测试系统框图

2. WKJ－200 型传感器的动态性能测试

在系统的正弦扫频方式下，采用单点分别对一灵敏度为 0.005 $V/(m \cdot s^{-2})$ 的加速度传感器进行了多次幅频特性测试，如图 2.7.5 中的曲线 1 所示。为便于比较，图中同时给出了所建立的加速度传感器模型的幅频特性曲线的仿真结果和补偿后的加速度传感器的幅频特性曲线的仿真结果。测试结果表明，该传感器的幅频特性和厂家提供的基本吻合。在 75 Hz 附近，系统有一个谐振峰，80 Hz 之后，幅频特性曲线下降很快。

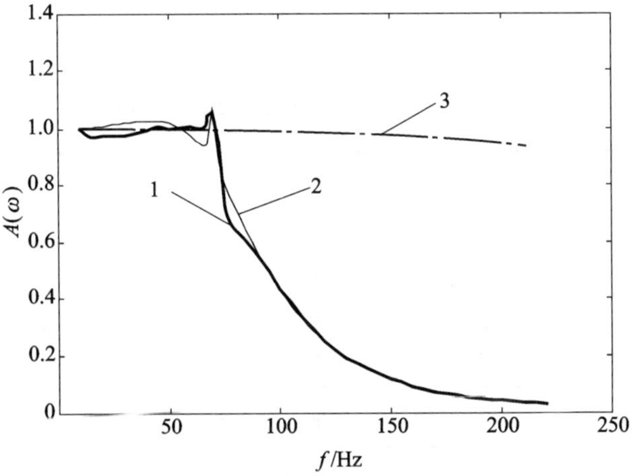


1—实测结果；2—所建立的传感器模型的仿真结果；

3—补偿后的特性曲线的仿真结果

图 2.7.5　加速度传感器的归一化幅频特性

3. 频率域建模

(1) 频率域建模及原理

基于图 2.7.5 所示的曲线 1 的特点，对于该加速度传感器，根据测试得到的幅频特性进行建模时主要基于如下原理：

① 既要抓住动态特性在整个频率段的特征，又要保证在低频段和可扩展频率段的局部特征，特别是谐振点。

② 利用多步法建立模型，将加速度传感器动态模型看成一个全局模型和若干个局部模型的组合。

③ 建立全局模型时，不考虑传感器的局部特性；而建立局部特性模型时，尽量考虑传感器的整体模型。

④ 将上述全局模型与多个局部模型有机组合，形成整个频率段特性，建立加速度传感器初步的整体模型。

(2) 模型阶次和参数的确定

① 整体模型的阶次确定。结合传感器的整体敏感结构特征和幅频特性的一般规律,在其幅频特性的每一个谐振点,都包含一个二阶系统。因此,在所讨论的频率段,有几个谐振点就有几个二阶系统,再加上传感器的全局模型的阶次就是传感器的整体模型的阶次。一般来说,传感器的全局模型是一个典型的二阶系统或四阶系统。这样,传感器的阶次为 $N=2n+2$ 或 $N=2n+4$。其中 $n$ 为所考虑的谐振点个数。

② 参数确定的步骤。利用加权最小二乘法来确定。

(3) 加速度传感器的实际模型

根据以上原则,该加速度传感器的归一化原始模型的阶次为6,可以表示为

$$G_0(s)=\frac{\sum_{i=1}^{M}b_is^i}{\sum_{i=0}^{N}a_is^i}=\frac{k(s^2+2\zeta_{11}\omega_{11}s+\omega_{11}^2)}{\prod_{i=1}^{3}(s^2+2\zeta_{i2}\omega_{i2}s+\omega_{i2}^2)} \tag{2.7.28}$$

$$k\omega_{11}^2=\prod_{i=1}^{3}\omega_{i2}^2$$

详细结果见表2.7.2。

**表2.7.2 加速度传感器原始模型参数**

| 参数 | 值 | 参数 | 值 |
|---|---|---|---|
| $k/(\mathrm{rad/s})^4$ | $1.423\ 13\times10^{11}$ | $\xi_{22}$ | 0.021 |
| $\xi_{11}$ | 0.025 9 | $\omega_{22}/(\mathrm{rad/s})$ | 440 |
| $\omega_{11}/(\mathrm{rad/s})$ | 440.1 | $\xi_{32}$ | 1.007 3 |
| $\xi_{12}$ | 0.47 | $\omega_{32}/(\mathrm{rad/s})$ | 779.7 |
| $\omega_{12}/(\mathrm{rad/s})$ | 483.8 | | |

(4) 模型仿真结果

模型仿真结果如图2.7.5中的曲线2所示。

4. 动态补偿数字滤波器的设计

(1) 传感器性能改进的原理

基于系统传递函数零、极点对消原理,动态补偿数字滤波器可以设计为

$$G_C(s)=\frac{\sum_{i=1}^{M}a_is^i}{\sum_{i=0}^{N}c_is^i}=\frac{k_C\prod_{i=1}^{3}(s^2+2\xi_{i2}\omega_{i2}s+\omega_{i2}^2)}{k\prod_{i=1}^{3}(s^2+2\xi_{i1}\omega_{i1}s+\omega_{i1}^2)} \tag{2.7.29}$$

$$k_C\prod_{i=1}^{3}\omega_{i2}^2=k\prod_{i=1}^{3}\omega_{i1}^2$$

详细结果见表2.7.3。

表 2.7.3　加速度传感器补偿模型参数(未列出者同表 1)

| 参　数 | 值 | 参　数 | 值 |
|---|---|---|---|
| $k_C/(rad/s)^4$ | $7.538\times10^{11}$ | $\xi_{31}$ | 1.000 |
| $\xi_{21}$ | 0.55 | $\omega_{31}/(rad/s)$ | 3 455 |
| $\omega_{21}/(rad/s)$ | 2 513 | | |

(2) 改进后传感器的系统函数

$$G_F(s)=G_0(s)G_C(s)=\frac{k_C}{\prod_{i=2}^{3}(s^2+2\zeta_{i1}\omega_{i1}s+\omega_{i1}^2)} \tag{2.7.30}$$

$$k_C=\prod_{i=2}^{3}\omega_{i1}^2$$

引入了补偿数字滤波器后的幅频特性如图 2.7.5 中的曲线 3。

(3) 改进后传感器的时域响应检验

补偿后系统的检验仍采用上述测控系统来进行,用幅值为 5 m/s$^2$、脉宽为 1 ms 的半正弦激励信号去激励振动台。图 2.7.6 为检测到的参考加速度传感器的实际输出(作为标准输出);图 2.7.7 为 WLJ-200 加速度传感器的实际输出;图 2.7.8 为加速度传感器经补偿后的实际输出。标准加速度传感器的工作频带为 15 kHz,WLJ-200 的频带太窄,引起所测信号幅值的衰减,经过补偿后与标准加速度传感器基本相同,误差约为 1 %。分析结果表明该加速度传感器的模型建立与补偿是成功的。

该应用实例反映了实际传感器的动态特性要比通常理解的复杂。对传感器动态特性的掌握一定要在理论分析的基础上,通过实际测试来获得。

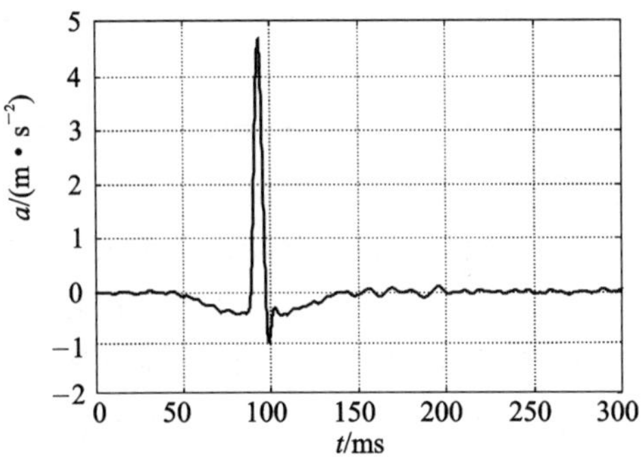


图 2.7.6　标准传感器所测的波形

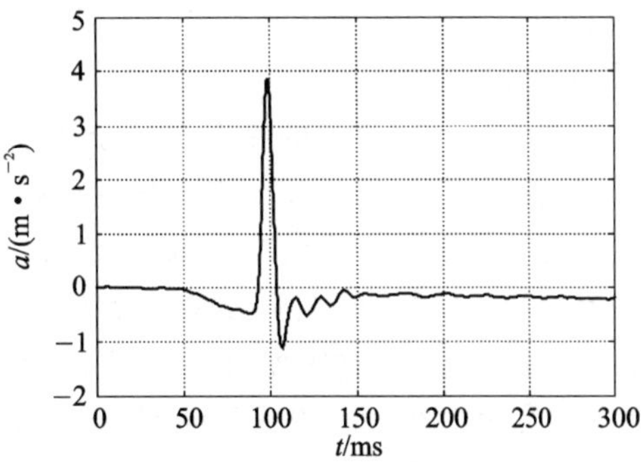


图 2.7.7　加速度传感器所测的原始波形

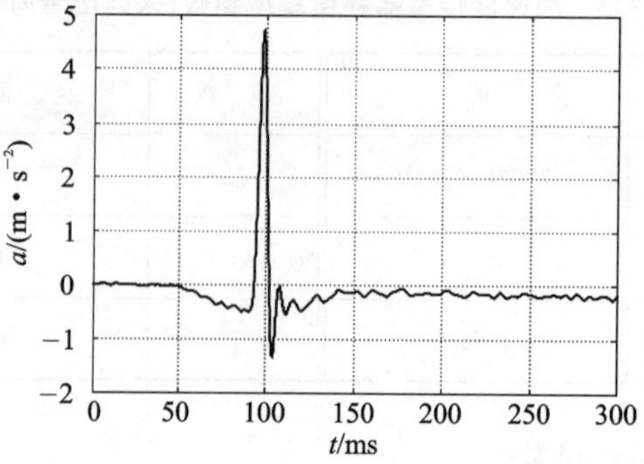


图 2.7.8 经动态补偿滤波器后的波形

# 2.8 传感器噪声及其减小的方法

## 2.8.1 传感器噪声产生的原因

在传感器工作过程中,人们总是希望它只感受被测量,其输出信号只包含被测量的信息。但实际上,传感器不可避免地存在着各种各样的噪声(noise)。传感器的噪声通常是指与被测信号无关的、在传感器中出现的一切不需要的信号。它可能是在传感器内部产生的,也可能是从传感器外部传递进来的。一般而言,噪声是不规则的干扰信号;但交流噪声这样的周期性的波动,广义上也属于噪声。

传感器内部产生的噪声包括敏感元件、转换装置和信号调理电路中的电子元器件等产生的噪声以及供电电源产生的噪声,例如半导体中载流子扩散产生的噪声;导体不完全接触等产生的 $1/f$ 噪声;元器件缺陷产生的猝发噪声和热噪声等。它是由各种原因造成的,应当分别采取相应的措施,例如降低元器件的温度可以减小热噪声;对供电电源变压器采用静电屏蔽可以减小交流脉动噪声。

从外部传入传感器的噪声,按其产生的原因可以分为机械噪声(如振动、加速度、冲击)、音响噪声、热噪声(如因温度差产生热电势和因热辐射使元器件产生形变或性能变化)、电磁噪声和化学噪声等。对于振动等机械噪声,可以采用隔振台进行抑制(如将传感器通过柔软的衬垫安装在机座上,或安装在质量很大的基础上)。消除音响噪声的有效办法是把传感器用隔音材料围上,或放置在真空容器内;消除电磁噪声的有效方法是屏蔽和接地,或把传感器远离电源线,或屏蔽输出线。当传感器内部设置有高频信号发生器或继电器等时,会向周围发射电磁波,形成噪声,在设计时应予以注意。

## 2.8.2 传感器的信噪比

传感器的信噪比是指其信号功率 $P_S$ 与噪声功率 $P_N$ 之比,用 SNR 表示,即

$$SNR = 10\ \lg \frac{P_S}{P_N}$$

通常信噪比用分贝(dB)来表示。

传感器的输入信噪比与输出信噪比之比称为噪声系数 $F$，即

$$F = \frac{\mathrm{SNR_{in}}}{\mathrm{SNR_{out}}} = \frac{\lg\left(\frac{P_S}{P_N}\right)_{in}}{\lg\left(\frac{P_S}{P_N}\right)_{out}} \tag{2.8.1}$$

为了检测被测量的微小变化，必须提高传感器的灵敏度，同时减小其噪声量。传感器的信噪比则是表示传感器实际使用时检测微弱信号能力的一种指标。

设信号与噪声互不相关，即传感器的输出可写为

$$y = S_0 x + n(q,t) \tag{2.8.2}$$

式中　$x,y$——传感器的输入与输出；

$S_0$——传感器的静态灵敏度；

$n(q,t)$——与输入无关而与环境变量 $q$ 和时间变量 $t$ 有关的输出噪声量。

由于噪声是随机信号，其功率按统计规律处理，因此式(2.8.2)可以用均方值来表示，即

$$\bar{y}^2 = S_0^2\bar{x}^2 + \bar{n}^2 \tag{2.8.3}$$

如果传感器的输入噪声为 $n_i$，则其噪声系数为

$$F = \frac{\dfrac{\bar{x}^2}{\bar{n}_i^2}}{\dfrac{S_0^2\bar{x}^2}{\bar{n}^2}} = \frac{\bar{n}^2}{S_0^2\bar{n}_i^2} \tag{2.8.4}$$

由式(2.8.4)可知：

① 当传感器内部的噪声为 0 时，即 $\bar{n}^2 = S_0^2\bar{n}_i^2$，则 $F=1$；

② 当传感器内部的噪声不为 0 时，一般情况下即 $\bar{n}^2 > S_0^2\bar{n}_i^2$，则 $F>1$；

③ 当传感器的频带与输入噪声的频谱相比非常狭窄时，传感器起滤波作用，这时 $F<1$。

传感器检测微弱信号的能力可以用 $x_m$ 表示。它是指输出信噪比为 1 时输入的大小。由信噪比的定义和式(2.8.3)，式(2.8.4)可得

$$\bar{x}_m^2 = \frac{\bar{n}^2}{S_0^2} = \bar{n}_i^2 F \tag{2.8.5}$$

在一定的噪声输入时，$x_m$ 越小，传感器的噪声系数 $F$ 也越小，表明该传感器检测微弱信号的能力也越强。当传感器的噪声系数 $F$ 值一定时，则必须抑制由输入端混入的噪声，以降低其 $x_m$ 值，提高传感器检测微弱信号的能力。当传感器的频带较宽，无滤波效果时，应尽量减小其内部噪声，使 $F$ 值接近 1；或者在满足所需精确度传递信号的条件下，使传感器的频带尽量变窄，以得到较高的输出信噪比。当输入噪声较大不可忽略时，可采用平均法，即在较短的时间间隔(应小于输出变化周期)内取输出的平均值，以得到较高的信噪比。

### 2.8.3　传感器低噪声化的方法

1. 差动检测法

采用两个工作机理和特性完全相同的敏感单元差动(differential testing)组合，以两者之差为输出，则可在传感器输出信号中基本消除混入于两个敏感单元中相位相同的噪声，从而得到较高输出信噪比。可参见 5.5 节中的差动电桥、8.4.1 节中的电容式压力传感器、10.7.3 节

中的压电式超声波传感器以及图9.5.5、图12.4.4、图14.10.6等。

2. 正交检测法

利用传感器敏感单元对相互垂直的不同方向的作用量响应程度即灵敏度相差很大的结构特征,使传感器对被测量敏感,对干扰量不敏感。参见2.3.2节的分析,以及图5.6.2,图5.6.15,图6.3.7,图8.4.2。在一些振动传感器或谐振式传感器中,敏感结构采用正交隔振的方法提高传噪比,参见图11.8.2,图11.9.1。

3. 相关检测法

当传感器的输出信噪比较低,且信号与噪声同样微弱时,可采用两个特性完全相同的传感器,利用相关检测(correlation testing)法把传感器的输出信号与噪声分开。例如用相关检测法测量运动物体的线速度,如图2.8.1(a)所示。在移动的钢带表面,相距$L$处,在钢带的同一直线上分别安装两个特性完全一致的电容式传感器(或压电式超声波传感器、光电式传感器等)。当钢带运动时,电容式传感器接收到的随机信号分别为$y_1(t)$和$y_2(t)$。$y_1(t)$和$y_2(t)$的波形是相似的,但$y_1(t)$在时间上滞后于$y_2(t)$,设为$\tau$。如果将$y_2(t)$延迟$\tau$,且取$\tau=\dfrac{L}{v}$,这时$y_1(t)=y_2(t-\tau)$,即这两个信号波形完全相同,$y_1(t)$,$y_2(t)$的互相关函数$R_{12}(\tau)=\dfrac{1}{T}\int_0^T y_1(t)y_2(t-\tau)\mathrm{d}t$为极大值。因此测出$R_{12}(\tau)$达到极大值时的延迟时间$\tau$,就可以求得钢带的线速度$v$。互相关函数的测量波形如图2.8.1(b)所示,其测量精度可达0.1%。

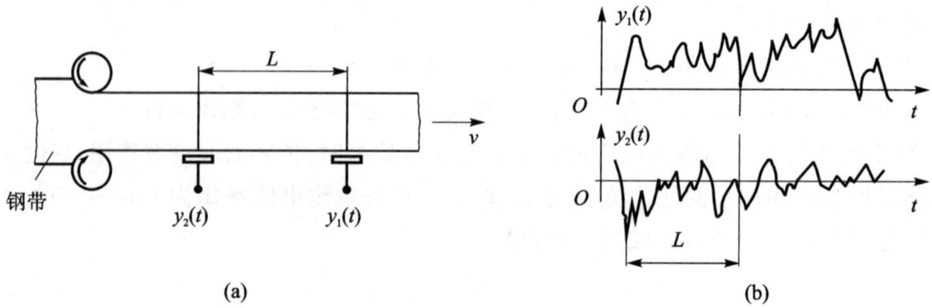


**图2.8.1 相关检测法测量钢带的线速度**

4. 调制测量法

采用调制测量(modulation testing)法,如机械、电学和光学等调制方法,使传感器输出调制信号,并用窄带滤波器使之低噪声化,可有效地抑制$1/f$噪声。这时传感器的后续电路可采用交流放大器,从而避免了直流放大器易产生漂移的问题。

前两种方法重点是针对传感器敏感结构,而后两种方法则是针对传感器的应用或测量系统。

# 思考题与习题

**2.1** 对于一个实际传感器,如何获得它的静态特性?怎样评价其静态性能指标?

**2.2** 传感器静态校准的条件是什么?

**2.3**　写出利用“极限点法”计算传感器综合误差的过程，说明其特点。

**2.4**　某传感器的输入/输出如表 2.1 所列，试计算该传感器的有关线性度。

**表 2.1　输入/输出数据表**

| $x$ | 1 | 2 | 3 | 4 | 5 | 6 |
|---|---|---|---|---|---|---|
| $y$ | 2.02 | 4.00 | 5.98 | 7.9 | 10.10 | 12.05 |

① 理论（绝对）线性度，给定方程为 $y=2.0x$；

② 端基线性度；

③ 平移端基线性度；

④ 最小二乘线性度。

**2.5**　题 2.4 中，若在 6 个输入点分别有 0.015，0.012，0.011，0.013，0.016，0.010 的变化才能产生可观测的输出变化，试计算该传感器的分辨力和分辨率。

**2.6**　某压力传感器的一组标定数据如表 2.2 所列，试计算其迟滞误差和重复性误差，工作特性选端基直线。

**表 2.2　某压力传感器的一组标定数据**

| 行程 | 输入压力 $x\cdot 10^{-5}$/Pa | 输出电压/mV | | |
|---|---|---|---|---|
| | | 第 1 循环 | 第 2 循环 | 第 3 循环 |
| 正行程 | 2.0 | 190.9 | 191.1 | 191.3 |
| | 4.0 | 382.8 | 383.2 | 383.5 |
| | 6.0 | 575.8 | 576.1 | 576.6 |
| | 8.0 | 769.4 | 769.8 | 770.4 |
| | 10.0 | 963.9 | 964.6 | 965.2 |
| 反行程 | 10.0 | 964.4 | 965.1 | 965.7 |
| | 8.0 | 770.6 | 771.0 | 771.4 |
| | 6.0 | 577.3 | 577.4 | 578.1 |
| | 4.0 | 384.1 | 384.2 | 384.7 |
| | 2.0 | 191.6 | 191.6 | 192.0 |

**2.7**　在计算传感器的综合误差时，说明式(2.3.37)，式(2.3.38)，式(2.3.39)和式(2.3.40)的意义。

**2.8**　一线性传感器正、反行程的实测特性分别为 $y=x-0.03x^2+0.03x^3$ 和 $y=x+0.01x^2-0.01x^3$；$x,y$ 分别为传感器的输入和输出；输入范围为 $0\leqslant x\leqslant 1$。若以端基直线为参考直线，试计算该传感器的迟滞误差和线性度。

**2.9**　一线性传感器的校验特性方程为 $y=x+0.001x^2-0.0001x^3$；$x,y$ 分别为传感器的输入和输出；输入范围为 $0\leqslant x\leqslant 10$。计算传感器的平移端基线性度。

**2.10**　试分析题 2.8 中传感器的灵敏度。

**2.11**　一线性传感器的校验特性方程为 $y=f(x)$；$x,y$ 分别为传感器的输入和输出；输入

范围为 $x_{\min} \leqslant x \leqslant x_{\max}$。试给出传感器的最小二乘参考直线。

**2.12** 若题2.11中 $f(x)=x-0.02x^2+0.02x^3$，$x_{\min}=0$，$x_{\max}=1$，试给出传感器的最小二乘参考直线，并计算最小二乘线性度。

**2.13** 利用极限点法，计算表2.2列出的某压力传感器的综合误差。

**2.14** 如何确定式(2.3.44)中的 $y_{FS}$？说明理由。

**2.15** 对于非线性传感器的静态特性，如果直接利用其输出值进行评估时，可能出现什么问题？如何避免这一问题？

**2.16** 一电涡流式位移传感器，其输出为频率，特性方程形式为 $f=e^{(bx+a)}+f_\infty$。已知其 $f_\infty=2.333$ MHz 及如表2.3所列的一组标定数据。

**表2.3 电涡流式位移传感器的测试特性**

| 位移 $x$/mm | 0.3 | 0.5 | 1.0 | 1.5 | 2.0 | 3.0 | 4.0 | 5.0 | 6.0 |
|---|---|---|---|---|---|---|---|---|---|
| 输出 $f$/MHz | 2.523 | 2.502 | 2.461 | 2.432 | 2.410 | 2.380 | 2.362 | 2.351 | 2.343 |

试利用最小二乘法求该传感器的工作特性方程，并分别利用传感器的输出和被测输入校准值评估拟合误差。

**2.17** 描述传感器的动态模型有哪些主要形式？各自的特点是什么？

**2.18** 传感器动态校准时，应注意哪些问题？

**2.19** 传感器的动态特性的时域指标主要有哪些？说明其物理意义。

**2.20** 传感器的动态特性的频域指标主要有哪些？说明其物理意义。

**2.21** 传感器动态校准的目的是什么？

**2.22** 某传感器的回零过渡过程如表2.4所列，试求其一阶动态回归模型。

**表2.4 某传感器的回零过渡过程**

| 实验点数 | 1 | 2 | 3 | 4 | 5 | 6 |
|---|---|---|---|---|---|---|
| 时间 $t$/s | 0 | 0.5 | 1.0 | 1.5 | 2.0 | 2.5 |
| 实测值 $y(t)$ | 1 | 0.659 | 0.435 | 0.286 | 0.189 | 0.125 |

**2.23** 一阶传感器的一组实测的幅值频率特性点为 $[\omega_i, A(\omega_i)]$ $(i=1,2,\cdots,N)$。基于这组点，利用最小二乘法求其一阶传感器的动态模型。

**2.24** 简述二阶传感器的“时域最佳阻尼比”与“频域最佳阻尼比”的物理意义。

**2.25** 试给出二阶传感器在“频域最佳阻尼比” $\xi_{\text{best},\sigma_F}$ 下的谐振频率 $\omega_r$。

**2.26** 若动态信号采集系统频率满足式(2.7.2)，试证明当传感器阻尼比小于1时，在一个衰减振荡周期内至少可以采集10个数据。

**2.27** 传感器的噪声是如何产生的？如何减小？

**2.28** 什么是传感器的信噪比？其物理意义是什么？

# 第3章 基本弹性敏感元件的力学特性

基本内容：

位移　应变　应力　固有振动

刚度与柔度

弹性滞后

弹性后效与蠕变

弹性敏感元件热特性

弹性敏感元件常用材料

常用弹性敏感元件

弹性柱体

悬臂梁

双端固支梁

周边固支圆平膜片

周边固支矩形平膜片

周边固支波纹膜片

E形圆膜片

薄壁圆柱壳体

## 3.1 概　述

当外界载荷(力、力矩或压力)作用于物体上时,其形状和参数将发生变化。这一过程称为物体的变形。当去掉外界载荷后,物体变形恢复到加载前的状态,这种变形称为弹性变形,这种物体称为弹性元件或弹性体。

在传感器中,通常利用弹性元件直接感受被测量,作为测量过程的最前端。这样的弹性元件称为弹性敏感元件,即利用弹性变形实现测量机理的元件就是弹性敏感元件。弹性敏感元件是许多传感器、仪器仪表的核心,在传感技术中具有非常重要的作用。

传感器中常用的弹性敏感元件主要有:梁、柱体、弦丝、平膜片、波纹膜片、膜盒、壳体、弹簧管、波纹管、弹性管等。在实现测量过程中,根据不同弹性敏感元件的结构特点,可以利用其在外界载荷作用下引起的位移、应变、应力的变化规律进行测量;也可以利用其在外界载荷作用下引起的等效刚度、等效质量或等效阻尼进行测量。因此,对于传感器、仪器仪表核心的弹性敏感元件而言,必须深入研究在被测量的作用下,其位移、应变、应力的变化规律;或研究其等效刚度、等效质量、等效阻尼的变化规律,即其振动模态(频率与振型)的变化规律。通常利用被测量与弹性敏感元件的位移、应变、应力的变化规律,可以构成模拟式传感器;而利用被测量与等效刚度、等效质量、等效阻尼,即振动模态的变化规律,可以构成谐振式(准数字式)传感器。

# 3.2 弹性敏感元件的基本特性

作用于弹性敏感元件上的输入量(力、力矩或压力)与由它引起的输出量(位移、应变)之间的关系,称为弹性敏感元件的基本特性。

## 3.2.1 刚度与柔度

1. 刚 度

单位输出变化量(位移、应变)所需要的输入变化量(外界载荷)即为刚度(stiffness),一般用 $K$ 来表示。某一点处的刚度(如图 3.2.1 所示)可以表示为

$$K=\frac{\mathrm{d}F}{\mathrm{d}x} \tag{3.2.1}$$

式中 $F$——作用于弹性敏感元件上的输入量,通常为力、力矩或压力等;

$x$——弹性敏感元件产生的输出量,通常为位移、应变等。

可见,式(3.2.1)定义的刚度是一个广义的概念。当刚度在一定范围内为常数时,则表明弹性敏感元件具有线性特性;否则为非线性特性。通常在模拟式传感器中应用的弹性敏感元件,希望其工作于线性特性范围;而对于准数字式的谐振式传感器而言,有些应用场合需要线性特性,有些则需要非线性特性。

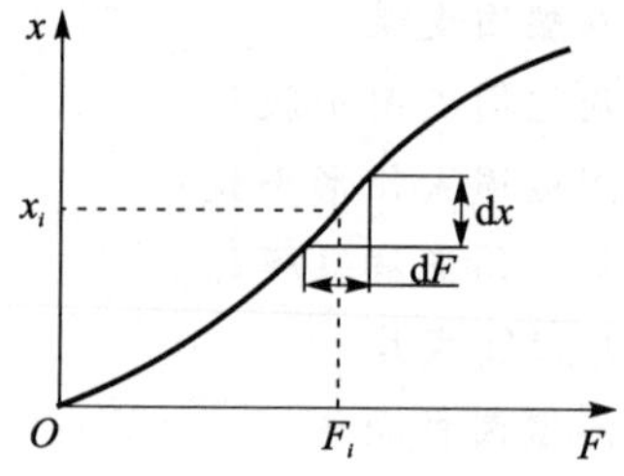

图 3.2.1 刚度特性

2. 柔 度

柔度(compliance)是刚度的倒数,表示单位输入变化量(外界载荷)引起的输出变化量(位移、应变),因此柔度就是弹性敏感元件的灵敏度,一般用 $S$ 来表示。某一点处的灵敏度可以表示为

$$S=\frac{\mathrm{d}x}{\mathrm{d}F} \tag{3.2.2}$$

## 3.2.2 弹性滞后

在弹性变形范围内,加载特性(输入量逐渐增加的过程)与卸载特性(输入量逐渐减小的过程)不重合的现象称为弹性滞后,如图 3.2.2 所示。它是产生某些传感器测量过程迟滞误差的主要原因之一。引起弹性滞后的主要原因是弹性元件工作时,材料内部存在着分子间的内摩擦。

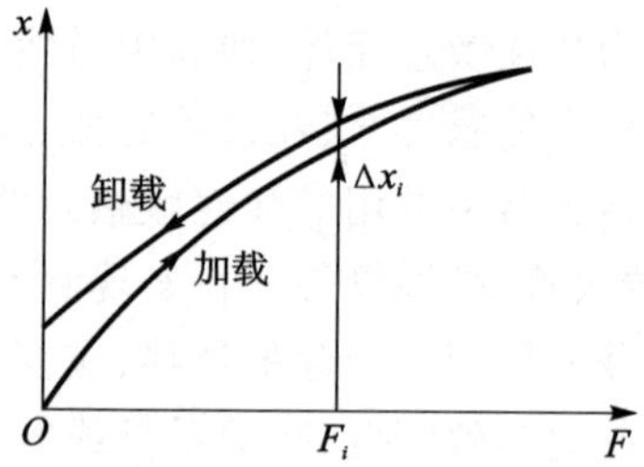

图 3.2.2 弹性敏感元件的弹性滞后

## 3.2.3 弹性后效与蠕变

弹性元件在阶跃载荷作用下,所产生的变形并不能立刻完成,需要经过一段时间间隔才能完成。这个过程称为弹性元件的弹性后效。当外力保持恒值时,弹性元件在一个较长时间范

围内仍然继续缓慢变形的现象称为蠕变。如图 3.2.3 所示，当弹性元件作用有载荷 $F_1$ 时，弹性敏感元件将立刻产生变形 $x_1$，并在较短的时间段 $0\sim t_1$，会很快地变形到 $x'_1$，这一过程可以看作为弹性后效；作用载荷 $F_1$ 保持不变，在较长的时间段 $t_1\sim t_2(t_1\ll t_2)$，弹性元件将缓慢地继续变形到 $x''_1$，这一过程则可以看作为弹性蠕变。

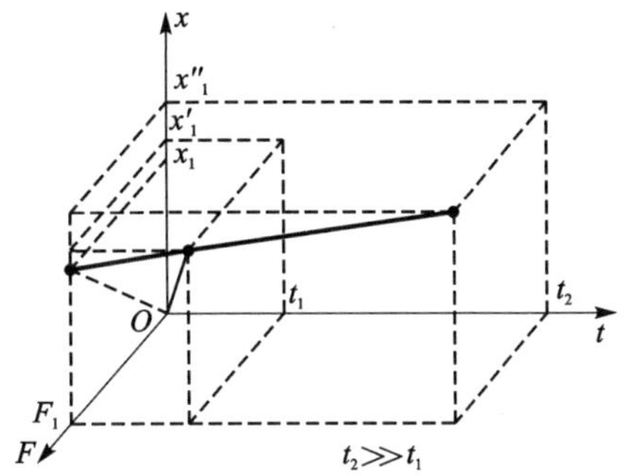

图 3.2.3　弹性敏感元件的弹性后效和蠕变

基于上述分析，弹性后效是引起某些传感器测量过程重复性误差的主要原因之一，也可能是引起测量动态误差的原因；而蠕变则是影响传感器测量过程稳定性的主要原因之一。

事实上，弹性后效、蠕变与弹性滞后是同时发生的，物理过程也相当复杂。在设计传感器，选择弹性敏感元件的材料时，应予以充分的重视；同时，在传感器敏感元件结构，特别是边界结构设计和加工工艺等方面，也应予以充分的重视。

## 3.2.4　弹性元件的机械品质因数

实际的弹性元件在载荷作用下，其应变落后于应力，加载特性与卸载特性曲线构成弹性滞后环；除了导致时间效应外，还伴随着能量的损耗，即能量效应。回线环内(见图 3.2.2)的面积相当于弹性材料在一个循环中单位体积形变所消耗的能量。对于处于周期振动状态的弹性元件，每一振动周期都形成一回线环而耗散振动能量。通常认为这是由于材料的内阻尼引起的。显然，对于用于振动状态的弹性敏感元件，这种内阻尼越小越好。这样，非常小的激励力就能维持弹性敏感元件的稳定振动状态。

对于处于周期振动的弹性元件，其机械品质因数(quality factor)$Q$ 值的定义为

$$Q = 2\pi \frac{E_S}{E_C} \tag{3.2.3}$$

式中　$E_S$——弹性元件储存的总能量；

$E_C$——弹性元件每个周期由阻尼消耗的能量。

机械品质因数还可以用如图 3.2.4 所示的等效二阶系统的幅值频率特性曲线来说明。等效二阶系统的归一化幅频特性可以描述为

$$A(\omega) = \frac{1}{\sqrt{\left[1-\left(\frac{\omega}{\omega_n}\right)^2\right]^2 + \left(2\zeta_n \frac{\omega}{\omega_n}\right)^2}} \tag{3.2.4}$$

式中　$\omega_n$——系统的固有角频率(rad/s)。

对于弱阻尼系统 $\zeta_n \ll 1$，由式(3.2.4)可得最大幅值增益，即

$$A_{max} = \frac{1}{2\zeta_n\sqrt{1-\zeta_n^2}} \approx \frac{1}{2\zeta_n} \tag{3.2.5}$$

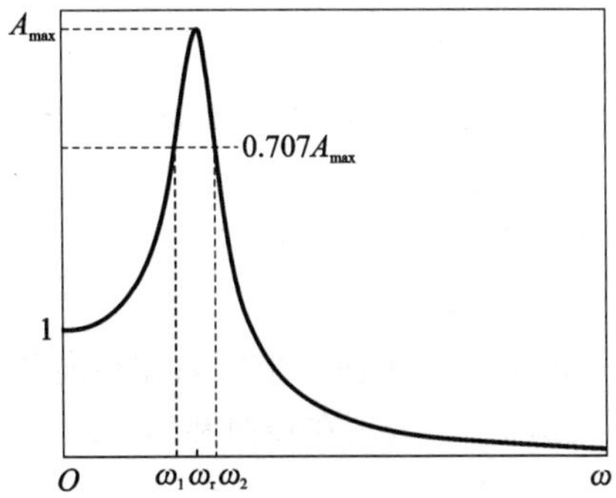

图 3.2.4　等效二阶系统的幅值频率特性

假设对应于 $\frac{A_{max}}{\sqrt{2}}$ 的角频率点为 $\omega_1$，$\omega_2$($\omega_1$ <

$\omega_2$),称为半功率点。将 $A(\omega)=\frac{A_{\max}}{\sqrt{2}}$ 代入式(3.2.4),结合式(3.2.5)可得

$$\left(\frac{A_{\max}}{\sqrt{2}}\right)^2=\frac{1}{8\zeta_n^2}=\frac{1}{\left[1-\left(\frac{\omega}{\omega_n}\right)^2\right]^2+\left(2\zeta_n\frac{\omega}{\omega_n}\right)^2} \tag{3.2.6}$$

即

$$\left(\frac{\omega_2}{\omega_n}\right)^2=(1+2\zeta_n)^2+2\zeta_n\sqrt{1+\zeta_n^2}$$

$$\left(\frac{\omega_1}{\omega_n}\right)^2=(1+2\zeta_n)^2-2\zeta_n\sqrt{1+\zeta_n^2}$$

则

$$\frac{(\omega_2-\omega_1)(\omega_2+\omega_1)}{\omega_n^2}=4\zeta_n\sqrt{1+\zeta_n^2} \tag{3.2.7}$$

考虑到 $\omega_2+\omega_1\approx2\omega_n$,$4\zeta_n\sqrt{1+\zeta_n^2}\approx4\zeta_n$,则有

$$Q\approx\frac{1}{2\zeta_n}\approx\frac{\omega_n}{\omega_2-\omega_1} \tag{3.2.8}$$

式(3.2.8)揭示出:弹性元件的阻尼比 $\zeta_n$ 越小,其机械品质因数越高。机械品质因数也反映了其频率特性的陡峭程度;机械品质因数 $Q$ 值越高,在角频率 $\omega_n$ 附近的幅频特性越陡,反之亦然。

### 3.2.5 位移描述

弹性元件的位移(displacement)就是其位置的变化、移动。弹性元件是一个连续体,因此其位移是连续变化的。如图3.2.5所示,在三维直角坐标系(Cartesian coordinates),弹性元件上某一点 $P$ 在空间的位置可以描述为

$$\boldsymbol{r}=x\boldsymbol{i}+y\boldsymbol{j}+z\boldsymbol{k} \tag{3.2.9}$$

式中 $\boldsymbol{i},\boldsymbol{j},\boldsymbol{k}$——直角坐标系在 $x,y,z$ 轴的单位矢量。

$P$ 点处的位移可以描述为

$$\boldsymbol{V}=u\boldsymbol{i}+v\boldsymbol{j}+w\boldsymbol{k} \tag{3.2.10}$$

式中 $u,v,w$——分别在 $x,y,z$ 轴三个方向的位移分量(m),即位移矢量 $\boldsymbol{V}$ 分别在 $x,y,z$ 轴上的投影。

如图3.2.6所示,在平面极坐标系(polar coordinates),$r,\theta$ 分别为平面极坐标系在径向和切向(周向)的坐标。

$P$ 点处的位移可以描述为

$$\boldsymbol{V}=w\boldsymbol{e}_r+v\boldsymbol{e}_\theta \tag{3.2.11}$$

式中 $\boldsymbol{e}_r,\boldsymbol{e}_\theta$——平面极坐标系在径向和切向(周向)的单位矢量;

$w,v$——分别在径向和切向的位移分量,即位移矢量 $\boldsymbol{V}$ 分别在 $\boldsymbol{e}_r,\boldsymbol{e}_\theta$ 轴上的投影。

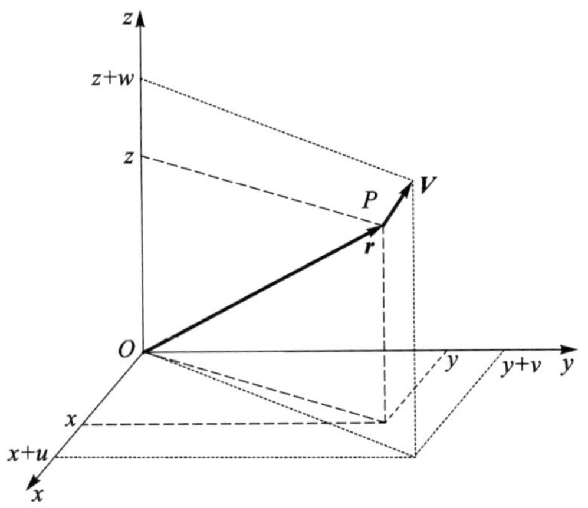


图 3.2.5　弹性元件在直角坐标系位置、位移的描述示意图

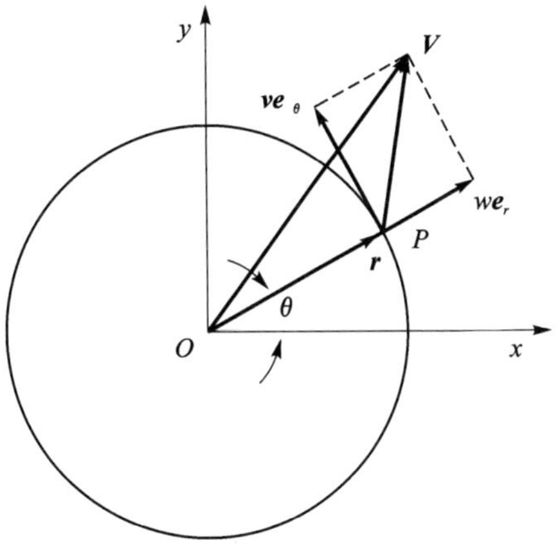


图 3.2.6　弹性元件在平面极坐标系位置、位移的描述示意图

## 3.2.6　应变描述

1. 应变概念

考虑一线段长度的变化，如图 3.2.7 所示。线段 $AB$ 原长 $L$，有了位移后，$A$，$B$ 点分别移动到了 $A'$，$B'$，其长度变为 $L'$，则称该线段产生了变形(deformation)。为了反映这一变形，引入正应变(normal strain)概念，由式(3.2.12)描述，即

$$\varepsilon = \frac{L' - L}{L} \tag{3.2.12}$$

考虑两线之间夹角的变化，如图 3.2.8 所示。线段 $AB$ 与线段 $BC$ 起始夹角为 $\alpha=\pi/2$；有了位移后，其夹角变为 $\alpha'$。为了反映这一变形，引入切应变(shear strain)概念，线段 $AB$ 与线段 $BC$ 之间的切应变由式(3.2.13)描述，即

$$\gamma = \alpha - \alpha' = \frac{\pi}{2} - \alpha' \tag{3.2.13}$$

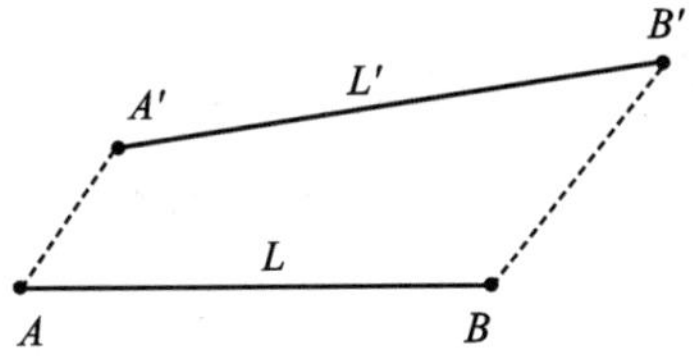


图 3.2.7　正应变的描述

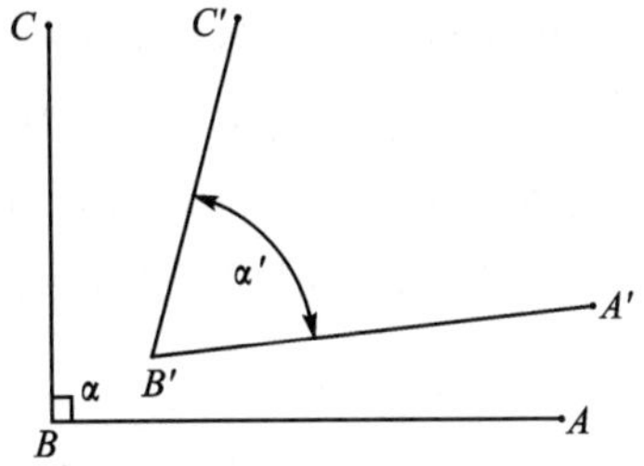


图 3.2.8　切应变的描述

2. 直角坐标系下的应变描述

在三维直角坐标系中，一点处的应变有六个独立的分量。其中有三个正应变、三个切应变。它们与这点处的位移的关系可以描述为

$$\left.\begin{aligned} \varepsilon_x &= \frac{\partial u}{\partial x} \\ \varepsilon_y &= \frac{\partial v}{\partial y} \\ \varepsilon_z &= \frac{\partial w}{\partial z} \\ \varepsilon_{xy} &= \frac{\partial u}{\partial y}+\frac{\partial v}{\partial x} \\ \varepsilon_{yz} &= \frac{\partial v}{\partial z}+\frac{\partial w}{\partial y} \\ \varepsilon_{zx} &= \frac{\partial w}{\partial x}+\frac{\partial u}{\partial z} \end{aligned}\right\} \tag{3.2.14}$$

式中 $\varepsilon_x,\varepsilon_y,\varepsilon_z$——在 $x,y,z$ 轴三个方向的正应变;

$\varepsilon_{xy},\varepsilon_{yz},\varepsilon_{zx}$——$x,y$ 轴之间、$y,z$ 轴之间、$z,x$ 轴之间的切应变;

$u,v,w$——在 $x,y,z$ 轴三个方向的位移分量(m)。

3. 平面极坐标系下的应变描述

在平面极坐标系下,一点处的应变有三个独立的分量。其中有两个正应变、一个切应变。它们与这点处的位移的关系可以描述为

$$\left.\begin{aligned} \varepsilon_r &= \frac{\partial w}{\partial r} \\ \varepsilon_\theta &= \frac{w}{r}+\frac{\partial v}{r\partial\theta} \\ \varepsilon_{r\theta} &= \frac{\partial v}{\partial r}+\frac{\partial w}{r\partial\theta}-\frac{v}{r} \end{aligned}\right\} \tag{3.2.15}$$

式中 $\varepsilon_r,\varepsilon_\theta$——分别在径向与切向的正应变;

$\varepsilon_{r\theta}$——径向与切向之间的切应变;

$w,v$——在径向与切向的位移分量(m)。

4. 二维平面应力下任意方向的应变

对于实用中常见的二维平面应力问题,假设某点处的应变状态为 $\varepsilon_x,\varepsilon_y,\varepsilon_{xy}$。其中 $\varepsilon_x,\varepsilon_y$ 为正应变,$\varepsilon_{xy}$ 为切应变。利用位移变换关系与应变的定义可知,与 $x$ 轴成 $\beta$ 角方向的正应变 $\varepsilon_\beta$(如图 3.2.9 所示)及相关的切应变 $\gamma_\beta$ 与 $\varepsilon_x,\varepsilon_y$,$\varepsilon_{xy}$ 的关系为

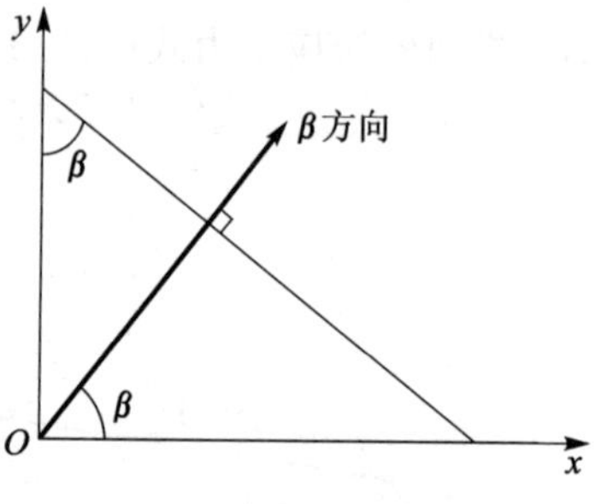

**图 3.2.9 应变分析**

$$\varepsilon_\beta = \cos^2\beta\,\varepsilon_x+\sin^2\beta\,\varepsilon_y+\frac{1}{2}\sin 2\beta\,\varepsilon_{xy} \tag{3.2.16}$$

$$\gamma_\beta = -\sin 2\beta(\varepsilon_x-\varepsilon_y)+\cos 2\beta\,\varepsilon_{xy} \tag{3.2.17}$$

## 3.2.7 应力描述

1. 应力概念

考虑一弹性体某截面上的受力情况,如图 3.2.10 所示。该截面上包含点 $P$,$\Delta A(\mathrm{m}^2)$的面积上作用有 $\Delta\boldsymbol{Q}$(N)的力。于是 $P$ 点处的应力(stress)可以描述为

$$\boldsymbol{S}=\lim_{\Delta A\to 0}\frac{\Delta \boldsymbol{Q}}{\Delta A}=\boldsymbol{\sigma}+\boldsymbol{\tau} \tag{3.2.18}$$

式中　$\boldsymbol{\sigma}$——$P$ 点处的正应力(normal stress)，即垂直于作用面的应力(Pa)；

$\boldsymbol{\tau}$——$P$ 点处的切应力(shear stress)，即平行于作用面的应力(Pa)。

2. 直角坐标系内的应力描述

在三维直角坐标系内，一点处有六个独立的应力分量。其中有三个正应力 $\sigma_x,\sigma_y,\sigma_z$，分别沿着 $x,y,z$ 轴三个方向；三个切应力 $\tau_{yz},\tau_{zx},\tau_{xy}$（也可记为 $\sigma_{yz},\sigma_{zx},\sigma_{xy}$），分别为作用于 $y$ 面，沿着 $z$ 方向；作用于 $z$ 面，沿着 $x$ 方向；作用于 $x$ 面，沿着 $y$ 方向，如图 3.2.11 所示。

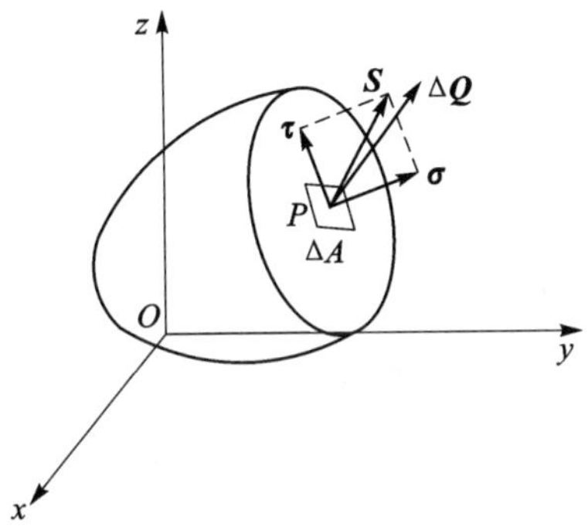


图 3.2.10　应力描述

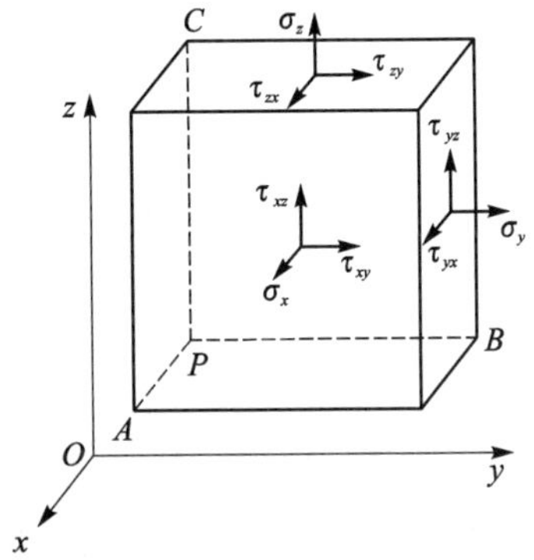


图 3.2.11　三维直角坐标系内应力描述

3. 平面极坐标内的应力描述

在平面极坐标系内，一点处有三个独立的应力分量。其中有两个正应力 $\sigma_r,\sigma_\theta$，分别沿着径向和切向；一个切应力 $\sigma_{r\theta}$，作用于 $r$ 面，沿着切向（也可以看成是作用于 $\theta$ 面，沿着径向），如图 3.2.12 所示。

4. 二维平面应力下任意方向的应力

对于二维平面应力问题，假设某点处的应力状态为 $\sigma_x,\sigma_y,\sigma_{xy}$。其中 $\sigma_x,\sigma_y$ 为正应力，$\sigma_{xy}$ 为切应力，如图 3.2.13 所示。

与 $x$ 轴成 $\beta$ 角的正应力 $\sigma_\beta$ 和切应力 $\tau_\beta$ 与 $\sigma_x,\sigma_y,\sigma_{xy}$ 的关系为

$$\sigma_\beta=\cos^2\beta\sigma_x+\sin^2\beta\sigma_y+\sin 2\beta\sigma_{xy} \tag{3.2.19}$$

$$\tau_\beta=-\frac{1}{2}\sin 2\beta(\sigma_x-\sigma_y)+\cos 2\beta\sigma_{xy} \tag{3.2.20}$$

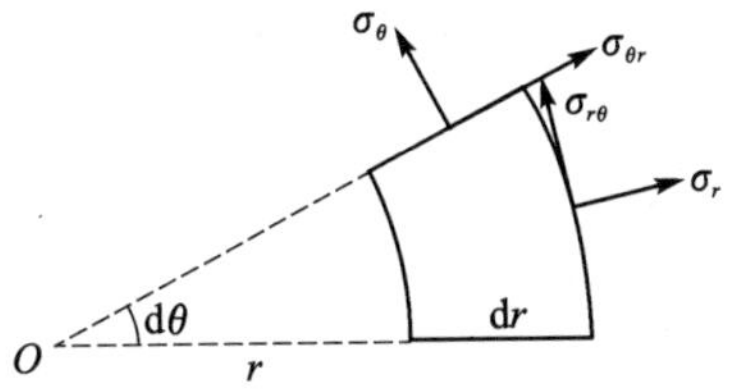


图 3.2.12　平面极坐标系内应力描述

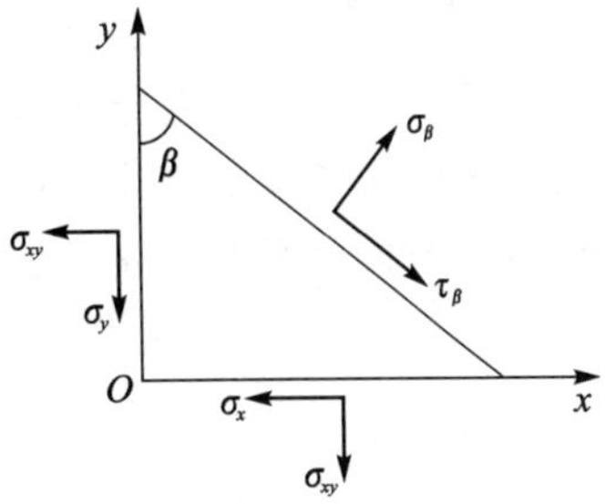


图 3.2.13　应力分析

### 3.2.8 广义胡克定律

广义胡克定律(Hooker's law)用于描述弹性体应力、应变之间的关系。下面分别给出在三维正交坐标系下的描述和针对二维平面问题的描述。

1. 三维正交坐标系下的描述

在三维正交坐标系,应力、应变之间的关系为

$$\boldsymbol{\sigma} = \boldsymbol{D}\boldsymbol{\varepsilon} \tag{3.2.21}$$

或

$$\boldsymbol{\varepsilon} = \boldsymbol{C}\boldsymbol{\sigma} \tag{3.2.22}$$

$$\boldsymbol{C} = \frac{1}{E}\begin{bmatrix} 1 & -\mu & -\mu & & & \\ -\mu & 1 & -\mu & & & \\ -\mu & -\mu & 1 & & & \\ & & & 2(1+\mu) & & \\ & & & & 2(1+\mu) & \\ & & & & & 2(1+\mu) \end{bmatrix} = \boldsymbol{D}^{-1}$$

式中 $\boldsymbol{\sigma}$——应力向量,$\boldsymbol{\sigma}^{\mathrm{T}}=[\sigma_x \quad \sigma_y \quad \sigma_z \quad \sigma_{xy} \quad \sigma_{yz} \quad \sigma_{zx}]$;

$\boldsymbol{\varepsilon}$——应变向量,$\boldsymbol{\varepsilon}^{\mathrm{T}}=[\varepsilon_x \quad \varepsilon_y \quad \varepsilon_z \quad \varepsilon_{xy} \quad \varepsilon_{yz} \quad \varepsilon_{zx}]$;

$E,\mu$——分别为弹性体材料的弹性模量(Young's modulus)(Pa)和泊松比(Poisson's ratio)。

2. 二维平面问题的描述

假设 $\sigma_z=0,\sigma_{zx}=0,\sigma_{yz}=0$,则在二维正交坐标系内,应力、应变之间的关系为

$$\begin{bmatrix} \varepsilon_x \\ \varepsilon_y \\ \varepsilon_{xy} \end{bmatrix} = \frac{1}{E}\begin{bmatrix} 1 & -\mu & 0 \\ -\mu & 1 & 0 \\ 0 & 0 & 2(1+\mu) \end{bmatrix}\begin{bmatrix} \sigma_x \\ \sigma_y \\ \sigma_{xy} \end{bmatrix} \tag{3.2.23}$$

$$\left.\begin{aligned} \sigma_x &= \frac{E}{1-\mu^2}(\varepsilon_x + \mu\varepsilon_y) \\ \sigma_y &= \frac{E}{1-\mu^2}(\mu\varepsilon_x + \varepsilon_y) \\ \sigma_{xy} &= \frac{E}{2(1+\mu)}\varepsilon_{xy} = G\varepsilon_{xy} \end{aligned}\right\} \tag{3.2.24}$$

式中 $G$——切变弹性模量(Pa)。

### 3.2.9 固有频率

弹性敏感元件是一个具有分布参数的多自由度系统,其固有频率(natural frequency)有许多个。而在许多应用场合主要关心弹性元件的基频,即一阶固有频率。弹性元件的一阶固有频率 $f$(Hz)或一阶固有角频率 $\omega$(rad/s)可以表示为

$$f = \frac{1}{2\pi}\sqrt{\frac{k_{\mathrm{eq}}}{m_{\mathrm{eq}}}} \tag{3.2.25}$$

$$\omega = \sqrt{\frac{k_{\mathrm{eq}}}{m_{\mathrm{eq}}}} \tag{3.2.26}$$

式中 $k_{\mathrm{eq}}$——弹性元件的一阶固有振动的等效刚度(N/m);

$m_{eq}$——弹性元件的一阶固有振动的等效质量(kg)。

弹性敏感元件的一阶固有频率对于传感器的动态特性影响非常大。通常,为了提高传感器的动态响应能力,应当适当提高弹性敏感元件的基频,即相当于在保持其质量不变的情况下,适当增大其等效刚度。事实上,等效刚度的增大必然会降低敏感元件的灵敏度,因此必须予以综合考虑。

对于直接输出频率的谐振式传感器,主要关心弹性元件的某一阶频率随直接被测量或间接被测量的变化规律,可以描述为

$$f(M) = \frac{1}{2\pi}\sqrt{\frac{k_{eq}(M)}{m_{eq}(M)}} \tag{3.2.27}$$

式中　$f(M)$——在被测量 $M$ 作用下,敏感元件的固有角频率(Hz);

$M$——作用于弹性敏感元件上的被测量,如压力、集中力、应力等;

$k_{eq}(M)$——考虑作用量后弹性元件的某一阶固有振动的等效刚度(N/m);

$m_{eq}(M)$——考虑作用量后弹性元件的某一阶固有振动的等效质量(kg)。

## 3.2.10　弹性元件的热特性

1. 弹性元件的热胀冷缩

如果弹性元件处于均匀的温度场且在完全自由的状态下,温度变化时将产生热胀冷缩的物理过程。以弹性元件某一维结构长度为例,其热胀冷缩过程可以描述为

$$L_t = L_0[1 + \beta_e(t - t_0)] = L_0(1 + \beta_e\Delta t) \tag{3.2.28}$$

式中　$L_t$——弹性元件温度变化后,即温度为 $t$ ℃时的长度(m);

$L_0$——弹性元件温度变化前,即温度为 $t_0$℃时的长度(m);

$\beta_e$——弹性元件的线膨胀系数(1/℃),表示单位温度变化引起的相对长度变化;

$\Delta t$——温度的变化值(℃)。

2. 弹性元件的热应变和热应力

如果弹性元件处于不均匀的温度场,则这时需要考虑弹性元件的热应变、热应力问题。以一维结构的弹性元件如杆、梁等为例,温度场引起的弹性元件的热应变和热应力分别为

$$\varepsilon_T(x) = -\alpha\Delta T(x) \tag{3.2.29}$$

$$\sigma_T(x) = E\varepsilon_T(x) = -\alpha E\Delta T(x) \tag{3.2.30}$$

式中　$\varepsilon_T$——弹性元件的热应变;

$\alpha$——弹性元件材料的热应变系数(1/℃),表示单位温度变化引起的热应变;

$\Delta T(x)$——弹性元件的温度场(℃);

$x$——弹性元件的坐标。

$\sigma_T$——弹性元件的热应力(Pa)。

3. 弹性模量的温度系数

环境温度的变化会引起弹性元件材料弹性模量的改变。通常,当温度升高时,材料内部的原子的热运动加剧,结合力减弱,从而导致材料的弹性模量随温度的升高而降低。

弹性模量随温度的变化情况可以由弹性模量的温度系数 $\beta_E$ 来表示,即

$$\beta_E = \frac{1}{E_0}\frac{E_t - E_0}{t - t_0} = \frac{\Delta E}{E_0\Delta t} \tag{3.2.31}$$

或

$$E_t = E_0[1+\beta_E(t-t_0)] = E_0(1+\beta_E\Delta t) \tag{3.2.32}$$

式中 $E_t$——弹性元件温度变化后,即温度 $t$ ℃时的弹性模量(Pa);

$E_0$——弹性元件温度变化前,即温度 $t_0$℃时的弹性模量(Pa);

$\beta_E$——弹性模量的温度系数(1/℃),表示单位温度变化引起的相对弹性模量的相对变化;

$\Delta t$——温度的变化值(℃)。

材料的弹性模量随温度变化的特性会引起弹性敏感元件的刚度变化,于是在同一载荷作用下,弹性敏感元件的位移、应变、应力特性也发生相应的变化,从而引起测量误差。

4. 频率温度系数

环境温度的变化会引起弹性元件频率的改变,可用弹性元件频率温度系数 $\beta_f$ 来表示,即

$$\beta_f = \frac{1}{f_0}\frac{f_t - f_0}{t - t_0} = \frac{\Delta f}{f_0 \Delta t} \tag{3.2.33}$$

式中 $f_t$——弹性元件温度变化后,即温度 $t$ ℃时的频率(Hz);

$f_0$——弹性元件温度变化前,即温度 $t_0$℃时的频率(Hz);

$\beta_f$——弹性元件频率温度系数(1/℃),表示单位温度变化引起的频率相对变化;

$\Delta t$——温度的变化值(℃)。

基于上述物理过程分析可知,弹性元件的温度特性是引起某些传感器测量过程温度漂移的主要原因之一。因此选择弹性敏感元件的材料时应重视其温度特性与效应。

# 3.3 基本弹性敏感元件的力学特性

弹性敏感元件主要有弹性柱体、弹性弦丝、梁、平膜片、波纹膜片、E形圆膜片、轴对称壳体、弹簧管和波纹管等。本节给出在传感器中常用的几种典型弹性敏感元件的力学特性关系。

## 3.3.1 弹性柱体

1. 受压缩(拉伸)的圆柱体

(1) 几何描述

受压缩(拉伸)弹性圆柱体(cylinder)的典型结构如图3.3.1所示,$L$,$A$ 分别为圆柱体的长度(m)和横截面积(m$^2$);$E$,$\mu$,$\rho$ 分别为材料的弹性模量(Pa)、泊松比和密度(kg/m$^3$)。作为弹性圆柱体,其长度 $L$ 与横截面的半径之比不能太大。

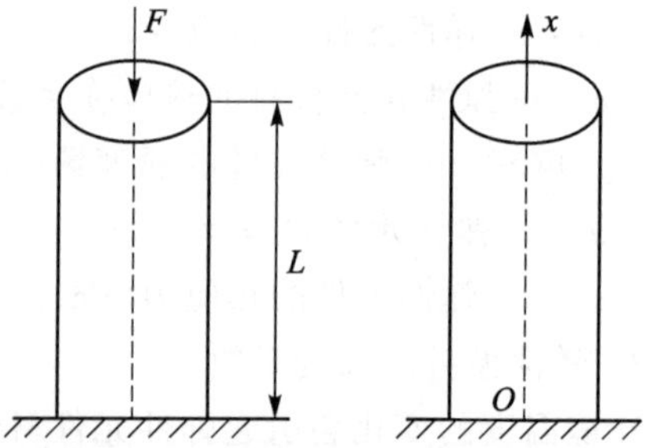

**图3.3.1 受压缩弹性圆柱体的示意图**

(2) 边界条件

一端($x=0$)固支,一端($x=L$)自由。

(3) 受力状态

在自由端受轴向的压缩或拉伸力 $F$(N),正为压缩,负为拉伸。

(4) 基本结论

由力 $F$ 引起的,沿圆柱体轴向的应变和应力(Pa)分别为

$$\varepsilon_x = \frac{-F}{EA} \tag{3.3.1}$$

$$\sigma_x = \frac{-F}{A} \tag{3.3.2}$$

沿圆柱体环向的应变和应力(Pa)分别为

$$\varepsilon_\theta = -\mu\,\varepsilon_x = \frac{\mu F}{EA} \tag{3.3.3}$$

$$\sigma_\theta = 0 \tag{3.3.4}$$

圆柱体轴向与环向之间的切应变与切应力均为零,即

$$\varepsilon_{x\theta} = 0 \tag{3.3.5}$$

$$\sigma_{x\theta} = 0 \tag{3.3.6}$$

利用式(3.2.16)、式(3.2.17)、式(3.3.1)、式(3.3.3)可得,与圆柱体轴线方向成 $\beta$ 角的正应变和切应变分别为

$$\varepsilon_\beta = \frac{-F}{EA}(\cos^2\beta - \mu\sin^2\beta) \tag{3.3.7}$$

$$\gamma_\beta = \frac{F(1+\mu)}{EA}\sin 2\beta \tag{3.3.8}$$

利用式(3.2.19)、式(3.2.20)、式(3.3.2)、式(3.3.4)可得,与圆柱体轴线方向成 $\beta$ 角的正应力(Pa)和切应力(Pa)分别为

$$\sigma_\beta = \frac{-F\cos^2\beta}{A} \tag{3.3.9}$$

$$\tau_\beta = \frac{F\sin 2\beta}{2A} \tag{3.3.10}$$

圆柱体沿轴线方向的位移(m)为

$$u(x) = \frac{-F}{EA}x \tag{3.3.11}$$

在自由端处的最大位移(m)为

$$u_{\max} = u(L) = \frac{-F}{EA}L \tag{3.3.12}$$

圆柱体拉伸振动的基频(Hz)为

$$f_{S1} = \frac{1}{4L}\sqrt{\frac{E}{\rho}} \tag{3.3.13}$$

2. 受扭转的圆柱体

(1) 几何描述

受扭转作用的弹性圆柱体的典型结构如图 3.3.2 所示,$L$,$R$ 分别为圆柱体的长度(m)和横截面半径(m);$E$,$\mu$,$\rho$ 分别为材料的弹性模量(Pa)、泊松比和密度(kg/m$^3$)。

(2) 边界条件

一端($x=0$)固支,一端($x=L$)自由。

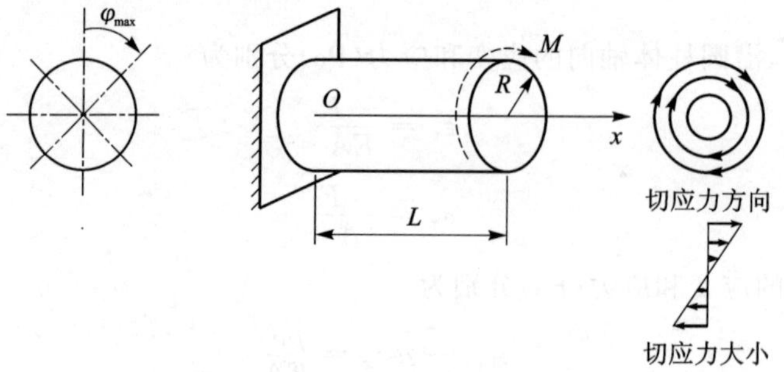


**图 3.3.2 受扭转的弹性圆柱体示意图**

(3) 受力状态

在自由端受沿轴向的扭矩 $M$(N·m)。

(4) 基本结论

在图 3.3.2 所示的受力状态下,在圆柱体的轴向和环向的正应力、正应变均为零,即在扭矩 $M$ 的作用下,只在圆柱体环向产生切应变和切应力(Pa),分别为

$$\varepsilon_{x\theta} = \frac{Mr}{GJ} \tag{3.3.14}$$

$$\sigma_{x\theta} = \frac{2M}{\pi R^4} r = \frac{Mr}{J} \tag{3.3.15}$$

式中 $J$——圆柱体截面对圆心的惯性矩($m^4$),$J=\frac{\pi R^4}{2}$;

$G$——圆柱体材料的切变弹性模量(Pa),$G=\frac{E}{2(1+\mu)}$;

$r$——所考虑点的半径(m)。

在圆柱体外表面($r=R$)的切应变与切应力(Pa)达到最大值,分别为

$$\gamma_{max} = \frac{MR}{GJ} \tag{3.3.16}$$

$$\tau_{max} = \frac{MR}{J} \tag{3.3.17}$$

基于如图 3.3.2 所示的受力状态,利用式(3.2.16)、式(3.2.19),可得在圆柱体外柱面上与圆柱体轴线方向成 $\beta$ 角正应变、正应力(Pa),即

$$\varepsilon_{\beta} = \frac{M}{\pi R^3 G} \sin 2\beta \tag{3.3.18}$$

$$\sigma_{\beta} = \frac{2M}{\pi R^3} \sin 2\beta \tag{3.3.19}$$

由式(3.3.18)和式(3.3.19)可知:最大正应变为$\frac{M}{\pi R^3 G}$,最大正应力为$\frac{2M}{\pi R^3}$,均发生在$\beta=\frac{\pi}{4}$处;最小正应变为$\frac{-M}{\pi R^3 G}$,最小正应力为$\frac{-2M}{\pi R^3}$,均发生在$\beta=\frac{3\pi}{4}$处,如图 3.3.3 所示。

由扭矩 $M$ 引起的在圆柱体自由端表面的扭转角(rad)为

$$\varphi_{max} = \frac{ML}{GJ} \tag{3.3.20}$$

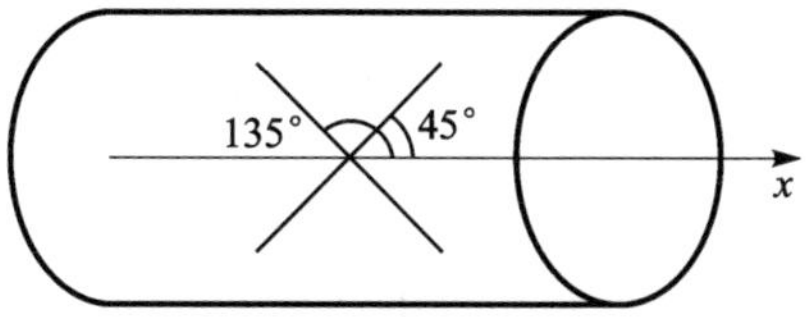


**图 3.3.3　受扭转的弹性圆柱体最大、最小正应度(正应力)方向**

式中　$GJ$——圆柱体的抗扭刚度(N·m$^2$)。

圆柱体扭转振动的基频(Hz)为

$$f_{T1}=\frac{1}{4L}\sqrt{\frac{E}{2\rho(1+\mu)}} \tag{3.3.21}$$

对比式(3.3.13)和(3.3.21)可知:圆柱体拉伸振动的基频与其扭转振动的基频之比为 $f_{S1}/f_{T1}=\sqrt{2(1+\mu)}$。例如对于典型的恒弹合金材料 $\mu=0.3$,则 $f_{S1}/f_{T1}\approx1.612$。

## 3.3.2　弹性弦丝的固有振动

(1) 几何描述

当弹性圆杆(rod)的长度 $L$ 远远大于其截面半径 $R$ 时,称弹性圆杆为弹性弦丝(string)。其自身的弹性可以忽略不计,只考虑由作用于弦丝上的拉伸力 $F$ 引起的弹性刚度。如图 3.3.4 所示。对于这样的弦丝,单位长度上的质量密度为 $\rho_0$(kg/m)。

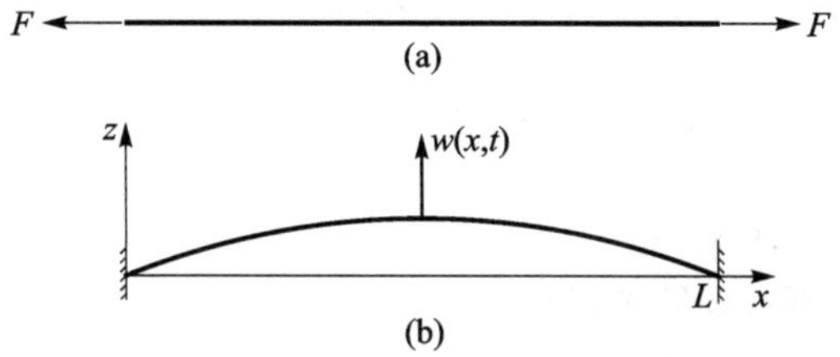


**图 3.3.4　双端固支弹性弦丝振动位移示意图**

(2) 边界条件

双端固定,即 $x=0,L$ 时,$w(x)=0$。

(3) 受力状态

弹性弦丝上作用有拉伸力 $F$(N),使其处于张紧状态。

(4) 基本结论

弹性弦丝在 $xOz$ 平面内作微幅横向振动,其固有频率与相应的振型为

$$f_n=\frac{n}{2L}\sqrt{\frac{F}{\rho_0}}\qquad n=1,2,3,\cdots \tag{3.3.22}$$

$$w_n(x)=W_{n,\max}\sin\left(\frac{n\pi x}{L}\right),\qquad n=1,2,3,\cdots \tag{3.3.23}$$

式中　$f_n$——弹性弦丝横向振动的固有频率(Hz);

$w_n(x)$——弹性杆弯曲振动沿轴线方向分布的振型;

$W_{n,\max}$——弦丝横向振动的最大位移(m)。

弦丝横向振动基频(Hz)和对应的一阶振型分别为

$$f_{\mathrm{TR1}} = \frac{1}{2L}\sqrt{\frac{F}{\rho_0}} \tag{3.3.24}$$

$$w_1(x) = W_{1,\max}\sin\left(\frac{\pi x}{L}\right) \tag{3.3.25}$$

式中 $W_{1,\max}$——弦丝横向振动一阶振型的最大位移(m)。

## 3.3.3 悬臂梁

1. 等截面情况

(1) 几何描述

等截面悬臂梁(cantilever beam)如图 3.3.5(a)所示,$L$,$b$,$h$ 分别为梁的长度(m)、宽度(m)和厚度(m);$E$,$\rho$ 分别为材料的弹性模量(Pa)和密度(kg/m$^3$)。作为"梁",其长度 $L$、宽度 $b$ 和厚度 $h$ 之间的比值大约为 100∶10∶1。

(2) 边界条件

一端($x=0$)固支,一端($x=L$)自由。

(3) 受力状态

自由端受一剪切力 $F$(N)。

(4) 基本结论

梁沿 $x$ 轴(长度方向)的法线方向位移 $w(x)$(m)(参见图 3.3.5(b))为

$$w(x) = \frac{x^2}{6EJ}(Fx - 3FL) \tag{3.3.26}$$

式中 $J$——梁的截面惯性矩(m$^4$),$J=\frac{bh^3}{12}$;

$EJ$——梁的抗弯刚度(N·m$^2$)。

悬臂梁自由端处的位移(m)最大,为

$$W_{\max} = w(L) = \frac{-4L^3F}{Ebh^3} \tag{3.3.27}$$

它与梁的长厚比 $L/h$ 的三次方成正比。

梁上表面沿 $x$ 方向的正应变为

$$\varepsilon_x(x) = \frac{Fh}{2EJ}(L-x) = \frac{6F}{Ebh^2}(L-x) \tag{3.3.28}$$

梁上表面沿 $x$ 方向的正应力(Pa)为

$$\sigma_x(x) = E\varepsilon_x(x) = \frac{6F}{bh^2}(L-x) \tag{3.3.29}$$

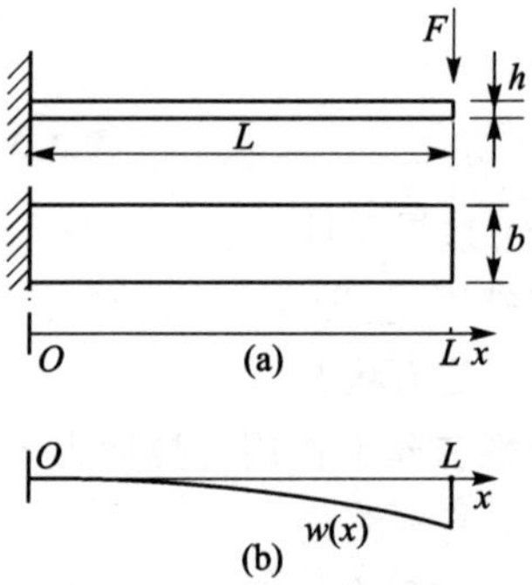

图 3.3.5 等截面悬臂梁的结构示意图

由式(3.3.28)和式(3.3.29)确定的悬臂梁的应变、应力值为正时,表示梁上表面处于拉伸状态,否则处于压缩状态。

梁弯曲振动的基频(Hz)为

$$f_{\mathrm{B1}} = \frac{0.162h}{L^2}\sqrt{\frac{E}{\rho}} \tag{3.3.30}$$

悬臂梁的应变、应力在其根部(固支端)为最大,沿着轴线方向逐渐减小,在其自由端为零;同时,适当增大悬臂梁的长厚比 $L/h$,可以提高位移、应变、应力对作用力的灵敏度,但其弯曲振动频率也将降低。

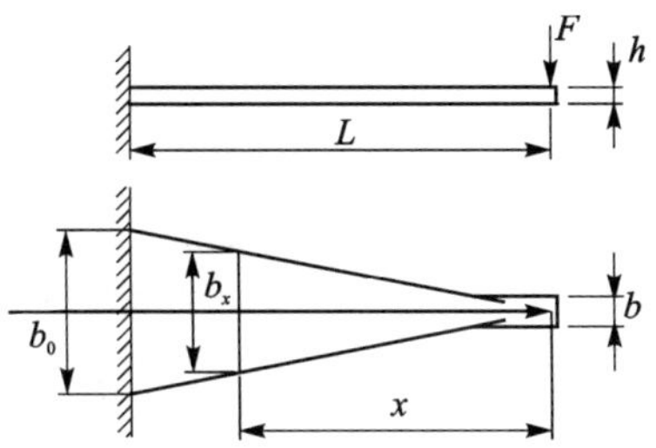


图 3.3.6　等强度梁的结构示意图

2. 变截面情况(等强度梁)

(1) 几何特征

采用如图 3.3.6 所示的变截面梁就可以实现等强度梁。这给应变式传感器的设计、实现带来了方便。$L$,$b_0$,$h$ 分别为梁长度(m)、根部的宽度(m)和厚度(m);$E$,$\rho$ 分别为材料的弹性模量(Pa)和密度($kg/m^3$)。边界条件和受力状态与上述等截面梁的情况相同。

(2) 基本结论

梁沿 $x$ 轴的法线方向位移 $w(x)$(m)为

$$w(x) = \frac{-6FLx^2}{Eb_0h^3} \tag{3.3.31}$$

自由端点处的位移(m)最大,为

$$W_{max} = w(L) = \frac{-6L^3F}{Eb_0h^3} \tag{3.3.32}$$

梁上表面沿 $x$ 方向的正应变为

$$\varepsilon_x(x) = \frac{6FL}{Eb_0h^2} \tag{3.3.33}$$

梁上表面沿 $x$ 方向的正应力(Pa)为

$$\sigma_x(x) = \frac{6FL}{b_0h^2} \tag{3.3.34}$$

由式(3.3.33),式(3.3.34)确定的悬臂梁上表面沿轴向的正应变、正应力与在梁上的位置无关,因此称为等强度梁。其值为正时,表示梁上表面处于拉伸状态;其值为负时,表示梁上表面处于压缩状态。

利用式(3.2.16)与式(3.2.17)可得,与悬臂梁轴线方向成 $\beta$ 角的正应变和切应变分别为

$$\varepsilon_\beta = \frac{6FL}{Eb_0h^2}\cos^2\beta \tag{3.3.35}$$

$$\gamma_\beta = -\frac{6FL(1+\mu)}{Eb_0h^2}\sin 2\beta \tag{3.3.36}$$

利用式(3.2.19)和式(3.2.20)可得,与悬臂梁轴线方向成 $\beta$ 角的正应力(Pa)和切应力(Pa)分别为

$$\sigma_\beta = \frac{6FL}{b_0h^2}\cos^2\beta \tag{3.3.37}$$

$$\tau_\beta = \frac{3FL}{b_0h^2}\sin 2\beta \tag{3.3.38}$$

等强度梁的梁弯曲振动的基频(Hz)为

$$f_{B1} = \frac{0.316h}{L^2}\sqrt{\frac{E}{\rho}} \tag{3.3.39}$$

## 3.3.4 双端固支梁

(1) 几何描述

等截面双端固支梁如图 3.3.7 所示,$L,b,h$ 分别为梁的长度(m)、宽度(m)和厚度(m);$E,\rho$ 分别为材料的弹性模量(Pa)和密度($kg/m^3$)。

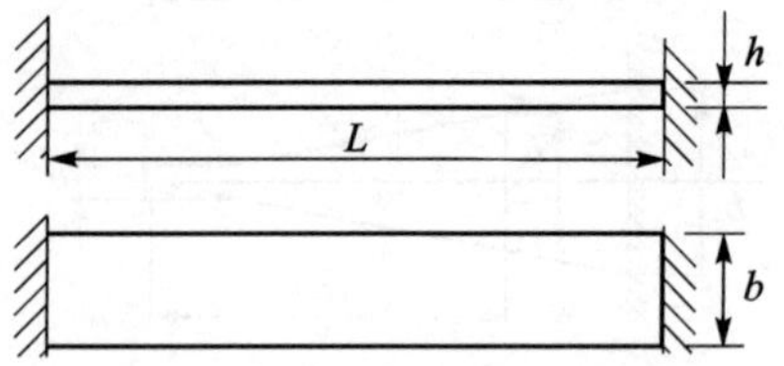


图 3.3.7 双端固支梁的结构示意图

(2) 边界条件

双端($x=0,L$)固支。

(3) 受力状态

在端部受一拉伸(压缩)力 $F_0$(N)。

(4) 基本结论

在轴向力 $F_0$ 的作用下,双端固支梁弯曲振动的一、二阶固有频率(Hz)为

$$f_{B1}(F_0) = f_{B1}\sqrt{1+0.2949\frac{F_0L^2}{Ebh^3}} \tag{3.3.40}$$

$$f_{B2}(F_0) = f_{B2}\sqrt{1+0.1453\frac{F_0L^2}{Ebh^3}} \tag{3.3.41}$$

$$f_{B1} = \frac{4.730^2h}{2\pi L^2}\sqrt{\frac{E}{12\rho}} \tag{3.3.42}$$

$$f_{B2} = \frac{7.853^2h}{2\pi L^2}\sqrt{\frac{E}{12\rho}} \tag{3.3.43}$$

式中 $f_{B1},f_{B2}$——轴向力为零时,双端固支梁弯曲振动的一、二阶固有频率(Hz)。

## 3.3.5 周边固支圆平膜片

(1) 几何描述

周边固支圆平膜片(round diaphragm)如图 3.3.8 所示,$R,H$ 分别为圆平膜片的半径(m)和厚度(m);$E,\mu,\rho$ 分别为材料的弹性模量(Pa)、泊松比和密度($kg/m^3$)。

(2) 边界条件

周边($r=R$)固支。

(3) 受力状态

在膜片的下表面作用有均布压力 $p$(此压力也可以看成是作用于膜片下表面的压力 $p_2$ 与上表面压力 $p_1$ 的差 $p_2-p_1$)(Pa)。

(4) 基本结论

在均布压力 $p$ 的作用下,圆平膜片的法向位移(m)为

$$w(r) = \frac{3p(1-\mu^2)}{16EH^3}(R^2-r^2)^2 = \overline{W}_{R,max}H\left(1-\frac{r^2}{R^2}\right)^2 \tag{3.3.44}$$

$$\overline{W}_{R,max} = \frac{3p(1-\mu^2)}{16E}\cdot\left(\frac{R}{H}\right)^4 \tag{3.3.45}$$

式中 $\overline{W}_{R,max}$——圆平膜片的最大法向位移与其厚度的比值。

圆平膜片上表面的径向位移(m)为

$$u(r) = \frac{3p(1-\mu^2)(R^2-r^2)r}{8EH^2} \tag{3.3.46}$$

圆平膜片上表面应变和应力(Pa)分别为

$$\left.\begin{aligned}\varepsilon_r &= \frac{3p(1-\mu^2)(R^2-3r^2)}{8EH^2}\\ \varepsilon_\theta &= \frac{3p(1-\mu^2)(R^2-r^2)}{8EH^2}\\ \varepsilon_{r\theta} &= 0\end{aligned}\right\}\tag{3.3.47}$$

$$\left.\begin{aligned}\sigma_r &= \frac{3p}{8H^2}[(1+\mu)R^2-(3+\mu)r^2]\\ \sigma_\theta &= \frac{3p}{8H^2}[(1+\mu)R^2-(1+3\mu)r^2]\\ \sigma_{r\theta} &= 0\end{aligned}\right\}\tag{3.3.48}$$

均布压力 $p$ 作用下的圆平膜片法向位移、上表面沿径向分布的应变与应力规律分别如图 3.3.9、图 3.3.10 和图 3.3.11 所示。

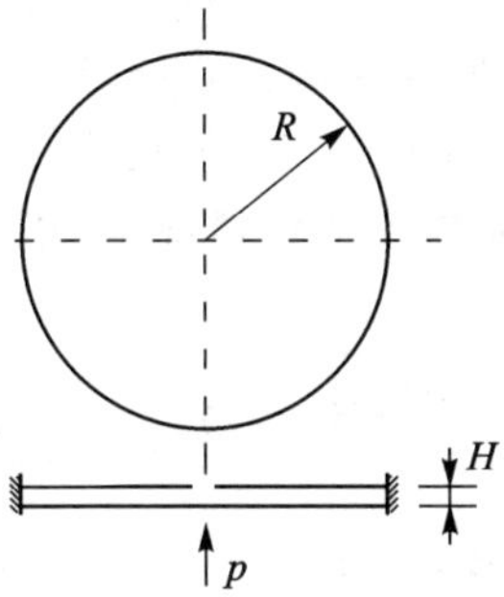


图 3.3.8　周边固支圆平膜片的结构示意图

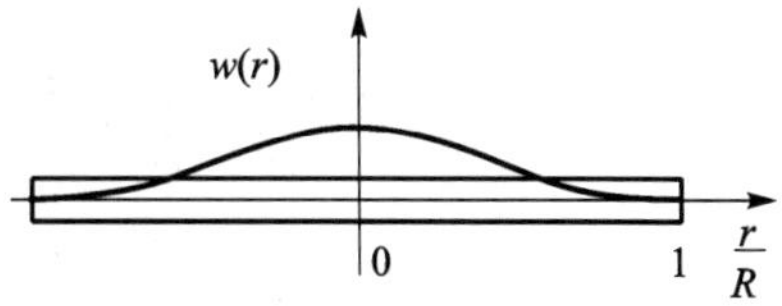


图 3.3.9　周边固支圆平膜片法向位移示意图

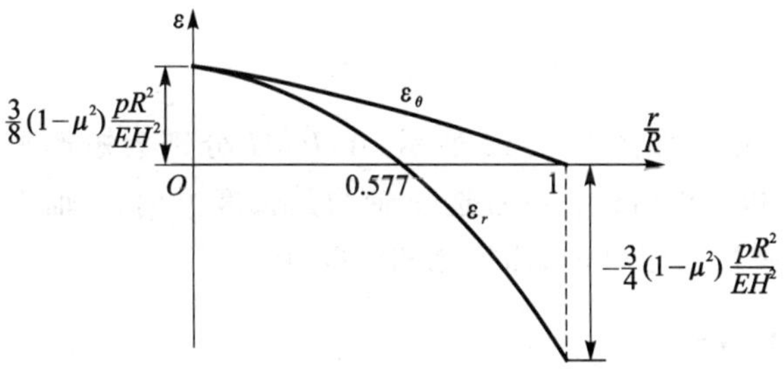


图 3.3.10　周边固支圆平膜片上表面应变示意图

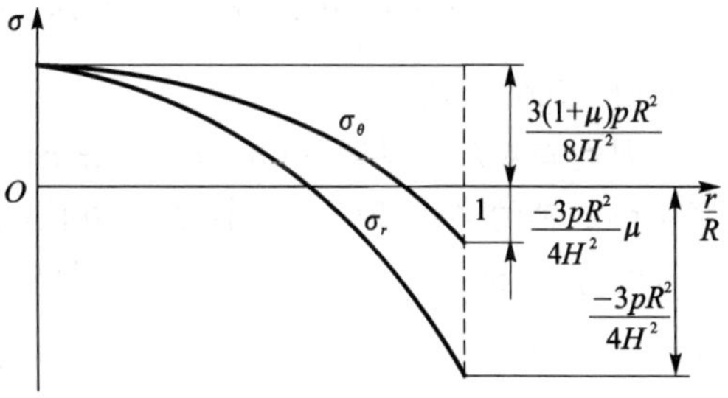


图 3.3.11　周边固支圆平膜片上表面应力示意图

利用式(3.2.16)和式(3.2.17)可得,与圆平膜片径向成 $\beta$ 角的正应变和切应变分别为

$$\varepsilon_\beta = \frac{3p(1-\mu^2)}{8EH^2}[(R^2-3r^2)\cos^2\beta+(R^2-r^2)\sin^2\beta]\tag{3.3.49}$$

$$\gamma_\beta = \frac{3p(1-\mu^2)r^2}{4EH^2}\sin 2\beta\tag{3.3.50}$$

利用式(3.2.19)和式(3.2.20)可得,与圆平膜片径向成 $\beta$ 角的正应力(Pa)和切应力(Pa)分别为

$$\sigma_\beta = \frac{3p}{8H^2}[(1+\mu)(R^2-r^2)-2r^2(\cos^2\beta+\mu\sin^2\beta)]\tag{3.3.51}$$

$$\tau_\beta = \frac{3p(1-\mu)r^2}{8H^2}\sin 2\beta\tag{3.3.52}$$

作用于圆平膜片上的压力 $p$ 与所对应的固有频率 $f_{R,B1}(p)$ 间的关系相当复杂。这里给出一个对应于圆平膜片最低阶固有频率的近似计算公式

$$f_{R,B1}(p) = f_{R,B1}\sqrt{1+C_p} \tag{3.3.53}$$

$$f_{R,B1} \approx \frac{0.469H}{R^2}\sqrt{\frac{E}{\rho(1-\mu^2)}} \tag{3.3.54}$$

$$C_p = \frac{(1+\mu)(173-73\mu)}{120}(\overline{W}_{R,\max})^2 \tag{3.3.55}$$

式中 $f_{R,B1}$——压力为零时圆平膜片最低阶固有频率(Hz);

$C_p$——与圆平膜片材料、几何结构参数、物理参数以及压力等有关的系数;

$\overline{W}_{R,\max}$——圆平膜片大挠度变形情况下正中心处的最大法向位移与其厚度之比,$\overline{W}_{R,\max}$ 由式(3.3.56)或式(3.3.57)确定。

对于圆平膜片,当载荷较大时(例如通常认为在 $1/5\leqslant\overline{W}_{R,\max}\leqslant 5$ 范围),属于大挠度变形,这时很难给出一个精确的解,采用不同方法可以得到不同的近似解析解。式(3.3.56)为采用摄动法得到求解圆平膜片大挠度变形情况下,正中心处最大法向位移与其厚度之比 $\overline{W}_{R,\max}$ 的近似解析方程。式(3.3.57)为采用变分法得到求解圆平膜片大挠度变形情况下,正中心处最大法向位移与其厚度之比 $\overline{W}_{R,\max}$ 的近似解析方程。

$$p = \frac{16E}{3(1-\mu^2)}\left(\frac{H}{R}\right)^4\left[\overline{W}_{R,\max} + \frac{(1+\mu)(173-73\mu)}{360}(\overline{W}_{R,\max})^3\right] \tag{3.3.56}$$

或

$$p = \frac{16E}{3(1-\mu^2)}\left(\frac{H}{R}\right)^4\left[\overline{W}_{R,\max} + 0.4835(\overline{W}_{R,\max})^3\right] \tag{3.3.57}$$

## 3.3.6 周边固支矩形平膜片

(1) 几何描述

周边固支矩形平膜片(rectangular diaphragm)如图 3.3.12 所示,$A,B,H$ 分别为矩形平膜片在 $x$ 轴的半边长(m)、$y$ 轴的半边长(m)和厚度(m)。通常选 $x$ 轴为其长度方向,$y$ 轴为其宽度方向,即 $B\leqslant A$。$E,\mu,\rho$ 分别为材料的弹性模量(Pa)、泊松比和密度(kg/m$^3$)。

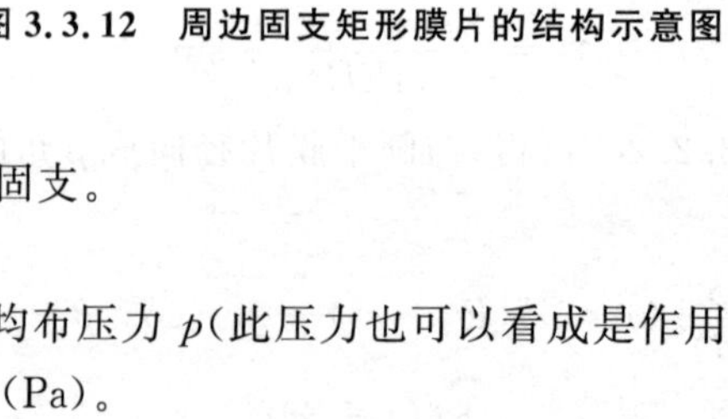


图 3.3.12 周边固支矩形膜片的结构示意图

(2) 边界条件

周边($x=\pm A, y=\pm B$)固支。

(3) 受力状态

在膜片的下表面作用有均布压力 $p$(此压力也可以看成是作用于膜片下表面的压力 $p_2$ 与上表面压力 $p_1$ 的差 $p_2-p_1$)(Pa)。

(4) 基本结论

在均布压力 $p$ 的作用下,矩形平膜片的法向位移(m)为

$$w(x,y)=\overline{W}_{\text{Rec,max}}H\left(\frac{x^2}{A^2}-1\right)^2\left(\frac{y^2}{B^2}-1\right)^2 \tag{3.3.58}$$

$$\overline{W}_{\text{Rec,max}}=\frac{147p(1-\mu^2)}{32\left(\frac{7}{A^4}+\frac{7}{B^4}+\frac{4}{A^2B^2}\right)EH^4} \tag{3.3.59}$$

式中　$\overline{W}_{\text{Rec,max}}$——矩形平膜片的最大法向位移与其厚度的比值。

矩形平膜片上表面在 $x$ 方向与 $y$ 方向的位移(m)分别为

$$\left.\begin{aligned}u(x,y)&=-2\overline{W}_{\text{Rec,max}}\frac{H^2}{A}\left(\frac{x^2}{A^2}-1\right)\left(\frac{y^2}{B^2}-1\right)^2\frac{x}{A}\\v(x,y)&=-2\overline{W}_{\text{Rec,max}}\frac{H^2}{A}\left(\frac{x^2}{A^2}-1\right)^2\left(\frac{y^2}{B^2}-1\right)\frac{y}{B}\end{aligned}\right\} \tag{3.3.60}$$

在均布压力 $p$ 的作用下,矩形平膜片上表面应变和应力(Pa)分别为

$$\left.\begin{aligned}\varepsilon_x&=-2\overline{W}_{\text{Rec,max}}\left(\frac{H}{A}\right)^2\left(\frac{3x^2}{A^2}-1\right)\left(\frac{y^2}{B^2}-1\right)^2\\\varepsilon_y&=-2\overline{W}_{\text{Rec,max}}\left(\frac{H}{B}\right)^2\left(\frac{x^2}{A^2}-1\right)^2\left(\frac{3y^2}{B^2}-1\right)\\\varepsilon_{xy}&=-16\overline{W}_{\text{Rec,max}}\frac{H^2}{AB}\left(\frac{x^2}{A^2}-1\right)\left(\frac{y^2}{B^2}-1\right)\frac{xy}{AB}\end{aligned}\right\} \tag{3.3.61}$$

$$\left.\begin{aligned}\sigma_x&=\frac{-2\overline{W}_{\text{Rec,max}}E}{(1-\mu^2)}\left[\left(\frac{H}{A}\right)^2\left(\frac{3x^2}{A^2}-1\right)\left(\frac{y^2}{B^2}-1\right)^2+\mu\left(\frac{H}{B}\right)^2\left(\frac{x^2}{A^2}-1\right)^2\left(\frac{3y^2}{B^2}-1\right)\right]\\\sigma_y&=\frac{-2\overline{W}_{\text{Rec,max}}E}{(1-\mu^2)}\left[\left(\frac{H}{B}\right)^2\left(\frac{3y^2}{B^2}-1\right)\left(\frac{x^2}{A^2}-1\right)^2+\mu\left(\frac{H}{A}\right)^2\left(\frac{y^2}{B^2}-1\right)^2\left(\frac{3x^2}{A^2}-1\right)\right]\\\sigma_{xy}&=\frac{-8\overline{W}_{\text{Rec,max}}E}{1+\mu}\frac{H^2}{AB}\left(\frac{x^2}{A^2}-1\right)\left(\frac{y^2}{B^2}-1\right)\frac{xy}{AB}\end{aligned}\right\} \tag{3.3.62}$$

利用式(3.2.16),式(3.2.17)和式(3.3.61)可以分析矩形平膜片上表面任意一点处和任意方向的正应变、切应变;利用式(3.2.19),式(3.2.20)和式(3.3.62)可以分析矩形平膜片上表面任意一点处和任意方向的正应力、切应力。

取 $A=B$,可以立即得到周边固支方平膜片(square diaphragm)的有关结论。

在均布压力 $p$ 的作用下,方平膜片的法向位移(m)为

$$w(x,y)=\overline{W}_{\text{S,max}}H\left(\frac{x^2}{A^2}-1\right)^2\left(\frac{y^2}{A^2}-1\right)^2 \tag{3.3.63}$$

$$\overline{W}_{\text{S,max}}=\frac{49p(1-\mu^2)}{192E}\left(\frac{A}{H}\right)^4 \tag{3.3.64}$$

式中　$\overline{W}_{\text{S,max}}$——方形平膜片的最大法向位移与其厚度的比值。

方形平膜片上表面在 $x$ 方向与 $y$ 方向的位移(m)分别为

$$\left.\begin{aligned}u(x,y)&=\frac{-49p(1-\mu^2)}{96E}\left(\frac{A}{H}\right)^2\left(\frac{x^2}{A^2}-1\right)\left(\frac{y^2}{A^2}-1\right)^2x\\v(x,y)&=\frac{-49p(1-\mu^2)}{96E}\left(\frac{A}{H}\right)^2\left(\frac{x^2}{A^2}-1\right)^2\left(\frac{y^2}{A^2}-1\right)y\end{aligned}\right\} \tag{3.3.65}$$

在均布压力 $p$ 的作用下,方平膜片上表面应变和应力(Pa)分别为

$$\left.\begin{aligned} \varepsilon_x &= \frac{-49p(1-\mu^2)}{96E}\left(\frac{A}{H}\right)^2\left(\frac{3x^2}{A^2}-1\right)\left(\frac{y^2}{A^2}-1\right)^2 \\ \varepsilon_y &= \frac{-49p(1-\mu^2)}{96E}\left(\frac{A}{H}\right)^2\left(\frac{3y^2}{A^2}-1\right)\left(\frac{x^2}{A^2}-1\right)^2 \\ \varepsilon_{xy} &= \frac{-49p(1-\mu^2)}{12E}\left(\frac{A}{H}\right)^2\left(\frac{x^2}{A^2}-1\right)\left(\frac{y^2}{A^2}-1\right)\frac{xy}{A^2} \end{aligned}\right\} \tag{3.3.66}$$

$$\left.\begin{aligned} \sigma_x &= \frac{-49p}{96}\left(\frac{A}{H}\right)^2\left[\left(\frac{3x^2}{A^2}-1\right)\left(\frac{y^2}{A^2}-1\right)^2+\mu\left(\frac{x^2}{A^2}-1\right)^2\left(\frac{3y^2}{A^2}-1\right)\right] \\ \sigma_y &= \frac{-49p}{96}\left(\frac{A}{H}\right)^2\left[\left(\frac{3y^2}{A^2}-1\right)\left(\frac{x^2}{A^2}-1\right)^2+\mu\left(\frac{y^2}{A^2}-1\right)^2\left(\frac{3x^2}{A^2}-1\right)\right] \\ \sigma_{xy} &= \frac{-49(1-\mu)p}{24}\left(\frac{A}{H}\right)^2\left(\frac{x^2}{A^2}-1\right)\left(\frac{y^2}{A^2}-1\right)\frac{xy}{A^2} \end{aligned}\right\} \tag{3.3.67}$$

在均布压力 $p$ 的作用下,方平膜片的法向位移、上表面沿坐标轴线方向分布的正应变 $\varepsilon_x(y=0)$,$\varepsilon_y(y=0)$(相当于 $\varepsilon_x(x=0)$)与正应力 $\sigma_x(y=0)$,$\sigma_y(y=0)$(相当于 $\sigma_x(x=0)$)分别如图 3.3.13、图 3.3.14 和图 3.3.15 所示。

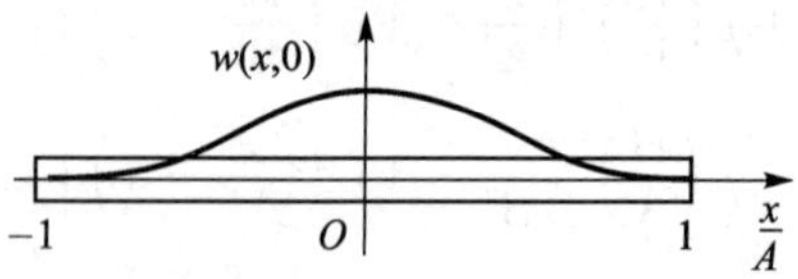


图 3.3.13 周边固支方平膜片法向位移示意图

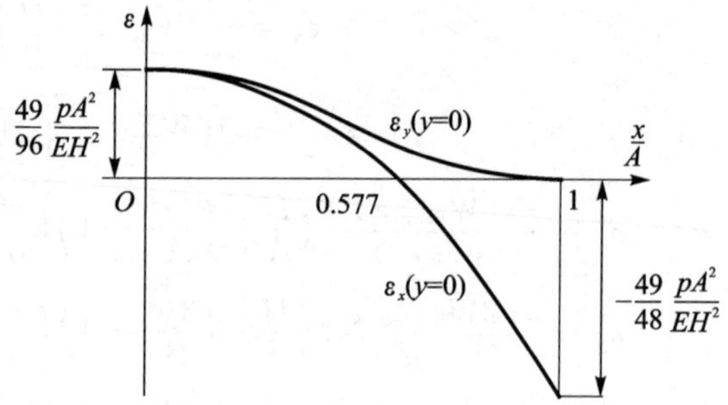


图 3.3.14 周边固支方平膜片上表面应变示意图

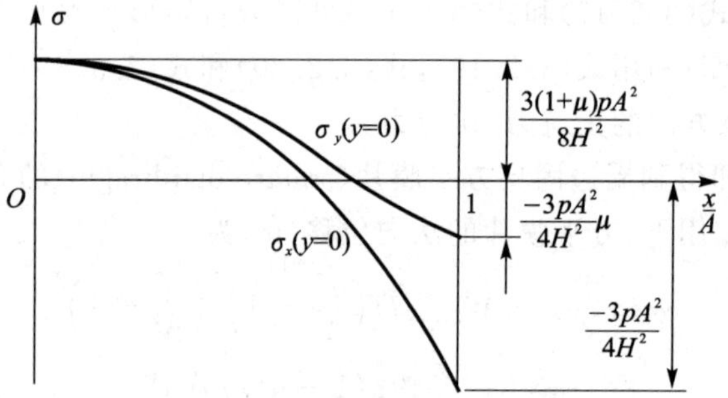


图 3.3.15 周边固支方平膜片上表面应力示意图

方平膜片的弯曲振动的基频(Hz)为

$$f_{S,B1} \approx \frac{0.413H}{A^2}\sqrt{\frac{E}{\rho(1-\mu^2)}} \tag{3.3.68}$$

基于式(3.3.44)～(3.3.48)、式(3.3.63)～(3.3.67)可以对相同厚度的圆平膜片和方平膜片在相同压力作用下的位移、应变和应力进行比较。

方平膜片的最大法向位移与圆平膜片的最大法向位移之比为 $\overline{W}_{S,max}/\overline{W}_{R,max}\approx 1.361$。

方平膜片的最大轴向应变与圆平膜片的最大径向应变之比为 $\varepsilon_x(y=0,x=A)/\varepsilon_r(r=R)\approx 1.361$；方平膜片的最大横向应变与圆平膜片的最大切向应变之比为 $\varepsilon_x(x=0,y=0)/\varepsilon_\theta(r=0)\approx 1.361$。

方平膜片的最大轴向应力与圆平膜片的最大径向应力之比为 $\sigma_x(y=0,x=A)/\sigma_r(r=R)\approx 1.361$；方平膜片的最大横向应力与圆平膜片的最大切向应力之比为 $\sigma_x(x=0,y=0)/\sigma_\theta(r=0)\approx 1.361$。

由式(3.3.54)与式(3.3.68)可知：方平膜片弯曲振动的基频与圆平膜片弯曲振动的基频之比为 $f_{S,B1}/f_{R,B1}\approx 0.881$。

这表明方平膜片的位移、应变、应力对压力的灵敏度高于圆平膜片。由于方平膜片的面积与圆平膜片的面积之比为 $4/\pi\approx 1.273$，因此，即使考虑膜片的面积因素，仍然有上述结论。

对于方平膜片，当载荷较大时，将产生大挠度变形。式(3.3.69)为采用变分法得到求解方平膜片大挠度变形情况下正中心处最大法向位移 $W_{S,max}$(m)的近似解析方程，即

$$p-\frac{3.9184E}{(1-\mu^2)}\left(\frac{H}{A}\right)^4\left[\frac{W_{S,max}}{H}+\frac{6.3948+0.3854\mu-1.4424\mu^2}{9.1496-0.2715\mu}\left(\frac{W_{S,max}}{H}\right)^3\right]=0 \tag{3.3.69}$$

或

$$\frac{0.2552(1-\mu^2)}{E}\left(\frac{A}{H}\right)^4 p-\frac{W_{S,max}}{H}-\frac{6.3948+0.3854\mu-1.4424\mu^2}{9.1496-0.2715\mu}\left(\frac{W_{S,max}}{H}\right)^3=0 \tag{3.3.70}$$

## 3.3.7 周边固支波纹膜片

(1) 几何描述

周边固支波纹膜片(corrugated diaphragm)如图 3.3.16 所示，$R$，$h$(图中未给出)，$H$ 分别为波纹膜片的半径(m)、膜厚(m)和波深(m)；$E$，$\mu$，$\rho$ 分别为材料的弹性模量(Pa)、泊松比和密度(kg/m$^3$)。

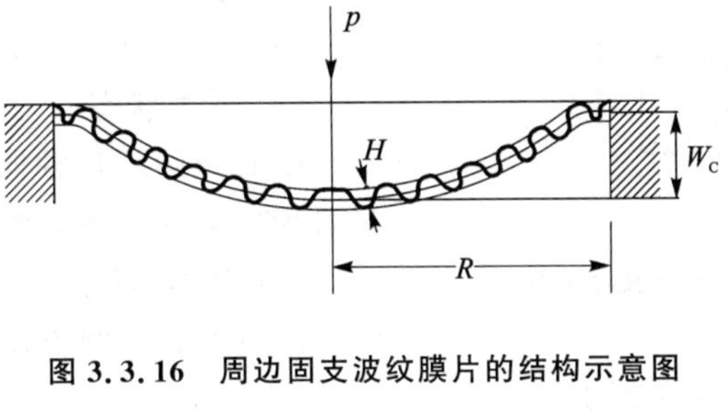


图 3.3.16 周边固支波纹膜片的结构示意图

(2) 边界条件

周边($r=R$)固支。

(3) 受力状态

在膜片的下表面作用有均布压力 $p$(Pa)或在中心作用有集中力 $F$(N)。

(4) 基本结论

考虑小挠度情况，波纹膜片中心位移 $W_C$(m)与均布压力 $p$ 的关系为

$$W_C = \frac{1}{A_p} \cdot \frac{pR^4}{Eh^3} \tag{3.3.71}$$

式中 $A_p$——波纹膜片弹性系数，$A_p = \frac{2(3+q)(1+q)}{3(1-\mu^2/q^2)}$；

$q$——波纹膜片的型面因子，$q = \sqrt{1+1.5\frac{H^2}{h^2}}$。

考虑小挠度情况，波纹膜片中心位移 $W_C$(m)与作用于膜片中心集中力 $F$ 的关系为

$$W_C = \frac{1}{A_F} \cdot \frac{FR^2}{\pi Eh^3} \tag{3.3.72}$$

式中 $A_F$——波纹膜片弯曲力系数，$A_F = \frac{(1+q)^2}{3(1-\mu^2/q^2)}$。

波纹膜片的等效面积($m^2$)为

$$A_{eq} = \frac{1+q}{2(3+q)}\pi R^2 \tag{3.3.73}$$

均布压力 $p$ 与作用于膜片中心的等效集中力 $F_{eq}$ 之间的关系为

$$F_{eq} = A_{eq}p \tag{3.3.74}$$

波纹膜片弯曲振动的基频(Hz)为

$$f_{C,B1} \approx \frac{0.203h}{R^2}\sqrt{\frac{EA_p}{\rho}} \tag{3.3.75}$$

## 3.3.8 E形圆膜片

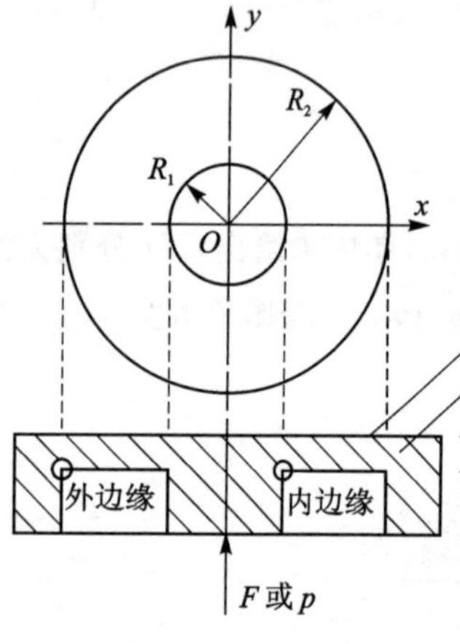


**图3.3.17 E形圆膜片结构示意图**

(1) 几何描述

E形圆膜片(E-type round diaphragm)如图3.3.17所示，$R_1$，$R_2$，$H$ 分别为内、外半径(m)和膜片的厚度(m)；$E$，$\mu$ 分别为材料的弹性模量(Pa)和泊松比。

(2) 边界条件

外半径周边固支($r=R_2$)。

(3) 受力状态

在E形圆膜片轴向作用有集中力 $F$(N)或在E形圆膜片下表面作用有均布压力 $p$(Pa)。

(4) 基本结论

作用于E形圆膜片的硬中心处的轴向集中力 $F$ 与膜片法向位移(m)的关系为

$$w(r) = \frac{3F(1-\mu^2)R_2^2}{4\pi EH^3}[R^2(2\ln R - B - 1) + 2B\ln R + B + 1] \tag{3.3.76}$$

$$\overline{W}_{EF,max} = \frac{3F(1-\mu^2)R_2^2}{4\pi EH^4}[1 - K^2 + 2B\ln K] \tag{3.3.77}$$

$$R = \frac{r}{R_2}$$

$$B = \frac{-2K^2 \ln K}{1-K^2}$$

$$K = \frac{R_1}{R_2}$$

式中　$\overline{W}_{EF,max}$——轴向集中力 $F$ 作用下的 E 形圆膜片最大法向位移与其厚度的比值。

在轴向集中力 $F$ 作用下，E 形圆膜片上表面的径向位移(m)为

$$u(r) = \frac{-3F(1-\mu^2)R_2}{4\pi EH^2}\left(2R\ln R - BR + \frac{B}{R}\right) \tag{3.3.78}$$

轴向集中力 $F$ 引起的膜片上表面的应变、应力(Pa)分别为

$$\left.\begin{aligned}\varepsilon_r &= \frac{-3F(1-\mu^2)}{4\pi EH^2}\left(2\ln R + 2 - B - \frac{B}{R^2}\right)\\ \varepsilon_\theta &= \frac{-3F(1-\mu^2)}{4\pi EH^2}\left(2\ln R - B + \frac{B}{R^2}\right)\end{aligned}\right\} \tag{3.3.79}$$

$$\left.\begin{aligned}\sigma_r &= \frac{-3F}{4\pi H^2}\left[\left(2\ln R + 2 - B - \frac{B}{R^2}\right) + \left(2\ln R - B + \frac{B}{R^2}\right)\mu\right]\\ \sigma_\theta &= \frac{-3F}{4\pi H^2}\left[\left(2\ln R + 2 - B - \frac{B}{R^2}\right)\mu + \left(2\ln R - B + \frac{B}{R^2}\right)\right]\end{aligned}\right\} \tag{3.3.80}$$

作用于 E 形圆膜片下表面的均布压力 $p$ 与膜片法向位移(m)的关系为

$$w(r) = \frac{3p(1-\mu^2)R_2^4}{16EH^3}[R^4 - 2(1+K^2)R^2 + 4K^2\ln R + (1+2K^2)] \tag{3.3.81}$$

$$\overline{W}_{EP,max} = \frac{3p(1-\mu^2)}{16E}\left(\frac{R_2}{H}\right)^4[1 - K^4 + 4K^2\ln K] \tag{3.3.82}$$

式中　$\overline{W}_{EP,max}$——均布压力 $p$ 作用下的 E 形圆膜片最大法向位移与其厚度的比值。

均布压力 $p$ 作用下 E 形圆膜片上表面的径向位移(m)为

$$u(r) = \frac{-3p(1-\mu^2)R_2^3}{8EH^2}\left(R^3 - R - RK^2 + \frac{K^2}{R}\right) \tag{3.3.83}$$

均布压力 $P$ 引起的膜片上表面的应变、应力(Pa)分别为

$$\left.\begin{aligned}\varepsilon_r &= \frac{-3p(1-\mu^2)R_2^2}{8EH^2}\left(3R^2 - 1 - K^2 - \frac{K^2}{R^2}\right)\\ \varepsilon_\theta &= \frac{-3p(1-\mu^2)R_2^2}{8EH^2}\left(R^2 - 1 - K^2 + \frac{K^2}{R^2}\right)\\ \varepsilon_{r\theta} &= 0\end{aligned}\right\} \tag{3.3.84}$$

$$\left.\begin{aligned}\sigma_r &= \frac{-3pR_2^2}{8H^2}\left[(3+\mu)R^2 - (1+\mu)(K^2+1) - \frac{(1-\mu)K^2}{R^2}\right]\\ \sigma_\theta &= \frac{-3pR_2^2}{8H^2}\left[(1+3\mu)R^2 - (1+\mu)(K^2+1) + \frac{(1-\mu)K^2}{R^2}\right]\\ \sigma_{r\theta} &= 0\end{aligned}\right\} \tag{3.3.85}$$

E 形圆膜片与圆平膜片相比，具有应力集中、特性设计较灵活的特点。对于承受均布压力的 E 形圆膜片，其径向应变 $\varepsilon_r$ 与径向应力 $\sigma_r$(Pa)沿着径向分布比较均匀，而且有

$$\varepsilon_r(R_2) = -\varepsilon_r(R_1) = \frac{-3p(1-\mu^2)(1-K^2)}{4E}\left(\frac{R_2}{H}\right)^2 \tag{3.3.86}$$

$$\sigma_r(R_2) = -\sigma_r(R_1) = \frac{-3p(1-K^2)}{4H^2}\left(\frac{R_2}{H}\right)^2 \tag{3.3.87}$$

利用式(3.2.16),式(3.2.17)和式(3.3.84)可以分析E形圆膜片上表面任意一点处和任意方向的正应变、切应变;利用式(3.2.19),式(3.2.20)和式(3.3.85)可以分析E形圆膜片上表面任意一点处和任意方向的正应力、切应力。

为了掌握E形圆膜片在受到集中力与均布压力时的静力学特性,特针对具体结构参数给出其法向位移曲线、应变曲线和应力曲线。

**算例1** 由硅材料制成且受集中力的E形圆膜片的有关参数为 $E=1.3\times10^{11}$ Pa,$\mu=0.278$,$R_2=2.5\times10^{-3}$ m,$R_1=1\times10^{-3}$ m,$H=42\times10^{-6}$ m。在集中力 $F=0.1$ N时,E形膜片的法向位移 $w(r)$ 以及上表面的应变、上表面的应力曲线如图3.3.18,3.3.19和3.3.20所示。

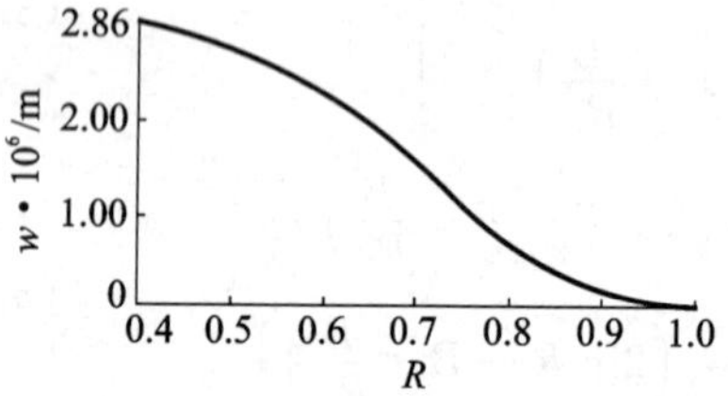


图3.3.18 集中力作用下E形圆膜片法向位移曲线

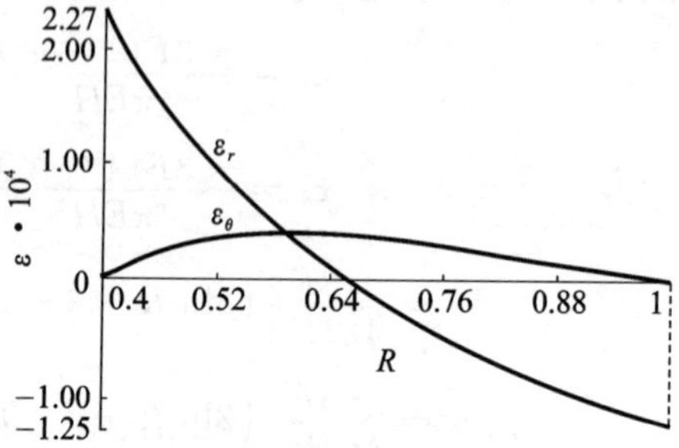


图3.3.19 集中力作用下E形圆膜片应变曲线

**算例2** 由硅材料制成且受集中力的E形圆膜片的膜厚 $H=126\times10^{-6}$ m,其他参数同算例1。在均布压力 $p=10^5$ Pa时,E形膜片的法向位移 $w(r)$ 以及上表面的应变、上表面的应力曲线如图3.3.21,3.3.22和3.3.23所示。

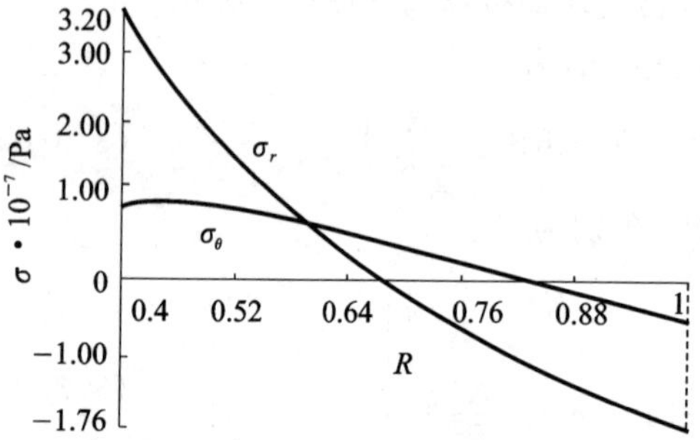


图3.3.20 集中力作用下E形圆膜片应力曲线

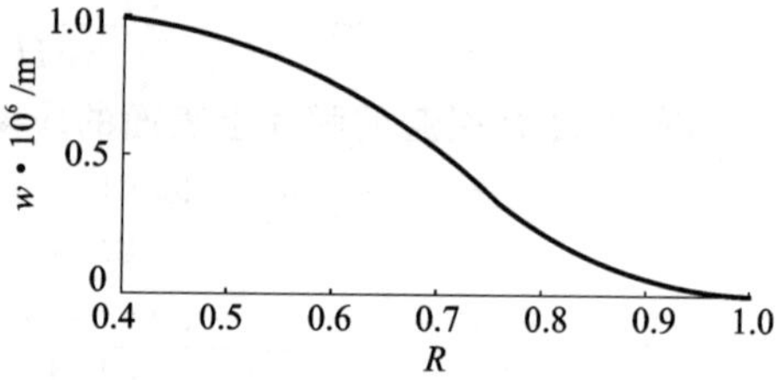


图3.3.21 均布压力作用下E形圆膜片法向位移曲线

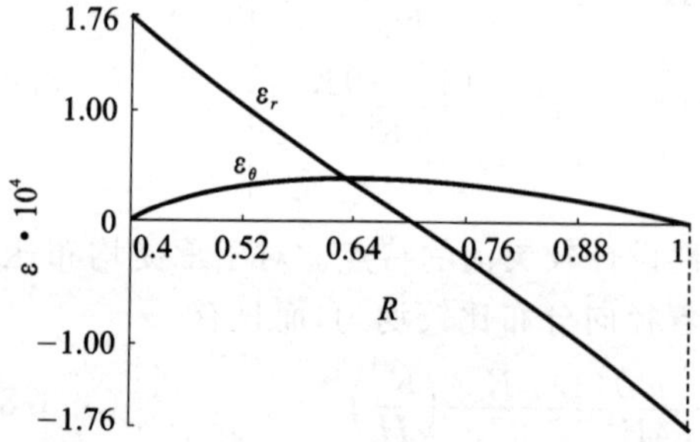


图3.3.22 均布压力作用下E形圆膜片应变曲线

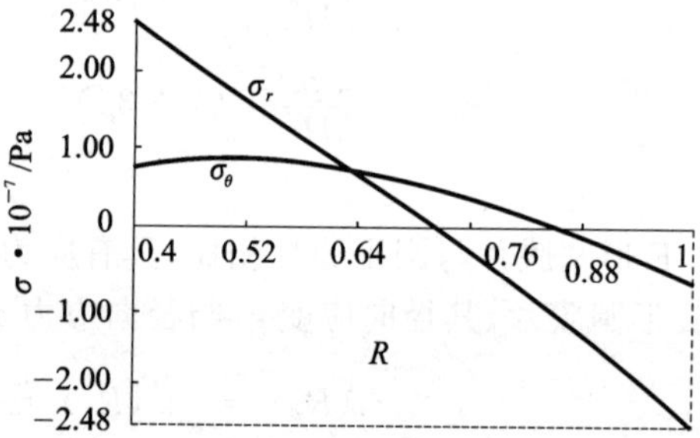


图3.3.23 均布压力作用下E形圆膜片应力曲线

### 3.3.9　薄壁圆柱壳体

（1）几何描述

薄壁圆柱壳体（cylindrical shell）如图 3.3.24 所示，$L,R,h$ 分别为长度（m）、中柱面半径（m）和壁厚度（m）；$E,\mu,\rho$ 分别为材料的弹性模量（Pa）、泊松比和密度（$kg/m^3$）。

（2）边界条件

一端（$x=0$）周边固支，一端（$x=L$）有封闭顶盖，顶盖厚 $H$。

（3）受力状态

圆柱壳体内部作用有均布压力 $p$（Pa）。

（4）基本结论

基于图 3.3.25，均布压力 $p$ 引起的圆柱壳体轴向拉伸应变、环向拉伸应变；以及轴向拉伸应力（Pa）、环向拉伸应力（Pa）分别为

$$\left.\begin{aligned}\varepsilon_x &= \frac{pR(1-2\mu)}{2Eh}\\ \varepsilon_\theta &= \frac{pR(2-\mu)}{2Eh}\end{aligned}\right\} \tag{3.3.88}$$

$$\left.\begin{aligned}\sigma_x &= \frac{pR}{2h}\\ \sigma_\theta &= \frac{pR}{h}\end{aligned}\right\} \tag{3.3.89}$$

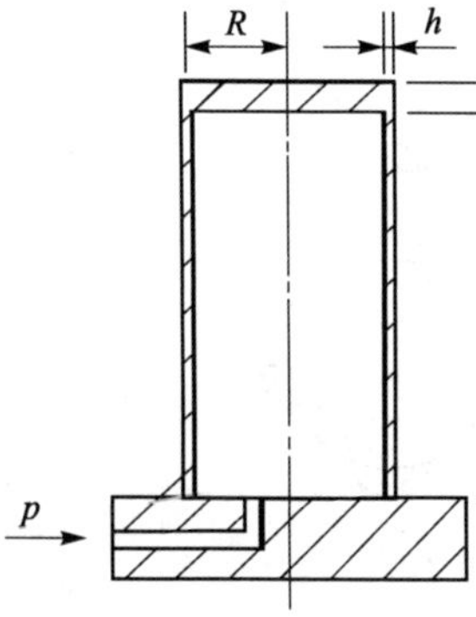


图 3.3.24　薄壁圆柱壳体结构示意图

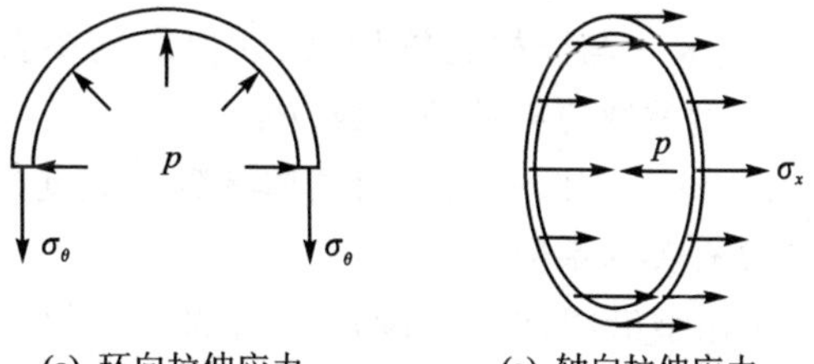


图 3.3.25　均布压力 p 引起的圆柱壳体的应力

均布压力引起的环向拉伸应力是轴向拉伸应力的 2 倍；而 $\varepsilon_\theta/\varepsilon_x=(2-\mu)/(1-2\mu)$，当 $\mu=0.3$ 时，$\varepsilon_\theta/\varepsilon_x=4.25$，即环向应变较轴向应变大得多。

由式（3.3.88），利用式（3.2.16）与式（3.2.17）可得：与圆柱壳轴线方向成 $\beta$ 角的正应变和切应变分别为

$$\varepsilon_\beta = \frac{pR}{2Eh}(1-\mu+\sin^2\beta-\mu\cos^2\beta) \tag{3.3.90}$$

$$\gamma_\beta = \frac{pR(1+\mu)}{2Eh}\sin 2\beta \tag{3.3.91}$$

由式（3.3.89），利用式（3.2.19）与式（3.2.20）可得：与圆柱壳体轴线方向成 $\beta$ 角的正应力

(Pa)和切应力(Pa)分别为

$$\sigma_\beta = \frac{pR}{2h}(1+\sin^2\beta) \tag{3.3.92}$$

$$\tau_\beta = \frac{pR}{4h}\sin 2\beta \tag{3.3.93}$$

作用于薄壁圆柱壳体内的压力与所对应的固有频率间的关系相当复杂。这里给出一个近似计算公式,即

$$f_{nm}(p) = f_{nm}(0)\sqrt{1+C_{nm}p} \tag{3.3.94}$$

$$f_{nm}(0) = \frac{1}{2\pi}\sqrt{\frac{E}{\rho R^2(1-\mu^2)}}\sqrt{\Omega_{nm}} \tag{3.3.95}$$

$$\Omega_{nm} = \frac{(1-\mu)^2\lambda^4}{(\lambda^2+n^2)^2}+\alpha(\lambda^2+n^2)^2 \tag{3.3.96}$$

$$C_{nm} = \frac{0.5\lambda^2+n^2}{4\pi^2 f_{nm}^2(0)\rho Rh} \tag{3.3.97}$$

$$\lambda = \frac{\pi Rm}{L}$$

$$\alpha = \frac{h^2}{12R^2}$$

式中 $f_{nm}(0)$——压力为零时圆柱壳体的固有频率(Hz);

$f_{nm}(p)$——压力为 $p$ 时圆柱壳体的固有频率(Hz);

$m$——振型沿圆柱壳体母线方向的半波数($1\leqslant m$);

$n$——振型沿圆柱壳体圆周方向的整波数($2\leqslant n$);

$C_{nm}$——与圆柱壳体材料、几何结构参数和振动振型波数等有关的系数($\mathrm{Pa}^{-1}$);

$\Omega_{nm}$——与圆柱壳几何结构参数和振动振型波数等有关的系数。

关于振型沿圆柱壳体圆周方向的整波数 $n$ 与沿圆柱壳体母线方向的半波数 $m$ 的说明如图 3.3.26 所示。

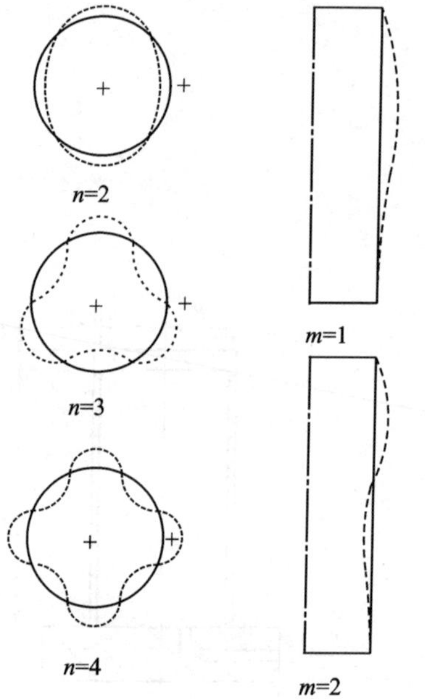


**图 3.3.26 薄壁圆柱壳体振型分布示意图**

## 3.3.10 弹簧管(包端管)

弹簧管又称包端管(bourdon tube),通常是弯成C形的空心管子。管子端面多为椭圆形或扁圆形。管子一端封住,作为自由端(又称测量端);管子另一端开口,引入压力,作为固定端。在压力作用下,管截面将趋于圆形,从而使C形管趋于变直。这就提供了利用弹簧管自由端位移测量压力的条件。

(1) 几何描述

C形弹簧管的结构及截面形状如图 3.3.27 所示。其中对于椭圆形截面的弹簧管,$a$,$b$,$h$(图中未给出)分别为弹簧管的长半轴(m)、短半轴(m)和壁厚(m);$R$,$\gamma$ 分别为弹簧管的曲率半径(m)和中心角;$E$,$\mu$ 分别为材料的弹性模量(Pa)和泊松比。

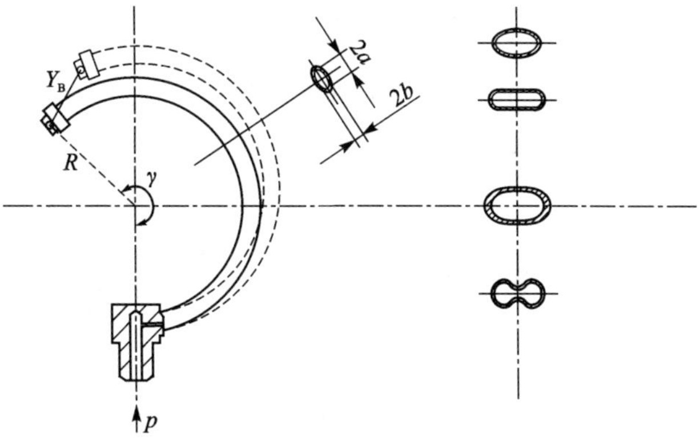


图 3.3.27　C 形弹簧管结构示意图

(2) 边界条件

一端固定,一端自由。

(3) 受力状态

弹簧管内作用有压力 $p$(Pa)。

(4) 基本结论

线性范围内,弹簧管自由端位移 $Y_B$(m)与所加压力 $p$ 的关系为

$$Y_B = C_B \frac{p(1-\mu^2)}{E} \frac{R^3}{bh} \tag{3.3.98}$$

式中　$C_B$——与弹簧管几何结构参数有关的一个修正系数,可由试验结果给出经验值。

## 3.3.11　波纹管

波纹管(bellow)是一种外圆柱面上有多个波纹(皱褶)的薄壁管状弹性敏感元件,主要通过测量其轴向(高度方向)的位移来感受管内压力或管外所加的集中力。

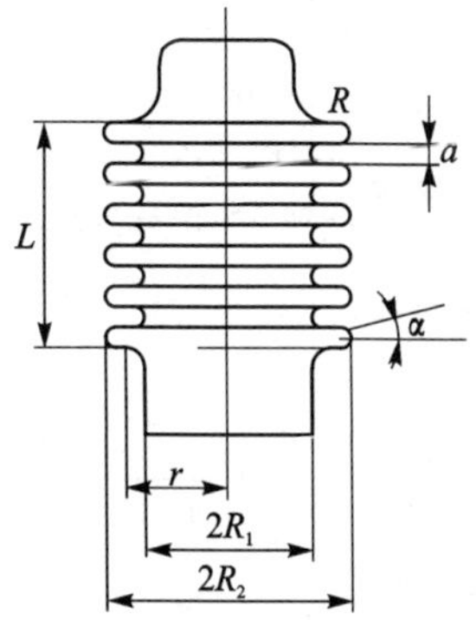


图 3.3.28　波纹管结构示意图

(1) 几何描述

如图 3.3.28 所示,$R_1$,$R_2$,$R$,$h$(图中未给出)分别为波纹管的内半径(m)、外半径(m)、波纹(皱褶)圆弧半径(m)和壁厚(m);$n$,$\alpha$ 分别为波纹管的波纹数和波纹的斜角(即波纹平面与水平面的夹角);$E$,$\mu$ 分别为材料的弹性模量(Pa)和泊松比。

(2) 边界条件

一端固定,一端自由。

(3) 受力状态

在波纹管轴向作用有集中力 $F$(N)或在波纹管内作用有均布压力 $p$(Pa)。

(4) 基本结论

线性范围内,波纹管轴向位移 $W_C$(m)与所受到的轴向集中力 $F$ 的关系可以描述为

$$W_C = C_C \frac{nF(1-\mu^2)}{E} \frac{R_2^2}{h^3} \tag{3.3.99}$$

式中　$C_C$——与波纹管几何结构参数有关的一个修正系数,通常可由试验结果给出经验值。

波纹管的有效面积为

$$A_{eq} = \frac{\pi}{4}(R_1 + R_2)^2 \tag{3.3.100}$$

线性范围内,波纹管轴向位移 $W_C$(m)与内部作用的压力 $p$ 的关系可以描述为

$$W_C = C_C \frac{npA_{eq}(1-\mu^2)}{E}\frac{R_2^2}{h^3} \tag{3.3.101}$$

# 3.4 弹性敏感元件的材料

弹性敏感元件的材料对于其性能有着极其重要的影响。对弹性材料的一般要求如下:

① 具有良好的机械性能,如强度高,抗冲击韧性好,疲劳强度高等;具有良好的机械加工与热处理性能。

② 具有良好的弹性性能,弹性极限高,弹性滞后、弹性后效和弹性蠕变要小。

③ 具有良好的温度特性,弹性模量的温度系数要小且稳定;材料的线膨胀系数要小且稳定;材料的热应变系数要小且稳定。

④ 具有良好的化学性能,抗氧化性和抗腐蚀性要好。

弹性敏感元件的材料主要以精密合金为主,近年来也出现了性能优良的非金属材料,如半导体硅材料、石英晶体材料、精密陶瓷材料以及复合材料等。表3.4.1给出了常用弹性材料的主要性能及应用说明。

**表3.4.1 常用弹性材料的主要性能及应用说明**

| 材料名称 | 铁镍恒弹合金 | 锰弹簧钢 | 不锈钢 | 铍青铜 | 单晶硅 | 熔凝石英 | 压电陶瓷 |
|---|---|---|---|---|---|---|---|
| 牌号 | 3J53 | 65Mn | 1Cr18Ni9Ti | QBe2 | <100>Si | | PZT-5 |
| 主要化学成分 | Ni 42.2, Cr 5.2, Ti 2.5, C<0.06, Mn,S,Al 各 0.4* | Si 0.17～0.37, Co 90～1.20, Mn 0.62～0.70, 其余为 Fe | Co 14, Mn 2.0, Si 0.8, Cr 17～20, Ni 8～11, 其余为 Fe | Be 1.9～2.2, Ni 0.20～0.50, 其余为 Cu | Si | $SiO_2$ | 锆钛酸铅 |
| 弹性模量/GPa | 196 | 200 | 200 | 135 | 130 | 73 | 117 |
| 密度 $10^{-3}/(kg \cdot m^{-3})$ | 7.80 | 7.81 | 7.85 | 8.23 | 2.33 | 2.50 | 7.50 |
| 泊松比 | 0.3 | 0.3 | 0.3 | 0.3 | 0.18 | 0.17～0.19 | |
| 线膨胀系数 $10^6/℃^{-1}$ | <8 | 11 | 16.6 | 16.6 | 2.33 | 0.50 | |
| 抗拉强度/MPa | 1 000 | 1 000 | 550 | 1 250 | | | |
| 屈服点/MPa | 800 | 800 | 200 | 1 150 | 7 000 | 8 400 | |
| 应用说明 | 谐振式敏感元件、振筒、振膜 | 普通精度的弹性敏感元件 | 弹性稳定性好、高温工作 | 高精度、高强度 | 硅微机械传感器 | 高精密、高稳定性 | 高机电转换率的压电换能器 |

* Ni 含 42.2 %,Cr 含 5.2 %,Ti 含 2.5 %,C<0.06 %,Mn,S,Al 各含 0.4 %。

# 思考题与习题

**3.1**　简要说明弹性敏感元件的刚度，弹性滞后、弹性后效与蠕变的物理意义以及与传感器性能的关系。

**3.2**　说明弹性敏感元件的机械品质因数的物理意义，给出弱阻尼系统的机械品质因数的计算公式。

**3.3**　简述弹性敏感元件位移、应变、应力和振动特性等重要概念。

**3.4**　说明材料的弹性模量和泊松比的物理意义。

**3.5**　对于一维弹性杆，若其轴线方向位移为 $u(x)$（$x$ 为轴线方向坐标），试利用正应变的概念，证明其沿轴线方向的正应变为 $u'(x)$。

**3.6**　写出正交坐标系下的广义胡克定律，并说明其特点。

**3.7**　谈谈你对弹性敏感元件热特性的理解。

**3.8**　简要总结受压缩力作用的圆柱体的位移、应变、应力特性的规律。

**3.9**　比较等截面梁与等强度梁的特点。

**3.10**　为什么等截面梁的基频低于等强度梁的基频？

**3.11**　基于式(3.3.40)～式(3.3.43)，简要说明双端固支梁的前两阶弯曲振动固有频率特性的特点。

**3.12**　绘出双端固支梁前两阶弯曲振动的振型曲线。

**3.13**　分析圆平膜片在均布压力作用下，上表面任意方向正应变、正应力的分布规律。

**3.14**　利用有关公式给出式(3.3.50)、式(3.3.52)的详细推导过程。

**3.15**　试利用计算波纹膜片弯曲振动基频 $f_{C,B1}$ 的公式(3.3.75)导出计算圆平膜片的弯曲振动基频 $f_{R,B1}$ 的公式(3.3.54)。

**3.16**　某硅材料制成的 E 形圆膜片的几何参数为 $E=1.3\times10^{11}$ Pa，$\mu=0.278$，$R_2=2.5\times10^{-3}$ m，$R_1=1\times10^{-3}$ m，$H=42\times10^{-6}$ m。当在其法向作用有集中力 $F=0.2$ N 时，试计算 E 形圆膜片的最大法向位移、上表面的最大径向应变和上表面的最大径向应力。

**3.17**　由 3J53 制成的图 3.3.24 结构形式的薄壁圆柱壳体的长度、中柱面半径和壁厚度分别为 $L=55\times10^{-3}$ m，$R=9\times10^{-3}$ m，$h=0.08\times10^{-3}$ m。试分别计算 $m=1,2$，$n=2,3,4,5$ 对应的零压力下圆柱壳体的固有频率。

**3.18**　题 3.17 中，若压力 $p$ 在 0～0.135 MPa，试分别计算 $m=1$，$n=2,3,4,5$ 对应的圆柱壳体固有频率的范围（每隔 0.0135 MPa 计算一个点，并绘成曲线）。

**3.19**　题 3.17 中，若圆柱壳体能够承受的最大应力为 $4\times10^7$ Pa，试计算该圆柱壳可以测量的最大压力，并计算 $m=1$，$n=4$ 对应的圆柱壳的固有频率范围。

**3.20**　将波纹管看成一个弹簧时，给出其刚度的表达式；若提高其测量集中力的灵敏度，通常可以采取哪些措施？简要说明这些措施的效果。

**3.21**　简要说明弹性敏感元件对材料特性的基本要求。

# 第 4 章 电位器式传感器

基本内容：

电位器的基本工作原理

线绕式电位器的阶梯特性与误差

非线性电位器的实现

电位器的负载特性、误差及其补偿

电位器式压力传感器

电位器式加速度传感器

## 4.1 概 述

在仪器仪表、传感器中，电位器(potentiometer)是一种将机械位移转换为电阻阻值变化的变换元件，它主要包括电阻元件和电刷(滑动触点)，如图 4.1.1 所示。电阻元件通常由极细的绝缘导线按照一定规律整齐地绕在一个绝缘骨架上形成。在它与电刷接触的部分，去掉绝缘导线表面的绝缘层并抛光，形成一个电刷可在其上滑动的光滑而平整的接触道。电刷通常由具有一定弹性的耐磨金属薄片或金属丝制成，接触端处弯曲成弧形。要求电刷与电阻元件之间保持一定的接触压力，使接触端在电阻元件上滑动时始终可靠地接触，良好地导电。电阻元件除了由极细的绝缘导线绕制外，还可以采用具有较高电阻率的薄膜制成。

根据不同的应用场合，电位器可以用作变阻器或分压器，如图 4.1.2 所示。

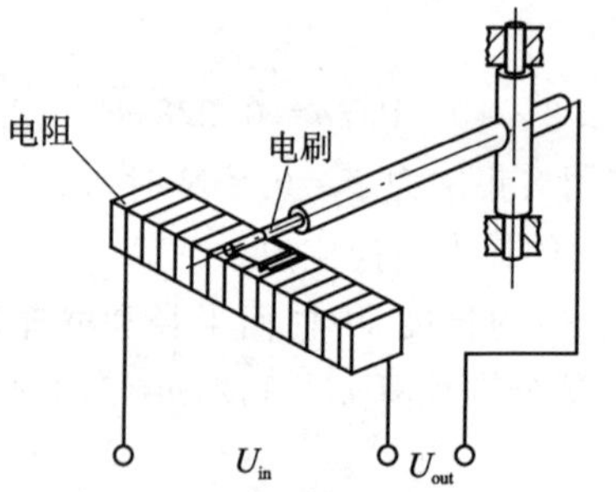


图 4.1.1 电位器基本结构

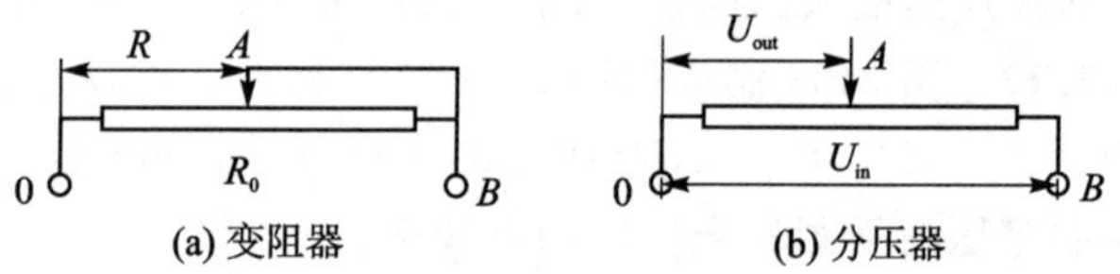


图 4.1.2 用作变阻器或分压器的电位器

电位器的优点主要有：结构简单，参数设计灵活，输出特性稳定，可以实现线性和较为复杂的特性，受环境因素影响小，输出信号强，一般不需要放大就可以直接作为输出，成本低，测量范围宽等。其不足主要是触点处始终存在着摩擦和损耗。由于有摩擦，就要求电位器有比较大的输入功率，否则就会降低电位器的性能。由于有摩擦和损耗，使电位器的可靠性和寿命受到影响，也会降低电位器的动态性能。对于线绕式电位器(wire-wound potentiometer)，阶梯误差是其固有的不足。

电位器的种类很多。按其结构形式不同，可分为线绕式、薄膜式、光电式和磁敏式等。在线绕式电位器中，又分为单圈式和多圈式两种。按其输入/输出特性可分为线性电位器和非线性电位器两种。这里重点讨论线绕式电位器。

# 4.2 线绕式电位器的特性

## 4.2.1 灵敏度

图 4.2.1 所示为线绕式电位器的构造示意图，骨架为矩形截面。在电位器的 $x$ 处，骨架的宽和高分别为 $b(x)$ 和 $h(x)$，所绕导线的截面积为 $q(x)$，电阻率为 $\rho(x)$，匝与匝之间的距离（定义为节距）为 $t(x)$。因此在 $\Delta x$ 微段上，有 $\Delta x/t(x)$ 匝导线，每匝的长度为 $2[b(x)+h(x)]$，则在 $\Delta x$ 微段上，导线的长度为 $2[b(x)+h(x)]\Delta x/t(x)$，所对应的电阻为

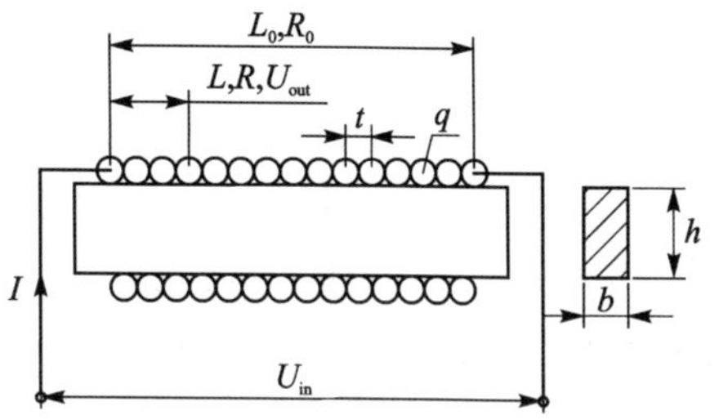


图 4.2.1　线绕式电位器

$$\Delta R(x)=2[b(x)+h(x)]\frac{\Delta x}{t(x)}\cdot\frac{\rho(x)}{q(x)}=2[b(x)+h(x)]\frac{\rho(x)}{q(x)}\cdot\frac{1}{t(x)}\cdot\Delta x \quad (4.2.1)$$

则电位器的电阻灵敏度（Ω/m）和电压灵敏度（V/m）分别为

$$\frac{\Delta R(x)}{\Delta x}=\frac{2[b(x)+h(x)]\rho(x)}{q(x)t(x)} \quad (4.2.2)$$

$$\frac{\Delta U(x)}{\Delta x}=\frac{\Delta R(x)}{\Delta x}I=\frac{2[b(x)+h(x)]\rho(x)}{q(x)t(x)}I \quad (4.2.3)$$

式中　$I$——通过电位器的电流（A）。

对于线绕式电位器，其灵敏度与其骨架截面、绕线的材质和绕制方式等有关。因此，通过改变电位器骨架截面、绕线的材质和绕制方式等可以实现其灵敏度的变化。

## 4.2.2 阶梯特性和阶梯误差

对于线绕式电位器，即使电刷在电阻元件上是连续滑动的，它与导线的接触仍是以一匝一匝为单位移动的，而不是连续实现的。因此电位器的输出特性是一条如阶梯形状的折线，即电位器的电阻输出或电压输出随着电刷的移动而出现阶跃变化。电刷每移动一个节距，输出电阻或输出电压都有一个微小的跳跃。当电位器有 $W$ 匝时，其特性有 $W$ 次跳跃。这就是线绕式电位器的阶梯特性，如图 4.2.2 所示。

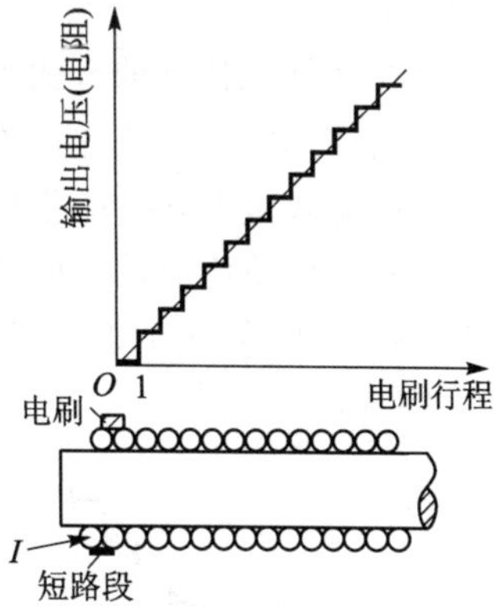


图 4.2.2　线绕式电位器的阶梯特性

线绕式电位器的阶梯特性带来的误差称为阶梯误差，通常可以用理想阶梯特性折线与理论参考输出特性之间的最大偏差同最大输出的比值的百分数来表示。对于线性电位器，当电位器的总匝数为 $W$，总电阻为 $R_0$ 时，其阶梯误差为

$$\xi_S=\frac{\frac{R_0}{2W}}{R_0}=\frac{1}{2W}\times 100\ \% \quad (4.2.4)$$

### 4.2.3 分辨率

线绕式电位器的分辨率是指电位器所能反映的输入量的最小变化量与全量程输入量的比值。线绕式线性电位器的阶梯特性带来的分辨率为

$$r_S = \frac{\frac{L_0}{W}}{L_0} = \frac{1}{W} \times 100\% \tag{4.2.5}$$

线绕式电位器的阶梯误差和分辨率是由于其工作原理的不完善而引起的，是一种原理误差。它也决定了线绕式电位器所能达到的最高精度。减少阶梯误差的主要方式就是增加总匝数 $W$。当骨架长度一定时，就要减小导线直径；反之，当导线直径一定时，就要增大骨架长度。多圈螺旋电位器就是基于这一原理设计的。

## 4.3 非线性电位器

### 4.3.1 功 用

非线性电位器又称函数电位器，是指其输出电压(电阻)与电刷位移之间具有非线性函数关系的一种电位器。它可以实现指数函数、对数函数、三角函数等。

非线性电位器的主要功用如下：

① 获得所需要的非线性输出，以满足测控系统的一些特殊要求；

② 由于测量系统有些环节出现了非线性，为了修正、补偿非线性，需要将电位器设计成非线性特性，使测量系统的最后输出获得所需要的线性特性；

③ 用于消除或改善负载误差。

### 4.3.2 实现途径

实现非线性电位器的方式主要有两类：一类是通过改变电位器的绕制方式；另一类是通过改变电位器使用时的电路连接方式。

对于线绕式电位器，其非线性特性可以采用改变其不同部位的灵敏度来实现。基于式(4.2.1)，可以采用三种不同的绕线方法实现非线性电位器：变骨架方式(如图4.3.1所示)、变绕线节距方式(如图4.3.2所示)和变电阻率方式。

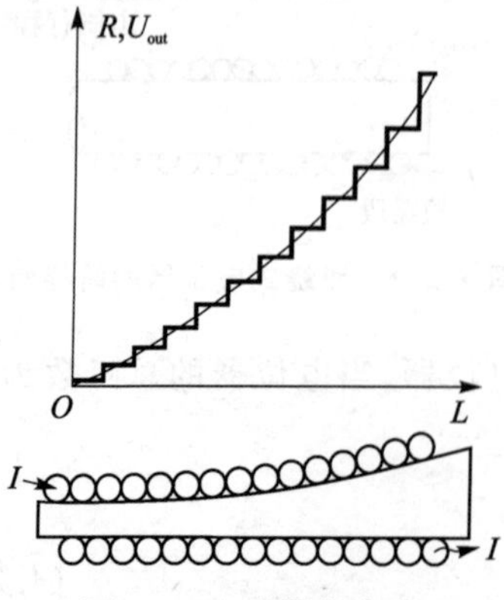

图 4.3.1 变骨架方式

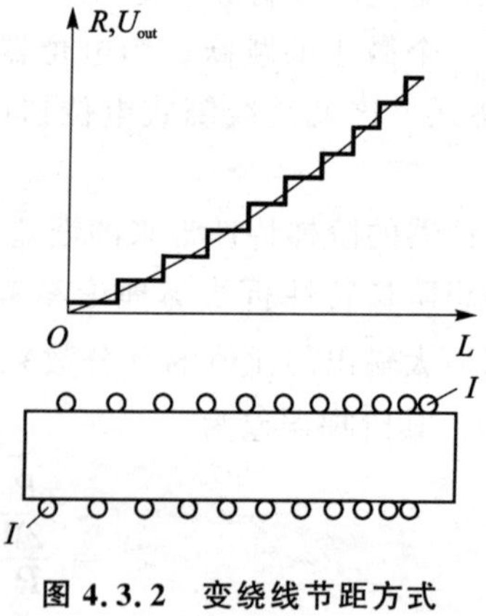

图 4.3.2 变绕线节距方式

要提高线绕式电位器在某一部位的灵敏度,可以采用增大骨架的高度或宽度、减小绕线节距或用高电阻率的导线绕制的方法;反之,若采用减小骨架的高度或宽度、增大绕线节距或用低电阻率的导线绕制的方法,则可以减小电位器在某一部位的灵敏度。

实用中,可以采用阶梯骨架来近似代替曲线骨架。将非线性电位器的输入/输出特性曲线分成若干段,每一段都近似为一直线,只要取的段数足够多,就可以使折线与原定曲线的误差在允许的范围内。当用折线代替曲线后,特性曲线的每一段均为直线,因此,每一段都可以做成一个小线性电位器,只是每一段的斜率不同。工艺上,为了便于在相邻两段过渡,骨架结构在过渡处做成斜角,伸出尖端 2~3 mm,以免导线滑落,如图 4.3.3 所示。

由阶梯骨架式非线性电位器原理可知,当用折线代替曲线后,实现折线特性的关键是要使电位器各段特性的斜率不等。对于一个线绕式线性电位器,在其上分成若干段,在每一分段处引出一些抽头,然后在各段上并联一定阻值的电阻,使各段上的等效电阻下降,就可以改变该段上的电阻斜率。适当选择各段的并联电阻,就能够实现各段的斜率,满足预定的折线特性。基于这一思路,利用分路电阻法实现非线性电位器,如图 4.3.4 所示。分路电阻非线性电位器将电位器的制造变为一个带若干抽头线性电位器的制造,因而大大降低了工艺实现的难度。同时,它不像变绕线节距或变骨架方式那样受特性曲线斜率变化范围的限制,而可以实现有较大的斜率变化的特性曲线。它既可以实现单调函数,也可以实现非单调函数,只要适当改变并联电阻的阻值和电路的连接方式即可。

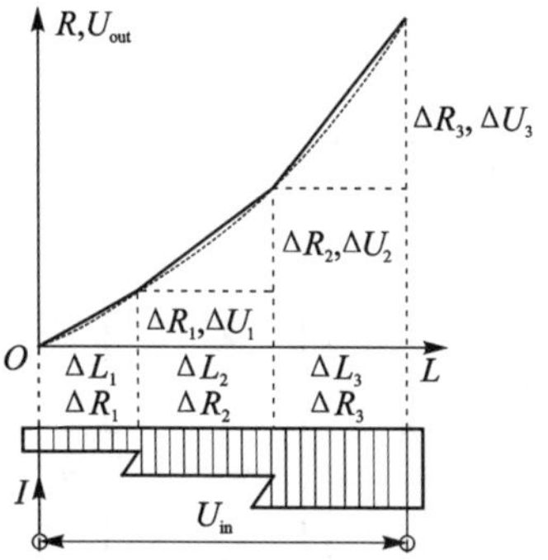


图 4.3.3　骨架实际结构

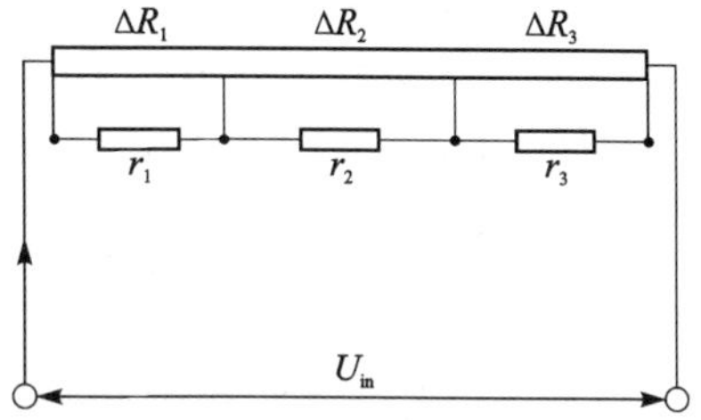


图 4.3.4　分路电阻法非线性电位器

除了上述实现方式,还有一种电位给定非线性电位器。它也是利用以折线近似曲线的方法。根据特性分段要求,同样也做成抽头线性电位器,各抽头点的电位由其他电位器来设定,从而实现非线性电位器,如图 4.3.5 所示。线性电位器 $R_0$ 称为抽头电位器,电阻 $R_1$~$R_5$ 即为给定电位器,用来确定各抽头处的电位。为了便于设计与调整,通常选择给定电位器的电阻阻值要远远小于抽头电位器的阻值。显然,这种方法在实现非线性电位器的特性方面比较灵活。

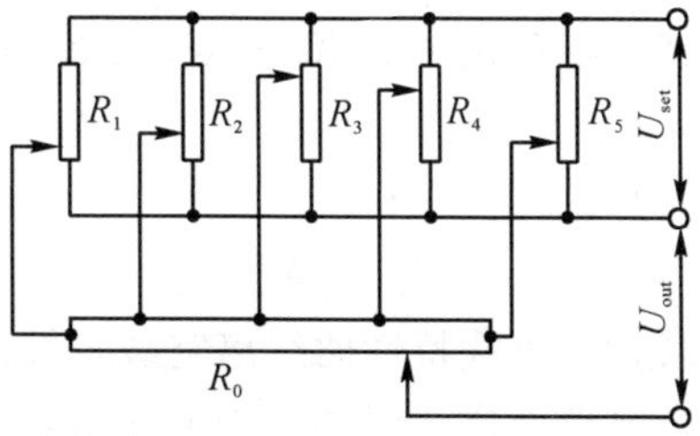


注:$U_{set}$为加在给定电位器上的电压。

图 4.3.5　电位给定法非线性电位器

# 4.4　电位器的负载特性及负载误差

## 4.4.1　电位器的负载特性

前面讨论的都是在电位器空载情况下的特性，即电位器的输出端接至输入阻抗非常大的放大器时的特性，称为电位器的空载特性。而电位器输出端带有有限负载时所具有的特性就是电位器的负载特性。负载特性将偏离理想的空载特性，它们之间的偏差称为电位器的负载误差。无论是线性电位器还是非线性电位器，在带载工作时都会产生负载误差。这一点在使用电位器时要特别注意。

由图4.4.1可以得到负载电位器的输出电压为

$$U_{out}=\frac{\frac{R_fR}{R_f+R}}{\frac{R_fR}{R_f+R}+(R_0-R)}U_{in}=\frac{R_fR}{R_fR_0+RR_0-R^2}U_{in} \tag{4.4.1}$$

式中　$R_f$——负载电阻(Ω)；

$R_0$——电位器的总电阻(Ω)；

$R$——电位器的实际工作电阻(Ω)。

假设电位器的总行程为 $L_0$；电刷的实际行程为 $x$；引入电刷的相对行程 $X=x/L_0$；电阻的相对变化 $r=R/R_0$；电位器的负载系数 $K_f=R_f/R_0$；电压的相对输出 $Y=U_{out}/U_{in}$。由式(4.4.1)可得

$$Y=\frac{r}{1+\frac{r}{K_f}-\frac{r^2}{K_f}} \tag{4.4.2}$$

对于线性电位器，$r=X$，这时有

$$Y=\frac{X}{1+\frac{X}{K_f}-\frac{X^2}{K_f}} \tag{4.4.3}$$

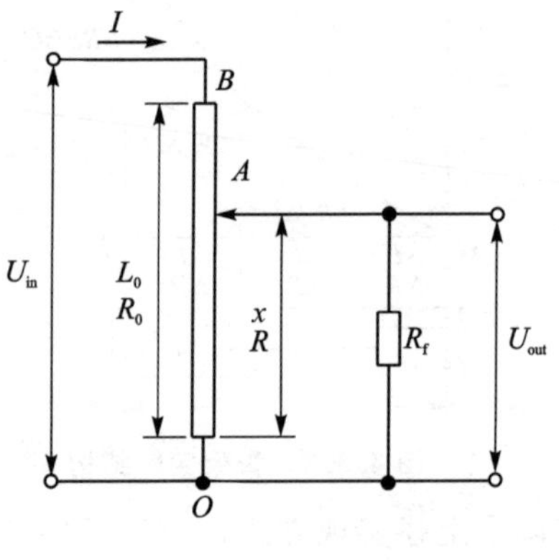


图4.4.1　带负载的电位器

## 4.4.2　电位器的负载误差

由式(4.4.2)可知：电位器的相对电压输出与电阻相对变化及负载系数有关。图4.4.2给出了负载特性曲线示意图。对于线性电位器，横坐标可以由 $X$ 来代替。

显然带有负载的电位器的特性随负载系数 $K_f$ 而变；当 $K_f\to\infty$ 时，即为空载特性

$$Y_{kz}=r \tag{4.4.4}$$

对于线性电位器，空载特性为

$$Y_{kz}=X \tag{4.4.5}$$

由图4.4.2可知：负载系数越大，负载特性曲线离空载特性曲线越近；反之则越远。

负载特性与空载特性的偏差定义为负载误差。为便于分析，讨论负载误差与满量程输出的比值，由式(4.4.2)～(4.4.4)可得相对负载误差

$$\xi_{fz} = Y - Y_{kz} = \frac{r^2(r-1)}{K_f + r - r^2} \tag{4.4.6}$$

在不同的负载系数 $K_f$ 值下，相对负载误差 $\xi_{fz}$ 与电位器电阻的相对变化 $r$ 的关系曲线如图 4.4.3 所示。下面讨论最大负载误差及对应的电刷的位置。

由式(4.4.6)，利用 $d\xi_{fz}/dr=0$，可得

$$r^3 - 2r^2 - r(3K_f - 1) + 2K_f = 0 \tag{4.4.7}$$

由式(4.4.7)可以求出最大误差处的 $r_m$，进而可得到最大的相对负载误差 $\xi_{fz\,max}$。

考虑到实用情况，$r \in [0,1]$，$\max |r-r^2| \leqslant 0.25$；所以当 $K_f$ 较大时，式(4.4.6)可近似写为

$$\xi_{fz} \approx \frac{-r^2(1-r)}{K_f} \tag{4.4.8}$$

由式(4.4.8)，利用 $d\xi_{fz}/dr=0$，可得

$$r_m = \frac{2}{3} \tag{4.4.9}$$

由式(4.4.8)，所对应的最大的相对负载误差为

$$\xi_{fz\,max} \approx \frac{-0.148}{K_f} \tag{4.4.10}$$

通过上述分析，负载误差的最大值大约发生在电阻相对变化的 0.667 处。

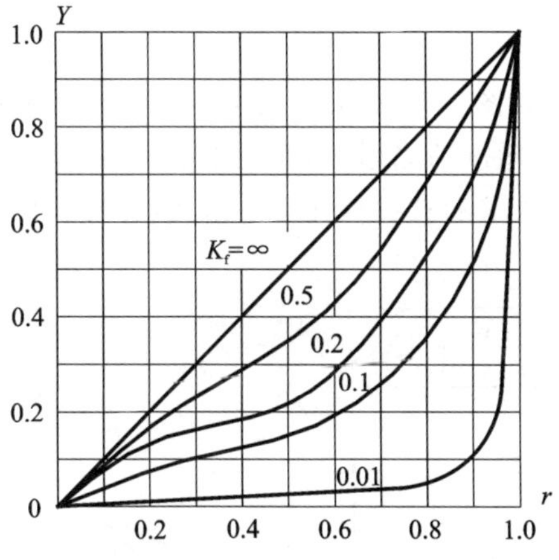


图 4.4.2　负载特性曲线

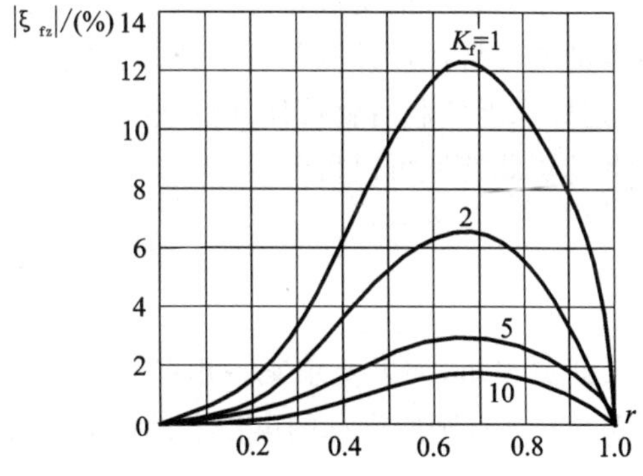


图 4.4.3　负载误差曲线

## 4.4.3　减小负载误差的措施

基于上述分析，可以采用以下措施减小负载误差。

1. 提高负载系数 $K_f$

提高负载系数 $K_f$ 就意味着增大负载电阻 $R_f$ 或减小电位器总电阻 $R_0$。负载电阻可以根据允许的最大负载误差来确定，通常应满足 $4 \leqslant K_f$。如果电位器输出接到运算放大器，则应尽量提高放大器的输入阻抗。

2. 限制电位器的工作范围

如图 4.4.4 所示，电位器负载特性 2 为下垂于空载特性 1 的曲线，在全量程范围两者之间有很大的偏差。如果通过 $r=2R_0/3$ 的最大负载误差发生处的 $M$ 点作 $OM$ 连线，则负载特性

曲线与 $OM$ 线之间的偏差很小。因此,如果电位器的工作范围在 $OM$ 段(且以直线 $OM$ 作为参考特性),则可以大大减小负载误差,如图 4.4.4(a)和(b) 所示。当然,这样做势必导致电位器的灵敏度下降,分辨率降低,而且使电位器浪费 1/3 的资源。为此,可以用一个固定电阻 $R_C = 0.5R_0$ 来代替原来电位器电阻元件不工作的部分,如图 4.4.4(c) 所示。同时,为了保持原来的灵敏度,可以增大原来电位器两端的工作电压。这种方法的特点是简单、实用,以牺牲灵敏度和增加功耗换取精度。

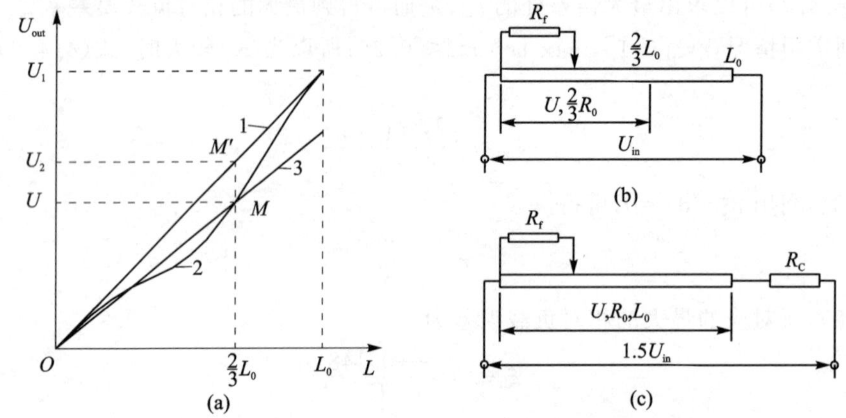


**图 4.4.4　限制电位器的工作范围以减少负载误差**

3. 重新设计电位器的空载特性

由于电位器的负载特性相对于其空载特性下凹,如图 4.4.2 或图 4.4.5 所示。如果将电位器的空载特性设计成某种上凸的曲线,在起始段,灵敏度适当增大,而在末端,灵敏度适当减小,这样加上负载后就可使其负载特性正好落在原来要求的直线特性上。由式(4.4.2)可得电位器的负载特性可以得到

$$r = \frac{\left(1-\frac{K_f}{Y}\right)+\sqrt{\left(1-\frac{K_f}{Y}\right)^2+4K_f}}{2} \tag{4.4.11}$$

研究表明,如果要求某一电位器带有负载后的特性为 $Y=f(X)$,则所设计的电位器的空载特性应为

$$r = \frac{\left(1-\frac{K_f}{f(X)}\right)+\sqrt{\left(1-\frac{K_f}{f(X)}\right)^2+4K_f}}{2} \stackrel{\text{def}}{=\!=} F(X) \tag{4.4.12}$$

如果要求电位器的负载特性为线性的,即 $Y=X$,则空载特性为

$$r = \frac{\left(1-\frac{K_f}{X}\right)+\sqrt{\left(1-\frac{K_f}{X}\right)^2+4K_f}}{2} \tag{4.4.13}$$

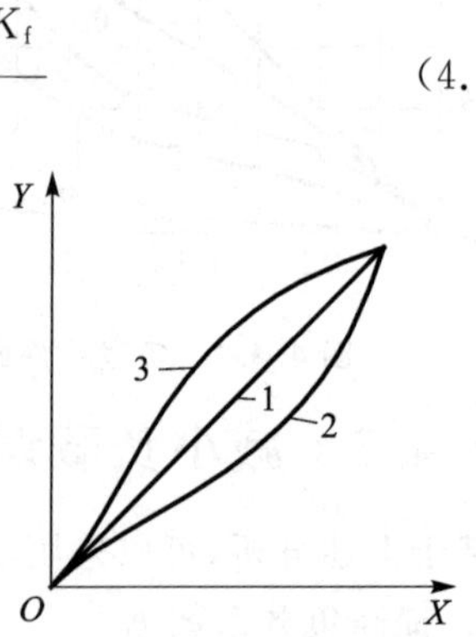


注:曲线 2 和曲线 3 关于直线 1 镜像对称

**图 4.4.5　负载误差的完全补偿方式**

所设计的非线性特性 3 为原线性电位器负载特性 2 关于线性特性 1 的镜像。

# 4.5　电位器的结构与材料

## 4.5.1　电阻丝

在线绕式电位器中，对电阻丝的主要要求是：电阻率高，电阻温度系数小，耐磨损，耐腐蚀，延展性好，便于焊接等。

在非贵金属中，最常见的电阻丝材料为康铜、镍铬和卡玛。其中卡玛丝的国外商品名为“Karama”，国内牌号为 6J22 与 6J33。卡玛丝的主要成分仍为镍铬，并加入适量的铁和铝，具有比镍铬丝更高的电阻率，而且温度系数低于康铜，抗腐蚀性与耐磨性均较好。其缺点是接触电阻大，需要较大的接触压力，故不适用于敏感元件推动力较小的传感器中。

精密电位器大量使用贵金属基电阻丝。其优点是化学稳定性好，耐磨损，耐腐蚀，不易氧化，能在高温、高湿等恶劣环境下正常工作。这样就有效地保证了其在较小的接触压力下，实现电刷与电阻体的良好接触，从而也大大降低了电位器的噪声，提高了可靠性与寿命。贵金属合金虽然电阻率较低，但延展性好，可以加工成非常细的丝材（直径达 0.01 mm），故电位器的总匝数可以绕得很多，既提高了分辨率，又保证了阻值。贵金属的电阻丝可以绕制于厚 0.3～0.4 mm 的骨架上而不折断。

电位器式传感器中使用的电阻丝直径一般在 0.02～0.1 mm 之间，常用的电阻丝性能见表 4.5.1。

表 4.5.1　电位器中常用的电阻丝材料的主要性能

| 名　称 | 成　分 | 电阻率 $\rho\cdot 10^6/(\Omega\cdot m)$ | 电阻温度系数 $\alpha\cdot 10^6/℃^{-1}$ |
|---|---|---|---|
| 卡玛丝 | Ni 76，Cr 20，其余为 Fe，Al* | 1.33～1.37 | 5～150 |
| 镍铬丝 | Ni 55～80，Cr 14～20，Fe 14～18，Mn 1～2 | 1.1 | −200 |
| 康铜丝 | Cu 54～67，Ni 30～45，Mn 1～3 | 0.5 | −50～−20 |
| 金基合金丝 | AuNiCrGd 7－0.5－0.5** | 0.23 | 300 |
| 金基合金丝 | AuAgCuMnGd 33.5－3－2.5－0.5 | 0.22 | 210 |
| 金基合金丝 | AuNiFeZr 50－1.5－0.3 | 0.45 | 260 |
| 铂铱合金丝 | Pt 90±0.4，Ir 10±0.6 | 0.23 | 1 200 |
| 铂铱合金丝 | Pt 75±0.5，Ir 25±1 | 0.32 | 950 |

注：本表列出的各种电阻丝的成分数据仅供参考。

* Ni 含 76 %，Cr 含 20 %，其余为 Fe，Al。

** Ni 含 7 %，Cr 含 0.5 %，Gd 含 0.5 %，其余为 Au。

## 4.5.2　电　刷

电刷是电位器式传感器中既非常简单又非常重要的零件。对其材料的要求基本上与对电阻丝的要求一致，一般采用贵金属材料。

电刷通常用一根金属丝弯成适当的形状即可。常见的电刷结构如图 4.5.1 所示。

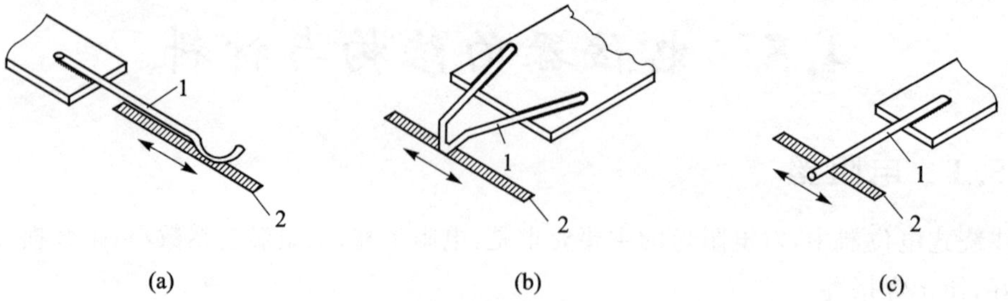


1—电刷;2—电阻体

**图4.5.1 常见的几种电刷结构**

贵金属的直径很细,约0.1～0.2 mm。为了保证可靠接触,同一电刷可由多根电刷丝构成,即所谓多指电刷。当多指电刷选择的各电刷丝的长度不同时,它们的固有频率各不相同,故不会同时谐振起来,有效保证了电刷与电阻体的接触。每一电刷丝的接触压力也可降低;同时,由于形成多条接触道,电阻体的磨损较为均匀,有利于提高电位器的使用寿命。

电刷头部应弯成一定的圆角半径。经验表明:对于用细丝绕成的精密电位器,电刷圆角半径最好选为导线半径的10倍左右。圆角半径过小,易使电刷与电阻体过早磨损,甚至损坏接触道;圆角半径过大,易使电刷接触面过早磨平,并造成电位器绕组短路,从而导致电位器精度下降,增加电刷运动时的不平稳性。

为了保证电刷与电阻体之间的可靠接触,电刷必须要有一定的接触压力,通常可由电刷本身的弹性变形来产生。接触压力值的大小对于电位器的工作可靠性和寿命都有很大影响。接触压力大,接触可靠稳定,遇到振动过载时不易跳开;但同时也使摩擦力增大,磨损程度增加,寿命降低。因此,必须根据具体情况正确选择接触压力。对于电刷由推动力较小的弹性敏感元件带动的且导线很细(直径小于0.1 mm)的电位器,接触压力可以选择在1～20 mN之间;对于作用于电刷的推动力较大,如由伺服电机带动的且导线直径又较粗(直径大于0.1 mm)的电位器,接触压力可以选择在50～150 mN之间,或者更大。

电刷材料与电阻体材料的匹配是关系到电位器寿命和可靠性的重要因素,相互间材料选配得好,接触电阻小而稳定,电位器噪声小,并且能经受数百万次的工作,而保持性能基本不变。一般电刷材料的硬度与电阻丝材料的硬度相近或略微高一些。表4.5.2列出了国内有关厂家、研究所经大量试验后得到的一些匹配经验数据,可供参考。

**表4.5.2 电刷与电阻丝材料匹配经验数据**

| 电阻丝材料 | 电刷材料 |
|---|---|
| 卡玛丝 | AuCuNiPdRh 21.5-3.4-10-2;AuAgCuNiPt 10-21.5-4.4-7;AuNiCuZn 20.6-2.18-5.7 |
| 镍铬丝 | AuCuNiSnMn 22-2.5-1-0.3;AuNiY 9-0.5;PdIr 18;PtNi 5 |

续表 4.5.2

| 电阻丝材料 | 电刷材料 |
|---|---|
| 康铜丝 | AuNi 9；AuNiY 9－0.5；PdIr 18；PtNi 5；QSn 6.5－0.4；QSn 4－0.5 |
| 金基合金 AuAgCuMnGd 33.5－3－2.5－0.5 AuNiCrGd 7－0.5－0.5 | 金基合金 AuNi 9 |
| 金基合金 AuNiFeZr 50－1.5－0.3 | 金基合金 AuCuNiZnMn 22－2.5－1－0.03 |
| 铂铱合金(PtIr 10) | PdIr 18；PtNi 5 |

对于上述匹配关系，可取干摩擦系数的范围为 0.25～0.5。近年来采用粉末状的固体润滑剂二硒化铌，能大大降低摩擦和磨损，干摩擦系数能降低一个数量级，可基本达到绕组无磨损且电刷磨损也很轻微的程度。

## 4.5.3 骨　架

在线绕式电位器中，对骨架的要求是：绝缘性能好、具有足够的强度和刚度、抗湿、耐热、加工性能好，以便制成所需形状及结构参数的骨架，并使之在空气温度和湿度变化时不致变形。

对于一般精度的电位器，骨架材料多采用塑料、夹布胶木等。这些材料易于加工，但抗湿性、耐热性不够好，易于变形；塑料骨架还会分解出有机气体，污染电刷与绕组，故一般不用来制造高精度电位器。

高精度电位器广泛采用金属骨架。为使金属骨架表面有良好的绝缘性能，通常在铝合金或铝镁合金外表，通过阳极化处理生成一层绝缘薄膜。金属骨架强度大，尺寸制造精度高，遇潮不易变形，导热性好，易于使电位器绕组中的热量散发，从而可以提高流过绕组导线的电流强度。有些小型电位器骨架可用高强度漆包圆铜线或玻璃棒制成。

骨架的结构形式主要有以下几种。

(1) 环形或弧形骨架

通常由切削加工制成，其剖面形状多为带圆角的矩形或腰鼓形。

(2) 条形骨架

通常用一条厚度为 0.5～1 mm 的夹布胶木片制成，绕线后弯曲成弧形，固定在电位器基座上。

(3) 柱形和棒形骨架

其截面可为圆形、方形和三角形等。

(4) 特型骨架

多用于非线性电位器，又分为阶梯形骨架和曲线形骨架。它们既可做成环形，也可做成条形。如图 4.5.2 所示。

一般骨架厚度 $b$、圆角半径 $r$ 与电阻丝直径 $d$ 的关系应满足

$$4d \leqslant b \tag{4.5.1}$$

$$2d \leqslant r \tag{4.5.2}$$

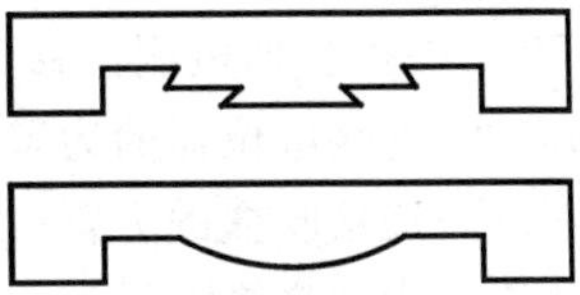


图 4.5.2 线绕式电位器中的特型骨架

# 4.6 非线绕式电位器

线绕式电位器特性稳定,易于实现所要求的变换特性;但也存在着固有的阶梯误差以及分辨率低、耐磨性差、寿命短和功耗大等问题。基于此,研制、生产了各种各样的非线绕式电位器,其一些性能可优于线绕式电位器。常见的有:合成膜、金属膜、导电塑料和导电玻璃釉电位器等。它们的分辨率高,耐磨,寿命长,校准容易。其缺点是:受温、湿度变化的影响大,较难实现高精度。此外,还有一种非接触式的光电电位器,用光束代替电刷。这实际上是一种实现电位器功能的光机电器件,适于特殊的应用场合。其缺点是输出电阻高,需要光源和光路系统,体积大,精度不高。

# 4.7 典型的电位器式传感器

## 4.7.1 电位器式压力传感器

图1.1.1是一种电位器式压力传感器的原理结构图。被测压力作用在膜盒上,使膜盒产生位移,经放大传动机构带动电刷在电位器上滑动。当电位器两端加有工作电压时,则可从电位器电刷与电源地端间得到相应的输出电压。该输出电压的大小即可反映出被测压力的大小。

假设每一个膜盒由类似于图3.3.16的两个周边固支的波纹膜片构成;如图1.1.1所示的传感器由四个相同的波纹膜片组成。当忽略弹簧刚度时,借助于式(3.3.71)可得膜盒系统中心位移与均布压力 $p$(Pa)的关系为

$$W_{S,C} = 4W_C = \frac{4}{A_p} \cdot \frac{pR^4}{Eh^3} \tag{4.7.1}$$

式中 $W_{S,C}$——四个相同的波纹膜片构成的膜盒系统的中心挠度(m);

$W_C$——单个波纹膜片的中心挠度(m);

$A_p$——波纹膜片弹性系数,$A_p = \frac{2(3+q)(1+q)}{3(1-\mu^2/q^2)}$;

$q$——波纹膜片的型面因子,$q = \sqrt{1+1.5\frac{H^2}{h^2}}$;

$R,h,H$——波纹膜片的半径(m)、膜厚(m)和波深(m);

$E,\mu$——材料的弹性模量(Pa)和泊松比。

则电位器电刷位移与被测均布压力 $p$ 的关系为

$$W_P = W_{S,C}\frac{l_P}{l_C} = \frac{4pl_PR^4}{A_pl_CEh^3} \tag{4.7.2}$$

式中 $W_P$——电位器电刷位移(m);

$l_P$——连接电位器的力臂(m);

$l_C$——连接膜盒的力臂(m)。

图1.1.1中的弹簧限制膜盒的位移,调节传感器的灵敏度。事实上,借助于式(3.3.72)~(3.3.74)可知:均布压力 $p$ 相当于在膜盒中心作用有等效的集中力 $F_{eq}$,它引起的单个波纹膜

片的中心挠度可以描述为

$$W_{C}=\frac{1}{A_{F}}\cdot\frac{F_{eq}R^{2}}{\pi Eh^{3}}=\frac{1}{A_{F}}\cdot\frac{A_{eq}pR^{2}}{\pi Eh^{3}} \tag{4.7.3}$$

$$F_{eq}=A_{eq}p$$

式中　$A_F$——单个波纹膜片弯曲力系数，$A_F=\frac{(1+q)^2}{3(1-\mu^2/q^2)}$；

$A_{eq}$——波纹膜片的等效面积($m^2$)，$A_{eq}=\frac{1+q}{2(3+q)}\pi R^2$。

则单个波纹膜片的等效刚度为

$$K_{eq}=\frac{dF_{eq}}{dW_{C}}=A_{F}\cdot\frac{\pi Eh^{3}}{R^{2}} \tag{4.7.4}$$

膜盒系统的总等效刚度为

$$K_{CT}=\frac{1}{4}K_{eq}=\frac{A_{F}}{4}\cdot\frac{\pi Eh^{3}}{R^{2}} \tag{4.7.5}$$

考虑弹簧后，整个受力结构的总刚度为

$$K_{T}=K_{CT}+K_{E}=\frac{A_{F}}{4}\cdot\frac{\pi Eh^{3}}{R^{2}}+K_{E} \tag{4.7.6}$$

式中　$K_E$——弹簧的刚度(N/m)。

由式(4.7.6)可得被测压力 $p$ 引起的整个受力结构的位移(m)为

$$W_{S,C}=\frac{F_{eq}}{K_{T}}=\frac{A_{eq}p}{\frac{A_{F}}{4}\cdot\frac{\pi Eh^{3}}{R^{2}}+K_{E}}=\frac{4A_{eq}R^{2}p}{\pi EA_{F}h^{3}+4R^{2}K_{E}} \tag{4.7.7}$$

电位器电刷位移(m)与被测均布压力 $p$ 的关系为

$$W_{P}=W_{S,C}\frac{l_{P}}{l_{C}}=\frac{l_{P}}{l_{C}}\cdot\frac{4A_{eq}R^{2}p}{\pi EA_{F}h^{3}+4R^{2}K_{E}} \tag{4.7.8}$$

式中　$l_P$——连接电位器的力臂(m)；

$l_C$——连接膜盒的力臂(m)。

由式(4.7.2)与式(4.7.8)可知：与考虑弹簧刚度影响相比，不考虑弹簧刚度时所得结果的相对偏差为

$$\xi=\frac{\frac{4pl_{P}R^{4}}{A_{p}l_{C}Eh^{3}}-\frac{l_{P}}{l_{C}}\cdot\frac{4A_{eq}R^{2}p}{\pi EA_{F}h^{3}+4R^{2}K_{E}}}{\frac{4pl_{P}R^{4}}{A_{p}l_{C}Eh^{3}}}=\frac{4R^{2}K_{E}}{\pi EA_{F}h^{3}+4R^{2}K_{E}} \tag{4.7.9}$$

由式(4.7.9)可知：平衡弹簧的刚度越大，波纹膜片的半径越大，式(4.7.2)给出的近似分析结果的相对偏差越大；而当增大波纹膜片的膜厚 $h$ 时，相对偏差减小。

## 4.7.2　电位器式加速度传感器

图 4.7.1 所示为一种电位器式加速度传感器。质量块感受加速度 $a$ 形成惯性力 $-ma$ 使敏感结构产生位移 $x$，并使弹簧片产生弹性恢复力 $kx$，以平衡惯性力。因此达到稳态时，满足：

$$x=-\frac{ma}{k} \tag{4.7.10}$$

式中　$m$——质量块的质量(kg)；

$k$——弹簧片体系的总刚度(N/m)。

电位器的电刷与质量块刚性连接,电阻元件固定安装在传感器壳体上。杯形空心质量块 $m$ 由弹簧片支承,内部装有与壳体相连接的活塞。当质量块相对于活塞运动时,就产生气体阻尼效应;可通过一个螺丝改变排气孔的大小来调节阻尼系数。质量块带动电刷在电阻元件上滑动,从而输出与位移成比例的电压。因此,当质量块感受加速度并在系统处于平衡状态后,电位器的输出电压与质量块所感受的加速度成正比。电位器式加速度传感器主要用于测量变化很慢的线加速度和低频振动加速度。

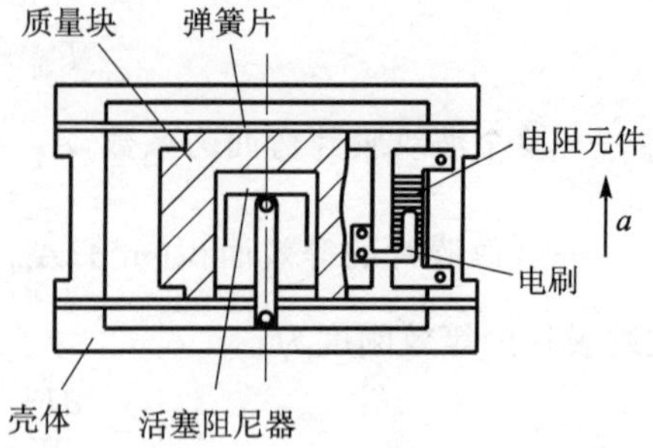

图 4.7.1 电位器式加速度传感器原理结构

基于测量质量块相对位移的电位器式加速度传感器一般灵敏度比较低,所以当前广泛采用基于测量惯性力产生的应变、应力的加速度传感器,例如电阻应变式、压阻式和压电式加速度传感器,相关内容将在第5章、第6章和第10章介绍。

总之,对于电位器式传感器,其优点是输出信号较大(可达V级),使用时不需专门的信号放大电路;缺点是误差稍大,灵敏度较低,工作频带窄,功耗高,寿命短。

# 思考题与习题

**4.1** 电位器的主要用途是什么?

**4.2** 简要说明电位器的基本组成结构。

**4.3** 电位器的特点是什么?

**4.4** 简述线绕式电位器的主要特点。

**4.5** 什么是电位器的阶梯特性?在实际使用时,它会给电位器带来什么问题?

**4.6** 研究非线性电位器的出发点是什么?如何实现非线性电位器?

**4.7** 什么是电位器的负载特性和负载误差?如何减小电位器的负载误差?

**4.8** 采用限制电位器使用范围来减少负载误差方式的主要应用特点有哪些?

**4.9** 证明图4.4.5指出的“所设计的非线性特性3为原线性电位器负载特性2关于线性特性1的镜像”。

**4.10** 一骨架截面为圆形的电位器,半径为 $a$。现用直径为 $d$、电阻率为 $\rho$ 的导线绕制,共紧密地绕了 $W$ 匝。试导出该线绕式电位器的灵敏度表达式(注意:导线直径 $d$ 不可忽略)。

**4.11** 试设计一电位器的电阻特性。它能在带负载情况下给出 $Y=X$ 的线性特性,如图4.1所示。给定电位器的总电阻 $R_0=100\ \Omega$,负载电阻 $R_f$ 分别为 50 Ω 和 500 Ω。计算时取 $X$ 的间距为0.1。$X$ 和 $Y$ 分别为相对输入和相对输出。

**4.12** 试设计一分流电阻式非线性电位器的电路及其参数。要求特性如图4.2所示,所用线性电位器的总电阻为1 000 Ω,输出为空载。

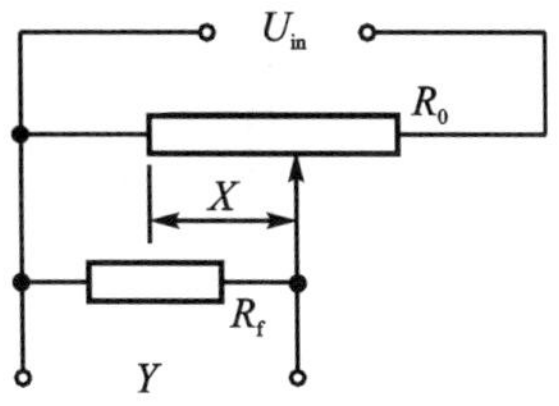


图 4.1　带负载的非线性电位器

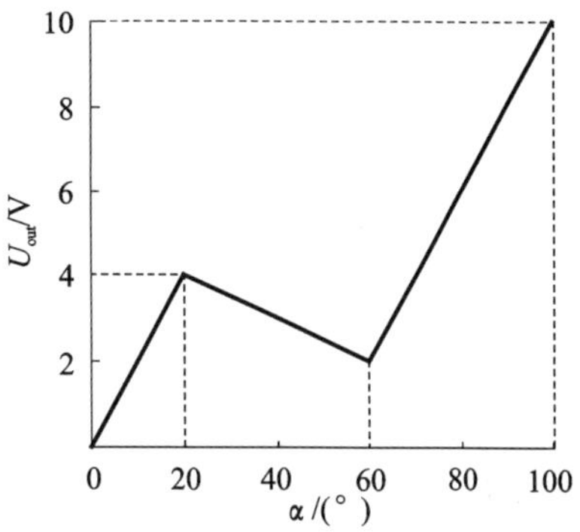


图 4.2　非线性电位器的输出特性

**4.13**　图 4.3 为一带负载的线性电位器。试用解析和数值方法(可把整个行程分成 10 段),求(a),(b)两种电路情况下的端基线性度。

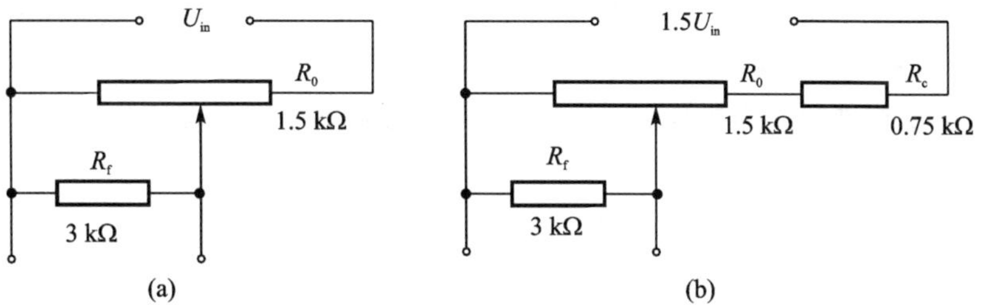


图 4.3　带负载的线性电位器

**4.14**　有一非线性电位器 $R(x)$,$x$ 为行程,其范围为 $0 \leqslant x \leqslant L$,且 $x=L$ 时阻值为 $R_0$。当负载电阻为 $R_f$ 时,其电压的输出特性为行程 $x$ 的线性函数。试设计 $R(x)$。若 $R(x)$是骨架截面积为圆形的线绕式电位器,试讨论其实现的可能方式,并用简图示意出最佳方案。

**4.15**　图 4.4 给出了某位移传感器的检测电路。$U_{in}=12$ V,$R_0=10$ kΩ,$AB$ 为线性电位器,总长度为 150 mm,总电阻为 30 kΩ,$C$ 点为电刷位置。问

① 输出电压 $U_{out}=0$ V 时,位移 $x=$?

② 当位移 $x$ 的变化范围为 10~140 mm 时,输出电压 $U_{out}$的范围为多少?

**4.16**　某位移测量装置采用了两个相同的线性电位器。电位器的总电阻为 $R_0$,总工作行程为 $L_0$。当被测位移变化时,带动这两个电位器一起滑动(如图 4.5 所示,虚线表示电刷的机械臂)。如果采用电桥检测方式,电桥的激励电压为 $U_{in}$。

① 设计电桥的连接方式;

② 当被测位移的测量范围为 $0 \sim L_0$ 时,电桥的输出电压范围是多少?

**4.17**　某线绕式电位器的骨架直径 $D_0=10$ mm,总长 $L_0=100$ mm,导线直径 $d=0.1$ mm,电阻率 $\rho=0.6\times10^{-6}$ Ω·m,总匝数 $W=1\ 000$。试计算该电位器的空载电阻灵敏度 $\mathrm{d}R/\mathrm{d}x$。

**4.18**　某线绕式非线性电位器的骨架宽度 $b=8$ mm,高度 $h(x)=10+0.02x$ mm,$x$ 为电位器的工作位移,导线的截面积 $S=0.0075$ mm$^2$,电阻率 $\rho=0.72\times10^{-6}$ Ω·m,绕线节距 $t=0.1$ mm。当该电位器工作位移范围为 0~100 mm 时,试计算出其电阻灵敏度的范围。

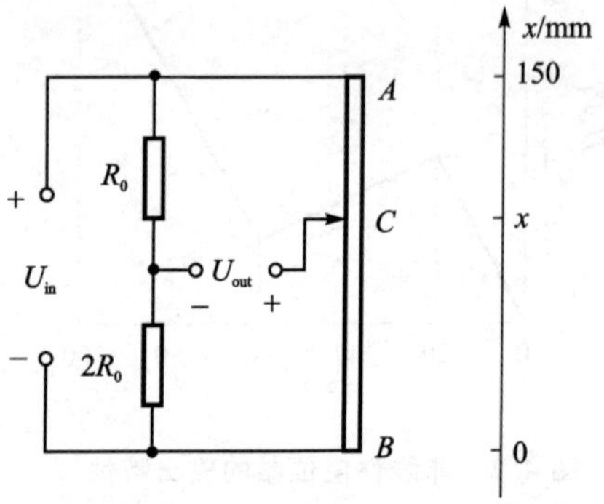


图4.4　电位器式位移传感器检测电路

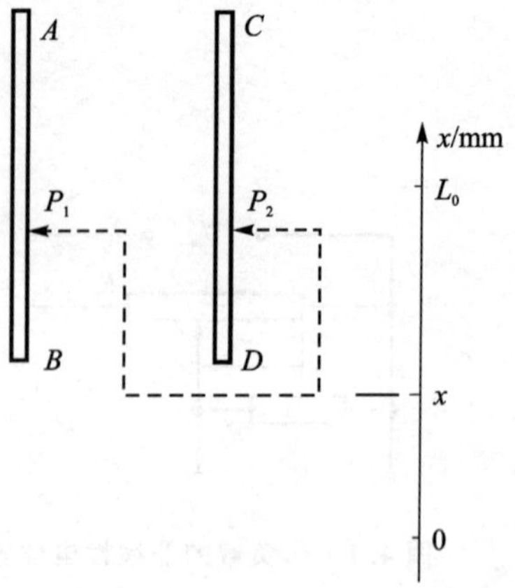


图4.5　电位器式位移传感器结构图

**4.19**　给出一种电位器式压力传感器的结构原理图,并说明其工作过程与特点。

**4.20**　针对图4.7.1所示的电位器式加速度传感器的结构示意图,试建立描述其动态测量过程输入/输出关系的传递函数。

**4.21**　基于电位器的工作机理,设计一角位移传感器的基本原理结构,并讨论其可能的测量误差以及改善措施。

# 第5章 应变式传感器

基本内容：

应变效应与金属应变片

应变片的横向效应

应变片的温度特性、误差与补偿

电桥式变换原理

差动检测原理

应变式力传感器

应变式加速度传感器

应变式压力传感器

利用应变式变换原理可以制成电阻式应变片（resistance strain gage）或应变薄膜。它可以感受测量物体受力或力矩时所产生的应变，并将应变变化转换为电阻变化，通过电桥进一步转换为电压或电流的变化。利用应变式变换原理实现的传感器称为应变式传感器（strain gage transducer/sensor）。

## 5.1 应变式变换原理

以金属电阻丝来说明应变式变换原理。

截面为圆形的金属电阻丝的电阻值为

$$R = \frac{L\rho}{S} = \frac{L\rho}{\pi r^2} \tag{5.1.1}$$

式中 $R$——电阻值（Ω）；

$\rho$——电阻率（Ω·m）；

$L$——金属丝的长度（m）；

$S$——金属丝的横截面积（$m^2$）；

$r$——金属丝的横截面的半径（m）。

考虑一段如图5.1.1所示的金属电阻丝。当其受到拉力而伸长 d$L$ 时，其横截面积将相应减少 d$S$，电阻率则因金属晶格畸变因素的影响也将改变 d$\rho$，从而引起金属丝的电阻改变 d$R$。将式(5.1.1)微分可得

$$\mathrm{d}R = \frac{L}{\pi r^2}\mathrm{d}\rho + \frac{\rho}{\pi r^2}\mathrm{d}L - 2\,\frac{\rho L}{\pi r^3}\mathrm{d}r \tag{5.1.2}$$

$$\frac{\mathrm{d}R}{R} = \frac{\mathrm{d}\rho}{\rho} + \frac{\mathrm{d}L}{L} - 2\,\frac{\mathrm{d}r}{r} \tag{5.1.3}$$

作为一维受力体的电阻丝，其轴向应变 $\varepsilon_L = \mathrm{d}L/L$ 与径向应变 $\varepsilon_r = \mathrm{d}r/r$ 满足

$$\varepsilon_r = -\mu\,\varepsilon_L \tag{5.1.4}$$

式中 $\mu$——金属电阻丝材料的泊松比。

利用式(5.1.3)，式(5.1.4)可得

$$\frac{dR}{R}=\frac{d\rho}{\rho}+(1+2\mu)\varepsilon_L=\left[\frac{d\rho}{\varepsilon_L\rho}+(1+2\mu)\right]\varepsilon_L=K_0\varepsilon_L \tag{5.1.5}$$

$$K_0 \overset{\text{def}}{=\!=} \frac{\frac{dR}{R}}{\varepsilon_L}=\frac{d\rho}{\varepsilon_L\rho}+(1+2\mu)$$

式中　$K_0$——金属材料的应变灵敏系数，表示单位应变引起的电阻变化率。

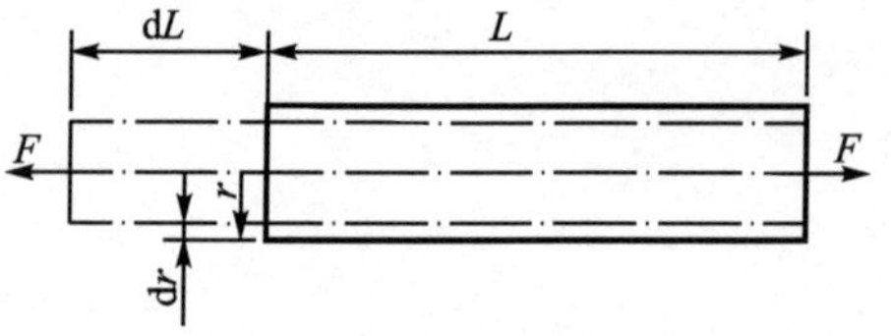


图 5.1.1　金属电阻丝的应变效应示意图

由式(5.1.5)可知：$K_0$ 越大，单位应变引起的电阻相对变化越大，即越灵敏。

由式(5.1.5)还可知：$K_0$ 一方面受材料的几何参数变化的影响，即$(1+2\mu)$；另一方面受电阻率变化的影响，即 $d\rho/(\varepsilon_L\rho)$，这一项很难用解析式描述，所以通常 $K_0$ 由实验来确定。大量实验表明：在电阻丝拉伸的比例极限内，电阻的相对变化与其轴向应变成正比，即 $K_0$ 为一常数。例如对康铜材料，$K_0\approx1.9\sim2.1$；对镍铬合金材料，$K_0\approx2.1\sim2.3$；对铂材料，$K_0\approx3\sim5$。

# 5.2　金属应变片

## 5.2.1　结构及应变效应

利用金属丝的应变效应可以制成金属应变片。图 5.2.1 给出了金属应变片的基本结构。它一般由敏感栅、基底、黏合层、引出线和覆盖层等组成。敏感栅由金属细丝制成，直径大约为 0.01～0.05 mm，用粘合剂将其固定在基底上。基底的作用是将被测试件上的应变不失真地传递到敏感栅上，因此它非常薄，一般为 0.03～0.06 mm。此外，基底应有良好的绝缘、抗潮和耐热性能，且随外界条件变化的变形小。基底材料有纸、胶膜和玻璃纤维布等。敏感栅上面粘贴有覆盖层，用于保护敏感栅。敏感栅电阻丝两端焊接引出线，用以和外接电路相连接。

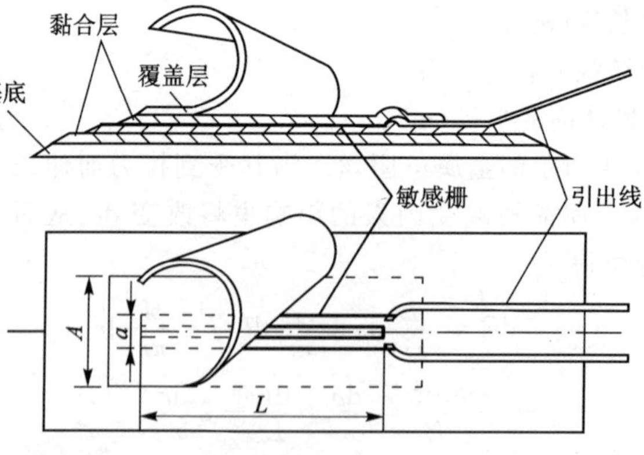


图 5.2.1　金属应变片的基本结构示意图

用于金属应变片的电阻丝通常要满足：

① 金属丝的应变系数 $K_0$ 要大，且在相当大的范围内保持为常数；

② 电阻率要大，这样在一定电阻值的情况下，电阻丝长度可短一些；

③ 电阻温度系数要小；

④ 高温用的应变片应耐高温；

⑤ 具有优良的加工焊接性能。

由金属丝制成敏感栅并构成应变片后，应变片的电阻应变效应与金属电阻单丝的情况稍有不同，取决于结构、制作工艺和工作状态。所以，在应变片出厂时，必须按照统一标准重新进行试验测定。测定时规定，将电阻应变片粘贴在一维应力作用下的试件上，如一维受轴向拉伸的杆或纯弯的梁等。试件材料规定为泊松比 $\mu_0=0.285$ 的钢。采用精密电阻电桥或其他仪器测出应变片的电阻变化，得到电阻应变片的电阻与其所受的轴向应变的特性。实验表明：应变片的电阻相对变化 $\Delta R/R$ 与应变片受到的轴向应变 $\varepsilon_x$ 的关系，在很大范围内具有很好的线性特性，即

$$\frac{\Delta R}{R}=K\varepsilon_x \tag{5.2.1}$$

$$K \overset{\text{def}}{=\!=\!=} \frac{\dfrac{\Delta R}{R}}{\varepsilon_x}$$

式中　$K$——电阻应变片的灵敏系数，又称标称灵敏系数。

实验表明：应变片的灵敏系数 $K$ 小于同种材料金属丝的灵敏系数 $K_0$。其主要原因就是应变片的横向效应和粘贴胶带来的应变传递失真。因此，在实际使用应变片时，一定要注意被测工件的材料以及受力状态。为确保测试精度，应变片的灵敏系数要通过抽样法测定，每批产品抽取一定数量或一定比例（如 5 %）实测其灵敏系数 $K$ 值，以其平均值作为这批产品在所使用场合的灵敏系数。

## 5.2.2　横向效应及横向灵敏度

直的金属丝受单向拉伸时，其任一微段所感受的应变都相同。因此，线材每一段电阻都将增加，总电阻的增加量为各微段电阻增加量的总和。当同样长度的线材制成金属应变片时（如图 5.2.2(a)所示），在电阻丝的弯段，电阻的变化率与直段明显不同。例如对于单向拉伸，当 $x$ 方向的应变 $\varepsilon_x$ 为正时，$y$ 方向的应变 $\varepsilon_y$ 为负（如图 5.2.2 (b)所示）。这样，应变片的灵敏系数要比直段线材的灵敏系数小。于是产生了所谓的“横向效应”。应变片的电阻变化包括两部分。它们分别是由 $\varepsilon_x$ 和 $\varepsilon_y$ 引起的，可以写为

$$\frac{\Delta R}{R}=K_{x0}\varepsilon_x+K_{y0}\varepsilon_y \tag{5.2.2}$$

式中　$K_{x0}$，$K_{y0}$——图 5.2.2 所示“电阻丝”的轴向应变灵敏系数和横向应变灵敏系数。

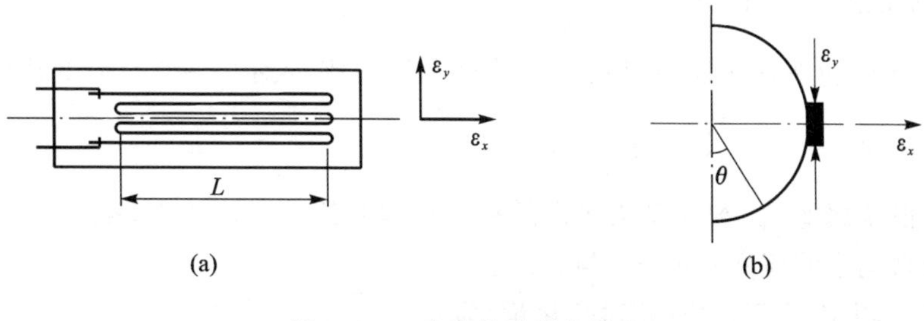


**图 5.2.2　应变片的横向效应**

借助于式(3.2.16)，电阻丝任意点处的正应变可以描述为

$$\varepsilon_\theta = \cos^2\theta\,\varepsilon_x + \sin^2\theta\,\varepsilon_y + \frac{1}{2}\sin 2\theta\,\varepsilon_{xy} \tag{5.2.3}$$

式中　$\theta$——电阻丝任意点处的切线方向与 $x$ 轴的夹角。

对于如图5.2.2所示的应变片，在图示应变场的作用下，由电阻丝的应变效应，得到总的电阻变化量为

$$\Delta R = \frac{nl_{\mathrm{str}}\rho}{S}K_0\varepsilon_x + (n-1)\int_{-\frac{\pi}{2}}^{+\frac{\pi}{2}} K_0\varepsilon_\theta \frac{\rho r\,\mathrm{d}\theta}{S} = \frac{nl_{\mathrm{str}}\rho K_0\varepsilon_x}{S} + \frac{(n-1)\rho rK_0}{S}\left(\frac{\pi\varepsilon_x}{2} + \frac{\pi\varepsilon_y}{2}\right) \tag{5.2.4}$$

式中　$n$——电阻丝直段的段数；

$l_{\mathrm{str}}$——电阻丝直段的长度(m)；

$r$——电阻丝圆弧部分的半径(m)；

$K_0$——电阻丝线材的应变灵敏系数；

$\varepsilon_x$——沿应变片轴向的应变；

$\varepsilon_y$——垂直于轴向的应变；

$\varepsilon_{xy}$——应变片面内切应变；

$\rho$——电阻丝的电阻率(Ω·m)；

$S$——金属丝的横截面积($\mathrm{m}^2$)。

则总的电阻相对变化为

$$\frac{\Delta R}{R} = \frac{2nl_{\mathrm{str}} + (n-1)\pi r}{2L}K_0\varepsilon_x + \frac{(n-1)\pi rK_0\varepsilon_y}{2L} \tag{5.2.5}$$

结合式(5.2.2)，式(5.2.5)，可得

$$K_{x0} = \frac{2nl_{\mathrm{str}} + (n-1)\pi r}{2L}K_0$$

$$K_{y0} = \frac{(n-1)\pi rK_0}{2L}$$

式中　$L$——电阻丝的总长度(m)。

基于上述分析，对于实际的应变片，其应变效应可以描述为

$$\frac{\Delta R}{R} = K_x\varepsilon_x + K_y\varepsilon_y \tag{5.2.6}$$

式中　$K_x$——电阻应变片对轴向应变 $\varepsilon_x$ 的应变灵敏系数，表示 $\varepsilon_y=0$ 时应变片电阻相对变化与 $\varepsilon_x$ 的比值，$K_x=\left(\frac{\Delta R}{R}/\varepsilon_x\right)\Big|_{\varepsilon_y=0}$；

$K_y$——电阻应变片对横向应变 $\varepsilon_y$ 的应变灵敏系数，表示 $\varepsilon_x=0$ 时应变片电阻相对变化与 $\varepsilon_y$ 的比值，$K_y=\left(\frac{\Delta R}{R}/\varepsilon_y\right)\Big|_{\varepsilon_x=0}$。

类似于直段金属丝 $K_0$ 要稍稍大于由同种材料构成的应变片的 $K$，$K_{x0}$ 与 $K_{y0}$ 分别要稍稍大于由同种材料构成的应变片的 $K_x$ 与 $K_y$。

按上述定义，电阻的变化率(相对变化量)为

$$\frac{\Delta R}{R} = K_x\left(\varepsilon_x + \frac{K_y}{K_x}\varepsilon_y\right) = K_x(\varepsilon_x + C\varepsilon_y) \tag{5.2.7}$$

式中　$C$——应变片的横向灵敏度，$C=K_y/K_x$。

横向灵敏度反映了横向应变对应变片输出的影响，一般由实验方法来确定 $K_x$，$K_y$，再求得 $C$。

根据应变片出厂标定情况，应变片处于单向拉伸状态，$\varepsilon_y=-\mu_0\varepsilon_x$。由式(5.2.6)可得

$$\frac{\Delta R}{R}=K_x(\varepsilon_x+C\varepsilon_y)=K_x(1-C\mu_0)\varepsilon_x=K\varepsilon_x \tag{5.2.8}$$

$$K=K_x(1-C\mu_0) \tag{5.2.9}$$

式(5.2.9)给出了应变片的标称灵敏系数 $K$ 与 $K_x$，$C$ 的关系。

由于横向效应的存在，如果电阻应变片用来测量 $\mu$ 不为 0.285 的试件，或者不是单向拉伸而是在任意两向受力的情况下，若仍按标称灵敏系数计算应变，必将造成误差。现考虑实测情况，即在任意的应变场 $\varepsilon_{xa}$，$\varepsilon_{ya}$ 下，应变片电阻的相对变化量为

$$\left(\frac{\Delta R}{R}\right)_a=K_x\varepsilon_{xa}+K_y\varepsilon_{ya}=K_x(\varepsilon_{xa}+C\varepsilon_{ya}) \tag{5.2.10}$$

如果不考虑实际的应变情况，而用标准灵敏系数计算，则有

$$\varepsilon_{xc}=\frac{\left(\frac{\Delta R}{R}\right)_a}{K}=\frac{K_x(\varepsilon_{xa}+C\varepsilon_{ya})}{K_x(1-C\mu_0)}=\frac{\varepsilon_{xa}+C\varepsilon_{ya}}{1-C\mu_0} \tag{5.2.11}$$

应变的相对误差为

$$\xi=\frac{\varepsilon_{xc}-\varepsilon_{xa}}{\varepsilon_{xa}}=\frac{C}{1-C\mu_0}\left(\mu_0+\frac{\varepsilon_{ya}}{\varepsilon_{xa}}\right) \tag{5.2.12}$$

式(5.2.12)表明：

① 只有当 $\varepsilon_{ya}/\varepsilon_{xa}=-\mu_0$ 时，即符合标准的使用条件时，才有 $\xi=0$。

② 减小 $\xi$ 的措施主要有：

- 按标准条件使用；
- 减小 $C$，采用短接措施(如图 5.2.3 所示)或采用箔式应变片(如图 5.2.4 所示)；
- 针对实用情况，重新标定在实际使用的应变场 $\varepsilon_{xa}$，$\varepsilon_{ya}$ 下的应变片的应变灵敏系数。

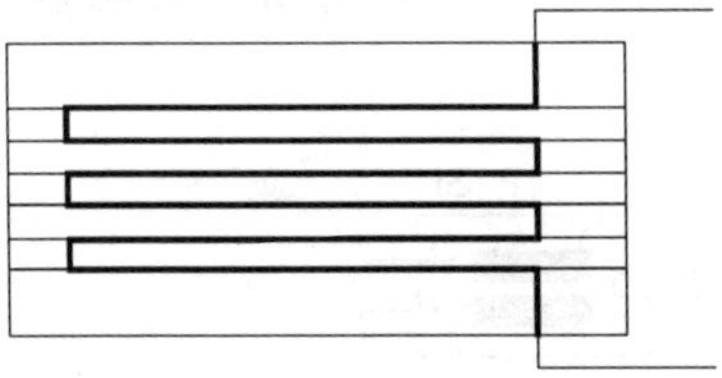

**图 5.2.3　短接式应变片**

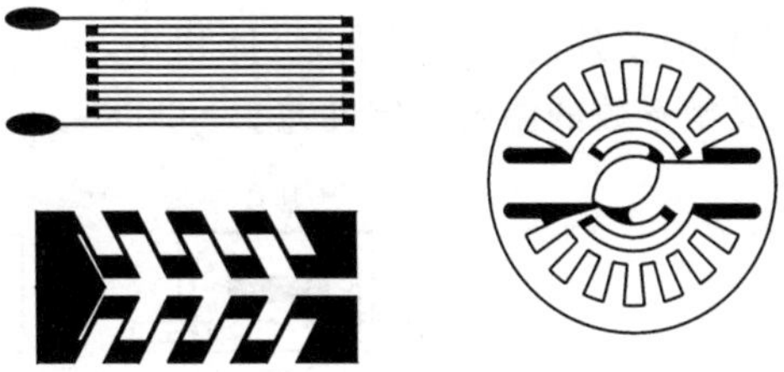

**图 5.2.4　箔式应变片**

考虑一种实测情况：应变片的横向灵敏度 $C=0.03$，被测工件处于平面应力状态，即 $\varepsilon_{xa}/\varepsilon_{ya}=1$，则相对误差为

$$\xi=\frac{0.03}{1-0.03\times0.285}(0.285+1)=3.9\ \% \tag{5.2.13}$$

## 5.2.3　电阻应变片的种类

目前应用的电阻应变片主要有金属丝式应变片、金属箔式应变片、薄膜式应变片以及半导

体应变片。

1. 金属丝式应变片

这是一种普通的金属应变片,制作简单,性能稳定,价格低,易于粘贴。敏感栅材料直径范围为0.01～0.05 mm。其基底很薄,一般在0.03 mm左右,能保证有效地传递变形。引线多用直径为0.15～0.3 mm的镀锡铜线与敏感栅相连。

2. 金属箔式应变片

箔式应变片是利用照相制版或光刻腐蚀法,将电阻箔材在绝缘基底上制成各种图案形成应变片(如图5.2.4所示)。作为敏感栅的箔片很薄,厚度范围为1～10 μm。与金属丝式应变片相比,金属箔式应变片有如下优点:

① 制造工艺保证了敏感栅几何参数准确、线条均匀,可以根据不同测量需求制成任意形状,而且几何参数很小;

② 横向效应小;

③ 允许电流大,从而可以提高灵敏度;

④ 疲劳寿命长,蠕变小,机械滞后小;

⑤ 生产效率高,成本低。

3. 薄膜式应变片

薄膜式应变片极薄,其厚度不大于0.1 μm。它是采用真空蒸发或真空沉积等镀膜技术将电阻材料镀在基底上,制成各种各样的敏感栅而形成应变片。它灵敏度高,可批量生产;可以直接制作在弹性敏感元件上,形成测量单元。这种应用方式免去了粘贴工艺过程,因此具有一定优势。

4. 半导体应变片

半导体应变片是基于半导体材料的"压阻效应",即电阻率随作用应力而变化的效应(详见6.1.1节)制成的。由于半导体特殊的导电机理,由半导体制作敏感栅的压阻效应特别显著,能反映出非常小的应变。

常见的半导体应变片采用锗和硅等半导体材料制成,一般为单根状,如图5.2.5所示。半导体应变片的突出优点是:体积小,灵敏度高,机械滞后小,动态特性好等。最明显的缺点是:灵敏系数的温度稳定性差。

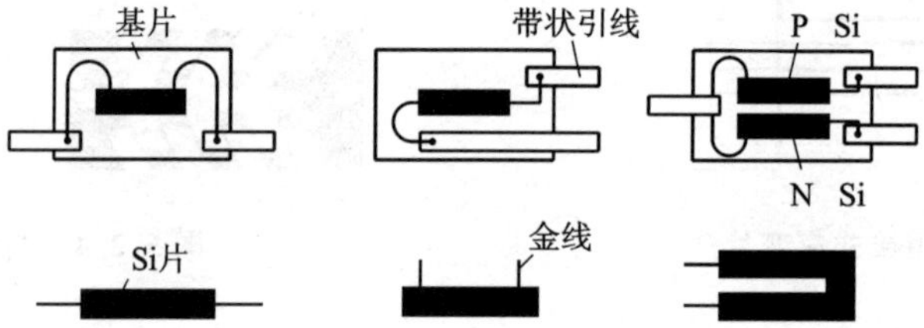


图5.2.5 半导体应变片

## 5.2.4 电阻应变片的材料

1. 敏感栅材料

对制造敏感栅的材料主要有下列要求:

① 灵敏系数 $K_0$ 和电阻率 $\rho$ 尽可能高而稳定,且 $K_0$ 在很大范围内为常数,亦即电阻变化

率 $\Delta R/R$ 与机械应变 $\varepsilon$ 之间应在较宽范围内具有良好的线性关系。

② 电阻温度系数小，电阻-温度间的线性关系和重复性好，与其他金属之间的接触热电势小。

③ 机械强度高，压延及焊接性能好，抗氧化、抗腐蚀能力强，机械滞后微小。

④ 便于制作，价格便宜。

常用敏感栅材料有康钢、镍铬、铁铬铝、铁镍铬和贵金属等合金。康铜是用得最广泛的应变片材料。它有许多优点：一是上述要求都能满足，其 $K_0$ 值不但在弹性变形范围内保持常值，在微量塑变形范围内也基本上保持常值，所以康铜丝应变片的测量范围大。二是康铜的电阻温度系数足够小，而且稳定，因而测量时的温度误差小。此外，它还能通过改变合金比例，进行冷作加工或不同的热处理来控制其电阻温度系数，使之能在从负值到正值的很大范围内变化，因而可做成温度自补偿应变片。三是康铜的电阻率 $\rho$ 值也足够大，便于制造适当的阻值和几何参数的应变片，且它的加工性好，容易拉丝，易于焊接，因而国内外应变丝材料均以康铜丝为主。

与康铜相比，镍铬合金的电阻率高，抗氧化能力较好，使用温度较高。其最大的缺点是电阻温度系数大，因此主要用于温度变化较小的测量过程中。

镍铬铝合金也是一种性能良好的应变丝材料。其电阻率高，电阻温度系数低，$K_0$ 在 2.8 左右。其重要特点是抗氧化能力比镍铬合金更高，静态测量时使用温度可达 700 ℃，因此，宜做成高温应变片。其最大缺点是电阻温度特性的线性度差。

贵金属及其合金的特点是具有很强的抗氧化能力，电阻温度特性的线性度好，宜做成高温应变片，但其电阻温度系数特大，且价格贵。

各种常用材料性能列于表 5.2.1 中。

**表 5.2.1　常用敏感栅材料的一些性能**

| 材料类型 | 牌号、成分 | 电阻率 $\rho$ $10^6/(\Omega\cdot m)$ | 电阻温度系数 $\alpha\cdot 10^6/℃^{-1}$ | 灵敏系数 $K_0$ | 线膨胀系数 $\beta\cdot 10^6/℃^{-1}$ | 对铜热电势 $E/(\mu V\cdot ℃^{-1})$ | 最高使用温度 $t$/℃ | 备　注 |
|---|---|---|---|---|---|---|---|---|
| 铜镍合金 | 康铜 Ni45 Cu55 | 0.44～0.54 | ±20 | 2.0 | 15 | 43 | 250(静态)<br>400(动态) | |
| 镍铬合金 | Cr20 Ni80 | 1.0～1.1 | 110～130 | 2.1～2.3 | 14 | 3.8 | 400(静态)<br>800(动态) | |
| | 6J22(Ni74 Cr20 Al3 Fe3) | 1.24～1.42 | ±20 | 2.4～2.6 | 13.3 | 3 | | |
| | 6J23(Ni75 Cr20 Al3 Cu2) | 1.24～1.42 | ±20 | 2.4～2.6 | 13.3 | 3 | | |
| 镍铬铁合金 | 恒弹性合金<br>(Ni36 Cr8 Mo0.5,其余 Fe) | 1.0 | 175 | 3.2 | 7.2 | | 230(动态) | 用于动态应变测量 |
| 铁铬铝合金 | Cr26 Al5 V2.6 Ti0.2<br>Y0.3,其余 Fe | 1.5 | −7 | 2.6 | 11 | | 800(静态)<br>1 000(动态) | |
| 铂及铂合金 | 铂(Pt) | 0.10 | 3 900 | 4.8 | 9 | | 1 000(静态) | 用于补偿栅 |
| | 铂铱(Pt80 Ir20) | 0.35 | 590 | 4.0 | 13 | | 700(静态) | |
| | 铂钨(W8.5,其余 Pt) | 0.74 | 192 | 3.2 | 9 | | 800(静态)<br>1 000(动态) | |
| | 铂钨(W9.5,其余 Pt) | 0.76 | 139 | 3.0 | 9 | | 700(静态)<br>1 000(动态) | |
| | 铂钨铼镍铬 | 0.75 | 174 | 3.2 | 9 | | 700(静态)<br>1 000(动态) | |

2. 应变片基底材料

表5.2.2列出了一些常用的粘合剂和使用条件。

**表 5.2.2 常用粘合剂的性能**

| 类 型 | 主要成分 | 牌 号 | 适于粘合的基底材料 | 最低固化条件 | 固化压力/kPa | 使用温度/℃ | 特 点 |
|---|---|---|---|---|---|---|---|
| 硝化纤维素粘合剂 | 硝化纤维素(或乙基硝化纤维素)溶剂 | 万能胶 | 纸 | 室温,10 h或60 ℃,2 h | 5~10 | −50~80 | 防潮性差。用它制造和粘合应变片蠕变大,绝缘电阻低,常用在精度要求不高的常温应变测量中 |
| 氰基丙烯酸粘合剂 | 氰基丙烯酸酯 | 501<br>502 | 纸、胶膜、玻璃纤维布 | 室温,1 h | 粘贴时指压 | −100~80 | 常温下几分钟内固化。固化时收缩小,应变片蠕变、零漂小,耐油性好。防潮和耐温差。须密封且在10 ℃以下保存,室温下储存期约为半年 |
| 聚酯树脂粘合剂 | 不饱和聚酯树脂、过氧化环乙酮、萘酸钴干料 | | 胶膜、玻璃纤维布 | 室温,24 h | 3~5 | −50~150 | 常温下固化,粘合力好,耐水、耐油、耐稀酸,抗冲击性能优良。须在使用前调和配制 |
| 环氧树脂类粘合剂 | 环氧树脂、聚硫酚酮胺固化剂 | 914 | | 室温,2.5 h | 粘贴时指压 | −60~80 | 粘合强度高,能粘合各种金属与非金属材料,固化收缩率小,蠕变滞后小,耐水、耐油、耐化学药品,绝缘性好。914,509须在使用前调和配制 |
| | 酚醛环氧、无机填料、固化剂 | 509 | | 200 ℃,2 h | 粘贴时指压 | −100~250 | |
| | 环氧树脂、酚醛树脂、甲苯二酚、石棉粉等 | J06-2 | | 150 ℃,3 h | 20 | −196~250 | |
| 酚醛树脂类粘合剂 | 酚醛树脂、聚乙烯醇缩丁醛 | JSF-2 | | 150 ℃,1 h | 10~20 | −60~150 | 需要较高的固化温度和压力。为避免固化后产生大的蠕变、零漂,须进行事后固化处理以消除残余应力;粘合强度高,耐热性好,耐水、耐化学药品和耐疲劳性能好 |
| | 酚醛树脂、聚乙烯醇缩甲乙醛 | 1 720 | | 190 ℃,3 h | — | −60~100 | |
| | 酚醛树脂、有机硅 | J-12 | | 200 ℃,3 h | — | −60~350 | |
| 聚酰亚胺粘合剂 | 聚酰亚胺 | 30-14 | | 280 ℃,2 h | 10~30 | −150~250 | 耐热、耐水、耐酸、耐溶剂,抗辐射,绝缘性能好,应变极限高;但固化温度较高 |
| 磷酸盐粘合剂 | 磷酸二氢铝无机填料 | GJ-14<br>LN-3 | 金属薄片,临时基底 | 400 ℃,1 h | — | 550 | 用于高温应变测量,粘合强度高,绝缘性好,可用于动、静态应变测量;但对敏感栅有腐蚀性 |
| | | P10-6 | | 400 ℃,3 h | | 700 | |
| 氧化物喷漆 | 三氧化二铝 | | 金属薄片,临时基底 | | | 800 | 高温喷涂后,不需要固化处理,可用于800 ℃高温下的动、静态应变测量 |

应变片基底材料(粘合剂)是电阻应变片制造和应用中的一个重要组成部分,有纸和聚合

物两大类。纸基已逐渐被各方面性能更好的有机聚合物(胶基)所取代。胶基是由环氧树脂、酚醛树脂和聚酰亚胺等制成的胶膜,厚约 0.03～0.06 mm。

对粘合剂材料的性能有以下一些要求:

① 机械强度好,挠性好,即弹性模量要大;

② 粘合力强,固化内应力小(固化收缩小且膨胀系数要与试件的相接近等);

③ 电绝缘性能好;

④ 耐老化性好,对温度、湿度、化学药品或特殊介质的稳定性要好;用于长期动态应变测量时,还应有良好的耐疲劳性能;

⑤ 蠕变小,滞后现象弱;

⑥ 对被粘结的材料不起腐蚀作用;

⑦ 对使用者没有毒害或毒害小;

⑧ 有较大的使用温度范围。

事实上,实用中很难找到一种粘合剂能同时满足上述全部要求,因为有些要求是相互矛盾的,例如抗剪切强度高的,固化收缩率就大,耐疲劳性能较差。在高温下使用的粘合剂,固化程序和粘贴操作就比较复杂。由此可见,只能根据不同试验条件,针对主要性能要求选用适当的粘合剂。

3. 引线材料

康铜丝敏感栅应变片的引线常采用直径为 0.15～0.18 mm 的银铜丝;其他类型敏感栅,多采用铬镍、铁铬铝金属丝引线。引线与敏感栅点焊相连接。

### 5.2.5　应变片的主要参数

要正确选用电阻应变片,必须了解下面影响其工作特性的一些主要参数。

1. 应变片电阻值($R_0$)

这是应变片在未使用和不受力的情况下,在室温条件下测定的电阻值,也称原始阻值。应变片电阻值已趋于标准化,有 60 Ω,120 Ω,350 Ω,600 Ω 和 1 000 Ω 等多种阻值。其中,120 Ω 最常用。应变片的电阻值大,可以加大应变片承受的电压,从而可以提高输出信号,但一般情况下其相应的敏感栅的几何参数也要随之增大。

2. 绝缘电阻

这是敏感栅与基底之间的电阻值,一般应大于 $10^{10}$ Ω。

3. 灵敏系数($K$)

当应变片应用于试件表面时,在其轴线方向的单向应力作用下,应变片的电阻值相对变化与试件表面上粘贴应变片区域的轴向应变之比,称为应变片的应变灵敏系数。$K$ 值的准确性直接影响测量精度,其误差大小是衡量应变片质量优劣的主要标志。要求 $K$ 值尽量大且稳定。对于金属丝做成的电阻应变片,其电阻应变特性与金属单丝时是不同的,因此,必须重新用实验来测定它。测定时规定,将电阻应变片贴在一维应力作用下的试件上,这在 5.2.1 节已做过详细介绍。

4. 机械滞后

这是指粘贴的应变片在一定温度下受到增(加载)、减(卸载)循环机械应变时,同一应变量下应变指示值的最大差值。

产生机械滞后的主要原因是由于敏感栅基底和粘合剂在承受机械应变之后留下的残余变形。机械滞后的大小与应变片所承受的应变量有关,加载时的应变量大,卸载过程中应变量较小;第一次承受应变载荷时常常发生较大的机械滞后,经过几次加、卸载循环之后,机械滞后便明显减少。通常,在正式使用之前都预先加、卸载若干次,以减少机械滞后对测量结果的影响。

5. 允许电流

这是指应变片不因电流产生的热量而影响测量精度所允许通过的最大电流。它与应变片本身、试件、粘合剂和使用环境等有关,要根据应变片的阻值和具体电路来计算。为了保证测量精度,在静态测量时,允许电流一般为 25 mA;在动态测量时,可达 75～100 mA。通常箔式应变片的允许电流较大。

6. 应变极限

应变片的应变极限是指在一定温度下,指示应变值与真实应变的相对差值不超过规定值(一般为 10 %)时的最大真实应变值。也就是说,当指示应变值大于真实应变的 10 %时的真实应变值,即为应变片的应变极限。

7. 零漂和蠕变

对于已粘贴好的应变片,在一定温度下不承受机械应变时,其指示应变值随时间变化的特性称为该应变片的零漂。

如果在一定温度下使应变片承受一恒定的机械应变,则这时指示应变值随时间而变化的特性,称为应变片的蠕变。

可以看出,这两项指标都是用来衡量应变片特性对时间的稳定性的,对于长时间测量的应变片才有意义。实际上,无论是标定或用于测量,蠕变值中即已包含零漂,因为零漂是不加载的情况,是加载情况的特例。

应变片在制造过程中产生的残余内应力,丝材、粘合剂及基底在温度和载荷作用情况下内部结构的变化,是造成应变片零漂和蠕变的主要因素。

# 5.3 应变片的动态响应特性

当使用电阻应变片测量变化频率较高的动态应变时,要考虑其动态响应特性。实验表明,在动态测量时,机械应变以相同于声波速度的应变波形式在材料中传播。应变波由试件材料表面经粘合剂、基底到敏感栅,需要一定时间。前两者都很薄,可以忽略不计;但当应变波在敏感栅长度方向上传播时,就会有时间的滞后,对动态(高频)应变测量就会产生误差。应变片的动态响应特性就是其感受随时间变化的应变时的响应特性。

## 5.3.1 应变波的传播过程

应变以波的形式从试件(弹性元件)材料经基底、粘合剂,最后传播到敏感栅,各个环节的情况不尽相同。下面分别讨论。

1. 应变波在试件材料中的传播

应变波在弹性材料中传播时,其速度(m/s)为

$$v=\sqrt{\frac{E}{\rho}} \tag{5.3.1}$$

式中　$E$——试件材料的纵向弹性模量(Pa)；

$\rho$——试件材料的密度($kg/m^3$)。

表 5.3.1 列出了应变波在有关材料中的传播速度。

**表 5.3.1　应变波在有关材料中的传播速度**

| 材料名称 | 传播速度 $v/(m \cdot s^{-1})$ | 材料名称 | 传播速度 $v/(m \cdot s^{-1})$ |
|---|---|---|---|
| 混凝土 | 2 800～4 100 | 石膏 | 3 200～5 000 |
| 水泥砂浆 | 3 000～3 500 | 有机玻璃 | 1 500～1 900 |
| 钢 | 4 500～5 100 | 赛璐珞 | 850～1 400 |
| 铝合金 | 5 100 | 环氧树脂 | 700～1 450 |
| 镁合金 | 5 100 | 环氧树脂合成物 | 500～1 500 |
| 铜合金 | 3 400～3 800 | 电木 | 1 500～1 700 |
| 钛合金 | 4 700～4 900 | 钢结构物 | 5 000～5 100 |

2. 应变波在粘合剂和基底中的传播

应变波由试件材料表面经粘合剂、基底到敏感栅，需要的时间非常短。如应变波在粘合剂中的传播速度为 1 000 m/s，当粘合剂和基底的总厚度为 0.05 mm 时，则所需要的时间为 $5\times10^{-8}$ s，因此可以忽略不计。

3. 应变波在应变片敏感栅长度内的传播

当应变波在敏感栅长度方向上传播时，情况与前两者大不一样。应变片反映出来的应变波形，是应变片丝栅长度内所感受应变量的平均值，即只有当应变波通过应变片全部长度后，应变片所反映的波形才能达到最大值。这就会有一定的时间延迟，将对动态测量产生影响。

## 5.3.2　应变片工作频率范围的估算

由上节分析可知，影响应变片频率响应特性的主要因素是应变片的基长。应变片的可测频率或称截止频率可分下面两种情况来分析。

1. 正弦应变波

应变片对正弦应变波的响应特性如图 5.3.1 所示。

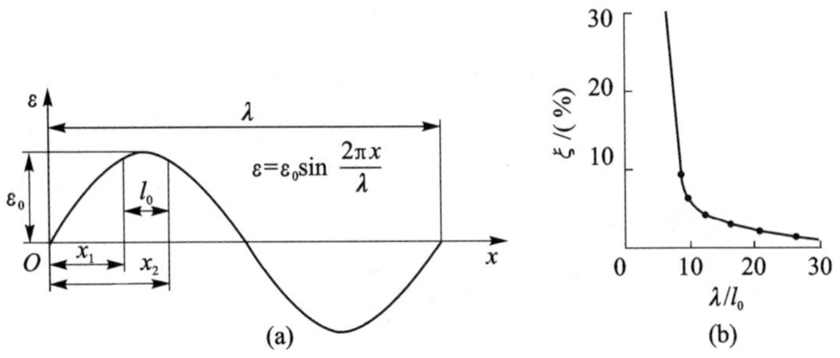


**图 5.3.1　应变片对正弦应变波响应特性和误差曲线**

应变片反映的应变波形是应变片线栅长度内所感受应变量的平均值,因此应变片所反映的波幅将低于真实应变波,这就造成一定误差;应变片的基长增大,该误差也增大。图 5.3.1(a)表示应变片正处于应变波达到最大幅值时的瞬时情况。

假设应变波的波长为 $\lambda$,应变片的基长为 $l_0$,则应变波达到最大幅值时其两端坐标应为

$$x_1 = \frac{\lambda}{4} - \frac{l_0}{2}$$

$$x_2 = \frac{\lambda}{4} + \frac{l_0}{2}$$

借助于上述关系,应变片在其基长 $l_0$ 内测得的平均应变 $\varepsilon_{av}$ 的最大值为

$$\varepsilon_{av} = \frac{\int_{x_1}^{x_2} \varepsilon_0 \sin \frac{2\pi}{\lambda} x \, dx}{x_2 - x_1} = \frac{\lambda \varepsilon_0}{\pi l_0} \sin \frac{\pi l_0}{\lambda} \tag{5.3.2}$$

故应变波幅的测量误差为

$$\xi = \left| \frac{\varepsilon_{av} - \varepsilon_0}{\varepsilon_0} \right| = \left| \frac{\lambda}{\pi l_0} \sin \frac{\pi l_0}{\lambda} - 1 \right| \tag{5.3.3}$$

由式(5.3.3)可知:测量误差与应变波长对基长的相对比值 $\lambda/l_0$ 有关(参见图 5.3.1(b))。$\lambda/l_0$ 愈大,误差愈小,一般可取 $\lambda/l_0=10\sim20$。在这种情况下,其相对误差为 1.6 %~0.4 %。

考虑到 $\lambda=v/f$,$\lambda=nl_0$,故有

$$f = \frac{v}{nl_0} \tag{5.3.4}$$

式中 $f$——应变片的可测频率(Hz);

$v$——应变波的传播速度(m/s);

$n$——应变波长对基长片的相对比值。

对于应变波速度为 $v$=5 000 m/s 的钢材,当取 $n$=20 时,利用式(5.3.4)可算得不同基长的应变片的最高工作频率,如表 5.3.2 所列。

**表 5.3.2 不同基长应变片的最高工作频率($v$=5 000 m/s)**

| 应变片基长 $l_0$/mm | 1 | 2 | 3 | 5 | 10 | 15 | 20 |
|---|---|---|---|---|---|---|---|
| 最高工作频率 $f$/kHz | 250 | 125 | 83.33 | 50 | 25 | 16.67 | 12.5 |

2. 阶跃应变波

阶跃应变波的情况如图 5.3.2 所示。图中(a)为阶跃波形,(b)为上升时间滞后示意,(c)为应变片响应波形。由于应变片所反映的变形有一定的时间延迟才能达到最大值,所以,应变片的理论与实际输出波形如图所示。以输出从稳态值的 10 %上升到稳态值的 90 %的这段时间作为上升时间 $t_r$(s),则有如下估算式:

$$t_r = \frac{0.8 l_0}{v} \tag{5.3.5}$$

应变片的可测频率(Hz)为

$$f = \frac{0.35v}{0.8l_0} \approx 0.438 \frac{v}{l_0} \tag{5.3.6}$$

考虑到基片粘贴的影响,实际可用的最高工作频率要低于上述理论计算的值。

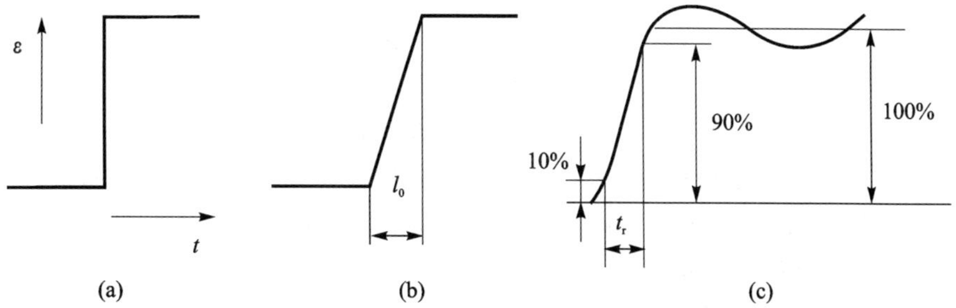


图 5.3.2　应变片对阶跃应变波的响应特性

# 5.4　应变片的温度误差及其补偿

## 5.4.1　温度误差产生的原因

作为电阻应变片,在测量时希望其电阻值只随应变而变,而不受其他因素影响。但实际上,应变片的电阻变化受温度影响很大。当把应变片安装在一个可以自由膨胀的试件上时,使试件不受任何外力的作用;如果环境温度发生变化,则应变片的电阻也随之发生变化。在应变测量中如果不排除这种影响,则势必给测量带来很大误差。这种由于环境温度带来的误差称为应变片的温度误差,又称热输出。

下面讨论造成电阻应变片温度误差的主要原因。

① 电阻自身的热效应,即敏感栅金属丝电阻随温度产生的变化。电阻与温度的关系可以写为

$$R_t = R_0(1+\alpha\Delta t) = R_0 + \Delta R_{t\alpha} \tag{5.4.1}$$

$$\Delta R_{t\alpha} = R_0\alpha\Delta t \tag{5.4.2}$$

式中　$R_t$——温度 $t$ 时的电阻值(Ω);

$R_0$——温度 $t_0$ 时的电阻值(Ω);

$\Delta t$——温度的变化值(℃);

$\Delta R_{t\alpha}$——温度改变 $\Delta t$ 时的电阻变化值(Ω);

$\alpha$——应变丝的电阻温度系数,表示单位温度变化引起的电阻相对变化(1/℃)。

② 试件与应变丝的材料线膨胀系数不一致,使应变丝产生附加变形,从而造成电阻变化,如图 5.4.1所示。

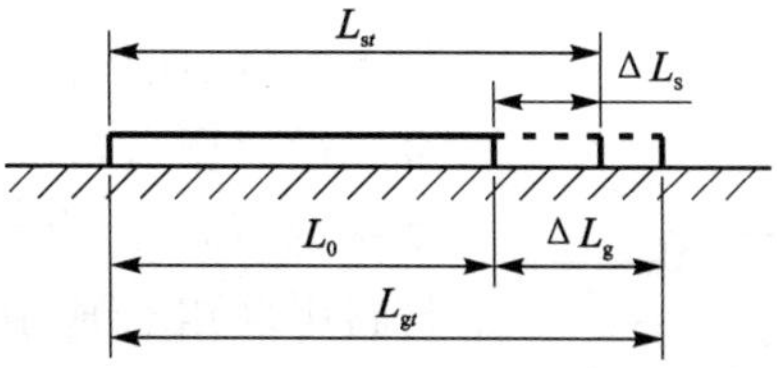


图 5.4.1　线膨胀系数不一致引起的温度误差

若电阻应变片上的电阻丝的初始长度为 $L_0$,当温度改变 $\Delta t$ 时,应变丝受热膨胀至 $L_{st}$,而

应变丝下的试件相应地由 $L_0$ 伸长到 $L_{gt}$，则有

$$L_{st} = L_0(1 + \beta_s \Delta t) \tag{5.4.3}$$

$$\Delta L_s = L_{st} - L_0 = L_0 \beta_s \Delta t \tag{5.4.4}$$

$$L_{gt} = L_0(1 + \beta_g \Delta t) \tag{5.4.5}$$

$$\Delta L_g = L_{gt} - L_0 = L_0 \beta_g \Delta t \tag{5.4.6}$$

式中　$\beta_s$——应变丝的线膨胀系数(1/℃)，表示单位温度引起的相对长度变化；

$\beta_g$——试件的线膨胀系数(1/℃)，表示单位温度引起的相对长度变化；

$\Delta L_s$——应变丝的膨胀量(m)；

$\Delta L_g$——试件的膨胀量(m)。

当 $\Delta L_s \neq \Delta L_g$ 时，试件将应变丝从“$L_{st}$”拉伸至“$L_{gt}$”，从而使应变丝产生了附加的变形，即

$$\Delta L_\beta = \Delta L_g - \Delta L_s = (\beta_g - \beta_s)\Delta t L_0 \tag{5.4.7}$$

于是引起了附加应变，即

$$\varepsilon_\beta = \frac{\Delta L_\beta}{L_{st}} = \frac{(\beta_g - \beta_s)\Delta t L_0}{L_0(1 + \beta_s \Delta t)} \approx (\beta_g - \beta_s)\Delta t \tag{5.4.8}$$

相应引起的电阻变化量(基于应变效应)为

$$\Delta R_{t\beta} = R_0 K \varepsilon_\beta = R_0 K(\beta_g - \beta_s)\Delta t \tag{5.4.9}$$

即总的电阻变化量及相对变化量为

$$\Delta R_t = \Delta R_{t\alpha} + \Delta R_{t\beta} = R_0 \alpha \Delta t + R_0 K(\beta_g - \beta_s)\Delta t \tag{5.4.10}$$

$$\frac{\Delta R_t}{R_0} = \alpha \Delta t + K(\beta_g - \beta_s)\Delta t \tag{5.4.11}$$

折合成相应的应变量为

$$\varepsilon_t = \frac{\left(\dfrac{\Delta R_t}{R_0}\right)}{K} = \left[\frac{\alpha}{K} + (\beta_g - \beta_s)\right]\Delta t \tag{5.4.12}$$

式(5.4.12)即为温度变化引起的附加电阻变化所带来的附加应变变化。它与 $\Delta t,\alpha,K,\beta_s,\beta_g$ 等有关，当然也与粘合剂等有关。

## 5.4.2　温度误差的补偿方法

1. 自补偿法

利用式(5.4.11)可以得到

$$\alpha + K(\beta_g - \beta_s) = 0 \tag{5.4.13}$$

因此，合理选择应变片和使用试件就能使温度引起的附加应变为零。这种方法的最大不足是：一种确定的应变片只能用于一种确定材料的试件上，局限性很大。图5.4.2给出了一种采用双金属敏感栅自补偿片的改进方案。它利用电阻温度系数不同(一个为正，一个为负)的两种电阻丝材料串联组合成敏感栅。这两段敏感栅的电阻 $R_1$ 和 $R_2$ 由于温度变化而引起的电阻变化分别为 $\Delta R_{1t}$ 和 $\Delta R_{2t}$，它们的大小相等，符号相反，达到了温度补偿的目的。这种方案的补偿效果较上一种好。

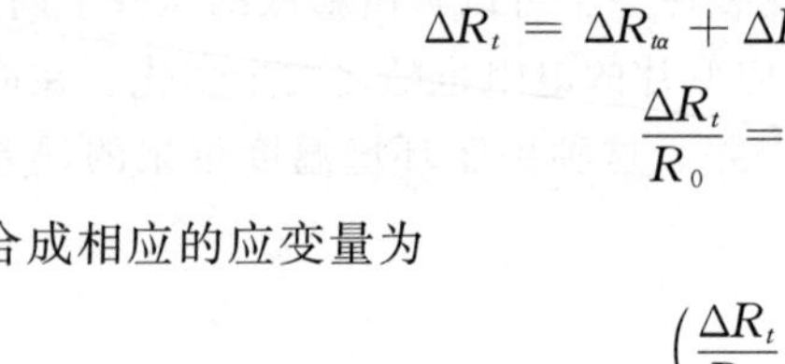


图5.4.2　双金属敏感栅自补偿应变片

此外，还有一种如图5.4.3所示的自补偿方案。这种应变片在结构上与双金属自补偿应变片相同，但敏感栅是由同符号电阻温度系数的两种合金丝串联而成，而且敏感栅的两部分电阻 $R_1$ 和 $R_2$ 分别接入电桥的相邻两臂上。$R_1$ 是工作臂，$R_2$ 与外接串联电阻 $R_B$ 组成补偿臂，另两臂接入平衡电阻 $R_3$，$R_4$。适当调节它们的比值和外接电阻 $R_B$ 的阻值，可以使两桥臂由于温度变化而引起的电阻变化相等或接近，达到热补偿的目的，即满足

$$\frac{\Delta R_{1t}}{R_1}=\frac{\Delta R_{2t}}{R_2+R_B} \tag{5.4.14}$$

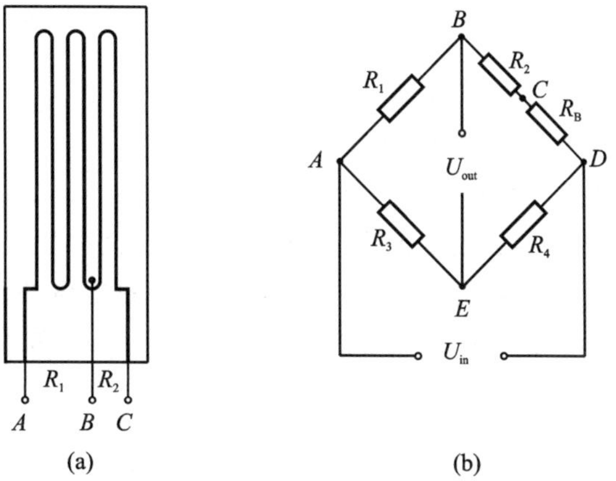


**图5.4.3　温度自补偿应变片**

这种补偿法的最大优点是通过调整 $R_B$ 的阻值，不仅可使热补偿达到最佳效果，而且还适用于不同的线膨胀系数的测试件；缺点是对 $R_B$ 的精度要求高，而且，当有应变时，补偿栅同样起着抵消工作栅有效应变的作用，使应变片输出的灵敏度降低。因此，补偿栅材料通常选用电阻温度系数 $\alpha$ 大而电阻率低的铂或铂合金，只要较小的铂电阻就能做到温度补偿，同时使应变片的灵敏系数损失少一些。应变片必须使用电阻率大、电阻温度系数小的材料。这类应变片可以在不同膨胀系数材料的试件上实现温度自补偿，所以比较通用。

2. 电路补偿法

选用两个应变片，它们处于相同的温度场，但受力状态不同。$R_1$ 处于受力状态，称为工作应变片；$R_B$ 不受力，称为补偿应变片，如图5.4.4所示。$R_1$ 和 $R_B$ 分别为电桥的相邻两臂。温度变化时，工作应变片 $R_1$ 与补偿应变片 $R_B$ 的电阻都发生变化。由于它们是同类应变片，粘贴在相同的材料上，又处于相同的温度场，所以温度变化引起的电阻变化量是相同的。而当试件受到外力，产生应变后，工作应变片 $R_1$ 会有变化，补偿应变片 $R_B$ 的电阻不会发生变化。因此电桥的输出对温度不敏感，而对应变很敏感，从而起到温度补偿的作用。这种方法的主要不足是：在温度变化梯度较大时，很难做到使工作片与补偿应变片处于完全一致的状态，因而影响补偿效果。

上述方法进一步改进就形成了一种理想的差动方式，如图5.4.5所示。两个(组)应变片 $R_1(R_4)$ 和 $R_2(R_3)$ 完全相同，处于相同的温度场，但处于互为相反的受力状态。当 $R_1(R_4)$ 受拉伸时，$R_2(R_3)$ 受压缩；反之亦然。于是，应变片(组) $R_1(R_4)$ 和 $R_2(R_3)$，一个(组)电阻增加，一个(组)电阻减小；同时，由于它们处于相同的温度场，因温度变化带来的电阻变化是相同的。因此，当把它们接入电桥的相邻两臂时，可以很好地补偿温度误差，同时还可以提高测量灵敏

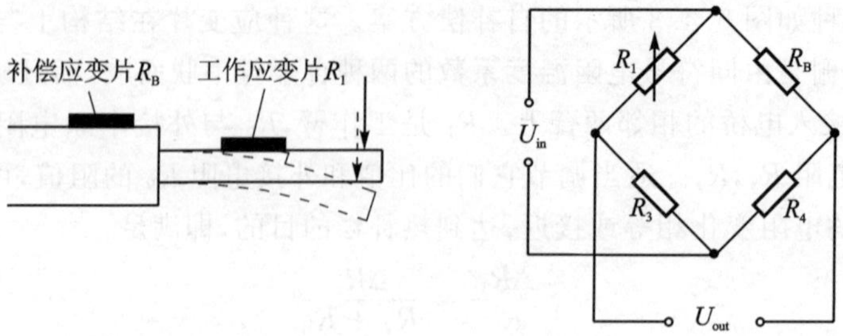


(a) (b)

**图5.4.4 电路补偿法**

度,减小测量误差。5.5.4节给出了针对模型的讨论。

还有一种热敏电阻补偿法,如图5.4.6所示。热敏电阻 $R_t$ 处在与应变片相同的温度条件下。温度升高时,如果应变片的灵敏度下降,使电桥的输出减小;与此同时,具有负温度系数的热敏电阻 $R_t$ 的阻值也下降。于是电桥的输入电压增加,导致电桥的输出增大,补偿了由于应变片受温度影响引起的输出电压的下降。此外,选择分流电阻 $R_5$ 的阻值,可以得到良好的补偿效果。

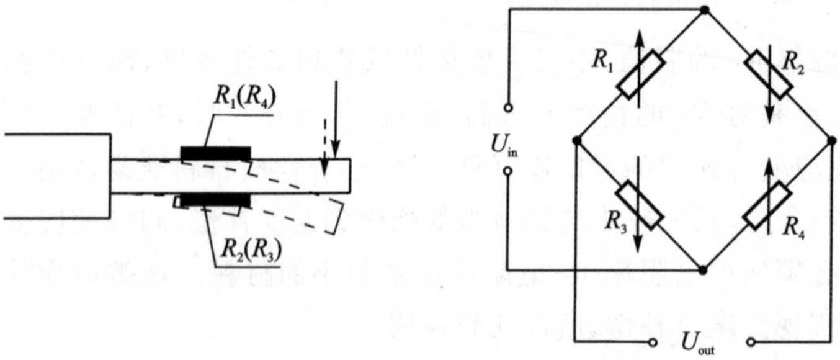


(a) (b)

**图5.4.5 差动应变片补偿法**

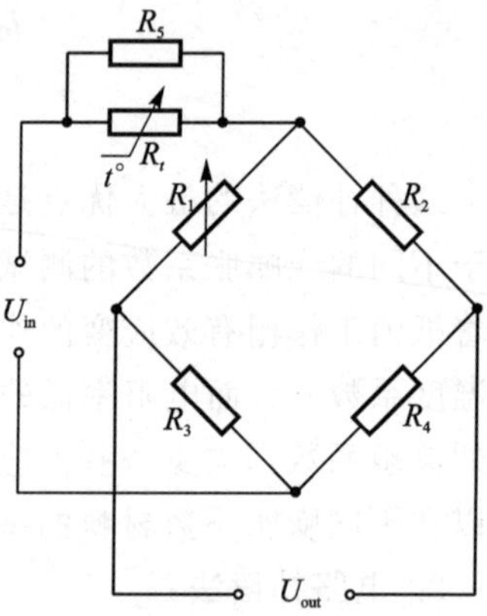


**图5.4.6 热敏电阻补偿法**

# 5.5 电桥原理

利用应变片可以感受由被测量产生的应变,并得到电阻的相对变化。通常可以通过电桥(bridge circuit)将电阻的变化转变成电压或电流的变化。图5.5.1给出了常用的全桥电路,$U_{in}$为工作电压,$R_1$ 为受感应变片,其余 $R_2$,$R_3$,$R_4$ 为常值电阻。为便于讨论,假设电桥的输入电源内阻为零,输出为空载。

## 5.5.1 电桥的平衡

基于上面的假设,电桥的输出电压为

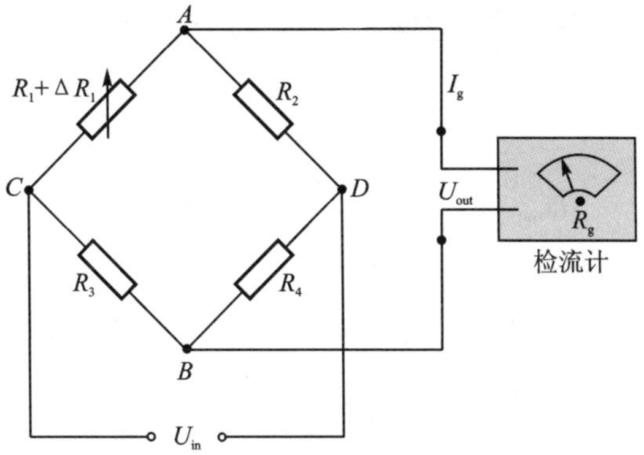


**图 5.5.1　单臂受感全桥电路**

$$U_{out}=\left(\frac{R_1}{R_1+R_2}-\frac{R_3}{R_3+R_4}\right)U_{in}=\frac{R_1R_4-R_2R_3}{(R_1+R_2)(R_3+R_4)}U_{in} \tag{5.5.1}$$

电桥平衡就是指电桥的输出电压 $U_{out}$ 为零的情况。当在电桥的输出端接有检流计时，流过检流计的电流为零，即平衡电桥应满足

$$\frac{R_1}{R_2}=\frac{R_3}{R_4} \tag{5.5.2}$$

在上述电桥中，只有 $R_1$ 为受感应变片，即单臂受感。当被测量变化引起应变片的电阻产生 $\Delta R_1$ 的变化时，上述平衡关系被破坏，检流计有电流通过。为建立新的平衡关系，可以调节其桥臂的电阻值。若调节 $R_2$ 使之有增量 $\Delta R_2$，得到

$$\frac{R_1+\Delta R_1}{R_2+\Delta R_2}=\frac{R_3}{R_4} \tag{5.5.3}$$

则电桥达到新的平衡。结合式(5.5.2)和式(5.5.3)，有

$$\Delta R_1=\frac{R_3}{R_4}\Delta R_2 \tag{5.5.4}$$

可见，当 $R_3$ 和 $R_4$ 恒定时，$\Delta R_2$ 即可以表示 $\Delta R_1$ 的大小；如果改变 $R_3$ 和 $R_4$ 的比值，就可以改变 $\Delta R_1$ 的测量范围。称电阻 $R_2$ 为调节臂，可以用它来刻度被测应变量。

平衡电桥在测量静态或缓变应变时比较理想，由于检流计对通过它的电流非常灵敏，所以测量的分辨率和精度较高。此外，测量过程不直接受电桥工作电压波动的影响，故有较强的抗干扰能力。但当被测量变化较快时，调节 $R_2$ 的过程跟不上应变片电阻 $R_1$ 的变化过程，从而就会引起较大的动态测量误差，这时就必须采用不平衡电桥。

## 5.5.2　电桥的不平衡输出

电桥中只有 $R_1$ 为应变片，其余为常值电阻。假设被测量为零时，应变片的电阻值为 $R_1$，电桥应处于平衡状态，即满足式(5.5.2)。当被测量变化引起应变片的电阻 $R_1$ 产生 $\Delta R_1$ 的变化时，电桥将产生不平衡输出，即

$$U_{out}=\left(\frac{R_1+\Delta R_1}{R_1+R_2+\Delta R_1}-\frac{R_3}{R_3+R_4}\right)U_{in}=\frac{\dfrac{R_4}{R_3}\dfrac{\Delta R_1}{R_1}U_{in}}{\left(1+\dfrac{R_2}{R_1}+\dfrac{\Delta R_1}{R_1}\right)\left(1+\dfrac{R_4}{R_3}\right)} \tag{5.5.5}$$

引入电桥的桥臂比 $n=\frac{R_2}{R_1}=\frac{R_4}{R_3}$,忽略式(5.5.5)分母中的小量$\frac{\Delta R_1}{R_1}$项,输出电压 $U_{out}$ 与$\frac{\Delta R_1}{R_1}$成正比,则有

$$U_{out} \approx \frac{n}{(1+n)^2}\frac{\Delta R_1}{R_1}U_{in} \stackrel{\text{def}}{=\!=} U_{out0} \tag{5.5.6}$$

式中 $U_{out0}$——$U_{out}$的线性描述(V)。

定义应变片单位电阻变化量引起的输出电压变化量为电桥的电压灵敏度,即

$$K_U = \frac{U_{out0}}{\frac{\Delta R_1}{R_1}} = \frac{n}{(1+n)^2}U_{in} \tag{5.5.7}$$

电桥的电压灵敏度 $K_U$ 与电桥的桥臂比和工作电压相关。$K_U$ 增加,说明相同的电阻相对变化引起的电桥输出电压大。利用 $\mathrm{d}K_U/\mathrm{d}n=0$ 可得:$n=1$,即在 $R_1=R_2$,$R_3=R_4$ 的对称条件下(实际应用就是 $R_1=R_2=R_3=R_4$ 的完全对称条件),电压的灵敏度达到最大。

$$(K_U)_{max} = \frac{1}{4}U_{in} \tag{5.5.8}$$

显然,提高 $K_U$ 的措施如下:

① $n=1$;

② 提高工作电压 $U_{in}$。

## 5.5.3 电桥的非线性误差

基于上述分析,单臂受感电桥由于非线性引起的相对误差为

$$\xi_L = \frac{U_{out}-U_{out0}}{U_{out0}} = \frac{\frac{1}{1+\frac{R_2}{R_1}+\frac{\Delta R_1}{R_1}}-\frac{1}{1+\frac{R_2}{R_1}}}{\frac{1}{1+\frac{R_2}{R_1}}} = \frac{-\Delta R_1}{R_1+R_2+\Delta R_1} \tag{5.5.9}$$

考虑对称电桥:$R_1=R_2$,$R_3=R_4$;忽略式(5.5.9)分母中的小量 $\Delta R_1/R_1$,可得

$$\xi_L \approx -\frac{\Delta R_1}{2R_1} \tag{5.5.10}$$

对于一般的应变片,所受应变在 $1\times10^{-3}$ 以下,故当应变片的应变灵敏系数 $K=2$ 时,$\Delta R_1/R_1=K\varepsilon=0.002$(取 $\varepsilon=1\times10^{-3}$),非线性误差大约为 0.1 %。如果对于半导体应变片,$K=125$,$\Delta R_1/R_1=K\varepsilon=0.025$(取 $\varepsilon=0.2\times10^{-3}$),非线性误差达到 1.23 %(由式(5.5.9)计算),相当大。这时必须要采取措施来减少非线性误差。

通常采用以下两种方法来减少非线性误差。

1. 差动电桥

基于被测试件的应用情况,在电桥相邻的两臂接入相同的电阻应变片,一片受拉伸,一片受压缩,如图 5.5.2(a)所示,并参见图 5.4.5。这时电桥输出电压为

$$U_{out} = \left(\frac{R_1+\Delta R_1}{R_1+\Delta R_1+R_2-\Delta R_2} - \frac{R_3}{R_3+R_4}\right)U_{in} \tag{5.5.11}$$

考虑一特例,$n=1$,$\Delta R_1=\Delta R_2$,则

$$U_{out} = \frac{U_{in}}{2}\frac{\Delta R_1}{R_1} \tag{5.5.12}$$

$$K_U = \frac{1}{2}U_{in} \tag{5.5.13}$$

不仅从原理上消除了非线性误差，而且还提高了电桥的电压灵敏度；进一步，采用四臂受感差动电桥，如图 5.5.2(b)所示，当四个应变电阻完全相同且变量也相同时

$$U_{out} = U_{in}\frac{\Delta R_1}{R_1} \tag{5.5.14}$$

$$K_U = U_{in} \tag{5.5.15}$$

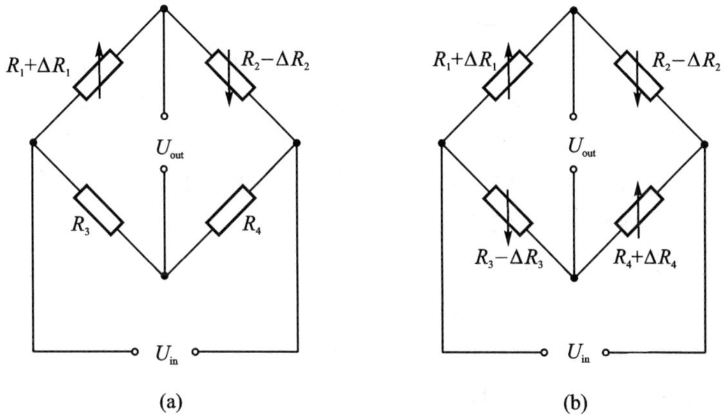


**图 5.5.2　差动电桥输出电压**

2. 采用恒流源供电电桥

图 5.5.3 给出了恒流源供电电桥电路，供电电流为 $I_0$，通过各桥臂的电流 $I_1$ 和 $I_2$ 为

$$I_1 = \frac{R_3 + R_4}{R_1 + \Delta R_1 + R_2 + R_3 + R_4}I_0 \tag{5.5.16}$$

$$I_2 = \frac{R_1 + \Delta R_1 + R_2}{R_1 + \Delta R_1 + R_2 + R_3 + R_4}I_0 \tag{5.5.17}$$

则电桥的输出电压为

$$U_{out} = (R_1 + \Delta R_1)I_1 - R_3 I_2 = \frac{R_4 \Delta R_1 I_0}{R_1 + R_2 + R_3 + R_4 + \Delta R_1} \tag{5.5.18}$$

也有非线性问题，忽略分母中的小量 $\Delta R_1$，得

$$U_{out0} = \frac{R_4 \Delta R_1 I_0}{R_1 + R_2 + R_3 + R_4} \tag{5.5.19}$$

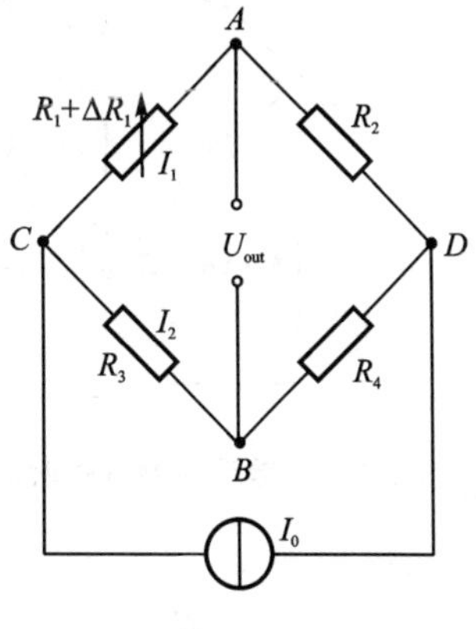


**图 5.5.3　恒流源供电电桥**

则由于非线性引起的相对误差为

$$\xi_L = \frac{U_{out} - U_{out0}}{U_{out0}} = \frac{-\Delta R_1}{R_1 + R_2 + R_3 + R_4 + \Delta R_1} = \frac{-\dfrac{\Delta R_1}{R_1}}{\left(1 + \dfrac{R_2}{R_1}\right)\left(1 + \dfrac{R_3}{R_1}\right) + \dfrac{\Delta R_1}{R_1}} \tag{5.5.20}$$

与上述恒压源供电相比(见式(5.5.9)),由于分母中的$\left(1+\frac{R_2}{R_1}\right)$增加了$\left(1+\frac{R_3}{R_1}\right)$倍,从而有效地减少了由于非线性引起的误差。

### 5.5.4 四臂受感差动电桥的温度补偿

如图5.5.4所示,每一臂的电阻初始值均为$R$,被测量引起的电阻变化值为$\Delta R$,其中两个臂的电阻增加$\Delta R$,另两个臂的电阻减小$\Delta R$。同时四个臂的电阻由于温度变化引起的电阻值的增量均为$\Delta R_t$,则电桥的输出电压为

$$U_{\text{out}} = \left(\frac{R+\Delta R+\Delta R_t}{2R+2\Delta R_t} - \frac{R-\Delta R+\Delta R_t}{2R+2\Delta R_t}\right)U_{\text{in}} = \frac{\Delta R U_{\text{in}}}{R+\Delta R_t} \tag{5.5.21}$$

为了便于比较,不采用差动方案时,若考虑单臂受感的情况,电桥的输出电压为

$$U_{\text{out}} = \left(\frac{R+\Delta R+\Delta R_t}{2R+\Delta R+\Delta R_t} - \frac{1}{2}\right)U_{\text{in}} = \frac{(\Delta R+\Delta R_t)U_{\text{in}}}{2(2R+\Delta R+\Delta R_t)} \tag{5.5.22}$$

比较式(5.5.21)与式(5.5.22)可知:温度引起的电阻变化$\Delta R_t$带来的测量误差非常大。因此差动电桥检测是一种非常好的温度误差补偿方式。

当然采用恒压源供电工作方式,四臂受感电桥差动方式仍然有温度误差。当采用恒流源供电工作方式时,参见图5.5.5,电桥的输出电压为

$$U_{\text{out}} = \Delta R I_0 \tag{5.5.23}$$

从原理上完全消除了温度引起的误差。

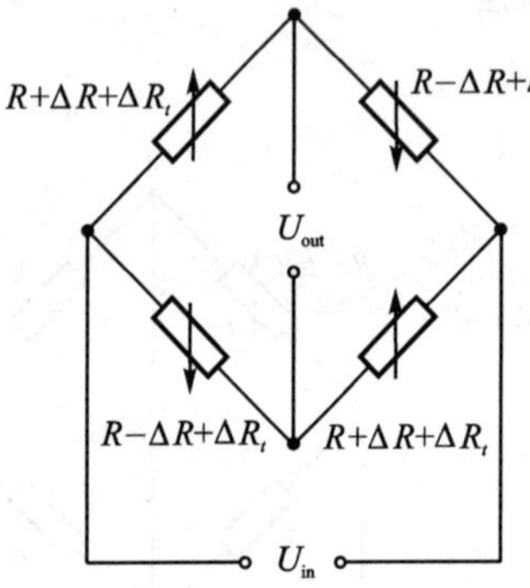


图5.5.4 差动检测方式时的温度误差补偿

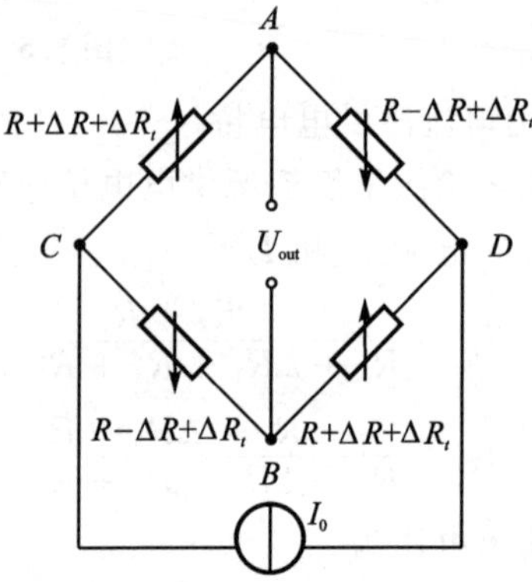


图5.5.5 恒流源供电四臂受感差动电桥

## 5.6 典型的应变式传感器

在测试技术中,除了直接用电阻应变丝(片)来测量试件的应变和应力外,还广泛利用它制成不同的应变式传感器来测量多种物理量,如力、加速度、压力、力矩和流体速度等。应变式传感器的基本构成通常可分为两部分:弹性敏感元件和应变片(丝)。弹性敏感元件在被测物理量的作用下产生一个与被测物理量成正比的应变,利用应变片(丝)作为传感元件将应变转换为电阻变化,然后利用电桥原理转换为电压或电流的变化。

应变式传感器中最好使用四个相同的应变片。当被测量变化时,其中两个应变片感受拉

伸应变，电阻增大；另外两个应变片感受压缩应变，电阻减小。通过四臂受感电桥将电阻变化转换为电压的变化。

应变式传感器与其他类型传感器相比具有以下特点：

① 测量范围广，如应变式力传感器可以实现对 $10^{-2}\sim10^{7}$N 力的测量，应变式压力传感器可以实现对 $10^{-1}\sim10^{6}$ Pa 压力的测量；

② 精度较高，测量误差可小于 0.1 %或更小；

③ 输出特性的线性度好；

④ 性能稳定，工作可靠；

⑤ 性能价格比高；

⑥ 能在恶劣环境、大加速度和振动条件下工作，只要进行适当的传感器结构设计及选用合适的材料，就可在高温或低温、强腐蚀及核辐射条件下可靠工作；

⑦ 必须考虑由应变片横向效应引起的横向灵敏度与温度补偿问题。

因此应变式传感器在测试技术中应用十分广泛。应变式传感器按照不同的应变丝的固定方式，可分为粘贴式和非粘贴式两类。下面介绍几种典型的应变式传感器。

## 5.6.1 应变式力传感器

载荷和力传感器是试验技术和工业测量中用得较多的一种传感器；其中，又以采用应变片的应变式力传感器为最多，传感器量程从 $10^{-2}\sim10^{7}$N。测力传感器主要作为各种电子秤和材料试验机的测力元件，或用于飞机和航空发动机的地面测试等。测力传感器常用的弹性敏感元件有柱式、悬臂梁式、环式和框式等多种。

1. 圆柱式力传感器

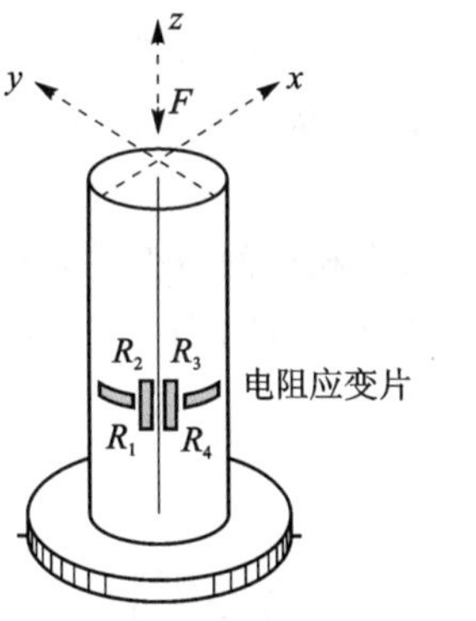


图 5.6.1 圆柱式力传感器

圆柱式力传感器如图 5.6.1 所示。其弹性敏感元件为可以承受较大载荷的实心圆柱。利用 3.3.1 节提供的有关结论可知，应当在圆柱体的轴向和环向粘贴应变片。

当圆柱体的轴向受压缩力 $F$ 作用时，沿圆柱体轴向和环向的应变分别为(见式(3.3.1)，式(3.3.3))

$$\varepsilon_x = \frac{-F}{EA}$$

$$\varepsilon_\theta = \frac{\mu F}{EA}$$

式中 $A$——圆柱体的横截面积($m^2$)；

$E$——材料的弹性模量(Pa)；

$\mu$——材料的泊松比。

基于式(3.3.1)，式(3.3.3)以及图 5.6.1，感受圆柱体环向应变的电阻为

$$R_1 = R_4 = R + \Delta R_1 \tag{5.6.1}$$

基于应变效应，式(5.2.8)，式(3.3.3)和式(5.6.1)可得

$$\Delta R_1 = \frac{K\mu FR}{EA} = - KR\mu\varepsilon_x \tag{5.6.2}$$

同时，感受圆柱体轴向应变的电阻为

$$R_2 = R_3 = R + \Delta R_2 \tag{5.6.3}$$

基于应变效应,式(5.2.8),式(3.3.1)和式(5.6.1)可得

$$\Delta R_2 = -\frac{KFR}{EA} = KR\varepsilon_x \tag{5.6.4}$$

若采用图5.5.2(b)所示的差动电桥进行检测时,由式(5.5.1)可得输出电压为

$$U_{out} = \left(\frac{R_1}{R_1+R_2} - \frac{R_3}{R_3+R_4}\right)U_{in} = \left(\frac{R+\Delta R_1}{2R+\Delta R_1+\Delta R_2} - \frac{R+\Delta R_2}{2R+\Delta R_1+\Delta R_2}\right)U_{in} =$$

$$\frac{(\Delta R_1-\Delta R_2)U_{in}}{2R+\Delta R_1+\Delta R_2} = -\frac{(1+\mu)K\varepsilon_x U_{in}}{2-(1-\mu)K\varepsilon_x} = \frac{KF(1+\mu)U_{in}}{2EA-KF(1-\mu)} \tag{5.6.5}$$

由式(5.6.5)可知:只有应变 $\varepsilon_x$ 在较小的范围内,即被测力较小时,输出电压才近似与被测力成正比。其由非线性引起的相对误差为

$$\xi_L = \frac{U_{out}-U_{out0}}{U_{out0}} = \frac{\dfrac{KF(1+\mu)U_{in}}{2EA-KF(1-\mu)}}{\dfrac{KF(1+\mu)U_{in}}{2EA}} - 1 = \frac{KF(1-\mu)}{2EA-KF(1-\mu)} \approx \frac{KF(1-\mu)}{2EA} \tag{5.6.6}$$

式中,$U_{out0}$ 为输出电压的线性描述,即式(5.6.5)中分母忽略 $KF(1-\mu)$ 小量的情况。

显然,被测力越大,非线性误差越大。

在实际测量中,被测力不可能正好沿着柱体的轴线作用,而总是与轴线之间成一微小的角度或微小的偏心,即弹性柱体还受到横向力和弯矩的作用,从而影响测量精度。为了消除横向力的影响,可以采用以下的措施:

一是采用承弯膜片结构。它是在传感器刚性外壳上端加一片或两片极薄的膜片,如图5.6.2所示。由于膜片在其平面方向刚度很大,所以作用在膜片平面内的横向力就经膜片传至外壳和底座。在垂直于其平面方向上膜片刚度很小,所以沿柱体轴向的变形正比于被测力。这样,膜片就承受了绝大部分横向力和弯曲,有效减小了它们对测量精度的影响。当然,由于膜片要承受一部分轴向作用力,使作用于敏感柱体上的力有所减小,从而导致测量灵敏度稍有下降,但通常不超过5%。

二是采用增加应变敏感元件的方式,如图5.6.3所示。共采用八个相同的应变片,其中四个沿着柱体的环向粘贴,四个沿着轴向粘贴。图5.6.3(a)为圆柱面的展开图,图5.6.3(b)为桥路连接。

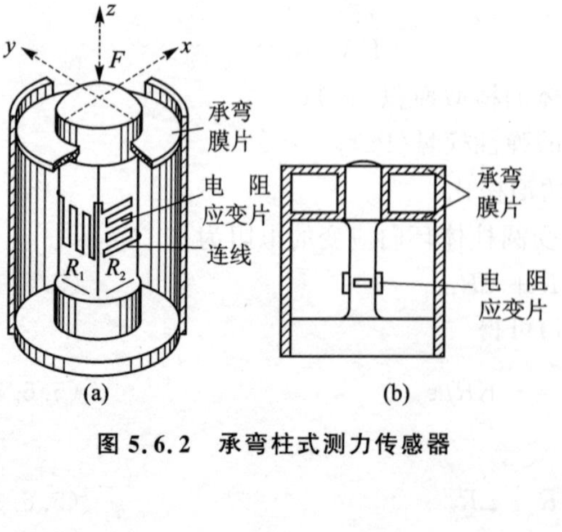


**图5.6.2 承弯柱式测力传感器**

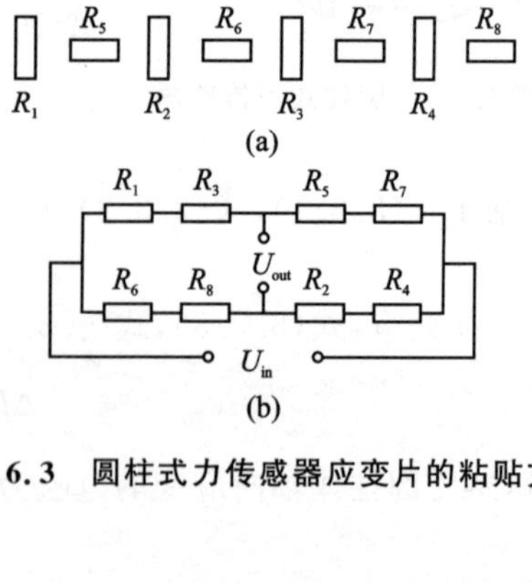


**图5.6.3 圆柱式力传感器应变片的粘贴方式**

实际应用中，应变片在粘贴时不可能完全与圆柱体的轴向和环向重合，这也将引起测量灵敏度的变化和误差。例如当沿环向粘贴的应变片与环向有 $\beta_1$ 角的偏差时（即与圆柱体的轴向有 $\frac{\pi}{2}\pm\beta_1$ 的夹角），借助于式(3.2.16)，则该位置的应变片感受到的应变为

$$\varepsilon_{\beta_1}=\frac{-F}{AE}\left[\cos^2\left(\frac{\pi}{2}\pm\beta_1\right)-\mu\sin^2\left(\frac{\pi}{2}\pm\beta_1\right)\right]=\frac{-F}{AE}(\sin^2\beta_1-\mu\cos^2\beta_1) \quad (5.6.7)$$

类似地，当沿轴向粘贴的应变片与轴向有 $\beta_2$ 角的偏差时，该位置的应变片感受到的应变为

$$\varepsilon_{\beta_2}=\frac{-F}{AE}(\cos^2\beta_2-\mu\sin^2\beta_2) \quad (5.6.8)$$

于是差动电桥的输出为

$$U_{\text{out}}=\frac{(\Delta R_1-\Delta R_2)U_{\text{in}}}{2R+\Delta R_1+\Delta R_2} \quad (5.6.9)$$

由于

$$\Delta R_1=KR\varepsilon_{\beta_1} \quad (5.6.10)$$

$$\Delta R_2=KR\varepsilon_{\beta_2} \quad (5.6.11)$$

将式(5.6.7)，式(5.6.8)，式(5.6.10)和式(5.6.11)代入式(5.6.9)可得

$$U_{\text{out}}=\frac{K(\varepsilon_{\beta_1}-\varepsilon_{\beta_2})U_{\text{in}}}{2+K(\varepsilon_{\beta_1}+\varepsilon_{\beta_2})}=\frac{KF(-\sin^2\beta_1+\mu\cos^2\beta_1+\cos^2\beta_2-\mu\sin^2\beta_2)U_{\text{in}}}{2AE-KF(\sin^2\beta_1-\mu\cos^2\beta_1+\cos^2\beta_2-\mu\sin^2\beta_2)} \quad (5.6.12)$$

利用式(5.6.12)可以分析偏差角 $\beta_1$ 与偏差角 $\beta_2$ 对测量结果的影响。例如当 $\beta_1=\beta_2=\beta$ 时，则由式(5.6.12)可得

$$U_{\text{out}}=\frac{KF(1+\mu)U_{\text{in}}\cos 2\beta}{2AE-KF(1-\mu)} \quad (5.6.13)$$

对比式(5.6.5)，式(5.6.13)可知：灵敏度有所降低。偏差角 $\beta$ 较小时，可以忽略这一影响。例如当 $\beta=1°$ 时，$\cos 2\beta=0.999\ 39$，降低了 0.061 %。

基于式(3.3.2)，圆柱体的许用应力 $\sigma_b$(Pa)应满足

$$K_s\frac{F}{A}\leqslant\sigma_b \quad (5.6.14)$$

式中　$K_s$——安全系数。

对于实心圆柱体，其横截面积为

$$A=\frac{\pi D^2}{4} \quad (5.6.15)$$

式中　$D$——实心圆柱体的直径(m)。

由式(5.6.14)，式(5.6.15)可得实心圆柱体的直径应满足

$$\sqrt{\frac{4K_sF}{\pi\sigma_b}}\leqslant D \quad (5.6.16)$$

由式(3.3.1)，式(3.3.3)可知：欲提高该测力传感器的灵敏度，应当减小柱体的横截面面积 $A$；但 $A$ 减小，其抗弯能力也减弱，对横向干扰力的敏感程度增加。为了解决这个矛盾，在测量小集中力时，可以采用空心圆筒或承弯膜片。相对于实心圆柱体，空心圆筒在同样横截面情况下，横向刚度大，横向稳定性好。同理，承弯膜片的横向刚度也大，横向力都由它承担，而

其纵向刚度则小,用来测量被测集中力。

对于空心圆柱体,其横截面积为

$$A = \frac{\pi(D^2 - d^2)}{4} \tag{5.6.17}$$

式中 $D,d$——空心圆柱体的外径(m)和内径(m)。

由式(5.6.14),式(5.6.17)可得空心圆柱体的外径应满足

$$\sqrt{\frac{4K_sF}{\pi\sigma_b} + d^2} \leqslant D \tag{5.6.18}$$

式中 $K_s$——安全系数。

弹性圆柱体的高度对传感器的精度和动态特性都有影响。通常认为:当高度与外径的比值$1<H/D$时,沿其中间断面上的应力状态和变形状态与其端面上作用的载荷性质和接触条件无关。根据试验研究结果,对于实心圆柱体,建议采用式(5.6.19)确定圆柱体的高度。

$$H = 2D + l_0 \tag{5.6.19}$$

式中 $l_0$——应变片的基长(m)。

对于空心圆柱体,建议采用式(5.6.20)确定圆柱体的高度。

$$H = D - d + l_0 \tag{5.6.20}$$

另一种广泛采用的结构是轮辐式,它由轮圈、轮毂和轮辐条、应变片组成。轮辐条成对且对称地连接轮圈和轮毂,如图5.6.4(a)所示。当外力作用在轮毂上端面和轮毂下端面时,矩形轮辐条就产生平行四边形变形,如图5.6.4(b)所示,形成与外力成正比的切应变。八片应变片与辐条水平中心线成45°角,分别粘贴在四根辐条的正反两面,并接成四臂受感电桥。当被测力$F$作用在轮毂端面上时,沿辐条对角线缩短方向粘贴的应变片受压,电阻值减小;沿辐条对角线伸长方向粘贴的应变片受拉,电阻值增大。因此,电桥的输出电压与所测力成正比,即

$$U_{out} = \frac{3F}{16bhG}\left(1 - \frac{L^2 + B^2}{6h^2}\right)KU_{in} \tag{5.6.21}$$

式中 $U_{out}$——电桥输出电压(V);

$U_{in}$——电桥工作电压(V);

$b,h$——轮辐条的厚度(m)和高度(m);

$L,B$——应变片的基长(m)和栅宽(m);

$K$——应变片的灵敏系数;

$G$——弹性材料的切变弹性模量(Pa),$G=\dfrac{E}{2(1+\mu)}$;

$E,\mu$——弹性模量(Pa)和泊松比。

轮辐式测力传感器的优点很多,例如:具有良好的线性输出特性;由于是按剪切力作用原理设计的,所以力作用点位置的精度对传感器测量精度影响不大;由于轮辐和轮圈的刚度很大,因此耐过载能力强,测量范围较宽。

2. 环式测力传感器

环式弹性元件一般用于测量500 N以上的载荷。常见的结构形式有等截面和变截面两种,如图5.6.5所示。等截面环用于测量较小的力,变截面环用于测量较大的力。

测力环的特点是其上各点应变分布不均匀,有正应变(拉应变)区和负应变(压应变)区,还

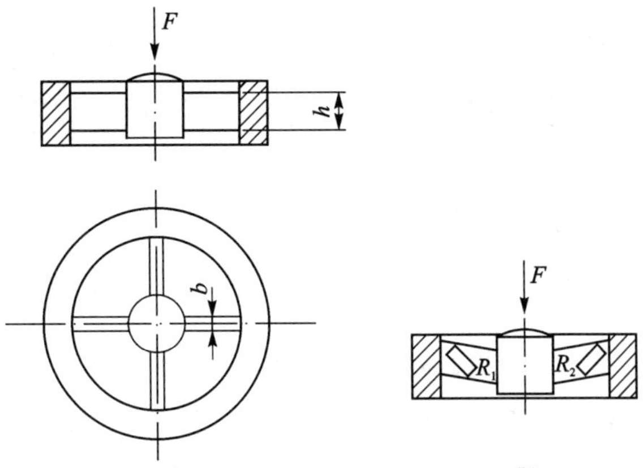


(a)　　(b)

**图 5.6.4　轮辐式测力传感器**

有应变几乎为零的部位。对于不带刚性支点的纯圆环，当受压力作用时，在环内表面垂直轴方向处正应变最大，而在环内表面水平轴方向处负应变最大，在与轴线成某一夹角的方向上应变为零。由于这一特点，可根据测力的要求，灵活地选择应变片的粘贴位置。对于等截面环，应变片一般贴在环内侧正、负应变最大的地方，但要避开刚性支点，如图 5.6.5(a)所示。对于变截面环，应变片粘贴在环水平轴的内外两侧面上，如图 5.6.5(b)所示。封闭的环形结构刚度大，固有频率高，测力范围大，结构简单，使用灵活。

除上述两种基本结构形式外，还有一些特殊结构的测力环，如图 5.6.6(a)所示的八角环和如图 5.6.6(b)所示的平行四边形环。其特点是除箭头所指方向外，其他方向的刚度非常大。

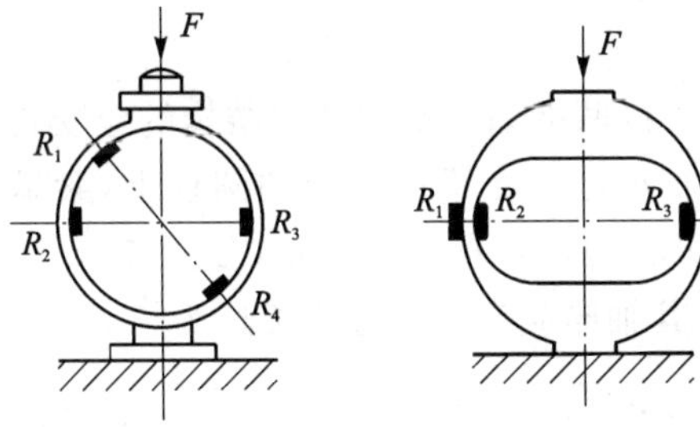


(a)　　(b)

**图 5.6.5　测力环**

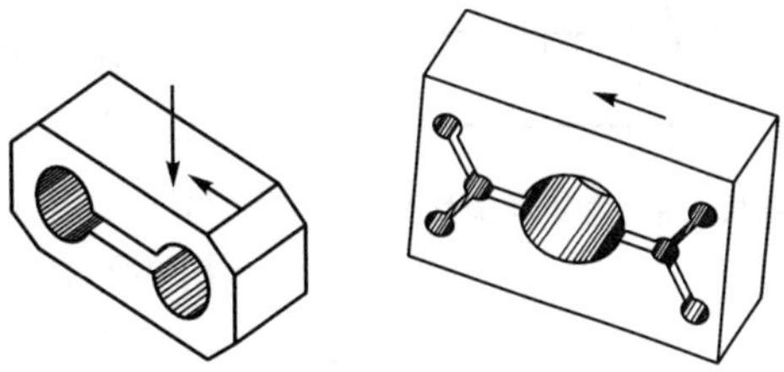

(a)　　(b)

**图 5.6.6　特殊结构的测力环**

3. 梁式测力传感器

梁式传感器一般用于较小力的测量，常见的结构形式有一端固定的悬臂梁、两端固定梁和剪切梁等。

(1) 悬臂梁

悬臂梁的特点是：结构简单，应变片比较容易粘贴；有正应变区和负应变区；灵敏度高，适于小载荷情况下的测量。其具体结构又分为等截面式（如图 5.6.7(a)所示）和等强度楔式（如图 5.6.7(b)所示）两种。

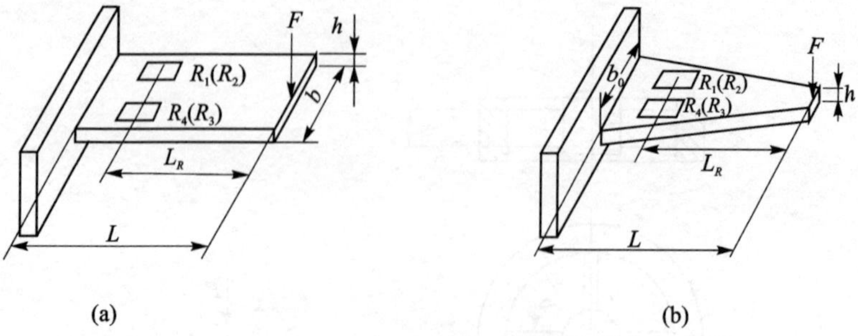


**图 5.6.7 悬臂梁式力传感器**

设梁的宽度为 $b$(对于等强度梁为根部的宽度),厚度为 $h$,长度为 $L$。当自由端受力 $F$ 作用时,梁就发生弯曲变形,在一表面上产生正应力,另一表面上产生负应力。沿梁长度方向各处的应变(应力)与该处的弯矩成正比,而该处的弯矩又与其力臂成正比,因此梁根部的应变(应力)最大(对于等强度梁,各处的应变(应力)相等),借助于式(3.3.28),其值为

$$\varepsilon = \frac{6L_R}{Ebh^2}F \tag{5.6.22}$$

悬臂梁式力传感器,通常在梁根部的上、下表面各贴两个应变片,并接成四臂受感电桥电路,输出电压与作用力成正比。

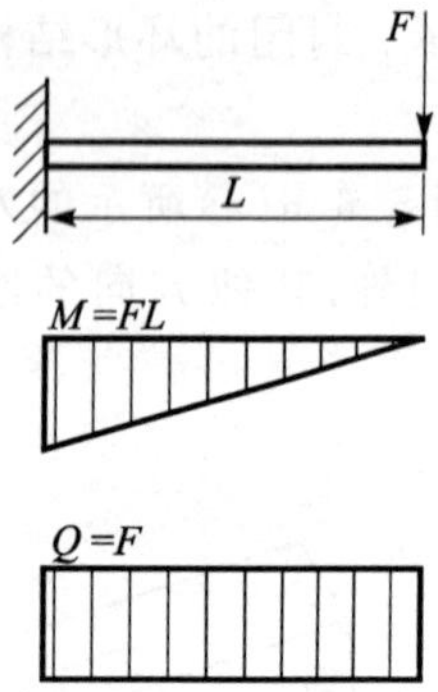


**图 5.6.8 弯矩和剪切力的分布**

对于等强度梁,由于其各处沿梁的长度方向的应变相同,所以设置应变片要方便得多。

图 5.6.8 给出了悬臂梁自由端受力作用时,弯矩 $M$ 和剪切力 $Q$ 沿长度方向的分布图。可以看出与剪切力 $Q$ 成正比的切应变为常数,而弯矩则正比于到力作用点的距离,所以力作用点的变化将影响测量结果。

(2) 两端固定梁

图 5.6.9(a)给出了以两端固定梁为敏感结构的应变式力传感器示意图。被测力 $F$ 作用在梁中心处的圆柱上,梁呈对称受力状态。在梁的中心处建立直角坐标系(如图 5.6.9(b)所示),在梁的上表面,其轴向应变可以近似描述为

$$\varepsilon_x = \frac{-5F}{61Ebh^2L^3}(240x^4 - 144x^2L^2 + 7L^4) \tag{5.6.23}$$

式中 $L,b,h$——梁的长度(m)、宽度(m)和厚度(m)。

梁轴向的应变 $\varepsilon_x$ 的分布规律如图 5.6.10 所示。由式(5.6.23)可得:在梁的中心($x=0$)和边缘处($x=\pm L/2$)的应变分别为

$$\varepsilon_x(0) = \frac{-35FL}{61Ebh^2} \tag{5.6.24}$$

$$\varepsilon_x\left(\pm\frac{L}{2}\right) = \frac{70FL}{61Ebh^2} \tag{5.6.25}$$

而且在 $x \approx \pm 0.231L$ 处,应变 $\varepsilon_x = 0$。

类似地可以得到在梁的下表面其轴向应变的有关规律。

基于上述分析,应变片可贴在梁的上、下表面。在图示的受力状态下,上表面的应变电阻

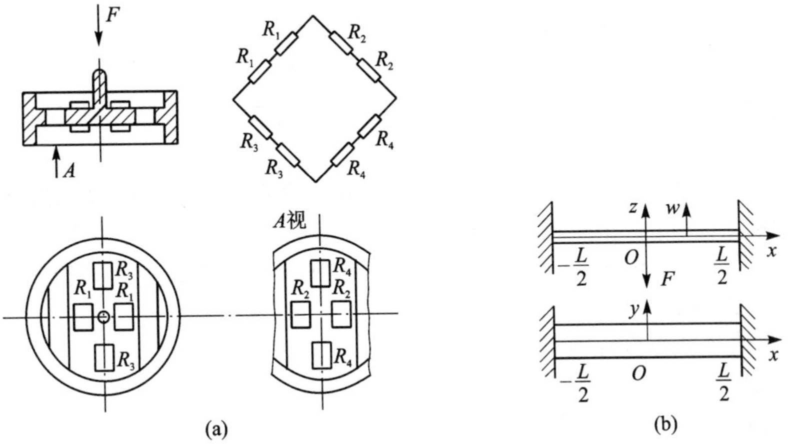


**图 5.6.9　两端固定梁式力传感器示意图**

$R_1$ 处于压缩状态，被测力增加时，电阻值减小；上表面的应变电阻 $R_3$ 处于拉伸状态，被测力增加时，电阻值增大。与此同时，下表面的应变电阻 $R_2$ 处于拉伸状态，应变电阻 $R_4$ 处于压缩状态。因此，将 $R_1 \sim R_4$ 构成差动的电桥就可以实现对作用力的测量。为了提高测量性能，图 5.6.9 中 $R_1 \sim R_4$ 各采用了两个受感电阻。

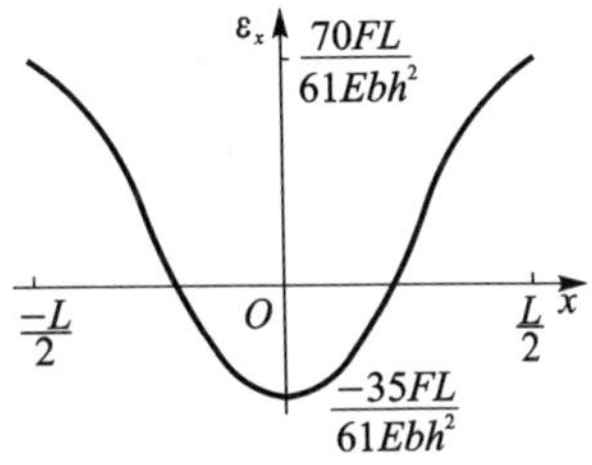


**图 5.6.10　轴向应变 $\varepsilon_x$ 的分布规律示意图**

两端固定梁的结构可承受较大的作用力，固有频率也比较高。

(3) 剪切梁

为了在一定程度上克服力作用点变化对梁测力传感器输出的影响，可采用剪切梁。同时为了增强抗侧向力的能力，梁的截面通常采用工字形，如图 5.6.11 所示。

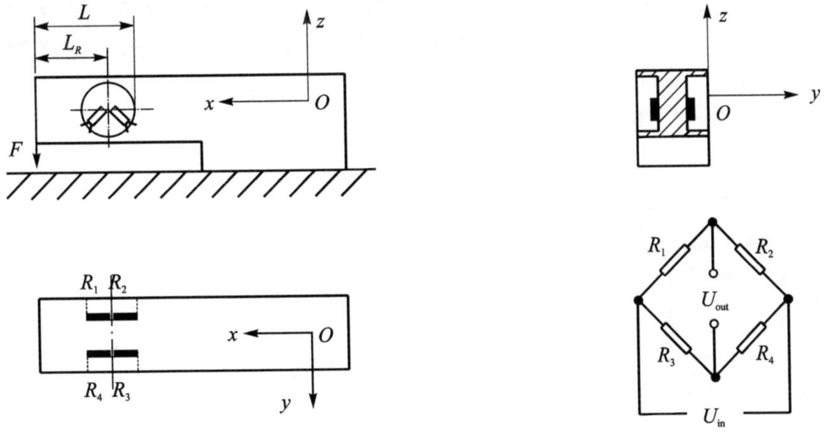


**图 5.6.11　剪切梁式力传感器**

由图 5.6.11 可知：悬臂梁在自由端受力作用时，其剪切应力在梁长度方向各处是相等的，不受力作用点变化的影响。基于切应力与切应变的关系可知：切应变在梁长度方向各处是相等的，不受力作用点变化的影响。而切应变本身是测量不出来的，借助于式(3.2.16)，考虑到在如图 5.6.11 所示受力状态下的切应变方向上的正应变均为零，则与梁中心线($z$ 轴)成 $\beta$ 角

的正应变为

$$\varepsilon_\beta = \cos^2\beta\,\varepsilon_z + \sin^2\beta\,\varepsilon_x + \frac{1}{2}\sin 2\beta\,\varepsilon_{xz} = \frac{1}{2}\sin 2\beta\,\varepsilon_{xz} \tag{5.6.26}$$

于是由式(5.6.26)可知:当$\beta=\pm45°$时,正应变$\varepsilon_\beta$数值上达到最大值,因此可以在与梁中心线成±45°的方向上设置应变敏感元件。

因此接成全桥的四个应变片都贴在工字梁腹板的两侧面上,两应变片的方向互为90°,而与梁中心线的夹角为45°。由于应变片只感受由剪切应力引起的拉应变和压应变,而不受弯曲应力的影响,因而测量精度高,重复性和稳定性好,并有很强的抗侧向力的能力,所以这种传感器广泛地用于各种电子衡器中。

(4) S形弹性元件测力传感器

S形弹性元件一般用于称重或测量$10 \sim 10^3$ N的力,具体结构有双连孔形(如图5.6.12(a)所示)、圆孔形(如图5.6.12(b)所示)和剪切梁型(如图5.6.12(c)所示)。

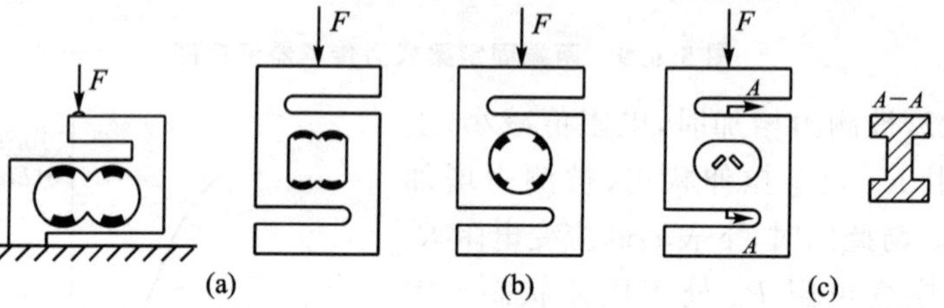


图5.6.12 S形弹性元件测力传感器

以双连孔形弹性元件为例,介绍其工作原理。四个应变片贴在开孔的中间梁上、下两侧最薄的地方,并接成全桥电路。当力$F$作用在上、下端时,其弯矩$M$和剪切力$Q$的分布如图5.6.13所示。应变片$R_1$和$R_4$因受拉伸而电阻值增大,$R_2$和$R_3$因受压缩而电阻值减小,电桥输出与作用力成比例的电压$U_{out}$。

如果力的作用点向左偏离$\Delta L$,则偏心引起的附加弯矩为$\Delta M = F\Delta L$,此时弯矩分布如图5.6.14所示。应变片$R_1$和$R_3$所感受的弯矩绝对值增加了$\Delta M$,应变片$R_2$和$R_4$所感受的弯矩绝对值减小了$\Delta M$。所以$R_1$和$R_3$的电阻值因为$\Delta M$而增加$\Delta R$;$R_2$,$R_3$和$R_4$的电阻值因为$-\Delta M$而减少了$\Delta R$。它们的变化量对电桥输出电压的影响相互抵消,这样就补偿了力偏心对测量结果的影响。侧向力只对中间梁起拉伸或压缩作用,使四个应变片发生方向相同的电阻变化,因而对电桥输出影响很小。

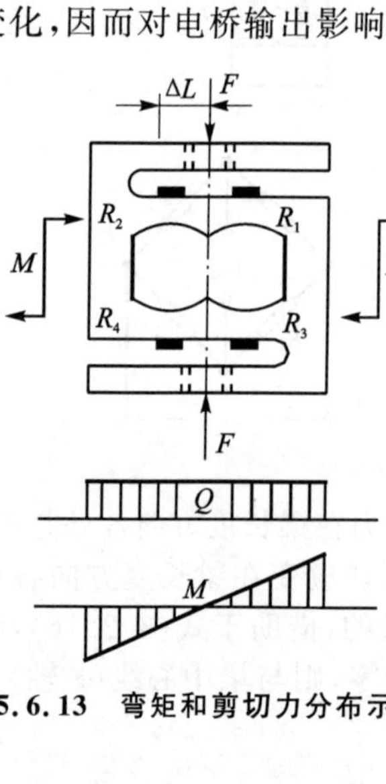


图5.6.13 弯矩和剪切力分布示意图

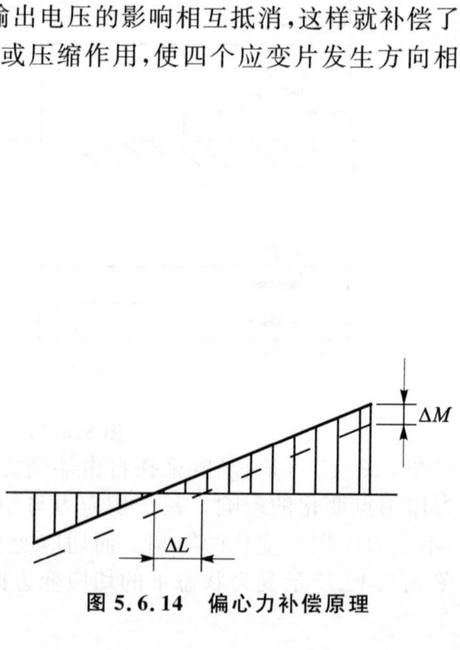


图5.6.14 偏心力补偿原理

## 5.6.2　应变式加速度传感器

应变式加速度传感器的具体结构形式很多,但都可简化为如图 5.6.15 所示的形式。等截面弹性悬臂梁(参见图 5.6.15(a))固定安装在传感器的基座上,梁的自由端固定一质量块 $m$,在梁的根部附近粘贴四个性能相同的应变片,上、下表面各两个,同时应变片接成对称的四臂受感差动电桥。

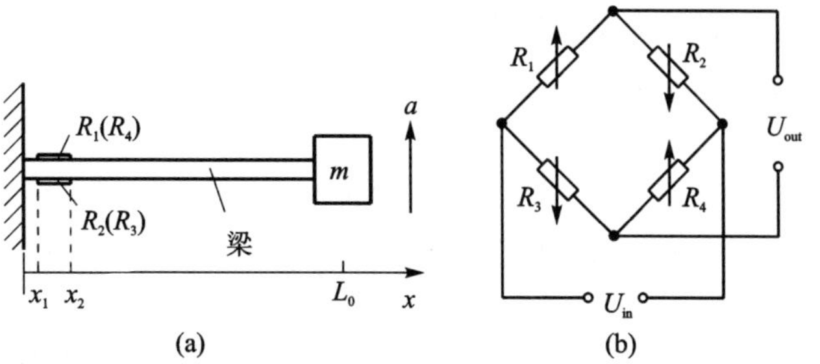


**图 5.6.15　应变式加速度传感器原理**

下面考虑被测加速度的频率远小于悬臂梁固有频率的情况(习题 5.26 为一般情况)。

在被测加速度 $a$ 变化时,其中两个应变片感受拉伸应变,电阻增大;另外两个应变片感受压缩应变,电阻减小。通过四臂受感电桥将电阻变化转换为电压的变化。这样将获得最大的灵敏度,同时具有良好的线性度及温度补偿性能。当被测加速度为零时,四个桥臂的电阻值相等,电桥输出电压为零;当被测加速度不为零时,四个桥臂的电阻值发生变化,电桥输出电压与加速度成线性关系,从而通过检测电桥输出电压,实现对惯性力的测量,即实现对加速度的测量。

当质量块感受加速度 $a$ 而产生惯性力 $F_a$ 时,在力 $F_a$ 的作用下,悬臂梁发生弯曲变形,由式(3.3.28)可知其上表面轴向正应变 $\varepsilon_x(x)$ 为

$$\varepsilon_x(x)=\frac{6(L_0-x)}{Ebh^2}F_a=\frac{-6(L_0-x)}{Ebh^2}ma \tag{5.6.27}$$

式中　$m$——质量块的质量(kg);

$b,h$——梁的宽度(m)和厚度(m);

$L_0$——质量块中心到悬臂梁根部的距离(m);

$x$——梁的轴向坐标(m);

$E$——材料的弹性模量(Pa);

$a$——被测加速度($m/s^2$)。

粘贴在梁两面上的应变片分别感受正(拉)应变和负(压)应变而使电阻增加和减小,电桥失去平衡而输出与加速度成正比的电压 $U_{out}$,即

$$U_{out}=U_{in}\frac{\Delta R}{R}$$

$$=\frac{-6U_{in}ma}{Ebh^2}\frac{K}{x_2-x_1}\int_{x_1}^{x_2}(L_0-x)\,dx=\frac{-6U_{in}Km}{Ebh^2}\left(L_0-\frac{x_2+x_1}{2}\right)a=K_a a \tag{5.6.28}$$

$$K_a=\frac{-6U_{in}Km}{Ebh^2}\left(L_0-\frac{x_2+x_1}{2}\right) \tag{5.6.29}$$

式中 $U_{in}$——电桥工作电压(V);

$R$——应变片的初始电阻(Ω);

$\Delta R$——应变片产生的附加电阻(Ω);

$K$——应变片的灵敏系数;

$x_2, x_1$——应变片在梁上的位置(m);

$K_a$——传感器的灵敏度($Vs^2/m$)。

通常认为$\frac{x_2+x_1}{2} \leqslant L_0$,即将应变片在梁上的位置看成一个点,且位于梁的根部,则式(5.6.29)描述的传感器的灵敏度可以简化为

$$K_a \approx \frac{-6U_{in}L_0Km}{Ebh^2} \tag{5.6.30}$$

通过上述分析可以看出,这种应变式加速度传感器的结构简单,设计灵活,具有良好的低频响应,可测量常值加速度。

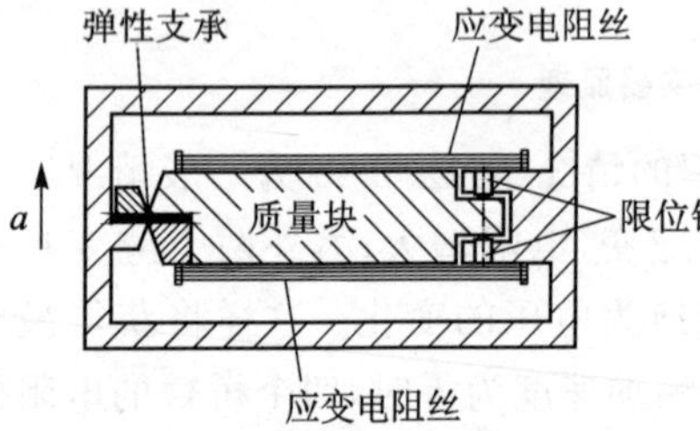


图 5.6.16 应变式加速度传感器的结构

应变式加速度传感器除了可以采用在"悬臂梁"上粘贴应变片的方式(如图5.6.15所示),也可以采用非粘贴方式,直接由金属应变丝作为敏感电阻。图5.6.16为一种加速度传感器的结构示意图。质量块用弹簧片和上、下两组金属应变丝支承。应变丝加有一定的预紧力,并作为差动对称电桥的两桥臂。在加速度作用下,一组应变丝受拉伸而电阻增大,另一组应变丝受"压缩"而电阻减小,因而电桥输出与加速度成比例的电压$U_{out}$。

非粘贴式加速度传感器主要用于测量频率相对较高的振动。它的测量范围可达$\pm 5 \sim \pm 2\ 000\ m/s^2$,精度较低,约为1 %,分辨力低于0.1 %,固有频率为17~800 Hz。

## 5.6.3 应变式压力传感器

1. 平膜片式压力传感器

图5.6.17为平膜片的结构示意图。图5.6.17(a)为周边固支的平膜片,图5.6.17(b)为整体结构平膜片。平膜片将两种压力不等的流体隔开,压力差使其产生一定的变形。

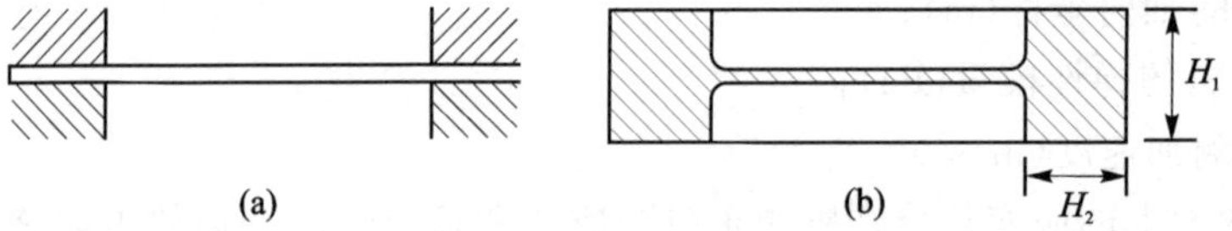


图 5.6.17 平膜片结构示意图

关于圆平膜片的半径$R$与厚度$H$以及边界隔离部分的参数$H_1, H_2$,可以参照6.3.1节的相关内容进行设计。

周边固支的平膜片沿半径($r$)的上表层处的径向应变($\varepsilon_r$)、切向应变($\varepsilon_\theta$)与所承受的压力($p$)间的关系为(见式(3.3.47))

$$\left.\begin{aligned}\varepsilon_r &= \frac{3p(1-\mu^2)(R^2-3r^2)}{8EH^2}\\ \varepsilon_\theta &= \frac{3p(1-\mu^2)(R^2-r^2)}{8EH^2}\\ \varepsilon_{r\theta} &= 0\end{aligned}\right\}$$

式中　$R$——平膜片的工作半径(m)；

$H$——平膜片的厚度(m)；

$E$——平膜片材料的弹性模量(Pa)；

$\mu$——平膜片材料的泊松比。

图 5.6.18 给出了周边固支平膜片的应变随半径($r$)改变的曲线关系。

平膜片周边固支的结构形式有两种：一种是用夹紧环将平膜片周边夹紧；另一种是由整体加工成型的。对于前者，在周边夹紧可能出现或松或紧，甚至扭斜现象，使膜片受局部初始应力而不自如，致使膜片在工作过程中引起迟滞误差；对于后者，虽然加工较困难，但无膜片装配问题，在微小应变的情况下，它的迟滞误差可以忽略不计，有利于提高测量精度。

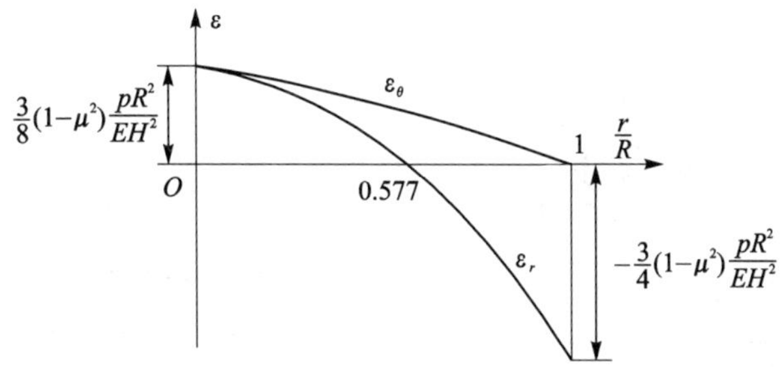


**图 5.6.18　平膜片上表面的应变曲线**

通过应变电阻的变化来检测膜片的应变是一种十分有效的方法。可以将应变电阻片粘贴在平膜片上来感受压力作用下平膜片的应变；也可以用溅射的方法，将具有应变效应的材料溅射到平膜片上，形成所期望的应变电阻。应变电阻尽可能设置在膜片的正、负应变最大处。由图 5.6.18 可知：正应变最大处在平膜片的圆心处($r=0$)，此处的径向应变($\varepsilon_r$)、切向应变($\varepsilon_\theta$)大小相等。负应变最大处在平膜片的固支处($r=R$)，切向应变($\varepsilon_\theta$)为零，径向应变($\varepsilon_r$)为负最大。应当指出：感受正应变与负应变的应变电阻的敏感方向都应沿膜片径向设置。

应变电阻的变化可以通过四臂受感电桥转换为电压的变化，即组成电桥的四个桥臂电阻均随压力改变，其中两个感受正应变，另外两个感受负应变。这样将获得最大的灵敏度，同时具有良好的线性度及温度补偿性能。

图 5.6.19 为两种以圆平膜片为敏感元件实现的应变式压力传感器结构示意图。图 5.6.19(a)为组装式结构，图 5.6.19(b)为焊接式结构。这类传感器的优点是：结构简单，体积小，质量小，性能价格比高等；缺点是：输出信号小，抗干扰能力差，精度受工艺影响大等。

2. 圆柱形应变筒式压力传感器

它一端密封并具有实心端头，另一端开口并有法兰，以便固定薄壁圆筒，如图 5.6.20 所示。其中，图 5.6.20(a)为结构示意图及电路图，图 5.6.20(b)为原理框图。

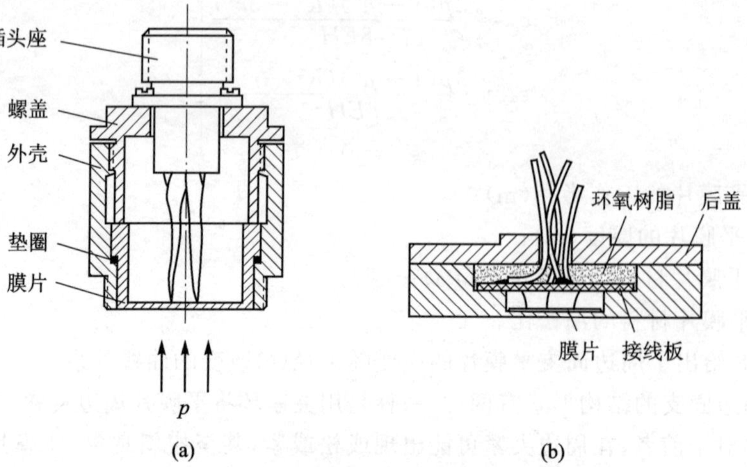


**图 5.6.19　应变式压力传感器结构示意图**

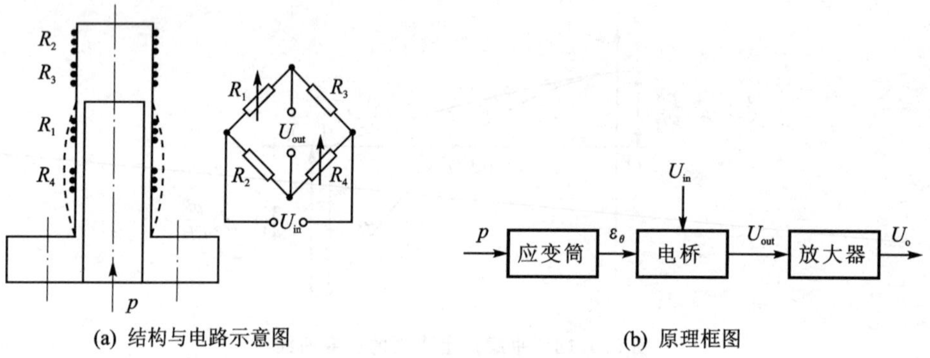


**图 5.6.20　圆柱形应变圆筒式压力传感器**

当压力从开口端接入圆柱筒时，筒壁产生应变。由式(3.3.88)可知筒外壁的切向应变 $\varepsilon_\theta$ 为

$$\varepsilon_\theta = \frac{pR(2-\mu)}{2Eh} \tag{5.6.31}$$

式中　$R$——圆柱形应变圆筒的内半径(m)；

$h$——圆柱形应变圆筒的壁厚(m)；

$E$——圆柱形应变圆筒材料的弹性模量(Pa)；

$\mu$——圆柱形应变圆筒材料的泊松比。

圆柱形应变圆筒的外表面粘贴四个相同的应变电阻 $R_1,R_2,R_3,R_4$，组成四臂电桥。当筒内、外压力相同时，电桥的四个桥臂电阻相等，输出电压为零；当筒内压力大于筒外压力时，电阻 $R_1,R_4$ 发生变化，电桥输出相应的电压信号。这种圆柱形应变筒式压力传感器常在高压测量时应用。

3．非粘贴式(张丝式)应变压力传感器

非粘贴式应变压力传感器又称张丝式压力传感器。图 5.6.21 为两种非粘贴式应变压力传感器的原理结构图。

图 5.6.21(a)给出的张丝式压力传感器由膜片、传力杆、弹簧片、宝石柱和应变电阻丝等

部分组成。膜片受压后，将压力转换为集中力，集中力经传力杆传给十字形弹簧片。固定在十字形弹簧片上的宝石柱分上、下两层，在宝石柱上绕有应变电阻丝。当弹簧片变形时，上部应变电阻丝的张力减小，下部应变电阻丝的张力增大，因此上部应变电阻丝的电阻减小，下部应变电阻丝的电阻增大。为了减少摩擦和温度对应变电阻丝的影响，采用宝石柱作绕制电阻丝的支柱。通常应变电阻丝的直径约为 0.08 mm。

图 5.6.21(b)给出了另一种结构形式的张丝式压力传感器。膜片在被测压力的作用下产生微小变形，并使与其刚性连接的小轴产生微小位移。在小轴上、下两部位安装两根与小轴正交，且在空间上相互垂直的两根长宝石杆。在内壳体与长宝石杆相对应的位置上、下部位分别装有四根短宝石杆。在长、短宝石杆之间绕有四根应变电阻丝；当小轴产生微小位移时，其中两根应变电阻丝的张力增大(电阻增大)，另外两根应变电阻丝的张力减小(其电阻减小)。

非粘贴式(张丝式)应变压力传感器由于不采用粘合剂，所以迟滞和蠕变较小，精度较高，适于小压力测量；但加工较困难，其性能指标受加工质量(例如预张力、加工后电阻丝内应力状况)影响较大。

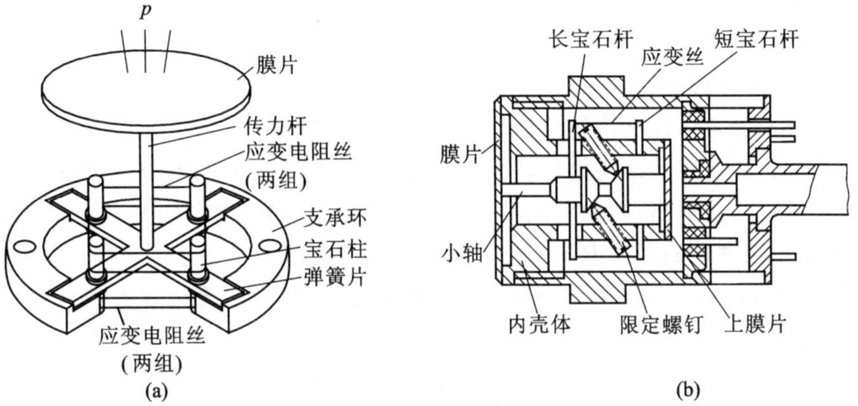


图 5.6.21　张丝式压力传感器

## 5.6.4　应变式转矩传感器

转矩是作用在转轴上的旋转力矩，又称扭矩。如果作用力 $F$ 与转轴中心线的垂直距离为 $L$，则转矩 $M$ 的大小为 $M=FL$。图 5.6.22 所示为一种典型的应变式转矩传感器。

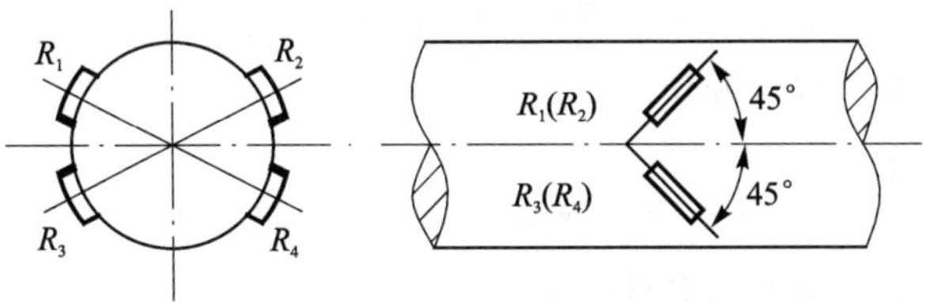


图 5.6.22　应变片式转矩传感器

可看成圆柱体的轴在受到纯扭矩 $M$ 作用后，在轴的外表面上与轴线方向成 $\beta$ 角的正应变为(见式(3.3.18))

$$\varepsilon_{\beta} = \frac{M \sin 2\beta}{\pi R^3 G}$$

式中 $R$——圆柱体的半径(m);

$G$——圆柱体材料的切变弹性模量(Pa)。

由式(3.3.18)可知:最大正应变为$\frac{M}{\pi R^3 G}$,发生在$\beta=\frac{\pi}{4}$处;最小正应变为$\frac{-M}{\pi R^3 G}$,发生在$\beta=\frac{3\pi}{4}$处。

因此,沿轴向$\pm\frac{\pi}{4}$($\pm 45°$)方向分别粘贴四个应变片并组成全桥电路,如图5.6.22所示,感受轴的最大正、负应变,从而输出与转矩成正比的电压信号$U_{out}$。

事实上,图5.6.22所示圆柱体敏感元件的一阶弯曲振动的固有频率(Hz)为

$$f_{B1} = \frac{1.875^2 R}{4\pi L^2}\sqrt{\frac{E}{\rho}} \tag{5.6.32}$$

式中 $L$——圆柱体的长度(m);

$E$——圆柱体材料的弹性模量(Pa);

$\rho$——圆柱体材料的密度($kg/m^3$)。

利用式(5.6.32)可以评估该传感器能够测量的最高转速。

电阻应变式转矩传感器结构简单,精度较高。若贴在转轴上的电阻应变片与测量电路的连线通过导电滑环直接引出,则触点接触力太小时工作不可靠;增大接触力时又使触点磨损严重,而且还增加了被测轴的摩擦力矩。这时应变式转矩传感器不适于测量高速转轴的转矩,一般转速不超过4 000 r/min。近年来,随着蓝牙技术的应用,采用无线发射的方式可以有效地解决上述问题。

# 思考题与习题

**5.1** 什么是金属电阻丝的应变效应?它是如何产生的?

**5.2** 什么是电阻应变片的横向效应?它是如何产生的?如何减小电阻应变片的横向效应?

**5.3** 简要说明金属电阻丝的应变灵敏系数与由其构成的金属应变片应变灵敏系数的关系。

**5.4** 说明半导体应变片和薄膜式应变片各自的特点。

**5.5** 简要说明电阻应变片中敏感栅材料应满足的基本要求。

**5.6** 应变片的主要参数有哪些?

**5.7** 证明式(5.3.2)。

**5.8** 应变片在使用时,为什么会出现温度误差?如何减小它?

**5.9** 简要说明应变片温度误差自补偿法的应用特点。

**5.10** 简述图5.4.5所示温度误差补偿的工作原理及应用特点。

**5.11** 简述图5.4.6所示温度误差补偿的工作原理及应用特点。

**5.12** 说明电桥的工作原理。

**5.13** 如何提高应变片电桥的输出电压灵敏度及线性度?

**5.14** 借助公式推导说明四臂受感差动电桥对温度误差补偿的工作原理,分恒压源和恒

流源两种不同的供电方式进行讨论。

**5.15**　对于图 5.4.6，$R_1=R[1+K\varepsilon+\alpha(t-t_0)]$，$R_2=R_3=R_4=R$，$R$ 为受感应变片在温度 $t_0$ 时的初始电阻值。试建立输出电压的表达式，并就温度误差及其补偿进行讨论。

**5.16**　有一悬臂梁，在其中部上、下两面各粘贴两个应变片，组成全桥，如图 5.1 所示。

① 请给出由这四个应变电阻构成四臂受感电桥的电路示意图。

② 若该梁悬臂端受一向下力 $F=1$ N，长 $L=0.25$ m，宽 $W=0.06$ m（图中未给出），厚 $h=0.003$ m，$E=70\times10^9$ Pa，$x=0.5\ L$，应变片灵敏系数 $K=2.1$，应变片空载电阻 $R_0=120\ \Omega$，试求此时这四个应变片的电阻值。

③ 若该电桥的工作电压 $U_{in}=5$ V，试计算电桥的输出电压 $U_{out}$。

**5.17**　图 5.2 为一受拉的 10＃优质碳素钢杆（$E=210\times10^9$ Pa）。用允许通过的最大电流为 10 mA 的康铜丝应变片组成一单臂受感电桥。试求此电桥空载时的最大可能的输出电压（应变片 $K=2$，初始电阻为 120 Ω）。

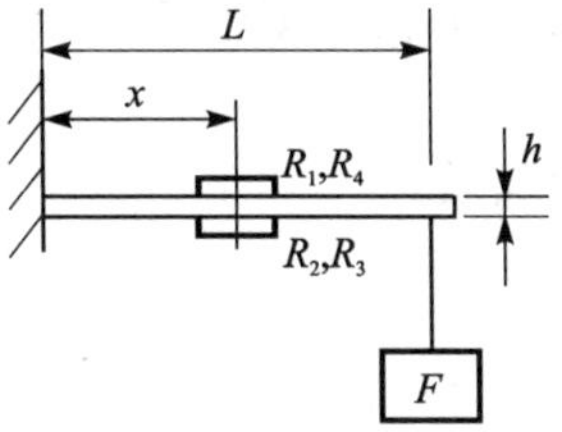


**图 5.1　悬臂梁测力示意图**

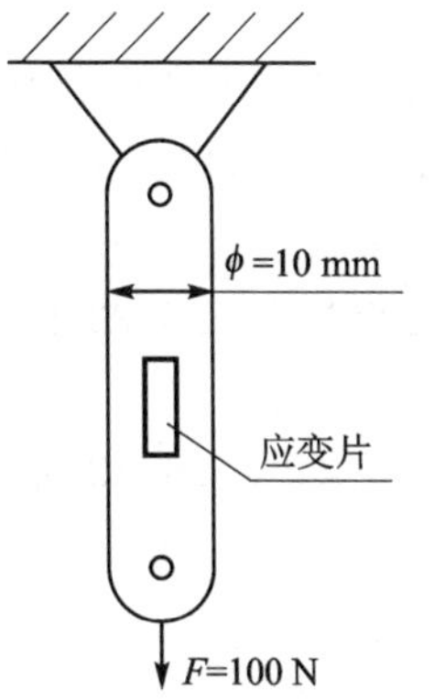


**图 5.2　拉杆测力示意图**

**5.18**　图 5.3 是一个单臂受感电桥。$R(x)$ 是受感电阻（当被测量 $x=0$ 时，$R(0)=R_0$），$R_1$，$R_0$ 是常值电阻。讨论当 $R_1=R_0$ 和 $R_1=5R_0$ 时电桥输出信号的异同。

**5.19**　图 5.4 是一个单臂受感电桥。$R(x)$ 是受感电阻（当被测量 $x=0$ 时，$R(0)=R_0$），$R_0$ 是常值电阻，$R_f$ 为负载电阻。讨论当 $R_f=R_0$，$2R_0$，$5R_0$，$10R_0$ 时与空载相比的负载误差。当受感电阻 $R(x)$ 变化 0.01，0.03，0.05 时，计算输出电压。

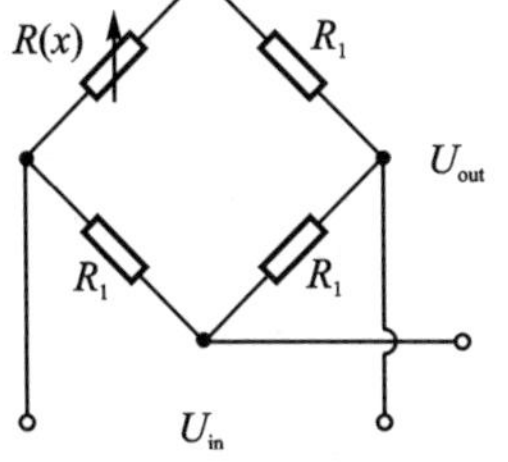


**图 5.3　单臂受感电桥**

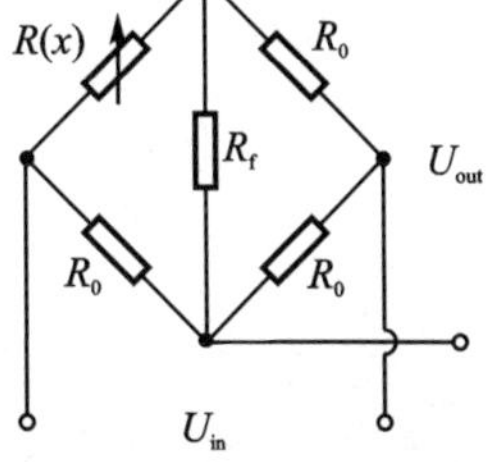


**图 5.4　有负载的单臂受感电桥**

**5.20**　常用的应变式测力传感器主要有哪几种？各有什么特点？

**5.21**　什么是等强度梁？说明它在测力传感器中使用的特点。

**5.22** 某等强度悬臂梁应变式测力传感器采用四个相同的应变片。试给出一种正确设置应变片的实现方式和相应的电桥连接方式原理图。

**5.23** 题5.22中,若该力传感器所采用的应变片的应变灵敏系数 $K=2.0$,电桥工作电压为 $U_{in}=10\ V$,输出电压 $U_{out}=20\ mV$,试计算应变电阻的相对变化和悬臂梁受到的应变。

**5.24** 题5.23中,若上述情况下,该力传感器对应受到的静态力为 $F=10\ N$,那么当电桥工作电压为 $u_{in}=5\sin(5\,000\,t)\ V$,被测力为 $f(t)=5\cos(200t)\ N$ 时,试分析该传感器的稳态输出电压信号。

**5.25** 给出一种应变式加速度传感器的原理结构图,并说明其工作过程及其特点。

**5.26** 试建立悬臂梁应变式加速度传感器的传递函数。

**5.27** 给出一种应变式压力传感器的结构原理图,并说明其工作过程与特点。

**5.28** 图5.6.19所示的应变式压力传感器,沿着径向粘贴四个相同的应变片,两个粘贴于圆平膜片的中心,两个粘贴于圆平膜片的边缘处。假设应变片的基长为 $l_0$,采用差动电桥检测电路,试导出其输出灵敏度。

**5.29** 导出图5.6.20所示的圆柱形应变圆筒式压力传感器的输出灵敏度,并说明其应用特点及如何减少不足之处,给出措施。

**5.30** 简要说明图5.6.21所示的非粘贴式应变压力传感器的应用特点。

**5.31** 分析如图5.6.22所示的转矩传感器的设计特点。如何根据轴的直径确定被测转矩的范围?

**5.32** 讨论如图5.6.22所示的转矩传感器的动态测量品质。

# 第 6 章　压阻式传感器

基本内容：

压阻效应

单晶硅的晶向、晶面

压阻系数矩阵

压阻式传感器温度漂移的补偿

电桥式变换原理

差动检测原理

压阻式压力传感器

压阻式加速度传感器

利用压阻式变换原理可以制成压敏电阻(piezoresistor)，压敏电阻可以感受被测量物体受力或力矩时所产生的应力。应力使压敏电阻产生电阻变化，通过电桥进一步将电阻变化转换为电压或电流的变化。利用压阻式变换原理制成的传感器称为压阻式传感器(piezoresistive transducer/sensor)。

## 6.1　压阻式变换原理

### 6.1.1　半导体材料的压阻效应

固体受到作用力后电阻率(或电阻)会发生变化，这就是固体的压阻效应。固体的压阻效应以半导体材料最为显著，因而最具有实用价值。半导体材料的压阻效应通常有两种应用方式：一种是利用半导体材料的体电阻做成粘贴式应变片，已在 5.2.3 节中介绍过；另一种是在半导体材料的基片上，用集成电路工艺制成扩散型压敏电阻或离子注入型压敏电阻，本章重点讨论这种效应。

任何材料的电阻的变化率均可以写成

$$\frac{\mathrm{d}R}{R}=\frac{\mathrm{d}\rho}{\rho}+\frac{\mathrm{d}L}{L}-2\,\frac{\mathrm{d}r}{r}$$

对于金属电阻而言，$\mathrm{d}\rho/\rho$ 很小，主要由几何变形量 $\mathrm{d}L/L$ 和 $\mathrm{d}r/r$ 形成电阻的应变效应；对于半导体材料而言，$\mathrm{d}\rho/\rho$ 很大，相对来说几何变形量 $\mathrm{d}L/L$ 和 $\mathrm{d}r/r$ 很小，这是由半导体材料的导电特性决定的。

半导体材料的电阻取决于有限数目的载流子、空穴和电子的迁移。其电阻率可表示为

$$\rho\propto\frac{1}{eN_i\mu_{\mathrm{av}}}\tag{6.1.1}$$

式中　$N_i$——载流子浓度；

$\mu_{\mathrm{av}}$——载流子的平均迁移率；

$e$——电子电荷量，$e=1.602\times10^{-19}$ C。

当应力作用于半导体材料时,单位体积内的载流子数目即载流子浓度 $N_i$、平均迁移率 $\mu_{av}$ 都要发生变化,从而使电阻率 $\rho$ 发生变化,这就是半导体压阻效应的本质。

实验研究表明:半导体材料的电阻率的相对变化可写为

$$\frac{d\rho}{\rho}=\pi_L\sigma_L \tag{6.1.2}$$

式中　$\pi_L$——压阻系数($Pa^{-1}$),表示单位应力引起的电阻率的相对变化量;

$\sigma_L$——应力(Pa)。

对于单向受力的晶体,$\sigma_L=E\varepsilon_L$。式(6.1.2)可以进一步写为

$$\frac{d\rho}{\rho}=\pi_L E\varepsilon_L \tag{6.1.3}$$

电阻的变化率可写为

$$\frac{dR}{R}=\frac{d\rho}{\rho}+\frac{dL}{L}+2\mu\frac{dL}{L}=(\pi_L E+2\mu+1)\varepsilon_L=K\varepsilon_L \tag{6.1.4}$$

$$K=\pi_L E+2\mu+1\approx\pi_L E \tag{6.1.5}$$

半导体材料的弹性模量 $E$ 的量值范围为 $1.3\times10^{11}\sim1.9\times10^{11}$ Pa,压阻系数 $\pi_L$ 的量值范围为 $40\times10^{-11}\sim80\times10^{-11}\ Pa^{-1}$,故 $\pi_L E$ 的范围为50~150。因此在半导体材料的压阻效应中,其等效的应变灵敏系数远远大于金属的应变灵敏系数,且主要是由电阻率的相对变化引起的,而不是由几何形变引起的。基于上面的分析,有

$$\frac{dR}{R}\approx\pi_L\sigma_L \tag{6.1.6}$$

利用半导体材料的压阻效应可以制成压阻式传感器。其主要优点是:压阻系数很高,分辨率高,动态响应好,易于向集成化、智能化方向发展。但其最大的缺点是压阻效应的温度系数大,存在较大的温度误差。

### 6.1.2　单晶硅的晶向、晶面的表示

1. 意　义

在压阻式传感器中,主要采用单晶硅基片。由于单晶硅材料是各向异性的,外加力的方向不同,故其压阻系数变化很大。晶体不同的取向决定了该方向的压阻效应的大小。因此需要研究单晶硅的晶向、晶面。

2. 晶　向

晶面的法线方向就是晶向。如图6.1.1所示,$ABC$ 平面的法线方向为 $\mathbf{N}$。它与 $x,y,z$ 轴的方向余弦分别为 $\cos\alpha,\cos\beta,\cos\gamma$;在 $x,y,z$ 轴的截距分别为 $r,s,t$。它们之间满足

$$\cos\alpha:\cos\beta:\cos\gamma=\frac{1}{r}:\frac{1}{s}:\frac{1}{t}=h:k:l \tag{6.1.7}$$

式中　$h,k,l$——密勒指数,它们为无公约数的最大整数。

这样,$ABC$ 晶面的方向可以由 $\langle hkl\rangle$ 来表示。

3. 晶面的表示

方向为 $\langle hkl\rangle$ 的 $ABC$ 晶面表示为($hkl$)。

4. 计算实例

单晶硅具有立方晶格。下面讨论如图 6.1.2 所示的正立方体。

(1) $ABCD$ 面

该面在 $x,y,z$ 轴的截距分别为 $1,\infty,\infty$，故有 $h:k:l=1:0:0$，于是该晶面表述为 (100)；相应的晶向为<100>。

(2) $ADGF$ 面

该面在 $x,y,z$ 轴的截距分别为 $1,1,\infty$，故有 $h:k:l=1:1:0$，于是该晶面表述为 (110)；相应的晶向为<110>。

(3) $AFH$ 面

该面在 $x,y,z$ 轴的截距分别为 1,1,1，故有 $h:k:l=1:1:1$，于是该晶面表述为(111)；相应的晶向为<111>。

(4) $BCHE$ 面

由于该面通过 $z$ 轴，为了便于说明问题，将该面向 $y$ 轴的负方向平移一个单元后，在 $x,y,z$ 轴的截距分别为 $1,-1,\infty$，故有 $h:k:l=1:-1:0$，于是该晶面表述为$(1\ \ -1\ \ 0)=(1\ \ \bar{1}\ \ 0)$；相应的晶向为$<1\ \ \bar{1}\ \ 0>$。

(5) 假设正立方体向 $x$ 轴负方向平移一个单元，$EFGH$ 移到 $IJKL$，相应的 $ABCD$ 移到 $EFGH$。考虑 $ABKL$ 面，它在 $x,y,z$ 的截距分别为 $1,\infty,0.5$，故有 $h:k:l=1:0:2$；于是该晶面表述为(102)；相应的晶向为<102>。

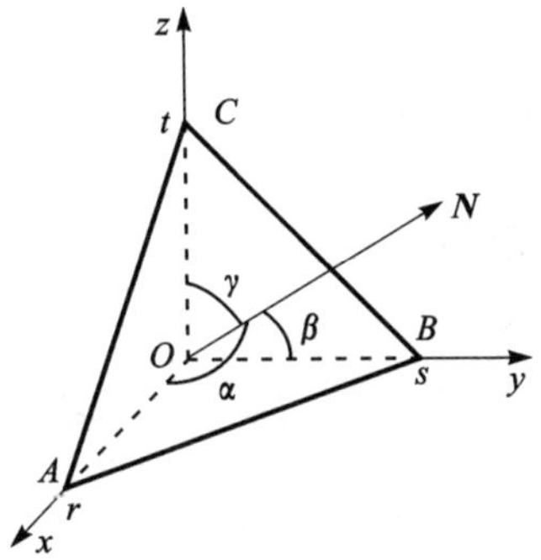


图 6.1.1　平面的截距表示法

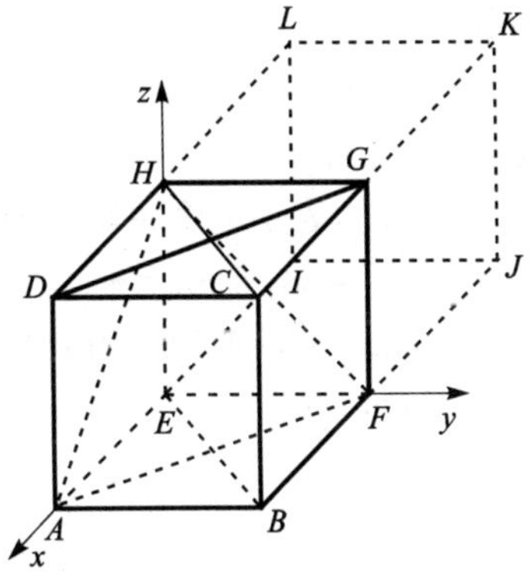


图 6.1.2　正立方体示意图

## 6.1.3　压阻系数

对于应变片的应变效应，有(见式(5.2.6))

$$\frac{\Delta R}{R}=K_x\varepsilon_x+K_y\varepsilon_y$$

相应地对于半导体电阻的压阻效应，有

$$\frac{\Delta R}{R}=\pi_a\sigma_a+\pi_n\sigma_n \tag{6.1.8}$$

式中　$\pi_a,\pi_n$——纵向压阻系数和横向压阻系数($Pa^{-1}$)；

$\sigma_a,\sigma_n$——纵向(主方向)应力和横向(副方向)应力(Pa)。

压阻效应是通过压敏电阻条来实现的。那么根据实际受力状态，如何确定 $\sigma_a,\sigma_n$ 和 $\pi_a,\pi_n$ 呢？

1. 压阻系数矩阵

讨论一个标准的单元微立方体,它是沿着单晶硅晶粒的三个标准晶轴1,2,3(即$x,y,z$轴)的轴向取出,如图6.1.3所示。在这个微立方体上有三个正应力:$\sigma_{11}$,$\sigma_{22}$,$\sigma_{33}$,可记为$\sigma_1$,$\sigma_2$,$\sigma_3$;另外有三个独立的切应力:$\sigma_{23}$,$\sigma_{31}$,$\sigma_{12}$,可记为$\sigma_4$,$\sigma_5$,$\sigma_6$。

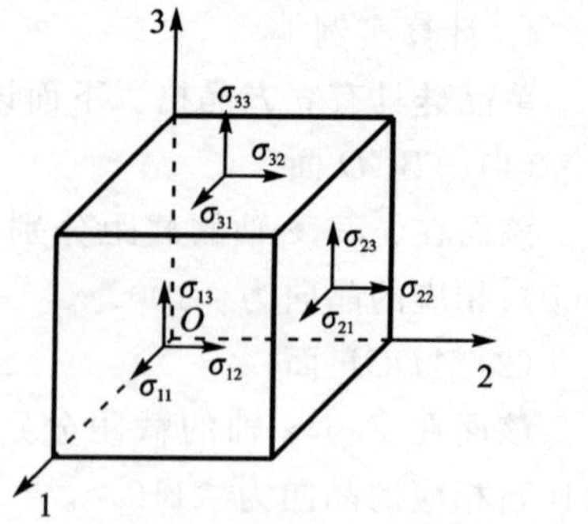

**图6.1.3 单晶硅微立方体上的应力分布**

六个独立的应力$\sigma_1$,$\sigma_2$,$\sigma_3$,$\sigma_4$,$\sigma_5$,$\sigma_6$将引起六个独立的电阻率的相对变化量$\delta_1$,$\delta_2$,$\delta_3$,$\delta_4$,$\delta_5$,$\delta_6$。研究表明,应力与电阻相对变化率之间有如下关系:

$$\boldsymbol{\delta}=\boldsymbol{\pi}\boldsymbol{\sigma} \tag{6.1.9}$$

$$\boldsymbol{\sigma}=[\sigma_1 \quad \sigma_2 \quad \sigma_3 \quad \sigma_4 \quad \sigma_5 \quad \sigma_6]^{\mathrm{T}}$$

$$\boldsymbol{\delta}=[\delta_1 \quad \delta_2 \quad \delta_3 \quad \delta_4 \quad \delta_5 \quad \delta_6]^{\mathrm{T}}$$

$$\boldsymbol{\pi}=\begin{bmatrix}\pi_{11} & \pi_{12} & \cdots & \pi_{16}\\ \pi_{21} & \pi_{22} & \cdots & \pi_{26}\\ \vdots & \vdots & & \vdots\\ \pi_{61} & \pi_{62} & \cdots & \pi_{66}\end{bmatrix}$$

$\boldsymbol{\pi}$称为压阻系数矩阵,特点有:

① 切应力不引起轴向压阻效应;

② 正应力不引起剪切压阻效应;

③ 切应力只在自己的剪切平面内产生压阻效应,无交叉影响;

④ 具有一定对称性,即

$\pi_{11}=\pi_{22}=\pi_{33}$,表示三个主轴方向上的轴向压阻效应相同;

$\pi_{12}=\pi_{21}=\pi_{13}=\pi_{31}=\pi_{23}=\pi_{32}$,表示横向压阻效应相同;

$\pi_{44}=\pi_{55}=\pi_{66}$,表示剪切压阻效应相同。

故压阻系数矩阵为

$$\boldsymbol{\pi}=\begin{bmatrix}\pi_{11} & \pi_{12} & \pi_{12} & & & \\ \pi_{12} & \pi_{11} & \pi_{12} & & & \\ \pi_{12} & \pi_{12} & \pi_{11} & & & \\ & & & \pi_{44} & & \\ & & & & \pi_{44} & \\ & & & & & \pi_{44}\end{bmatrix} \tag{6.1.10}$$

只有三个独立的压阻系数,且定义:

$\pi_{11}$——单晶硅的纵向压阻系数($\mathrm{Pa}^{-1}$);

$\pi_{12}$——单晶硅的横向压阻系数($\mathrm{Pa}^{-1}$);

$\pi_{44}$——单晶硅的剪切压阻系数($\mathrm{Pa}^{-1}$)。

在常温下,P型硅(空穴导电)的$\pi_{11}$,$\pi_{12}$可以忽略,$\pi_{44}=138.1\times10^{-11}\ \mathrm{Pa}^{-1}$;N型硅(电子导电)的$\pi_{44}$可以忽略,$\pi_{11}$,$\pi_{12}$较大,且有$\pi_{12}\approx-\dfrac{\pi_{11}}{2}$,$\pi_{11}=-102.2\times10^{-11}\ \mathrm{Pa}^{-1}$。

2. 任意晶向的压阻系数

单晶硅任意方向的压阻系数计算图如图 6.1.4 所示，1，2，3 为单晶硅立方晶格的主轴方向；在任意方向形成压敏电阻条 $R$，$P$ 为压敏电阻条 $R$ 的主方向，又称纵向；$Q$ 为压敏电阻条 $R$ 的副方向，又称横向。方向 $P$ 是由电阻条的实际长度方向决定的，也就是电流通过电阻条 $R$ 的方向，记为 $1'$ 方向；$Q$ 方向则是由电阻条的实际受力方向决定的，即在与 $P$ 方向垂直的平面内，电阻条受到的综合应力的方向，记为 $2'$ 方向。

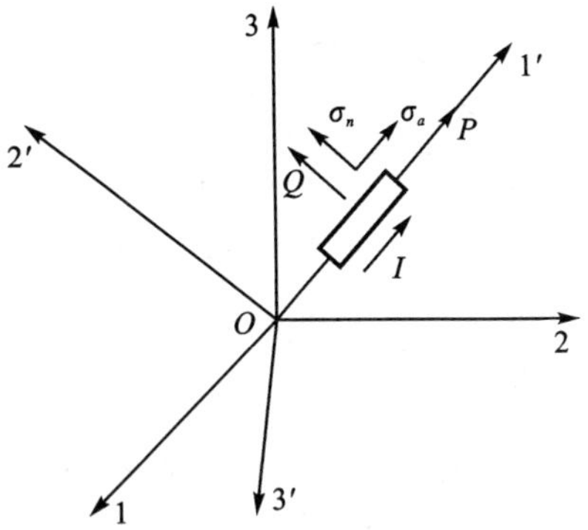


**图 6.1.4　单晶硅任意方向的压阻系数计算图**

定义 $\pi_a$，$\pi_n$ 分别为纵向压阻系数（$P$ 方向）和横向压阻系数（$Q$ 方向），而且有

$$\pi_a = \pi_{11} - 2(\pi_{11} - \pi_{12} - \pi_{44})(l_1^2 m_1^2 + m_1^2 n_1^2 + n_1^2 l_1^2) \tag{6.1.11}$$

$$\pi_n = \pi_{12} + (\pi_{11} - \pi_{12} - \pi_{44})(l_1^2 l_2^2 + m_1^2 m_2^2 + n_1^2 n_2^2) \tag{6.1.12}$$

式中　$l_1, m_1, n_1$——$P$ 方向在标准的立方晶格坐标系中的方向余弦；

$l_2, m_2, n_2$——$Q$ 方向在标准的立方晶格坐标系中的方向余弦。

利用式(6.1.8)就可以计算任意方向的电阻条的压阻效应。

3. 计算实例

① 计算(001)面上＜010＞晶向的纵向、横向压阻系数。

如图 6.1.5 所示，$ABCDEFGH$ 为一单位立方体。$CDHG$ 为(001)面，其上＜010＞晶向为 $CD$；相应的横向为 $CG$，即＜100＞。

＜010＞的方向余弦为 $l_1=0, m_1=1, n_1=0$；

＜100＞的方向余弦为 $l_2=1, m_2=0, n_2=0$。

则

$$\pi_a = \pi_{11} - 2(\pi_{11} - \pi_{12} - \pi_{44})0 = \pi_{11} \tag{6.1.13}$$

$$\pi_n = \pi_{12} + (\pi_{11} - \pi_{12} - \pi_{44})0 = \pi_{12} \tag{6.1.14}$$

② 计算(100)面上＜011＞晶向的纵向、横向压阻系数。

如图 6.1.6 所示，$ABCDEFGH$ 为一单位立方体。$ABCD$ 为(100)面，其上＜011＞晶向为 $AC$；相应的横向为 $BD$。

面(100)方向的矢量描述为 $\boldsymbol{i}$；方向＜011＞的矢量描述为 $\boldsymbol{j}+\boldsymbol{k}$。

由于

$$\boldsymbol{i} \times (\boldsymbol{j} + \boldsymbol{k}) = \boldsymbol{i} \times \boldsymbol{j} + \boldsymbol{i} \times \boldsymbol{k} = \boldsymbol{k} + (-\boldsymbol{j}) \tag{6.1.15}$$

故(100)面内，＜011＞方向的横向为＜0 $\bar{1}$1＞（通常写为＜01 $\bar{1}$＞）。

＜011＞的方向余弦为 $l_1=0, m_1=\dfrac{1}{\sqrt{2}}, n_1=\dfrac{1}{\sqrt{2}}$；

＜01 $\bar{1}$＞的方向余弦为 $l_2=0, m_2=\dfrac{1}{\sqrt{2}}, n_2=\dfrac{-1}{\sqrt{2}}$。

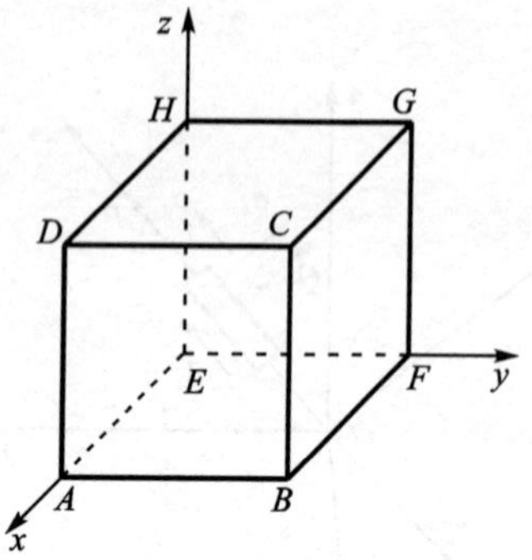


图 6.1.5 (001)面上<010>晶向的纵向、横向示意图

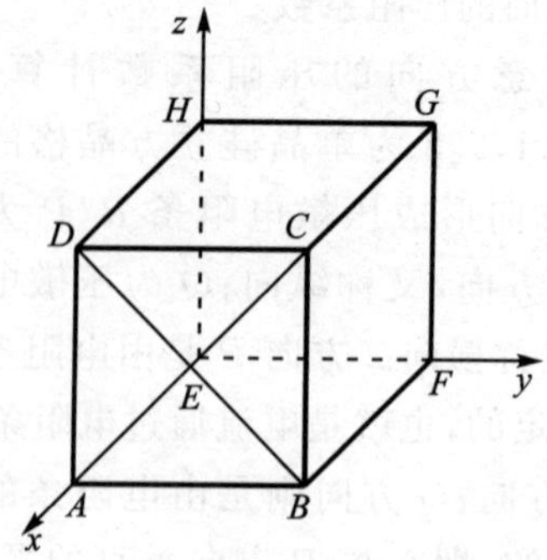


图 6.1.6 (100)面上<011>晶向的纵向、横向示意图

则

$$\pi_a = \pi_{11} - 2(\pi_{11} - \pi_{12} - \pi_{44})\frac{1}{2}\cdot\frac{1}{2} = \frac{1}{2}(\pi_{11} + \pi_{12} + \pi_{44}) \tag{6.1.16}$$

$$\pi_n = \pi_{12} + (\pi_{11} - \pi_{12} - \pi_{44})\left(\frac{1}{2}\cdot\frac{1}{2} + \frac{1}{2}\cdot\frac{1}{2}\right) = \frac{1}{2}(\pi_{11} + \pi_{12} - \pi_{44}) \tag{6.1.17}$$

对于P型硅,有

$$\pi_a = \frac{1}{2}\pi_{44}$$

$$\pi_n = -\frac{1}{2}\pi_{44}$$

对于N型硅,有

$$\pi_a = \frac{1}{4}\pi_{11}$$

$$\pi_n = \frac{1}{4}\pi_{11}$$

③ 绘出P型硅(001)面内的纵向和横向压阻系数的分布图。

如图6.1.7(a)所示,(001)面内,假设所考虑的纵向 $P$ 与1轴的夹角为 $\alpha$,与 $P$ 方向垂直的 $Q$ 方向为所考虑的横向。

在(001)面,方向 $P$ 与方向 $Q$ 的方向余弦分别为 $l_1, m_1, n_1$ 和 $l_2, m_2, n_2$,则

$$l_1 = \cos\alpha,\quad m_1 = \sin\alpha,\quad n_1 = 0$$
$$l_2 = \sin\alpha,\quad m_2 = -\cos\alpha,\quad n_2 = 0$$

$$\pi_a = \pi_{11} - 2(\pi_{11} - \pi_{12} - \pi_{44})\sin^2\alpha\cos^2\alpha \approx \frac{1}{2}\pi_{44}\sin^2 2\alpha \tag{6.1.18}$$

$$\pi_n = \pi_{12} + (\pi_{11} - \pi_{12} - \pi_{44})2\sin^2\alpha\cos^2\alpha \approx -\frac{1}{2}\pi_{44}\sin^2 2\alpha \tag{6.1.19}$$

因此,P型硅在(001)晶面内,$\pi_n = -\pi_a$。图6.1.7(b)给出了纵向压阻系数 $\pi_a$ 的分布图。图形关于1轴(即<100>)和2轴(即<010>)对称,同时关于45°直线(即<110>)和135°直线(即<1$\bar{1}$0>)对称。

4. 影响压阻系数大小的因素

影响压阻系数大小的因素主要是扩散杂质的表面浓度和温度。

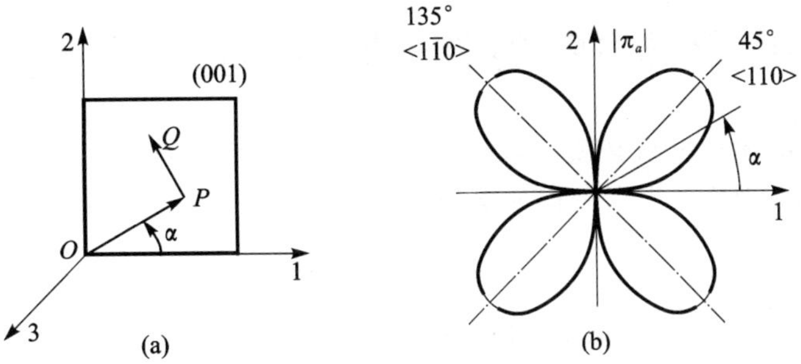


**图 6.1.7　P 型硅(001)面内的纵向和横向压阻系数分布图**

图 6.1.8 给出了压阻系数与扩散杂质表面浓度 $N_S$ 的关系。图中一条曲线是 P 型硅扩散层的压阻系数 $\pi_{44}$ 与表面浓度 $N_S$ 的关系，另一条曲线是 N 型硅扩散层的压阻系数 $\pi_{11}$ 与表面浓度 $N_S$ 的关系。扩散杂质表面浓度 $N_S$ 增加时，压阻系数都要减小。

这一现象可以粗略解释如下：扩散杂质的表面浓度 $N_S$ 增加时，说明载流子的浓度 $N_i$ 也要增加，由式(6.1.1)，电阻率 $\rho$ 必然要降低；但另一方面由于扩散杂质的表面浓度 $N_S$ 增加，载流子浓度比较大，半导体受到应力作用后，电阻率的变化($\Delta\rho$)更小，因此电阻率的变化率是降低的。这就说明了当扩散杂质的表面浓度增加时，压阻系数是降低的。

当温度变化时，压阻系数的变化也比较明显。温度升高时，由于载流子的杂散运动增大，使单向迁移率 $\mu_{av}$ 减小，因而电阻率 $\rho$ 变大，从而使电阻率的变化率($d\rho/\rho$)减小，故压阻系数随着温度的升高而减小。不过扩散杂质表面浓度较小时，$\mu_{av}$ 迁移率减小得较多，使电阻率 $\rho$ 增加得也较多，因而使压阻系数随温度的增加下降得较快；而扩散杂质表面浓度较高时，迁移率 $\mu_{av}$ 减小得较少，电阻率增加得也就较少，因而使压阻系数随着温度的增加下降得较慢。

基于上述讨论，为降低温度影响，扩散杂质的表面浓度高些比较好。但扩散杂质的表面浓度较高时，压阻系数就要降低，且高浓度扩散时，扩散层 P 型硅与衬底 N 型硅之间的 PN 结的击穿电压就要降低，而使绝缘电阻降低。因此必须综合考虑压阻系数的大小、温度对压阻系数的影响以及绝缘电阻的大小等因素来确定合适的表面杂质浓度。

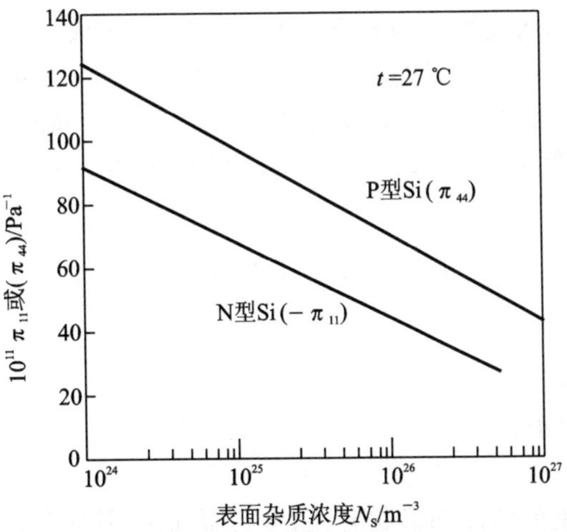


**图 6.1.8　压阻系数与扩散杂质表面浓度 $N_S$ 的关系**

# 6.2 扩散电阻的阻值与几何参数的确定

压阻式传感器的输出电阻必须要与后面的负载相匹配。如果传感器后面接的负载电阻为 $R_f$,如图 6.2.1 所示,则负载上所获得的电压为

$$U_{f,out} = \frac{R_f}{R_f + R_{out}} U_{out} \tag{6.2.1}$$

式中 $R_{out}$——压阻式传感器的输出电阻(Ω);

$U_{f,out}$——负载上得到的电压(V);

$U_{out}$——压阻式传感器的空载输出电压(V)。

只有当 $R_{out} \ll R_f$ 时,才有

$$U_{f,out} \approx U_{out} \tag{6.2.2}$$

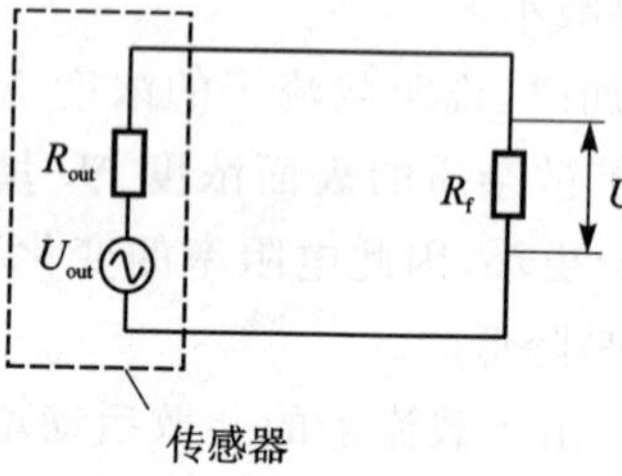


**图 6.2.1 传感器与负载的连接**

所以压阻式传感器的输出电阻(即电桥桥臂的电阻值)应尽可能小。在设计时,通常取电桥桥臂的电阻值为 500～3 000 Ω。

扩散电阻有两种类型:一种是胖型,如图 6.2.2(a)所示,这种胖型电阻由于 P－N 结的结面积较大,采用的不多;另一种是瘦型,如图 6.2.2(b)所示,这是一种常用的类型。

瘦型电阻的阻值按式(6.2.3)计算,即

$$R = R_S \frac{l}{b} \tag{6.2.3}$$

式中 $l$——扩散电阻的长度(m),即两个孔之间的距离;

$b$——扩散电阻的宽度(m);

$R_S$——薄层电阻(Ω),又称方块电阻,即长度、宽度均等于 $b$ 的电阻值,可用 Ω/□表示。

式(6.2.3)中的薄层电阻 $R_S$ 由扩散杂质的表面浓度 $N_S$ 和结深 $x_j$ 决定。如 $N_S$ 取 $1\times10^{18}\sim5\times10^{20}\ cm^{-3}$,$x_j$ 为 1～3 μm,则对应的 $R_S$ 约为 10～80 Ω/□。式(6.2.3)中的比值 $l/b$ 称为方块数,由所需的电阻值与所选的薄层电阻值决定,一般取 50～100。电阻宽度 $b$ 主要取决于集成电路制造的工艺水平,通常为 5～30 μm。电阻长则由宽度与方块数决定。

实际的扩散电阻两端必须要有引线孔,如图 6.2.2 所示。同时为了避免扩散电阻是一直条时太长,常将扩散电阻弯成几折,如图 6.2.2(c)所示,这样计算电阻时,考虑到端头效应和弯角的原因,计算公式为

$$R = R_S\left(\frac{l}{b} + K_1 + nK_2\right) \tag{6.2.4}$$

$$l = l_1 + l_2 + l_3$$

式中 $K_1$——端头校正因子;

$K_2$——弯头校正因子;

$n$——弯角数。

$K_1$ 的数值与扩散电阻的宽度和形状有关,由实验确定,具体数据如表 6.2.1 所列。$K_2$ 的数值可近似取为 0.5,确切数值也由实验确定。计算图 6.2.2(c)所示的扩散电阻时,弯角数 $n$ 等于 2。

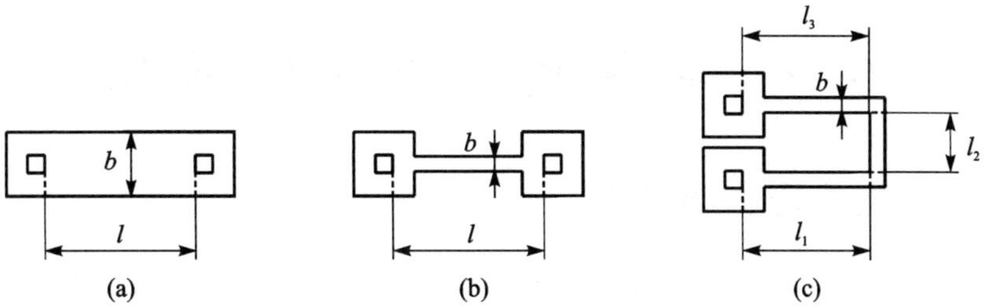


图 6.2.2　扩散电阻

电阻上流过电流时会产生热量，电流过大时，电阻的发热会使阻值变化甚至烧坏电阻。扩散电阻的允许功耗与传感器的封装形式有关。在集成电路中，允许功耗为 5 $\mu W/\mu m^2$；在传感器中可将此数值放大几倍。如将允许功耗换算成单位宽度上的最大工作电流，则使用起来更为方便。设电阻单位面积的允许功耗为 $P_u$，则以图 6.2.2(a)为例，有

$$P_u = \frac{I^2 R}{lb} = \frac{I^2 R_S \frac{l}{b}}{lb} = \frac{I^2 R_S}{b^2} \tag{6.2.5}$$

电阻单位宽度允许通过的电流为

$$\frac{I}{b} = \sqrt{\frac{P_u}{R_S}} \tag{6.2.6}$$

由式(6.2.6)可知：电阻上允许通过的电流 $I$ 除与允许功耗 $P_u$ 有关外，还与宽度 $b$ 及薄层电阻 $R_S$ 有关。如 $P_u = 10\ \mu W/\mu m^2$，则单位宽度允许的电流为

$$R_S = 10\ \Omega/\square,\quad \frac{I}{b} = \sqrt{\frac{10 \times 10^{-6}}{10\ \Omega}}\ W/\mu m^2 = 1\ mA/\mu m$$

$$R_S = 50\ \Omega/\square,\quad \frac{I}{b} = \sqrt{\frac{10 \times 10^{-6}}{50\ \Omega}}\ W/\mu m^2 = 0.45\ mA/\mu m$$

$$R_S = 100\ \Omega/\square,\quad \frac{I}{b} = \sqrt{\frac{10 \times 10^{-6}}{100\ \Omega}}\ W/\mu m^2 = 0.32\ mA/\mu m$$

算出 $\frac{I}{b}$ 后，就可以验算外加的电压或电流是否允许。

表 6.2.1　端头校正因子数值

| 电阻宽度 $b/\mu m$ | $K_1$ | |
|---|---|---|
| | 瘦　型 | 胖　型 |
| ≤25 | 0.8 | 0.28 |
| 50 | 0.4 | 0.14 |
| 75 | 0.27 | 0.09 |
| 100 | 0.2 | 0.08 |
| 100＜ | 可忽略 | |

# 6.3 典型的压阻式传感器

## 6.3.1 压阻式压力传感器

图 6.3.1 为一种常用的压阻式压力传感器的结构示意图。敏感元件圆形平膜片采用单晶硅来制作;基于单晶硅材料的压阻效应,利用微电子加工中的扩散工艺在硅膜片上制造所期望的压敏电阻。

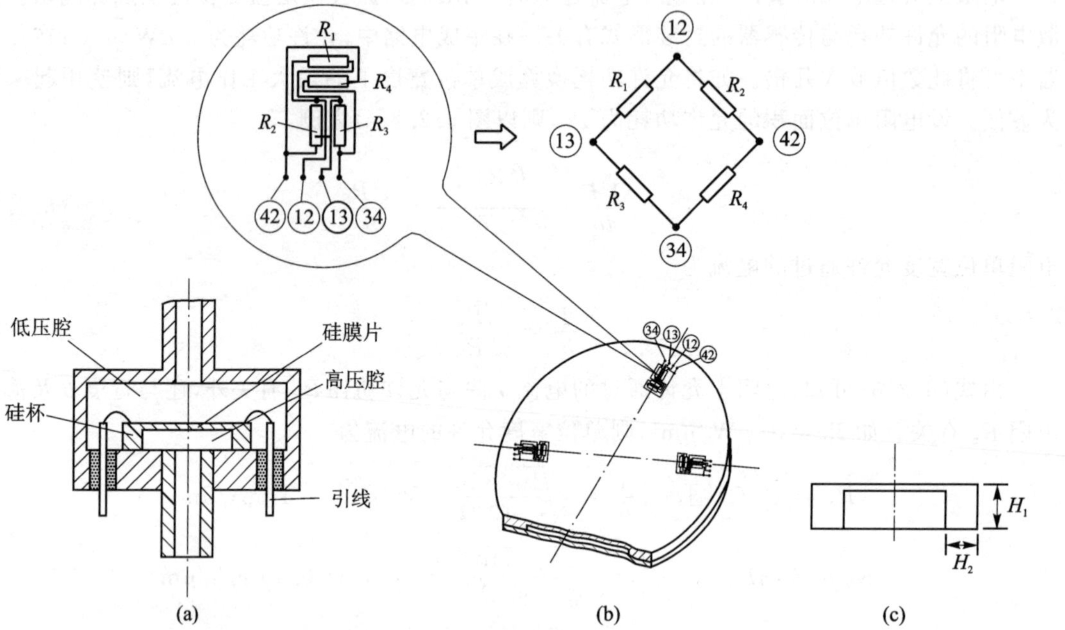


图 6.3.1 压阻式压力传感器结构示意图

1. 圆平膜片几何结构参数的设计

对于该硅压阻式压力传感器,在传感器敏感结构的参数设计上,应重点考虑:

① 圆平膜片的半径 $R$ 与厚度 $H$;

② 圆平膜片的边界隔离部分,即参数 $H_1$ 和 $H_2$。

考虑传感器感受最大被测压力差 $p_{\max}$时的情况,有以下结论。

借助于式(3.3.44)可得:在圆平膜片的中心($r=0$),其法向位移最大,为

$$W_{R,\max}=w(0)=\frac{3p_{\max}R^4}{16EH^3}(1-\mu^2) \tag{6.3.1}$$

式中 $p_{\max}$——传感器测量的最大压力差(Pa)。

借助于式(3.3.45)可得:圆平膜片法向最大位移与膜片厚度的比值为

$$\overline{W}_{R,\max}=\frac{3p_{\max}(1-\mu^2)}{16E}\left(\frac{R}{H}\right)^4 \tag{6.3.2}$$

借助于式(3.3.47)可得:圆平膜片上表面应变的最大绝对值为

$$\varepsilon_{r,\max}=\varepsilon_r(R)=\frac{3p_{\max}(1-\mu^2)R^2}{4EH^2} \tag{6.3.3}$$

借助于式(3.3.48)可得:圆平膜片上表面应力的最大绝对值为

$$\sigma_{r,\max} = \sigma_r(R) = \frac{3p_{\max}R^2}{4H^2} \tag{6.3.4}$$

基于压阻式压力传感器的工作机理,为提高传感器的灵敏度,应适当增大 $\sigma_{r,\max}$ 或 $\varepsilon_{r,\max}$ 值;但 $\sigma_{r,\max}$ 或 $\varepsilon_{r,\max}$ 值偏大时会使被测压力与位移、应变或应力之间呈非线性特性,因此,应当限制 $\sigma_{r,\max}$ 或 $\varepsilon_{r,\max}$ 值。另一方面,从力学的角度出发,为保证传感器实际工作特性的稳定性、重复性和可靠性,也应当限制 $\sigma_{r,\max}$ 或 $\varepsilon_{r,\max}$ 的取值范围。总之,为了保证压阻式压力传感器具有较好的输出特性,$\sigma_{r,\max}$ 或 $\varepsilon_{r,\max}$ 不能超过某一量值,例如可取

$$\varepsilon_{r,\max} \leqslant 5 \times 10^{-4} \tag{6.3.5}$$

$$K_s\sigma_{r,\max} \leqslant \sigma_b \tag{6.3.6}$$

式中　$\sigma_b$——许用应力(Pa);

$K_s$——安全系数。

一般经验认为,在传感器的整个测量范围内,允许的最大应变值选为 $5\times10^{-4}$,既可以使传感器敏感元件的信号转换灵敏度达到较为理想的值,又可以保证传感器工作在较为稳定、可靠的状态。如果允许的最大应变值选得过低,则敏感元件转换信号的灵敏度降低,这样就为后面的传感器信号调理电路的设计与工作带来一定困难,也就是说没有充分利用传感器敏感元件的工作能力。而当允许的最大应变值选得过高时,虽然敏感元件转换信号的灵敏度增大,但敏感元件的工作稳定性、可靠性将降低,同时也使敏感元件的工作特性的线性度变差;特别对于模拟式传感器而言,同样会对后面的传感器信号调理电路的设计与工作带来较大的困难,也就是说传感器整体设计有缺陷。

式(6.3.5)与式(6.3.6)既是选择、设计圆平膜片几何参数的准则,又可以作为其他弹性敏感元件几何参数设计的准则。

对于式(6.3.2)确定的圆平膜片法向最大位移与膜片厚度的比值 $\overline{W}_{R,\max}$,一般来说,当其增加时,有助于提高检测灵敏度;但 $\overline{W}_{R,\max}$ 值偏大时会使被测压力与位移、应变或应力之间呈非线性特性,也有可能使传感器工作特性的稳定性、重复性和可靠性变差,因此,应当限制 $\overline{W}_{R,\max}$ 值。总之,$\overline{W}_{R,\max}$ 不能超过某一量值。

当被测压力的范围确定后,最大被测压力差 $p_{\max}$ 是确定的。于是基于式(6.3.3)可知对应于 $\varepsilon_{r,\max}$ 的圆平膜片半径、膜厚之比的最大值 $(R/H)_{\max}$。

$$\left(\frac{R}{H}\right)_{\max} = \sqrt{\frac{4E\,\varepsilon_{r,\max}}{3p_{\max}(1-\mu^2)}} \tag{6.3.7}$$

借助于式(6.3.2)和式(6.3.7)可得:对应于圆平膜片上表面应变最大绝对值 $\varepsilon_{r,\max}$ 的圆平膜片法向最大位移与膜片厚度的比值 $\overline{W}_{R,\max}$ 为

$$\overline{W}_{R,\max} = \frac{3p_{\max}(1-\mu^2)}{16E}\left[\frac{4E\,\varepsilon_{r,\max}}{3p_{\max}(1-\mu^2)}\right]^2 = \frac{E\,\varepsilon_{r,\max}^2}{3p_{\max}(1-\mu^2)} \tag{6.3.8}$$

借助于式(6.3.4)和式(6.3.7)可得:对应于圆平膜片上表面应变最大绝对值 $\varepsilon_{r,\max}$ 的圆平膜片最大应力 $\sigma_{r,\max}$ 为

$$\sigma_{r,\max} = \frac{3p_{\max}R^2}{4H^2} = \frac{E\,\varepsilon_{r,\max}}{1-\mu^2} \tag{6.3.9}$$

综合上述分析,一种比较好的设计方案分为以下三步:

① 选择一个恰当的 $\varepsilon_{r,\max}$ 和由式(6.3.7)确定的圆平膜片半径、膜厚之比的最大值 $(R/H)_{\max}$。

② 由式(6.3.8)计算圆平膜片法向最大位移与膜片厚度的比值 $\overline{W}_{R,\max}$,并借助于考虑圆平膜片式非线性挠度特性,即由式(3.3.56)或式(3.3.57)计算当被测压力 $p\in(0,p_{\max})$时,其位移特性的非线性程度。如果非线性程度可接受,则执行下一步;否则调整(即减小)$\varepsilon_{r,\max}$,重新执行①。

③ 由式(6.3.9)计算圆平膜片最大应力 $\sigma_{r,\max}$ 与许用应力 $\sigma_b$,若满足式(6.3.6),则上述设计合理,满足要求;否则调整(即减小)$\varepsilon_{r,\max}$,重新执行①。

选定 $R$,$H$ 值后,可以根据一定的抗干扰准则来设计圆平膜片边界隔离部分的参数 $H_1$ 和 $H_2$。本书不作深入讨论,给出如下经验值,即

$$15\leqslant\frac{H_1}{H}\tag{6.3.10}$$

$$15\leqslant\frac{H_2}{H}\tag{6.3.11}$$

下面讨论一设计实例。

假设被测压力范围 $p\in(0,2\times10^5)$ Pa,即 $p_{\max}=2\times10^5$ Pa;取 $\varepsilon_{r,\max}=5\times10^{-4}$;硅材料的弹性模量 $E=1.3\times10^{11}$ Pa,泊松比 $\mu=0.18$。

依上述步骤,由式(6.3.7)可得圆平膜片最大的半径、膜厚之比为

$$\left(\frac{R}{H}\right)_{\max}=\sqrt{\frac{4E\,\varepsilon_{r,\max}}{3p_{\max}(1-\mu^2)}}=\sqrt{\frac{4\times1.3\times10^{11}\times5\times10^{-4}}{3\times2\times10^5\times(1-0.18^2)}}=21.2\tag{6.3.12}$$

由式(6.3.8)可得

$$\overline{W}_{R,\max}=\frac{E\,\varepsilon_{r,\max}^2}{3p_{\max}(1-\mu^2)}=\frac{1.3\times10^{11}\times(5\times10^{-4})^2}{3\times2\times10^5\times(1-0.18^2)}=0.056\tag{6.3.13}$$

利用式(3.3.57)可以计算出 $p\in(0,2\times10^5)$ Pa 范围内的压力-位移特性。与线性情况相比,其最大相对偏差为$-0.16$ %。

利用式(6.3.9)可得

$$\sigma_{r,\max}=\frac{E\,\varepsilon_{r,\max}}{1-\mu^2}=\frac{1.3\times10^{11}\ \text{Pa}\times5\times10^{-4}}{1-0.18^2}=6.72\times10^7\ \text{Pa}\tag{6.3.14}$$

远远小于硅材料的许用应力值。

基于上述分析结果,所选择的敏感结构几何参数是合理的。当被测压力的最大值为 $p_{\max}=2\times10^5$ Pa 时,取圆平膜片的最大应变 $\varepsilon_{r,\max}=5\times10^{-4}$。这时圆平膜片的半径、膜厚之比最大可以设计为 $\left(\frac{R}{H}\right)_{\max}=21.2$。如当硅膜片的半径设计为 $R=1$ mm 时,则其膜厚应为 $H=47.4\ \mu$m;同时,圆平膜片法向最大位移与膜片厚度的比值 $\overline{W}_{R,\max}=0.056$。由式(6.3.10)和式(6.3.11)可以设计出 0.71 mm$\leqslant H_1$,0.71 mm$\leqslant H_2$。

2. 圆平膜片上压敏电阻位置设计

圆平膜片几何结构参数设计好后,就应当考虑压敏电阻在圆平膜片上的设计问题。

假设单晶硅圆平膜片的晶面方向为<001>,如图 6.3.2 所示。

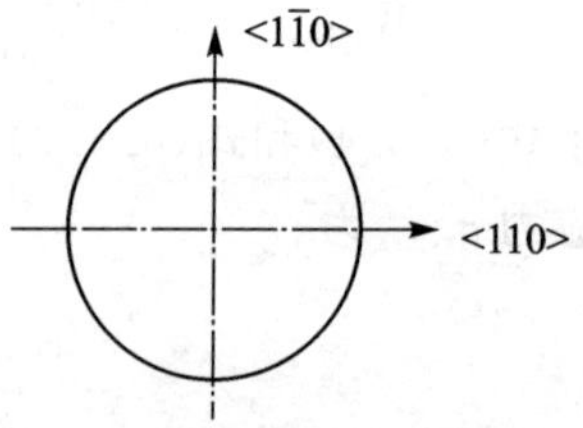


**图 6.3.2 <001>晶向的单晶硅圆平膜片**

根据单晶硅电阻的压敏效应,有(见式(6.1.8))

$$\frac{\Delta R}{R_0} = \pi_a \sigma_a + \pi_n \sigma_n$$

式中　$R_0$——压敏电阻的初始值。

对于周边固支的圆平膜片，借助于式(3.3.48)，在其上表面的半径 $r$ 处，径向应力 $\sigma_r$、切向应力 $\sigma_\theta$ 与所承受的压力 $p$ 间的关系为

$$\sigma_r = \frac{3p}{8H^2}[(1+\mu)R^2 - (3+\mu)r^2] \tag{6.3.15}$$

$$\sigma_\theta = \frac{3p}{8H^2}[(1+\mu)R^2 - (1+3\mu)r^2] \tag{6.3.16}$$

式中　$R$——平膜片的工作半径(m)；

$H$——平膜片的厚度(m)；

$\mu$——平膜片材料的泊松比，取 $\mu=0.18$。

图 6.3.3 给出了周边固支圆平膜片的上表面应力随半径 $r$ 变化的曲线关系。

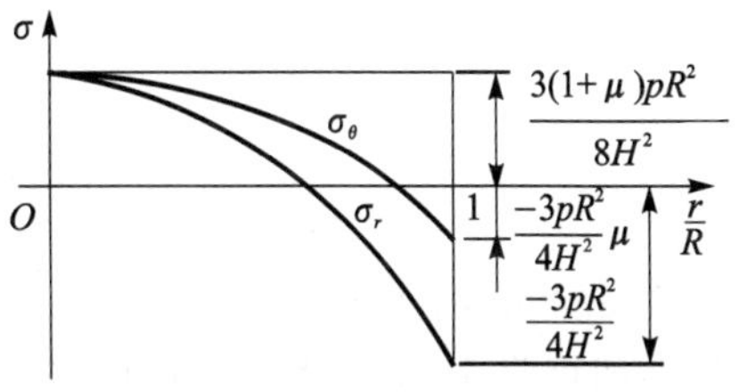


图 6.3.3　平膜片的应力曲线

由式(6.3.15)可知：当 $r < \sqrt{\dfrac{1+\mu}{3+\mu}}R \approx 0.609\,R$ 时，$0 < \sigma_r$，圆平膜片上表面的径向正应力为拉伸应力；当 $r < 0.609R$ 时，$\sigma_r < 0$，圆平膜片上表面的径向正应力为压缩应力。

由式(6.3.16)可知：当 $r < \sqrt{\dfrac{1+\mu}{1+3\mu}}R \approx 0.875R$ 时，$0 < \sigma_\theta$，圆平膜片上表面的环向正应力为拉伸应力；当 $0.875R < r$ 时，$\sigma_\theta < 0$，圆平膜片上表面的环向正应力为压缩应力。

由 6.1.3 节计算实例③的分析与计算结果可知：P 型硅(001)面内，当压敏电阻条的纵向与<100>(即 1 轴)的夹角为 $\alpha$ 时，该电阻条所在位置的纵向和横向压阻系数为

$$\pi_a \approx \frac{1}{2}\pi_{44}\sin^2 2\alpha \tag{6.3.17}$$

$$\pi_n \approx -\frac{1}{2}\pi_{44}\sin^2 2\alpha \tag{6.3.18}$$

如果压敏电阻条的纵向取圆膜片的径向，有

$$\sigma_a = \sigma_r$$

$$\sigma_n = \sigma_\theta$$

结合式(6.3.15)～(6.3.18)，则该电阻条的压阻效应可描述为

$$\left(\frac{\Delta R}{R_0}\right)_r = \pi_a\sigma_a + \pi_n\sigma_n = \pi_a\sigma_r + \pi_n\sigma_\theta = \frac{-3pr^2(1-\mu)\pi_{44}}{8H^2}\sin^2 2\alpha \tag{6.3.19}$$

如果压敏电阻条的纵向取圆膜片的切向，有

$$\sigma_a = \sigma_\theta$$

$$\sigma_n = \sigma_r$$

结合式(6.3.15)～(6.3.18)，则该电阻条的压阻效应可描述为

$$\left(\frac{\Delta R}{R_0}\right)_\theta = \pi_a\sigma_a + \pi_n\sigma_n = \pi_a\sigma_\theta + \pi_n\sigma_r =$$

$$\frac{3pr^2(1-\mu)\pi_{44}}{8H^2}\sin^2 2\alpha \tag{6.3.20}$$

对比式(6.3.19)和式(6.3.20)可知:在单晶硅的(001)面内,如果将P型压敏电阻条分别设置在圆平膜片的径向和切向,则它们的变化是互为反向的,即径向电阻条的电阻值随压力单调减小,切向电阻条的电阻值随压力单调增加,而且减小量与增加量是相等的。这一规律为设计压敏电阻条提供了非常好的条件。

另一方面,上述压阻效应也是电阻条的纵向与＜100＞方向夹角 $\alpha$ 的函数,当 $\alpha$ 取 45°(此为＜110＞晶向),135°(此为＜$\bar{1}$10＞晶向),225°(此为＜110＞晶向),315°(此为＜1 $\bar{1}$0＞晶向)时,压阻效应最显著,即压敏电阻条应该设置在上述位置的径向与切向。这时,在圆平膜片的径向和切向,P型电阻条的压阻效应可描述为

$$\left(\frac{\Delta R}{R_0}\right)_r = \frac{-3pr^2(1-\mu)\pi_{44}}{8H^2} \tag{6.3.21}$$

$$\left(\frac{\Delta R}{R_0}\right)_\theta = \frac{3pr^2(1-\mu)\pi_{44}}{8H^2} \tag{6.3.22}$$

图6.3.4给出了电阻相对变化的规律。按此规律即可将电阻条设置于圆形膜片的边缘处,即靠近平膜片的固支处($r=R$)。这样,沿径向和切向各设置两个P型压敏电阻条。

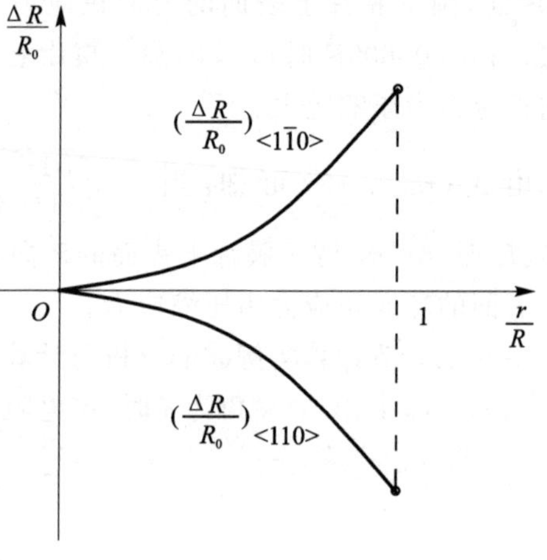


**图6.3.4 压敏电阻相对变化的规律**

应当指出,这里没有考虑电阻条长度对其压阻效应的影响。事实上,压敏电阻条相对于圆平膜片的半径不是非常小时,压敏电阻条的压阻效应应当是整个压敏电阻条的综合效应,而绝非一点处的效应。这一点对于分析传感器特性的非线性及其有关因素的影响、温度误差至关重要,这里不作深入讨论,习题6.14是这一问题的部分讨论。

3. 电桥输出电路

由上述设置的四个压敏电阻构成的四臂受感电桥就可以把压力的变化转换为电压的变化。当压力为零时,四个桥臂的电阻值相等,电桥输出电压为零;当压力不为零时,四个桥臂的电阻值发生变化,电桥输出电压与压力成线性关系。这样即可通过检测电桥输出电压,实现对压力的测量。采用恒压源供电的电路如图6.3.5所示。假设四个受感电阻的初始值完全一样,均为 $R_0$,当有被测压力作用时,两个敏感电阻增加,增加量为 $\Delta R(p)$;两个敏感电阻减小,减小量为 $-\Delta R(p)$。同时考虑温度的影响,每一个压敏电阻都有 $\Delta R(T)$ 的增加量。借助于式(5.5.21)可得图6.3.5所示的电桥输出为

$$U_{\text{out}} = U_{BD} = \frac{\Delta R(p)U_{\text{in}}}{R_0 + \Delta R(T)} \tag{6.3.23}$$

当不考虑温度影响时,$\Delta R(T)=0$,于是有

$$U_{\text{out}} = \frac{\Delta R(p) U_{\text{in}}}{R_0} \tag{6.3.24}$$

式(6.3.24)表明：四臂受感电桥的输出与压敏电阻的变化率$\frac{\Delta R(p)}{R_0}$成正比，与所加的工作电压$U_{\text{in}}$成正比；当其变化时会影响传感器的测量精度。

同时，当$\Delta R(T)\neq 0$时，电桥输出与温度有关，且为非线性的关系，所以采用恒压源供电不能完全消除温度误差。

当采用恒流源供电时，如图 6.3.6 所示。在上述压敏电阻以及与被测压力、温度的变化规律的假设下，借助于式(5.5.23)，可得恒流源电桥的输出为

$$U_{\text{out}} = U_{BD} = \Delta R(p) I_0 \tag{6.3.25}$$

电桥的输出与压敏电阻的变化率$\Delta R(p)$成正比，即与被测量成正比；电桥的输出也与恒流源供电电流$I_0$成正比，即传感器的输出与供电恒流源的电流大小和精度有关。但电桥输出与温度无关，这是恒流源供电的最大优点。通常恒流源供电要比恒压源供电的稳定性高，因此在硅压阻式传感器中主要采用恒流源供电工作方式。

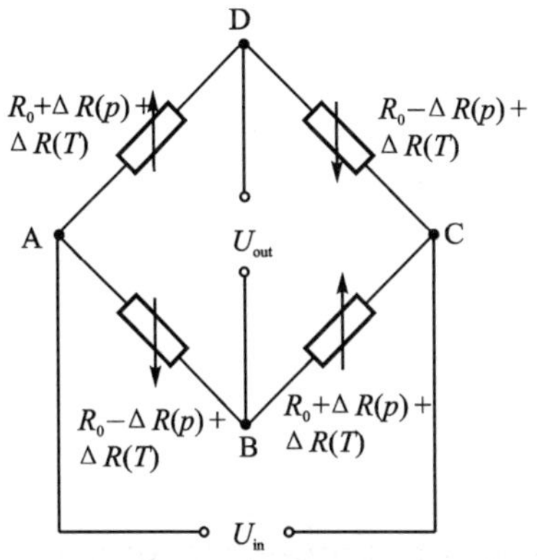


**图 6.3.5 恒压源供电电桥**

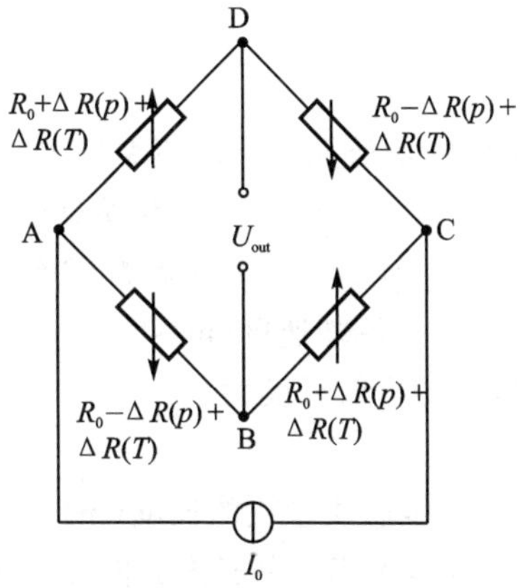


**图 6.3.6 恒流源供电电桥**

事实上恒流源两端的电压为

$$U_{AC} = [R_0 + \Delta R(T)] I_0 \tag{6.3.26}$$

这或许提供了一种温度测量的方法。

4. 动态特性分析

式(3.3.54)提供了计算圆平膜片弯曲振动的基频(Hz)公式，即

$$f_{\text{R,B1}} \approx \frac{0.469H}{R^2}\sqrt{\frac{E}{\rho(1-\mu^2)}}$$

对于用于测量动态过程的硅压阻式压力传感器，应当考虑其可能的最大工作频率。首先基于式(3.3.54)估算圆平膜片敏感元件自身的最低阶固有频率，其次利用 2.6.2 节的有关内容对传感器的最高工作频率进行评估。事实上，对于该硅压阻式压力传感器，可以将传感器系统看成一个固有频率为$\omega_{\text{n}}=2\pi f_{\text{R,B1}}$的等效的二阶系统，然后由表 2.6.2 来确定二阶测试系统不同的允许相对动态误差$\sigma_{\text{F}}$值所对应的频域最佳阻尼比$\zeta_{\text{best},\sigma_{\text{F}}}$和相应的最高工作频率与固有频率的比值$\omega_{\text{g max}}/\omega_{\text{n}}$，从而获得传感器系统的最高工作频率。

## 6.3.2 压阻式加速度传感器

1. 敏感结构与压敏电阻设计

压阻式加速度传感器是利用单晶硅材料制作悬臂梁,如图6.3.7所示,在其根部扩散出四个电阻。当悬臂梁自由端的质量块受加速度作用时,悬臂梁受到弯矩作用,产生应力,使压敏电阻发生变化。

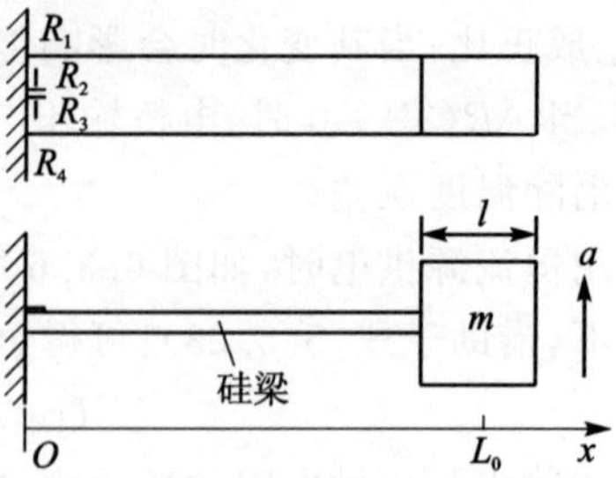


**图6.3.7 压阻式加速度传感器结构示意图**

选择＜001＞晶向作为悬臂的单晶硅衬底,悬臂梁的长度方向为＜110＞晶向,则悬臂梁的宽度方向为＜$1\bar{1}0$＞晶向。沿＜$1\bar{1}0$＞晶向设置两个P型电阻$R_1$、$R_4$,沿＜110＞晶向设置两个P型电阻$R_2$、$R_3$。

借助于式(3.3.29),悬臂梁上表面根部沿$x$方向的正应力为

$$\sigma_x = \frac{6mL_0}{bh^2}a \tag{6.3.27}$$

式中 $m$——敏感质量块的质量(kg);

$b,h$——梁的宽度(m)和厚度(m);

$L_0$——质量块中心至悬臂梁根部的距离(m);

$a$——被测加速度(m/s²)。

悬臂梁的有效长度为

$$L = L_0 - 0.5l \tag{6.3.28}$$

式中 $l$——敏感质量块的长度(m)。

于是,沿着悬臂梁的长度方向,即在＜110＞晶向设置的P型硅压敏电阻的压阻效应可以描述为

$$\left(\frac{\Delta R}{R}\right)_{<110>} = \pi_a\sigma_a + \pi_n\sigma_n = \pi_a\sigma_x \tag{6.3.29}$$

借助于式(6.1.18),式(6.3.29)中的纵向压阻系数为

$$\pi_a = \frac{1}{2}\pi_{44} \tag{6.3.30}$$

而在＜$1\ \bar{1}\ 0$＞晶向设置的P型硅压敏电阻的压阻效应可以描述为

$$\left(\frac{\Delta R}{R}\right)_{<1\bar{1}0>} = \pi_a\sigma_a + \pi_n\sigma_n = \pi_n\sigma_x \tag{6.3.31}$$

借助于式(6.1.19),式(6.3.31)中的横向压阻系数为

$$\pi_n = -\frac{1}{2}\pi_{44} \tag{6.3.32}$$

考虑到电阻长度远小于悬臂梁的长度,借助于式(6.3.27),将式(6.3.30),式(6.3.32)分别代入到式(6.3.29),式(6.3.31)中,可得

$$\left(\frac{\Delta R}{R}\right)_{<110>} = \frac{3mL_0}{bh^2}\pi_{44}a \tag{6.3.33}$$

$$\left(\frac{\Delta R}{R}\right)_{<1\bar{1}0>}=\frac{-3mL_0}{bh^2}\pi_{44}a=-\left(\frac{\Delta R}{R}\right)_{<110>} \tag{6.3.34}$$

可见，按上述原则在悬臂梁根部设置的压敏电阻符合构成四臂受感差动电桥的原则，因此输出电路与 6.3.1 节讨论的压阻式压力传感器完全相同，此不赘述。

2. 敏感结构参数设计准则

为了保证加速度传感器的输出特性具有良好的线性度，悬臂梁根部的应变应小于一定的量级，如 $5\times10^{-4}$。

借助于式(3.3.28)可得

$$\varepsilon_{x,\max}=\frac{6mL_0}{Ebh^2}a_{\max} \tag{6.3.35}$$

式中　$a_{\max}$——被测加速度绝对值的最大值($\mathrm{m/s^2}$)。

因此，应变约束条件为

$$\frac{6mL_0}{Ebh^2}a_{\max}\leqslant\varepsilon_b \tag{6.3.36}$$

式中　$\varepsilon_b$——悬臂梁所允许的最大应变值，如 $5\times10^{-4}$。

3. 动态特性分析

对于加速度传感器，多数情况是用于动态过程的测量。由于悬臂梁的厚度相对于其长度较小，因此其最低阶固有频率较低，这将限制其所测加速度的动态频率范围。

事实上，当不考虑悬臂梁自由端处敏感质量块的附加质量时，借助于式(3.3.30)，悬臂梁的最低阶固有频率(Hz)为

$$f_{B1}=\frac{0.162h}{L^2}\sqrt{\frac{E}{\rho}}$$

显然，考虑敏感质量块后悬臂梁的最低阶弯曲振动固有频率远比由式(3.3.30)描述的弯曲振动固有频率要低得多，因此没有实用价值。

借助于式(3.3.27)，当把悬臂梁看成一个感受弯曲变形的弹性部件时，以其自由端的位移 $W_{\max}$ 作为参考点，其等效刚度为

$$k_{eq}=\left|\frac{F}{W_{\max}}\right|=\frac{Ebh^3}{4L^3} \tag{6.3.37}$$

于是，如图 6.3.7 所示加速度传感器的整体敏感结构的最低阶弯曲振动的固有频率(Hz)为

$$f_{B,m}=\frac{1}{2\pi}\sqrt{\frac{k_{eq}}{m_{eq}+m}}\approx\frac{1}{2\pi}\sqrt{\frac{k_{eq}}{m}}=\frac{1}{4\pi}\sqrt{\frac{Ebh^3}{L^3m}} \tag{6.3.38}$$

式中　$m_{eq}$——加速度敏感结构最低阶弯曲振动状态下，悬臂梁自身的等效质量(kg)。它远远小于敏感质量块的质量，故可以进行上述简化。

将加速度传感器看成典型的二阶系统，设其固有频率与等效阻尼比分别为 $\omega_n$ 与 $\zeta_n$，基于 2.6.1 节的有关分析和表 2.6.1 的相关结论，系统的动态响应时间 $t_s$ 应当根据阻尼比的大小来确定。当允许的时域相对动态误差 $\sigma_T=5\ \%$时，系统的阻尼比 $\zeta_n$ 取为时域最佳阻尼比 $\zeta_n=\zeta_{best,\sigma_p}=0.690$，则系统的响应时间可由式(2.6.30)来确定，重写如下：

$$\sigma_T=\frac{1}{\sqrt{1-\zeta_n^2}}e^{-\zeta_n\omega_n t_s}\cos\left[\sqrt{1-\zeta_n^2}\omega_n t_s-\arctan\left(\frac{\zeta_n}{\sqrt{1-\zeta_n^2}}\right)\right]$$

式中 $\omega_n=2\pi f_{B,m}$(rad/s)，$f_{B,m}$由式(6.3.38)确定。

将上述有关数据代入式(2.6.30)，可得

$$0.05=\frac{1}{\sqrt{1-0.69^2}}e^{-0.69\omega_n t_s}\cos\left[\sqrt{1-0.69^2}\,\omega_n t_s-\arctan\left(\frac{0.69}{\sqrt{1-0.69^2}}\right)\right]$$

即

$$0.036\,19=e^{-0.69\omega_n t_s}\cos\left[0.723\,8\omega_n t_s-1.523\,0\right] \tag{6.3.39}$$

另一方面，基于2.6.2节的有关分析和表2.6.2的相关结论，系统的工作频带与阻尼比$\zeta_n$和所允许的频域动态误差$\sigma_F$密切相关。当允许的频域相对动态误差$\sigma_F=5\ \%$，系统的阻尼比取为频域最佳阻尼比$\zeta_n=\zeta_{best,\sigma_F}=0.590$时，系统的最大工作频带为

$$\omega_{g\max}=0.874\omega_n \tag{6.3.40}$$

4. 设计实例

假设被测加速度范围为$a\in(0,200)$ m/s$^2$，即$a_{max}=200$ m/s$^2$；取$\varepsilon_b=5\times10^{-4}$；硅材料的弹性模量$E=1.3\times10^{11}$ Pa，$\rho=2.33\times10^3$ kg/m$^3$。于是由式(6.3.35)可得

$$\frac{mL_0}{bh^2}=\frac{\varepsilon_{x,max}E}{6a_{max}}$$

即

$$\frac{mL_0}{bh^2}=\frac{5\times10^{-4}\times1.3\times10^{11}\ \text{Pa}}{6\times200\ \text{ms}^{-2}}=5.417\times10^4\ \text{kg/m}^2 \tag{6.3.41}$$

考虑到硅微加速度传感器的应用特点，初选敏感结构的几何参数为

$$h=10\ \mu\text{m}$$
$$b=100\ \mu\text{m}$$
$$L_0=1\,000\ \mu\text{m}$$

利用式(6.3.41)可得

$$m=\frac{bh^2}{L_0}\times5.417\times10^4\ \text{kgm}^{-2}=\frac{10^{-4}\times10^{-10}}{10^{-3}}\times5.417\times10^4\ \text{kg}=5.417\times10^{-7}\ \text{kg} \tag{6.3.42}$$

假设敏感质量块是一个正方体，则其边长为

$$l=\left(\frac{m}{\rho}\right)^{\frac{1}{3}}=\left(\frac{5.417\times10^{-7}\ \text{kg}}{2.33\times10^3\ \text{kgm}^{-3}}\right)^{\frac{1}{3}}=0.615\times10^{-3}\ \text{m}=615\ \mu\text{m} \tag{6.3.43}$$

与质量块中心到悬臂梁根部的长度$L_0$相比，$l/L_0=0.615$。若认为偏大，可以调整敏感结构的几何参数为

$$h=8\ \mu\text{m}$$
$$b=80\ \mu\text{m}$$
$$L_0=1\,300\ \mu\text{m}$$

利用式(6.3.41)可得

$$m=\frac{bh^2}{L_0}\times5.417\times10^4=\frac{8\times10^{-5}\times8^2\times10^{-12}}{1.3\times10^{-3}}\times5.417\times10^4=2.133\times10^{-7}(\text{kg}) \tag{6.3.44}$$

假设敏感质量块是一个正方体，则其边长为

$$l=\left(\frac{m}{\rho}\right)^{\frac{1}{3}}=\left(\frac{2.133\times10^{-7}\ \text{kg}}{2.33\times10^{3}\ \text{kg}\cdot\text{m}^{-3}}\right)^{\frac{1}{3}}=0.451\times10^{-3}\ \text{m}=451\ \mu\text{m}$$

$$L=L_0-\frac{l}{2}=1074.9\ \mu\text{m} \tag{6.3.45}$$

与悬臂梁的长度 $L$ 相比，$l/L=0.419$。

基于上述所设计的参数，并结合 P 型硅压阻系数 $\pi_{44}=138.1\times10^{-11}\ \text{Pa}^{-1}$，由式(6.3.33)可得

$$\left(\frac{\Delta R}{R}\right)_{<110>,\max}=\frac{3mL_0}{bh^2}\pi_{44}a_{\max}=$$

$$\frac{3\times2.133\times10^{-7}\times1.3\times10^{-3}}{8\times10^{-5}\times8^2\times10^{-12}}\times138.1\times10^{-11}\times200=4.488\times10^{-2} \tag{6.3.46}$$

借助于式(6.3.24)，当采用恒压源供电的四臂受感电桥，桥臂工作电压为 5 V 时，满量程输出电压为

$$U_{\text{out}}=5\times4.488\times10^{-2}\ \text{V}\approx224\ \text{mV} \tag{6.3.47}$$

这是一个较为满意的输出量级。

利用式(6.3.38)可得

$$f_{\text{B},m}=\frac{1}{4\pi}\sqrt{\frac{Ebh^3}{L^3m}}=$$

$$\frac{1}{4\pi}\sqrt{\frac{1.3\times10^{11}\times8\times10^{-5}\times8^3\times10^{-18}}{1.0749^3\times10^{-9}\times2.133\times10^{-7}}}\ \text{Hz}=356.8\ \text{Hz} \tag{6.3.48}$$

即

$$\omega_{\text{n}}=2\pi f_{\text{B},m}=2\pi\times356.8\ \text{rad/s}=2\ 241.8\ \text{rad/s}$$

基于式(6.3.39)(取 $\sigma_{\text{T}}=5\ \%$，$\zeta_{\text{n}}=\zeta_{\text{best},\sigma_{\text{p}}}=0.690$)，可得

$$0.036\ 19=\text{e}^{1546.9t_{\text{s}}}\cos\left[1\ 622.64\times t_{\text{s}}-1.523\ 0\right] \tag{6.3.49}$$

由式(6.3.49)可得符合条件的解为

$$T_{\text{s}}=163\ \mu\text{s} \tag{6.3.50}$$

另一方面，基于式(6.3.40)(即取 $\sigma_{\text{F}}=5\ \%$，$\zeta_{\text{n}}=\zeta_{\text{best},\sigma_{\text{p}}}=0.590$)可得工作频带为

$$\omega_{\text{g max}}=0.874\times2\ 241.8\ \text{rad/s}=1959.33\ \text{rad/s}=311.8\ \text{Hz} \tag{6.3.51}$$

附：由式(3.3.30)计算得到的悬臂梁最低阶弯曲振动的固有频率为

$$f_{\text{B1}}=\frac{0.162h}{L^2}\sqrt{\frac{E}{\rho}}=\frac{0.162\times8\times10^{-6}}{1.074\ 9^2\times10^{-6}}\sqrt{\frac{1.3\times10^{11}}{2.33\times10^{3}}}\ \text{Hz}=8\ 378\ \text{Hz} \tag{6.3.52}$$

远高于式(6.3.48)得到的 356.8 Hz。

# 6.4　压阻式传感器温度漂移的补偿

压阻式传感器受到温度影响后，就要产生零位温度漂移和灵敏度温度漂移。

零位温度漂移是因扩散电阻的阻值随温度变化引起的。扩散电阻的温度系数随薄层电阻的不同而不同。硼扩散电阻的温度系数是正值，参见图 6.4.1。表面杂质浓度高时薄层电阻小，温度系数较小；表面杂质浓度低时薄层电阻大，温度系数较大。当温度变化时，扩散电阻的变化就要引起传感器的零位漂移。如果将电桥的四个桥臂扩散电阻做得大小尽可能一致，温

度系数也一样,电桥的零位温漂就可以很小,但这在工艺上不容易实现。

传感器的零位温漂一般可以采用串、并联电阻的方法进行补偿,其中一种补偿方案如图6.4.2所示。图中$R_S$是串联电阻,$R_P$是并联电阻。串联电阻主要用于调零,并联电阻主要用于补偿。

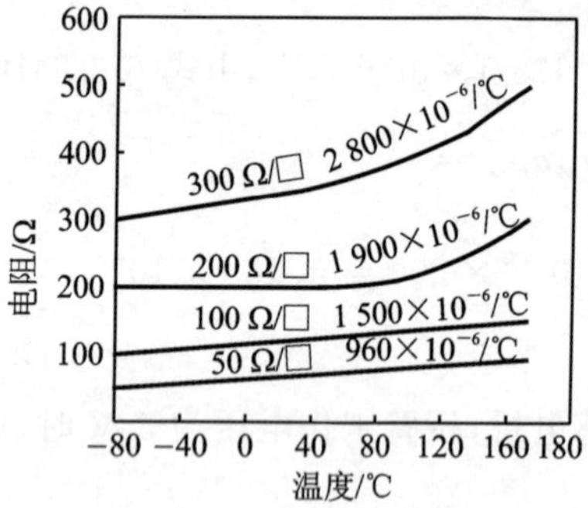


图6.4.1 硼扩散电阻的温度系数

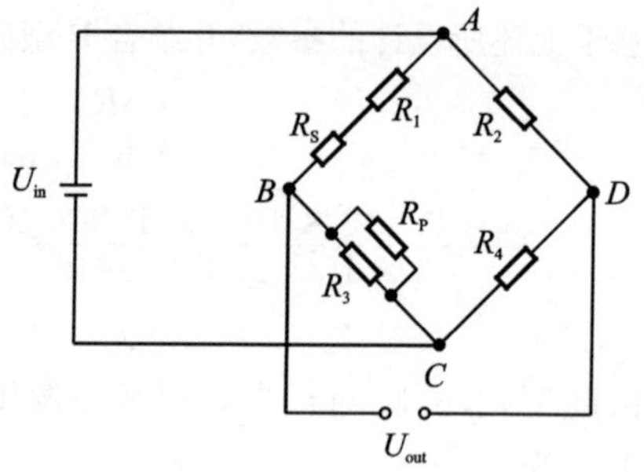


图6.4.2 零位温度漂移的补偿

并联电阻起补偿作用的原理分析如下:

传感器存在零位温漂,指的是当温度变化时,输出$B$,$D$两点电位不相等,例如当温度升高时,$R_3$的增加比较大,则$D$点电位低于$B$点电位,$B$,$D$两点的电位差就是零位温漂。要消除$B$,$D$两点的电位差,最简单的办法就是在$R_3$上并联一阻值较大的且具有负温度系数的电阻$R_P$,用它来约束$R_3$的变化。这样当温度变化时,$B$,$D$两点的电位差不至过大,于是就达到了补偿的目的。当然如果在$R_4$上并联一阻值较大的具有正温度系数的电阻来进行补偿,其作用也是一样的。

有关$R_S$与$R_P$的计算方法讨论如下:

设$R_1'$,$R_2'$,$R_3'$,$R_4'$与$R_1''$,$R_2''$,$R_3''$,$R_4''$为四个桥臂电阻在低温与高温下的实际值;$R_S'$,$R_P'$与$R_S''$,$R_P''$为$R_S$,$R_P$在低温与高温下的期望数值。根据低温与高温下$B$,$D$两点的电位应该相等的条件,可得

$$\frac{R_1'+R_S'}{\dfrac{R_3'R_P'}{R_3'+R_P'}}=\frac{R_2'}{R_4'} \tag{6.4.1}$$

$$\frac{R_1''+R_S''}{\dfrac{R_3''R_P''}{R_3''+R_P''}}=\frac{R_2''}{R_4''} \tag{6.4.2}$$

再根据$R_S$,$R_P$自身的温度特性,有

$$R_S''=R_S'(1+\alpha\Delta t) \tag{6.4.3}$$

$$R_P''=R_P'(1+\beta\Delta t) \tag{6.4.4}$$

式中 $\alpha$,$\beta$——$R_S$,$R_P$的电阻温度系数(1/℃),表示单位温度变化引起的电阻相对变化;

$\Delta t$——低温到高温的温度变化值(℃)。

根据式(6.4.1)~(6.4.4)四式就可以计算出$R_S'$,$R_P'$与$R_S''$,$R_P''$四个未知数。进一步可计算出常温下$R_S$,$R_P$的电阻值的大小。

当选择温度系数很小(可认为等于零)的电阻来进行补偿,则式(6.4.1)与式(6.4.2)可写为

$$\frac{R'_1+R_S}{\frac{R'_3R_P}{R'_3+R_P}}=\frac{R'_2}{R'_4} \tag{6.4.5}$$

$$\frac{R''_1+R_S}{\frac{R''_3R_P}{R''_3+R_P}}=\frac{R''_2}{R''_4} \tag{6.4.6}$$

根据式(6.4.5)与式(6.4.6)计算出两个未知数 $R_S$ 与 $R_P$，用这样大小的两个电阻接入桥路，也可达到补偿的目的。

一般薄膜电阻的温度系数可以做得很小，可至 $10^{-6}$ 数量级，近似认为等于零，且其阻值又可以修正，能得到所需要的数值。所以，用薄膜电阻进行补偿，可以取得较好的补偿效果。

压阻式传感器的灵敏度温度漂移是由于压阻系数随温度变化引起的，这在 6.1.3 节中已讨论过。

传感器的灵敏度温漂，一般可以采用改变电源工作电压大小的方法来进行补偿。温度升高时，传感器灵敏度要降低。这时如果使电桥的电源电压提高些，让电桥的输出变大些，就可以达到补偿的目的；反之，温度降低时，传感器灵敏度升高，如果使电桥的电源电压降低些，让电桥的输出变小些，也一样达到补偿的目的。图 6.4.3 所示的两种补偿电路即可达到改变电桥电流、电压大小的作用。图 6.4.3(a)中用正温度系数的热敏电阻敏感温度的大小，改变运算放大器的输出电压，从而改变电桥工作电压的大小，达到补偿的目的。图 6.4.3(b)中是利用三极管的基极与发射极间的 PN 结敏感温度的大小，使三极管的输出电流发生变化，改变管压降的大小，从而使电桥电压得到改变，达到补偿的目的。传感器灵敏度温度漂移的补偿方法较多，这里不一一赘述。

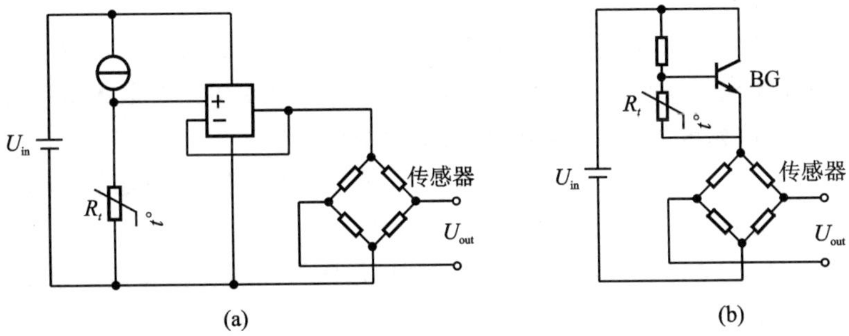


**图 6.4.3　灵敏度温度漂移的补偿**

# 思考题与习题

**6.1**　比较应变效应与压阻效应。

**6.2**　谈谈你对半导体应变片的理解。

**6.3**　硅压阻效应的温度特性为什么较差？

**6.4**　如何理解压阻系数矩阵？

**6.5**　画出(111)晶面和<110>晶向，并计算(111)晶面内<$\bar{1}$10>晶向的纵向压阻系数和横向压阻系数。

**6.6** 计算(100)晶面内<011>晶向的纵向压阻系数和横向压阻系数。

**6.7** 绘出N型硅(001)晶面内的纵向压阻系数和横向压阻系数的分布图。

**6.8** 对于任意方向的电阻条,简述计算其压阻系数时应注意的问题。

**6.9** 分析影响压阻系数大小的因素。

**6.10** 方块电阻是如何定义的?它与哪些因素有关?

**6.11** 给出一种压阻式压力传感器的结构原理图,并说明其工作过程与特点。

**6.12** 对于以圆平膜片作为敏感元件的硅压阻式压力传感器,设计其几何结构参数的基本出发点是什么?

**6.13** 比较图5.6.15所示的应变式加速度传感器与图6.3.7所示的压阻式加速度传感器的异同。

**6.14** 基于式(6.3.21)与式(6.3.22),假设电阻条的长度为$l_0$,它们设置在圆平膜片的边缘处,试讨论沿径向设置的压敏电阻条与沿环向设置的压敏电阻条的综合压阻效应。

**6.15** 如图6.3.1所示的压阻式压力传感器,影响其动态测量品质的因素有哪些?如何提高其工作频带?对所提出措施的实用性进行简要分析。

**6.16** 简要说明由式(3.3.30)计算得到的悬臂梁最低阶弯曲振动的固有频率$f_{B1}$远远高于由式(6.3.38)计算得到的带有敏感质量块的悬臂梁最低阶弯曲振动的固有频率$f_{B,m}$的原因。

**6.17** 如图6.3.7所示的压阻式加速度传感器,影响其动态测量品质的因素有哪些?如何提高其工作频带?对所提出措施的实用性进行简要分析。

**6.18** 给出一种测量其他参数(不是压力与加速度)的压阻式传感器的原理结构图,并对其压敏电阻的设置、动态测试特性进行简要分析。

**6.19** 依图6.3.6,推导式(6.3.26)

**6.20** 如图6.3.1所示的压阻式压力传感器,其几何结构参数为$R=600\ \mu m$,$H=20\ \mu m$;硅材料的弹性模量$E=1.3\times10^{11}$ Pa,泊松比$\mu=0.278$。当最大应变$\varepsilon_{r,max}$取为$5\times10^{-4}$时,试利用$\varepsilon_{r,max}$估算该压力传感器的最大测量范围。

**6.21** 如图6.3.7所示的压阻式加速度传感器,其几何结构参数为$L=1\ 000\ \mu m$,$b=120\ \mu m$,$h=20\ \mu m$;硅材料的弹性模量$E=1.3\times10^{11}$ Pa,密度$\rho=2.33\times10^3\ kg/m^3$;敏感质量块是一个边长为$l=400\ \mu m$的正方体。试利用最大许用应变估算该加速度传感器的最大测量范围,同时估算其工作频带。

**6.22** 如何从电路上采取措施来改善压阻式传感器的温度漂移问题?

**6.23** 一压阻式压力传感器,四个初始值为1 000 Ω的压敏电阻中,$R_1$、$R_4$与$R_2$、$R_3$随被测压力的相对变化率分别为0.05/MPa和−0.05/MPa,回答以下问题:

(1) 设计恒压源供电的最佳电桥电路结构,并说明理由;

(2) 若上述电桥工作电压为5 V,计算被测压力为0.3 MPa时的电桥输出电压值;

(3) 若上述电桥采用5 mA的恒流源供电,计算被测压力为0.3 MPa时的电桥输出电压值。

**6.24** 简要说明图6.4.3所示的补偿压阻式传感灵敏度温度漂移的原理。

# 第 7 章　热电式传感器

基本内容：

温度 温标 热平衡状态

金属热电阻

半导体热敏电阻

测温电桥

热电偶测温，误差及补偿

帕尔帖效应和汤姆逊效应

热电阻测温电桥电路

非接触式温度测量系统

全辐射测温系统

P—N 结温度传感器

温度报警器

基于热电阻的气体质量流量传感器

## 7.1　概　述

### 7.1.1　温度的概念

自然界中几乎所有的物理化学过程都与温度密切相关。在日常生活、工农业生产和科学研究的各个领域中，温度的测量与控制都具重要的地位。

温度是表征物体冷、热程度的物理量，反映了物体内部分子运动平均动能的大小。温度高，表示分子动能大，运动剧烈；温度低，表示分子动能小，运动缓慢。

温度概念的建立是以热平衡为基础的。如果两个冷热程度不同的物体相互接触，必然会发生热交换现象，热量将由热程度高的物体向热程度低的物体传递，直至达到两个物体的冷热程度一致，处于热平衡状态，即两个物体的温度相等。

因此，温度是一个内涵量，不是外延量。两个温度不能相加，只能进行相等或不相等的描述。对一般被测量来说，测量结果即为某单位的倍数或分数。但对于温度而言，长期以来，人们所做的却不是测量，而只是做标志，即只是确定温标上的位置而已。这种状况直到 1967 年使用温度单位开尔文(K)以后才有了变化。1967 年第十三届国际计量大会确定，把热力学温度的单位——开尔文定义为：水三相点热力学温度的 1/273.16。这样温度的描述已不再是确定温标上的位置，而是单位 K 的多少倍了。这在计温学上具有划时代的历史意义。

### 7.1.2　温　标

为了给温度以定量的描述，并保证测量结果的精确性和一致性，需要建立一个科学的、严格的、统一的标尺，简称“温标”(temperature scale)。作为一个温标，应满足以下三个基本条件：

① 有可实现的固定点温度;

② 有在固定点温度上分度的内插仪器;

③ 确定相邻固定温度点间的内插公式。

目前使用的温标主要有摄氏温标(又叫百度温标)、华氏温标、热力学温标及国际实用温标。

(1) 摄氏温标

标准仪器是水银玻璃温度计。分度方法是规定在标准大气压力下,水的冰点为0摄氏度,沸点为100摄氏度,水银体积膨胀被分为100等份,对应每份的温度定义为1摄氏度,单位为"℃"。

(2) 华氏温标:

标准仪器是水银温度计。水银体积膨胀被分为100份,对应每份的温度为1华氏度,单位为"℉"。按照华氏温标,水的冰点为32 ℉,沸点为212 ℉。摄氏温度和华氏温度的关系为

$$F/℉ = 1.8t/℃ + 32 \tag{7.1.1}$$

(3) 热力学温标

是以卡诺循环为基础的,其单位是"K"(开尔文),选取水三相点温度(273.16 K)为惟一的参考温度。摄氏温度与热力学温标的关系为

$$T = t + 273.15 \tag{7.1.2}$$

热力学温标与测温物质无关,故是一个理想温标。

(4) 国际实用温标

建立的指导思想是该温标要尽可能地接近热力学温标,而且温度复现性要好,以保证国际上温度量值传递的统一。1927年制定了第一个国际实用温标,以后几经修改就形成了当前所使用的国际实用温标ITS—90。其制定的原则是:在全量程中,任何温度的$T_{90}$值非常接近于温标采纳时$T$的最佳估计值。与直接测量热力学温度相比,$T_{90}$的测量要方便得多,并且更为精密,具有很高的复现性。

ITS—90规定:

在0.65~5.0 K之间,$T_{90}$由$^3He$和$^4He$的蒸汽压与温度的关系式来定义。

在3.0 K到氖三相点(24.556 1 K)之间,$T_{90}$由氦气体温度计来定义。它使用三个定义固定点及利用规定的内插方法来分度。这三个定义固定点可以实验复现,并具有给定值。

在平衡氢三相点(13.803 3 K)到银凝固点(961.78 ℃)之间,$T_{90}$由铂电阻温度计来定义。它使用一组规定的定义固定点,并且利用所规定的内插方法来分度。

在银凝固点(961.78 ℃)以上,$T_{90}$借助于一个定义固定点和普朗克辐射定律来定义。

### 7.1.3 温度标准的传递与温度计的标定、校正

根据国际实用温标的规定,各国建立有各自的国家温度标准,并进行国际对比,以保证其准确可靠。我国的一级温度标准保存在中国计量科学研究院,各省、市、地区计量局的标准定期逐级进行对比与传递,以保证全国各地温度标准的统一。

用适当的方法建立起所希望的一系列温度值作为标准,把被标温度计(或传感器)依次置于这些标准温度之下,并记录温度计(或传感器)在各温度点的输出,这样就完成了对温度计的标定。被标定后的温度计就可用来测量温度。

测温装置的校正，是把被校装置放置于已知的固定温度点下，对其读数与相应点的已知温度值进行对比，这样就可找出被校装置的修正量。常用的另一种校正方法是把被校温度计与已被校正过的高一级精度的传感器（二次标准）紧密地热接触在一起，共同放于可控恒温槽中，按规范逐次改变槽内温度，并在所希望的温度点上比较两者的读数，获得差值，从而得到所需要的修正量。精密电阻温度计和某些热电偶、玻璃水银温度计都可用作二次温度标准。

### 7.1.4　测温方法与测温仪器的分类

总体来说，温度的测量通常是利用一些材料或元件的性能随温度而变化的特性，通过测量该性能参数，从而达到检测温度的目的。用以测量温度特性的有：材料的电阻、热电动势、热膨胀率、介电系数、导磁率、石英晶体的频率特性、光学特性和弹性等。

按照所用测温方法的不同，温度测量分为接触式和非接触式两大类。接触式的特点是感温元件直接与被测对象相接触，两者之间进行充分的热交换，达到热平衡。这时，感温元件的某一物理参数的量值就代表了被测对象的温度值。接触测温的主要优点是直观可靠。其缺点是被测温度场的分布易受感温元件的影响，接触不良时会带来测量误差；此外，温度太高和腐蚀性介质对感温元件的性能和寿命会产生不利影响等。非接触测温的特点是感温元件不与被测对象相接触，而是通过辐射进行热交换，故可避免接触测温法的缺点，具有较高的测温上限。非接触测温法的热惯性小，故便于测量运动物体的温度和快速变化的温度。

对应于两种测温方法，测温仪器亦分为接触式和非接触式两大类。接触式仪器又可分为膨胀式温度计（包括液体和固体膨胀式温度计、压力式温度计）、电阻式温度计（包括金属热电阻温度计和半导体热敏电阻温度计）、热电式温度计（包括热电偶和 P－N 结温度计）以及其他原理的温度计。非接触式温度计又可分为辐射温度计、亮度温度计和比色温度计，由于它们都是以光辐射为基础的，故也被统称为辐射温度计。

按照温度测量范围，可分为超低温、低温、中高温和超高温温度测量。超低温一般是指 0～10 K，低温指 10～800 K，中温指 500～1 600 ℃，高温指 1 600～2 500 ℃，2 500 ℃以上被认为是超高温。

对于超低温的测量，现有的方法都只能用于该范围内的个别区间上。例如，温度低于 1 K 的用磁性温度计测量；微量铝掺杂磷青铜热电阻只适用于 1～4 K；高于 4 K 的可用热噪声温度计测量。超低温测量的主要困难在于温度计与被测对象热接触的实现和测温仪器的刻度方法。低温测量的特殊问题是感温元件对被测温度场的影响，故不宜用热容量大的感温元件来测量低温。

在中高温测量中，要注意防止有害介质的化学作用和热辐射对感温元件的影响，为此要用耐火材料制成的外套对感温元件加以保护。对保护套的基本要求是结构高度密封和温度稳定性。测量低于 1 300 ℃的温度一般可用陶瓷外套；测量更高温度时用难熔材料（如刚玉、铝、钍或铍氧化物）外套，并充以惰性气体。

在超高温下，物质处于等离子状态，不同粒子的能量对应的温度值不同，而且它们可能相差较大，变化规律也不一样。因此，对于超高温的测量，应根据不同情况利用特殊的亮度法和比色法来实现。

# 7.2 热电阻测温传感器

当温度变化时,金属热电阻(thermal resistor)或半导体热敏电阻(semiconductor thermistor)的阻值将发生变化。这就构成了热电阻测温传感器的基本原理。

## 7.2.1 金属热电阻

1. 金属热电阻的温度特性

大多数金属的电阻随温度的升高而增加。其原因是:温度增加时,自由电子的动能增加,这样改变了自由电子的运动方式,使之形成定向运动所需要的能量就增加。这反映在电阻上,阻值就会增加,一般可以描述为

$$R_t = R_0[1 + \alpha(t - t_0)] \tag{7.2.1}$$

式中 $R_t$——温度 $t$ 时的电阻值(Ω);

$R_0$——温度 $t_0$ 时的电阻值(Ω);

$\alpha$——热电阻的电阻温度系数(1/℃),表示单位温度引起的电阻相对变化。

电阻灵敏度为

$$K = \frac{1}{R_0} \cdot \frac{\mathrm{d}R_t}{\mathrm{d}t} = \alpha \tag{7.2.2}$$

金属的电阻温度系数 $\alpha$ 一般在(0.3 %~0.6 %)/℃之间。绝大多数金属导体的电阻温度系数 $\alpha$ 并不是一个常数,它随温度的变化而变化,只能在一定的温度范围内将其看成是一个常数。不同的金属电阻,$\alpha$ 保持常数所对应的温度范围是不相同的,而且通常这个范围小于该导体能够工作的温度范围。

2. 电阻材料特性要求

用于金属热电阻的材料应该满足以下条件:

① 电阻温度系数 $\alpha$ 要大且保持常数;

② 电阻率 $\rho$ 要大,以减少热电阻的体积,减小热惯性;

③ 在使用温度范围内,材料的物理、化学特性要保持稳定;

④ 生产成本要低,工艺实现要容易。

常用的金属材料有:铂、铜、镍等。

3. 铂热电阻

铂热电阻是最佳的热电阻。其优点主要包括:物理、化学性能非常稳定,特别是耐氧化能力很强,在很宽的温度范围内(1 200 ℃以下)都能保持理想特性;电阻率较高,易于加工,可以制成非常薄的铂箔或极细的铂丝等;其缺点主要是:电阻温度系数较小,成本较高,在还原性介质中易变脆等。

值得指出的是:铂热电阻在国际实用温标 ITS－90 中有着重要的作用。规定从平衡氢三相点(13.803 3 K)到银凝固点(961.78 ℃)之间,$T_{90}$ 由铂电阻温度计来定义,它使用一组规定的定义固定点,并且利用所规定的内插方法来分度。符合 ITS－90 要求的铂热电阻温度计必须由无应力的纯铂制成,并必须满足以下两个关系式之一,即

$$1.118\,07 \leqslant W(29.764\,6\ ℃) \tag{7.2.3}$$

$$W(-38.8344\ ℃) \leqslant 0.844235 \tag{7.2.4}$$

式中　$W(t_{90})=R(t_{90})/R(0.01\ ℃)$。

在实际应用中，可以利用如下模型来描述铂热电阻与温度之间的关系，即

在－200～0 ℃：

$$R_t = R_0[1 + At + Bt^2 + C(t-100)t^3] \tag{7.2.5}$$

在 0～850 ℃：

$$R_t = R_0(1 + At + Bt^2) \tag{7.2.6}$$

式中　$R_t$——温度为 $t$ 时铂热电阻的电阻值(Ω)；

$R_0$——温度为 0 ℃时铂热电阻的电阻值(Ω)；

系数 $A,B,C$ 分别为 $A=3.96847\times10^{-3}℃^{-1}$，$B=-5.847\times10^{-7}℃^{-2}$，$C=-4.22\times10^{-12}℃^{-4}$。

目前，我国常用的标准化铂热电阻主要有 Pt50，Pt100 和 Pt300。有关技术指标如表 7.2.1 所列。

**表 7.2.1　常用的标准化铂热电阻技术特性表**

| 分度号 | $R_0$/Ω | $R_{100}/R_0$ | 精度等级 | $R_0$ 允许的误差/(%) | 最大允许误差/℃ |
|---|---|---|---|---|---|
| Pt50 | 46.0<br>(50.00) | 1.391±0.0007 | Ⅰ | ±0.05 | 对于Ⅰ级精度<br>－200～0 ℃<br>$\pm(0.15+4.5\times10^{-3}t)$<br>0～500 ℃<br>$\pm(0.15+3\times10^{-3}t)$<br>对于Ⅱ级精度<br>－200～0 ℃<br>$\pm(0.3+6\times10^{-3}t)$<br>0～500 ℃<br>$\pm(0.3+4.5\times10^{-3}t)$ |
| | | 1.391±0.001 | Ⅱ | ±0.1 | |
| Pt100 | 100.00 | 1.391±0.0007 | Ⅰ | ±0.05 | |
| | | 1.391±0.001 | Ⅱ | ±0.1 | |
| Pt300 | 300.00 | 1.391±0.001 | Ⅱ | ±0.1 | |

4. 铜热电阻

铜热电阻也是一种常用的热电阻。由于铂热电阻价格高，通常在一些测量精度要求不高而且测量温度较低的场合(如－50～150 ℃)，普遍采用铜热电阻。其电阻温度系数较铂热电阻高，容易提纯，价格低廉。其最主要的缺点是电阻率较小，约为铂热电阻的 1/5.8，因而铜电阻的电阻丝细而且长，机械强度较低，体积较大。此外铜热电阻易被氧化，不宜在侵蚀性介质中使用。

温度在－50～150℃范围内，铜热电阻与温度之间的关系如下：

$$R_t = R_0(1 + At + Bt^2 + Ct^3) \tag{7.2.7}$$

式中　$R_t$——温度为 $t$ 时铜热电阻的电阻值(Ω)；

$R_0$——温度为 0 ℃时铜热电阻的电阻值(Ω)。

系数 $A,B,C$ 分别为 $A=4.28899\times10^{-3}℃^{-1}$，$B=-2.133\times10^{-7}℃^{-2}$，$C=1.233\times10^{-9}℃^{-3}$。

我国生产的铜热电阻的代号为 WZC，按其初始电阻 $R_0$ 的不同，有 50 Ω 和 100 Ω 两种，分度号为 Cu50 和 Cu100。其材料的百度电阻比 $W(100)=R_{100}/R_0$ ($R_{100}$，$R_0$ 分别为 100 ℃和 0 ℃时铜热电阻的电阻值)不得小于 1.425。在－50～50 ℃温度范围内，其误差为±0.5 ℃；在 50～150 ℃温度范围内，其误差为±1 %$t$。

5. 热电阻的结构

热电阻主要由不同材料的电阻丝绕制而成。为了避免通过交流电时产生感抗,或有交变磁场时产生感应电动势,在绕制热电阻时要采用双线无感绕制法。由于通过这两股导线的电流方向相反,从而使其产生的磁通相互抵消。铜热电阻的结构如图7.2.1所示。它由铜引出线、补偿线阻、铜热电阻线和线圈骨架所构成。采用与铜热电阻线串联的补偿线阻是为了保证铜电阻的电阻温度系数与理论值相等。

图7.2.2是铂热电阻结构图。它由铜铆钉、铂热电阻线、云母支架和银导线等构成。为了改善热传导,将铜制薄片与两侧云母片和盖片铆在一起,并用银丝做成引出线。

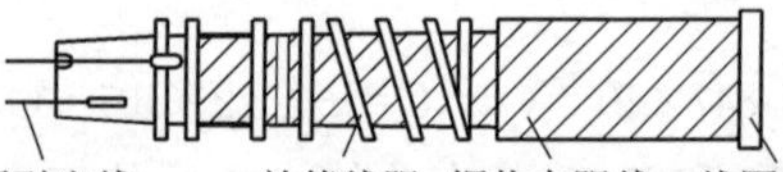


**图7.2.1 铜热电阻结构示意图**

**图7.2.2 铂热电阻结构示意图**

## 7.2.2 半导体热敏电阻

半导体热敏电阻是利用半导体材料的电阻率随温度变化的性质而制成的温度敏感元件。半导体和金属具有完全不同的导电机理。由于半导体中参与导电的是载流子,载流子的浓度要比金属中的自由电子的浓度小得多,所以半导体的电阻率大。随着温度的升高,一方面,半导体中的价电子受热激发跃迁到较高能级而产生的新的电子-空穴对增加,使电阻率减小;另一方面,半导体材料的载流子的平均运动速度升高,导致电阻率增大。因此,半导体热敏电阻有多种类型。

1. 半导体热敏电阻的类型

半导体热敏电阻随温度变化的典型特性有三种类型,即负温度系数热敏电阻 NTC(negative temperature coefficient)、正温度系数热敏电阻 PTC(positive temperature coefficient)和在某一特定温度下电阻值发生突然变化的临界温度电阻器 CTR(critical temperature resistor)。它们的特性曲线如图7.2.3所示。

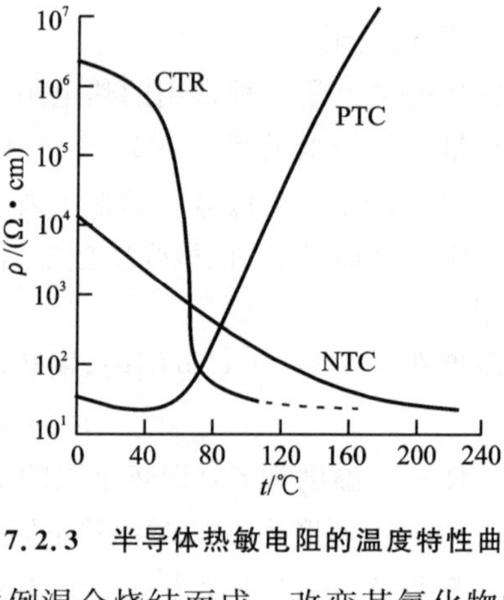


**图7.2.3 半导体热敏电阻的温度特性曲线**

电阻率随着温度的增加比较均匀地减小的热敏电阻,称为负温度系数热敏电阻。通常,该类电阻有均匀的感温特性。它采用负温度系数很大的固体多晶半导体氧化物的混合物制成。例如用铜、铁、铝、锰、钴、镍、铼等氧化物,取其中2~4种,按一定比例混合烧结而成。改变其氧化物的成分和比例,就可以得到不同测温范围、阻值和温度系数的NTC热敏电阻。

电阻率随温度升高而增加且当过某一温度后急剧增加的电阻,称为正温度系数剧变型热敏电阻。这种电阻材料都是陶瓷材料,在室温下是半导体,亦称PTC铁电半导体陶瓷,由强电介质钛酸钡掺杂铝或锶部分取代钡离子的方法制成,其居里点为120 ℃。根据掺杂量的不同,可以适当调节PTC热敏电阻的居里点。

由钒、钡、磷和硫化银系混合氧化物烧结而成的热敏电阻，当温度升高接近某一温度（如 68 ℃）时，电阻率大大下降，产生突变。这种热敏电阻称为临界（CTR）热敏电阻。

PTC 和 CTR 热敏电阻随温度变化的特性为剧变型，适合在某一较窄的温度范围内用作温度开关或监测元件；而 NTC 热敏电阻随温度变化的特性为缓变型，适合在稍宽的温度范围内用作温度测量元件，也是目前使用最多的热敏电阻。

2. 半导体热敏电阻的热电特性

主要讨论负温度系数的热敏电阻。NTC 热敏电阻的阻值与温度的关系近似符合指数规律，可以写为

$$R_t = R_0 e^{B\left(\frac{1}{T}-\frac{1}{T_0}\right)} = R_0 \exp\left[B\left(\frac{1}{T}-\frac{1}{T_0}\right)\right] \tag{7.2.8}$$

式中　$T$——被测温度（K），$T=t+273.15$；

$T_0$——参考温度（K），$T_0=t_0+273.15$；

$R_t$——温度 $T$（K）时热敏电阻的电阻值（Ω）；

$R_0$——温度 $T_0$（K）时热敏电阻的电阻值（Ω）；

$B$——热敏电阻的材料常数（K），通常由实验获得，一般在 2 000～6 000 K。

热敏电阻的等效温度系数定义为温度变化 1 K 时其自身电阻值的相对变化量，即

$$\alpha_T = \frac{1}{R_T}\cdot\frac{dR_T}{dT} = \frac{-B}{T^2} \tag{7.2.9}$$

由式(7.2.8)可知：热敏电阻的温度系数随温度的降低而迅速增大，如当 $B=4\ 000$ K，$T=293.15$ K（$t=20$ ℃）时，可得：$\alpha_T=-4.75$ %/℃，约为铂热电阻的 10 倍以上。

3. 半导体热敏电阻的伏安特性

伏安特性是指加在热敏电阻两端的电压 $U$ 与流过热敏电阻的电流 $I$ 之间的关系，即

$$U = f(I) \tag{7.2.10}$$

图 7.2.4 所示为热敏电阻（NTC）的典型伏安特性。当流过热敏电阻的电流很小时，热敏电阻的伏安特性符合欧姆定律，即图中曲线的线性上升段。而当电流增大到一定值时，将引起热敏电阻自身温度的升高，使热敏电阻表现出附加的负电阻特性，虽然电流增大，但其电阻减小，端电压反而下降。因此，在具体使用热敏电阻时，应尽量减小通过热敏电阻的电流，以减小热敏电阻自热效应的影响。

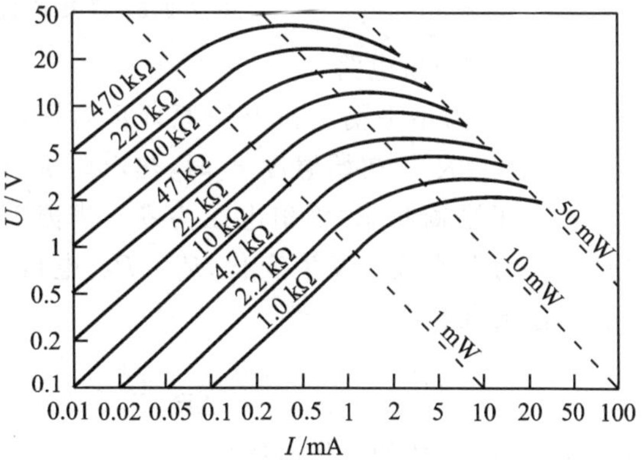

图 7.2.4　热敏电阻的典型伏安特性

热敏电阻由于有电阻温度系数大、体积小、可以做成各种形状且结构简单等一系列优点，目前被广泛用于点温度、表面温度、温差和温度场的测量中。其主要缺点是同一型号产品的特性和参数差别相对较大，因而互换性较差；而且热敏电阻的灵敏度变化较大，给使用带来一定不便。

### 7.2.3　测温电桥电路

1. 平衡电桥电路

图7.2.5为平衡电桥电路原理示意图，常值电阻 $R_1=R_2=R_3=R_0$。热电阻 $R_t$ 的初始电阻值(即测温的下限值 $t_0$)为 $R_0$，当温度变化时，$R_t$ 的阻值随温度变化，调节电位器 $R_W$ 的电刷位置 $x$，就可以使电桥处于平衡状态。如对于图7.2.5(a)所示的电路图，有

$$R_t = R_0 + R_x = R_0 + \frac{x}{L}R_P \tag{7.2.11}$$

式中　$L$——电位器的有效长度(m)；

$R_P$——电位器的总电阻(Ω)。

若 $R_t$ 为如式(7.2.1)金属热电阻，则有

$$t = t_0 + \frac{R_P}{\alpha R_0}\frac{x}{L} \tag{7.2.12}$$

这种电路的特点是：人工调节电位器 $R_W$，抗扰性强，电桥工作电压的影响非常小；主要用于静态或缓变温度的测量。

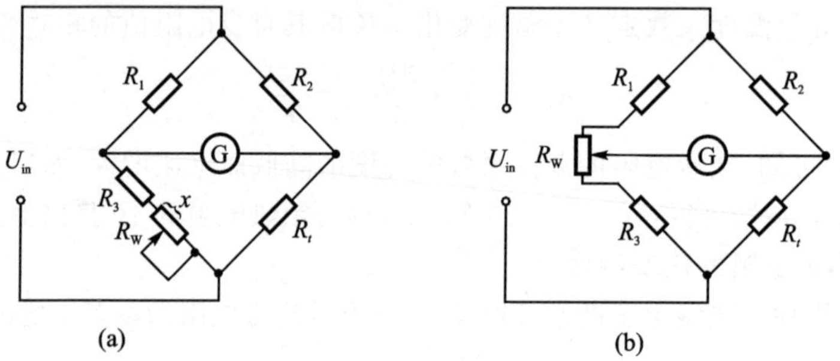


**图7.2.5　平衡电桥电路原理示意图**

2. 不平衡电桥电路

图7.2.6为不平衡电桥电路原理示意图，常值电阻 $R_1=R_2=R_3=R_0$。初始温度 $t_0$ 时，热电阻 $R_t$ 的阻值为 $R_0$，电桥处于平衡状态，输出电压为零。当温度变化时，热电阻 $R_t$ 的阻值随之发生变化，$R_t \neq R_0$，电桥处于不平衡状态，输出电压为

$$U_{out} = \frac{\Delta R_t}{2(2R_0 + \Delta R_t)}U_{in} \tag{7.2.13}$$

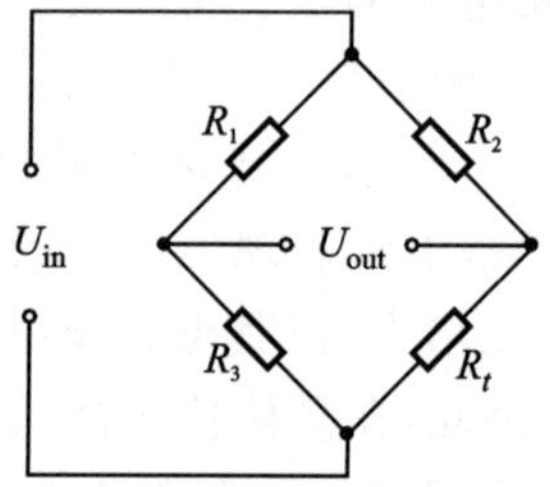


**图7.2.6　不平衡电桥电路原理示意图**

式中　$U_{in}$——电桥的工作电压(V)；

$U_{out}$——电桥的输出电压(V)；

$\Delta R_t$——热电阻的变化量(Ω)。

这种电路的特点是：快速、小范围线性、易受电桥工作电压的干扰。

3. 自动平衡电桥电路

图7.2.7为自动平衡电桥电路原理示意图，$R_t$ 为热电阻，$R_1$，$R_2$，$R_3$，$R_4$ 为常值电阻，$R_L$ 为连线调整电阻，$R_W$ 为电位器；A为差分放大器，Ⓜ为伺服电机。电桥始终处于自动平衡状

态。当被测温度变化时，差分放大器 A 的输出不为零，使伺服电机带动电位器 $R_W$ 的电刷移动，直到电桥重新自动处于平衡状态。

这种电路的特点是：测温系统引入了负反馈、复杂、成本高。当然，该测温系统也具有测量快速、线性范围大和抗干扰能力强等优点。

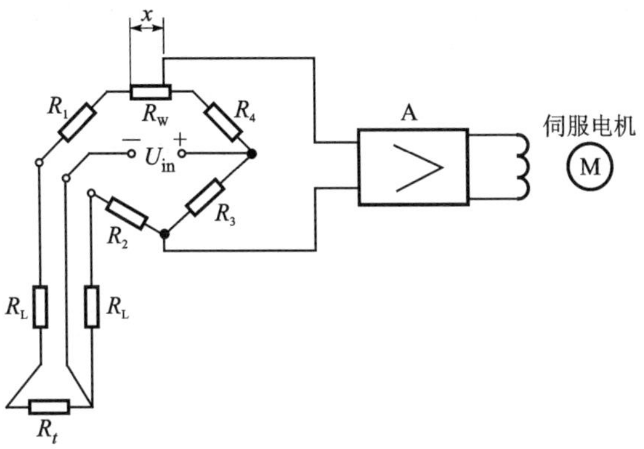


图 7.2.7 自动平衡电桥电路原理示意图

# 7.3 热电偶测温

热电偶(thermocouple)在温度测量中应用极为广泛，因为它具有构造简单、使用方便、准确度较高和温度测量范围宽等特点。常用的热电偶可测温度范围为－50～1 600 ℃。若配用特殊材料，其温度范围可扩大为－180～2 800 ℃。

## 7.3.1 热电效应

热电偶的工作机理建立在导体的热电效应上，包括帕尔帖(Peltier)效应和汤姆逊(Thomoson)效应。

1. 帕尔帖效应

当 A，B 两种不同材料的导体相互紧密地连接在一起时(如图 7.3.1 所示)，由于导体中都有大量自由电子，而且不同导体材料的自由电子的浓度不同(假设导体 A 的自由电子浓度大于导体 B 的自由电子浓度)，那么在单位时间内，由导体 A 扩散到导体 B 的电子数要比由导体 B 扩散到导体 A 的电子数多。这时导体 A 因失去电子而带正电，导体 B 因得到电子而带负电，于是在接触处便形成了电位差。该电位差称为接触热电势(即帕尔帖热电势)。这个电势将阻碍电子进一步扩散；当电子扩散能力与电场的阻力平衡时，接触处的电子扩散就达到了动平衡，接触热电势达到一个稳态值。接触热电势的大小与两导体材料的性质和接触点的温度有关，其数量级约为 0.001～0.01 V。A，B 两导体的接触热电势(V)为

$$e_{AB}(T)=\frac{kT}{e}\ln\frac{n_A(T)}{n_B(T)} \tag{7.3.1}$$

式中 $k$——玻耳兹曼常数，$k=1.381\times10^{-23}$ J/K；

$e$——电子电荷量，$e=1.602\times10^{-19}$ C；

$T$——结点处的绝对温度(K)；

$n_A(T)$,$n_B(T)$——材料A,B在温度$T$时的自由电子浓度。

2. 汤姆逊效应

对于单一均质导体A(如图7.3.2所示),当其两端的温度不同时(假设一端的温度为$T$,另一端的温度为$T_0$,而且$T_0<T$),温度较高的一端($T$端)的电子能量高于温度较低的一端($T_0$端)的电子能量,因此产生了电子扩散,形成了温差电势,称作单一导体的温差热电势(即汤姆逊热电势)。该电势形成新的不平衡电场将阻碍电子进一步扩散;当电子扩散能力与电场的阻力平衡时,电子扩散就达到了动平衡,温差热电势达到一个稳态值。温差热电势的大小与导体材料的性质和导体两端的温度有关,其数量级约为$10^{-5}$ V。导体A的温差热电势(V)为

$$e_A(T,T_0)=\int_{T_0}^{T}\sigma_A\,dT \tag{7.3.2}$$

式中 $\sigma_A$——材料A的汤姆逊系数(V/K),表示单一导体A两端温度差为1 ℃时所产生的温差热电势。

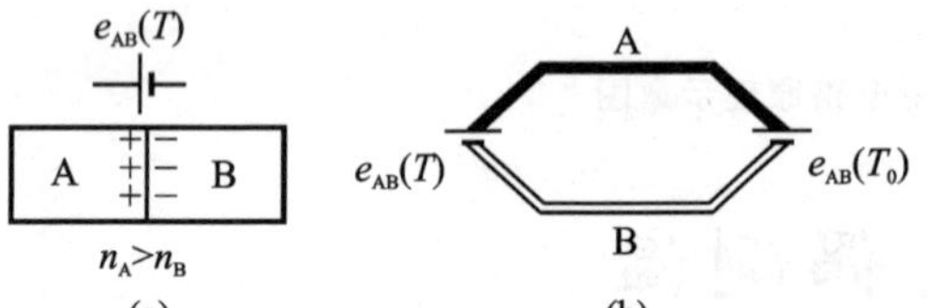


图7.3.1 接触热电势

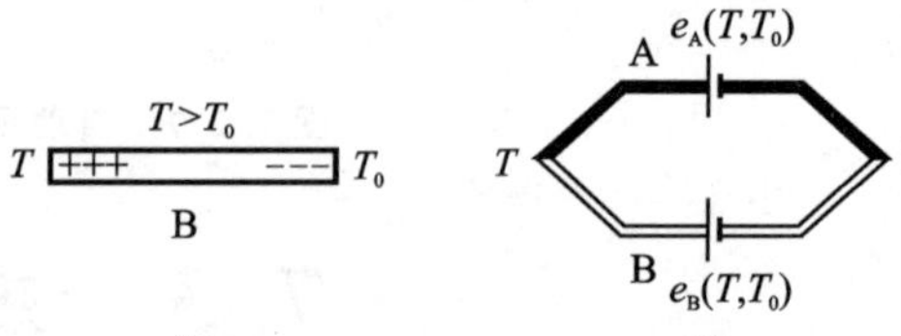


图7.3.2 温差热电势

## 7.3.2 热电偶的工作原理

图7.3.3(a),(b)为热电偶的原理结构与热电势示意图,A,B两种不同导体材料两端相互紧密地连接在一起,组成一个闭合回路。这样就构成了一个热电偶。当两结点温度不等($T_0<T$)时,回路中就会产生电势,从而形成电流,这就是热电偶的工作原理。通常$T_0$端又称为参考端或自由端或冷端;$T$端又称为测量端或工作端或热端。

根据以上分析,图7.3.3(b)所示热电偶的总接触热电势(帕尔帖热电势)为

$$e_{AB}(T)-e_{AB}(T_0)=\frac{kT}{e}\ln\frac{n_A(T)}{n_B(T)}-\frac{kT_0}{e}\ln\frac{n_A(T_0)}{n_B(T_0)} \tag{7.3.3}$$

式中 $n_A(T_0)$,$n_B(T_0)$——材料A,B在温度$T_0$时的自由电子浓度。

总温差热电势(汤姆逊热电势)为

$$e_A(T,T_0)-e_B(T,T_0)=\int_{T_0}^{T}(\sigma_A-\sigma_B)\,dT \tag{7.3.4}$$

式中 $\sigma_B$——材料B的汤姆逊系数(V/K)。

总热电势为

$$E_{AB}(T,T_0)=\frac{kT}{e}\ln\frac{n_A(T)}{n_B(T)}-\frac{kT_0}{e}\ln\frac{n_A(T_0)}{n_B(T_0)}-\int_{T_0}^{T}(\sigma_A-\sigma_B)\,dT \tag{7.3.5}$$

由上述分析可得:

① 如果构成热电偶的两个热电极材料相同,则帕尔帖热电势为零。即使两结点温度不同,由于两支路的汤姆逊热电势相互抵消,热电偶回路内的总热电势也为零。因此,热电偶必

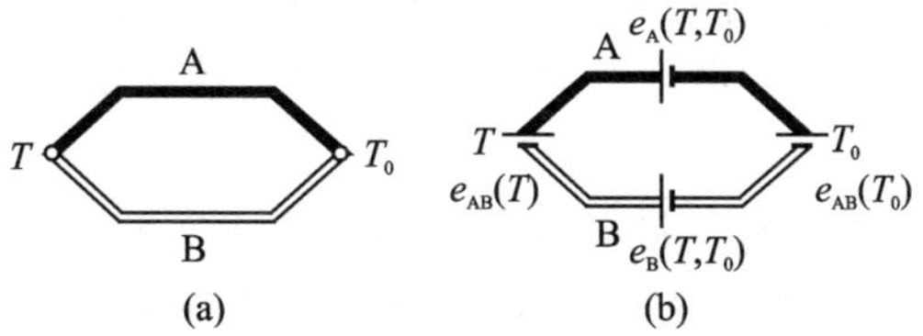


**图 7.3.3　热电偶的原理结构及热电势示意图**

须采用两种不同材料作为热电极。

② 如果热电偶两个结点温度相等（$T=T_0$），则汤姆逊热电势为零。尽管导体 A，B 的材料不同，由于两端点的帕尔帖热电势相互抵消，热电偶回路内的总热电势也为零。因此，热电偶产生热电势时其热端和冷端两个结点必须具有不同的温度。

既然热电偶回路的热电势 $E_{AB}(T,T_0)$ 只与两导体材料及两结点温度 $T$，$T_0$ 有关，那么当材料确定后，回路的热电势就是两个结点温度函数之差，即可写为

$$E_{AB}(T,T_0)=f(T)-f(T_0) \tag{7.3.6}$$

当参考端温度 $T_0$ 固定不变时，$f(T_0)=C$（常数）。此时 $E_{AB}(T,T_0)$ 就是工作端温度 $T$ 的单值函数，即

$$E_{AB}(T,T_0)=f(T)-C=\phi(T) \tag{7.3.7}$$

式(7.3.7)在实际测温中得到广泛应用。

应该指出，在实际测量中不可能，也没有必要单独测量接触电势和温度差电势，而只需用仪表测出总热电势。由于温差电势与接触电势相比较，其值甚小，故在工程技术中认为热电势近似等于接触电势。

实用中，测出总热电势后，通常不是利用公式计算，而是根据热电偶分度表来确定被测温度。分度表是将自由端温度保持为 0 ℃，通过实验建立起来的热电势与温度之间的数值对应关系。热电偶测温完全是建立在利用实验热特性和一些热电定律的基础上的。下面引述几个常用的热电偶定律。

## 7.3.3　热电偶的基本定律

1. 中间温度定律

热电偶 AB 的热电势仅取决于热电偶的材料和两个结点的温度，而与温度沿热电极的分布以及热电极的参数和形状无关。

如热电偶 AB 两结点的温度分别为 $T$，$T_0$，则所产生的热电势等于热电偶 AB 两结点温度为 $T$，$T_C$ 与热电偶 AB 两结点温度为 $T_C$，$T_0$ 时所产生的热电势的代数和（如图 7.3.4 所示），用公式表示为

$$E_{AB}(T,T_0)=E_{AB}(T,T_C)+E_{AB}(T_C,T_0) \tag{7.3.8}$$

式中　$T_C$——中间温度（℃）。

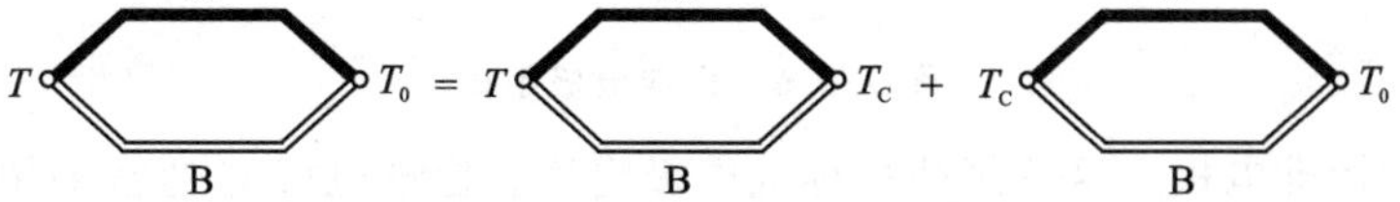


**图 7.3.4　中间温度定律**

中间温度定律为制定热电偶分度表奠定了理论基础。根据中间温度定律,只需列出自由端温度为0 ℃时,热电势与工作端温度的关系表。当自由端温度不是0 ℃时,所产生的热电势就可按式(7.3.8)计算。

例如,某热电偶自由端0 ℃时,测量端在20 ℃和100 ℃的输出热电势分别为2.51 mV,12.73 mV;则当自由端为20 ℃时,热电偶测量端在100 ℃时的输出热电势为12.73−2.51=10.22 (mV)。

2. 中间导体定律

在热电偶测温过程中,必须在回路中引入测量导线和仪表。当接入导线和仪表后,会不会影响热电势的测量呢?中间导体定律说明,在热电偶AB回路中,只要接入的第三导体两端温度相同,则对回路的总热电势没有影响。下面考虑两种接法:

① 在热电偶AB回路中,断开参考结点,接入第三种导体C。只要保持两个新结点AC和BC的温度仍为参考结点温度 $T_0$(如图7.3.5(a)所示),就不会影响回路的总热电势,即

$$E_{ABC}(T,T_0)=E_{AB}(T,T_0) \tag{7.3.9}$$

② 热电偶AB回路中,将其中一个导体A断开,接入导体C,如图7.3.5(b)所示。在导体C与导体A的两个结点处保持相同的温度 $T_C$,则有

$$E_{ABC}(T,T_0,T_C)=E_{AB}(T,T_0) \tag{7.3.10}$$

上面两种接法表明:在热电偶回路中接入中间导体,只要中间导体两端的温度相同,就不会影响回路的总热电势。若在回路中接入多种导体,只要每种导体两端温度相同,也可以得到同样的结论。

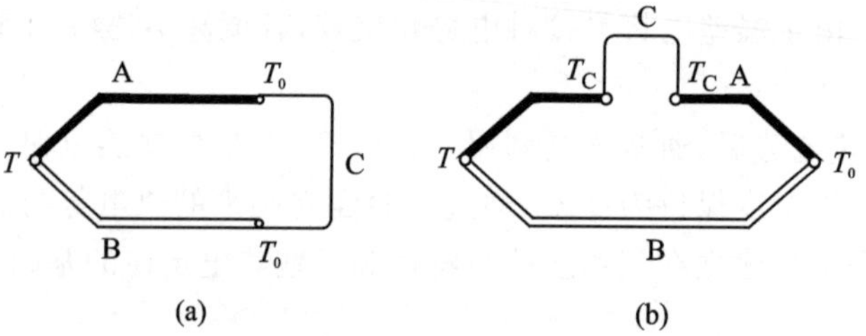


**图7.3.5 中间导体定律**

3. 标准电极定律

当热电偶回路的两个结点温度为 $T,T_0$ 时,用导体AB组成的热电偶的热电势等于热电偶AC和热电偶CB的热电势的代数和,即

$$E_{AB}(T,T_0)=E_{AC}(T,T_0)+E_{CB}(T,T_0)=E_{AC}(T,T_0)-E_{BC}(T,T_0) \tag{7.3.11}$$

亦可用图7.3.6表示。

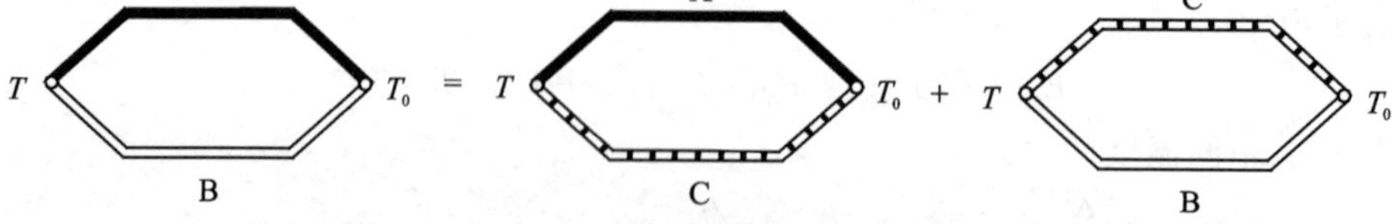


**图7.3.6 标准电极定律**

导体C称为标准电极。这一规律称标准电极定律。标准电极C通常采用纯铂丝制成,因为铂的物理、化学性能稳定,易提纯,熔点高。如果已求出各种热电极对铂极的热电势值,就可

以用标准电极定律，得到其中任意两种材料配成热电偶后的热电势值。这就大大简化了热电偶的选配工作。

## 7.3.4 热电偶的误差及补偿

1. 热电偶冷端误差及其补偿

由式(7.3.6)可知，热电偶 AB 闭合回路的总热电势 $E_{AB}(T,T_0)$ 是两个接点温度的函数。但是，通常要求测量的是一个热源的温度，或两个热源的温度差。为此，必须固定其中一端（冷端）的温度，其输出的热电势才是测量端（热端）温度的单值函数。工程上广泛使用的热电偶分度表和根据分度表刻画的测温显示仪表的刻度，都是根据冷端温度为 0 ℃而制作的。因此，当使用热电偶测量温度时，如果冷端温度保持 0 ℃，则将测得的热电势值对比相应的分度表，即可得到准确的温度值。

实际测量中，当热电偶的两端距离很近时，冷端温度将受热源温度或周围环境温度的影响，并不为 0 ℃，而且也不是恒值，因此将引入误差。为了消除或补偿这个误差，可以采用以下几种补偿方法。

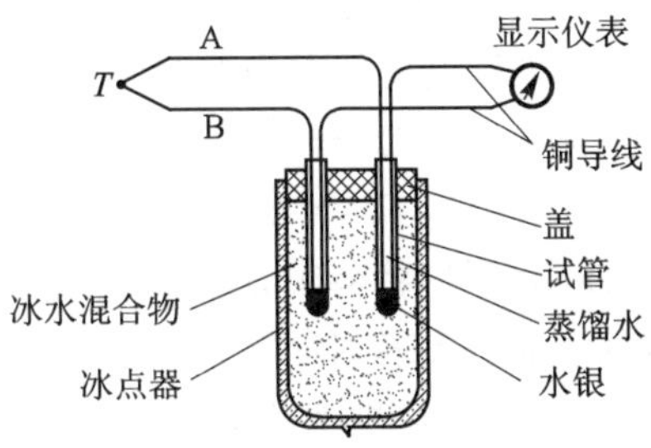


图 7.3.7 冰点槽示意图

(1) 0 ℃恒温法

将热电偶的冷端保持在 0 ℃的器皿内。图 7.3.7是一个简单的冰点槽。为了获得 0 ℃的温度条件，一般用纯净的水和冰混合，在一个标准大气压下冰水共存时，它的温度即为 0 ℃。

冰点法是一种准确度很高的冷端处理方法，但实际使用起来比较麻烦，需保持冰水两相共存，一般只适用于实验室使用。

(2) 修正法

将热电偶冷端保持在某一恒定温度，如置热电偶冷端在一恒温箱内。此时，可以采用冷端温度修正法。

根据中间温度定律：$E_{AB}(T,T_0)=E_{AB}(T,T_C)+E_{AB}(T_C,T_0)$，当冷端温度 $T_0\neq 0$ ℃而为某一恒定温度时，由冷端温度而引入的误差值 $E_{AB}(T_C,T_0)$ 是一个常数，而且可以由分度表上查得其电势值。将测得的热电势值 $E_{AB}(T,T_C)$ 加上 $E_{AB}(T_C,T_0)$，就可以获得冷端为 $T_0=$ 0 ℃时的热电势值 $E_{AB}(T,T_0)$；经查热电偶分度表，即可得到被测热源的真实温度 $T$。

(3) 补偿电桥法

测温时若保持冷端温度为某一恒温也有困难，则可采用电桥补偿法，则即利用不平衡电桥产生的电势来补偿热电偶因冷端温度变化而引起的热电势变化值，如图 7.3.8 所示。$E$ 是电桥的电源，$R$ 为限流电阻。

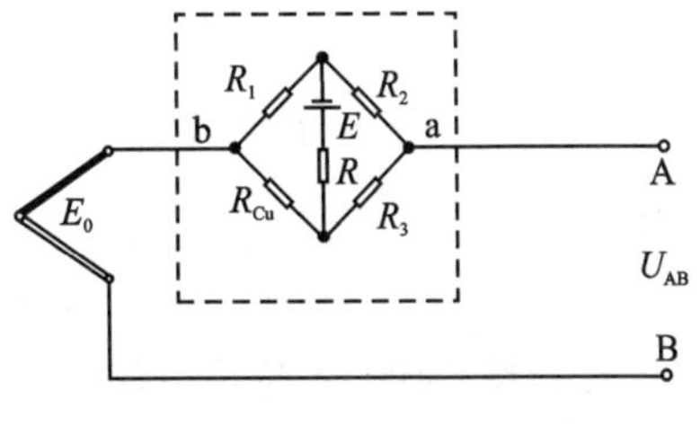


图 7.3.8 冷端温度补偿电桥

补偿电桥与热电偶冷端处于相同的环境温度下。其中三个桥臂电阻用温度系数近于零的锰铜绕制，使 $R_1=R_2=R_3$；另一桥臂为补偿桥臂，用铜导线绕制。使用时选取合适的 $R_{Cu}$ 阻值，使电桥处于平衡状态，电桥输出为 $U_{ab}$。当冷端温度升高时，补偿桥臂 $R_{Cu}$ 阻值增大，电桥失去平衡，输出 $U_{ab}$ 随着增大；同时，由于冷端温度升高，故热电偶的热电势 $E_0$ 减小。若电桥输出值的增加量 $U_{ab}$ 等于热电偶电势 $E_0$ 的减少量，则总输出值 $U_{AB}=U_{ab}+E_0$ 的大小，就不随着冷端温度的变化而变化。

在有补偿电桥的热电偶电路中，冷端温度若在 20 ℃时补偿电桥处于平衡，则只要在回路中加入相应的修正电压，或调整指示装置的起始位置，就可达到完全补偿的目的，准确测出冷端为 0 ℃时的输出。

(4) 延引热电极法

当热电偶冷端离热源较近，受其影响使冷端温度范围变化较大时，直接采用冷端温度补偿法将很困难，此时可以采用延引热电极的方法。将热电偶输出的电势传输到 10 m 以外的显示仪表处，也就是将冷端移至温度变化比较平缓的环境中，再采用上述的补偿方法进行补偿。补偿导线可选用直径粗、导电系数大的材料制作，以减小补偿导线的电阻和影响。对于廉价热电偶，可以采用延长热电极的方法。采用的补偿导线的热电特性和工作热电偶的热电特性相近。补偿导线产生的热电势应等于工作热电偶在此温度范围内产生的热电势，$E_{AB}(T_0',T_0)=E_{A'B'}(T_0',T_0)$，如图 7.3.9 所示。这样测量时，将会很方便。

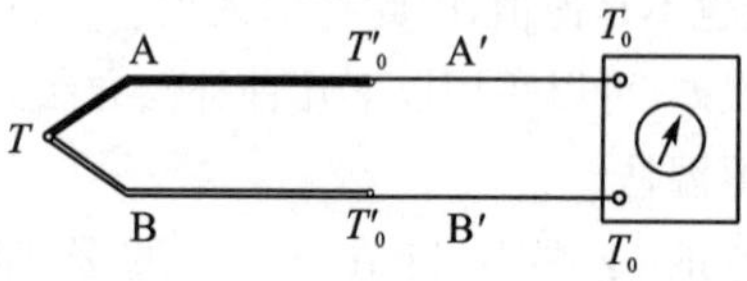

图 7.3.9　延引热电极补偿法

2. 热电偶的动态误差及时间常数

由于质量与热惯性，任何测温仪表的指示温度都不是被测介质温度变化的瞬时值，而是有一个时间滞后。当用热电偶测某介质温度时，被测介质某瞬时的温度为 $T_g$，而热接点感受到的温度为 $T$，从而引起热电偶的动态误差 $\Delta T=T_g-T$。动态误差值取决于热电偶的时间常数 $\tau$ 和热接点温度随时间变化率 $\mathrm{d}T/\mathrm{d}t$。通常可以描述为

$$\Delta T = T_g - T = \tau \frac{\mathrm{d}T}{\mathrm{d}t} \tag{7.3.12}$$

图 7.3.10 所示为热电偶测温示值随时间的变化曲线。任一瞬时的动态误差为曲线在该时刻的斜率与该热电偶的时间常数的乘积。用该瞬时的动态误差来修正热电偶的指示值，即可得到该瞬时的被测介质温度，即

$$T_g = T + \Delta T = T + \tau \frac{\mathrm{d}T}{\mathrm{d}t} \tag{7.3.13}$$

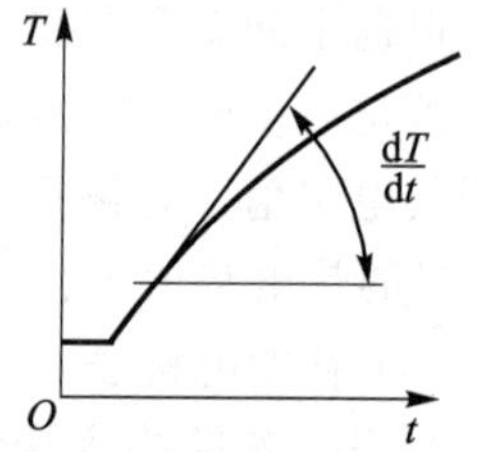

图 7.3.10　热电偶测温曲线

实际中，热电偶的时间常数可由测温曲线求得。

假设初始条件 $t=0$ 时，热电偶热接点的初始温度为 $T=T_0$，利用式(7.3.13)可得

$$T - T_0 = (T_g - T_0)(1 - e^{\frac{-t}{\tau}}) \tag{7.3.14}$$

当 $t=\tau$ 时，有

$$T - T_0 = 0.632(T_g - T_0) \tag{7.3.15}$$

式(7.3.15)表明，不论热电偶的初始温度 $T_0$ 和被测温度 $T_g$ 为何值，即不论温度的阶跃 $(T_g-T_0)$ 有多大，只要经过 $t=\tau$，其温度指示值的增量 $(T-T_0)$ 总是升高这个阶跃的 63.2 %，因此称 $\tau$ 为热电偶的时间常数。

通常热电偶的时间常数可以写为

$$\tau = \frac{c\rho V}{\alpha A_0} \tag{7.3.16}$$

式中　$\tau$——热电偶的时间常数(s)；

$c$——热接点的比热容(J/kg·K)；

$\rho$——热接点的密度(kg/m$^3$)；

$V$——热接点的容积(m$^3$)；

$\alpha$——热接点与被测介质间的对流传热系数(W/m$^2$·K)；

$A_0$——热接点与被测介质间接触的表面积(m$^2$)。

由式(7.3.16)可知,时间常数 $\tau$ 不仅取决于热接点的材料性质和结构参数,而且还随被测介质的工作情况而变。所以,不同的热电偶在不同的应用条件下,其时间常数是不同的。

欲减小动态误差,必须减小时间常数。这可以通过减小热接点直径,使其容积减小,传热系数增大来实现;或通过增大热接点与被测介质接触的表面积,将球形热接点压成扁平状,使其体积不变而表面积增大来实现。采用这些方法,可减小时间常数,减小动态误差,改善动态响应。当然这些减小时间常数的方法要有一定限制,否则会产生探头机械强度低、使用寿命短和制造困难等问题。实用中,在热电偶测温系统中可以引入与热电偶传递函数倒数近似的 RC 和 RL 网络,实现动态误差实时修正。

3. 热电偶的其他误差

(1) 分度误差

工业上常用的热电偶分度,都是按标准分度表进行的。但实用的热电偶特性与标准的分度表并不完全一致,这就带来了分度误差。即使对其像非标准化的特殊热电偶一样单独分度,也会有分度误差。这种分度误差是不可避免的。它与热电极的材料和制造工艺水平有关。随着热电极材料的不断发展和制造工艺水平的提高与稳定,热电偶分度表标准也在不断完善。

(2) 仪表误差及接线误差

用热电偶测温时,必须有与之配套的仪表进行显示或记录。它们的误差自然会带入测量结果。这种误差与所选仪表的精度及仪表的上、下测量限有关。使用时应选取合适的量程与仪表精度。

热电偶与仪表之间的连线,应选取电阻值小,而且在测温过程中保持常值的导线,以减小其对热电偶测温的影响。

(3) 干扰和漏电误差

热电偶测温时,由于周围电场和磁场的干扰,会造成热电偶回路中的附加电势,引起测量误差。常采用冷端接地或加屏蔽等方法进行改善。

不少绝缘材料随着温度升高而绝缘电阻值下降,尤其在 1 500 ℃以上的高温时,其绝缘性能显著变坏,可能造成热电势分流输出;有时被测对象所用电源电压也会泄漏到热电偶回路中。这些都能造成漏电误差,所以在测高温时,热电偶的辅助材料的绝缘性能一定要好。

另外,定期校验热电偶很重要。热电偶在使用过程中,尤其在高温作用下会不断地受到氧化、腐蚀而引起热特性的变化,使测量误差增大,因此需要对热电偶按规范定期校验。经校验后不超差的热电偶才能再次投入使用。

## 7.3.5　热电偶的组成、分类及特点

理论上,任何两种金属材料都可配制成热电偶。但是选用不同的材料会影响到测温的范

围、灵敏度、精度和稳定性等。一般镍铬-金铁热电偶在低温和超低温下仍具有较高的灵敏度；铁-铜镍热电偶在氧化介质中的测温范围为－40～75 ℃，在还原介质中可达1 000 ℃；钨铼系列热电偶灵敏度高，稳定性好，热电特性接近于直线，工作范围为0～2 800 ℃，但只适合于在真空和惰性气体中使用。

热电偶种类很多，其结构及外形也不尽相同，但基本组成大致相同。通常，热电偶由热电极、绝缘材料、接线盒和保护套等组成。热电偶按其结构可分为以下五种。

1. 普通热电偶

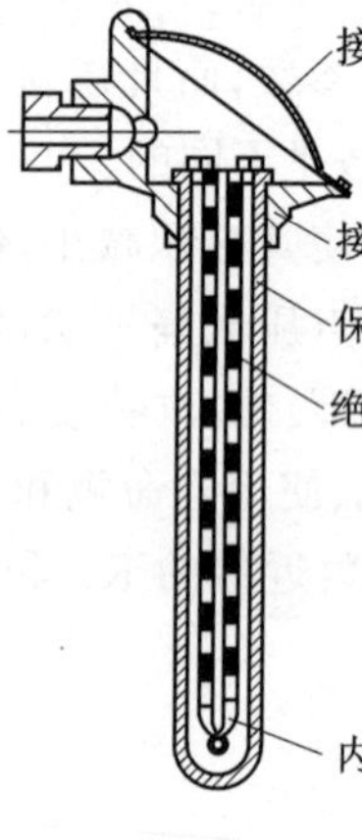

**图7.3.11　普通热电偶结构示意图**

普通热电偶结构如图7.3.11所示。这种热电偶由内热电极、绝缘套管、保护套管、接线盒及接线盒盖组成。普通热电偶主要用于测量液体和气体的温度。绝缘套管一般使用陶瓷套管，其保护套有金属和陶瓷两种。

2. 铠装热电偶

这种热电偶也称缆式热电偶。它由热电极、绝缘体和金属保护套组合成一 体。其结构示意图如图7.3.12所示。根据测量端的不同形式，有碰底型(图a)、不碰底型(图b)、露头型(图c)、帽型(图d)等，铠装热电偶的特点是测量结热容量小、热惯性小、动态响应快、挠性好、强度高、抗震性好，适于用普通热电偶不能测量的空间温度。

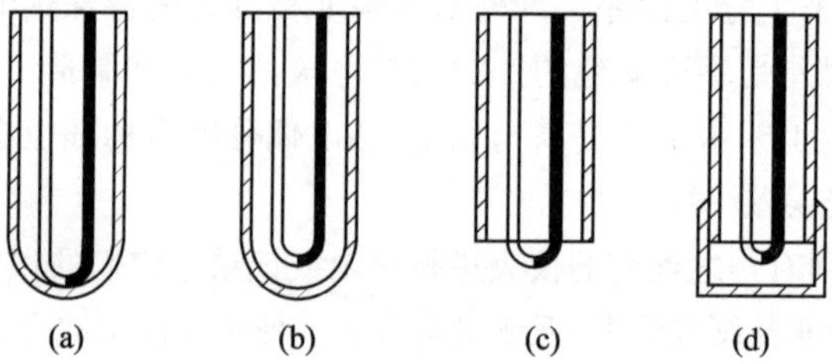

**图7.3.12　铠装热电偶测量端结构**

3. 薄膜热电偶

这种热电偶的结构可分为片状、针状等。图7.3.13为片状薄膜热电偶结构示意图。这种热电偶是由测量结点、薄膜A、衬底、薄膜B、接头夹和引线构成的。薄膜热电偶的特点是热容量小、时间常数小、反应速度快等。主要用于测量固体表面小面积瞬时变化的温度。

4. 并联热电偶

如图7.3.14所示，把几个相同型号的热电偶的同性电极参考端并联在一起，而各个热电偶的测量结处于不同温度下，其输出电动势为各热电偶热电动势的平均值。所以这种热电偶可用于测量平均温度。

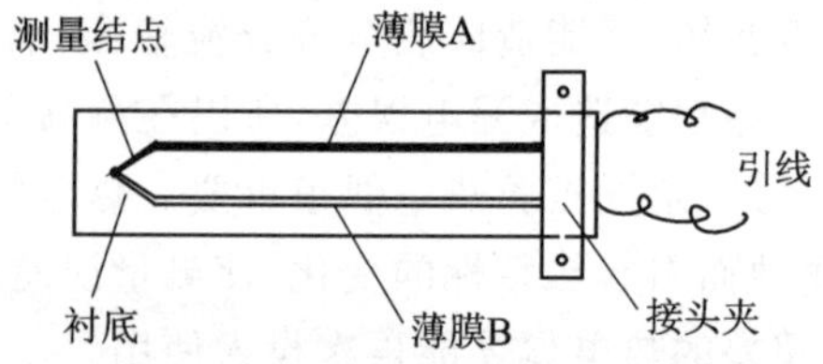

**图7.3.13　片状薄膜热电偶结构**

5. 串联热电偶

这种热电偶又称热电堆。它是把若干个相同型号的热电偶串联在一起，所有测量端处于

同一温度 $T$ 之下，所有连接点处于另一温度 $T_0$ 之下（如图 7.3.15 所示），故输出电动势是每个热电动势之和。

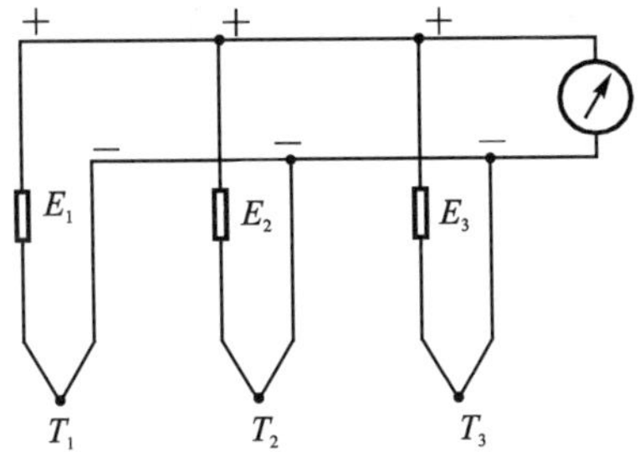


图 7.3.14　并联热电偶

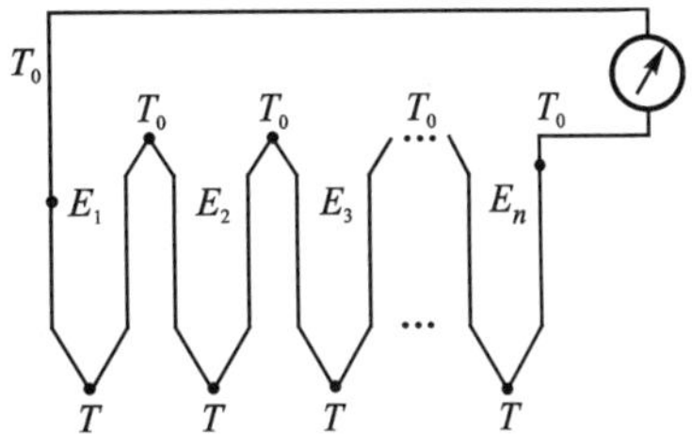


图 7.3.15　串联热电偶

# 7.4　半导体 P－N 结温度传感器

半导体 P－N 结温度传感器以 P－N 结的温度特性为理论基础。当 P－N 结的正向压降或反向压降保持不变时，正向电流和反向电流都随着温度的改变而变化；而当正向电流保持不变时，P－N 结的正向压降随温度的变化近似于线性变化，大约以 －2 mV/℃ 的斜率随温度变化。因此，利用 P－N 结的这一特性实现对温度的测量。

半导体温度传感器利用晶体二极管与晶体三极管作为感温元件。二极管感温元件利用P－N结在恒定电流下，其正向电压与温度之间的近似线性关系来实现。由于它忽略了高次非线性项的影响，其测量误差较大。若采用晶体三极管作为感温元件，则能较好地解决这一问题。图 7.4.1 为利用晶体三极管的 be 结电压降制作的感温元件原理图。在忽略基极电流情况下，当认为各晶体三极管的温度均为 $T$ 时，它们的集电极电流是相等的，$U_{be4}$ 与 $U_{be2}$ 的结压降差就是电阻 $R$ 上的电压降（V），即

$$\Delta U_{be} = U_{be4} - U_{be2} = I_1 R = \frac{kT}{e}\ln\gamma \quad (7.4.1)$$

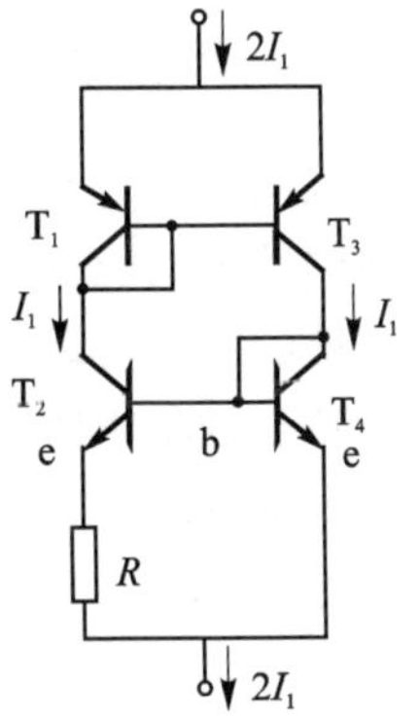


图 7.4.1　晶体三极管感温元件

式中　$\gamma$——$T_2$ 与 $T_4$ 结面积相差的倍数；

$k$——玻耳兹曼常数，$k=1.381\times10^{-23}$ J/K；

$e$——电子电荷量，$e=1.602\times10^{-19}$ C；

$T$——被测物体的热力学温度（K）。

由于电流 $I_1$ 又与温度 $T$ 成正比，因此可以通过测量 $I_1$ 的大小，实现对温度的测量。

采用半导体二极管作为温度敏感器，具有简单、价廉等优点。用它可制成半导体温度传感器，测温范围在 0～50 ℃之间。用晶体三极管制成的温度传感器测量温度精度较高，测温范围较宽，在 －50～150 ℃之间，因而可用于工业、医疗等领域的测温仪器或系统中。图 7.4.2 给出了几种不同结构的晶体管温度敏感器，它们具有很好的长期稳定性。

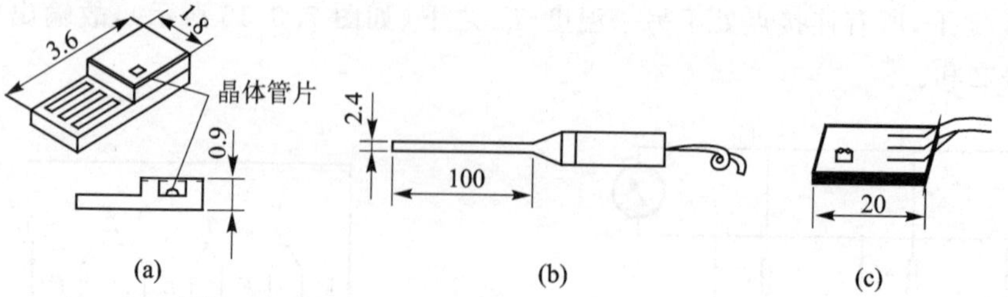


注：各尺寸单位：mm。

图 7.4.2 晶体管感温元件结构示意图

# 7.5 其他测温系统

重点介绍几种采用热辐射和光电检测方法的非接触式温度测量系统。其工作机理是：当物体受热后，电子运动的动能增加，有一部分热能转变为辐射能。辐射能量与物体的温度有关。当温度较低时，辐射能力很弱；当温度升高时，辐射能力变强；当温度高于一定值之后，人眼可观察到发光，其发光亮度与温度值有一定关系。因此，高温及超高温检测可采用热辐射和光电检测的方法，实现非接触式测温系统。

根据所采用测量方法的不同，非接触式测温系统可分为全辐射式测温系统、亮度式测温系统和比色式测温系统。

## 7.5.1 全辐射式测温系统

全辐射式测温系统利用物体在全光谱范围内总辐射能量与温度的关系测量温度。能够全部吸收辐射到其上的能量的物体称为绝对黑体。绝对黑体的热辐射与温度之间的关系就是全辐射测温系统的工作机理。由于实际物体的吸收能力小于绝对黑体，所以用全辐射测温系统测得的温度总是低于物体的真实温度。通常，把测得的温度称为“辐射温度”。其定义为：非黑体的总辐射能量 $E_T$ 等于绝对黑体的总辐射能量时，黑体的温度即为非黑体的辐射温度 $T_r$，则物体真实温度 $T$ 与辐射温度 $T_r$ 的关系为

$$T = T_r \frac{1}{\sqrt[4]{\varepsilon_T}} \tag{7.5.1}$$

式中 $\varepsilon_T$——温度 $T$ 时物体的全辐射发射系数。

全辐射测温系统的结构示意图如图 7.5.1 所示。该系统由辐射感温器及显示仪表组成。测温工作过程如下：被测物的辐射能量经物镜聚焦到热电堆的靶心铂片上，将辐射能转变为热能，再由热电堆变成热电动势。由显示仪表显示出热电动势的大小，由热电动势的数值可知所测温度的大小。这种测温系统适用于远距离、不能直接接触的高温物体，测温范围为 100～2 000 ℃。

## 7.5.2 亮度式测温系统

亮度式测温系统利用物体的单色辐射亮度随温度变化的原理，并以被测物体光谱的一个狭窄区域内的亮度与标准辐射体的亮度进行比较来测量温度。由于实际物体的单色辐射发射系数小于绝对黑体，因而实际物体的单色亮度小于绝对黑体的单色亮度，故系统测得的温度值低于被测物体的真实温度 $T$。所测得的温度称为亮度温度。若以 $T_L$ 表示被测物体的亮度温

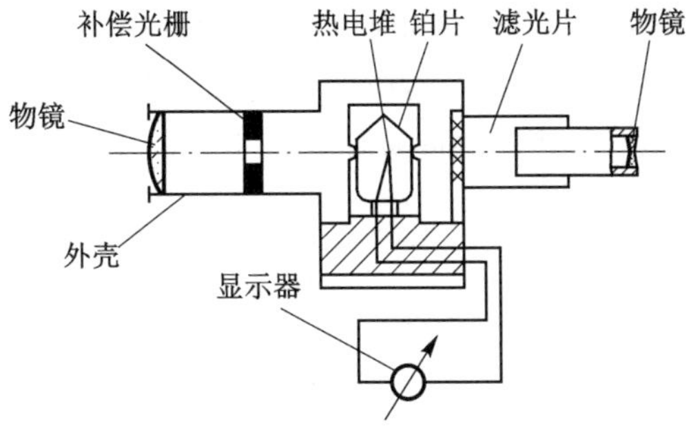


图 7.5.1　全辐射测温系统结构示意图

度，则物体的真实温度 $T$ 与亮度温度 $T_L$ 之间的关系为

$$\frac{1}{T}-\frac{1}{T_L}=\frac{\lambda}{C_2}\ln \varepsilon_{\lambda T} \tag{7.5.2}$$

式中　$\varepsilon_{\lambda T}$——单色辐射发射系数；

$C_2$——第二辐射常数，$C_2=0.014\ 388\ \mathrm{m\cdot K}$；

$\lambda$——波长(m)。

亮度式测温系统的形式很多，较常用的有灯丝隐灭式亮度测温系统和各种光电亮度测温系统。灯丝隐灭式亮度测温系统以其内部高温灯泡灯丝的单色亮度作为标准，并与被测辐射体的单色亮度进行比较来测温。依靠人眼可比较被测物体的亮度；当灯丝亮度与被测物体亮度相同时，灯丝在被测温度背景下隐没，被测物体的温度等于灯丝的温度，而灯丝的温度则由通过它的电流大小来确定。由于这种方法的亮度依靠人的目测实现，故误差较大。光电亮度式测温系统可以克服此缺点。它利用光电元件进行亮度比较，从而可实现自动测量。图 7.5.2 给出了这种形式的一种实现方案。将被测物体与标准光源的辐射经调制后射向光敏元件。当两束光的亮度不同时，光敏元件产生输出信号，经放大后驱动与标准光源相串联的电位器的活动触点向相应方向移动，以调节流过标准光源的电流，从而改变它的亮度；当两束光的亮度相同时，光敏元件信号输出为零，这时电位器触点的位置即代表被测温度值。这种测温系统的量程较宽，具有较高的测量精度，一般用于测量温度范围为 700～3 200 ℃的浇铸、轧钢、锻压和热处理时的温度。

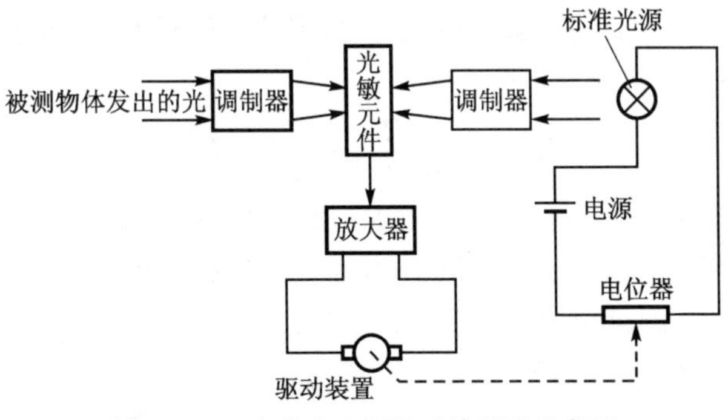


图 7.5.2　光电亮度测温系统原理示意图

### 7.5.3　比色式测温系统

比色式测温系统以测量两个波长的辐射亮度之比为基础，故称之为“比色测温法”。通常，

将波长选在光谱的红色和蓝色区域内。利用此法测温时,仪表所显示的值为“比色温度”。其定义为:非黑体辐射的两个波长($\lambda_1$ 和 $\lambda_2$)对应的亮度 $L_{\lambda 1T}$ 和 $L_{\lambda 2T}$ 之比值等于绝对黑体相应的亮度 $L_{\lambda 1T}^*$ 和 $L_{\lambda 2T}^*$ 之比值时,绝对黑体的温度被称为该黑体的比色温度,以 $T_P$ 表示。它与非黑体的真实温度 $T$ 的关系为

$$\frac{1}{T}-\frac{1}{T_P}=\frac{\ln\left(\frac{\varepsilon_{\lambda 1}}{\varepsilon_{\lambda 2}}\right)}{C_2\left(\frac{1}{\lambda_1}-\frac{1}{\lambda_2}\right)} \tag{7.5.3}$$

式中 $\varepsilon_{\lambda 1}$——对应于波长 $\lambda_1$ 的单色辐射发射系数;

$\varepsilon_{\lambda 2}$——对应于波长 $\lambda_2$ 的单色辐射发射系数;

$C_2$——第二辐射常数,$C_2=0.014\ 388\ \text{m}\cdot\text{K}$。

由式(7.5.3)可以看出,当两个波长的单色发射系数相等时,物体的真实温度 $T$ 与比色温度 $T_P$ 相同。一般灰体的发射系数不随波长而变,故它们的比色温度等于真实温度。对待测辐射体的两测量波长按工作条件和需要选择,通常 $\lambda_1$ 对应为蓝色,$\lambda_2$ 对应为红色。对于很多金属,由于单色发射系数随波长的增加而减小,故比色温度稍高于真实温度。通常 $\varepsilon_{\lambda 1}$ 与 $\varepsilon_{\lambda 2}$ 非常接近,故比色温度与真实温度相差很小。

图7.5.3为比色测温系统的结构示意图,包括透镜L、分光镜G、滤光片 $K_1$ 和 $K_2$、光敏元件 $A_1$ 和 $A_2$、放大器A以及可逆伺服电机等。其工作过程是:被测物体的辐射经透镜L投射到分光镜G上,而使长波透过,经滤光片 $K_2$ 把波长为 $\lambda_2$ 的辐射光投射到光敏元件 $A_2$ 上。光敏元件的光电流 $I_{\lambda 2}$ 与波长为 $\lambda_2$ 的辐射光强度成正比,则电流 $I_{\lambda 2}$ 在电阻 $R_3$ 和 $R_x$ 上产生的电压 $U_2$ 与波长为 $\lambda_2$ 的辐射光强度也成正比;另外,分光镜G使短波辐射光被反射,经滤光片 $K_1$ 把波长为 $\lambda_1$ 的辐射光投射到光敏元件 $A_1$ 上。同理,光敏元件的光电流 $I_{\lambda 1}$ 与波长 $\lambda_1$ 的辐射强度成正比;电流 $I_{\lambda 1}$ 在电阻 $R_1$ 上产生的电压 $U_1$ 与波长 $\lambda_1$ 的辐射强度也成正比。当 $\Delta U=U_2-U_1\neq 0$ 时,$\Delta U$ 经放大后驱动伺服电动机转动,带动电位器 $R_W$ 的触点向相应方向移动,直到 $U_2-U_1=0$,电动机停止转动,此时

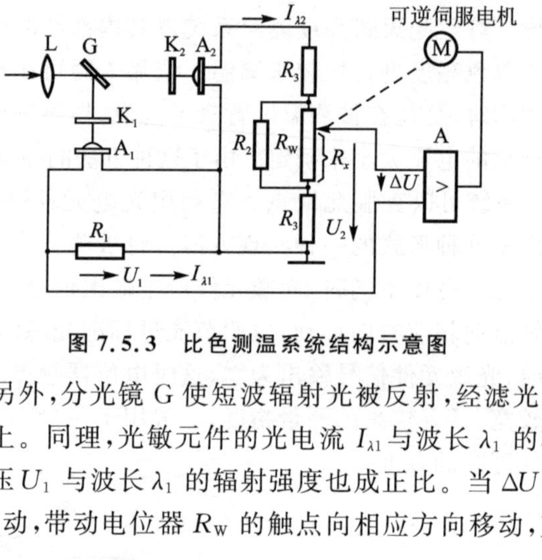

图 7.5.3 比色测温系统结构示意图

$$R_x=\frac{R_2+R_P}{R_2}\left(R_1\frac{I_{\lambda 1}}{I_{\lambda 2}}-R_3\right) \tag{7.5.4}$$

式中,$R_P$ 为电位器 $R_W$ 的总电阻,而电阻 $R_x$ 值反映了被测温度值。

比色测温系统可用于连续自动检测钢水、铁水、炉渣和表面没有覆盖物的高温物体温度。其量程为800～2 000 ℃,测量精度为0.5 %。其优点是反应速度快,测量范围宽,测量温度接近实际值。

# 7.6 应用实例

温度与许多物理过程密切相关,合理利用温度的变化规律可以揭示一些相关物理过程的

内在本质。本节给出两个应用实例:利用半导体热敏电阻实现的双功能温度报警器和利用金属铂热电阻构成的气体质量流量传感器。

## 7.6.1　基于热敏电阻的双功能温度报警器

长期以来,火灾给人类造成了巨大的损失。为了防止火灾的出现和减少火灾带来的损失,一个有效的方法就是及时准确地报警。火灾的形成总是伴随着环境温度的升高,所以对火灾的报警可以通过对环境温度的监测来实现。人们利用这一原理设计了机械式和电子式的温度型火灾报警器。在有些场所,如仓库、宾馆等,不仅要求对火灾能报警,而且温度也不能低于某一值。因此有必要对太低的环境温度也发出报警信号,然后依据具体的要求予以处理。基于这种考虑,本节介绍一种利用热敏电阻温度特性实现的双功能温度报警器,它既可以对火灾引起的高温按特定的方式进行报警,又能对过低的环境温度报警。而且报警的灵敏度(报警温度的上、下限)可以灵活设置。

1. 基本结构与功能

7.6.1 给出了双功能温度报警器感温部分的基本结构示意图。$R_1$,$R_4$ 为两个热敏电阻,通常选为温度特性一致的电阻。它们用导热胶紧紧地贴于金属壳的内表面,图 7.6.2 为电路部分的原理图。

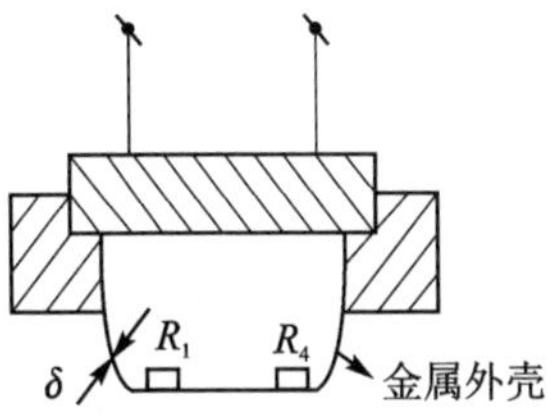


**图 7.6.1　报警器感温部分的基本结构示意图**

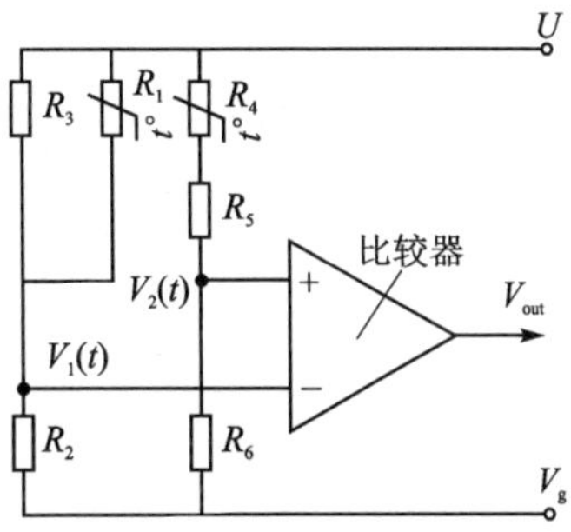


**图 7.6.2　报警器的电路原理图**

该双功能温度探测器的功能是:在高温区 $T_H=\{t_{hl}\leqslant t\leqslant t\,|\,t_{hh}\}$ 和低温区 $T_L=\{t_{ll}\leqslant t\leqslant t\,|\,t_{lh}\}$ 应准确可靠地发出报警信号,同时应区分出是在高温区还是低温区报警。与温度相关的符号 $t_{ij}$($i$=h,l;$j$=h,l),第一个下标 $i$ 代表温区(高温区 h 或低温区 l);第二个下标 $j$ 代表温限(温度上限 h 或温度下限 l)。

2. 基本工作原理分析

对于图 7.6.1 所示的传感器结构,热敏电阻 $R_1$,$R_4$ 感受的温度 $t_1$,$t_4$ 与环境温度的关系可表示为

$$t_1=t_4=t-\frac{b\,\delta^2}{2a} \tag{7.6.1}$$

式中　$\delta$——传感器外壳壁厚(m);

$b$——环境的温升速率(℃/s);

$a$——传感器外壳材料的导温系数($m^2$/s)。

对于温度报警器采用金属外壳,其导温系数 $a=7\times10^{-6}$ $m^2$/s,外壳壁厚满足 $\delta\leqslant1$ mm。

因此,对于国标GB4718—84中规定的最大温升速率 $b=30$ ℃/min,$b\delta^2/(2a)$ 的最大值不超过0.05 ℃,所以在实际应用中,有

$$t_1 = t_4 = t \tag{7.6.2}$$

即可以认为 $R_1$,$R_4$ 感受的温度就是环境温度 $t$。因此尽管在一些特殊的高温报警情况下实际温升速率 $b$ 较大,但对金属外壳引起的热延迟可以忽略不计。

基于图7.6.2所示的报警器的电路,当环境温度不在报警温度范围内时,即 $t\notin T_H\cup T_L$,比较器输出一高电平信号,不发出报警信号;而当环境温度在报警范围内时,即 $t\in T_H\cup T_L$,出现 $V_1=V_2$(称为报警条件),使比较器翻转,输出一低电平信号,发出报警信息。同时通过检测报警时 $V_1$(或 $V_2$)的值可以识别高、低温区的报警状态。这就是该双功能温度报警器的基本工作原理。

3. 准确的报警条件分析

由图7.6.2,报警条件为

$$\frac{R_2}{R_6} = \frac{R_1R_3}{(R_1+R_3)(R_4+R_5)} \tag{7.6.3}$$

令

$$\bar{y} = R_2/R_6 \tag{7.6.4}$$

$$y(t) = \frac{R_1R_3}{(R_1+R_3)(R_4+R_5)} \tag{7.6.5}$$

选择 $R_1$,$R_4$ 为温度特性一致的热敏电阻,即

$$\left.\begin{aligned} R_1 &= R_{10}\exp\left[B_0\left(\frac{1}{T}-\frac{1}{T_0}\right)\right] \\ R_4 &= R_{40}\exp\left[B_0\left(\frac{1}{T}-\frac{1}{T_0}\right)\right] \end{aligned}\right\} \tag{7.6.6}$$

$$T = t + 273 > 0$$

$$T_0 = 298\ \mathrm{K}$$

显然由式(7.6.5)和式(7.6.6)可知:$y(t)$ 关于温度 $t$ 是连续的,在有界的温度范围 $t\in T_H$,$y(t)\in Y_H=\{y_{hmin}\leqslant y\leqslant y_{hmax}\}$ 是有界的,$y_{hmax}$ 和 $y_{hmin}$ 分别是 $y(t)$ 在 $t\in T_H$ 上的最大值和最小值。

同样当 $t\in T_L$ 时,$y(t)\in Y_L=\{y_{lmin}\leqslant y\leqslant y_{lmax}\}$ 是有界的,$y_{lmax}$ 和 $y_{lmin}$ 分别是 $y(t)$ 在 $t\in T_L$ 上的最大值和最小值。

图7.6.3给出了 $T=T_H\cup T_L$ 到 $Y=Y_H\cup Y_L$ 的映射关系。

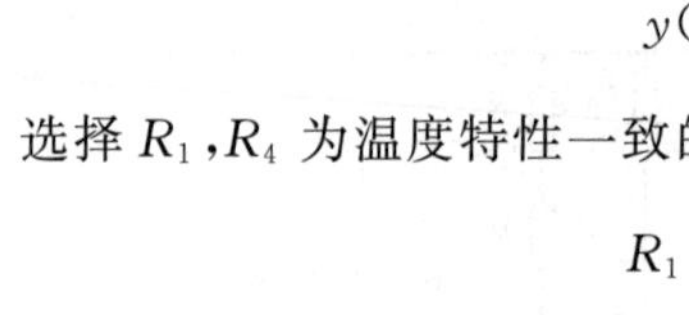


**图7.6.3　T→Y 的映射**

令 $T_0=\{t_{lh}\leqslant t\leqslant t_{hl}\}$,对于实际应用情况,高温区的低温报警下限温度高于低温区的上限报警温度,即 $t_{lh}<t_{hl}$,所以 $T_0$ 非空;令 $Y_0=\{y_{0min}\leqslant y\leqslant y_{0max}\}$,$y_{0max}$ 和 $y_{0min}$ 分别为 $y(t)$ 在 $t\in T_0$ 上的最大值和最小值。

基于上述分析,图7.6.2所示的报警器可准确无误报警的充分必要条件是:对高温区的 $Y_H$ 和低温区的 $Y_L$ 有不包含 $Y_0$(可以避免在 $T_0$ 范围误报)的非空公共子集 $\bar{Y}\ni\bar{y}$。这就是设计电路参数的依据。

由式(7.6.5)、式(7.6.6),可以分析得到一个重要结论:曲线 $y(t)$ 只有一个极值点 $t_n$,满足条件

$$R_1(t_n)R_4(t_n)=R_3R_5 \tag{7.6.7}$$

为了便于设计电路参数，有利于双功能报警器工作，$t_n$ 应设置于 $t\in T_0$ 的中间温度点附近。

4. 高、低温区报警状态的识别

由图 7.6.2 可知，在温度 $t$ 时，有

$$\left.\begin{aligned}V_1(t)&=V_g+\frac{R_2(U-V_g)}{R_2+\dfrac{R_1(t)R_3}{R_1(t)+R_3}}\\V_2(t)&=V_g+\frac{R_6(U-V_g)}{R_4(t)+R_5+R_6}\end{aligned}\right\} \tag{7.6.8}$$

由式(7.6.6)，式(7.6.8)，经推导可知：当 $0<B_0$ 时，$V_1(t)$，$V_2(t)$ 均单调增加；$B_0<0$ 时，$V_1(t)$，$V_2(t)$ 均单调减小，故 $V_1(t)$，$V_2(t)$ 随温度均单调连续变化。因此，高、低温区报警时 $V_1(t)$，$V_2(t)$ 差值的绝对值的最小值分别为

$$\min|\Delta V_1|=|V_1(t_{hl})-V_1(t_{lh})| \tag{7.6.9}$$

$$\min|\Delta V_2|=|V_2(t_{hl})-V_2(t_{lh})| \tag{7.6.10}$$

可见只要选择的参数合适，便能使 $|V_1||V_2|$ 的最小值足够大，即在不同温区报警时，$V_1$（或 $V_2$）的值显著不同。这表明：在报警时，通过检测 $V_1$（或 $V_2$）的值可以识别高、低温区的报警状态，从而采取相应的措施。

5. 误差分析

实用中，普通电阻和热敏电阻的阻值与其标称值有一定偏差，于是式(7.6.4)，式(7.6.5)确定的 $\bar{y}$，$y$ 必然有相应的扰动。下面进行有关的误差分析。

假设一般电阻 $R_2$，$R_3$，$R_5$，$R_6$ 在实用中相对标称值的偏差率为 $0\leqslant\beta_1$，即上述电阻的实际值与标称值的比值在区间 $[1-\beta_1,1+\beta_1]$ 内，热敏电阻 $R_1$，$R_4$ 的偏差率为 $0\leqslant\beta_2$，通常 $\beta_1\leqslant\beta_2$；根据图 7.6.2 的原理电路，假设 $(U-V_g)$ 的偏差率 $0\leqslant\beta_3$。

由于 $\beta_1\ll1$，$\beta_2\ll1$，则 $R_1\sim R_6$ 的扰动值 $\Delta R_1\sim\Delta R_6$ 均为小量，所以由式(7.6.4)，(7.6.5)可推得

$$\Delta\bar{y}\approx\bar{y}\left(\frac{\Delta R_2}{R_2}-\frac{\Delta R_6}{R_6}\right) \tag{7.6.11}$$

$$\Delta y=y\left[\frac{R_3}{R_1+R_3}\frac{\Delta R_1}{R_1}+\frac{R_1}{R_1+R_3}\frac{\Delta R_3}{R_3}-\frac{\Delta R_4+\Delta R_5}{R_4+R_5}\right] \tag{7.6.12}$$

则

$$\left|\frac{\Delta\bar{y}}{\bar{y}}\right|_{\max}=2\beta_1$$

$$\left|\frac{\Delta y}{y}\right|_{\max}\leqslant2\beta_2$$

这表明，由式(7.6.4)，式(7.6.5)决定的实际值与理论值（由电阻的标称值计算而得）的比值分别在区间 $[1-2\beta_1,1+2\beta_1]$ 和 $[1-2\beta_2,1+2\beta_2]$ 内。因此为了保证可靠地报警，应满足下面联立条件：

$$\left.\begin{aligned}\bar{y}_{\min}(1+2\beta_2)&\leqslant\bar{y}(1-2\beta_1)\\\bar{y}(1+2\beta_1)&\leqslant\bar{y}_{\max}(1-2\beta_2)\end{aligned}\right\} \tag{7.6.13}$$

$\bar{y}_{\min}$ 和 $\bar{y}_{\max}$ 分别为 $Y_H$ 与 $Y_L$ 公共子集的最小值和最大值。也就是说，在考虑到上述电阻扰动

的情况下,只要满足

$$\bar{y}_{\min}\left(\frac{1+2\beta_2}{1-2\beta_1}\right)\leqslant \bar{y}_{\max}\left(\frac{1-2\beta_2}{1+2\beta_1}\right) \tag{7.6.14}$$

便能可靠报警。

由于 $\beta_3 \ll 1$,则由式(7.6.8)可得:在考虑电阻元件和电压扰动的情况下,$V_2(t)$的扰动率为 $\beta_1+\beta_2+\beta_3$,即 $\Delta V_2$ 的扰动率为 $2(\beta_1+\beta_2+\beta_3)$。这一点是在满足可靠区别高、低温区报警状态时必须考虑的。

6. 设计实例

下面给出一个双功能温度报警器的设计过程,要求低温报警温度 $T_L=\{0\ ℃\leqslant t\leqslant 8\ ℃\}$,高温报警温度 $T_H=\{54\ ℃\leqslant t\leqslant 62\ ℃\}$ 。设计步骤如下:

① 选择电阻 $R_1$,$R_4$ 为负温度系数的热敏电阻,即

$$R_1 = R_4 = R_0\exp\left[B_0\left(\frac{1}{T}-\frac{1}{T_0}\right)\right]$$

式中 $R_0=550\ \text{k}\Omega$,$B_0=5\ 015\ \text{K}$,$T_0=298\ \text{K}$。

② 选择 $t_n=28$ ℃。由式(7.6.6),式(7.6.7)得

$$R_3R_5 = R_0^2\exp\left[2B_0\left(\frac{1}{T}-\frac{1}{T_0}\right)\right]\Rightarrow R_3R_5 = R_0^2\exp\left[2B_0\left(\frac{1}{273+28}-\frac{1}{298}\right)\right]$$

取 $R_3=1.8\ \text{M}\Omega$,得 $R_5=120\ \text{k}\Omega$。

③ 利用式(7.6.5)计算得

$$Y_H = \{0.398 \leqslant y \leqslant 0.475\}$$
$$Y_L = \{0.394 \leqslant y \leqslant 0.548\}$$

④ $Y_H$ 和 $Y_L$ 有非空子集 $\bar{Y}=\{0.398\leqslant y\leqslant 0.475\}$。取 $\bar{y}=0.43$,利用式(7.6.4),选 $R_2=115\ \text{k}\Omega$,$R_3=360\ \text{k}\Omega$。

⑤ 若 $\beta_1=0.01$,则 $\beta_2$ 的最大值为0.034,这时 $\bar{y}$ 应取0.434。若 $\beta_1=0.02$,则 $\beta_2$ 的最大值为0.024,这时 $\bar{y}$ 应取0.435。

⑥ 利用式(7.6.9),式(7.6.10)可以计算出

$$\min|\Delta V_1| = V_1(54\ ℃) - V_1(8\ ℃) = 0.414(U-V_g)$$
$$\min|\Delta V_2| = V_2(54\ ℃) - V_2(8\ ℃) = 0.420(U-V_g)$$

可见,在理想的情况下,对上述所选的参数,高、低温区报警状态很容易识别。

⑦ 若 $\beta_1=0.01$,$\beta_2=0.03$,则当 $\beta_3=0.01$ 时 $\Delta V_2$ 的扰动率为0.1,即 $\Delta V_2$ 最大可减小10 %,应当说不会影响报警状态的识别。

值得指出的四点如下:

① 上述设计过程中,当第③步的 $Y_H$ 和 $Y_L$ 无足够大的公共子集时,应重选 $R_3$ 和 $R_5$(即返回第②步)或 $t_n$;

② 当第⑥步计算出的 $\min|\Delta V_1|$与 $\min|\Delta V_2|$不足够大时,应返回第④步重选 $R_2$ 和 $R_6$ 的值;

③ 具体选择参数时,可以采取计算机辅助设计的思想,即在选定热敏电阻 $R_1$,$R_4$ 后,对 $R_2$,$R_3$,$R_5$,$R_6$ 进行寻优。其指标是 $\bar{Y}$ 尽可能大和 $\min|\Delta V_1|$,$\min|\Delta V_2|$尽可能大;

④ 上述误差分析得到的有关结果是非常严格的,实际设计中可以放松一点。

通过上述分析可知,该应用实例很好地发挥了热敏电阻的测温灵敏度高、测温非线性程度大的特点。

## 7.6.2 基于热电阻的气体质量流量传感器

在管道中放置一热电阻，如果管道中流体不流动，且热电阻的加热电流保持恒定，则热电阻的阻值亦为一定值。当流体流动时，引起对流热交换，热电阻的温度下降，热电阻的阻值也发生变化。若忽略热电阻通过固定件的热传导损失，则热电阻的热平衡方程为

$$I^2R = \alpha KS_K(t_K - t_f) \tag{7.6.15}$$

式中 $I$——热电阻的加热电流(A)；

$R$——热电阻的阻值(Ω)；

$\alpha$——对流热交换系数(W/m² · K)；

$K$——热电转换系数；

$S_K$——热电阻换热表面积(m²)；

$t_K$——热电阻温度(K)；

$t_f$——流体温度(K)。

对于对流热交换系数，当流体流速 $v<25$ m/s 时，有

$$\alpha = C_0 + C_1\sqrt{\rho v} \tag{7.6.16}$$

式中 $C_0$，$C_1$——系数；

$\rho$——流体的密度(kg/m³)。

利用式(7.6.15)、式(7.6.16)，可得

$$I^2R = (A + B\sqrt{\rho v})(t_K - t_f) \tag{7.6.17}$$

$$A = KS_kC_0$$

$$B = KS_kC_1$$

系数 $A$，$B$ 由实验确定。

由式(7.6.17)可见，$\rho v$ 是加热电流 $I$ 和热电阻温度的函数。当管道截面一定时，由 $\rho v$ 就可得质量流量 $Q_m$。因此可以使加热电流不变，而通过测量热电阻的阻值变化来测量质量流量；或保持热电阻的阻值不变，通过测量加热电流 $I$ 的变化来测量质量流量。

热电阻可用热电丝或金属膜电阻制成，也可以采用 MEMS 工艺，制成硅微机械热式质量流量传感器。具体实现方案有多种，其中，加热电阻可以只用于加热，也可以既加热，又测温。

图 7.6.4 给出了气体质量流量传感器敏感部分的一种典型结构示意图，其中热电阻 $R_1$，$R_2$ 用来测量加热电阻上游流体温度 $t_{f1}$ 和下游流体温度 $t_{f2}$。

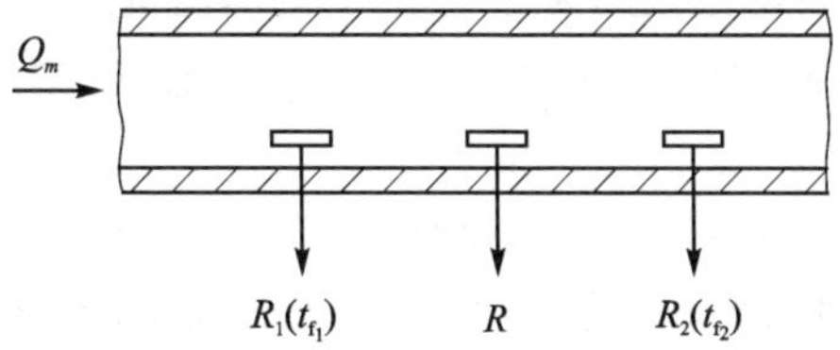


**图 7.6.4 气体质量流量传感器敏感部分的一种典型结构示意图**

热式质量流量传感器常用来测量气体的质量流量。具有结构简单、测量范围宽、响应速度快、灵敏度高、功耗低、无活动部件，无分流管，压力损失小。在汽车电子、半导体技术、能源与环保等领域应用广泛。其主要不足有：对小流量而言，仪表会给被测气体带来相当热量；有些

热式质量流量计在使用时,容易在管壁沉积垢层影响测量值,需定期清理;对细管型仪表更有易堵塞的缺点;此外,该流量传感器技术实现难度较大。

# 思考题与习题

**7.1** 如何理解温度测量过程的特殊性?

**7.2** 金属热电阻的工作机理是什么?使用时应注意的问题是什么?

**7.3** 比较几种常用的金属热电阻的使用特点。

**7.4** 比较金属热电阻和半导体热敏电阻的测温特点。

**7.5** 热电阻采用双线无感绕制的出发点是什么?

**7.6** 半导体热敏电阻有哪几种?各有什么特点?

**7.7** 半导体热敏电阻的温度特性曲线的特点是什么?

**7.8** 热电阻使用时为什么需要考虑自热问题?哪一类热电阻使用时的自热问题最严重?为什么?

**7.9** 一热敏电阻在温度为 $T_1$ 和 $T_2$ 时对应的电阻值为 $R_{T_1}$ 和 $R_{T_2}$。试证明热敏电阻常数为 $B=\dfrac{T_1T_2\ln\left(\dfrac{R_{T_1}}{R_{T_2}}\right)}{T_2-T_1}$。

**7.10** 一热敏电阻在温度为 $T_1$ 和 $T_2$ 时对应的电阻值为 $R_{T_1}$ 和 $R_{T_2}$。试证明该热敏电阻在温度为 $T_0$ 时,电阻值为 $R_{T_0}=(R_{T_1})^{\frac{T_1(T_2-T_0)}{T_0(T_2-T_1)}}(R_{T_2})^{\frac{T_2(T_1-T_0)}{T_0(T_1-T_2)}}$。

**7.11** 热电阻电桥测温系统常用的有几种?各有什么特点?

**7.12** 图7.2.5(b)中,若常值电阻 $R_1=R_2=R_3=R_0$,热电阻 $R_t=R_0[1+\alpha(t-t_0)]$,线性电位器 $R_W$ 的有效长度和总电阻分别为 $L$,$R_P$。回答以下问题。

① $t_0$ 温度时,电位器 $R_W$ 电刷应设置在什么位置?

② 以电刷上述位置为起始点,建立电刷位移与被测温度 $t$ 的关系。

**7.13** 一热敏电阻在20 ℃和60 ℃时,电阻值分别为100 kΩ和20 kΩ。试确定该热敏电阻的表达式。

**7.14** 一热敏电阻在0 ℃和100 ℃时,电阻值分别为300 kΩ和15 kΩ。要求在不计算出 $B$ 的情况下,计算该热敏电阻在20 ℃的电阻值。

**7.15** 图7.1给出了一种测温范围为0~100 ℃的测温电路。其中 $R_t=200(1+0.01t)$ kΩ,为感温热电阻;$R_s$ 为常值电阻;$R_0=200$ kΩ;$U_{in}$ 为工作电压;$M$,$N$ 两点的电位差为输出电压。问:

① 如果要求0 ℃时电路为零位输出,常值电阻 $R_s$ 取多少?

② 如果要求该测温电路的平均灵敏度达到15 mV/℃,工作电压 $U_{in}$ 取多少?

**7.16** 图7.2给出一种测温电路。其中 $R_t=200(1+0.008t)$ kΩ,为感温热电阻;$R_0=200$ kΩ;工作电压 $U_{in}=10$ V;$M$,$N$ 两点的电位差为输出电压。

① 简述测温电路的主要特点。

② 当测温范围为0~100 ℃时,计算该测温电路的测温平均灵敏度。

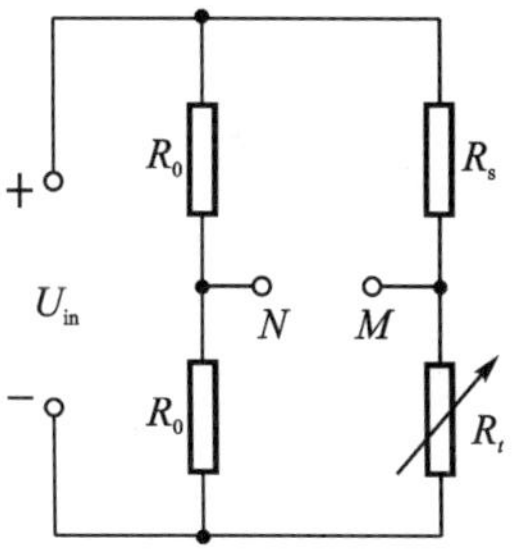


图7.1 热电阻电桥测温电路

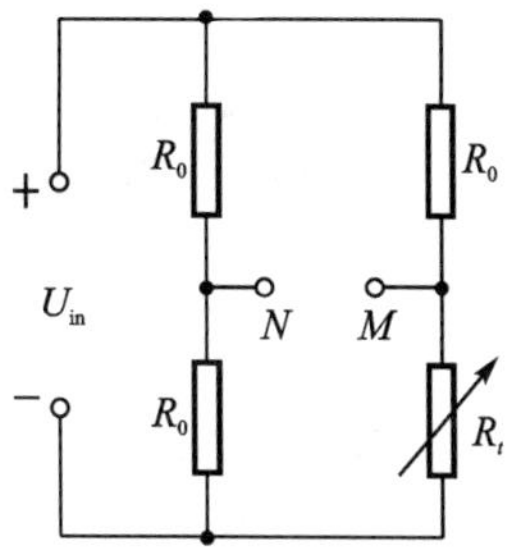


图7.2 热电阻电桥测温电路

**7.17** 图7.3给出了一种测温电路。其中 $R_t=R_0(1+0.005t)$，为感温热电阻；$R_B$ 为可调电阻；$U_{in}$为工作电压。问：① 该测温电路属于什么测温电路？主要特点是什么？

② 电路中的G代表什么？若要提高测温灵敏度，G的内阻取大些好，还是小些好？

③ 基于该测温电路的工作机理，若测温范围为0～200 ℃，给出调节电阻 $R_B$ 随温度变化的关系。

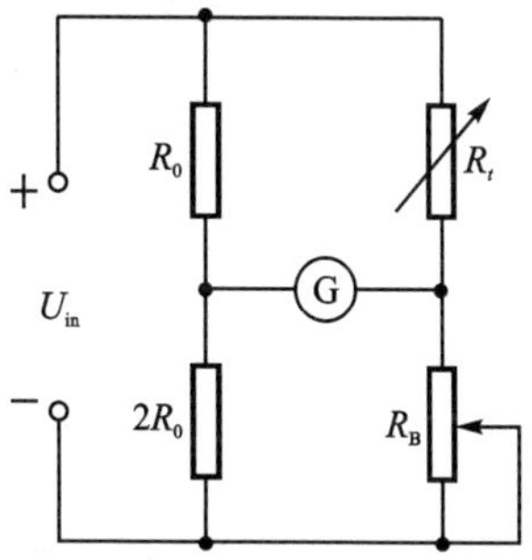


图7.3 热电阻测温电路

**7.18** 构成热电偶式温度传感器的基本条件是什么？

**7.19** 结合图与公式说明热电偶的工作机理。

**7.20** 简述热电偶式温度传感器的中间温度定律，并证明。

**7.21** 简述热电偶式温度传感器的中间导体定律，并证明。

**7.22** 简要说明热电偶的标准电极定律及应用价值。

**7.23** 使用热电偶测温时，为什么必须进行冷端补偿？如何进行冷端补偿？

**7.24** 某热电偶在参考端为0 ℃时的热电势值如表7.1所列，试计算参考温度为20 ℃时的热电势值。

表7.1 某热电偶参考端0 ℃时的热电势值

| $t$/℃ | 0 | 5 | 10 | 15 | 20 | 25 | 30 | 35 | 40 |
|---|---|---|---|---|---|---|---|---|---|
| $E$/(mV) | 0 | 1.511 | 3.025 | 4.536 | 6.052 | 7.560 | 9.073 | 10.561 | 12.097 |

**7.25** 题7.24中，若参考端温度为15 ℃，当实测热电偶输出热电势分别为6.025 mV，6.573 mV和7.037 mV时，试计算或估算测量端的温度值。

**7.26** 简述热电偶产生动态测量误差的原因，如何减小动态测量误差？

**7.27** 使用热电偶测温时，如何提高测量的灵敏度？为什么？

**7.28** 说明薄膜热电偶式温度传感器的主要特点。

**7.29** 说明使用并联热电偶时应注意的问题。

**7.30** 说明使用串联热电偶时应注意的问题。

**7.31** 简述半导体温度传感器的工作机理。

**7.32** 常用的非接触式温度测量系统有几种，并简要说明其原理？

**7.33** 由图7.5.3，证明式(7.5.4)。

**7.34** 简述电阻式双功能温度报警器的设计思路。

**7.35** 说明热电阻式气体质量流量传感器的工作机理及应用特点。

**7.36** 分析图7.6.4所示的气体质量流量传感器可能的测量误差。

# 第8章　电容式传感器

基本内容：

电容　电容器　电容式敏感元件

变间隙 变面积 变介电常数

电容式敏感元件的等效电路

电容式变换元件的信号转换电路

电容式传感器的抗干扰

电容式压力传感器

电容式加速度传感器

物体间的电容量与其结构参数密切相关，通过改变结构参数而改变物体间的电容量来实现对被测量的检测，就是电容式测量原理。利用电容式测量原理实现的传感器称为电容式传感器(capacitance transducer/sensor)。

## 8.1　基本电容式敏感元件

物体间的电容量与构成电容元件的两个极板的形状、大小、相互位置以及极板间的介电常数有关，可以描述为

$$C = f(\delta, S, \varepsilon) \tag{8.1.1}$$

式中　$C$——电容(F)；

$\delta$——极板间的距离(m)；

$S$——极板间相互覆盖的面积($m^2$)；

$\varepsilon$——极板间介质的介电常数(F/m)。

电容式敏感元件虽然在外观上差别较大，但结构方案基本上是两类：平行板式和圆柱同轴式，以平行板式最常用。

电容式敏感元件都是通过改变 $\delta, S, \varepsilon$ 来改变电容量 $C$ 而实现测量的。因此有变间隙、变面积和变介质三类电容式敏感元件。

变间隙电容式敏感元件可以用来测量微小的线位移(如小到 0.01 μm)；变面积电容式敏感元件可以用来测量角位移(如小到 1″)或较大的线位移；变介质电容式敏感元件常用于测定各种介质的某些物理特性，如湿度、密度等。

电容式敏感元件的特点主要有：非接触式测量、结构简单、灵敏度高、分辨率高、动态响应好、可在恶劣环境下工作等；其缺点主要有：受干扰影响大、特性稳定性稍差、易受电磁干扰、高阻输出状态、介电常数受温度影响大、有静电吸力等。

# 8.2　电容式敏感元件的主要特性

## 8.2.1　变间隙电容式敏感元件

图 8.2.1 为平行极板变间隙电容式敏感元件原理图。当不考虑边缘效应时,其电容的特性方程为

$$C=\frac{\varepsilon S}{\delta}=\frac{\varepsilon_r\varepsilon_0 S}{\delta} \tag{8.2.1}$$

式中　$\varepsilon_0$——真空中的介电常数(F/m),$\varepsilon_0=\frac{10^{-9}}{4\pi\times 9}$ F/m;

$\varepsilon_r$——极板间的相对介电常数,$\varepsilon_r=\frac{\varepsilon}{\varepsilon_0}$,对于空气约为 1。

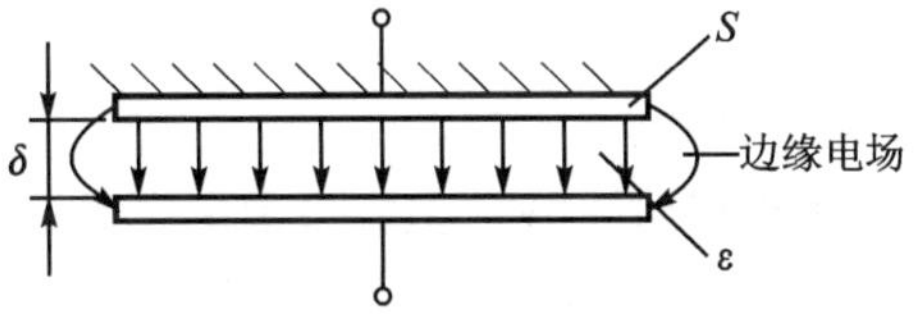


**图 8.2.1　平行极板变间隙电容式敏感元件**

由式(8.2.1)可知:电容量 $C$ 与极板间的间隙 $\delta$ 成反比,具有较大的非线性。因此在工作时,动极板一般只能在较小的范围内工作。

当间隙 $\delta$ 减小 $\Delta\delta$,变为 $\delta-\Delta\delta$ 时,电容量 $C$ 将增加 $\Delta C$

$$\Delta C=\frac{\varepsilon S}{\delta-\Delta\delta}-\frac{\varepsilon S}{\delta} \tag{8.2.2}$$

故

$$\frac{\Delta C}{C}=\frac{\frac{\Delta\delta}{\delta}}{1-\frac{\Delta\delta}{\delta}} \tag{8.2.3}$$

当$\left|\frac{\Delta\delta}{\delta}\right|\ll 1$时,可将式(8.2.3)展为级数形式,有

$$\frac{\Delta C}{C}=\frac{\Delta\delta}{\delta}\left[1+\frac{\Delta\delta}{\delta}+\left(\frac{\Delta\delta}{\delta}\right)^2+\cdots\right] \tag{8.2.4}$$

进一步可以得到输出电容的相对变化$\frac{\Delta C}{C}$与相对输入位移$\frac{\Delta\delta}{\delta}$之间的近似线性关系为

$$\left(\frac{\Delta C}{C}\right)_1\approx\frac{\Delta\delta}{\delta} \tag{8.2.5}$$

当略去式(8.2.4)方括号内$\frac{\Delta\delta}{\delta}$二次方以上的各项小量时,有

$$\left(\frac{\Delta C}{C}\right)_2=\frac{\Delta\delta}{\delta}\left(1+\frac{\Delta\delta}{\delta}\right) \tag{8.2.6}$$

对于变间隙的电容式敏感元件,由式(8.2.5)得到的特性如图 8.2.2所示的直线 1;按式

(8.2.6)得到忽略二阶以上小量的曲线2;曲线2的参考直线采用端基直线3,则有

$$\left(\frac{\Delta C}{C}\right)_3=\frac{\Delta\delta}{\delta}\left(1+\frac{\Delta\delta_m}{\delta}\right) \tag{8.2.7}$$

式中 $\Delta\delta_m$——极板工作的最大位移(m)。

曲线2对于参考直线3的非线性误差为

$$\Delta y\stackrel{\text{def}}{=\!=}\left(\frac{\Delta C}{C}\right)_2-\left(\frac{\Delta C}{C}\right)_3=\frac{\Delta\delta}{\delta}\left(\frac{\Delta\delta-\Delta\delta_m}{\delta}\right) \tag{8.2.8}$$

利用 $d(\Delta y)/d(\Delta\delta)=0$ 可知:当 $\Delta\delta=0.5\Delta\delta_m$ 时,上述非线性误差取极值,其绝对值为

$$(\Delta y)_{max}=\frac{1}{4}\left(\frac{\Delta\delta_m}{\delta}\right)^2 \tag{8.2.9}$$

则由非线性引起的误差为

$$\xi_L=\frac{(\Delta y)_{max}}{\left(\frac{\Delta C}{C}\right)_{3,max}}=\frac{\frac{1}{4}\left(\frac{\Delta\delta_m}{\delta}\right)^2}{\frac{\Delta\delta_m}{\delta}+\left(\frac{\Delta\delta_m}{\delta}\right)^2}\times 100\ \% \tag{8.2.10}$$

通过上面分析,可得以下几点结论:

① 欲提高测量灵敏度,应减小初始间隙 $\delta$,但应考虑电容器承受击穿电压的限制及增加装配工作的难度。

② 由式(8.2.9)和式(8.2.10)可知:非线性随相对位移的增大而增加,为保证线性度,应限制间隙的相对位移。通常取 $|\Delta\delta_m/\delta|$ 约为0.1~0.2,此时非线性误差约为2 %~5 %。

③ 为改善非线性,可以采用差动方式,如图8.2.3所示。一个电容增加,另一个电容则减小。结合适当的信号变换电路形式,可得到非常好的特性,详见8.3.3节。

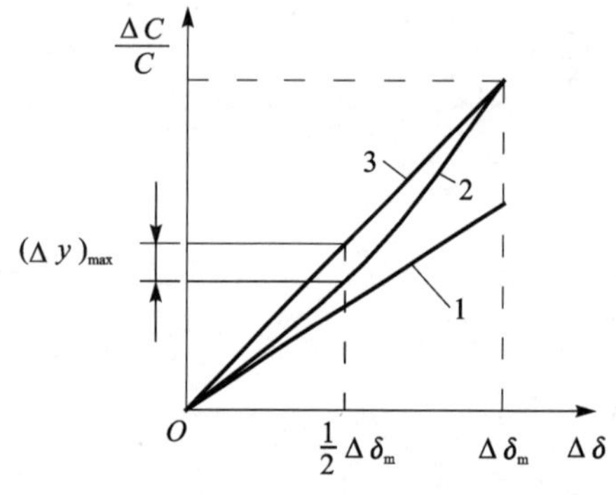


图8.2.2 变间隙电容式敏感元件特性

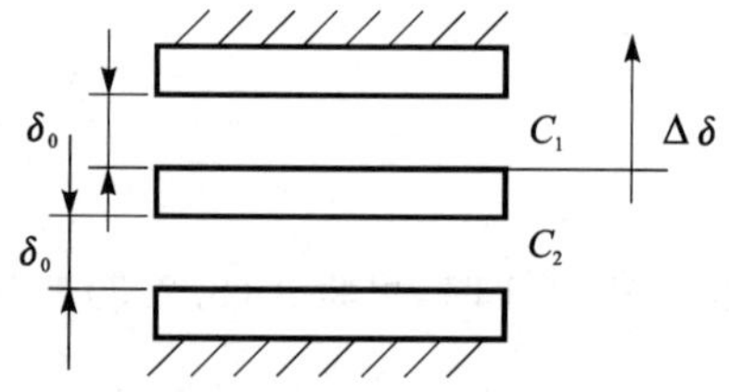


图8.2.3 变间隙差动电容式敏感元件

## 8.2.2 变面积电容式敏感元件

图8.2.4为平行极板变面积电容式敏感元件原理图。当不考虑边缘效应时,其电容的特性方程为

$$C=\frac{\varepsilon b(a-\Delta x)}{\delta}=C_0-\frac{\varepsilon b\Delta x}{\delta} \tag{8.2.11}$$

$$\Delta C=\frac{\varepsilon b}{\delta}\Delta x \tag{8.2.12}$$

变面积电容式敏感元件，电容变化量与变量位移的变化量是线性关系。增大 $b$ 或减小 $\delta$ 时，灵敏度增大。而极板宽度 $a$ 不影响灵敏度，但影响边缘效应。

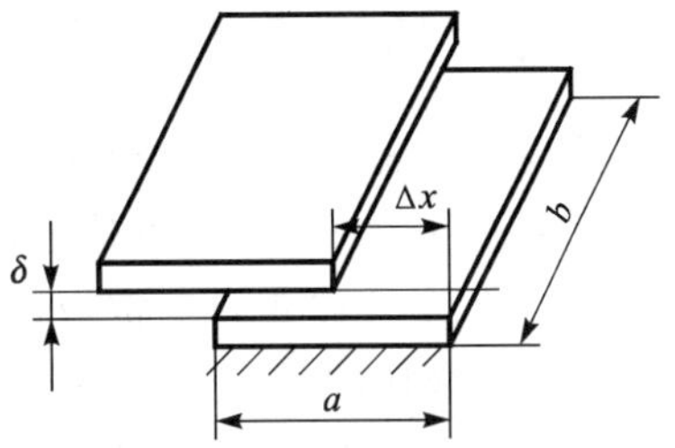


图 8.2.4　平行极板变面积电容式敏感元件

图 8.2.5 为圆筒形变“面积”电容式敏感元件原理图。当不考虑边缘效应时，其电容的特性方程为

$$C=\frac{2\pi\varepsilon_0(h-x)}{\ln\left(\frac{R_2}{R_1}\right)}+\frac{2\pi\varepsilon_1 x}{\ln\left(\frac{R_2}{R_1}\right)}$$

$$=\frac{2\pi\varepsilon_0 h}{\ln\left(\frac{R_2}{R_1}\right)}+\frac{2\pi(\varepsilon_1-\varepsilon_0)x}{\ln\left(\frac{R_2}{R_1}\right)}=C_0+\Delta C \tag{8.2.13}$$

$$C_0=\frac{2\pi\varepsilon_0 h}{\ln\left(\frac{R_2}{R_1}\right)} \tag{8.2.14}$$

$$\Delta C=\frac{2\pi(\varepsilon_1-\varepsilon_0)x}{\ln\left(\frac{R_2}{R_1}\right)} \tag{8.2.15}$$

式中　$\varepsilon_1$——某一种介质（如液体）的介电常数（F/m）；

$\varepsilon_0$——空气的介电常数（F/m）；

$h$——极板的总高度（m）；

$R_1$——内电极的外半径（m）；

$R_2$——外电极的内半径（m）；

$x$——介质 $\varepsilon_1$ 的物位高度（m）。

由上述模型可知：圆筒形电容敏感元件介电常数为 $\varepsilon_1$ 部分的高度为被测量 $x$，介电常数为$\varepsilon_0$ 的空气部分的高度为$(h-x)$。被测量物位 $x$ 变化时，对应于介电常数为 $\varepsilon_1$ 部分的面积是变化的。此外，由式(8.2.15)可知：电容变化量 $\Delta C$ 与 $x$ 成正比，通过对 $\Delta C$ 的测量就可以实现对介质介电常数为$\varepsilon_1$ 的物位高度 $x$ 进行测量。

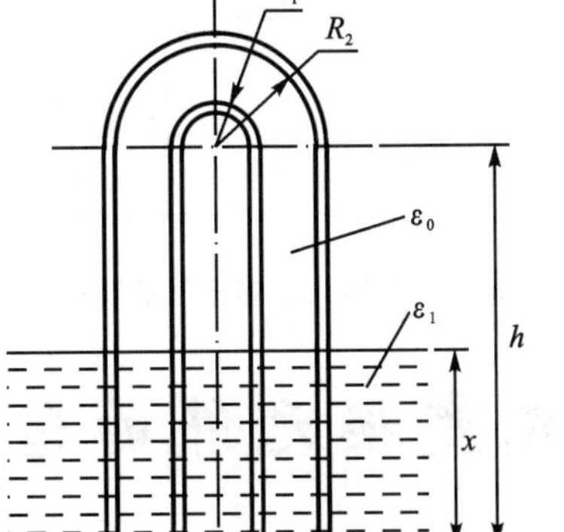


图 8.2.5　圆筒形变“面积”电容式敏感元件

### 8.2.3 变介电常数电容式敏感元件

一些高分子陶瓷材料,其介电常数与环境温度、绝对湿度等有确定的函数关系,利用其特性可以制成温度传感器或湿度传感器。

图8.2.6为一种变介电常数电容式敏感元件的结构示意图。介质的厚度 $d$ 保持不变,而相对介电常数 $\varepsilon_r$ 变化,从而导致电容发生变化。依此原理可以制成感受绝对湿度的传感器等。

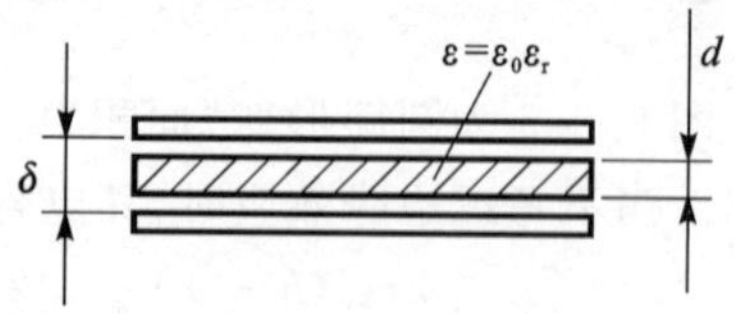


图8.2.6 变介电常数的电容式敏感元件

### 8.2.4 电容式敏感元件的等效电路

图8.2.7为电容式敏感元件的等效电路。其中:$R_P$ 为低频参数,表示在电容上的低频耗损;$R_C$,$L$ 为高频参数,表示导线、极板电阻以及导线间的动态电感。

考虑到 $R_P$ 与并联的 $X_C=\frac{1}{\omega C}$ 相比很大,故忽略并联大电阻 $R_P$;同时 $R_C$ 与串联的 $X_L=\omega L$ 相比很小,故忽略串联小电阻 $R_C$,则

$$\mathrm{j}\omega L+\frac{1}{\mathrm{j}\omega C}=\frac{1}{\mathrm{j}\omega C_{\mathrm{eq}}} \tag{8.2.16}$$

$$C_{\mathrm{eq}}=\frac{C}{1-\omega^2 LC} \tag{8.2.17}$$

当 $L$,$C$ 确定后,等效电容是频率 $\omega$ 的函数;$\omega$ 增大时,等效电容 $C_{\mathrm{eq}}$ 增大。由式(8.2.17)可得

$$\mathrm{d}C_{\mathrm{eq}}=\frac{\mathrm{d}}{\mathrm{d}C}\left(\frac{C}{1-\omega^2 LC}\right)\mathrm{d}C=\frac{\mathrm{d}C}{(1-\omega^2 LC)^2}=C_{\mathrm{eq}}\frac{\mathrm{d}C}{C(1-\omega^2 LC)} \tag{8.2.18}$$

则等效电容的相对变化为

$$\frac{\mathrm{d}C_{\mathrm{eq}}}{C_{\mathrm{eq}}}=\frac{\mathrm{d}C}{C}\cdot\frac{1}{1-\omega^2 LC}>\frac{\mathrm{d}C}{C} \tag{8.2.19}$$

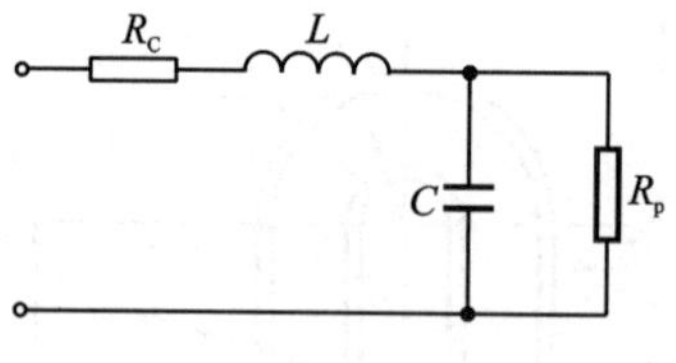


图8.2.7 电容式敏感元件的等效电路

## 8.3 电容式变换元件的信号转换电路

电容式变换元件将被测量的变化转换为电容变化后,需要采用一定信号转换电路将其转换为电压、电流或频率信号。下面介绍几种典型的信号转换电路。

## 8.3.1　运算放大器式电路

图 8.3.1 为运算放大器式电路的原理图。假设运算放大器是理想的，其开环增益足够大，输入阻抗足够高，于是

$$u_{\text{out}} = -\frac{C_{\text{f}}}{C_x}u_{\text{in}} \tag{8.3.1}$$

对于变间隙式电容变换器，$C_x = \frac{\varepsilon S}{\delta}$，则

$$u_{\text{out}} = -\frac{C_{\text{f}}}{\varepsilon S}u_{\text{in}}\delta = K\delta \tag{8.3.2}$$

$$K = -\frac{C_{\text{f}}u_{\text{in}}}{\varepsilon S}$$

输出电压 $u_{\text{out}}$ 与电极板的间隙成正比，很好地解决了单电容变间隙式变换器的非线性问题。该方法特别适合于微结构传感器。实际运算放大器不能完全满足理想情况，非线性误差仍然存在。此外，由式(8.3.2)可知：信号变换精度还取决于信号源电压的稳定性，所以需要高精度的交流稳压源；由于其输出亦为交流电压，故需要经精密整流变为直流输出。这些附加电路将使整个变换电路变得较为复杂。

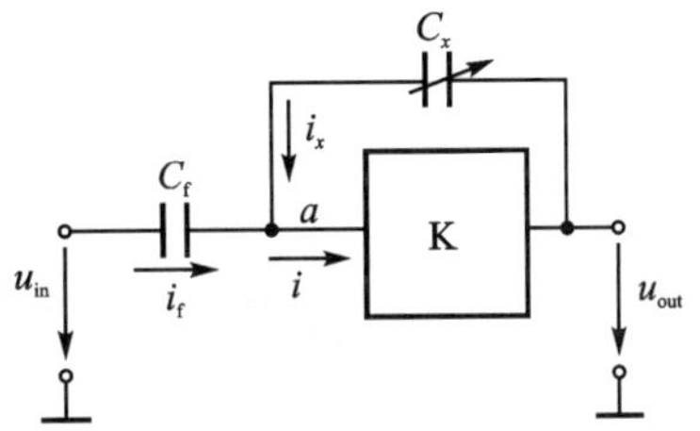

**图 8.3.1　运算放大器式电路**

## 8.3.2　交流不平衡电桥

图 8.3.2 为交流电桥原理图。该电桥平衡条件为

$$\frac{Z_1}{Z_2} = \frac{Z_3}{Z_4} \tag{8.3.3}$$

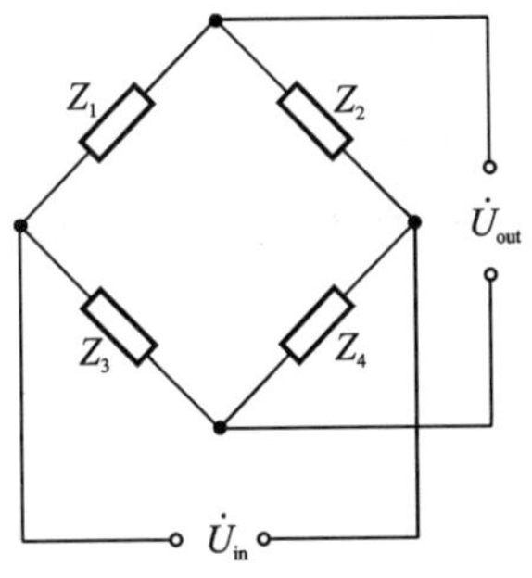

**图 8.3.2　交流电桥**

引入复阻抗：$z_i = r_i + \text{j}X_i = z_i e^{\text{j}\phi_i}$ ($i=1,2,3,4$)，j 为虚数单位；$r_i$，$X_i$ 分别为桥臂的电阻和电抗；$z_i$，$\phi_i$ 分别为 $x$ 相应的复阻抗的模值和幅角。

由式(8.3.3)可以得到

$$\left.\begin{aligned}\frac{z_1}{z_2} &= \frac{z_3}{z_4}\\ \phi_1 + \phi_4 &= \phi_2 + \phi_3\end{aligned}\right\} \tag{8.3.4}$$

$$\left.\begin{aligned}r_1r_4 - r_2r_3 &= X_1X_4 - X_2X_3\\ r_1X_4 + r_4X_1 &= r_2X_3 + r_3X_2\end{aligned}\right\} \tag{8.3.5}$$

式(8.3.5)表明：交流电桥的平衡条件远比直流电桥复杂，不仅有幅值的要求，同时也有相角的要求。

当交流电桥的桥臂的阻抗有了 $\Delta Z_i$ 的增量时($i=1,2,3,4$)，且有 $|\Delta Z_i/Z_i| \ll 1$，则

$$\dot{U}_{\text{out}} \approx \dot{U}_{\text{in}}\frac{Z_1Z_2}{(Z_1+Z_2)^2}\left(\frac{\Delta Z_1}{Z_1} + \frac{\Delta Z_4}{Z_4} - \frac{\Delta Z_2}{Z_2} - \frac{\Delta Z_3}{Z_3}\right) \tag{8.3.6}$$

这是交流电桥不平衡输出的一般表述,实际应用时有多种简化的方案。

### 8.3.3 变压器式电桥电路

图8.3.3为变压器式电桥电路的原理图,图8.3.4则为相应的等效电路图。电容 $C_1$,$C_2$ 可以是差动方式的电容组合,即当被测量变化时,$C_1$,$C_2$ 中的一个增大,另一个减小;也可以一个是固定电容,另一个是受感电容;$Z_f$ 为放大器的输入阻抗,$Z_f$ 上的电压即为电桥输出电压(V),可以表示为

$$\dot{U}_{out} = \dot{I}_f Z_f = \frac{(\dot{E}_1 C_1 - \dot{E}_2 C_2)j\omega}{1 + Z_f(C_1 + C_2)j\omega} Z_f \tag{8.3.7}$$

由式(8.3.7)可知:平衡条件为

$$\dot{E}_1 C_1 = \dot{E}_2 C_2 \tag{8.3.8}$$

$$\frac{\dot{E}_1}{\dot{E}_2} = \frac{C_2}{C_1} \tag{8.3.9}$$

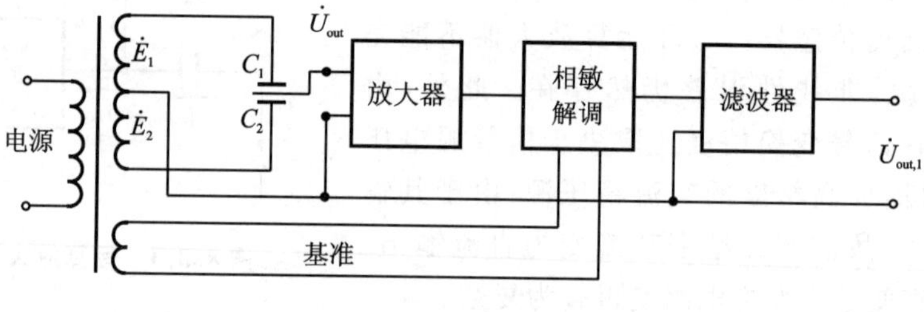


**图8.3.3 变压器式电桥电路**

考虑一种实际应用情况,电容 $C_1$,$C_2$ 是差动电容(如图8.2.3所示)。初始平衡时,有 $\dot{E}_1=\dot{E}_2=\dot{E}$,$C_1=C_2=C$,$Z_f=R_f$;当极板偏离中间位置时,有 $C_1=C+\Delta C_1$,$C_2=C-\Delta C_2$。由式(8.3.7)可得

$$\dot{U}_{out} = \frac{\dot{E}(\Delta C_1 + \Delta C_2)j\omega}{1 + 2jR_f C\omega} R_f \tag{8.3.10}$$

当 $\Delta C_1=\Delta C_2=\Delta C$ 时,输出电压的幅值为

$$U_{out} = \frac{2\omega E R_f \Delta C}{\sqrt{1 + 4\omega^2 R_f^2 C^2}} \tag{8.3.11}$$

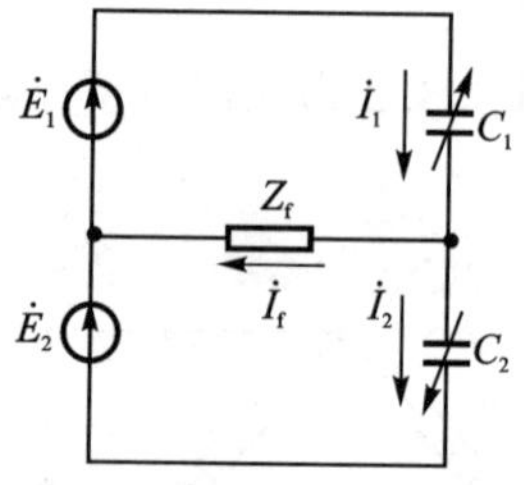


**图8.3.4 变压器式电桥等效电路**

$\dot{U}_{out}$ 与 $\dot{E}$ 的相移为

$$\varphi = \arctan \frac{1}{2R_f C\omega} \tag{8.3.12}$$

由式(8.3.12)可知:只有当 $R_f \to \infty$ 时,$\varphi=0$。这时利用式(8.3.7),可得

$$\dot{U}_{out} = \frac{\dot{E}(C_1 - C_2)}{C_1 + C_2} \tag{8.3.13}$$

对于平行极板的电容器,有

$$C_1 = \frac{\varepsilon S}{\delta_0 - \Delta\delta}, \quad C_2 = \frac{\varepsilon S}{\delta_0 + \Delta\delta}$$

则

$$\dot{U}_{\mathrm{out}}=\frac{\dot{E}\Delta\delta}{\delta_0} \tag{8.3.14}$$

输出电压与 $\Delta\delta/\delta_0$ 成正比。

基于图 8.3.3，变压器式电桥输出电压信号 $\dot{U}_{\mathrm{out}}$，经放大器、相敏解调、滤波器后得到输出信号 $\dot{U}_{\mathrm{out,1}}$，既可以得到 $\Delta\delta$ 的大小，又可以得到其方向。

## 8.3.4　二极管电路

图 8.3.5 为二极管电路的原理图，激励电压 $u_{\mathrm{in}}$ 是一幅值为 $E$ 的高频（MHz 级）方波振荡源；电容 $C_1$，$C_2$ 可以是差动方式的电容组合，也可以一个是固定电容，另一个是受感电容；$R_{\mathrm{f}}$ 为输出负载；$D_1$，$D_2$ 为两个二极管；$R$ 为常值电阻。

假设二极管正向导通时电阻为 0，反向截止时电阻为无穷大，且只考虑负载电阻 $R_{\mathrm{f}}$ 上的电流。

图 8.3.6 为二极管电路的工作过程，图 8.3.7 为负载电流的波形。当激励电压 $u_{\mathrm{in}}$ 在负半周（$t_1\sim t_2$）时，二极管 $D_1$ 截止，$D_2$ 导通；电容 $C_1$ 放电，形成 $i_1(i'_{C_1})$；激励电压形成电流 $i_2$，即 $i'_R$ 流经 $R_{\mathrm{f}}$，$R$，$D_2$，同时对 $C_2$ 充电。这时流经负载电阻 $R_{\mathrm{f}}$ 上的电流为 $i'_{C_1}$ 与 $i'_R$ 的叠加，形成 $i'_{\mathrm{f}}$，等效电路如图 8.3.6(a)所示。当激励电压 $u_{\mathrm{in}}$ 在正半周（$t_2\sim t_3$）时，二极管 $D_2$ 截止，$D_1$ 导通；电容 $C_2$ 放电，形成 $i_2(i''_{C_2})$；激励电压形成电流 $i_1$，即 $i''_R$ 流经 $R_{\mathrm{f}}$，$R$，$D_1$，同时对 $C_1$ 充电。这时流经负载电阻 $R_{\mathrm{f}}$ 上的电流为 $i''_{C_2}$ 与 $i''_R$ 的叠加，形成 $i''_{\mathrm{f}}$，等效电路如图 8.3.6(b)所示。

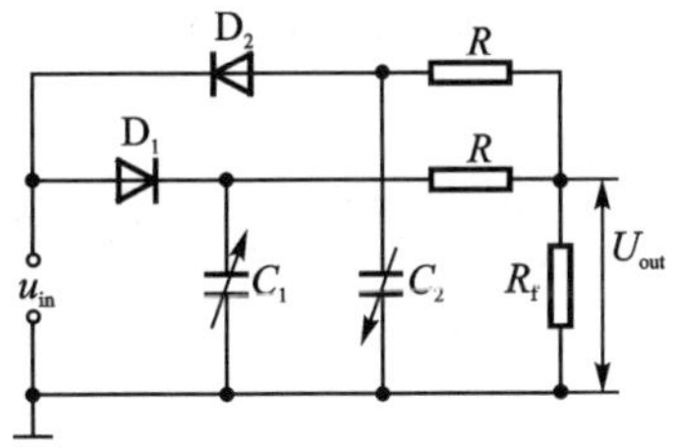


图 8.3.5　二极管电路

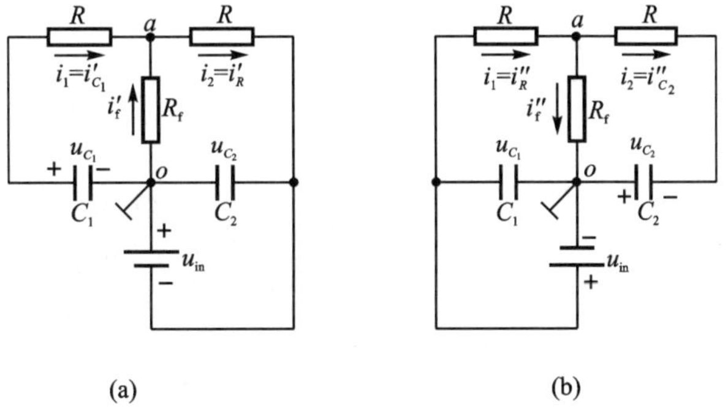


图 8.3.6　二极管电路工作过程

当 $C_1=C_2$ 时，由于上述负半周与正半周是完全对称的过程，故在一个周期（$t_1\sim t_3$）内，流经负载 $R_{\mathrm{f}}$ 上的平均电流为零，即 $\bar{I}_{\mathrm{f}}=0$。

当 $C_1<C_2$ 时，由于小电容比大电容放电快，即 $C_1$ 放电的过程要比 $C_2$ 放电的过程要快，又由于 $i'_R$ 与 $i''_R$ 的幅值相等，所以 $i'_{C_1}$ 与 $i'_R$ 叠加的幅值要比 $i''_{C_2}$ 与 $i''_R$ 叠加的幅值大，即 $|i''_f|<|i'_{\mathrm{f}}|$。这表明：在一个周期（$t_1\sim t_3$）内，流经负载 $R_{\mathrm{f}}$ 上的平均电流为负值，即 $\bar{I}_{\mathrm{f}}<0$；反之，当 $C_2<C_1$ 时，在一个周期（$t_1\sim t_3$）内，流经负载 $R_{\mathrm{f}}$ 上的平均电流为正值，即 $0<\bar{I}_{\mathrm{f}}$。

对负半周，由图 8.3.6(a)可以列出电压平衡方程为

$$\left.\begin{aligned}u_{C_1}&=E-\frac{1}{C_1}\int_0^t i_1\,\mathrm{d}t=i'_{C_1}R-i'_{\mathrm{f}}R_{\mathrm{f}}\\u_{C_2}&=E=i'_{\mathrm{f}}R_{\mathrm{f}}+i'_RR\\i'_{C_1}&=i'_R-i'_{\mathrm{f}}\end{aligned}\right\} \tag{8.3.15}$$

由上述方程可得

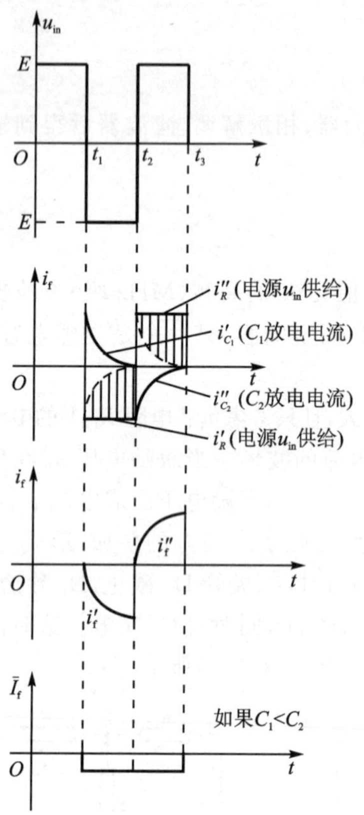


图 8.3.7 负载电流波形

$$i'_f = \frac{E}{R_f + R}\left\{1 - \exp\left[\frac{-(R_f + R)t}{RC_1(2R_f + R)}\right]\right\} \tag{8.3.16}$$

同理对正半周可得

$$i''_f = \frac{E}{R_f + R}\left\{1 - \exp\left[\frac{-(R_f + R)t}{RC_2(2R_f + R)}\right]\right\} \tag{8.3.17}$$

所以输出电流在一个周期 $T$ 内对时间的平均值为

$$\bar{I}_f = \frac{1}{T}\int_0^T [i''_f(t) - i'_f(t)]\mathrm{d}t \tag{8.3.18}$$

将式(8.3.16)和式(8.3.17)代入式(8.3.18)可得

$$\bar{I}_f = \frac{R(R + 2R_f)}{(R + R_f)^2}Ef(C_1 - C_2 - C_1 e^{-k_1} + C_2 e^{-k_2}) \tag{8.3.19}$$

$$k_1 = \frac{R + R_f}{2RC_1(R + 2R_f)f}$$

$$k_2 = \frac{R + R_f}{2RC_2(R + 2R_f)f}$$

$$f = 2\pi\omega = \frac{1}{T}$$

选择适当的元器件参数及电源频率,使 $5 < k_1$,$5 < k_2$,则在式(8.3.19)中的指数项所占比例将不足1%,将其忽略后可得

$$\bar{I}_f \approx \frac{R(R + 2R_f)}{(R + R_f)^2}Ef(C_1 - C_2) \tag{8.3.20}$$

故该电路输出电压的平均值为

$$\bar{U}_{out} = \bar{I}_f R_f \approx \frac{RR_f(R + 2R_f)}{(R + R_f)^2}Ef(C_1 - C_2) \tag{8.3.21}$$

输出信号 $\bar{U}_{out}$ 不仅与激励电源电压的幅值 $E$ 有关,而且与激励电源的频率 $f$ 有关;因此除了要求稳压外,还需稳频。另外输出电压与($C_1 - C_2$)有关,因此对于改变极板间隙的差动电容式检测原理来说,上述电路可以减少非线性,而不能完全消除非线性。

## 8.3.5 差动脉冲调宽电路

图 8.3.8 为差动脉冲调宽电路的原理图,主要包括比较器 $A_1$,$A_2$、双稳态触发器及差动电容 $C_1$,$C_2$ 组成的充放电回路等。双稳态触发器的两个输出端用作整个电路的输出。如果电源接通时,双稳态触发器的 $A$ 端为高电位,$B$ 端为低电位,则 $A$ 点通过 $R_1$ 对 $C_1$ 充电,直至 $M$ 点的电位等于直流参考电压 $U_{ref}$ 时,比较器 $A_1$ 产生一脉冲,触发双稳态触发器翻转,$A$ 端为低电位,$B$ 端为高电位。此时 $M$ 点电位经二极管 $D_1$ 从 $U_{ref}$ 迅速放电至零;而同时 $B$ 点的高电位经 $R_2$ 对 $C_2$ 充电,直至 $N$ 点的电位充至参考电压 $U_{ref}$ 时,比较器 $A_2$ 产生一脉冲,触发双稳态触发器翻转,$A$ 端为高电位,$B$ 端为低电位,又重复上述过程。如此周而复始,在双稳态触发器的两端各自产生一宽度受电容 $C_1$,$C_2$ 调制的脉冲方波。

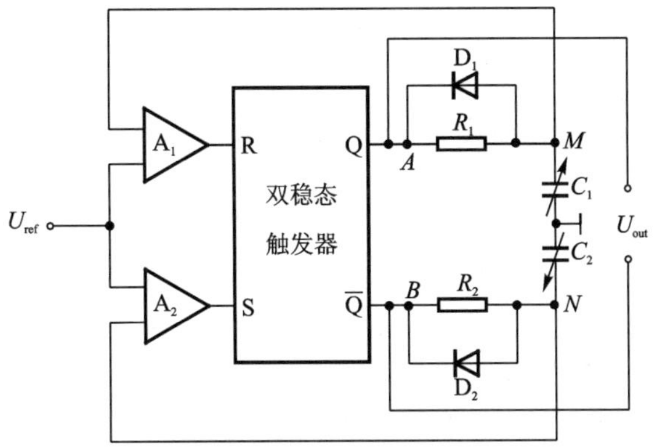


图 8.3.8　差动脉冲调宽电路

当 $C_1=C_2$ 时，电路上各点电压信号波形如图 8.3.9(a)所示，$A$，$B$ 两点间的平均电压等于零。

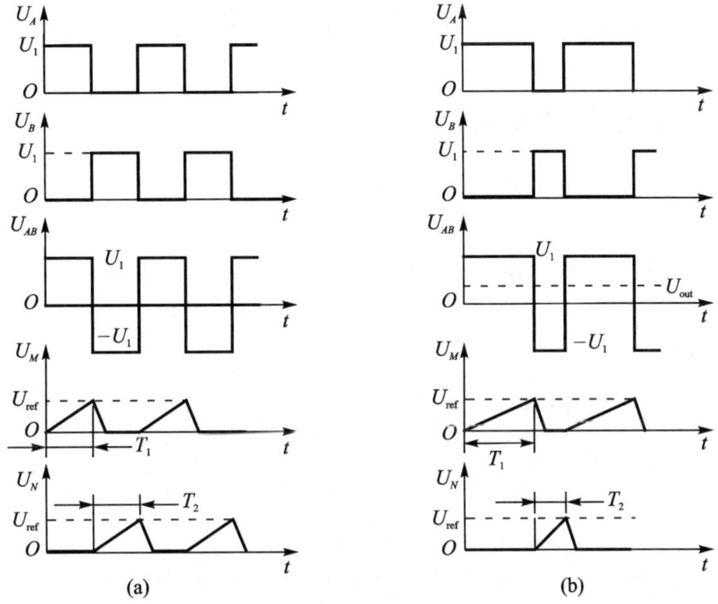


图 8.3.9 电压信号波形图

当 $C_2<C_1$ 时，电容 $C_1$，$C_2$ 的充放电时间常数发生变化，电路上各点电压信号波形如图 8.3.9(b)所示，$A$，$B$ 两点间的平均电压不等于零。输出电压 $U_{out}$ 经低通滤波后获得，等于 $A$，$B$ 两点的电位平均值 $\overline{U}_A$ 与 $\overline{U}_B$ 之差。

$$\overline{U}_A=\frac{T_1}{T_1+T_2}U_1 \tag{8.3.22}$$

$$\overline{U}_B=\frac{T_2}{T_1+T_2}U_1 \tag{8.3.23}$$

$$U_{out}=\overline{U}_A-\overline{U}_B=\frac{T_1-T_2}{T_1+T_2}U_1 \tag{8.3.24}$$

$$T_1=R_1C_1\ln\frac{U_1}{U_1-U_{ref}}$$

$$T_2 = R_2 C_2 \ln \frac{U_1}{U_1 - U_{ref}}$$

式中 $U_1$——触发器输出的高电平(V)。

当充电电阻 $R_1 = R_2 = R$ 时,式(8.3.24)可改写为

$$U_{out} = \frac{C_1 - C_2}{C_1 + C_2} U_1 \tag{8.3.25}$$

由式(8.3.25)可知:差动电容的变化使充电时间不同,导致双稳态触发器输出端的方波脉冲宽度不同而产生输出。不论对于变面积式还是变间隙式电容变换元件,都能获得线性输出;同时,脉冲宽度还具有与二极管电路相似的特点,即不需附加相敏解调器就可以获得直流输出。输入信号一般为100 kHz~1 MHz的矩形波,所以直流输出只需经低通滤波器引出即可。由于低通滤波器的作用,对输出矩形波的纯度要求不高,只需要一电压稳定度较高的直流参考电压 $U_{ref}$ 即可。这比其他测量电路中要求高稳定度的稳幅、稳频的交流电源易于做到。

# 8.4 典型的电容式传感器

## 8.4.1 电容式压力传感器

图8.4.1为一种典型的电容式差压传感器的原理结构示意图。图中上、下两端的隔离膜片与弹性敏感元件(膜片)之间充满硅油。弹性敏感元件(膜片)是差动电容变换器的活动极板。差动电容变换器的固定极板是在石英玻璃上镀有金属的球面极板。膜片在差压的作用下产生位移,使差动电容变换器的电容发生变化。因此通过测量电容变换器的电容(变化量)就可以实现对压力的测量。

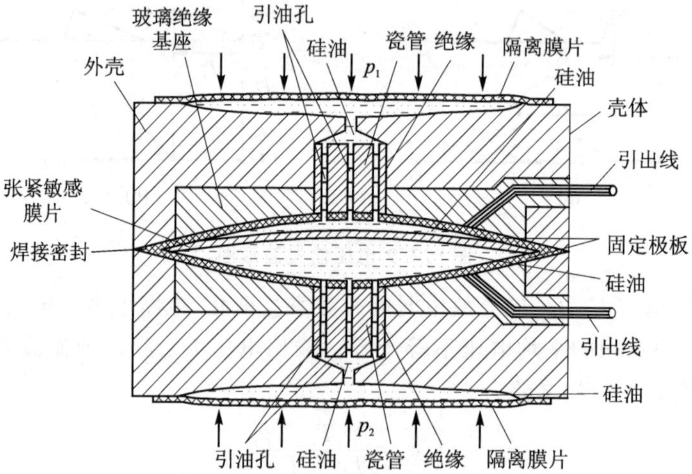


**图8.4.1 电容式压差传感器原理结构**

借助于式(3.3.44),作为敏感元件的周边固支的圆平膜片,在压力差 $p = p_2 - p_1$ 作用下,其法向位移为

$$w(r) = \frac{3p}{16EH^3}(1-\mu^2)(R^2 - r^2)^2$$

式中　$R$,$H$——圆平膜片的半径(m)和厚度(m);

$E$,$\mu$——材料的弹性模量(Pa)、泊松比;

$r$——圆平膜片的径向坐标值(m)。

借助于式(8.1.2)可得在压力差 $p$ 下,作为活动电极的圆平膜片与上面的固定极板之间的电容量为

$$C_{\text{up}} = \int_0^{R_0} \frac{2\pi\varepsilon r}{\delta_0(r) - w(r)} \mathrm{d}r \tag{8.4.1}$$

式中　$\delta_0(r)$——压力差 $p=0$ 时,固定极板与活动极板(圆平膜片)间的距离(m),注意它是半径方向坐标 $r$ 的函数;

$R_0$——固定极板与活动极板对应的最大有效半径(m),满足 $R_0 \leqslant R$;

$\varepsilon$——极板间介质的介电常数(F/m)。

假设上、下两个固定极板完全对称,活动电极与下面的固定极板之间的电容量为

$$C_{\text{down}} = \int_0^{R_0} \frac{2\pi\varepsilon r}{\delta_0(r) + w(r)} \mathrm{d}r \tag{8.4.2}$$

$C_{\text{up}}$与 $C_{\text{down}}$构成了差动电容组合形式,可以选用 8.3 节中的相关测量电路。

关于圆平膜片结构参数以及固定极板与活动极板(圆平膜片)间的距离 $\delta_0(r)$的选择问题这里不作较深入的讨论,但可以考虑一些基本原则。一方面,从测量的角度出发,为提高传感器的灵敏度,应当适当增大单位压力引起的圆平膜片的法向位移值;但为了保证传感器的工作特性的稳定性、重复性和可靠性,应适当限制法向位移值。

### 8.4.2　电容式加速度传感器

图 8.4.2 是电容式加速度传感器的原理结构。它以弹簧片所支承的敏感质量块作为差动电容器的活动极板,并以空气作为阻尼。电容式加速度传感器的特点是频率响应范围宽、测量范围大。

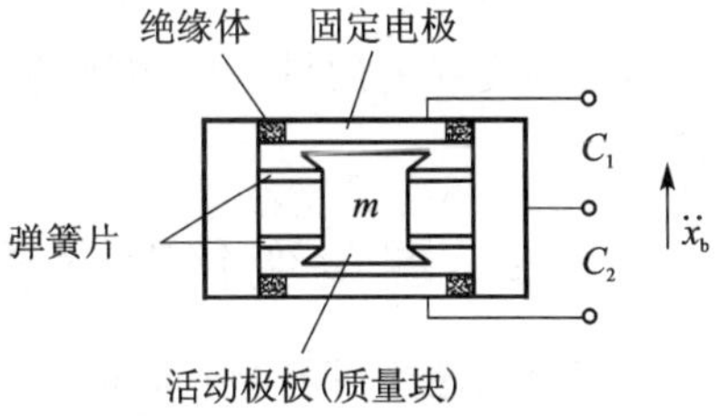


图 8.4.2 电容式加速度传感器原理结构

这类基于测量质量块相对位移的加速度传感器,一般灵敏度都比较低,所以当前广泛采用基于测量惯性力产生的应变、应力的加速度传感器,例如电阻应变式、压阻式和压电式加速度传感器,参见 5.6.2,6.3.2 和 10.7.1 节有关内容。

## 8.5　电容式传感器的结构及抗干扰问题

### 8.5.1　温度变化对结构稳定性的影响

温度变化能引起电容式传感器各组成零件的几何参数改变,从而导致电容极板间隙或面积发生改变,产生附加电容变化。这一点对于变间隙电容式传感器来说更显重要,因为一般其间隙都取得很小,约为几十 μm～几百 μm。温度变化使各零件几何参数改变,可能导致对本来就很小的间隙产生较大的相对变化,从而引起温度误差。

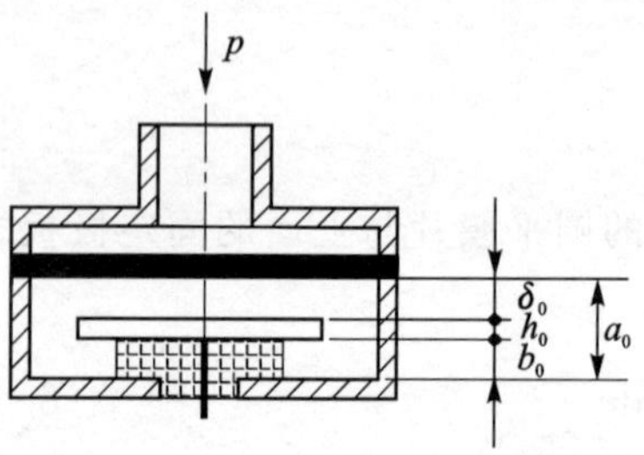


图 8.5.1 温度变化对结构稳定性的影响

下面以电容式压力传感器的结构为例来讨论这项误差的形成,如图 8.5.1 所示。

设温度为 $t_0$ 时,极板间间隙为 $\delta_0$,固定极板厚为 $h_0$,绝缘件厚为 $b_0$,膜片至绝缘底部之间的壳体长度为 $a_0$,则

$$\delta_0 = a_0 - b_0 - h_0 \tag{8.5.1}$$

当温度从 $t_0$ 改变 $\Delta t$ 时,各段几何参数均要膨胀。设其膨胀系数分别为 $\alpha_a, \alpha_b, \alpha_h$,各段几何参数的膨胀最后导致间隙改变为 $\delta_t$,则

$$\Delta\delta_t = \delta_t - \delta_0 = (a_0\alpha_a - b_0\alpha_b - h_0\alpha_h)\Delta t \tag{8.5.2}$$

因此由于间隙改变而引起的电容相对变化,即电容式传感器的温度误差为

$$\xi_t = \frac{C_t - C_0}{C_0} = \frac{\dfrac{\varepsilon S}{\delta_t} - \dfrac{\varepsilon S}{\delta_0}}{\dfrac{\varepsilon S}{\delta_0}} = \frac{\delta_0 - \delta_t}{\delta_t} = \frac{-(a_0\alpha_a - b_0\alpha_b - h_0\alpha_h)\Delta t}{\delta_0 + (a_0\alpha_a - b_0\alpha_b - h_0\alpha_h)\Delta t} \tag{8.5.3}$$

式中 $\varepsilon$——电容极板间的介电常数;

$S$——电容极板间的相对面积($m^2$)。

可见,温度误差与组成零件的几何参数及零件材料的线膨胀系数有关。因此在结构设计中,应尽量减少热膨胀尺寸链的组成环节数目及其几何参数;另一方面要选用膨胀系数小,几何参数稳定的材料。因此高质量电容式传感器的绝缘材料多采用石英、陶瓷和玻璃等;而金属材料则选用低膨胀系数的镍铁合金。极板可直接在陶瓷、石英等绝缘材料上蒸镀一层金属薄膜来代替,这样既可消除极板几何参数的影响,同时也可减少电容的边缘效应。

减少温度误差的另一常用措施,是采用差动对称结构并在测量电路中对温度误差加以补偿。

## 8.5.2 温度变化对介质介电常数的影响

温度变化还能引起电容极板间介质介电常数的变化,使传感器电容改变,带来温度误差。温度对介电常数的影响随介质不同而异。对于以空气或云母为介质的传感器来说,这项误差很小,一般不需考虑。但在电容式液位计中,煤油的介电常数的温度系数可达 0.07 %/℃,因此如环境温度变化 100 ℃(−40～+60 ℃),造成的误差将达 7 %,这样大的误差必须加以补偿。燃油的介电常数 $\varepsilon_t$ 随温度升高而近似线性地减小,可描述为

$$\varepsilon_t = \varepsilon_{t_0}(1 + \alpha_\varepsilon \Delta t) \tag{8.5.4}$$

式中 $\varepsilon_{t_0}$——起始温度下燃油的介电常数(F/m);

$\varepsilon_t$——温度改变 $\Delta t$ 时的介电常数(F/m);

$\alpha_\varepsilon$——燃油介电常数的温度系数,如对于煤油,$\alpha_\varepsilon \approx -0.000\,684/℃$。

对于圆筒形电容式传感器,在液面高度为 $x$ 时,借助于式(8.2.14)可知:由于温度变化使 $\varepsilon_t$ 改变,引起电容量的改变为

$$\Delta C_t = \frac{2\pi x}{\ln\left(\dfrac{R_2}{R_1}\right)}(\varepsilon_t - \varepsilon_0) - \frac{2\pi x}{\ln\left(\dfrac{R_2}{R_1}\right)}(\varepsilon_{t_0} - \varepsilon_0) = \frac{2\pi x}{\ln\left(\dfrac{R_2}{R_1}\right)}\varepsilon_{t_0}\alpha_\varepsilon \Delta t \tag{8.5.5}$$

由式(8.5.5)可知：$\Delta C_t$ 既与 $\Delta\varepsilon_t=\varepsilon_{t_0}\alpha_\varepsilon\Delta t$ 成比例，又与液面高度 $x$ 有关，即

$$\Delta C_t \propto x\Delta\varepsilon_t \tag{8.5.6}$$

## 8.5.3　绝缘问题

电容式传感器有一个重要特点，即电容量一般都很小，仅几十 pF，甚至只有几个 pF；大的(如液位传感器)也仅几百 pF。如果电源频率较低，则电容式传感器本身的容抗就可高达几 MΩ～几百 MΩ。由于它具有这样高的内阻抗，所以绝缘问题显得十分突出。在一般电器设备中绝缘电阻有几 MΩ 就足够了，但对于电容式传感器来说却不能看作是绝缘。这就对绝缘零件的绝缘电阻提出了更高的要求。因此，一般绝缘电阻将被看作是对电容式传感器的一个旁路，称为漏电阻。考虑绝缘电阻的旁路作用，电容式传感器的等效电路如图 8.5.2 所示。漏电阻将与传感器电容构成一复阻抗而加入到测量电路中去影响输出。更严重的是当绝缘材料的性能不够好时，绝缘电阻会随着环境温度和湿度而变化，致使电容式传感器的输出产生缓慢的零位漂移。因此对所选绝缘材料，不仅要求其具有低的膨胀系数和几何参数的长期稳定性，还应具有高的绝缘电阻、低的吸潮性和高的表面电阻，故宜选用玻璃、石英、陶瓷和尼龙等材料，而不用夹布胶木等一般电绝缘材料。为防止水汽进入使绝缘电阻降低，可将表壳密封。此外，采用高的电源频率(～数 MHz)，以降低电容式传感器的内阻抗，从而也相应地降低了对绝缘电阻的要求。

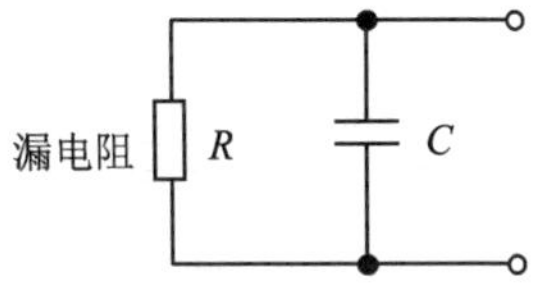


**图 8.5.2　考虑漏电阻时电容式传感器的等效电路**

## 8.5.4　寄生电容的干扰与防止

在电容式传感器的设计和使用过程中，要特别注意防止寄生电容的干扰。

任何两个导体之间均可构成电容联系，因此电容式传感器除了极板间的电容外，极板还可能与周围物体(包括仪器中各种元件甚至人体)之间产生电容联系。这种附加的电容联系，称之为寄生电容。寄生电容使传感器电容量改变。由于传感器本身电容量很小，再加上寄生电容又是极不稳定的，从而对传感器产生严重干扰，导致传感器特性严重不稳，甚至完全无法正常工作。

为了克服这种不稳定的寄生电容影响，必须对传感器及其引出导线采取屏蔽措施，即将传感器放在金属壳体内，并将壳体接地，从而可消除传感器与壳体外部物体之间的不稳定的寄生电容联系。传感器的引出线必须采用屏蔽线，而且应与壳体相连，无断开的不屏蔽间隙；屏蔽线外套同样应良好接地。

但是，对电容式传感器来说，这样做仍然存在以下所谓的“电缆寄生电容”问题：

① 屏蔽线本身电容量大，最大可达上百 pF/m，最小的亦有几 pF/m。由于电容式传感器本身电容量亦仅几十 pF 甚至还小，当屏蔽线较长且其电容与传感器电容相并联时，传感器电容的相对变化量将大大降低，也就是说传感器的有效灵敏度将大大降低。

② 由于电缆本身的电容量随放置位置和其形状的改变而有很大变化，故将使传感器特性不稳定；严重时，有用电容信号将被寄生电容噪声所淹没，以至传感器无法工作。

电缆寄生电容的影响长期以来一直是电容式传感器难于解决的技术问题，阻碍着电容式

传感器的发展和应用。微电子技术的发展,为解决这类问题创造了良好的技术条件。

一个可行的解决方案是将测量电路的前级或全部与传感器组装在一起,构成整体式或有源式传感器,以便从根本上消除长电缆的影响。这一点在微电子技术高度发展的今天,在技术上已无多大困难。可参考14.2节中硅电容式传感器部分。

另外一种情况,即传感器工作在恶劣环境如低温、强辐射等情况下。当半导体器件经受不住这样恶劣的环境条件而必须将电容敏感部分与电子测量电路分开然后通过电缆连接时,为解决电缆寄生电容问题,可以采用所谓的"双层屏蔽等电位传输技术",有的文献称之为"驱动电缆技术"。

这种技术的基本思路是连接电缆采用内、外双层屏蔽,使内屏蔽与被屏蔽的导线电位相同,这样引线与内屏蔽之间的电缆电容将不起作用,外屏蔽仍接地而起屏蔽作用。其原理如图8.5.3所示。图中电容式传感器的输出引线采用双层屏蔽电缆,电缆引线将电容极板上的电压输出至测量电路的同时,再输入至一个放大倍数严格为1的放大器,因而在此放大器的输出端得到一个与输入完全相同的输出电压,然后将其加到内屏蔽上。由于内屏蔽与引线之间处于等电位,因而两者之间没有容性电流存在。这就等效于消除了引线与内屏蔽之间的电容联系。而外屏蔽接地后,内、外屏蔽之间的电容将成为"1∶1"放大器的负载,而不再与传感器电容相并联。这样,无论电缆形状和位置如何变化,都不会对传感器的工作产生影响。采用这种方法,即使传感器的电容量很小,传输电缆较长(达数m)时,传感器仍能很好地工作。

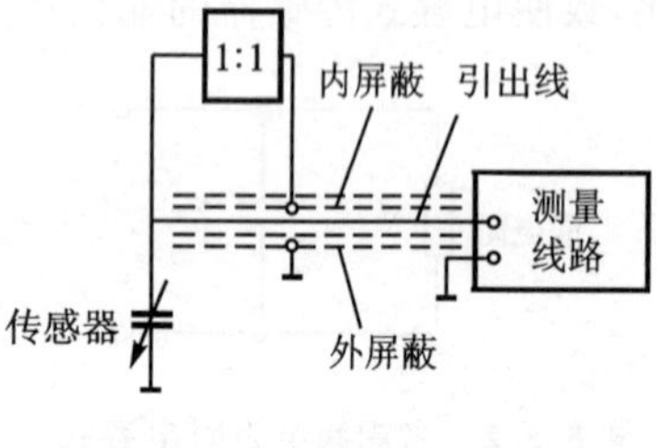


**图 8.5.3 驱动电缆原理图**

由于电容式传感器是交流供电的,其极板上的电压是交流电压,因此上述"1∶1"放大,不仅要求输入、输出电压幅度相等,而且要求相移为零。此外,由图8.5.3可知:运算放大器的输入阻抗是与传感器的电容相并联的。这就要求放大器最好能有无穷大的输入阻抗与近于零的输入电容。显然,这些要求只能在一定程度上得到满足,尤其要使输入电容接近于零和相移接近于零是相当困难的。

# 思考题与习题

**8.1** 电容式敏感元件有哪几种?各自的主要用途是什么?

**8.2** 电容式敏感元件的特点是什么?

**8.3** 变间隙电容式敏感元件如何实现差动检测方案?

**8.4** 一些教材将图8.2.5所示的圆筒形变"面积"电容式敏感元件归属于变介电常数式电容敏感机理,这样划分的出发点是什么?与本教材的划分相比,哪一种更合适?说明理由。

**8.5** 画出电容式敏感元件的等效电路,并进行简要分析。

**8.6** 说明运算放大器式电路的工作过程和特点。

**8.7** 交流电桥的特点是什么?在使用时应注意哪些问题?

**8.8** 说明变压器式电桥电路的工作过程和特点。

**8.9** 简述二极管电路的工作过程和特点。

**8.10**　说明差动脉冲调宽电路的工作过程和特点。

**8.11**　试推导图8.1所示电容式位移传感器的特性方程 $C=f(x)$。设真空的介电系数为 $\varepsilon_0$，$\varepsilon_1<\varepsilon_2$，极板宽度为 $W$(图中未给出)，其他参数如图所示。

**8.12**　在8.11题中，设 $\delta=d=1$ mm，极板为正方形(边长50 mm)。$\varepsilon_1=1$，$\varepsilon_2=4$。试在 $x$ 为0～50 mm范围内，给出此位移传感器的特性曲线，并进行简要说明。

**8.13**　利用电容式变换原理，可以构成几种类型的位移传感器，简述各自的工作机理，并说明它们主要的使用特点。

**8.14**　图8.2(a)为一差动变极距型电容式位移传感器的结构示意图，图8.2(b)为电桥检测电路。$u_{in}=U_m\sin\omega t$ 为激励电压。试建立输出电压 $u_{out}$ 与被测位移 $\Delta\delta$ 的关系，并说明该检测方案的特点。

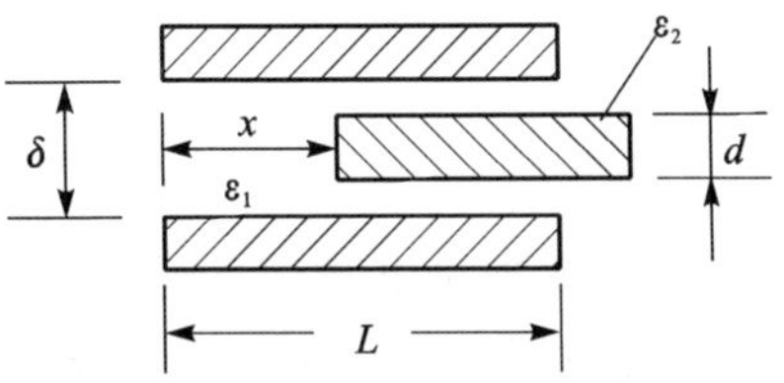


图8.1　电容式位移传感器

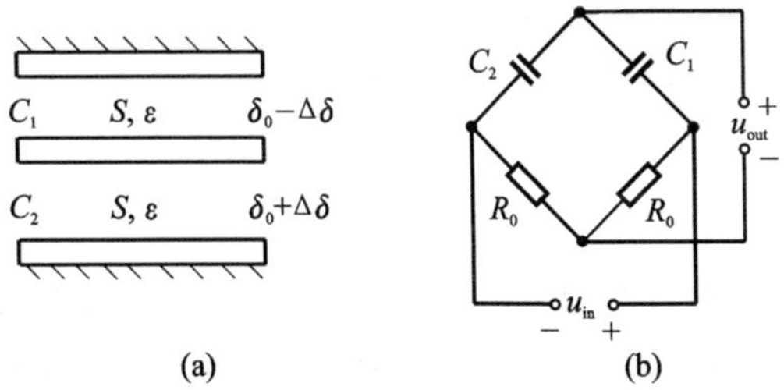


图8.2　差动变极距位移传感器结构图及其电桥检测电路

**8.15**　图8.3(a)为一差动变极距型电容式位移传感器的结构示意图。某工程师设计了图8.3(b)，(c)两种检测电路，欲利用电路的谐振频率检测位移 $\Delta\delta$，试分析这两种方案。

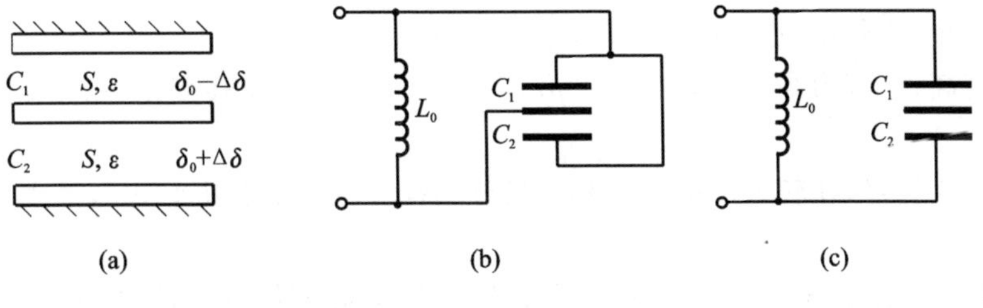


图8.3　差动变极距位移传感器结构图及其两种检测电路

**8.16**　某变极距型电容式位移传感器的有关参数为：初始极距 $\delta=1$ mm，$\varepsilon_r=1$，$S=314$ mm$^2$。当极板极距减小 $\Delta\delta=10$ $\mu$m时，试计算该电容式传感器的电容变化量以及电容的相对变化量。

**8.17**　给出一种差动电容式压力传感器的结构原理图，并说明其工作过程与特点。

**8.18**　建立如图8.4.2所示的电容式加速度传感器的传递函数。

**8.19**　简述电容式温度传感器的工作原理。

**8.20**　简要说明电容式湿度传感器需要进行温度误差补偿的原因。

**8.21**　对于图8.2.3所示的变间隙差动电容式敏感结构，讨论温度变化对结构稳定性的影响，并给出应采取的措施。

**8.22**　简要说明电容式传感器需要解决的绝缘问题。

**8.23**　在电容式传感器中，简述解决寄生电容的干扰问题的方案。

# 第9章 变磁路式传感器

基本内容：

电感　互感　电感式敏感元件

简单电感式原理

差动电感式变换元件

电涡流式变换原理

霍尔效应及元件

电磁式振动位移传感器

力平衡伺服式加速度传感器

磁栅式位移传感器

感应同步器

通过改变磁路进行测量是一种常用的方法，它可以很好地实现机电式信息与能量的相互转化，在工业领域中应用广泛。通过改变磁路可以把多种机械式物理量，如位移、振动、压力、应变、流量和密度等参数转变成电信号输出，从而实现各种变磁路式传感器。变磁路式传感器的种类非常多，既有利用磁阻变化实现的，也有利用电磁感应实现的，还有利用一些特殊的磁电效应实现的，如电涡流效应、霍尔效应等。在不引起误解的情况下，变磁路式传感器可简称为磁传感器（magnetic transducer/sensor）。

与其他测量原理相比较，变磁路测量原理有如下特点：

① 结构简单、工作中没有活动电接触点、工作可靠、寿命长。

② 灵敏度高、分辨力高、能测出 0.01 μm 甚至更小的机械位移变化、能感受小到 0.1″的微小角度变化。

③ 重复性比较好，在较大的范围内具有良好的线性度（最小几十 μm，最大达数十甚至上百 mm）。

这种测量原理也有一些明显不足，如存在较大的交流零位输出信号，不适于高频动态测量，易受外界电磁场干扰等。

## 9.1 电感式变换原理

### 9.1.1 简单电感式变换原理

1. 变换元件

常用的电感式变换原理的实现方式主要有：π 形、E 形和螺管形三种。电感元件由线圈、铁芯和活动衔铁三个部分组成。

图 9.1.1 为最简单的电感式元件原理图。其中铁芯和活动衔铁均由导磁材料如硅钢片或坡莫合金制成，可以是整体的或者是叠片的，衔铁和铁芯之间有空气隙。当衔铁移动时，磁路发生变化，即气隙的磁阻发生变化，从而引起线圈电感的变化。这种电感量的变化与衔铁位置

(即气隙大小)有关。因此,只要能测出这种电感量的变化,就能获得衔铁位移量的大小。这就是电感式变换的基本原理。

根据电感的定义,匝数为 $W$ 的电感线圈的电感量为

$$L=\frac{W\Phi}{I} \tag{9.1.1}$$

式中　$\Phi$——线圈中的磁通(Wb);

$I$——线圈中流过的电流(A)。

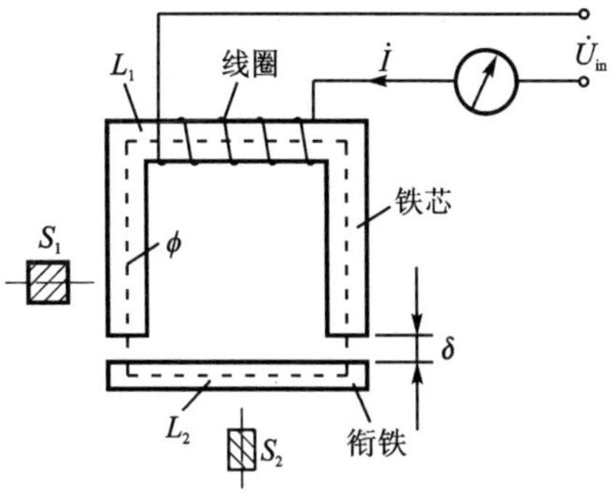


**图 9.1.1　电感式元件原理图**

根据磁路欧姆定律,磁通为

$$\Phi=\frac{IW}{R_M}=\frac{IW}{R_F+R_\delta} \tag{9.1.2}$$

铁芯的磁阻 $R_F$ 和空气隙的磁阻 $R_\delta$ 的计算式如下:

$$R_F=\frac{L_1}{\mu_1 S_1}+\frac{L_2}{\mu_2 S_2} \tag{9.1.3}$$

$$R_\delta=\frac{2\delta}{\mu_0 S} \tag{9.1.4}$$

式中　$L_1$——磁通通过铁芯的长度(m);

$S_1$——铁芯的截面积($m^2$);

$\mu_1$——铁芯在磁感应强度 $B_1$ 处的导磁率(H/m);

$L_2$——磁通通过衔铁的长度(m);

$S_2$——衔铁的横截面积($m^2$);

$\mu_2$——衔铁在磁感应强度 $B_2$ 处的导磁率(H/m);

$\delta$——气隙长度(m);

$S$——气隙的截面积($m^2$);

$\mu_0$——空气的导磁率(H/m),$\mu_0=4\pi\times10^{-7}$ H/m。

导磁率 $\mu_1,\mu_2$ 可由磁化曲线或 $B=f(H)$ 表格查得;也可以按式(9.1.5)计算

$$\mu=\frac{B}{H}\times4\pi\times10^{-7} \tag{9.1.5}$$

式中　$B$——磁感应强度(T);

$H$——磁场强度(A/m)。

通常,铁芯的导磁率 $\mu_1$ 与衔铁的导磁率 $\mu_2$ 远远大于空气的导磁率 $\mu_0$,因此 $R_F\ll R_\delta$,则

$$L\approx\frac{W^2}{R_\delta}=\frac{W^2\mu_0 S}{2\delta} \tag{9.1.6}$$

式(9.1.6)为电感元件的基本特性方程。当线圈的匝数确定后,只要气隙或气隙的截面积发生变化,电感 $L$ 就发生变化。因此电感式变换元件主要有变气隙式和变截面积式两种。前者主要用于测量线位移以及与线位移有关的量,后者主要用于测量角位移以及与角位移有关的量。

2. 电感式变换元件的特性

假设电感式变换元件气隙的初始值为$\delta_0$,由式(9.1.6)可得初始电感为

$$L_0 = \frac{W^2 \mu_0 S}{2\delta_0} \tag{9.1.7}$$

当衔铁产生位移量$\Delta\delta$时,气隙长度$\delta_0$减少$\Delta\delta$,则电感量为

$$L = \frac{W^2 \mu_0 S}{2(\delta_0 - \Delta\delta)} \tag{9.1.8}$$

电感的变化量和相对变化量分别为

$$\Delta L = L - L_0 = \left(\frac{\Delta\delta}{\delta_0 - \Delta\delta}\right) L_0 \tag{9.1.9}$$

$$\frac{\Delta L}{L_0} = \frac{\Delta\delta}{\delta_0 - \Delta\delta} = \frac{\Delta\delta}{\delta_0}\left(\frac{1}{1 - \frac{\Delta\delta}{\delta_0}}\right) \tag{9.1.10}$$

当$|\Delta\delta/\delta_0| \ll 1$,可将式(9.1.10)展为级数形式,即

$$\frac{\Delta L}{L_0} = \frac{\Delta\delta}{\delta_0} + \left(\frac{\Delta\delta}{\delta_0}\right)^2 + \left(\frac{\Delta\delta}{\delta_0}\right)^3 + \cdots \tag{9.1.11}$$

由式(9.1.11)可知:如果不考虑包括2次项以上的高次项,则$\Delta L/L_0$与$\Delta\delta/\delta_0$成比例关系。因此,高次项的存在是造成非线性的原因。当气隙相对变化$\Delta\delta/\delta_0$减小时,高次项将迅速减小,非线性可以得到改善。但这又会使传感器的测量范围(即衔铁的允许工作位移)变小,故对输出特性线性度的要求和对测量范围的要求是相互矛盾的。通常取$|\Delta\delta/\delta_0|$为0.1~0.2。

3. 电感式变换元件的等效电路

电感式变换元件反映铁芯线圈的自感随衔铁位移的变化,因此,理想情况下,它就是一个电感$L$,其感抗为

$$X_L = \omega L \tag{9.1.12}$$

然而,线圈不可能是纯电感,还包括铜损电阻$R_C$、铁芯的涡流损耗电阻$R_e$、磁滞损耗电阻$R_h$和线圈的寄生电容$C$。因此,电感式变换元件的等效电路如图9.1.2所示。其中铜损电阻$R_C$是由线圈导线的直流电阻引起的。涡流损耗电阻$R_e$是由于导磁体在交变磁场中,磁通量随时间变化,在铁芯及衔铁中产生的涡流损耗引起的。影响导磁体涡流损耗大小的因素较多,主要有铁芯材料的电阻率、铁芯厚度、线圈的自感和材料的导磁率等。磁滞损耗电阻$R_h$主要与气隙有关。涡流损耗与磁滞损耗统称为铁损。一般而言,工作频率升高时,铁损增加;工作频率降低时,铜损增加。此外,电感式变换元件存在一个与线圈并联的寄生电容$C$。这一电容主要由线圈绕组的固有电容和电感式变换元件与电子测量设备的连接电缆的电容组成。

为便于分析,先考虑无寄生电容的情况,如图9.1.3所示,线圈的阻抗为

$$Z = R' + j\omega L' \tag{9.1.13}$$

$$R' = R_C + \frac{R_m \omega^2 L^2}{R_m^2 + \omega^2 L^2} \tag{9.1.14}$$

$$L' = \frac{R_m^2 L}{R_m^2 + \omega^2 L^2} \tag{9.1.15}$$

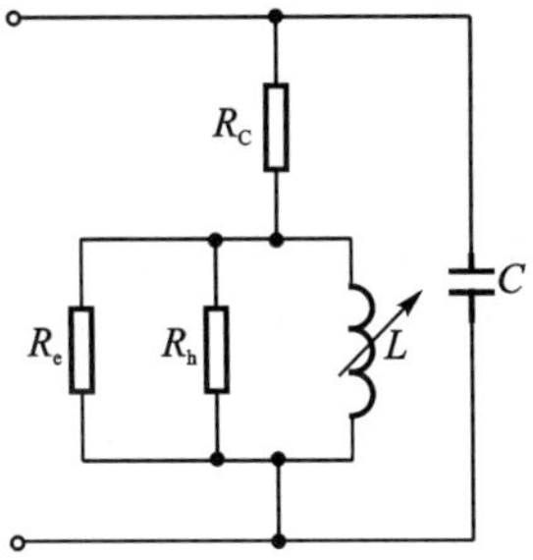


**图 9.1.2　电感式变换元件的等效电路**

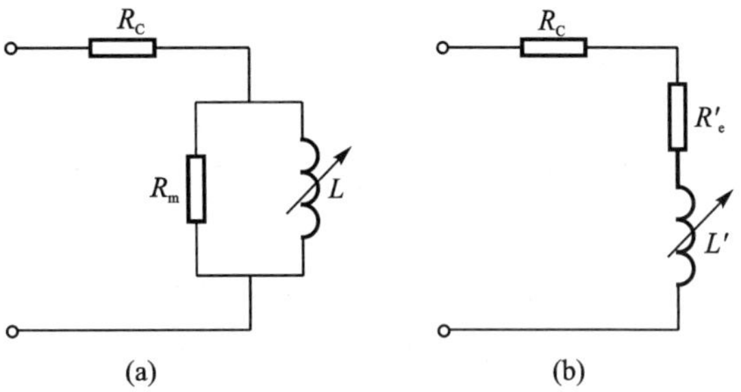


**图 9.1.3　电感式变换元件等效电路的变换形式**

$R_m$ 为涡流损耗电阻 $R_e$ 与磁滞损耗电阻 $R_h$ 的并联，通常称为等效铁损电阻，可得

$$R_m = \frac{R_e R_h}{R_e + R_h} \tag{9.1.16}$$

综合考虑各种电阻给电感式变换元件带来的耗损影响，引入总耗损因素 $D$，可表述为

$$D = \frac{R'}{\omega L'} \tag{9.1.17}$$

显然，$D$ 值越大，综合耗损越大，电感式变换元件的品质越差。这就需要尽可能地减少各种损耗。另一方面，可以引入电感式变换元件的品质因数 $Q$ 来反映其综合耗损的情况。它被定义为总耗损因素 $D$ 的倒数，即

$$Q = \frac{1}{D} = \frac{\omega L'}{R'} \tag{9.1.18}$$

考虑寄生电容 $C$ 的影响，线圈的阻抗为

$$Z_P = \frac{(R' + j\omega L')\dfrac{1}{j\omega C}}{R' + j\omega L' + \dfrac{1}{j\omega C}} = \frac{R' + j[(1-\omega^2 L'C)\omega L' - \omega(R')^2 C]}{(\omega R'C)^2 + (1-\omega L'C)^2} =$$

$$\frac{R'}{\left(\dfrac{\omega^2 L'C}{Q}\right)^2 + (1-\omega L'C)^2} + j\omega \frac{L'\left[(1-\omega^2 L'C) - \dfrac{\omega^2 L'C}{Q^2}\right]}{\left(\dfrac{\omega^2 L'C}{Q}\right)^2 + (1-\omega L'C)^2} \tag{9.1.19}$$

当品质因数较大时，$1 \ll Q^2$，则式(9.1.19)可简化为

$$Z_P = \frac{R'}{(1-\omega L'C)^2} + j\omega \frac{L'}{1-\omega L'C} = R_P + j\omega L_P \tag{9.1.20}$$

$$R_P = \frac{R'}{(1-\omega L'C)^2} \tag{9.1.21}$$

$$L_P = \frac{L'}{1-\omega L'C} \tag{9.1.22}$$

$$Q_P = \frac{\omega L_P}{R_P} = \frac{\omega L'}{R'}(1-\omega L'C) = Q(1-\omega L'C) \tag{9.1.23}$$

当考虑并联寄生电容时，有效串联损耗电阻 $R_P$ 和有效电感 $L_P$ 增大，有效品质因数 $Q_P$ 减小。电感式变换元件在考虑了并联电容后的有效灵敏度为

$$\frac{dL_P}{L_P} = \frac{1}{(1-\omega L'C)}\frac{dL'}{L'} \tag{9.1.24}$$

式(9.1.24)表明,并联电容后,电感式变换元件的有效灵敏度增大了。因此实际应用时,必须根据测量设备所用电缆的长度对其进行校正,或重新调整总的并联电容。

4. 简单电感式变换元件的信号转换电路

最简单的测量电路如图9.1.1所示。电感线圈与交流电流表相串联,用频率和幅值大小一定的交流电压 $\dot{U}_{in}$ 作工作电源。当衔铁产生位移时,线圈的电感发生变化,引起电路中电流改变,从电流表指示值就可以判断衔铁位移大小。

假定忽略铁芯磁阻 $R_F$ 和电感线圈的铜电阻 $R_C$,即认为 $R_F \ll R_\delta$,$R_C \ll \omega L$,且电感线圈的寄生电容 $C$ 和铁损电阻 $R_m$ 也忽略不计,则在激励电压 $\dot{U}_{in}$ 的作用下,电流(输出量)与衔铁位移(输入量)的关系可表达如下:

$$\dot{I} = \frac{2\dot{U}_{in}\delta}{\mu_0 \omega W^2 S} \tag{9.1.25}$$

由式(9.1.25)可知:测量电路中的电流与气隙大小成正比,如图9.1.4所示。图中的虚直线是理想特性。

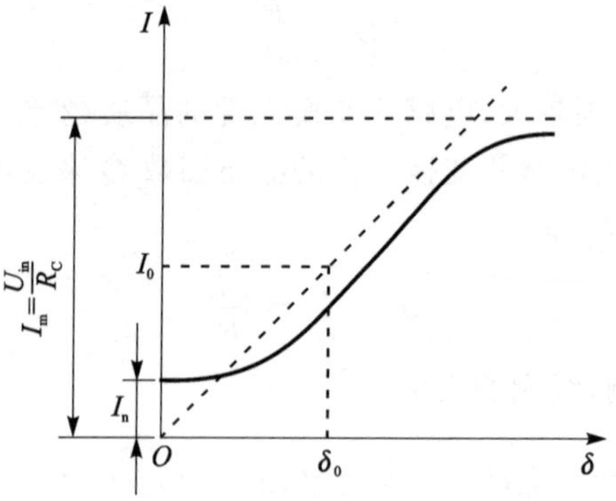


**图9.1.4 简单测量电路的特性**

然而,电感式变换元件的实际特性是一条不过零点的曲线。这是由于空气隙为零时仍存在有起始电流 $I_n$。因为,当 $R_\delta$ 接近于零时,$R_F$ 与 $R_C$ 就不能忽略不计,所以,铁芯和衔铁的磁阻就有一定值,即有一定起始电流;另一方面,气隙很大时,线圈的铜电阻 $R_C$ 与线圈的感抗相比已不再可以忽略,这时,最大电流 $I_m$ 将趋向一个稳定值 $U_{in}/R_C$。起始电流的存在表明,衔铁还未移动时,电流表已有指示,这种情况在测量中是不希望有的。因此,简单测量电路的特性为非线性,并存在起始电流,使其不适用于精密测量。

同时,简单电感式变换元件与交流电磁铁一样,有电磁力作用在活动衔铁上,力图将衔铁吸向铁芯,从而在实际测量时产生一定误差。

另外,简单电感式变换元件易受外界干扰的影响,如电源电压和频率的波动、温度变化等都会使线圈电阻 $R_C$ 改变,因而影响输出电流。

总之,简单电感式变换元件一般不用于较精密的测量仪表和系统,只用在一些继电信号装置中。

## 9.1.2　差动电感式变换元件

1. 结构特点

两只完全对称的简单电感式变换元件合用一个活动衔铁便构成了差动电感式变换元件。

图 9.1.5(a),(b)分别为 E 形和螺管形差动电感变换元件的结构原理图。其特点是上下两个导磁体的几何参数、材料参数应完全相同,上下两只线圈的电气参数(线圈铜电阻、线圈匝数)也应完全一致。

图 9.1.5(c)为差动电感式变换元件接线图。变换元件的两只电感线圈接成交流电桥的相邻两个桥臂,另外两个桥臂由电阻组成。

这两类差动电感式变换元件的工作原理相同,只是结构形式不同。

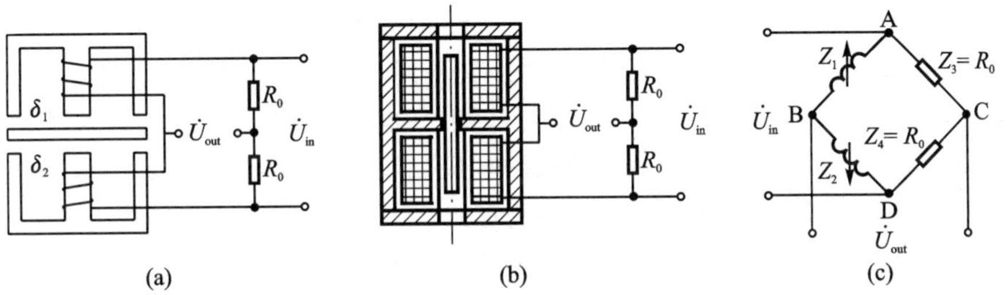


**图 9.1.5　差动式电感变换元件的原理和接线图**

2. 变换原理

从图 9.1.5 可以看出,差动电感式变换元件和电阻构成了交流电桥,由交流电源供电,在电桥的另一对角端即为输出的交流电压。

初始位置时,衔铁处于中间位置,两边的气隙相等,$\delta_1=\delta_2=\delta_0$。因此,两只电感线圈的电感量在理论上相等,即

$$L_1=L_2=L_0=\frac{W^2\mu_0 S}{2\delta_0} \tag{9.1.26}$$

式中　$L_1$——差动电感式变换元件上半部的电感(H);

$L_2$——差动电感式变换元件下半部的电感(H)。

这样,上、下两部分的阻抗是相等的,$Z_1=Z_2$;电桥输出电压应为零,$\dot{U}_{\text{out}}=0$,电桥处于平衡状态。

当衔铁偏离中间位置向上或向下移动时,造成两边气隙不一样,使两只电感线圈的电感量一增一减,电桥就不平衡。假设活动衔铁向上移动,即

$$\left.\begin{aligned}\delta_1&=\delta_0-\Delta\delta\\ \delta_2&=\delta_0+\Delta\delta\end{aligned}\right\} \tag{9.1.27}$$

式中　$\Delta\delta$——衔铁的向上移动量(m)。

差动电感式变换元件上、下两部分的阻抗分别为

$$\left.\begin{aligned}Z_1&=\mathrm{j}\omega L_1=\mathrm{j}\omega\frac{W^2\mu_0 S}{2(\delta_0-\Delta\delta)}\\ Z_2&=\mathrm{j}\omega L_2=\mathrm{j}\omega\frac{W^2\mu_0 S}{2(\delta_0+\Delta\delta)}\end{aligned}\right\} \tag{9.1.28}$$

电桥的输出为

$$\dot{U}_{out}=\dot{U}_B-\dot{U}_C=\left(\frac{Z_1}{Z_1+Z_2}-\frac{1}{2}\right)\dot{U}_{in}=\left(\frac{\frac{1}{\delta_0-\Delta\delta}}{\frac{1}{\delta_0-\Delta\delta}+\frac{1}{\delta_0+\Delta\delta}}-\frac{1}{2}\right)\dot{U}_{in}=\frac{\Delta\delta}{2\delta_0}\dot{U}_{in} \tag{9.1.29}$$

显然电桥输出电压的幅值大小与衔铁的相对移动量的大小成正比。当 $0<\Delta\delta$ 时，$\dot{U}_{out}$ 与 $\dot{U}_{in}$ 同相；当 $\Delta\delta<0$ 时，$\dot{U}_{out}$ 与 $\dot{U}_{in}$ 反相。故本方案可以测量位移的大小和方向。

# 9.2　差动变压器式变换元件

差动变压器式变换元件简称差动变压器。其结构与上述差动电感式变换元件完全一样，也是由铁芯、衔铁和线圈三个主要部分组成的。其不同处在于，差动变压器上、下两只铁芯均有一个初级线圈1(又称激磁线圈)和一个次级线圈2(也称输出线圈)。衔铁置于两铁芯的中间，上、下两只初级线圈串联后接交流激磁电压 $\dot{U}_{in}$，两只次级线圈则按电势反相串接。图9.2.1给出了差动变压器的几种典型的结构形式。图中(a)，(b)两种结构的差动变压器，衔铁均为平板形，灵敏度高，一般用于测量几 μm～几百 μm 的机械位移。对于位移在1 mm～上百 mm 的测量，常采用圆柱形衔铁的螺管形差动变压器，见图中(c)，(d)两种结构。图中(e)，(f)两种结构是测量转角的差动变压器，通常可测到几角秒的微小角位移，输出的线性范围一般在±10°左右。

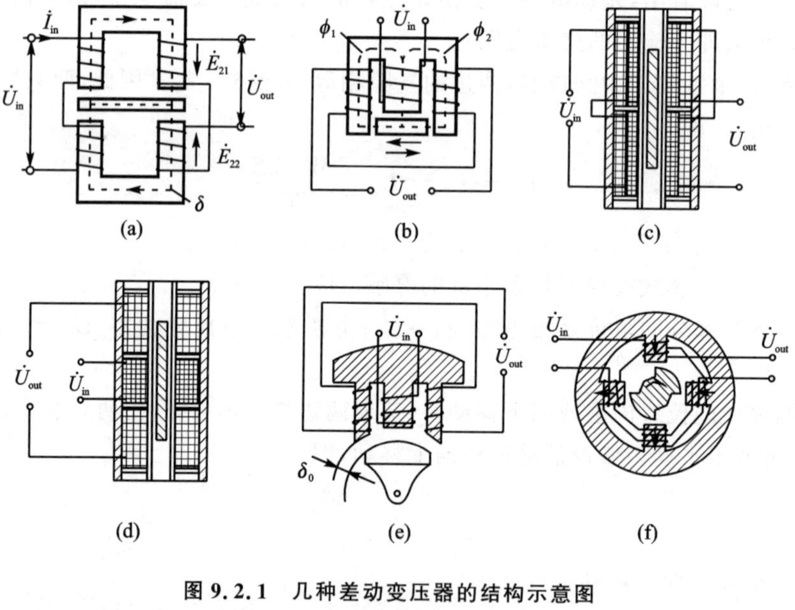


**图9.2.1　几种差动变压器的结构示意图**

下面以图9.2.1(a)的Π形差动变压器为例进行讨论。

## 9.2.1　磁路分析

1. 基本结构与假设

假设变压器原边的匝数为 $W_1$，衔铁与 Π 形铁芯 1(上部)和 Π 形铁芯 2(下部)的间隙分别为 $\delta_{11}$ 和 $\delta_{21}$，激磁输入电压为 $\dot{U}_{in}$，对应的激磁电流为 $\dot{I}_{in}$；变压器副边的匝数为 $W_2$，衔铁与 Π 形铁芯 1 与 Π 形铁芯 2 的间隙分别为 $\delta_{12}$ 和 $\delta_{22}$，输出电压为 $\dot{U}_{out}$。应当指出：该变压器的原边正接，副边反接。

通常对于 Π 形铁芯 1 与 2，其原边与衔铁的间隙和副边与铁芯的间隙是相同的，即有

$$\left.\begin{aligned}\delta_{11} &= \delta_{12} = \delta_1 \\ \delta_{21} &= \delta_{22} = \delta_2\end{aligned}\right\} \tag{9.2.1}$$

考虑理想情况，即忽略铁损，忽略漏磁，输出为空载。此外，在初始情况下，衔铁处于中间位置，两边的气隙相等，$\delta_1=\delta_2=\delta_0$，因此两只电感线圈的电感量在理论上相等，电桥的输出电压 $\dot{U}_{out}=0$，电桥处于平衡状态。

2. 信号变换(测量)过程

当衔铁偏离中间位置，向上(铁芯 1)移动 $\Delta\delta$ 时，即有

$$\left.\begin{aligned}\delta_1 &= \delta_0 - \Delta\delta \\ \delta_2 &= \delta_0 + \Delta\delta\end{aligned}\right\} \tag{9.2.2}$$

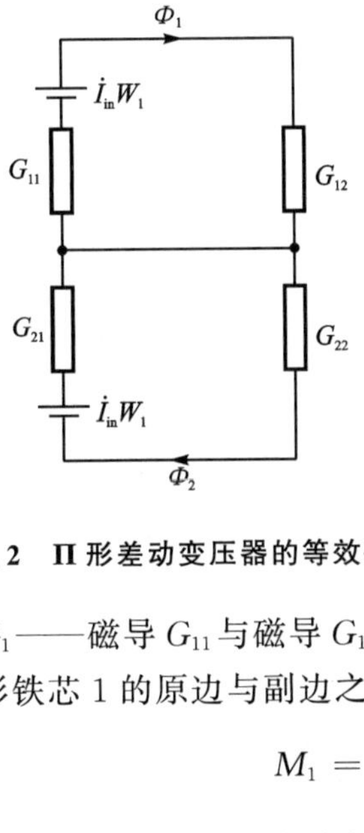


**图 9.2.2　Π 形差动变压器的等效磁路图**

图 9.2.2 给出了等效磁路图。$G_{11}$ 为气隙 $\delta_{11}$ 引起的磁导(磁阻的倒数)，$G_{12}$ 为气隙 $\delta_{12}$ 引起的磁导，$G_{21}$ 为气隙 $\delta_{21}$ 引起的磁导，$G_{22}$ 为气隙 $\delta_{22}$ 引起的磁导，则

$$G_{11} = G_{12} = \frac{\mu_0 S}{\delta_{11}} = \frac{\mu_0 S}{\delta_1} \tag{9.2.3}$$

$$G_{21} = G_{22} = \frac{\mu_0 S}{\delta_{21}} = \frac{\mu_0 S}{\delta_2} \tag{9.2.4}$$

对于 Π 形铁芯 1，电流 $\dot{I}_{in}$ 引起的磁通(Wb)为

$$\Phi_{1m} = \sqrt{2}\dot{I}_{in}W_1G_1 = \sqrt{2}\dot{I}_{in}W_1\frac{G_{11}G_{12}}{G_{11}+G_{12}} \tag{9.2.5}$$

式中　$G_1$——磁导 $G_{11}$ 与磁导 $G_{12}$ 的串联，即 Π 形铁芯 1 的总磁导。

Π 形铁芯 1 的原边与副边之间的互感(H)为

$$M_1 = \frac{\Psi_1}{\dot{I}_{in}} = \frac{W_2\Phi_{1m}}{\dot{I}_{in}\sqrt{2}} = W_1W_2\frac{G_{11}G_{12}}{G_{11}+G_{12}} \tag{9.2.6}$$

式中　$\Psi_1$——Π 形铁芯 1 的次级线圈的互感磁链(AH)。

类似地，可以得到 Π 形铁芯 2 的原边与副边之间的互感(H)为

$$M_2 = \frac{\Psi_2}{\dot{I}_{in}} = \frac{W_2\Phi_{2m}}{\dot{I}_{in}\sqrt{2}} = W_1W_2\frac{G_{22}G_{21}}{G_{22}+G_{21}} \tag{9.2.7}$$

由此，输出电压(V)为

$$\dot{U}_{out} = \dot{E}_{21} - \dot{E}_{22} = -\mathrm{j}\omega\dot{I}_{in}(M_1 - M_2) \tag{9.2.8}$$

式中　$\dot{E}_{21}$——Π 形铁芯 1 的次级线圈感应出的电势(V)；

$\dot{E}_{22}$——Π 形铁芯 2 的次级线圈感应出的电势(V)。

利用式(9.2.2)～(9.2.4)，式(9.2.6)～(9.2.8)，可得

$$\dot{U}_{\mathrm{out}}=-\mathrm{j}\omega W_1 W_2 \dot{I}_{\mathrm{in}}\mu_0 S\frac{\Delta\delta}{\delta_0^2-(\Delta\delta)^2} \tag{9.2.9}$$

### 9.2.2 电路分析

根据图9.2.1(a),Π形差动变压器的初级线圈上、下部分的自感(H)分别为

$$L_{11}=W_1^2G_{11}=\frac{W_1^2\mu_0 S}{2\delta_1}=\frac{W_1^2\mu_0 S}{2(\delta_0-\Delta\delta)} \tag{9.2.10}$$

$$L_{21}=W_1^2G_{21}=\frac{W_1^2\mu_0 S}{2\delta_2}=\frac{W_1^2\mu_0 S}{2(\delta_0+\Delta\delta)} \tag{9.2.11}$$

初级线圈上、下部分的阻抗(Ω)分别为

$$\left.\begin{aligned}Z_{11}&=R_{11}+\mathrm{j}\omega L_{11}\\Z_{21}&=R_{21}+\mathrm{j}\omega L_{21}\end{aligned}\right\} \tag{9.2.12}$$

则初级线圈中的输入电压与激磁电流的关系为

$$\dot{U}_{\mathrm{in}}=\dot{I}_{\mathrm{in}}(Z_{11}+Z_{21})=\dot{I}_{\mathrm{in}}\left\{R_{11}+R_{21}+\mathrm{j}\omega W_1^2\frac{\mu_0 S}{2}\left[\frac{2\delta_0}{\delta_0^2-(\Delta\delta)^2}\right]\right\} \tag{9.2.13}$$

式中 $R_{11}$——初级线圈上部分的等效电阻(Ω);

$R_{21}$——初级线圈下部分的等效电阻(Ω)。

选择 $R_{11}=R_{21}=R_0$,使之对称;而且考虑到 $(\Delta\delta)^2\ll\delta_0^2$,结合式(9.2.9),式(9.2.13)可得

$$\dot{U}_{\mathrm{out}}=-\mathrm{j}\omega\frac{W_2}{W_1}L_0\left(\frac{\Delta\delta}{\delta_0}\right)\frac{\dot{U}_{\mathrm{in}}}{R_0+\mathrm{j}\omega L_0} \tag{9.2.14}$$

式中 $L_0$——衔铁处于中间位置时初级线圈上(下)部分的自感(H),$L_0=\frac{W_1^2\mu_0 S}{2\delta_0}$。

通常线圈的 $Q$ 值 $\omega L_0/R_0$ 比较大,则式(9.2.14)可以改写为

$$\dot{U}_{\mathrm{out}}=-\frac{W_2}{W_1}\left(\frac{\Delta\delta}{\delta_0}\right)\dot{U}_{\mathrm{in}} \tag{9.2.15}$$

由式(9.2.15)可知:副边输出电压与气隙的相对变化成正比,与变压器次级线圈和初级线圈的匝数比成正比。当 $0<\Delta\delta$ 时,输出电压 $\dot{U}_{\mathrm{out}}$ 与输入电压 $\dot{U}_{\mathrm{in}}$ 反相;当 $\Delta\delta<0$ 时,输出电压 $\dot{U}_{\mathrm{out}}$ 与输入电压 $\dot{U}_{\mathrm{in}}$ 同相。

## 9.3 电涡流式变换原理

### 9.3.1 电涡流效应

一块导磁性金属导体放置于一个扁平线圈附近,相互不接触,如图9.3.1所示。当线圈中通有高频交变电流 $i_1$ 时,在线圈周围产生交变磁场 $\Phi_1$;交变磁场 $\Phi_1$ 将通过金属导体产生电涡流 $i_2$,同时产生交变磁场 $\Phi_2$,且 $\Phi_2$ 与 $\Phi_1$ 的方向相反。$\Phi_2$ 对 $\Phi_1$ 有反作用,从而使线圈中的电流 $i_1$ 的大小和相位均发生变化,即线圈中的等效阻抗发生变化。这就是电涡流效应。线圈阻抗的变化与电涡流效应密切相关,即与线圈的半径 $r$、激磁电流 $i_1$ 的幅值、角频率 $\omega$、金属导体的电阻率 $\rho$、导磁率 $\mu$ 以及线圈到导体的距离 $x$ 有关,可以写为

$$Z=f(r,i_1,\omega,\rho,\mu,x) \tag{9.3.1}$$

实用时，改变上述其中一个参数，控制其他参数，则线圈阻抗的变化就成为这个改变参数的单值函数。这就是利用电涡流效应实现测量的原理。

利用电涡流效应制成的变换元件的优点主要有：可进行非接触式测量，结构简单，灵敏度高，抗干扰能力强，不受油污等介质的影响等。这类元件常用于测量位移、振幅、厚度、工件表面粗糙度、导体温度、材质的鉴别以及金属表面裂纹等无损检测中，在科学研究和工业生产等领域有广泛的应用。

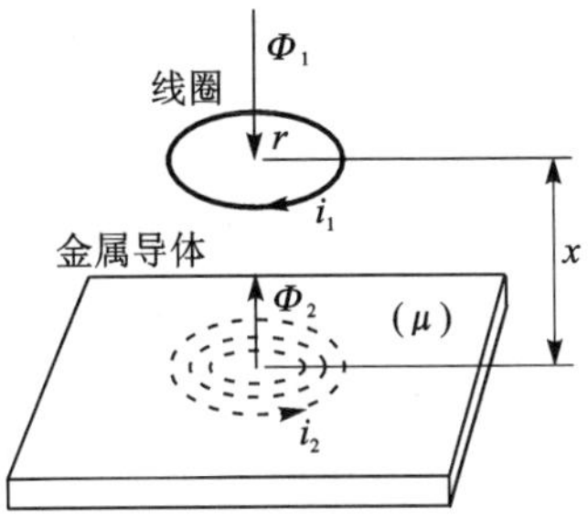


图 9.3.1　电涡流效应示意图

## 9.3.2　等效电路分析

由上述电涡流效应的作用过程可知：金属导体可看作为一个短路线圈，它与高频通电扁平线圈磁性相连。基于变压器原理，把高频导电线圈看成变压器原边，金属导体中涡流回路看成副边，即可画出电涡流式变换元件的等效电路，如图 9.3.2 所示。图中 $R_1$ 和 $L_1$ 分别为通电线圈的铜电阻和电感，$R_2$ 和 $L_2$ 分别为金属导体的电阻和电感，线圈与金属导体间互感系数 $M$ 随间隙 $x$ 的减小而增大。$\dot{U}_{\text{in}}$为高频激磁电压。由克希霍夫定律可写出方程

$$\left.\begin{aligned}(R_1+\mathrm{j}\omega L_1)\dot{I}_1-\mathrm{j}\omega M\dot{I}_2&=\dot{U}_{\text{in}}\\-\mathrm{j}\omega M\dot{I}_1+(R_2+\mathrm{j}\omega L_2)\dot{I}_2&=0\end{aligned}\right\}\tag{9.3.2}$$

利用式(9.3.2)，可得线圈的等效阻抗(Ω)为

$$Z_{\text{e}}=\frac{\dot{U}_{\text{in}}}{\dot{I}_1}=R_1+R_2\frac{\omega^2M^2}{R_2^2+\omega^2L_2^2}+\mathrm{j}\omega\left(L_1-L_2\frac{\omega^2M^2}{R_2^2+\omega^2L_2^2}\right)=R_{\text{e}}+\mathrm{j}\omega L_{\text{e}}\tag{9.3.3}$$

$$R_{\text{e}}=R_1+R_2\frac{\omega^2M^2}{R_2^2+\omega^2L_2^2}\tag{9.3.4}$$

$$L_{\text{e}}=L_1-L_2\frac{\omega^2M^2}{R_2^2+\omega^2L_2^2}\tag{9.3.5}$$

式中　$L_1$——不计涡流效应时线圈的电感(H)；
$L_2$——电涡流等效电路的等效电感(H)；
$R_{\text{e}}$——考虑电涡流效应时线圈的等效电阻(Ω)；
$L_{\text{e}}$——考虑电涡流效应时线圈的等效电感(H)。

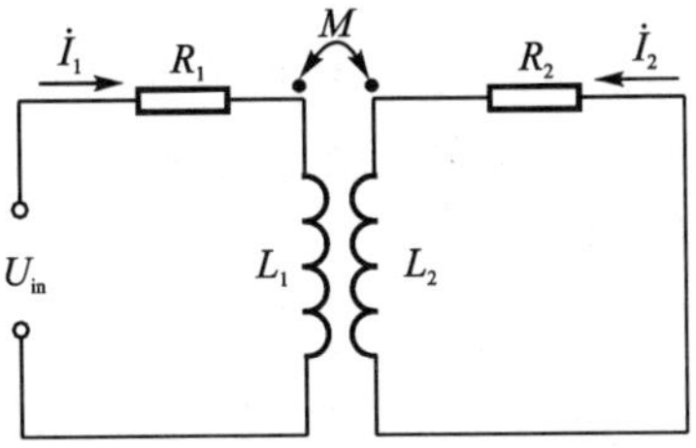


图 9.3.2　电涡流效应等效电路图

由上述分析可知：由于涡流效应的作用，线圈的阻抗由 $Z_0=R_1+\mathrm{j}\omega L_1$ 变成了 $Z_{\text{e}}$。比较 $Z_0$ 与 $Z_{\text{e}}$ 可知：电涡流影响的结果使等效阻抗 $Z_{\text{e}}$ 的实部增大，虚部减少，即等效的品质因数 $Q$ 值减小了，表明电涡流将消耗电能，在导体上产生热量。

## 9.3.3 信号转换电路

利用电涡流式变换元件进行测量时,为了得到较强的电涡流效应,通常激磁线圈工作在较高频率下,所以信号转换电路主要有定频调幅电路和调频电路两种。

1. 定频调幅信号转换电路

调幅信号转换电路的原理如图 9.3.3(a)所示。由高频激磁电流对一并联的 $LC$ 电路供电。图中 $L_1$ 表示电涡流变换元件的激磁线圈。由于 $LC$ 并联电路的阻抗在谐振时达到最大,而在失谐状态下急剧减少,故在定频 $\omega_0$、恒流 $\dot{I}_{in}$ 激励下,输出电压为

$$\dot{U}_{out}=\dot{I}_{in}Z=\dot{I}_{in}\left[\frac{(R_e+j\omega_0 L_e)\cdot\dfrac{1}{j\omega_0 C}}{(R_e+j\omega_0 L_e)+\dfrac{1}{j\omega_0 C}}\right] \tag{9.3.6}$$

为便于分析,假设激磁电流的频率 $f_0=\dfrac{\omega_0}{2\pi}$ 足够高,满足 $R_e\ll\omega_0 L_e$,则由式(9.3.6)可得

$$U_{out,max}\approx I_{in,max}\frac{L_e/(R_eC)}{\sqrt{1+[(L_e/R_e)(\omega_0^2-\omega^2)/\omega_0]^2}}\approx\frac{I_{in,max}L_e}{R_eC\sqrt{1+(2L_e\Delta\omega/R_e)^2}} \tag{9.3.7}$$

式中 $\omega$——激磁线圈自身的谐振角频率(rad/s),$\omega=\dfrac{1}{\sqrt{L_eC}}$;

$\Delta\omega$——失谐角频率偏移量,$\Delta\omega=\omega_0-\omega$(rad/s);

$U_{out,max}$——$\dot{U}_{out}$的幅值;

$I_{in,max}$——$\dot{I}_{in}$的幅值。

由式(9.3.7)可知:

① 当 $\omega_0\approx\omega$ 时,输出达到最大,为

$$U_{out,max}\approx I_{in,max}L_{eq}/(R_{eq}C) \tag{9.3.8}$$

② 涡流增大导致等效电感 $L_e$ 减小、$\omega$ 升高和等效电阻 $R_e$ 增大,因此式(9.3.7)的分子减小而分母增大,输出电压随涡流增大而减小,谐振频率及谐振曲线向高频方向移动,如图 9.3.3(b)所示。

这种方式多用于测量位移,其信号转换系统框图如图 9.3.3(c)所示。

2. 调频信号转换电路

定频调幅电路虽然应用较广,但电路复杂,线性范围较窄;而调频电路相对较为简单,线性范围也较宽,电路中将 $LC$ 谐振回路和放大器结合构成 $LC$ 振荡器。其频率始终等于谐振频率,而幅值始终为谐振曲线的峰值,即

$$\omega_0=\frac{1}{\sqrt{L_eC}} \tag{9.3.9}$$

$$\dot{U}_{out}=\dot{I}_{in}\frac{L_e}{R_eC} \tag{9.3.10}$$

当涡流效应增大时,$L_e$ 减小,$R_e$ 增大,谐振频率升高,而输出幅值变小。在调频方式下有两种可采用的方式。一种称为调频鉴幅式,利用频率与幅值同时变化的特点,测出图 9.3.4(a)的峰点值。其特性如图中谐振曲线的包络线。此法的优点是选取了图 9.3.3(c)中的稳频振

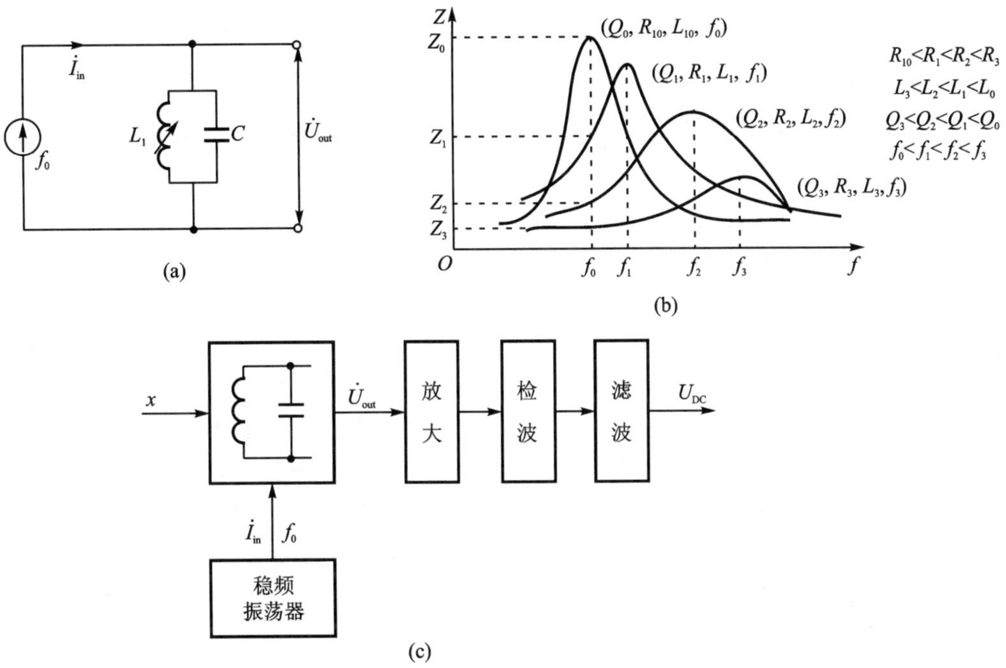


**图 9.3.3　定频调幅信号转换电路**

荡器，而利用了其后的简单检波器。另一种是直接输出频率，如图 9.3.4(b)所示，信号转换电路中的鉴频器将调频信号转换为电压输出。

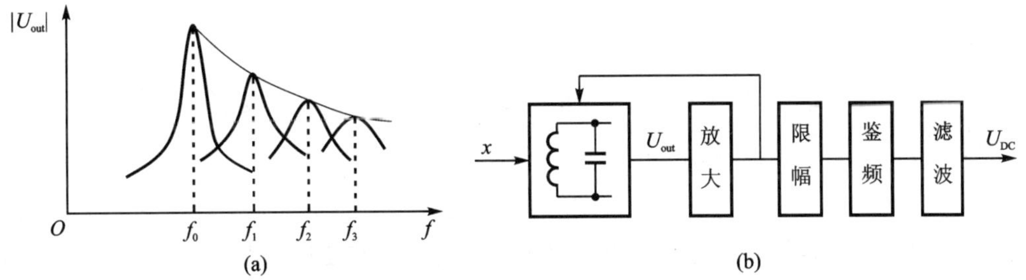


**图 9.3.4　调频信号转换电路**

# 9.4　霍尔效应及元件

## 9.4.1　霍尔效应

如图 9.4.1 所示的金属或半导体薄片，若在它的两端通以控制电流 $I$，并在薄片的垂直方向上施加磁感应强度为 $B$ 的磁场，则在垂直于电流和磁场的方向上（即霍尔输出端之间）将产生电动势 $U_H$（称为霍尔电势或霍尔电压）。这种现象称为霍尔效应。

霍尔效应的产生是由于运动电荷在磁场中受洛伦兹力作用的结果。当运动电荷为带正电的粒子时，其受到的洛伦兹力为

$$\boldsymbol{f}_L = e\boldsymbol{v} \times \boldsymbol{B} \quad (9.4.1)$$

式中　$\boldsymbol{f}_L$——洛伦兹力矢量(N)；

$\boldsymbol{v}$——运动电荷速度矢量(m/s)；

$\boldsymbol{B}$——磁感应强度矢量(T)；

$e$——单位电荷电量(C)，$e = 1.602 \times 10^{-19}$ C。

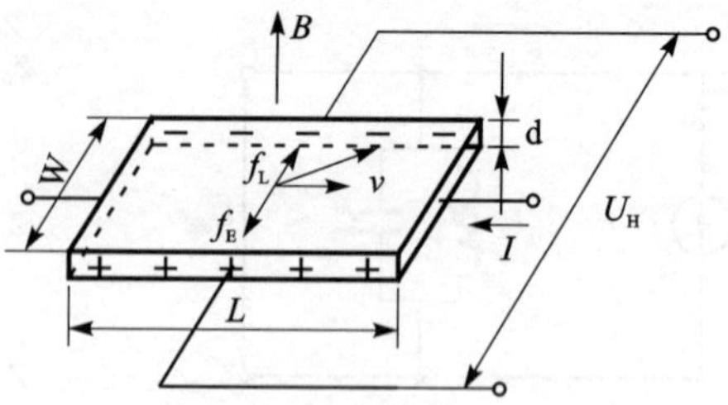


**图 9.4.1　霍尔效应示意图**

当运动电荷为带负电的粒子时，其受到的洛伦兹力为

$$\boldsymbol{f}_L = -e\boldsymbol{v} \times \boldsymbol{B} \quad (9.4.2)$$

假设在N型半导体薄片的控制电流端通以电流 $I$，那么，半导体中的载流子(电子)将沿着和电流相反的方向运动。若在垂直于半导体薄片平面的方向上加一磁场 $B$，则由于洛伦兹力 $\boldsymbol{f}_L$ 的作用，电子向一边偏转(偏转方向由式(9.4.2)确定)，并使该边形成电子积累；而另一边则积累正电荷，于是产生电场。该电场阻止运动电子的继续偏转。当电场作用在运动电子上的力 $\boldsymbol{f}_E$ 与洛仑兹力 $\boldsymbol{f}_L$ 相等时，电子的积累便达到动态平衡。在薄片两横端面之间建立霍尔电场 $E_H$，并形成霍尔电势

$$U_H = \frac{R_H IB}{d} \quad (9.4.3)$$

式中　$R_H$——霍尔常数($m^3 \cdot C^{-1}$)；

$I$——控制电流(A)；

$B$——磁感应强度(T)；

$d$——霍尔元件的厚度(m)。

引入

$$K_H = \frac{R_H}{d} \quad (9.4.4)$$

将式(9.4.4)代入式(9.4.3)，则可得

$$U_H = K_H IB \quad (9.4.5)$$

由式(9.4.5)可知：霍尔电势的大小正比于控制电流 $I$ 和磁感应强度 $B$。$K_H$ 称为霍尔元件的灵敏度。它是表征在单位磁感应强度和单位控制电流时输出霍尔电压大小的一个重要参数，一般希望它越大越好。霍尔元件的灵敏度与元件材料的性质和几何参数有关。由于半导体(尤其是N型半导体)的霍尔常数 $R_H$ 要比金属的大得多，所以在实际应用中，一般都采用N型半导体材料制做薄片霍尔元件。此外，元件的厚度 $d$ 对灵敏度的影响也很大，元件越薄，灵敏度越高。

式(9.4.5)还说明，当控制电流的方向或磁场的方向改变时，输出电势的方向也将改变。但当磁场和电流同时改变方向时，霍尔电势并不改变原来的方向。

当外磁场为零时，通以一定的控制电流，霍尔元件的输出称为不等位电势，是霍尔元件的零位误差，可以采用图9.4.2所示的补偿电路进行补偿。

事实上，自然界还存在着反常霍尔效应，即不加外磁场也有霍尔效应。反常霍尔效应与普通的霍尔效应在本质上完全不同，不存在外磁场对电子的洛伦兹力而产生的运动轨道偏转，它是由于材料本身的自发磁化而产生的，因此是另一类重要的物理效应。最新研究表明，反常霍

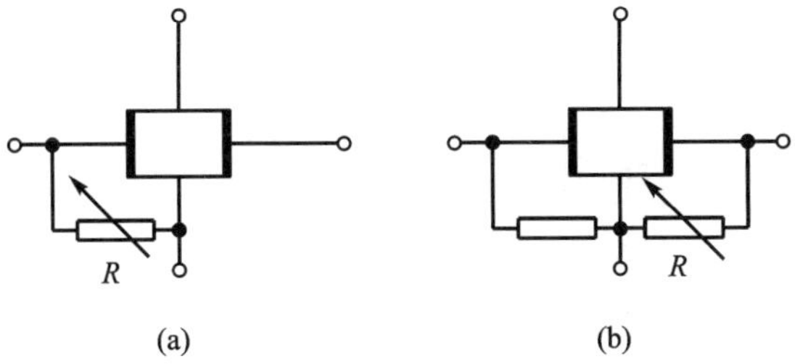


图 9.4.2　不等位电势的几种补偿电路霍尔元件

尔效应具有量子化，即存在着量子反常霍尔效应。这或许为新型传感技术的实现提供了新的理论基础。

### 9.4.2　霍尔元件

霍尔元件一般用 N 型的锗、锑化铟和砷化铟等半导体单晶材料制成。锗元件的输出虽小，但它的温度性能和线性度却比较好。锑化铟元件的输出较大，但受温度的影响也较大。砷化铟元件的输出信号没有锑化铟元件大，但是受温度的影响却比锑化铟要小，而且线性度也较好。因此，采用砷化铟做霍尔元件的材料受到普通重视。在高精度测量中，大多采用锗和砷化铟元件；而作为敏感元件时，一般采用锑化铟元件。

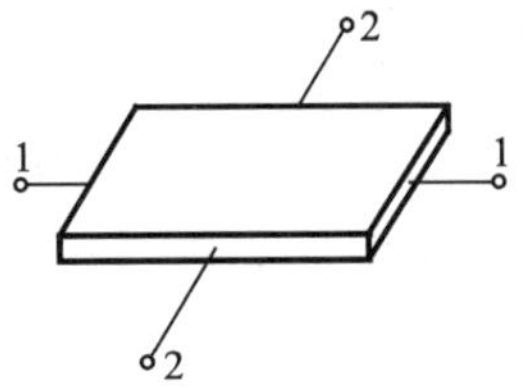


图 9.4.3　霍尔元件示意图

霍尔元件的结构很简单，由霍尔片、引线和壳体组成。霍尔片是一块矩形半导体薄片，如图 9.4.3 所示。在元件长边的两个端面上焊上两根控制电流端引线（图中 1,1），在元件短边的中间以点的形式焊上两根霍尔输出端引线（图中 2,2）。在焊接处要求接触电阻小，而且呈纯电阻性质（欧姆接触）。霍尔片一般用非磁性金属、陶瓷或环氧树脂封装。

## 9.5　典型的变磁路式传感器

### 9.5.1　变磁阻式加速度传感器

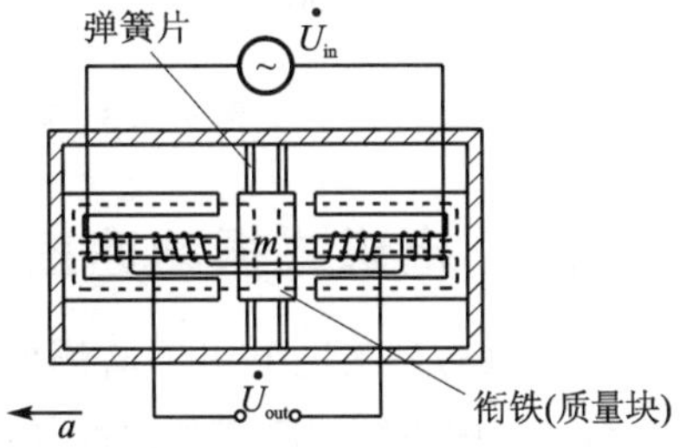


图 9.5.1　变磁阻式加速度传感器

图 9.5.1 所示为一种变磁阻式加速度传感器。它是以通过弹簧片与壳体相连的质量块 $m$ 作为差动变压器的衔铁。当质量块感受加速度产生惯性力而引起相对位移时，差动变压器就输出与位移（也即与加速度）成近似线性关系的电压；加速度方向改变时，输出电压的相位相应地改变 180°。

### 9.5.2　霍尔式振动位移传感器

图 9.5.2 所示为霍尔式振动位移传感器的原理示意图。霍尔元件固定在非导磁材料制成的平板上，平板与顶杆紧固在一起，顶杆通过触头与被测振动体接触，随其一起振动。一对永久磁铁用来形成线性磁场。振动体通过触头、顶杆带动霍尔元件在线性磁场中往返运动，因此

霍尔电势反映振动体的振幅和振动频率。

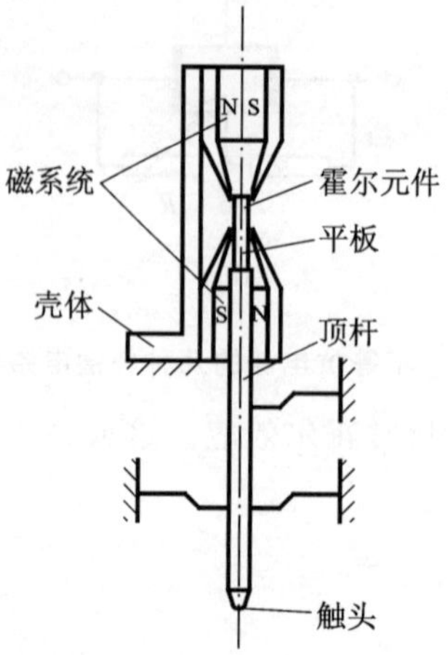


图 9.5.2　利用霍尔式传感器测量振动的原理

## 9.5.3　电涡流式振动位移传感器

图 9.5.3 所示为电涡流式振动位移传感器以及测量振型图的原理。图 9.5.3(a)是利用沿轴的轴线方向并排放置的几个电涡流传感器,分别测量轴各处的振动位移,从而测出轴的振型的示意图。图 9.5.3(b)是测量涡轮叶片的示意图。叶片振动时周期性地改变其与电涡流传感器之间的距离,因而电涡流传感器就输出幅值与叶片振幅成比例、频率与叶片振动频率相同的电压信号。

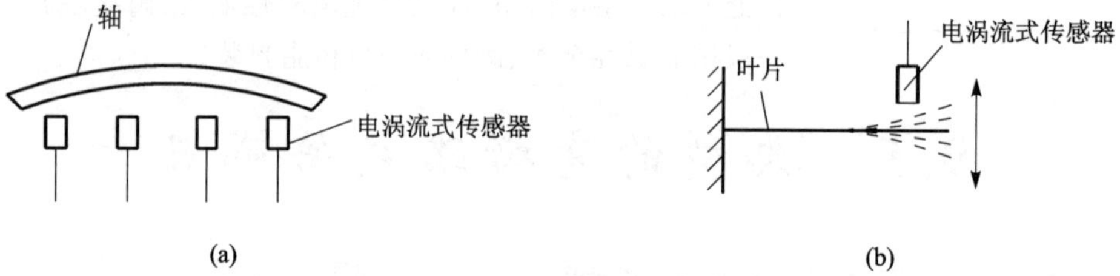


图 9.5.3　利用电涡流式传感器测量振动的原理

## 9.5.4　电磁式振动速度传感器

图 9.5.4(a)是飞机上用于监测发动机振动的一种动圈式振动速度传感器的实际结构。它的线圈组件由不锈钢骨架和由高强度漆包线绕制成的两个螺管线圈组成,两个线圈按感应电势的极性反相串联,线圈骨架与传感器壳体固定在一起。磁钢用上、下两个软弹簧支承,装在不锈钢制成的套筒内,套筒装于线圈骨架内腔中并与壳体相固定。线圈骨架和磁钢套筒又都起电磁阻尼作用。传感器壳体用磁性材料铬钢制成,既是磁路的一部分,又起磁屏蔽作用。永久磁铁的磁力线从一端出来,穿过工作气隙、磁钢套筒、线圈骨架和螺管线圈,再经由传感器壳体回到磁铁的另一端,构成一个完整的闭合回路。这样就组成一个质量-弹簧-阻尼系统。线圈和传感器壳体随被测振动体一起振动时,如果振动频率 $f$ 远高于传感器的固有频率 $f_n$,

则永久磁铁相对于惯性空间接近于静止不动，因此它与壳体之间的相对运动速度就近似等于振动体的振动速度。在振动过程中，线圈在恒定磁场中往返运动，就在其上产生与振动速度成正比的感应电势。

图 9.5.4(b)是一种地面上用的动铁式振动速度传感器。磁铁与传感器壳体固定在一起。芯轴穿过磁铁中心孔，并由上、下两片柔软的圆形弹簧片支承在壳体上。芯轴的一端固定着一个线圈，另一端固定着一个圆筒形铜杯(阻尼杯)。线圈组件、阻尼杯和芯轴构成活动质量块 $m$。当振动频率远高于传感器的固有频率时，线圈组件接近于静止状态，而磁铁随振动体一起振动，从而在线圈上感应出与振动速度成正比的感应电势。

由于这种传感器不需要另设参考基准，因此特别适用于运动体，如飞机、车辆等的振动测量。

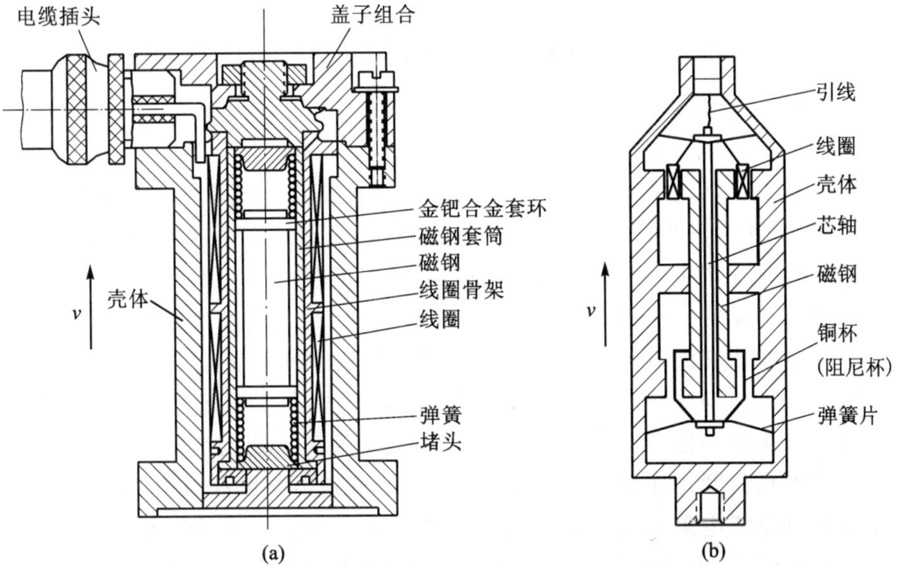


**图 9.5.4　动圈式振动速度传感器和动铁式振动速度传感器**

## 9.5.5　差动电感式压力传感器

图 9.5.5 所示为测量差压用的变气隙差动电感式压力传感器的原理示意图。它由在结构上和电气参数上完全对称的两部分组成。平膜片感受压力差，并作为衔铁使用。由于差动接法比非差动接法具有非线性误差小、零位输出小、电磁吸力小以及温度和其他外界干扰影响较小等优点，故差动电感式压差传感器一般均采用交流差动变换电路。当所测压力差 $\Delta p=0$ 时，两边电感的起始气隙长度相等，即 $\delta_1=\delta_2=\delta_0$，因而两个电感的磁阻相等，其阻抗相等，即 $Z_1=Z_2=Z_0$。此时电桥处于平衡状态，电桥输出电压为零。当所测压力差 $\Delta p\neq0$ 时，$\delta_1\neq\delta_2$，则两个电感的磁阻不等，其阻抗不等，即 $Z_1\neq Z_2$。电桥输出电压的大小将反映被测压力差的大小。若在设计时保证在所测压力差范围内电感气隙的变化量很小，那么电桥的输出电压将与被测压力差成正比，电压的正、反相位将代表压力差的正、负。

应该注意的是，这种测量电路的传感器，其频率响应不仅取决于传感器本身的结构参数，还取决于电源振荡器的频率、滤波器及放大器的频带宽度。一般，电源振荡器的频率选择在 10～20 kHz。

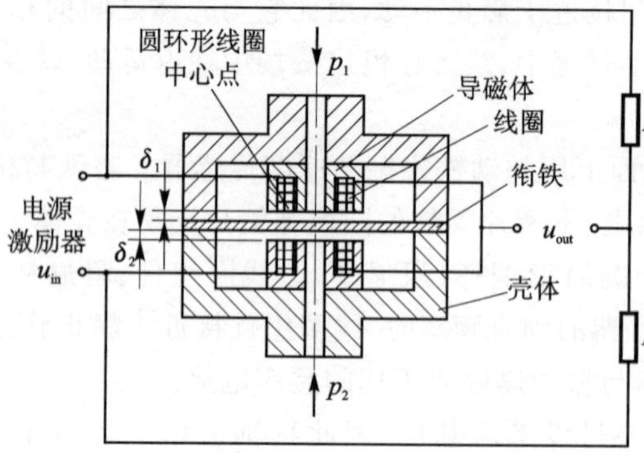


图 9.5.5 差动电感式压力传感器

## 9.5.6 力平衡伺服式加速度传感器

图 9.5.6(a)是一种力平衡伺服式加速度传感器。它由平膜片弹簧支承的质量块 $m$、位移传感器(即图中信号变换器)、放大器和产生反馈力的一对磁电力发生器组成。活动质量块实际上由力发生器的两个活动线圈构成。磁电力发生器由高稳定性永久磁铁和活动线圈组成;为了提高线性度,两个力发生器以推挽方式连接。活动线圈的非导磁性金属骨架在磁场中运动时,产生电涡流,从而产生阻尼力,因此它也是一个阻尼器。

当加速度沿敏感轴方向作用时,活动质量块偏离初始位置而产生相对位移。位移传感器检测位移并将其转换成交流电信号,电信号经放大并被解调成直流电压后,提供一定功率的电流传输至力发生器的活动线圈。位于磁路气隙中的载流线圈,受磁场作用而产生电磁力,去平衡被测加速度所产生的惯性力,而阻止活动质量块继续偏离。直至活动质量块到达与加速度相应的某一新的平衡位置,此时活动质量块停止运动,电磁力与惯性力相平衡。这时位移传感器的输出电信号在采样电阻 $R$ 上建立的电压降(输出电压 $U_{out}$),就反映出被测加速度的大小。显然,只有活动质量块新的静止位置与初始位置之间具有相对位移时,位移传感器才有信号输出,磁电力发生器才会产生反馈力,因此这个系统是有静差力平衡系统。

图 9.5.6(b)为系统结构框图。活动质量块与平膜片组成二阶振动系统。其传递函数为

$$W_y(s)=\frac{Y(s)}{F_a(s)}=\frac{1}{ms^2+cs+k_s} \tag{9.5.1}$$

式中 $m$——活动质量块的质量(kg);

$c$——系统的阻尼系数(N·s/m);

$k_s$——平膜片的刚度(N/m)。

位移传感器在小位移范围内是一个线性环节。设其传递系数为 $K_d$,输出电压为

$$U_d=K_dY \tag{9.5.2}$$

放大解调电路由于解调功能以及活动线圈具有一定电感,因而具有一定的惯性,所以这部分可作为一惯性环节。其传递函数为

$$W_A(s)=\frac{I(s)}{U_d(s)}=\frac{K_A}{T_As+1} \tag{9.5.3}$$

式中 $K_A$——放大解调电路的传递系数(A/V);

$T_A$——放大解调电路的时间常数(s)。

磁电力发生器是一个线性环节，所产生的反馈力(N)为

$$F_f = 2\pi BDWI = K_f I \tag{9.5.4}$$

式中　$K_f$——磁电力发生器的灵敏度(N/A)；

$B$——气隙的磁感应强度(T)；

$D,W$——活动线圈的平均直径(m)和匝数。

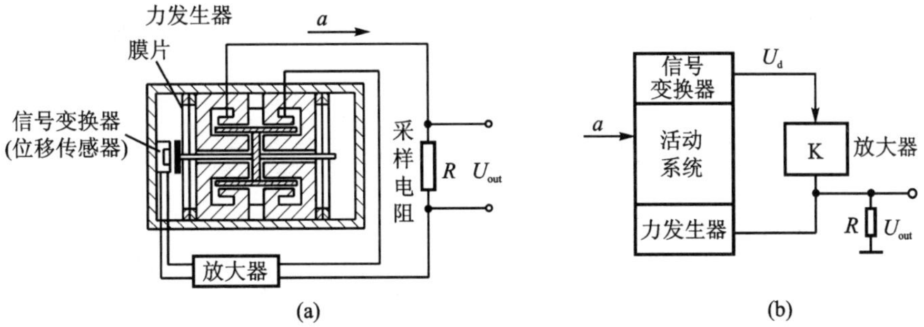


**图 9.5.6　力平衡伺服式加速度传感器**

根据系统的工作原理和各环节的传递函数，可给出系统的结构框图，如图 9.5.7 所示，并导出表征系统特性的几个传递函数。

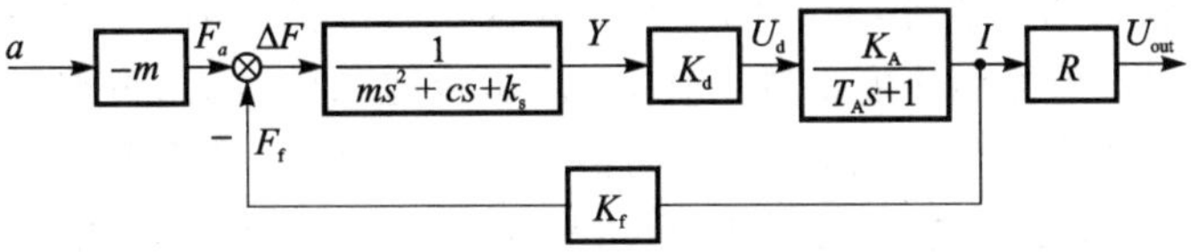


**图 9.5.7　力平衡伺服式加速度传感器的结构方框图**

1．输出电压与加速度的关系

传递函数为

$$W_U(s) = \frac{U_{out}(s)}{a(s)} = \frac{-mK_d K_A R}{(ms^2 + cs + k_s)(T_A s + 1) + K_d K_A K_f} \tag{9.5.5}$$

静态特性方程为

$$U_{out} = -\frac{mK_d K_A R}{k_s + K_d K_A K_f} a = -\frac{\dfrac{mK_d K_A R}{k_s}}{1 + \dfrac{K_d K_A K_f}{k_s}} \tag{9.5.6}$$

当满足条件 $K_d K_A K_f \gg k_s$ 时，有

$$U_{out} = -\frac{mR}{K_f} a \tag{9.5.7}$$

2．活动质量块相对位移 $y$ 与加速度的关系

$$W_y(s) = \frac{Y(s)}{a(s)} = -\frac{m(T_A s + 1)}{(ms^2 + cs + k_s)(T_A s + 1) + K_d K_A K_f} \tag{9.5.8}$$

静态特性方程为

$$y = -\frac{m}{k_s + K_d K_A K_f} a = -\frac{\dfrac{m}{k_s}}{1 + \dfrac{K_d K_A K_f}{k_s}} a \tag{9.5.9}$$

当满足条件 $K_d K_A K_f \gg k_s$ 时,有

$$y = -\frac{m}{K_d K_A K_f} a \tag{9.5.10}$$

3. 系统偏差 $\Delta F$ 与加速度的关系

$$W_F(s) = \frac{\Delta F(s)}{a(s)} = -\frac{m(ms^2 + cs + k_s)(T_A s + 1)}{(ms^2 + cs + k_s)(T_A s + 1) + K_d K_A K_f} \tag{9.5.11}$$

静态特性方程为

$$\Delta F = -\frac{mk_s}{k_s + K_d K_A K_f} a = -\frac{m}{1 + \frac{K_d K_A K_f}{k_s}} a \tag{9.5.12}$$

当满足条件 $K_d K_A K_f \gg k_s$ 时,则

$$\Delta F = -\frac{mk_s}{K_d K_A K_f} a \tag{9.5.13}$$

由上述分析可知:该传感器在闭环内静态传递系数很大的情况下,在静态测量或系统处于相对平衡状态时,其静态灵敏度只与闭环以外各串联环节的传递系数以及反馈支路的传递系数有关,因而要求它们具有较高的精度和稳定性;而与环内前馈支路各环节的传递系数无关。故除要求它们具有较大的数值外,对其他性能的要求则可降低。活动质量块的相对位移 $y$ 和系统力的偏差 $\Delta F$ 均与被测加速度 $a$ 成正比,且静态传递系数越大,位移和力的偏差越小;只有当静态传递系数为无穷大时,位移 $y$ 和力的偏差 $\Delta F$ 才为零。但位移为零时,将不会产生反馈力。因此,静态传递系数不能,也不会是无穷大的,在这种情况下,静态各环节传递系数的变化将会引起位移和力的偏差产生误差。

4. 系统的改进

在图 9.5.6 所示的传感器中,静态各环节传递系数的变化、有害加速度和摩擦力等外界干扰都会引起测量误差。为了减小静态误差,除要求系统具有较大的开环传递系数外,还要求支承弹簧刚度尽可能小。当弹簧刚度 $k_s=0$(例如采用无弹簧支承的全液浮式活动系统)时,传感器的基本特性将有很大变化,活动部分将变成一个惯性环节和一个积分环节相串联。其传递函数为

$$W_y(s) = \frac{Y(s)}{F_a(s)} = \frac{1}{(ms + c)s} \tag{9.5.14}$$

如果其他各环节仍保持与上述传感器相同,则该系统的结构框图如图 9.5.8 所示。

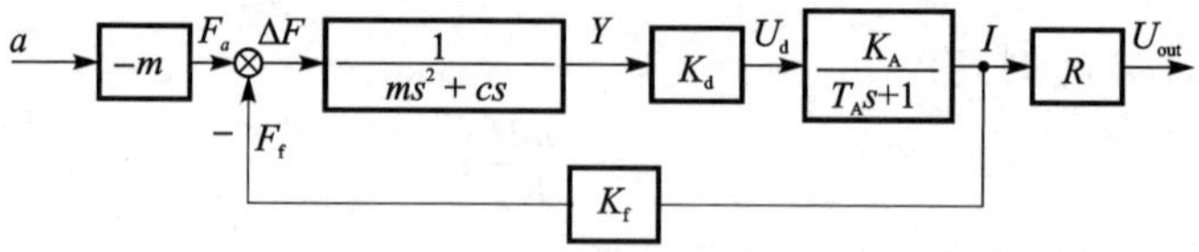


**图 9.5.8 改进的无静差伺服式加速度传感器结构框图**

系统输出电压与加速度的传递函数为

$$W_U(s) = \frac{U_{out}(s)}{a(s)} = -\frac{mK_d K_A R}{s(ms + c)(T_A s + 1) + K_d K_A K_f} \tag{9.5.15}$$

静态特性方程为

$$U_{out} = -\frac{mR}{K_f}a \tag{9.5.16}$$

活动质量块的相对位移 $y$ 与加速度 $a$ 的传递函数和静态特性方程为

$$W_y(s) = \frac{Y(s)}{a(s)} = -\frac{m(T_A s + 1)}{s(ms + c)(T_A s + 1) + K_d K_A K_f} \tag{9.5.17}$$

$$y = -\frac{m}{K_d K_A K_f}a \tag{9.5.18}$$

力的偏差 $\Delta F$ 与加速度 $a$ 的传递函数和静态特性方程为

$$W_F(s) = \frac{\Delta F(s)}{a(s)} = -\frac{ms(ms + c)(T_A s + 1)}{s(ms + c)(T_A s + 1) + K_d K_A K_f} \tag{9.5.19}$$

$$\Delta F = 0 \tag{9.5.20}$$

可以看出,这样的改进使传感器的静态偏差 $\Delta F$ 为零,与被测加速度无关。系统具有无静差特性的根本原因在于,闭环前馈支路中包括有积分环节。因此,如果在图 9.5.6 所示的传感器的闭环前馈支路内增设积分环节,就可构成无静差系统。

## 9.5.7　磁电式涡轮流量传感器

图 9.5.9 所示为目前航空机载上使用的燃油流量传感器,用于测量发动机的单位时间消耗的体积流量,也称燃油耗量传感器。该传感器线性特性输出,测量精度高,可达到 0.2 %以上;测量范围宽,可达 $Q_{V\max}/Q_{V\min}=10\sim30$;抗干扰能力强,适用于测量脉动流量,便于数字化和远距离传输;压力损失小。该传感器主要用于清洁液体或气体,受流体密度和粘度变化的影响较大。

1. 工作原理

涡轮流量传感器主要由三个部分组成:导流器、涡轮和磁电转换器。其原理结构如图 9.5.9所示。

流体从流量传感器入口经过导流器,使流束平行于轴线方向流入涡轮,推动螺旋形叶片的涡轮转动。磁电式转换器的脉冲数与流量成比例,所以涡轮流量传感器是一种速度式流量传感器。

2. 流量方程式

平行于涡轮轴线的流体平均流速 $v$,可分解为叶片的相对速度 $v_r$ 和叶片切向速度 $v_s$,如图 9.5.10 所示。切向速度(m/s)为

$$v_s = v\tan\theta \tag{9.5.21}$$

式中　$\theta$——叶片的螺旋角。

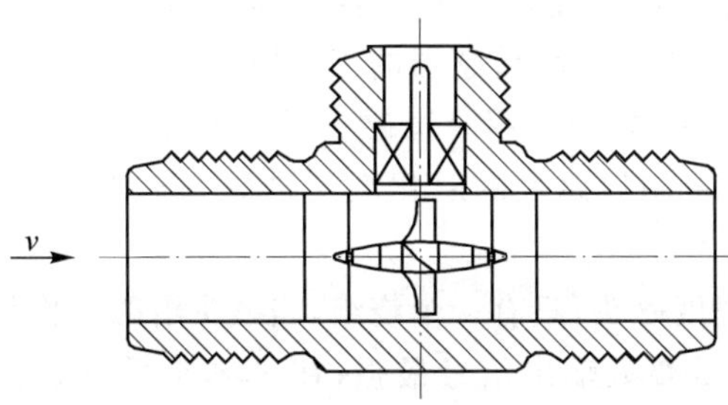


图 9.5.9　涡轮流量传感器的原理结构图

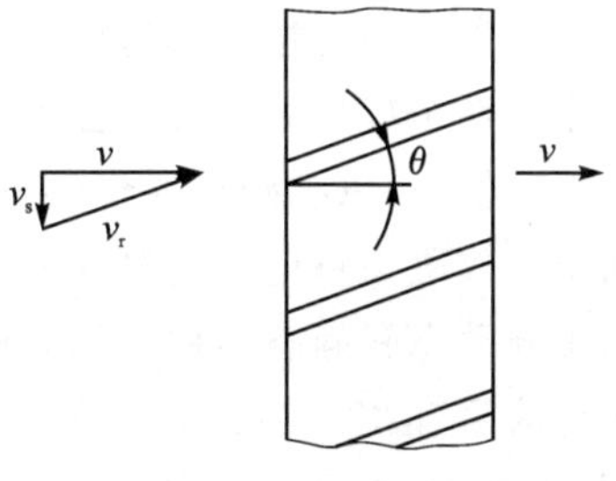


图 9.5.10　涡轮叶片分解

若忽略涡轮轴上的负载力矩,那么当涡轮稳定旋转时,叶片的切向速度(m/s)为

$$v_s = R\omega \tag{9.5.22}$$

则涡轮的转速(r/s)为

$$n = \frac{\omega}{2\pi} = \frac{\tan\theta}{2\pi R}v \tag{9.5.23}$$

式中 $R$——叶片的平均半径(m)。

由此可见在理想状态下,涡轮的转速 $n$ 与流速 $v$ 成比例。

磁电式转换器所产生的脉冲频率(Hz)为

$$f = nZ = \frac{Z\tan\theta}{2\pi R}v \tag{9.5.24}$$

式中 $Z$——涡轮的叶片数目。

流体的体积流量($m^3/s$)为

$$Q_V = \frac{2\pi RS}{Z\tan\theta}f = \frac{1}{\zeta_F}f \tag{9.5.25}$$

式中 $S$——涡轮的通道截面积($m^2$);

$\zeta_F$——流量转换系数,$\zeta_F = \dfrac{Z\tan\theta}{2\pi RS}$($m^{-3}$)。

由式(9.5.25)可见,对于一定结构的涡轮,流量转换系数是一个常数,因此流过涡轮的体积流量 $Q_V$ 与磁电转换器的脉冲频率 $f$ 成正比。但是由于涡轮轴承的摩擦力矩、磁电转换器的电磁力矩、流体和涡轮叶片间的摩擦阻力等因素的影响,在整个流量测量范围内流量转换系数不是常数。流量转换系数与体积流量间关系曲线示意图如图 9.5.11 所示。

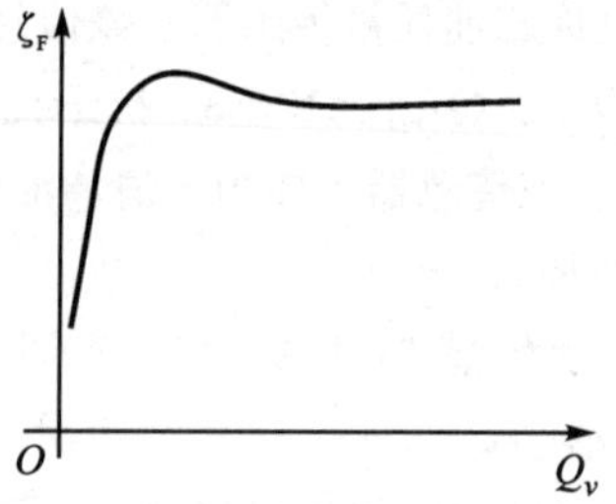


**图 9.5.11 流量转换系数与体积流量的关系曲线**

由图 9.5.11 可见,在小流量时,由于各种阻力力矩之和与叶轮的转矩相比较大,因此流量转换系数下降;在大流量时,由于叶轮的转矩大大超过各种阻力力矩之和,因此流量转换系数几乎保持常数。

## 9.5.8 磁栅式位移传感器

磁栅式位移传感器根据用途可分为长磁栅和圆磁栅位移传感器,分别用于测量线位移和角位移。这里以长磁栅位移传感器为例,介绍磁栅式位移传感器的工作原理。

在非磁性金属尺的平整表面上镀一层磁性薄膜材料,用录音磁头沿长度方向按一定波长记录一周期信号,以剩磁形式保留在磁尺上。录制后磁尺的磁化图形排成 NS,SN 状态。测量时利用重放磁头将记录信号还原。

磁头分动态和静态两种。动态磁头又称速度磁头,只有一个绕组,当磁头沿磁尺作相对运动时才有信号输出。输出为正弦波,在 N,N 重叠处输出信号最强,在 S,S 重叠处负信号最强,如图 9.5.12 所示。其中,图 9.5.12(a)为动态磁头读取信号波形,图 9.5.12(b)为磁头结构。

静态磁头又称磁通响应式磁头,有两个绕组,一个为励磁绕组,另一个为输出绕组,如

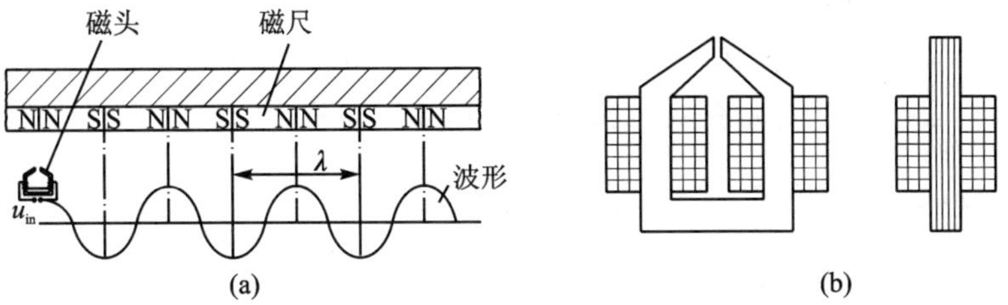


**图 9.5.12　动态磁头结构示意图**

图 9.5.13所示。在励磁绕组中输入高频励磁信号

$$u_{in} = U_m \sin \omega t \tag{9.5.26}$$

式中　$U_m$——励磁电压信号的幅值(V)；

$\omega$——励磁电压信号的角频率(rad/s)。

当磁头不动时,输出绕组输出一等幅的正弦信号。其频率仍为励磁电压的频率,而其幅值与磁头所处的位置有关。

当磁头运动时,幅值随磁尺上的剩磁影响而变化。由于剩磁形成的磁场强度按正弦规律变化,从而获取调制波。输出绕组的感应电动势(V)为

$$u_{out} = U_m \sin\left(2\pi \frac{x}{\lambda}\right)\cos \omega t \tag{9.5.27}$$

式中　$x$——磁头相对于磁尺的位移(m)；

$\lambda$——磁尺剩磁信号的波长(磁信号节距)(m)。

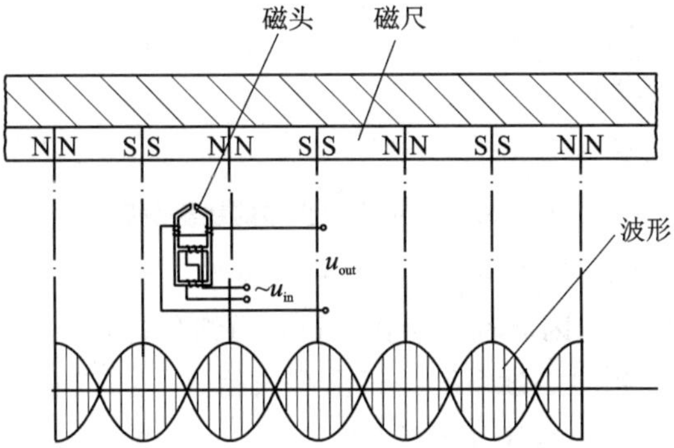


**图 9.5.13　静态磁头读取信号**

当用两个静态磁头,且间距为$(n\pm 0.25)\lambda$($n$ 为正整数),即两者空间相位差为 90°,如果两个磁头分别以 $u_{in,1}=U_m\sin \omega t$ 和 $u_{in,2}=U_m\cos \omega t$ 供给励磁线圈,两个磁头输出线圈的感应电动势(V)分别为

$$u_{out,1} = U_m \sin\left(2\pi \frac{x}{\lambda}\right)\cos \omega t \tag{9.5.28}$$

$$u_{out,2} = -U_m \cos\left(2\pi \frac{x}{\lambda}\right)\sin \omega t \tag{9.5.29}$$

将两个输出线圈差动连接,则输出电势为

$$u_{out} = u_{out,1} - u_{out,2} = U_m \sin\left(2\pi \frac{x}{\lambda} + \omega t\right) \tag{9.5.30}$$

将其送入到鉴相测量电路,可以解算出磁头在磁尺上移动的距离。

磁栅式位移传感器具有较高精度,可以达到±0.01 mm/m,分辨率为1～5 μm;但磁信号的均匀性、一致性及稳定性对磁栅式位移测量的精度影响较大。

## 9.5.9 感应同步器式位移传感器

1. 感应同步器的结构与分类

感应同步器分为两大类:测量直线位移的直线感应同步器和测量角位移的圆形感应同步器(也称为旋转式感应同步器)。它们都是由两片平面型印刷电路绕组构成。两片绕组以0.05～0.25 mm的间距相对平行安装,其中一片固定不动,另一片相对固定片作直线移动或转动。相应地分别称固定片和运动片为定尺和滑尺(对于直线感应同步器)或定子和转子(对于旋转式感应同步器)。定尺和转子上是连续绕组,滑尺和定子上交替排列着周期相等但相角相差90°的正弦和余弦两组断续绕组,如图9.5.14所示。

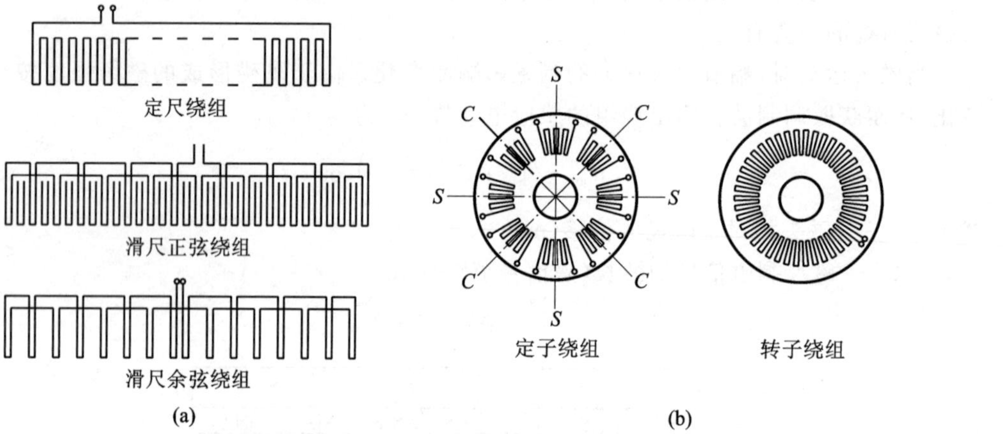


**图9.5.14 感应同步器的绕组图形**

直线感应同步器又分为标准型、窄型、带型和三重型。前三种的结构相同,只是几何参数不同。绕组节距 $d$ 均为2 mm,因此都只能在2 mm内细分;而对2 mm以上的距离则无法区别,只能用增量计数器建立相对坐标系统。三重型由粗、中、细三套绕组组成。它们的周期分别为4 000 mm,200 mm和2 mm,并分别按200 mm,2 mm和0.01 mm细分,建立了一套绝对测量坐标系统,可由输出信号辨别测量的绝对几何参数。

圆形感应同步器有直径为302 mm,178 mm,76 mm和50 mm四种,径向导线数(亦称为极数)有360,720,1 080和512。在极数相同的条件下,直径越大,精度越高。

2. 感应同步器的工作原理

感应同步器是利用电磁感应原理来测量位移的一种数字式传感器。以图9.5.15(a)所示的直线感应同步器为例介绍其工作原理。图中 $S$ 表示滑尺正弦绕组,$C$ 表示滑尺余弦绕组,两绕组在位置上相隔四分之三节距($0.75d$)。$S=1$ 代表绕组 $S$ 通有激磁电流,$C=0$ 代表绕组 $C$ 未通激磁电流,以图9.5.15(b)中(1)位置为坐标起点。

当正弦绕组 $S$ 通有激磁电流后,就在导体周围形成环形磁场,这个磁场也环绕定尺绕组,如图9.5.15(a)所示。当滑尺移动,环绕定尺绕组导体的磁场强度发生变化时,就在其上感应

出电势 $e$；当滑尺处于图 9.5.15(b)中(1)位置时，环绕定尺导体的磁场最强，定尺绕组的感应电势最高，$e=E_m$。滑尺向右移动，环绕定尺绕组的磁场逐渐减小，感应电势逐渐减小；当移动到 0.25$d$ 位置时，相邻两感应单元的空间磁通全部抵消，如图 9.5.15(b)中(2)所示。这时定尺绕组的感应电势 $e=0$。滑尺继续向右移动，感应电势由零变负；当移到 0.5$d$ 处时，即图 9.5.15(b)中(3)位置，感应电势达到负最大值，$e=-E_m$。此后，当滑尺继续向右移动时，感应电势逐渐升高，向正方向变化；当移到 0.75$d$ 时，感应电势 $e=0$。滑尺继续向右移动，感应电势由零变正；当滑尺移到 $d$ 时，感应电势又达到正最大值。这样，当滑尺移动时，定尺绕组就输出与位移成余弦关系的感应电势 $e$，如图 9.5.15(c)所示。如果在余弦绕组 $C$ 通有激磁电流后，则定尺绕组就输出以 0.75$d$ 为起始点的正弦感应电势。

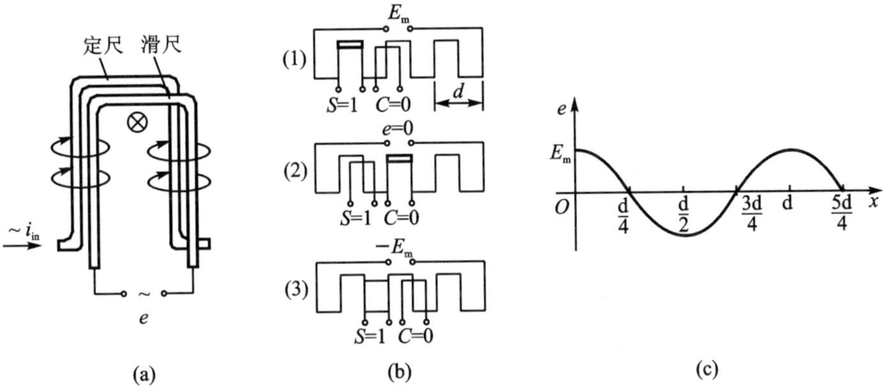


图 9.5.15　感应同步器的工作原理

基于上述分析，如果激磁电压为

$$u_{in}=U_m\sin\omega t \tag{9.5.31}$$

则激磁电压加在滑尺正弦绕组和滑尺余弦绕组上时，定尺绕组的输出感应电势(V)分别为

$$e_S=KU_m\cos\left(2\pi\frac{x}{d}\right)\cos\omega t \tag{9.5.32}$$

$$e_C=KU_m\sin\left(2\pi\frac{x}{d}\right)\cos\omega t \tag{9.5.33}$$

式中　$K$——电磁耦合系数；

$x$——滑尺与定尺之间的相对位移(mm)；

$d$——绕组节距(mm)；

$U_m$，$\omega$——激磁电压信号的幅值(V)和角频率(rad/s)。

由此可见，感应电势的大小取决于滑尺的位移，故可通过感应电势来测量位移。应当指出，绕组的起始点不同，感应电势空间位置相位角不同。可以根据需要进行设置。

3. 信号的处理方式和电路

感应同步器式传感器可采用两种激磁方式：一是由滑尺(或定子)激磁，由定尺(或转子)绕组取出感应电势；二是由定尺激磁，由滑尺绕组取出感应电势。在信号处理方面，感应同步器式传感器又分为鉴幅和鉴相型两类。

(1) 鉴幅型感应同步器电路

对于鉴幅型感应同步器电路，其滑尺上的正弦绕组和余弦绕组在位置上错开 0.25$d$，而且以频率和相位均相同但幅值不同的正弦电压分别加到正弦绕组和余弦绕组上,根据定尺绕组输出感应电势的振幅来鉴别位移的大小。

若加在正弦绕组 $S$ 和余弦绕组 $C$ 上的激磁电压分别为

$$u_S = U_S \sin \omega t$$
$$u_C = U_C \sin \omega t$$

它们在定尺绕组上所产生的感应电势分别为

$$e_S = KU_S \cos \left(2\pi \frac{x}{d}\right) \cos \omega t = KU_S \cos \theta_x \cos \omega t \tag{9.5.34}$$

$$e_C = -KU_C \sin \left(2\pi \frac{x}{d}\right) \cos \omega t = -KU_C \sin \theta_x \cos \omega t \tag{9.5.35}$$

式中 $\theta_x$——位置相位角(°),$\theta_x = 2\pi \frac{x}{d}$。

则定尺绕组输出的感应电势为

$$e = e_S + e_C = -K(U_C \sin \theta_x - U_S \cos \theta_x) \cos \omega t \tag{9.5.36}$$

若采用函数变压器,使激磁电压的幅值符合

$$\left.\begin{aligned} U_S &= U_m \sin \varphi \\ U_C &= U_m \cos \varphi \end{aligned}\right\} \tag{9.5.37}$$

将式(9.5.37)代入式(9.5.36),则

$$e = -KU_m \sin (\theta_x - \varphi) \cos \omega t = E_m \cos \omega t \tag{9.5.38}$$

$$E_m = -KU_m \sin (\theta_x - \varphi) \tag{9.5.39}$$

式中 $\varphi$——激磁电压的相角(°);

$E_m$——输出感应电势的幅值(V)。

由式(9.5.39)可知,定尺绕组的感应电势的幅值 $E_m$ 随位置相角 $\theta_x$(即随位移 $x$)而变化。初始时,使 $\theta_x = \varphi$,则 $E_m = 0$。当滑尺移动一微小的 $\Delta x$ 时,$\theta_x$ 将随之变化一微量 $\Delta\theta_x$。这时感应电势的幅值为

$$E_m = -KU_m \sin \Delta\theta_x \approx -KU_m \frac{2\pi}{d} \Delta x \tag{9.5.40}$$

可见,当滑尺位移较小时,感应电势的幅值 $E_m$ 与位移 $\Delta x$ 成正比,故可通过感应电势幅值来测量位移。

图 9.5.16 是鉴幅型感应同步器式传感器的一种结构框图。当滑尺由初始位置移动 $\Delta x$ 时,感应电势相位变化 $\Delta\theta_x$,使 $\Delta\theta_x = \theta_x - \varphi \neq 0$。当 $\Delta\theta_x$ 达到一定值时,即感应电势达到一定值时,门槛电路就发出指令脉冲,转换计数器开始计数并控制函数变压器,调节激磁电压幅值的相位 $\varphi$,使其跟踪 $\theta_x$。当 $\varphi = \theta_x$ 时,感应电势幅值又下降到门槛电平以下,并撤消指令脉冲,停止计数。故转换计数器的计数值与滑尺位移相对应,即代表位移的大小。

(2) 鉴相型感应同步器电路

对于鉴相型感应同步器电路,其滑尺上的正弦绕组和余弦绕组在位置上错开 0.25$d$,而且以频率和幅值均相同但相位相差 90°的交流电压分别加到正弦绕组和余弦绕组上,通过定尺绕组感应电势相位的变化来测量滑尺位移的大小。

若加在正弦绕组 $S$ 和余弦绕组 $C$ 上的激磁电压分别为

$$u_S = U_m \sin \omega t$$

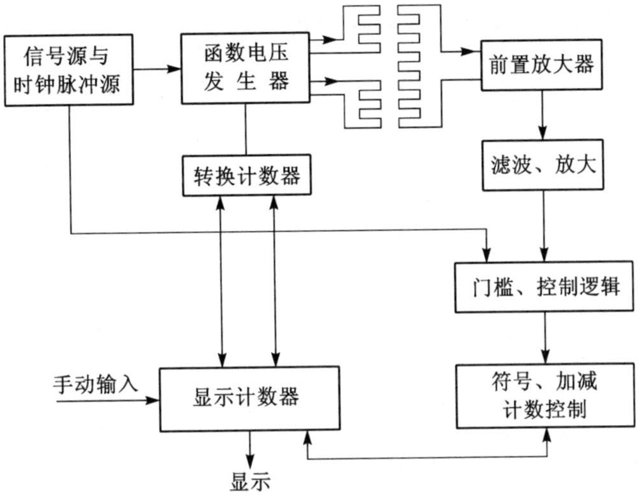


**图 9.5.16　鉴幅型感应同步器框图**

$$u_C = U_m \cos \omega t$$

它们在定尺绕组上所产生的感应电势分别为

$$e_S = -KU_m \sin\left(2\pi \frac{x}{d}\right)\cos \omega t = -E_m \sin \theta_x \cos \omega t$$

$$e_C = KU_m \cos\left(2\pi \frac{x}{d}\right)\sin \omega t = E_m \cos \theta_x \sin \omega t$$

则定尺绕组输出的感应电势为

$$e = e_S + e_C = E_m \sin(\omega t - \theta_x) \tag{9.5.41}$$

式中　$E_m$——定尺绕组感应电势幅值(V)，$E_m = KU_m$；

$\theta_x$——感应电势的相角(°)。

$$\theta_x = \frac{2\pi}{d}x \tag{9.5.42}$$

在一个节距 $d$ 内，感应电势的相角 $\theta_x$ 与位移 $x$ 呈线性关系；每经过一个节距，相角 $\theta_x$ 变化一个周期，故可通过相角来测量滑尺位移。

图 9.5.17 是一种鉴相型感应同步器系统的测量电路。它由位移/相位变换环节(功能是把位移转变成感应电势的相角)、模/数转换环节(功能是把代表位移的相角 $\theta_x$ 转变成脉冲数字量)和计数显示环节(功能是把已经数字化了的脉冲数累计和显示出来)组成。

绝对相位基准对时钟进行 $n$ 分频后，输出频率为 $f$ 的两路电压。其中一路再产生 90°的相移。两路电压分别加到感应同步器的正弦绕组和余弦绕组上。

相对相位基准实为一数/模转换器，由分频器和脉冲加减电路组成。它把时钟进行 $n$ 分频后输出频率为 $f$ 的方波，其相位为 $\theta_0$。定子绕组感应电势的相角 $\theta_x$ 与相角 $\theta_0$ 在鉴相器中进行比较后，输出两个信号：一是代表 $\Delta\theta_x = \theta_x - \theta_0$ 的脉宽信号，馈送到相差门槛；二是代表位移方向的信号 $F_x$。当 $\theta_0$ 滞后于 $\theta_x$ 时，$F_x$ 置“1”；当 $\theta_0$ 超前 $\theta_x$ 时，$F_x$ 置“0”。$F_x$ 控制脉冲加减电路，决定相对相位基准输入加或减脉冲，使输出波形产生相移，$\theta_0$ 跟踪感应电势相位 $\theta_x$。每输入一个脉冲，$\theta_0$ 变化 360°/$n$，即相应于一个脉冲当量的位移。接通电源后，由于相位跟踪作用，$\Delta\theta_x$ 小于一个脉冲当量，以此时滑尺位置为相对零点，并将计数器清零。此后当滑尺移动，

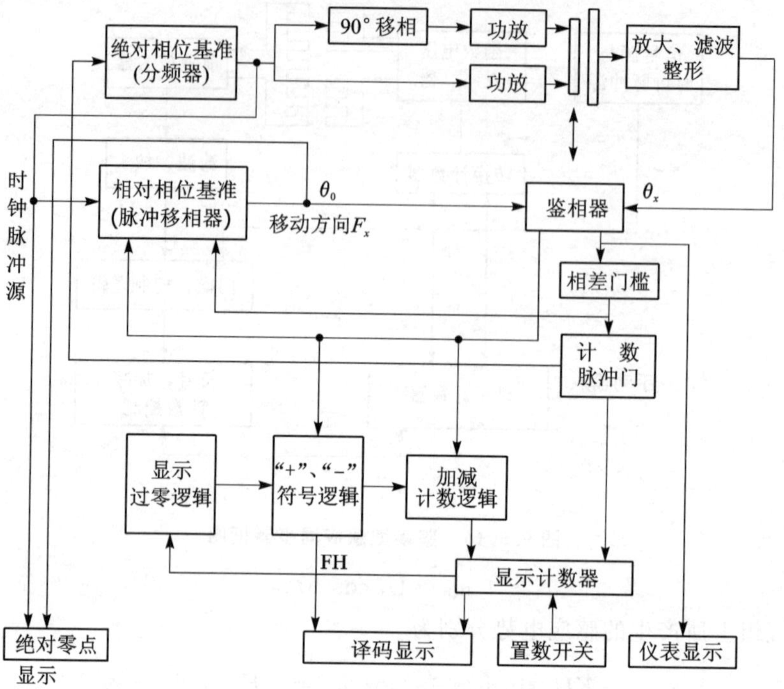


**图 9.5.17 鉴相型感应同步器电路框图**

而$\theta_x$变化时就产生相位差$\Delta\theta_x$。当$\Delta\theta_x$达到门槛电平时，相差门槛输出信号一方面与$F_x$信号相配合使相对相位基准输入相应的减或加脉冲，相位$\theta_0$跟踪$\theta_x$，直到$\Delta\theta_x$重新小于一个脉冲当量为止；另一方面，同时打开计数脉冲门，把相对相位基准的输入脉冲送到显示计数器进行累计。显然所计脉冲数就代表位移的大小。这就实现了对位移的模/数转换。

在显示环节中，显示过零电路的作用是当所有数字显示均为零时，输出为“1”。“+”、“-”号逻辑的功能是当滑尺作正向移动时，若显示过零，则显示“+”号；当滑尺作反向移动时，若显示过零，则显示“-”号。加减计数逻辑的作用是：当显示“+”号时，使计数器对正向运动作加计数，对反向运动作减计数；当显示“-”号时，对反向运动作加计数，对正向运动则作减计数。绝对零点显示的作用是当绝对相位基准与相对相位基准的相位相同时，使零点指示灯亮一下，表示滑尺已移动了一个节距。

# 思考题与习题

**9.1** 变磁路测量原理的特点是什么？

**9.2** 电感式敏感元件主要由哪几部分组成？电感式敏感元件主要有几种形式？

**9.3** 画出电感式敏感元件的等效电路，并进行简要说明。

**9.4** 说明简单电感式变换元件的基本工作原理及特点。

**9.5** 分析简单电感式变换元件的等效电路。

**9.6** 简要说明差动电感式变换元件的特点。

**9.7** 简述图 9.2.1(e)所示的差动变压器式变换元件的工作过程及应用特点。

**9.8**　建立图 9.2.1(b)的 E 型差动变压器式变换元件的输入输出关系。

**9.9**　图 9.1 为一简单电感式变换元件。有关参数示于图中，单位均为 mm；磁路取为中心磁路，不计漏磁。设铁芯及衔铁的相对导磁率为 $10^4$，空气的相对导磁率为 1，真空的磁导率为 $4\pi\times10^{-7}$ H/m，线圈匝数为 200。试计算气隙长度为 0 mm、1 mm 和 2 mm 时的电感量。

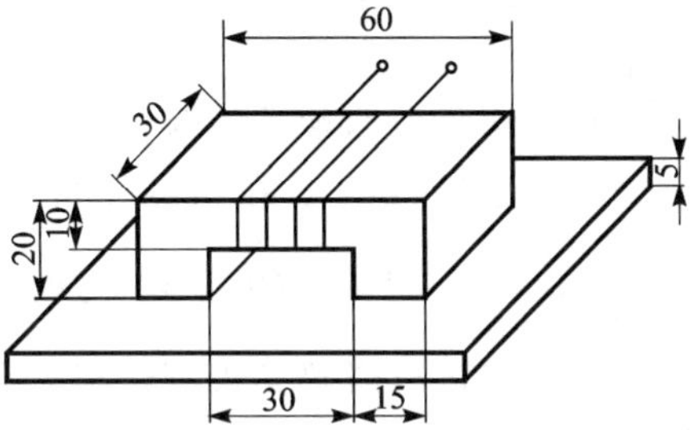


**图 9.1　一简单电感式变换元件结构参数示意图**

**9.10**　简述电涡流效应，并说明其可能的应用。

**9.11**　电涡流效应与哪些参数有关？电涡流式变换元件的主要特点有哪些？

**9.12**　分析电涡流效应的等效电路。

**9.13**　假设激磁电流的频率 $f_0=\frac{\omega_0}{2\pi}$ 足够高，试由式(9.3.6)证明式(9.3.7)。

**9.14**　简述电涡流式变换元件采用的调频信号转换电路的工作原理。

**9.15**　简述霍尔效应，并说明其可能的应用。

**9.16**　今有一种电涡流式位移传感器。其输出为频率，特性方程形式为 $f=e^{(bx+a)}+f_\infty$。已知其 $f_\infty=2.333$ MHz 及表 9.1 所列的一组标定数据。试求该传感器的工作特性方程及符合度（由最小二乘法，利用曲线化直线的拟合方法）。

**表 9.1　一电涡流式位移传感器的一组标定数据**

| 位移 $x$/mm | 0.3 | 0.5 | 1.0 | 1.5 | 2.0 | 3.0 | 4.0 | 5.0 | 6.0 |
|---|---|---|---|---|---|---|---|---|---|
| 输出 $f$/MHz | 2.523 | 2.502 | 2.461 | 2.432 | 2.410 | 2.380 | 2.362 | 2.351 | 2.343 |

**9.17**　简述图 9.5.1 所示的变磁阻式加速度传感器的工作原理。

**9.18**　给出一种电涡流式转速传感器的原理结构图，并说明其工作过程。

**9.19**　给出一种霍尔式转速传感器的原理结构图，并说明其工作过程。

**9.20**　简述图 9.5.5 所示的变磁阻式压力传感器的工作原理。

**9.21**　图 9.5.5 所示的变磁阻式压力传感器感受差压的弹性敏感元件是厚度为 $H$、半径为 $R$ 的圆形平膜片，线圈的匝数为 $W$。其中心轴到膜片中心轴的距离为 $R_0$，初始气隙为 $\delta_1=\delta_2=\delta_0$。当激磁电压为 $u_{in}=U_m\sin\omega t$ 时，试导出该传感器的输出信号 $u_{out}$ 的表达式。

**9.22**　简述图 9.5.6 所示的力平衡伺服式加速度传感器的工作原理。

**9.23**　简述磁电式涡轮流量计的工作机理。该传感器的关键部件是什么？

**9.24**　图 9.5.9 所示的磁电式涡轮流量计，从原理上考虑，用于记“脉冲数”的元件可以采用哪些敏感原理？

**9.25**　某电涡流式转速传感器用于测量在圆周方向开有 18 个均布小槽的转轴的转速。

当电涡流式传感器的输出为 $u_{out}=U_m\cos\left(2\pi\times900t+\frac{\pi}{5}\right)$时,试求该转轴的转速为每分钟多少转?若考虑10分钟测量过程中有±1个计数误差,那么上述实际状态下测量可能产生的转速误差为每分钟多少转?

**9.26** 简述磁栅式位移传感器的工作原理。

**9.27** 简述感应同步器测量位移的特点。

**9.28** 某感应同步器采用鉴相型测量电路解算被测位移。当定尺节距为0.5 mm,正弦绕组和余弦绕组上的激励电压分别为5sin 500$t$ V和5cos 500$t$ V时,定尺上的感应电动势为 $2.5\times10^{-2}\sin\left(500t+\frac{\pi}{5}\right)$V。试以式(9.5.41)、式(9.5.42)为模型,计算此时的位移。

**9.29** 某感应同步器采用鉴相型测量电路解算被测位移。当定尺节距为0.8 mm,正弦绕组和余弦绕组上的激磁电压分别为5sin 1 500$t$ V和5cos 1 500$t$ V时,定尺上的感应电动势为 $2\times10^{-2}\cos\left(1\,500t+\frac{\pi}{5}\right)$ V。试以式(9.5.41)、式(9.5.42)为模型,计算此时的位移。

# 第10章　压电式传感器

基本内容：

压电效应
石英晶体及其特性
石英压电谐振器的热敏感性
压电陶瓷及其特性
压电薄膜及其特性
压电元件的等效电路
电荷放大器与电压放大器
压电元件的并联与串联
压电式传感器的抗干扰
典型的压电式传感器

某些电介质，当沿一定方向对其施加外力导致材料发生变形时，其内部将发生极化现象，同时在其某些表面产生电荷；当外力去掉后，又重新回到不带电状态。这种将机械能转变成电能的现象称为“正压电效应”。反过来，在电介质极化方向施加电场，它会产生机械变形；当去掉外加电场时，电介质的变形随之消失。这种将电能转变成机械能的现象称为“逆压电效应”，又称“电致伸缩效应”。电介质的“正压电效应”与“逆压电效应”统称压电效应(piezoelectric effect)。目前，利用逆压电效应可以制成微小驱动器，甚至制成高频振动台。而从传感器输出可用电信号角度考虑，压电式传感器(piezoelectric transducer/sensor)重点讨论正压电效应。

具有压电特性的材料称为压电材料，可以分为天然的压电晶体材料和人工合成的压电材料。自然界中，压电晶体的种类很多，如石英、酒石酸钾钠、电气石、硫酸铵和硫酸锂等。其中，石英晶体是一种最具实用价值的天然压电晶体材料。人工合成的压电材料主要有压电陶瓷和压电膜。

## 10.1　石英晶体

### 10.1.1　石英晶体的压电机理

图10.1.1给出了右旋石英晶体的理想外形。它具有规则的几何形状。石英晶体有三个晶轴，如图10.1.2所示。其中$z$为光轴，它是利用光学方法确定的，没有压电特性；经过晶体的棱线，并垂直于光轴的$x$轴称为电轴；垂直于$zx$平面的$y$轴称为机械轴。

石英晶体的压电特性与其内部结构有关。为了直观了解其压电特性，将组成石英($SiO_2$)晶体的硅离子和氧离子排列在垂直于晶体$z$轴的$xy$平面上的投影，等效为图10.1.3(a)中的正六边形排列。图中“⊕”代表$Si^{4+}$，“⊖”代表$2O^{2-}$。

当石英晶体未受到外力作用时，$Si^{4+}$和$2O^{2-}$正好分布在正六边形的顶角上，形成三个大小相等、互成120°夹角的电偶极矩 $\boldsymbol{p}_1$，$\boldsymbol{p}_2$ 和 $\boldsymbol{p}_3$，如图10.1.3(a)所示。电偶极矩的大小为 $p=ql$。$q$ 为电荷量，$l$ 为正、负电荷之间的距离。电偶极矩的方向为由负电荷指向正电荷。此时正、负电荷中心重合，电偶极矩的矢量和等于零，即 $\boldsymbol{p}_1+\boldsymbol{p}_2+\boldsymbol{p}_3=0$。因此晶体表面不产生电荷，石英晶体从总体上说呈电中性。

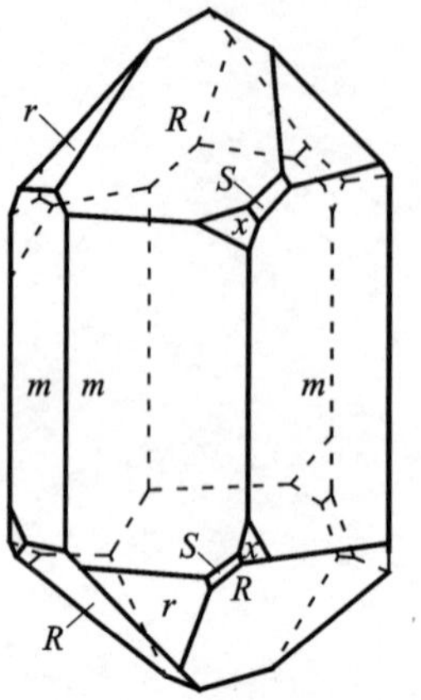


图10.1.1 石英晶体的理想外形

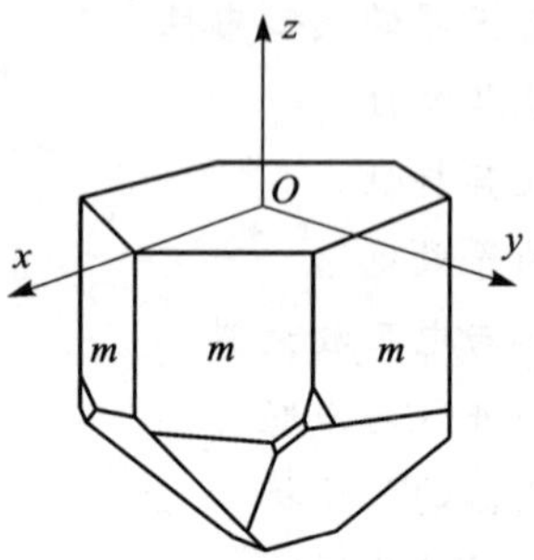


图10.1.2 石英晶体的直角坐标系

当石英晶体受到沿 $x$ 轴方向的压缩力作用时，如图10.1.3(b)所示，晶体沿 $x$ 轴方向产生压缩变形，正、负离子的相对位置随之变动，正、负电荷中心不再重合。电偶极矩在 $x$ 轴方向的分量为 $0<(\boldsymbol{p}_1+\boldsymbol{p}_2+\boldsymbol{p}_3)_x$，在 $x$ 轴的正方向的晶体表面上出现正电荷；而在 $y$ 轴和 $z$ 轴方向的分量均为零，即 $(\boldsymbol{p}_1+\boldsymbol{p}_2+\boldsymbol{p}_3)_y=0$，$(\boldsymbol{p}_1+\boldsymbol{p}_2+\boldsymbol{p}_3)_z=0$。在垂直于 $y$ 轴和 $z$ 轴的晶体表面上不出现电荷。这种沿 $x$ 轴方向施加作用力，而在垂直于此轴晶面上产生电荷的现象，称为“纵向压电效应”。

当石英晶体受到沿 $y$ 轴方向的压缩力作用时，如图10.1.3(c)所示，晶体沿 $x$ 轴方向产生拉伸变形，正、负离子的相对位置随之变动，正、负电荷中心不再重合。电偶极矩在 $x$ 轴方向的分量为 $(\boldsymbol{p}_1+\boldsymbol{p}_2+\boldsymbol{p}_3)_x<0$，在 $x$ 轴的正方向的晶体表面上出现负电荷；同样在 $y$ 轴和 $z$ 轴方向的分量均为零，在垂直于 $y$ 轴和 $z$ 轴的晶体表面上不出现电荷。这种沿 $y$ 轴方向施加作用力，而在垂直于 $x$ 轴晶面上产生电荷的现象，称为“横向压电效应”。

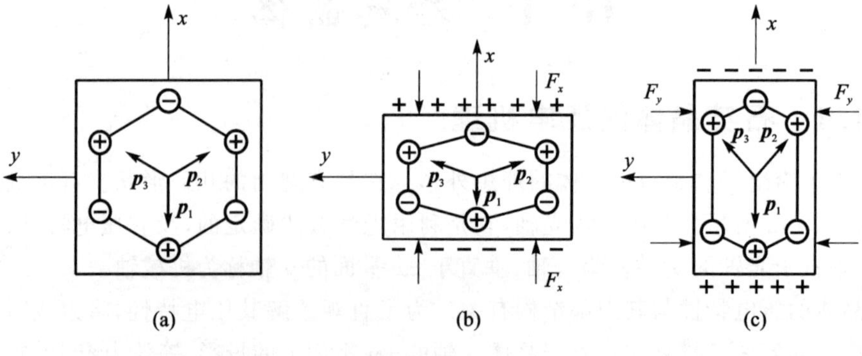


图10.1.3 石英晶体压电效应机理示意图

当石英晶体受到沿 $z$ 轴方向的力，无论是拉伸力还是压缩力，由于晶体在 $x$ 轴方向和 $y$ 轴方向的变形相同，正、负电荷的中心始终保持重合，电偶极矩在 $x$ 轴方向和 $y$ 轴方向的分量等于零，所以沿光轴方向施加作用力，石英晶体不会产生压电效应。

当作用力 $F_x$ 或 $F_y$ 的方向相反时，电荷的极性将随之改变。同时如果石英晶体的各个方向同时受到均等的作用力时(如液体压力)，石英晶体将保持电中性，即石英晶体没有体积变形的压电效应。

## 10.1.2　石英晶体的压电常数

从石英晶体上取出一片平行六面体，使其晶面分别平行于 $x,y,z$ 轴，晶片在 $x,y,z$ 轴向的几何参数分别为 $h,L,W$，如图 10.1.4 所示。

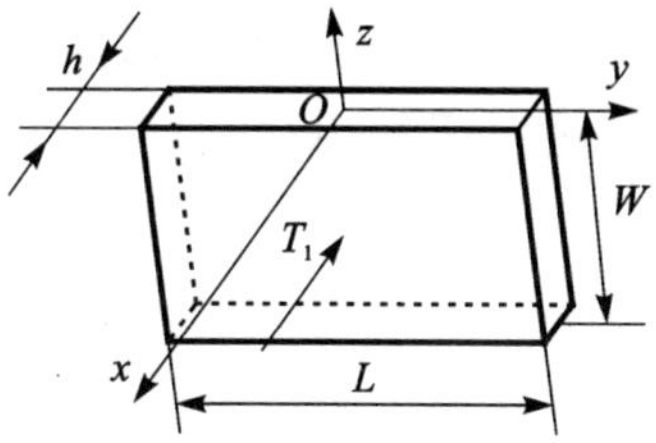


图 10.1.4　石英晶体平行六面体切片

1. 在垂直于 $x$ 轴表面上产生的电荷密度的计算

当晶片受到 $x$ 轴方向的压缩应力 $T_1$(N/m²)作用时，晶片将产生厚度变形，在垂直于 $x$ 轴表面上产生的电荷密度 $\sigma_{11}$(C/m²)与应力 $T_1$ 成正比，即

$$\sigma_{11} = d_{11} T_1 = d_{11} \frac{F_1}{LW} \tag{10.1.1}$$

式中　$d_{11}$——压电常数，$d_{11}=2.31\times10^{-12}$ C/N，表示晶片在 $x$ 方向承受正应力时，单位压缩正应力在垂直于 $x$ 轴的晶面上所产生的电荷密度；

$F_1$——沿晶轴 $x$ 方向施加的压缩力(N)，图中未给出。

由式(10.1.1)可得

$$q_{11} = \sigma_{11} LW = d_{11} F_1 \tag{10.1.2}$$

这表明：在上述情况下，当石英晶片的 $x$ 轴方向受到压缩应力时，在垂直于 $x$ 轴的晶面上所产生的电荷量 $q_{11}$ 正比于作用力 $F_1$，所产生的电荷极性如图 10.1.5(a)所示。当石英晶片在 $x$ 轴方向受到拉伸作用力时，在垂直于 $x$ 轴的晶面上将产生电荷，但极性与受压缩的情况相反，如图 10.1.5(b)所示。

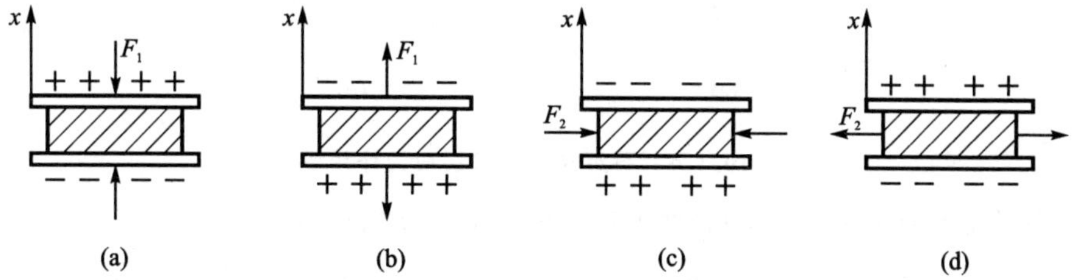


图 10.1.5　石英晶片厚度变形电荷生成机理示意图

当石英晶片受到 $y$ 方向的作用力 $F_2$ 时，同样在垂直于 $x$ 轴的晶面上产生电荷，电荷的极性如图 10.1.5(c)(受到压缩正应力)或 10.1.5(d)(受到拉伸正应力)所示。电荷密度 $\sigma_{12}$ 与所受到的作用力 $F_2$ 的关系为

$$\sigma_{12} = d_{12} T_2 = d_{12} \frac{F_2}{hW} \tag{10.1.3}$$

式中 $d_{12}$——晶体在 $y$ 方向承受机械应力时的压电常数(C/N),表示晶片在 $y$ 方向承受应力时,在垂直于 $x$ 轴的晶面上所产生的电荷密度;

$T_2$——沿晶轴 $y$ 方向施加的正应力($N/m^2$)。

由式(10.1.3)可得

$$q_{12} = \sigma_{12}LW = d_{12}\frac{F_2}{hW}LW = d_{12}\frac{LF_2}{h} \tag{10.1.4}$$

根据石英晶体的轴对称条件,有

$$d_{12} = -d_{11} \tag{10.1.5}$$

$$q_{12} = -d_{11}\frac{L}{h}F_2 \tag{10.1.6}$$

这表明:当沿机械轴方向对石英晶片施加作用力时,在垂直于 $x$ 轴的晶面上所产生的电荷量与晶片的几何参数有关。适当选择晶片的参数($h$,$L$)可以增加电荷量,提高灵敏度。

当晶体受到 $z$ 方向的应力 $T_3$ 时,无论是拉伸力还是压缩力,都不产生电荷,即

$$\sigma_{13} = d_{13}T_3 = 0 \tag{10.1.7}$$

$$d_{13} = 0 \tag{10.1.8}$$

当晶体受到剪切应力时(如图10.1.6所示),有如下结论:

$$\sigma_{14} = d_{14}T_4 \tag{10.1.9}$$

$$\sigma_{15} = d_{15}T_5 = 0 \tag{10.1.10}$$

$$\sigma_{16} = d_{16}T_6 = 0 \tag{10.1.11}$$

式中 $d_{14}$——压电常数(C/N),$d_{14}=0.73\times10^{-12}$ C/N,晶体在 $yz$ 面承受切应力时的压电常数;

$d_{15}$——压电常数(C/N),$d_{15}=0$,晶体在 $zx$ 面承受切应力时的压电常数;

$d_{16}$——压电常数(C/N),$d_{16}=0$,晶体在 $xy$ 面承受切应力时的压电常数;

$T_4$,$T_5$,$T_6$——在 $yz$,$zx$,$xy$ 面的切应力,相当于绕 $x$,$y$,$z$ 轴的转矩的作用。

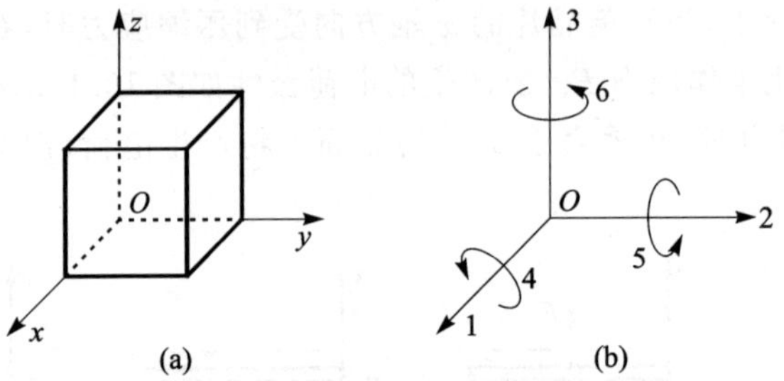


**图10.1.6 石英晶体的剪切应力作用图**

综上,石英晶片在垂直于 $x$ 轴表面上产生的电荷密度的计算公式为

$$\sigma_1 = \sigma_{11} + \sigma_{12} + \sigma_{13} + \sigma_{14} + \sigma_{15} + \sigma_{16} = d_{11}T_1 + d_{12}T_2 + d_{14}T_4 = d_{11}T_1 - d_{11}T_2 + d_{14}T_4 \tag{10.1.12}$$

2. 在垂直于 $y$ 轴的表面上产生的电荷密度的计算

类似地,石英晶体在垂直于 $y$ 轴的表面上产生的电荷密度为

$$\sigma_2 = d_{25}T_5 + d_{26}T_6 = -d_{14}T_5 - 2d_{11}T_6 \tag{10.1.13}$$

即在垂直于 $y$ 轴的晶面上,只有切应力 $T_5$,$T_6$ 的作用才产生电荷,且有

$$d_{25} = -d_{14} \tag{10.1.14}$$

$$d_{26} = -2d_{11} \tag{10.1.15}$$

3. 在垂直于 $z$ 轴的表面上产生的电荷密度的计算

石英晶体在垂直于 $z$ 轴的表面上产生的电荷密度为

$$\sigma_3 = 0 \tag{10.1.16}$$

即在垂直于 $z$ 轴的晶体表面上，没有压电效应。

4. 石英晶体的综合压电效应

综合式(10.1.12)～(10.1.16)，可以得到石英晶体的正压电效应为

$$\begin{bmatrix} \sigma_1 \\ \sigma_2 \\ \sigma_3 \end{bmatrix} = \begin{bmatrix} d_{11} & -d_{11} & 0 & d_{14} & 0 & 0 \\ 0 & 0 & 0 & 0 & -d_{14} & -2d_{11} \\ 0 & 0 & 0 & 0 & 0 & 0 \end{bmatrix} \begin{bmatrix} T_1 \\ T_2 \\ T_3 \\ T_4 \\ T_5 \\ T_6 \end{bmatrix} \tag{10.1.17}$$

石英晶体只有两个独立的压电常数，即

$$d_{11} = \pm 2.31 \times 10^{-12}\ \text{C/N}$$
$$d_{14} = \pm 0.73 \times 10^{-12}\ \text{C/N}$$

根据有关标准规定：左旋石英晶体的 $d_{11}$，$d_{14}$取正号；右旋石英晶体的 $d_{11}$，$d_{14}$取负号。

基于上述分析，对于石英晶体来说：选择恰当的石英晶片的形状（又称晶片的切型）、受力状态和变形方式很重要，它们直接影响着石英晶体元件机电能量转换的效率。

5. 石英晶体应用中的基本变形方式

通过上述分析可知：石英晶体压电元件承受机械应力作用时，有四种基本变形方式可将机械能转换为电能，即

① 厚度变形。通过 $d_{11}$产生 $x$ 方向的纵向压电效应。

② 长度变形。通过 $d_{12}$($-d_{11}$)产生 $y$ 方向的横向压电效应。

③ 面剪切变形。晶体受剪切力的面与产生电荷的面相同。例如：对于 $x$ 切晶片，当在垂直于 $x$ 面上作用有剪切应力时，通过 $d_{14}$ 在该表面上将产生电荷；对于 $y$ 切晶片，通过 $d_{25}$($-d_{14}$)可在 $y$ 面上产生剪切式能量转换。

④ 厚度剪切变形。晶体受剪切力的面与产生电荷的面不共面。例如：对于 $y$ 切晶片，当在垂直于 $z$ 面上作用有剪切应力时，通过 $d_{26}$($-2d_{11}$)可在垂直于 $y$ 面上产生电荷。

## 10.1.3　石英晶体几何切型的分类

石英晶体是各向异性材料，在 $Oxyz$ 直角坐标系中，沿不同方位进行切割，可以得到不同的几何切型。它主要分为两大切族：X 切族和 Y 切族，如图 10.1.7 所示。

X 切族是以厚度方向平行于晶体 $x$ 轴、长度方向平行于 $y$ 轴以及宽度方向平行于 $z$ 轴这一原始位置旋转出来的各种不同的几何切型。

Y 切族是以厚度方向平行于晶体 $y$ 轴、长度方向平行于 $x$ 轴以及宽度方向平行于 $z$ 轴这一原始位置旋转出来的各种不同的几何切型。

## 10.1.4　石英晶体的性能

石英晶体是一种性能优良的压电晶体。它不需要人工极化处理，没有热释电效应，介电常

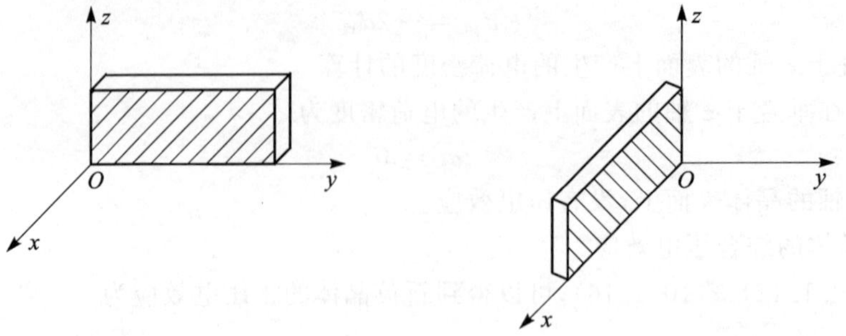


(a) (b)

图 10.1.7 石英晶体的切族

数和压电常数的温度稳定性非常好。在 20～200 ℃范围内,温度每升高 1 ℃,压电常数仅减少 0.016 %;温度上升到 400 ℃时,压电常数 $d_{11}$ 也仅减小 5 %;当温度上升到 500 ℃时,$d_{11}$ 急剧下降;当温度达到 573 ℃时,石英晶体失去压电特性,这时的温度称为居里温度点。

石英晶体的压电特性非常稳定,但比较弱;它的温度特性和长期稳定性非常好。此外,石英晶体材料的固有频率高,动态响应好,机械强度高,绝缘性能好,迟滞小,重复性好。

## 10.1.5 石英压电谐振器的热敏感性

通常把压电谐振器的谐振频率与温度的关系称为热敏感性。石英压电谐振器的热敏感性习惯上用热灵敏系数 $C_t$ 作定量评价。热灵敏系数 $C_t$ 在数量上等于某一确定温度(一般取为 $t_0=25$ ℃)下频率对温度的导数,即

$$C_t = \left.\frac{\partial f}{\partial t}\right|_{t=t_0} \tag{10.1.18}$$

在考虑各种不同工作频率谐振器的热敏感性时,可采用如式(10.1.19)定义的频率温度系数进行比较,即

$$T_f = \frac{C_t}{f} = \left.\frac{1}{f}\frac{\partial f}{\partial t}\right|_{t=t_0} \tag{10.1.19}$$

谐振器的频率与温度关系称为温度-频率特性。实验表明:石英谐振器的温度-频率特性是一条直线或二、三次抛物线。在 −200～200 ℃温度范围内,温度-频率特性可表示为

$$f(t) = f_0\left[1 + \sum_{n=1}^{3} \left.\frac{1}{n!f_0}\frac{\partial^n f}{\partial t^n}\right|_{t=t_0}(t-t_0)^n\right] \tag{10.1.20}$$

式中 $f_0$——温度为 $t_0$ 时的谐振频率(Hz)。

式(10.1.20)具有足够的实用精度。

系数 $\left.\frac{1}{n!f_0}\frac{\partial^n f}{\partial t^n}\right|_{t=t_0} \overset{\text{def}}{=\!=} T_f^{(n)}$,称为 $n$ 阶频率温度系数。前三阶频率温度系数分别为

$$T_f^{(1)} = \left.\frac{1}{f_0}\frac{\partial f}{\partial t}\right|_{t=t_0} \tag{10.1.21}$$

$$T_f^{(2)} = \left.\frac{1}{2f_0}\frac{\partial^2 f}{\partial t^2}\right|_{t=t_0} \tag{10.1.22}$$

$$T_f^{(3)} = \left.\frac{1}{6f_0}\frac{\partial^3 f}{\partial t^3}\right|_{t=t_0} \tag{10.1.23}$$

结合式(10.1.21)～(10.1.23)，式(10.1.20)可以表述为

$$f(t)=f_0\left[1+\sum_{n=1}^{3}T_f^{(n)}(t-t_0)^n\right]=$$
$$f_0[1+T_f^{(1)}(t-t_0)+T_f^{(2)}(t-t_0)^2+T_f^{(3)}(t-t_0)^3] \tag{10.1.24}$$

由于石英晶体材料的各向异性，其温度系数与压电元件的取向以及采用的振动模态密切相关。对于非敏感温度的压电石英元件，应当选择适当的切型和工作模式，以降低其频率温度系数；而对于敏感温度的压电石英传感器而言，却要选择恰当的频率温度系数。

# 10.2　压电陶瓷

## 10.2.1　压电陶瓷的压电机理

压电陶瓷是人工合成的多晶压电材料。它由无数细微的电畴组成。这些电畴实际上是自发极化的小区域。自发极化的方向是任意排列的，如图 10.2.1(a)所示。无外电场作用时，从整体上看，这些电畴的极化效应被相互抵消了，使原始的压电陶瓷呈电中性，不具有压电性质。

为了使压电陶瓷具有压电效应，必须进行极化处理。所谓极化处理，就是在一定温度下对压电陶瓷施加强电场(例如 20～30 kV/cm 的直流电场)，经过 2～3 h 以后，压电陶瓷就具备了压电性能。这是因为陶瓷内部的电畴的极化方向在外电场作用下都趋向于电场的方向，如图 10.2.1(b)所示。这个方向就是压电陶瓷的极化方向。

经过极化处理的压电陶瓷，外电场去掉后，其内部仍存在着很强的剩余极化强度。当压电陶瓷受到外力作用时，电畴的界限发生移动，因此剩余极化强度将发生变化，压电陶瓷就呈现出压电效应。

(a)

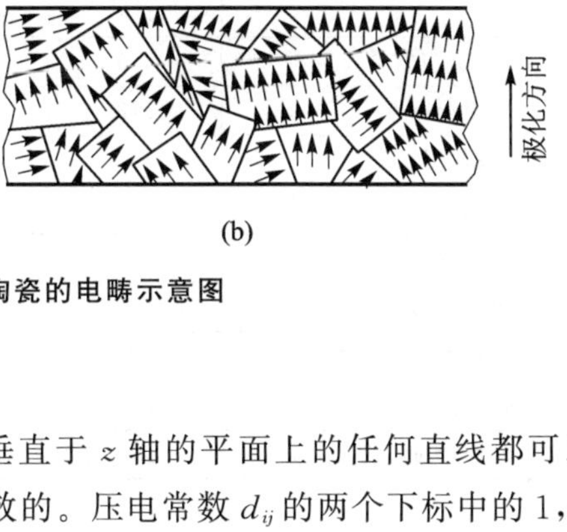

(b)

图 10.2.1　压电陶瓷的电畴示意图

## 10.2.2　压电陶瓷的压电常数

压电陶瓷的极化方向通常取 $z$ 轴方向，在垂直于 $z$ 轴的平面上的任何直线都可以取作 $x$ 轴或 $y$ 轴。对于 $x$ 轴和 $y$ 轴，其压电特性是等效的。压电常数 $d_{ij}$ 的两个下标中的 1,2 可以互换，4,5 可以互换。根据实验研究，压电陶瓷通常有三个独立的压电常数，即 $d_{33}$，$d_{31}$ 和 $d_{15}$。例如，钛酸钡压电陶瓷的压电常数矩阵为

$$\boldsymbol{D}_P=\begin{bmatrix}0&0&0&0&d_{15}&0\\0&0&0&-d_{15}&0&0\\d_{31}&d_{31}&d_{33}&0&0&0\end{bmatrix} \tag{10.2.1}$$

$$d_{33}=190\times10^{-12}\ \mathrm{C/N}$$
$$d_{31}=-0.41d_{33}=-78\times10^{-12}\ \mathrm{C/N}$$

$$d_{15} = 250 \times 10^{-12}\ \mathrm{C/N}$$

由式(10.2.1)可知:钛酸钡压电陶瓷除了可以利用厚度变形、长度变形和剪切变形以外,还可以利用体积变形获得压电效应。

### 10.2.3 常用压电陶瓷

1. 钛酸钡压电陶瓷

钛酸钡的压电常数 $d_{33}$ 是石英晶体的压电常数 $d_{11}$ 的几十倍,介电常数和体电阻率也都比较高;但温度稳定性、长期稳定性以及机械强度都不如石英晶体,而且工作温度比较低,居里温度点为 115 ℃,最高使用温度只有 80 ℃左右。

2. 锆钛酸铅压电陶瓷

锆钛酸铅压电陶瓷(PZT)是由锆酸铅和钛酸铅组成的固溶体。它具有很高的介电常数,各项机电参数随温度和时间等外界因素的变化较小。根据不同的用途对压电性能提出的不同要求,在锆钛酸铅材料中再添加一种或两种微量的其他元素,如铌(Nb)、锑(Sb)、锡(Sn)、锰(Mn)、钨(W)等,可以获得不同性能的 PZT 压电陶瓷,参见表 10.2.1(表中同时列出了石英晶体材料有关性能参数)。PZT 的居里点温度比钛酸钡要高,其最高使用温度可达 250 ℃左右。由于 PZT 的压电性能和温度稳定性等方面均优于钛酸钡压电陶瓷,故它是目前应用最普遍的一种压电陶瓷材料。

**表 10.2.1 常用压电材料的性能参数**

| 参 数 | 石 英 | 钛酸钡 | 锆钛酸铅 PZT-4 | 锆钛酸铅 PZT-5 | 锆钛酸铅 PZT-8 |
|---|---|---|---|---|---|
| 压电常数,PC/N | $d_{11}=2.31$<br>$d_{14}=0.73$ | $d_{33}=190$<br>$d_{31}=-78$<br>$d_{15}=250$ | $d_{33}=200$<br>$d_{31}=-100$<br>$d_{15}=410$ | $d_{33}=415$<br>$d_{31}=-185$<br>$d_{15}=670$ | $d_{33}=200$<br>$d_{31}=-90$<br>$d_{15}=410$ |
| 相对介电常数,$\varepsilon_r$ | 4.5 | 1 200 | 1 050 | 2 100 | 1 000 |
| 居里温度点/℃ | 573 | 115 | 310 | 260 | 300 |
| 最高使用温度/℃ | 550 | 80 | 250 | 250 | 250 |
| $10^{-3}$ · 密度/(kg · $m^{-3}$) | 2.65 | 5.5 | 7.45 | 7.5 | 7.45 |
| $10^{-9}$ · 弹性模量/Pa | 80 | 110 | 83.3 | 117 | 123 |
| 机械品质因数 | $10^5$～$10^6$ | | 500≤ | 80 | 800≤ |
| $10^{-6}$ · 最大安全应力/Pa | 95～100 | 81 | 76 | 76 | 83 |
| 体积电阻率/(Ω · m) | $10^{12}$< | $10^{10*}$ | $10^{10}$< | $10^{11*}$ | |
| 最高允许相对湿度/(%) | 100 | 100 | 100 | 100 | |

* 在 25 ℃下。

## 10.3 聚偏二氟乙烯

聚偏二氟乙烯(PVF2)是一种高分子半晶态聚合物。根据使用要求,可将 PVF2 原材料制成薄膜、厚膜和管状等。

PVF2 压电薄膜具有较高的电压灵敏度,比 PZT 大 17 倍。它的动态品质非常好,在 $10^{-5}$ Hz～500 MHz 频率范围内具有平坦的响应特性,特别适合利用正压电效应输出电信号。

此外，它还具有机械强度高、柔软、不脆、耐冲击、易于加工成大面积元件和阵列元件以及价格便宜等优点。

PVF2 压电薄膜在拉伸方向的压电常数最大($d_{31}=20\times10^{-12}$ C/N)，而垂直于拉伸方向的压电常数 $d_{32}$ 最小($d_{32}\approx0.2d_{31}$)。因此在测量小于 1 MHz 的动态量时，大多利用 PVF2 压电薄膜受拉伸或弯曲产生的横向压电效应。

PVF2 压电薄膜最早应用于电声器件中，近来在超声和水声探测方面的应用发展很快。它的声阻抗与水的声阻抗非常接近，两者具有良好的声学匹配关系。PVF2 压电薄膜在水中是一种透明的材料，可以用超声回波法直接检测信号；在测量加速度和动态压力方面也有所应用。

# 10.4　压电换能元件的等效电路

当压电换能元件受到外力作用时，会在压电元件一定方向的两个表面(即电极面)上产生电荷：在一个表面上聚集正电荷；在另一个表面上聚集负电荷。因此可以把用作正压电效应的压电换能元件看作一个电荷发生器。显然，当压电元件的两个表面聚集电荷时，相当于一个电容器。其电容量为

$$C_a=\frac{\varepsilon S}{\delta}=\frac{\varepsilon_r\varepsilon_0 S}{\delta} \tag{10.4.1}$$

式中　$C_a$——压电元件的电容量(F)；

$S$——压电元件电极面的面积($m^2$)；

$\delta$——压电元件的厚度(m)；

$\varepsilon$——极板间的介电常数(F/m)；

$\varepsilon_0$——真空中的介电常数(F/m)；

$\varepsilon_r$——极板间的相对介电常数，$\varepsilon_r=\varepsilon/\varepsilon_0$。

图 10.4.1(a)为考虑直流漏电阻(又称体电阻)时的等效电路，正常使用时 $R_p$ 很大，可以忽略。因此可以把压电换能元件理想地等效于一个电荷源与一个电容相并联的电荷等效电路，如图 10.4.1(b)所示。

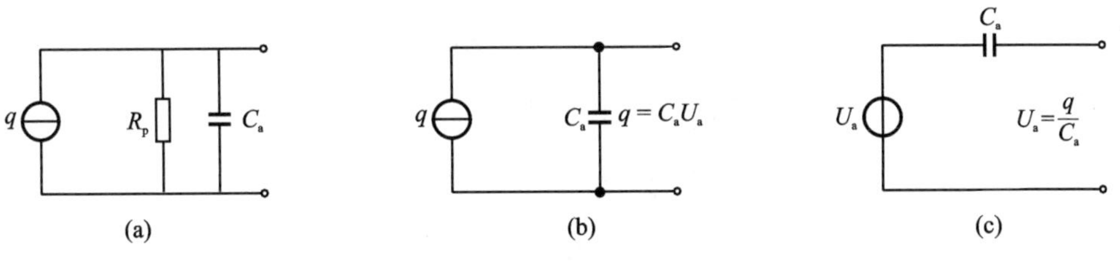


**图 10.4.1　压电换能元件的等效电路**

由于电容上的开路电压 $u_a$、电荷量 $q$ 与电容 $C_a$ 三者之间存在着以下关系，即

$$u_a=\frac{q}{C_a} \tag{10.4.2}$$

所以压电换能元件又可以等效于一个电压源和一个串联电容表示的电压等效电路，如图 10.4.1(c)所示。

特别指出：从工作机理上说，压电换能元件受到外界作用后直接转换出的是“电荷量”，而

非“电压量”。这一点在实用中必须注意。

# 10.5 压电换能元件的信号转换电路

## 10.5.1 电荷放大器与电压放大器

基于上述对压电换能元件等效电路的分析，这里介绍一种实用的信号转换电路——电荷放大器。其设计思路充分考虑了压电换能元件相当于一个“电容器”，所产生的直接输出量是电荷量，而且压电元件的等效电容的电容量非常小，等效于一个高阻抗输出的元件，因此易受到引线等的干扰影响。电荷放大电路图如图10.5.1所示。

考虑到实际应用情况，压电换能元件的等效电容为

$$C = C_a + \Delta C \tag{10.5.1}$$

式中 $C_a$——压电元件的电容量(F)；

$\Delta C$——总的干扰电容(F)。

由图10.5.1可得

$$u_{in} = \frac{q}{C} \tag{10.5.2}$$

$$Z_{in} = \frac{1}{sC} \tag{10.5.3}$$

根据运算放大器的特性，可以得出

$$u_{out} = -\frac{Z_f}{Z_{in}} u_{in} = -\frac{Z_f}{\frac{1}{sC}} u_{in} = -(Z_f C u_{in}) s = -(Z_f q) s \tag{10.5.4}$$

其中 $Z_f$ 是反馈阻抗，如果反馈只是一个电容 $C_f$，即

$$Z_f = \frac{1}{sC_f} \tag{10.5.5}$$

由式(10.5.4)和式(10.5.5)得

$$u_{out} = -Z_f q s = -\frac{1}{sC_f} \cdot qs = \frac{-q}{C_f} \tag{10.5.6}$$

如果反馈是一个电容 $C_f$ 与一个电阻 $R_f$ 的并联，即

$$Z_f = \frac{\frac{1}{sC_f} \cdot R_f}{\frac{1}{sC_f} + R_f} = \frac{R_f}{1 + R_f C_f s} \tag{10.5.7}$$

由式(10.5.4)和式(10.5.7)得

$$u_{out} = -Z_f q s = -\frac{R_f q s}{1 + R_f C_f s} \tag{10.5.8}$$

由式(10.5.4)，式(10.5.6)或式(10.5.8)可知：电荷放大器的输出只与压电换能元件产生的电荷不变量和反馈阻抗有关，而与等效电容(包括干扰电容)无关。这就是采用电荷放大器的主要优点。

压电换能元件的信号转换电路除了采用电荷放大器外，还可以采用电压放大器，如

图 10.5.2所示。图中 $C_a$,$R_a$ 分别为压电元件的电容量和绝缘电阻;$C_c$,$C_{in}$ 分别为电缆电容和前置放大器的输入电容;$R_{in}$ 为前置放大器的输入电阻。可见这种电路容易受到电缆干扰电容的影响。

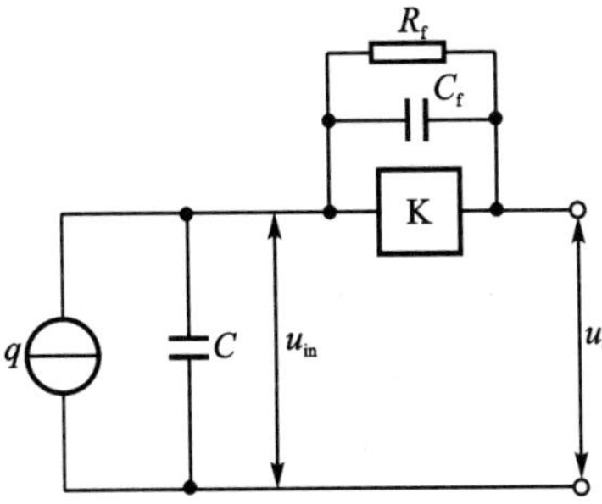


图 10.5.1　电荷放大器

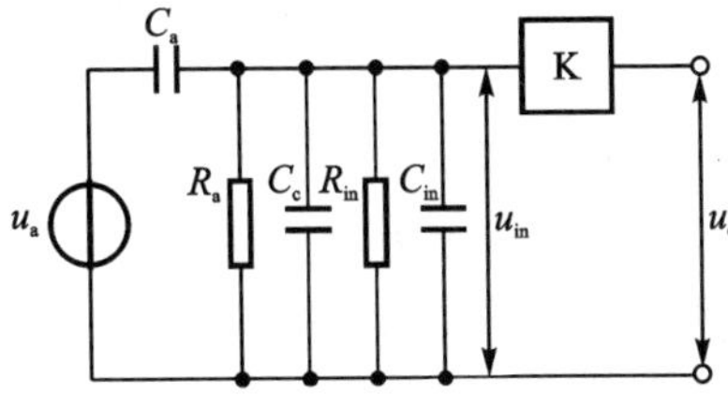


图 10.5.2　电压放大器

## 10.5.2　压电元件的并联与串联

为了提高灵敏度,可以把两片压电元件重叠放置并按并联(对应于电荷放大器)或串联(对应于电压放大器)方式连接,如图 10.5.3 所示。对于并联结构(见图 10.5.3(a)),两个压电元件共用一个负电极,负电荷全都集中在该极上,而正电荷分别集中在两边的两个正电极上。故输出电荷 $q_p$、电容 $C_{ap}$都是单片的 2 倍,而输出电压 $u_{ap}$与单片相同,即

$$\left.\begin{aligned} q_p &= 2q \\ C_{ap} &= 2C_a \\ u_{ap} &= u_a \end{aligned}\right\} \tag{10.5.9}$$

因此,当采用电荷放大器转换压电元件上的输出电荷 $q_p$ 时,并联方式可以提高传感器的灵敏度。

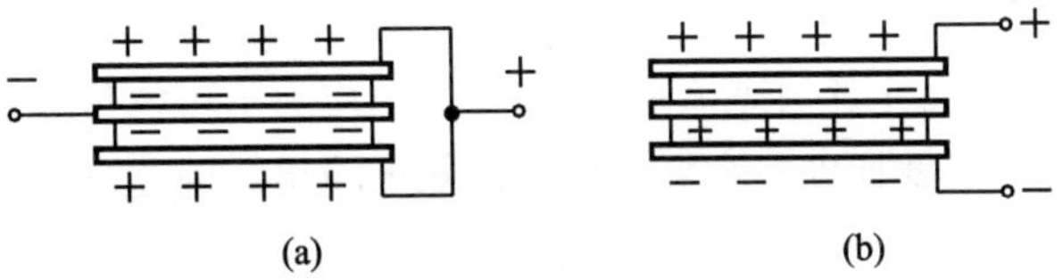


图 10.5.3　压电元件的连接方式

对于串联结构(见图 10.5.3(b)),把上一个压电元件的负极面与下一个压电元件的正极面粘结在一起,在粘结面处的正负电荷相互抵消,而在上、下两电极上分别聚集起正、负电荷。电荷量 $q_s$ 与单片的电荷量 $q$ 相同。电容 $C_{as}$为单片的一半,输出电压 $u_{as}$为单片的 2 倍,即

$$\left.\begin{aligned} q_s &= q \\ C_{as} &= \frac{C_a}{2} \\ u_{as} &= 2u_a \end{aligned}\right\} \tag{10.5.10}$$

因此,当采用电压放大器转换压电元件上的输出电压 $u_{as}$时,串联方式可以提高传感器的灵敏度。

# 10.6 压电式传感器的抗干扰问题

## 10.6.1 环境温度的影响

环境温度的变化将会使压电材料的压电常数、介电常数、体电阻和弹性模量等参数发生变化。

温度对传感器电容量和体电阻的影响较大。电容量随温度升高而增大,体电阻随温度升高而减小。电容量增大使传感器的电荷灵敏度增加,电压灵敏度则降低。体电阻减小使时间常数减小,从而使传感器的低频响应变差。为了保证传感器在高温环境中的低频测量精度,应当采用电荷放大器与之匹配。

某些铁电多晶压电材料具有热释电效应。通常的热电信号是环境温度缓慢变化引起的,频率低于1 Hz。若采用截止频率接近或高于2 Hz的放大器,则这种缓慢变化的热电干扰输出信号就可以避免。

这种缓变环境温度对传感器输出的影响与压电材料的性质有关。通常压电陶瓷都有明显的热释电效应。这主要是陶瓷内部的极化强度随温度变化的缘故。石英晶体对缓变的温度并不敏感,因此可应用于很低频率被测信号的测量。

瞬变温度对压电式传感器的影响比较大。瞬变温度在传感器壳体和基座等部件内产生温度梯度,由此引起的热应力传递给压电元件,并产生热电干扰输出信号。此外,压电传感器的线性度也会因预紧力受瞬变温度变化而变差。

瞬变温度引起的热电输出的频率通常很高,可用放大器检测出来。瞬变温度越高,热电输出越大,有时可大到使放大器输出饱和。因此,在高温环境进行小信号测量时,瞬变温度引起的热电输出可能会淹没有用信号。为此,应设法补偿温度引起的误差。一般可采用以下几种方法进行补偿。

1. 采用剪切型结构

剪切型传感器由于压电元件与壳体隔离,壳体的热应力不可能传递到压电元件上;而基座热应力通过中心柱隔离,温度梯度不会导致明显的热电输出。因此,剪切型传感器受瞬变温度的影响极小。

2. 采用隔热片

在测量爆炸冲击波压力时,冲击波前沿的瞬态温度非常高。为了隔离和缓冲高温对压电元件的冲击,减小热梯度的影响,一般可在压电式压力传感器的膜片与压电元件之间放置氧化铝陶瓷片或非极化的陶瓷片等导热率小的绝热垫片(环),如图10.6.1所示。

3. 采用温度补偿片

在压电元件与膜片之间放置适当材料及尺寸的温度补偿片(如由陶瓷及铁镍铍青铜两种材料组成的温度补偿片),如图10.6.2所示。温度补偿片的热膨胀系数比壳体等材料的热膨胀系数大。在一定高温环境中,温度补偿片的热膨胀变形起抵消壳体等部件的热膨胀变形的作用,使压电元件的预紧力不变,从而消除温度引起的传感器输出漂移。

4. 采用冷却措施

对于应用于高温介质动态压力测量的压电式压力传感器,通常采用强制冷却的措施,即在

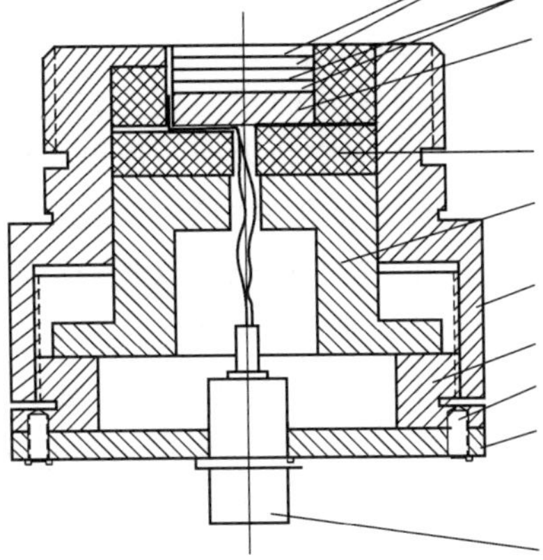


图 10.6.1 具有隔热片的压电式压力传感器

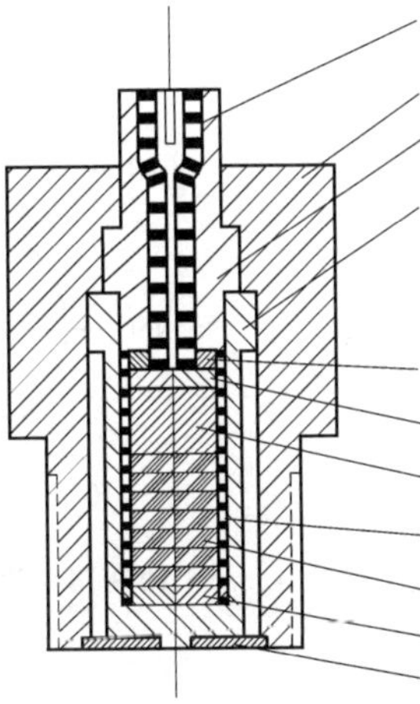


图 10.6.2 具有温度和加速度补偿的压电式压力传感器

传感器内部注入循环的冷却水,以降低压电元件和传感器各部件的温度。

除上述内冷却措施外,也可以用外冷却措施,即将传感器装入冷却套中。冷却套内注入循环的冷却水。

## 10.6.2 环境湿度的影响

环境湿度对压电式传感器性能的影响也很大。如果传感器长期在高湿度环境中工作,则传感器的绝缘电阻(漏电阻)将会减小,以致使传感器的低频响应变坏。为此,传感器的有关部分一定要选用绝缘性能好的绝缘材料,并采取防潮密封措施。

## 10.6.3 横向灵敏度

以一个加速度传感器为例进行说明。对于理想的加速度传感器,只有主轴方向加速度的作用才有信号输出,而垂直于主轴方向加速度的作用是不应当有输出的。然而,实际的压电式加速度传感器都不可能做到这一点。在横向加速度的作用下都会有一定的输出,通常将这一输出信号与横向加速度之比称为传感器的横向灵敏度。横向灵敏度以主轴灵敏度的百分数来表示。对于一只较好的传感器,最大横向灵敏度应小于主轴灵敏度的 5 %。

产生横向灵敏度的主要原因是:晶片切割时切角的定向误差;压电陶瓷的极化方向的偏差;压电元件表面粗糙或两表面不平行;基座平面或安装表面与压电元件的最大灵敏度轴线不垂直;压电元件上作用的静态预压缩应力稍微偏离极化方向等。由于以上各种原因,使传感器的最大灵敏度方向与主轴线方向不重合,如图 10.6.3 所示。这样,横向作用的加速度在最大灵敏度方向上的分量不为零,从而引起传感器的误差信号输出。

横向灵敏度与加速度方向有关。图 10.6.4 所示为典型的横向灵敏度与加速度方向的关系曲线。假设沿 0 °方向或 180 °方向作用有横向加速度时,横向灵敏度最大,则沿 90 °方向或 270 °方向作用有横向加速度时,横向灵敏度最小。根据这一特点,在测量时需仔细调整传感器的位置,使传感器的最小横向灵敏度方向对准最大横向加速度方向,从而使横向加速度引起的误差信号输出为最小。

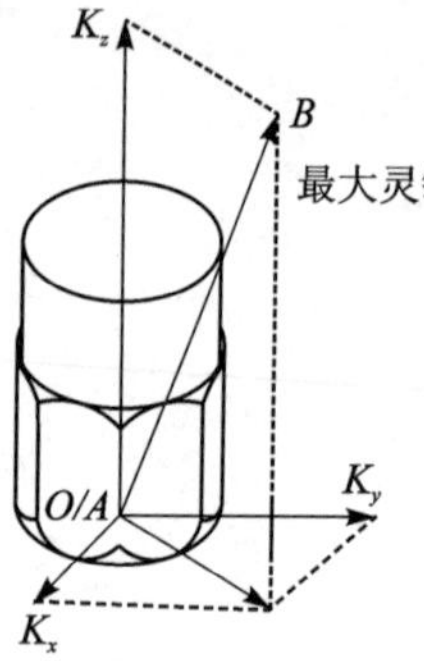


图 10.6.3 横向灵敏度的图解说明

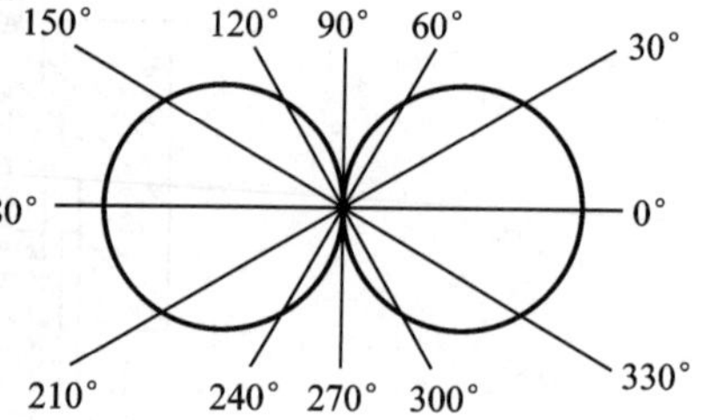


图 10.6.4 横向灵敏度与加速度方向的关系

## 10.6.4 基座应变的影响

在振动测试中,当被测试件由于机械载荷的作用或环境温度引起的不均匀加热,使传感器的安装部位产生弯曲或拉伸应变时,将引起传感器的基座应变。该应变直接传递到压电元件上产生附加应力,从而产生误差信号输出。

基座应变影响的大小与传感器的结构形式有关。一般压缩型传感器,由于压电元件直接放置在基座上,所以基座应变的影响较大。剪切型传感器因其压电元件不与基座直接接触,因此基座应变的影响比一般压缩型传感器要小得多。

## 10.6.5 声噪声

高强度声场通过空气传播会使构件产生较明显的振动。当压电式加速度传感器置于高强度声场中时,会产生一定的寄生信号输出,但比较弱。有试验表明:即使 140 dB 的高强度噪声引起的传感器的噪声输出,也只相当于几个 $m/s^2$ 的加速度值。因此,通常声噪声的影响可以忽略。

## 10.6.6　电缆噪声

电缆噪声由电缆自身产生。普通的同轴电缆由带挤压聚乙烯或聚四氟乙烯材料作绝缘保护层的多股绞线组成的。外部屏蔽套是一个编织的多股的镀银金属网套，如图 10.6.5 所示。当电缆受到突然的弯曲或振动时，电缆芯线与绝缘体之间，以及绝缘体和金属屏蔽套之间就可能发生相对移动，以致在它们之间形成一个空隙。当相对移动很快时，在空隙中将因相互摩擦而产生静电感应电荷，此静电荷将直接与压电元件的输出叠加，然后馈送到放大器中，以致在主信号中混杂有较大的电缆噪声。

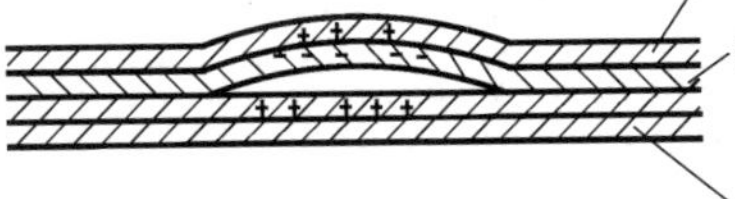


图 10.6.5　同轴电缆的芯线和绝缘体分离现象的示意图

为了减小电缆噪声，除选用特制的低噪声电缆外（电缆的芯线与绝缘体之间以及绝缘体与屏蔽套之间加入石墨层，以减小相互摩擦），在测量过程中还应将电缆固紧，以避免引起相对运动，如图 10.6.6 所示。

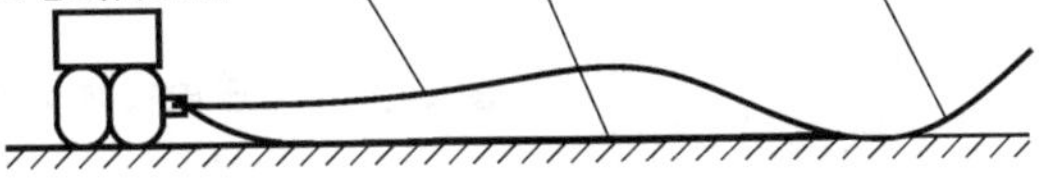


图 10.6.6　固定电缆避免相对运动

## 10.6.7　接地回路噪声

在振动测量中，一般测量仪器比较多。如果各仪器和传感器各自接地，由于不同的接地点之间存在电位差 $\Delta U$，这样就会在接地回路中形成回路电流，导致在测量系统中产生噪声信号。防止接地回路中产生噪声信号的有效办法是：使整个测试系统在一点接地。由于没有接地回路，当然也就不会有回路电流和噪声信号。

一般合适的接地点是在指示器的输入端。为此，要将传感器和放大器采取隔离措施实现对地隔离。传感器的简单隔离方法是电气绝缘，可以用绝缘螺栓和云母垫片将传感器与它所安装的构件绝缘。

# 10.7 典型的压电式传感器

## 10.7.1 压电式加速度传感器

压电式加速度传感器由于体积小、质量小、频带宽($10^{-1}$～$10^5$ Hz)、测量范围宽($10^{-5}$～$10^4$ m/s$^2$)、使用温度范围宽(高温到700 ℃),因此广泛用于加速度、振动和冲击测量。

1. 压电式加速度传感器的结构

图10.7.1是压电式加速度传感器的结构原理图。该传感器由质量块 $m$、硬弹簧 $k$、压电晶片和基座组成。质量块一般由密度较大的材料(如钨或重合金)制成。硬弹簧的作用是对质量块加载,产生预压力,以保证在作用力变化时,晶片始终受到压缩。整个组件都装在基座上。为了防止被测件的干扰应变传到晶片上而产生假信号,基座一般要求做得较厚。

为了提高灵敏度,一般都采用把两片晶片重叠放置并按串联(对应于电压放大器)或并联(对应于电荷放大器)的方式连接,如图10.5.3所示。

压电式加速度传感器的具体结构形式也有多种,图10.7.2所示为常见的几种。其中,(a)为外圆配合压缩式;(b)为中心配合压缩式;(c)为倒装中心配合压缩式;(d)为剪切式。

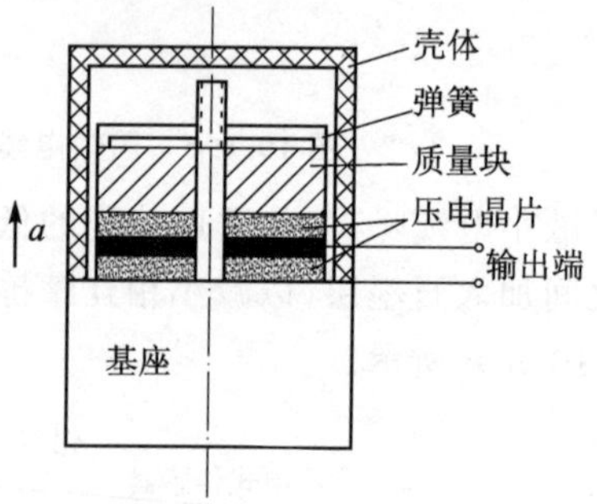


图10.7.1 压电式加速度传感器的结构原理图

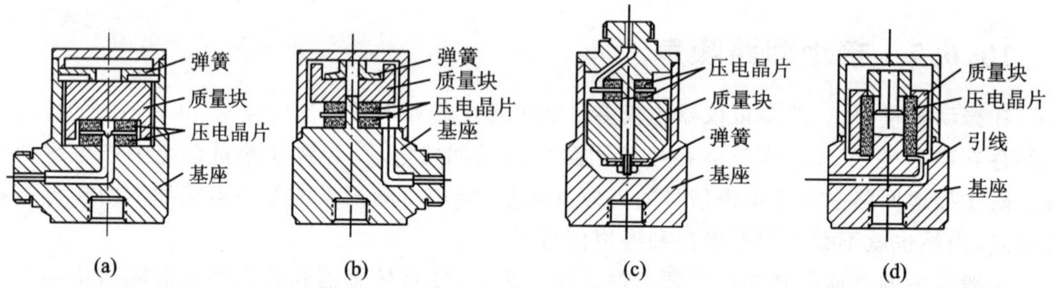


图10.7.2 压电式加速度传感器的结构

2. 工作原理及灵敏度

当传感器基座随被测物体一起运动时,由于弹簧刚度很大,相对而言质量块的质量 $m$ 很小,即惯性很小,因而可认为质量块感受与被测物体相同的加速度,并产生与加速度成正比的惯性力 $F_a$。惯性力作用在压电晶片上,就产生与加速度成正比的电荷 $q_a$ 或电压 $u_a$。这样就可通过电荷量或电压来测量加速度 $a$。对于常用的压电陶瓷加速度传感器,其电荷灵敏度 $K_q$ 和电压灵敏度 $K_u$ 分别为

$$\left.\begin{aligned} K_q &= \frac{q_a}{a} = \frac{d_{33}F_a}{a} = -d_{33}m \\ K_u &= \frac{u_a}{a} = \frac{-d_{33}m}{C_a} \end{aligned}\right\} \tag{10.7.1}$$

式中　$d_{33}$——压电陶瓷的压电常数(C/N)。

3. 频率响应特性

压电晶片本身高频响应特性很好，低频响应特性较差，故压电式加速度传感器的上限响应频率取决于机械部分的固有频率，下限响应频率取决于压电晶片及放大器。

机械部分是一个质量-弹簧-阻尼二阶系统，感受加速度时质量块相对于传感器基座的位移幅频特性为

$$A_a(\omega) = \left|\frac{x - x_i}{a}\right| = \frac{\dfrac{1}{\omega_n^2}}{\sqrt{\left[1 - \left(\dfrac{\omega}{\omega_n}\right)^2\right]^2 + \left(2\zeta\dfrac{\omega}{\omega_n}\right)^2}} \tag{10.7.2}$$

质量块的相对位移 $y = x - x_i$ 就等于压电晶片受惯性力 $F_a = -ma$ 作用后所产生的变形量。在压电材料的弹性范围内，变形量 $y$ 与作用力 $F_a$ 的关系为

$$F_a = k_y(x - x_i) = -ma \tag{10.7.3}$$

式中　$k_y$——压电晶片的弹性系数(N/m)。

受惯性力作用时，压电晶片产生的电荷为

$$q_a = d_{33}F_a = d_{33}k_y(x - x_i) = -d_{33}ma \tag{10.7.4}$$

由式(10.7.4)和式(10.7.2)可得压电式加速度传感器的电荷灵敏度为

$$K_q = \frac{q_a}{a} = \left|\frac{d_{33}k_y(x - x_i)}{a}\right| = \frac{\dfrac{d_{33}k_y}{\omega_n^2}}{\sqrt{\left[1 - \left(\dfrac{\omega}{\omega_n}\right)^2\right]^2 + \left(2\zeta\dfrac{\omega}{\omega_n}\right)^2}} \tag{10.7.5}$$

当 $\dfrac{\omega}{\omega_n} \ll 1$ 时，则有

$$K_q = \frac{d_{33}k_y}{\omega_n^2} \tag{10.7.6}$$

可以看出，当加速度的角频率 $\omega$ 远小于机械部分的固有角频率 $\omega_n$ 时，传感器的灵敏度 $K_q$ 近似于常数，基本上不随 $\omega$ 变化。但是，由于压电晶片的低频响应较差，因此当加速度的变化频率过低时，不但灵敏度下降，而且将随频率不同而变化。增大质量块的质量 $m$，可以提高低频灵敏度，但会使机械部分的固有频率下降，从而又影响高频响应。图 10.7.3 所示为压电式加速度传感器的频响特性曲线。

压电式传感器的下限响应频率与所配前置放大器有关。对于电压放大器，低频响应取决于电路的时间常数 $\tau = RC$。放大器的输入电阻越大，时间常数越大，可测量的低频下限就越低；当时间常数一定时，测量的频率越低，误差就越大。当允许高频端和低频端的幅值误差为 5 %时，被测加速度的频率范围大致为 $\dfrac{3}{\tau} < \omega < 0.2\omega_n$。

对于电荷放大器，传感器的频响下限受电荷放大器下限截止频率的限制。下限截止频率由反馈电容 $C_f$ 和反馈电阻 $R_f$ 决定，其值为

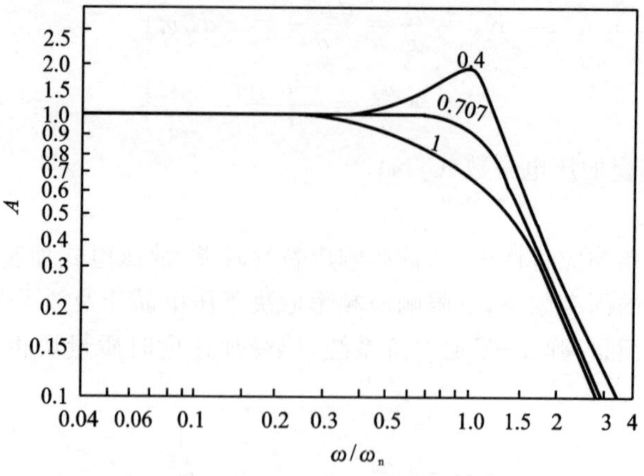


**图 10.7.3 压电式加速度传感器的频率特性曲线**

$$f_L = \frac{1}{2\pi R_f C_f} \tag{10.7.7}$$

一般电荷放大器的下限截止频率可低至 0.3 Hz，因此压电晶片与电荷放大器相配时，低频响应特性也很好。

压电式加速度传感器的频率响应范围一般为几 Hz 到数 kHz。

## 10.7.2 压电式压力传感器

压电式压力传感器用于测量动态压力，具有体积小、质量小、频带宽、工作可靠等优点。

图 10.7.4 为一种圆平膜片式压电压力传感器的结构图。为了保证传感器具有良好的长期稳定性和线性度，而且能在较高的环境温度下正常工作，压电元件采用两片 $xy$(X0 °)切型的石英晶片。这两片晶片在电气上采取并联连接。作用在膜片上的压力通过传力块施加到石英晶片上，使晶片产生厚度变形。为了保证在压力(尤其是高压力)作用下，石英晶片的变形量(约零点几～几 μm)不受损失，传感器的壳体及后座(即芯体)的刚度要大。从弹性波的传递考虑，要求把通过传力块及导电片的作用力快速而无损耗地传递到压电元件上，为此传力块及导电片应采用高声速材料，如不锈钢等。

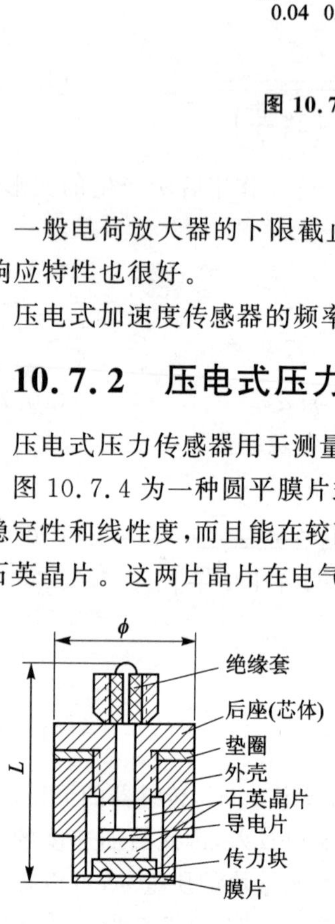


**图 10.7.4 膜片式压电压力传感器**

两片石英晶片输出的总电荷量 $q$ 为

$$q = 2d_{11}Sp \tag{10.7.8}$$

式中 $d_{11}$——石英晶体的压电常数(C/N)；

$S$——膜片的有效面积($m^2$)；

$p$——压力(Pa)。

这种结构的压力传感器的优点是不但有较高的灵敏度和分辨率，而且有利于小型化。其缺点是压电元件的预压缩应力是通过拧紧芯体施加的，这将使膜片产生弯曲变形，影响传感器的线性度和动态性能。此外，当膜片受环境温度影响而发生变形时，压电元件的预压缩应力将会发生变化，出现不稳定输出现象。

为了克服压电元件在预载过程中引起膜片的变形，采取了预紧筒加载结构，如图 10.7.5

所示。预紧筒是一个薄壁厚底的金属圆筒，通过拉紧预紧筒对石英晶片组施加预压缩应力。在加载状态下用电子束焊将预紧筒与芯体焊成一体。感受压力的薄膜片是后来焊接到壳体上的，它不会在压电元件的预加载过程中发生变形。

采用预紧筒加载结构还有一个优点，即在预紧筒外围的空腔内可以注入冷却水，降低晶片温度，以保证传感器在较高的环境温度下正常工作。

图 10.7.6 为活塞式压电压力传感器的结构图。它是利用活塞将压力转换为集中力后直接施加到压电晶体上，使之产生相应的电荷输出。压电式压力传感器的等效电路如图 10.7.7 所示。其中，(a)为电荷等效电路，(b)为电压等效电路。$q_a$ 为压电晶体两极板间的电荷量；$C_a$ 为压电晶体两极板间的电容量；$R_a$ 为由压电晶体两极板间的漏电阻、引线间的绝缘电阻和传感器的负载电阻等形成的等效电阻。

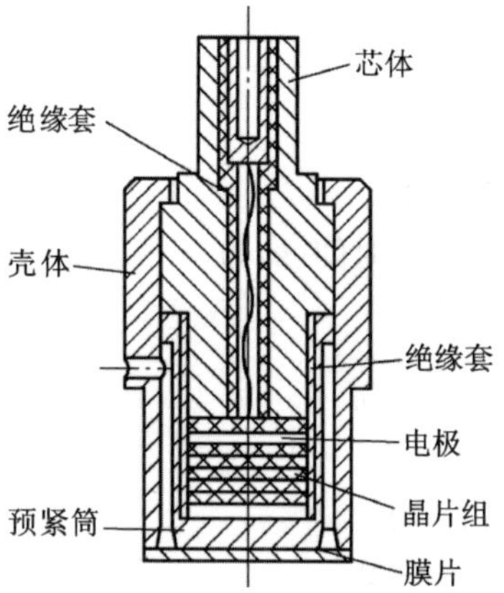


**图 10.7.5　预紧筒加载的压电式压力传感器**

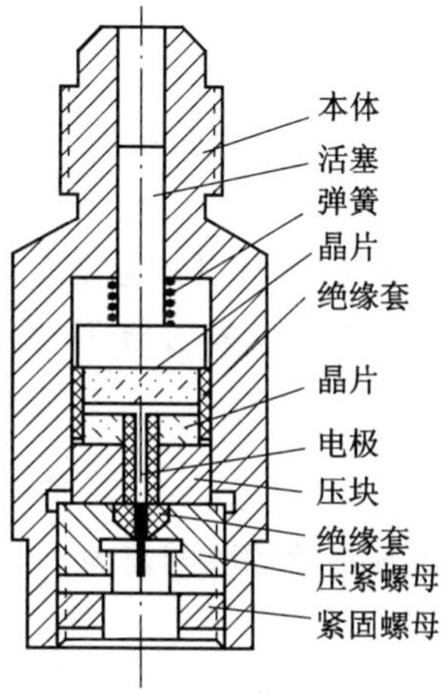


**图 10.7.6　活塞式压电压力传感器**

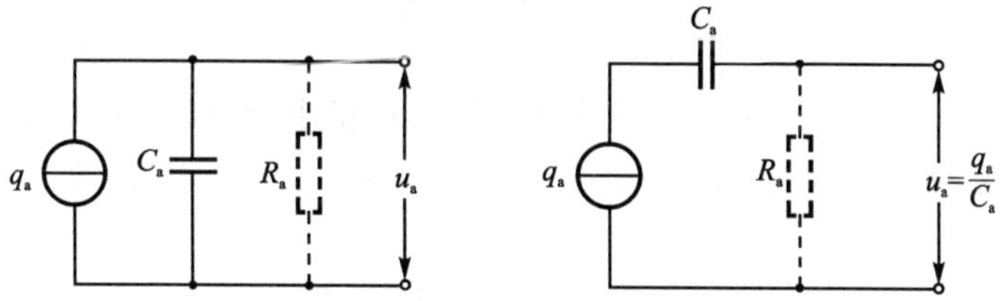


(a) 电荷等效电路　(b) 电压等效电路

**图 10.7.7　压电式压力传感器的等效电路**

由等效电路图可以看出，若 $R_a$ 不是足够大，则压电晶体两极板上的电荷将通过它迅速泄漏。这给测量带来较大误差。一般情况下要求 $R_a$ 不低于 $10^{10}\,\Omega$；若测量准态压力，则要求 $R_a$ 高达 $10^{12}\,\Omega$ 以上。

活塞式压电传感器每次使用后都需要将传感器拆开清洗，使其干燥，并再次在净化条件下重新装配，十分不便，且其频率特性也不理想。

## 10.7.3　压电式超声波流量传感器

超声波(频率在 10 kHz 以上的声波)具有方向性，因此可用来测量流体的流速。

在管道上安装两套超声波发射器和接收器，如图 10.7.8 所示。发射器 $T_1$ 和接收器

$R_1$、发射器 $T_2$ 和接收器 $R_2$ 的声路与流体流动方向的夹角为 $\theta$,流体自左向右以平均速度 $v$ 流动。

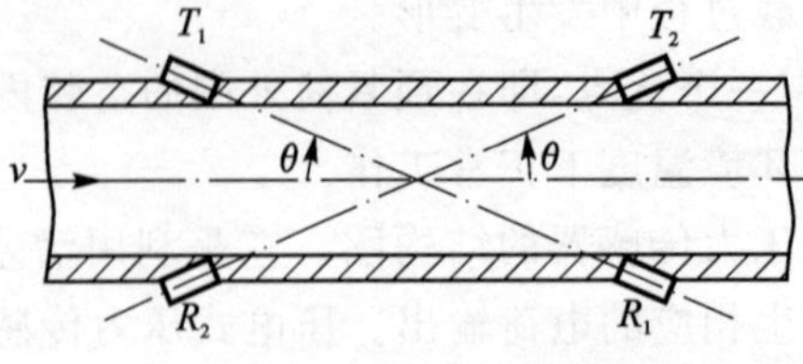


**图 10.7.8 压电式超声波传感器原理图**

声波脉冲从发射器 $T_1$ 发射到接收器 $R_1$ 接收到所需时间(s)为

$$t_1 = \frac{L}{c + v\cos\theta} = \frac{\frac{D}{\sin\theta}}{c + v\cos\theta} \tag{10.7.9}$$

式中 $c$——声波的声速(m/s)。

$D$——管道内径(m)。

因此测量 $t_1$ 就可以知道流速 $v$,但这种方法灵敏度很低。

同样声波脉冲从发射器 $T_2$ 发射到接收器 $R_2$ 接收到的时间(s)为

$$t_2 = \frac{L}{c - v\cos\theta} = \frac{\frac{D}{\sin\theta}}{c - v\cos\theta} \tag{10.7.10}$$

则声波顺流和逆流的时间差为

$$\Delta t = t_2 - t_1 = \frac{2D\cot\theta}{c^2 - v^2\cos^2\theta} \tag{10.7.11}$$

因为 $v \ll c$,所以

$$\Delta t \approx \frac{2D\cot\theta}{c^2}v \tag{10.7.12}$$

因此测量时间差就可以测得平均流速 $v$。同样因为 $\Delta t$ 很小,所以为了提高测量精度,采用相位法,即测量连续振荡的超声波在顺流和逆流传播时,接收器 $R_1$ 与接收器 $R_2$ 接收信号之间的相位差为

$$\Delta\varphi = \omega\Delta t = \omega\frac{2D\cot\theta}{c^2}v \tag{10.7.13}$$

式中 $\omega$——超声波的角频率(rad/s)。

时差法和相差法测量流速 $v$ 均与声速有关,而声速 $c$ 随流体温度的变化而变化。因此,为了消除温度对声速的影响,需要有温度补偿。

此外发射器超声脉冲的重复频率(Hz)为

$$f_1 = \frac{1}{t_1} = \frac{c + v\cos\theta}{\frac{D}{\sin\theta}} \tag{10.7.14}$$

$$f_2 = \frac{1}{t_2} = \frac{c - v\cos\theta}{\frac{D}{\sin\theta}} \tag{10.7.15}$$

则频差为

$$\Delta f = f_1 - f_2 = \frac{2\cos\theta}{\dfrac{D}{\sin\theta}}v = \frac{\sin 2\theta}{D}v \tag{10.7.16}$$

所以

$$v = \frac{D}{\sin 2\theta}\Delta f \tag{10.7.17}$$

则体积流量为

$$Q_V = \frac{\pi D^2}{4}v = \frac{\pi D^3}{4\sin 2\theta}\Delta f \tag{10.7.18}$$

由式(10.7.17)及式(10.7.18)可见,频差法测量流速 $v$ 和体积流量 $Q_V$ 均与声速 $c$ 无关。因此提高了测量精度,故目前超声波流量传感器均采用频差法。

超声波流量传感器对流动流体无压力损失,且与流体粘度、温度等因素无关;流量与频差成线性关系,精度可达 0.25 %,特别适合大口径的液体流量测量。但是目前超声波流量传感器整个系统比较复杂,价格稍贵。

### 10.7.4　压电式温度传感器

利用热敏石英压电谐振器,可以实现石英温度传感器。它可以用具有线性温度-频率特性的压电谐振器做成,也可以采用具有非线性温度-频率特性的压电谐振器。如果温度传感器特性的标定精度很高,那么原则上可以实现非常高精度的温度传感器。线性特性好就能显著地简化传感器的标定过程,可以归结为测量两个基准点上的频率。

石英温度传感器基本上都是采用沿厚度方向剪切振动的旋转 Y 切型高频石英谐振器制成。热敏谐振器的工作频率在 1～30 MHz 范围内,可以采用基频振动(1～10 MHz),也可以采用三次或五次谐波振动(5～30 MHz)。

制作热敏谐振器的主要切型、温度特性以及在－50～50 ℃温度范围变化时温度-频率转换的非线性度列于表 10.7.1 中。

**表 10.7.1　热敏谐振器的有关特性**

| 切　型 | $T_f^{(1)}\cdot 10^6$/℃$^{-1}$ | $T_f^{(2)}\cdot 10^9$/℃$^{-2}$ | $T_f^{(3)}\cdot 10^{12}$/℃$^{-3}$ | $\xi_L$ 温度范围:－50～50 ℃ |
|---|---|---|---|---|
| $yxl/0°$(Y 切型) | 92.5 | 57.5 | 5.8 | 12.6 |
| $yxl/+5°$ | 95.6 | 63.0 | 35 | 13.4 |
| $yxl/+31°$(AC 切型) | 20.0 | 23.0 | 116.0 | 23.0 |
| $yxbl/11°11'/9°24'$(LC 切型) | 33.78±0.12 | 0±0.14 | 0±0.23 | 0±0.08 |
| $yxbl/10°4'/9°45'51''$ | 34.02±0.1 | 1.67±0.07 | — | 0.98 |

由表 10.7.1 可以看到,热敏谐振器的频率温度系数处于$(20\sim95)\times10^{-6}$/℃范围内。因此,根据不同的频率和切型,温度灵敏度系数 $C_t=\partial f/\partial t$ 可以在 20(1.0 MHz 频率的 AC 切型谐振器)～2 850 Hz/℃(30 MHz 频率的 $yxl/+5°$谐振器)范围内变动。在必要时,可以采用辅助的倍频器,使温度灵敏系数增加 3～100 倍。

1. 温度传感器的结构

热敏谐振器一般均放置在封闭的外壳中,以防止在谐振器的表面上沉积固体微粒、烟灰、水汽及其他有害物质。使用外壳能提高温度传感器的可靠性,预防压电谐振器的老化,但是降低了谐振器的品质因数以及动态响应。

温度传感器的制作方式主要有两种:谐振器在玻璃管壳内真空密封和谐振器在小型金属壳内密封。在这两种方式中均采用透镜型谐振器。在真空封装的情况下,根据制作精密谐振器的工艺制作直径为 12～30 mm 的谐振器,从而能确保品质因数高($10^6<Q$)和老化小。

在密封外壳式的结构中,谐振器的直径比较小(6～8 mm),压电元件的表面加工质量要求也稍低。这种结构采用了充气金属外壳以及与普通的管座相结合,因而老化较快,品质因数也较低$(1\sim2)\times10^5$。

由于采用了金属外壳而且尺寸不大,还在其中充入导热较好的气体(氦),因而密封式温度传感器与真空式温度传感器相比,热延迟较小。真空式温度传感器的特点是时间稳定性好和分辨能力高。在测量温度时,分辨力直接决定于频率的随机起伏(即自激振荡器的短时间不稳定度)。如果热敏谐振器的频率温度系数等于 $T_f^{(1)}$,则最小可测量的温度增量为

$$\Delta t_{\min}=\frac{S_f}{T_f^{(1)}} \tag{10.7.19}$$

式中 $S_f$——自激振荡器的短时间不稳定度。

对于 $T_f^{(1)}=10^{-4}/℃$的高品质因数谐振器,短时间不稳定度 $S_f\leqslant10^{-10}$,则温度增量可测至

$$\Delta t_{\min}=\frac{10^{-10}}{10^{-4}}℃=10^{-6}℃ \tag{10.7.20}$$

对于密封式谐振器,$S_f\leqslant10^{-8}$,于是,$\Delta t_{\min}=10^{-4}$℃。

各种结构形式温度传感器的实验研究表明:分辨力基本上决定于所用谐振器的短时间不稳定度。

2. 石英温度传感器的误差

(1) 热敏谐振器温度-频率特性的迟滞

研究表明,迟滞误差主要与温差有关。它可以描述为

$$\xi_{\mathrm{H}}=L(t_{\max}-t_{\min})=L\Delta t \tag{10.7.21}$$

式中 $\xi_{\mathrm{H}}$——热敏谐振器温度-频率特性的迟滞;

$t_{\max}$,$t_{\min}$——温度测量的最大、最小值(℃);

$\Delta t$——温度测量量程(℃);

$L$——温度传感器的非循环系数。

有关研究表明,非循环系数 $L$ 一般在$(0.5\sim1.5)\times10^{-4}$范围内。

对 LC 切型谐振器(28 MHz、三次谐波),在一次循环(−80 ℃→+240 ℃→−80 ℃)以后,初始频率的滞后为 20 Hz。当灵敏度为 $10^3$ Hz/℃时,相当于误差 $\xi_{\mathrm{H}}=0.02$ ℃。对于这种情况,非循环系数等于 $0.63\times10^{-4}$。

产生迟滞的可能原因有:晶体的吸附过程、在支架和晶体-电极界面上存在的机械应力以及晶体的缺陷等。

采用温度老化法可以使迟滞减小到原来的1/2或1/3。温度老化法是将温度传感器轮流在−196 ℃的液氦和+150 ℃的恒温加热器中分别保持 1h,进行 10 个循环。然后,使谐振器在谐振频率下经受交变能量的激励。对于个别样品,非循环系数可降低到 $0.1\times10^{-4}$。

(2) 谐振器的过热误差

压电谐振器有效阻抗上的功率被转换为热量，使压电元件相对于周围介质产生过热。随着激励能量的增加，过热上升。可以采用式(10.7.22)来近似估算这种误差

$$\Delta t_{\mathrm{T}} = k_{\mathrm{T}} P \tag{10.7.22}$$

式中　$k_{\mathrm{T}}$——过热系数(℃/W)；

$P$——耗散功率(W)。

压电元件的散热条件越差，过热系数越大。根据压电谐振器的结构和周围介质情况，过热系数在 0.05～1 ℃/mW 范围内变化。

对于绝大多数电压式温度传感器，过热系数约为 0.1～0.15 ℃/mW。因此，如果激励谐振器耗费 1 mW 的功率，所产生的过热量为 0.1～0.15 ℃；如果同样大小的激励功率有 10 % 的附加漂移，则产生的随机误差为 0.01～0.015 ℃。由此可见，为了降低误差，首先必须提高谐振器激励电压的稳定性，其次也要降低激励功率的幅度。

针对过热问题，特别是工作于低温区的热敏谐振器，必须认真对待并解决这一重要问题。

3. 线性石英温度传感器

在发现了具有线性温度-频率特性的石英切型之后，采用石英谐振器测量温度得到了广泛应用。表 10.7.2 列出了三种典型的线性石英温度传感器的有关技术指标。在一些重要的技术指标方面，如测温范围、绝对和相对误差、热延迟以及结构尺寸等，石英温度传感器与其他物理原理制成的实验室用温度传感器或标准温度计不相上下，明显超过了工业部门使用的温度传感器。石英温度传感器的灵敏度也大大优于绝大多数其他温度传感器。

线性石英温度传感器可应用于多种技术领域，如在热过程流动速度不太高，间隔时间较长的各种高精度温度测量的场合。

**表 10.7.2　三种典型的线性石英温度传感器的主要性能指标**

| 性能指标 | 低延迟温度传感器 | 高品质因数温度传感器 | 宽温度范围温度传感器 |
|---|---|---|---|
| 温度范围/℃ | −60～120 | −60～120 | −80～250 |
| 分辨力/℃ | $10^{-4}$ | $5\times10^{-6}$ | $10^{-4}$ |
| 绝对误差/℃ | 0.02 | 0.02 | 0.02 |
| 零漂 | | | |
| 2 h | $(0.5\sim2)\times10^{-3}$ | $(1\sim3)\times10^{-6}$ | — |
| 24 h | $(1\sim5)\times10^{-3}$ | $(1\sim5)\times10^{-6}$ | — |
| 100 ℃内的迟滞 | 0.01～0.03 | 0.001～0.01 | <0.01($t\in(25,200)$℃) |
| 老化 | | | |
| 1 个月 | 0.05～0.2 | 0.001～0.01 | 0.01 |

续表 10.7.2

| 性能指标 | 低延迟温度传感器 | 高品质因数温度传感器 | 宽温度范围温度传感器 |
|---|---|---|---|
| 1 年 | 0.1～0.5 | 0.002～0.02 | |
| 12 年 | 5 | 5 | 28($n$=3) |
| 谐振频率/MHz) | 185 | 170 | 1 000 |
| 温度灵敏系数 $C_t$/(Hz·℃$^{-1}$) | 0.006(0～30 ℃) | 0.006 | 0.05(0～100 ℃) |
| 温度-频率特性的非线性度/℃ | 0.07(0～100 ℃) | 0.07 | 0.15(－40～250 ℃) |
| | 0.27(－60～120℃) | 0.27 | 0.7(－40 ℃) |
| 品质因数 | (0.1～0.2)×$10^6$ | (2～3)×$10^6$ | $10^5$ |
| 动态阻抗/Ω | 20 | 40 | — |
| 压电元件的过热系数/[℃·(mW)$^{-1}$] | | | |
| 在水中 | 0.14 | 0.105 | — |
| 在空气中 | 0.17 | 0.12 | — |
| 热惰性时间常数/s | | | |
| 在水中 | 1.2 | 3 | 1 |
| 在空气中 | 5～6 | 30 | |
| 外形结构参数(单位:mm)或外壳类型 | 4.5×11×3 | $\phi$18×37 | TO-5 |

# 思考题与习题

**10.1** 什么是压电效应？有哪几种常用的压电材料？

**10.2** 简述石英晶体压电特性产生的原理。

**10.3** 石英晶体在体积变形的情况下,有无压电效应？为什么？

**10.4** 依式(10.1.17)表述的压电常数矩阵,说明石英晶体压电效应的特点。

**10.5** 如何理解石英压电谐振器的热敏感性？在实际应用中应如何考虑谐振器的热敏感性？

**10.6** 简述压电陶瓷材料压电特性产生的原理。

**10.7** 依式(10.2.1)表述的压电常数矩阵,说明钛酸钡压电陶瓷的压电效应的特点。

**10.8** 试比较石英晶体和压电陶瓷的压电效应。

**10.9** 简述 PVF2 压电薄膜的使用特点。

**10.10** 在压电材料中,居里温度点的物理意义是什么？

**10.11** 画出压电换能元件的等效电路。

**10.12** 设计压电式传感器检测电路的基本考虑点是什么？为什么？

**10.13** 基于必要的理论分析和公式推导,从负载效应来说明压电元件的信号转换电路的设计要点。

**10.14** 压电效应能否用于静态测量？为什么？

**10.15** 简述压电元件在串联和并联使用时的特点。

**10.16** 讨论环境温度变化对压电式传感器的影响过程，并给出减小温度误差的补偿方法。

**10.17** 简述环境温度对压电式传感器的影响及应采取的措施。

**10.18** 以压电式加速度传感器为例解释压电式传感器的横向灵敏度。

**10.19** 给出一种压电式加速度传感器的原理结构图，说明其工作过程及特点。

**10.20** 压电式加速度传感器的动态特性主要取决于哪些参数？并分析其相位特性。

**10.21** 简述图10.7.5所示的压电式压力传感器的工作原理及应用特点。

**10.22** 说明压电式超声波流量传感器的工作原理。

**10.23** 建立图10.7.8所示的压电式超声流量传感器的特性方程。

**10.24** 简述石英压电式温度传感器的工作机理。

**10.25** 某压电式加速度传感器的电荷灵敏度为 $k_g = 12\ \text{pC}\cdot\text{m}^{-1}\cdot\text{s}^2$，若电荷放大器的反馈部分只是一个电容 $C_f = 1\ 200\ \text{PF}$，当被测加速度为 $5\sin 10\ 000t\ \text{m/s}^2$ 时，试求电荷放大器的稳态输出电压。

**10.26** 题10.25中，若电荷放大器的反馈部分除了上述反馈电容外，还有一个并联反馈电阻 $R_f = 2\ \text{M}\Omega$，当被测加速度为 $5\sin 10\ 000t\ \text{m/s}^2$ 时，试求电荷放大器的稳态输出电压。

**10.27** 题10.25中，若电荷放大器的反馈部分除了上述反馈电容外，还有一个串联反馈电阻 $R_f = 2\ \text{M}\Omega$，当被测加速度为 $5\sin 10\ 000t\ \text{m/s}^2$ 时，试求电荷放大器的稳态输出电压。

# 第 11 章　谐振式传感器

基本内容：

谐振　谐振现象　谐振子

固有频率与谐振频率

谐振状态及其评估

机械品质因数 $Q$ 值

开环特性及其测试

闭环自激系统

闭环系统的幅值与相位条件

谐振筒式压力传感器

石英谐振梁式压力传感器

谐振式科里奥利直接质量流量传感器

以敏感元件处于谐振状态而实现测量的传感器称为谐振式传感器(resonator transducer/sensor)。谐振式传感器自身为周期信号输出(准数字信号),只用简单的数字电路(不是A/D或V/F)即可转换为易与微处理器接口的数字信号;同时,由于谐振敏感元件的重复性、分辨力和稳定性等非常优良,因此谐振式传感器自然成为当今人们研究的重点。

## 11.1　谐振状态及其评估

### 11.1.1　谐振现象

谐振式传感器是通过谐振式敏感元件,即谐振子的振动特性受被测参量的影响规律来实现的。谐振子工作时,可以等效为一个单自由度系统(见图 11.1.1(a))。其动力学方程为

$$m\ddot{x}+c\dot{x}+kx-F(t)=0 \tag{11.1.1}$$

式中　$m$——振动系统的等效质量(kg);

$c$——振动系统的等效阻尼系数(N·s/m);

$k$——振动系统的等效刚度(N/m);

$F(t)$——外激励力(N)。

$m\ddot{x}$,$c\dot{x}$ 和 $kx$ 分别反映了振动系统的惯性力、阻尼力和弹性力。参见图 11.1.1(b)。

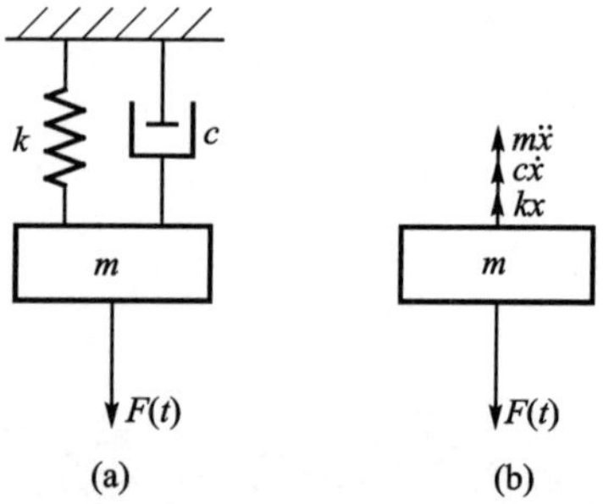

图 11.1.1　单自由度振动系统

根据谐振状态应具有的特性,当上述振动系统处于谐振状态时,外激励力应当与系统的阻尼力相平衡;惯性力应当与弹性力相平衡,系统以其固有频率振动,即

$$\left.\begin{aligned} c\dot{x} - F(t) &= 0 \\ m\ddot{x} + kx &= 0 \end{aligned}\right\} \tag{11.1.2}$$

这时振动系统的外力超前位移矢量$\frac{\pi}{2}$(90°),与速度矢量同相位。弹性力与惯性力之和为零,利用这个条件可以得到系统的固有角频率(rad/s)

$$\omega_n = \sqrt{\frac{k}{m}} \tag{11.1.3}$$

这是一个理想的情况,在实用中很难实现,原因是实际振动系统的阻尼力很难确定。因此,可以从系统的频谱特性来认识谐振现象。

当式(11.1.1)中的外力 $F(t)$是周期信号时,即

$$F(t) = F_m \sin \omega t \tag{11.1.4}$$

则振动系统的归一化幅值响应和相位响应分别为

$$A(\omega) = \frac{1}{\sqrt{\left(1-\left(\frac{\omega}{\omega_n}\right)^2\right)^2 + \left(2\zeta_n \frac{\omega}{\omega_n}\right)^2}} \tag{11.1.5}$$

$$\varphi(\omega) = \begin{cases} -\arctan \dfrac{2\zeta_n \frac{\omega}{\omega_n}}{1-\left(\frac{\omega}{\omega_n}\right)^2} & \omega \leqslant \omega_n \\ -\pi + \arctan \dfrac{2\zeta_n \frac{\omega}{\omega_n}}{\left(\frac{\omega}{\omega_n}\right)^2 - 1} & \omega_n < \omega \end{cases} \tag{11.1.6}$$

式中 $\zeta_n$——系统的阻尼比,$\zeta_n = \frac{c}{2\sqrt{km}}$,对谐振子而言,$\zeta_n \ll 1$,为弱阻尼系统。

图 11.1.2 给出了系统的幅频特性曲线(见图(a))和相频特性曲线(见图(b))示意图。

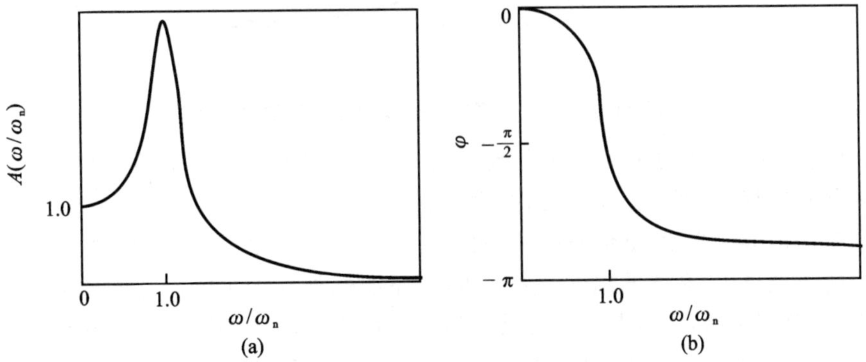


**图 11.1.2 系统的幅频特性曲线和相频特性曲线**

当 $\omega = \sqrt{1-2\zeta_n^2}\,\omega_n$ 时,$A(\omega)$达到最大值,有

$$A_{\max} = \frac{1}{2\zeta_n\sqrt{1-\zeta_n^2}} \approx \frac{1}{2\zeta_n} \tag{11.1.7}$$

这时系统的相位为

$$\varphi = -\arctan\frac{2\zeta_n\sqrt{1-2\zeta_n^2}}{2\zeta_n^2} \approx -\arctan\frac{1}{\zeta_n} \approx -\frac{\pi}{2} \tag{11.1.8}$$

工程上将振动系统的幅值增益达到最大值时的工作情况定义为谐振状态,相应的激励频率($\omega_r=\omega_n\sqrt{1-2\zeta_n^2}$)定义为系统的谐振频率。

## 11.1.2 谐振子的机械品质因数 $Q$ 值

根据上述分析,系统的谐振频率为 $\omega_r=\omega_n\sqrt{1-2\zeta_n^2}$。由于系统的固有频率 $\omega_n=\sqrt{k/m}$只与系统固有的质量和刚度有关,而与系统的阻尼比无关,即系统的固有频率是一个与外界阻尼等干扰因素无关的量,故具有非常高的稳定性。而实际系统的谐振频率与系统的固有频率存在着一定的差别,这个差别又与系统的阻尼比密切相关。从测量的角度出发,这个差别越小越好。为了描述这个差别,或者说为了描述谐振子谐振状态的优劣程度,常利用谐振子的机械品质因数 $Q$ 值进行讨论。

谐振子是弱阻尼系统,$0<\zeta_n\ll 1$,基于3.2.4节的讨论,利用图11.1.3所示的谐振子的幅频特性可给出

$$Q \approx A_{\max} \approx \frac{1}{2\zeta_n} \approx \frac{\omega_r}{\omega_2-\omega_1} \tag{11.1.9}$$

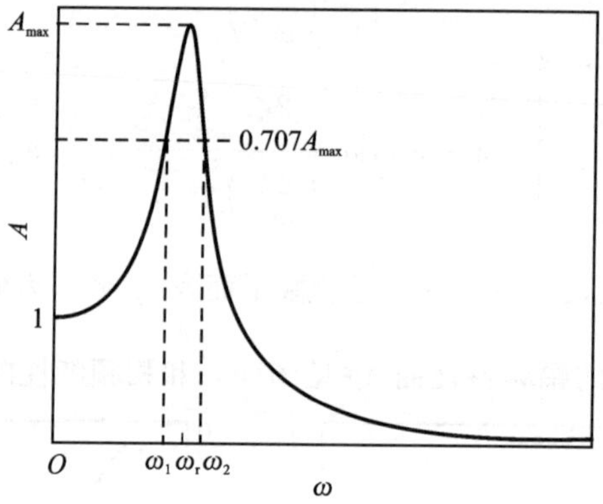


图 11.1.3 利用幅频特性获得谐振子的 $Q$ 值

显然,$Q$ 值反映了谐振子振动中阻尼比的大小及消耗能量快慢的程度,也反映了幅频特性曲线谐振峰陡峭的程度,即谐振敏感元件选频能力的强弱。

从系统振动的能量来说,$Q$ 值越高,表明相对于给定的谐振子每周储存的能量而言,由阻尼等消耗的能量就越少,系统的储能效率就越高,系统抗外界干扰的能力就越强;从系统幅频特性曲线来说,$Q$ 值越高,表明谐振子的谐振频率与系统的固有频率 $\omega_n$ 就越接近,系统的选频特性就越好,越容易检测到系统的谐振频率,同时系统的谐振频率就越稳定,重复性就越好。总之,对于谐振式传感器来说,提高谐振子的品质因数至关重要。应采取各种措施提高谐振子的 $Q$ 值。这是设计谐振式传感器的核心问题。

通常提高谐振子 $Q$ 值的途径主要从以下四个方面考虑:

① 选择高 $Q$ 值的材料,如石英晶体材料、单晶硅材料和精密合金材料等。石英晶体材料的品质因数的极限值可描述为

$$Qf = 1.2\times 10^{13} \quad (\text{Hz}) \tag{11.1.10}$$

式中，$f$ 为工作频率(Hz)。

② 采用较好的加工工艺手段，尽量减小由于加工过程引起的谐振子内部的残余应力。如对于测量压力的谐振筒敏感元件，由于其壁厚只有 0.08 mm 左右，如果采用旋拉工艺，在谐振筒的内部容易形成较大的残余应力，其 $Q$ 值大约为 3 000～5 000；而采用精密车磨的工艺，其 $Q$ 值可达到 8 000 以上，明显高于前者。

③ 注意优化设计谐振子的边界结构及封装形式，即要阻止谐振子与外界振动的耦合，有效地使谐振子的振动与外界环境隔离。为此通常采用调谐解耦的方式，并使谐振子通过其"节点"与外界连接。

④ 优化谐振子的工作环境，使其尽可能地不受被测介质的影响。

一般来说，实际的谐振子的机械品质因数较其材料的 $Q$ 值下降 1～2 个数量级。这表明在谐振子的加工工艺和装配中仍有许多工作要做。

# 11.2　闭环自激系统的实现

谐振式传感器绝大多数是在闭环自激状态下实现的。下面就对闭环自激系统的基本结构与实现条件进行讨论。

## 11.2.1　基本结构

图 11.2.1 给出了利用谐振式测量原理构成传感器的基本结构。

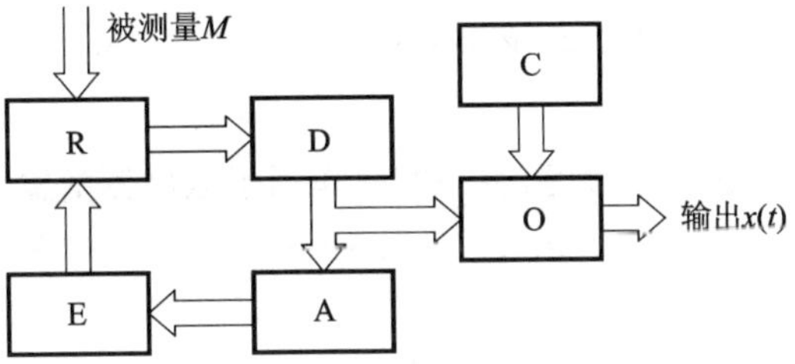


**图 11.2.1　谐振式测量原理基本实现方式**

R：为谐振敏感元件，即谐振子。它是谐振式传感器的核心部件，工作时以其自身固有的振动模态持续振动。谐振子的振动特性直接影响着谐振式传感器的性能。谐振子有多种形式：如谐振梁、复合音叉、谐振筒、谐振膜、谐振半球壳和弹性弯管等。

D，E：分别为信号检测器(或拾振器)和激励器，是实现机电、电机转换的必要部件，为组成谐振式传感器的闭环自激系统提供条件。常用激励方式有：电磁效应、静电效应、逆压电效应、电热效应和光热效应等。常用拾振手段有：磁电效应、电容效应、正压电效应和光电效应等。

A：为放大器。它与激励、检测手段密不可分，用于调节信号的幅值和相位，使系统能可靠稳定地工作于闭环自激状态。通常采用集成电路实现，或者设计专用的多功能化的集成放大器。

O：为传感器检测输出装置，是实现对周期信号检测(有时也是解算被测量)的部件。它用于检测周期信号的频率(或周期)、幅值(比)或相位(差)。

C：为补偿装置，主要对温度误差进行补偿，有时系统也对零位和测量环境的有关干扰因素的影响进行补偿。

以上六个主要部件构成了谐振式传感器的三个重要环节。

由E,R,D组成的电-机-电谐振子环节,是谐振式传感器的核心。恰当地选择激励和拾振手段,构成一个理想的ERD,对设计谐振式传感器至关重要。

由E,R,D,A组成的闭环自激环节,是构成谐振式传感器的条件。

由R,D,O(C)组成的信号检测、输出环节,是实现检测、解算被测量的手段。

## 11.2.2 闭环系统的实现条件

1. 复频域分析

见图11.2.2,其中$R(s)$,$E(s)$,$A(s)$和$D(s)$分别为谐振子、激励器、放大器和拾振器的传递函数,$s$为拉氏变换变量。闭环系统的等效开环传递函数为

$$G(s) = R(s)E(s)A(s)D(s) \tag{11.2.1}$$

显然,满足以下条件时,系统将以频率$\omega_V$产生闭环自激,即

$$1 \leqslant |G(j\omega_V)| \tag{11.2.2}$$

$$\angle G(j\omega_V) = 2n\pi, \qquad n = 0, \pm 1, \pm 2, \cdots \tag{11.2.3}$$

式(11.2.2)和式(11.2.3)称为系统可自激的复频域的幅值和相位条件。

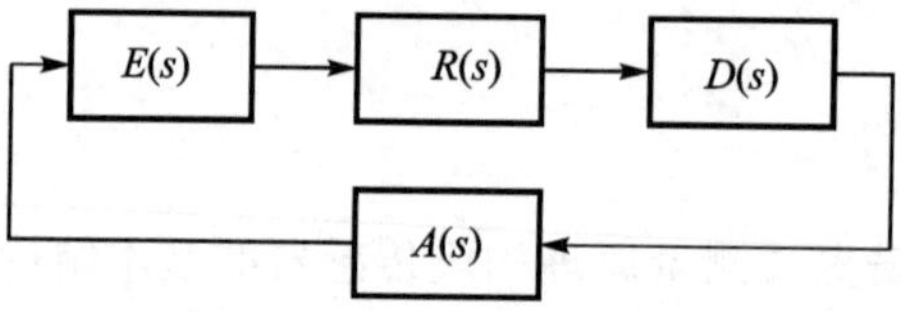


图11.2.2 闭环自激条件的复频域分析

2. 时域分析

见图11.2.3,从信号激励器来考虑,某一瞬时作用于激励器的输入电信号为

$$u_1(t) = A_1 \sin \omega_V t \tag{11.2.4}$$

式中 $0 < A_1$——激励电信号的幅值(V);

$\omega_V$——激励电信号的角频率(rad/s)(即谐振子的振动角频率,非常接近于谐振子的固有角频率$\omega_n$)。

$u_1(t)$经激励器、谐振子、检测器和放大器后,输出为$u_1^+(t)$,可写为

$$u_1^+(t) = A_2 \sin(\omega_V t + \phi_T) \tag{11.2.5}$$

式中 $0 < A_2$——输出电信号$u_1^+(t)$的幅值(V)。

满足以下条件时,系统以角频率$\omega_V$产生闭环自激,即

$$A_1 < A_2 \tag{11.2.6}$$

$$\phi_T = 2n\pi, \qquad n = 0, \pm 1, \pm 2, \cdots \tag{11.2.7}$$

式(11.2.6)和式(11.2.7)称为系统可自激的时域的幅值和相位条件。

以上考虑的是在某一频率点处的闭环自激条件。对于谐振式传感器,应在其整个工作频率范围内均满足闭环自激条件。这就给设计闭环系统提出了特殊要求。

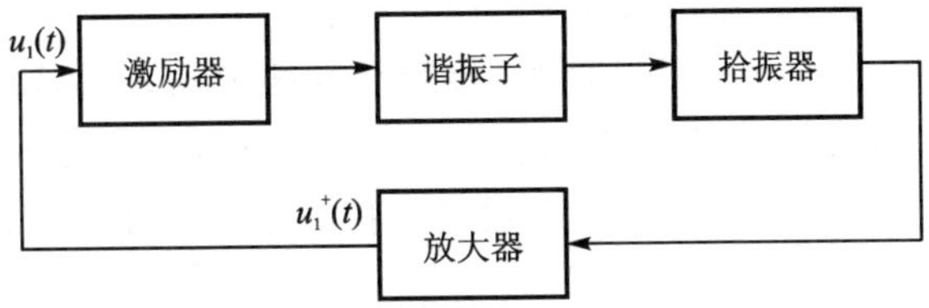


图 11.2.3　闭环自激条件的时域分析

# 11.3　敏感机理及特点

## 11.3.1　敏感机理

基于上述分析:对于谐振式传感器,从检测信号的角度,它的输出可以写为

$$x(t)=Af(\omega t+\phi) \tag{11.3.1}$$

式中　$A$——检测信号的幅值(V);

$\omega$——检测信号的角频率(rad/s);

$\phi$——检测信号的相位(°)。

$f(\cdot)$为归一化周期函数。当 $nT\leqslant t\leqslant(n+1)T$ 时,$|f(\cdot)|_{max}=1$;$T=2\pi/\omega$,为周期;$A$,$\omega$,$\phi$ 称为传感器检测信号 $x(t)$的特性参数;$\phi$ 具有 $2\pi(360°)$同余。

显然,只要被测量能较显著地改变检测信号 $x(t)$的某一特征参数,谐振式传感器就能通过检测上述特征参数来实现对被测量的检测。

在谐振式传感器中,目前应用最多的是检测角频率 $\omega$,如谐振筒压力传感器、谐振膜压力传感器等。

对于敏感幅值 $A$ 或相位 $\phi$ 的谐振式传感器,为提高测量精度,通常采用相对(参数)测量,即通过测量幅值比或相位差来实现,如谐振式质量流量传感器。

## 11.3.2　谐振式传感器的特点

综上所述,相对其他类型的传感器,谐振式传感器的本质特征与独特优势如下:

① 输出信号是周期的,被测量能够通过检测周期信号而解算出来。这一特征决定了谐振式传感器便于与计算机连接,便于远距离传输。

② 谐振式传感器是一个闭环自激系统。这一特征决定了该类传感器的输出自动跟踪输入。

③ 谐振式传感器的敏感元件处于谐振状态,即利用谐振子固有的谐振特性进行测量,决定其具有高的灵敏度和分辨率。

④ 相对于谐振子的振动能量,系统的功耗是极小量。这一特征决定了该类传感器的抗干扰性强,稳定性好。

# 11.4　频率输出谐振式传感器的测量方法比较

检测频率的谐振式传感器,其输出频率就是传感器闭环系统的输出方波信号的频率。信号频率的测量方法通常有两种:频率测量法和周期测量法。

频率测量法是测量1 s内出现的脉冲数,该脉冲数即为输入信号的频率(见图11.4.1)。传感器的矩形波脉冲信号被送入门电路,"门"的开关受标准钟频的定时控制,即用标准钟频信号CP(其周期为$T_{CP}$)作为门控信号。1 s内通过"门"的矩形波脉冲数$n_{in}$,就是输入信号的频率,即$f_{in}=n_{in}/T_{CP}$。

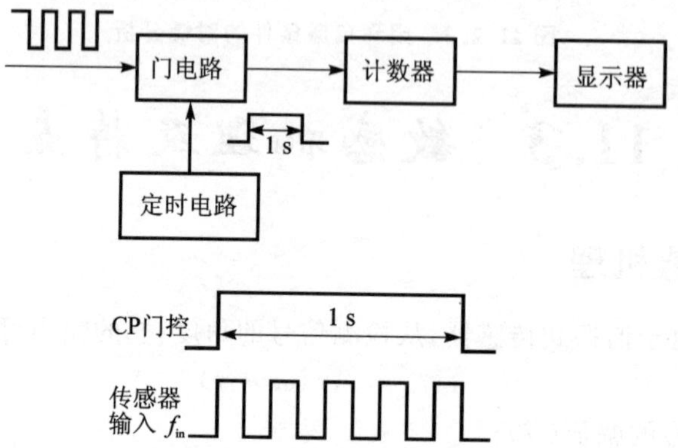


图 11.4.1 频率法测量电路

由于计数器不能计算周期的分数值,因此,若门控时间为1 s,则频率的误差为±1 Hz。如果传感器的频率从4 kHz变化到5 kHz(满量程压力变化),即$\Delta f=1$ kHz,则用此方法测量的传感器分辨率为0.1 %,测量时间是1 s。显然,这样的分辨率对于高精度的谐振式传感器是远远不够的。要想提高分辨率,就必须延长测量时间,但这样又将影响传感器的动态性能。因此,对于常规的谐振式传感器,若其输出频率的变化范围在音频(100 Hz~15 kHz)内,则不宜采用频率测量法;但对于高频信号,如在100 kHz以上时,可以考虑采用频率测量法。

周期测量法是测量重复信号完成一个循环所需的时间。周期是频率的倒数,其测量电路如图11.4.2所示。

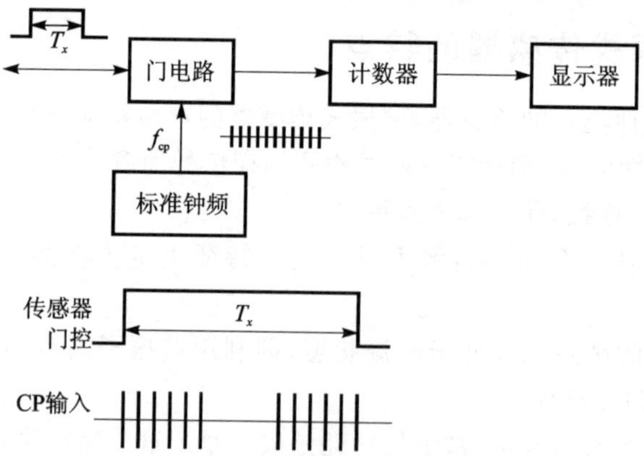


图 11.4.2 周期法测量电路

该电路用传感器输出作为门控信号。假设采用12 MHz标准频率信号作为输入端,如果传感器的输出为4 kHz,则计数器在每一输入脉冲周期内对时钟脉冲所计脉冲数为3 000 ($12\times10^6/(4\times10^3)=3\ 000$),测量周期$T_{in}=n_{in}/f_{CP}=3\ 000/(12\times10^6)$ ms$=0.25$ ms,即表示在0.25 ms测量时间内,传感器分辨率就可达0.1 %。这表明,对于上述测量需求,周期测量法所需时间只有频率法的 1/4 000。当把门控时间延长到 2.5 ms 或 25 ms 时，其分辨率达到 0.01 %或 0.001 %。

通过上述分析可知：对于常规的谐振式传感器，总是采用周期法测量。

# 11.5　谐振弦式压力传感器

## 11.5.1　结构与原理

图 11.5.1 为谐振弦式压力传感器的原理示意图。它由谐振弦、磁铁线圈组件和振弦夹紧机构等部件组成。

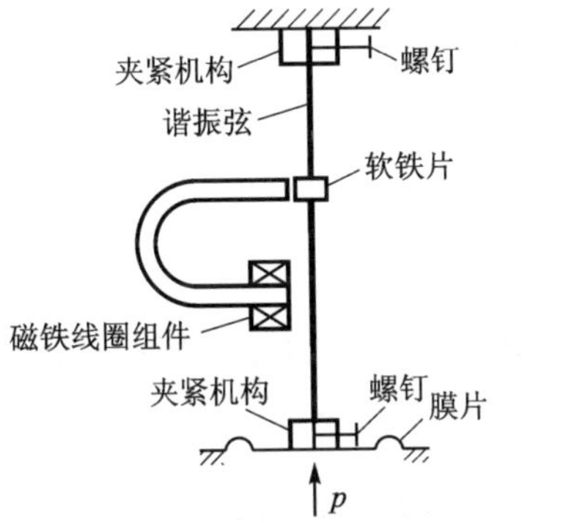


图 11.5.1　谐振弦式压力传感器原理示意图

振弦是一根弦丝或弦带。其上端用夹紧机构夹紧，并与壳体固连；其下端用夹紧机构夹紧，并与膜片的硬中心固连。振弦夹紧时加一固定的预紧力。

磁铁线圈组件产生激振力和检测振动频率。磁铁可以是永久磁铁和直流电磁铁。根据激振方式的不同，磁铁线圈组件可以是一个或两个。当用一个磁铁线圈组件时，线圈既是激振线圈，又是拾振线圈。当线圈中通以脉冲电流时，固定在振弦上的软铁片被磁铁吸住，对振弦施加激励力。当不加脉冲电流时，软铁片被释放，振弦以某一频率自由振动，从而在磁铁线圈组件中感应出与振弦频率相同的电势。由于空气阻尼的影响，振弦的自由振动逐渐衰减，故在激振线圈中加上与振弦固有频率相同的脉冲电流，以使振弦维持振动。

若被测压力不同，则加在振弦上的张紧力不同，振弦的等效刚度不同，因此振弦的固有频率不同。从而通过测量振弦的固有频率，就可以测出被测压力的大小。

## 11.5.2　特性方程

被测压力 $p$ 转换为作用于振弦上的张紧力可以描述为

$$T_{\mathrm{p}} = A_{\mathrm{eq}} p \qquad (11.5.1)$$

式中　$A_{\mathrm{eq}}$——膜片的等效面积($\mathrm{m}^2$)。

借助于式(3.3.24)，在压力 $p$ 作用下振弦的最低阶固有频率(Hz)为

$$f_{\mathrm{TR1}}(p) = \frac{1}{2L}\sqrt{\frac{T_0 + A_{\mathrm{ep}} p}{\rho_0}} \qquad (11.5.2)$$

式中　$T_0$——振弦的初始张紧力(N)；

$L$——振弦工作段长度(m)；

$\rho_0$——振弦单位长度的质量(kg/m)。

### 11.5.3 激励方式

图 11.5.2 给出了谐振弦式压力传感器的两种激励方式。图 11.5.2(a)为间歇式激励方式,图 11.5.2(b)为连续式激励方式。

在连续式激励方式中,有两个磁铁线圈组件:线圈 1 为激振线圈,线圈 2 为拾振线圈。线圈 2 的感应电势经放大后,一方面作为输出信号,另一方面又反馈到激振线圈 1。只要放大后的信号满足振弦系统振荡所需的幅值和相位条件,振弦就会维持振动。

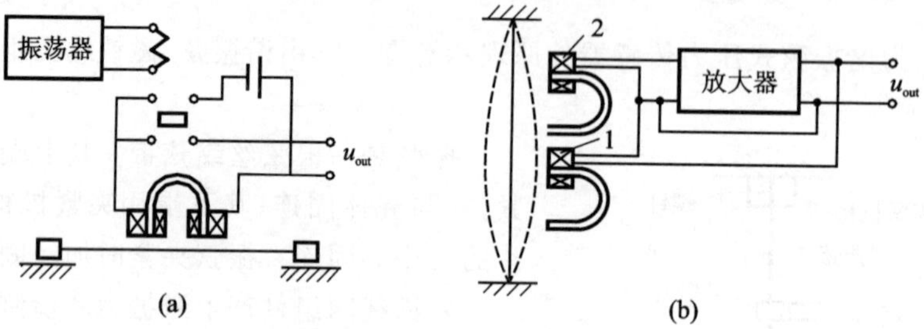


**图 11.5.2 振弦的激励方式**

振弦式压力传感器具有灵敏度高、测量精确度高、结构简单、体积小、功耗低和惯性小等优点,故广泛用于压力测量中。

## 11.6 谐振筒式压力传感器

### 11.6.1 结构与原理

图 11.6.1 为谐振筒式压力传感器的原理示意图。它由传感器本体和激励放大器两部分组成。

传感器本体由工作于谐振状态的圆柱薄壁壳体(又称谐振筒)、激振线圈和拾振线圈组成。该传感器是绝压传感器,所以谐振筒与壳体间为真空。谐振筒由车削或旋压拉伸而成型,再经过严格的热处理工艺制成。其材料通常为 3J53 或 3J58 恒弹合金(国外称 Ni-Span-C)。谐振筒的典型尺寸是:直径为 16～18 mm、壁厚度为 0.07～0.08 mm 以及有效长度为 45～60 mm。一般要求其 $Q$ 值大于 5 000。

根据谐振筒的结构特点及参数范围,图 11.6.2 给出了其可能具有的谐振振型。其中(a)为谐振筒圆周方向的振型;(b)为谐振筒母线方向的振型。图中 $m$ 为沿谐振筒母线方向振型的半波数,$n$ 为沿谐振筒圆周方向振型的整(周)波数。

图 11.6.3 为谐振振型与应变能间的关系示意图。其中(a)为最低固有频率随周向波数 $n$ 的变化曲线;(b)为拉伸和弯曲应变能 $E$ 与 $n$ 的关系曲线。由图 11.6.3 可看出:当 $m=1$ 时,$n$ 在 3～4 间所需的应变能最小,故谐振筒压力传感器设计时一般都选择 $m=1$,$n=4$。

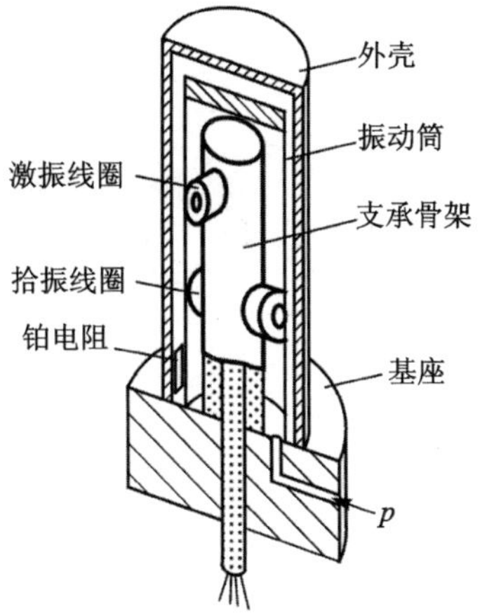


图 11.6.1 谐振筒式压力传感器原理示意图

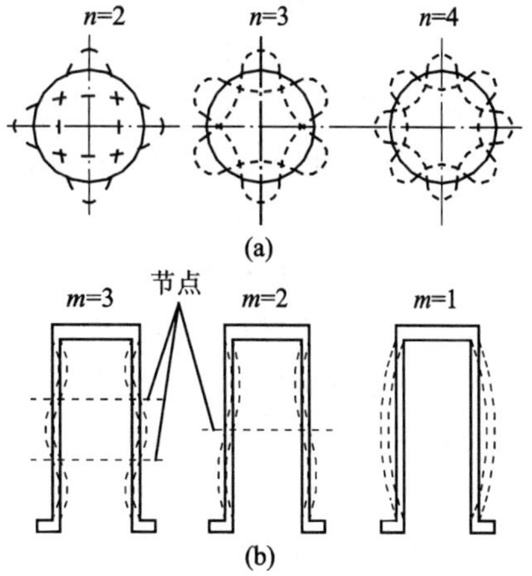


图 11.6.2 谐振筒可能具有的振动振型

当通入谐振筒的被测压力不同时，谐振筒的等效刚度不同，因此谐振筒的固有频率不同，从而通过测量谐振筒的固有频率就可以测出被测压力的大小。

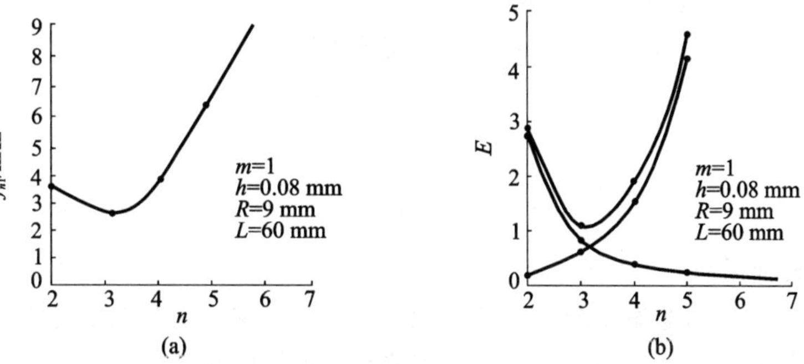


图 11.6.3 振动模式与应变能 $E$ 间的关系

## 11.6.2 特性方程

式(3.3.94)，式(3.3.95)提供了计算谐振筒内的压力 $p$ 与所对应的固有频率间关系的近似计算公式，重写如下：

$$f_{nm}(p) = f_{nm}(0)\sqrt{1+C_{nm}p}$$

$$f_{nm}(0) = \frac{1}{2\pi}\sqrt{\frac{E}{\rho R^2(1-\mu)^2}}\sqrt{\Omega_{nm}}$$

$$\Omega_{nm} = \frac{(1-\mu)^2\lambda^4}{(\lambda^2+n^2)^2} + \alpha(\lambda^2+n^2)^2$$

$$C_{nm} = \frac{0.5\lambda^2+n^2}{4\pi^2 f_{nm}^2(0)\rho Rh}$$

$$\lambda = \frac{\pi Rm}{L}$$

$$\alpha = \frac{h^2}{12R^2}$$

式中 $f_{nm}(0)$——压力为零时谐振筒所具有的固有频率(Hz);

$p$——被测压力(Pa);

$m$——振型沿谐振筒母线方向的半波数($1 \leqslant m$);

$n$——振型沿谐振筒圆周方向的整波数($2 \leqslant n$);

$C_{nm}$——与谐振筒材料、物理参数和振动振型波数等有关的系数($Pa^{-1}$);

$\rho$——谐振筒材料的密度($kg/m^3$);

$\mu$——谐振筒材料的泊松比;

$E$——谐振筒材料的弹性模量(Pa);

$R$——谐振筒中柱面的半径(m);

$L$——谐振筒工作部分的长度(m);

$h$——谐振筒筒壁的厚度(m)。

### 11.6.3 激励方式

激振线圈和拾振线圈都由铁芯和线圈组成。为了尽可能减小它们间的电磁耦合,设置它们相互垂直,且在芯子上相距一定的距离。激振线圈的铁芯为软铁;拾振线圈的铁芯为磁钢。拾振线圈的输出电压与谐振筒的谐振速度成正比;激振线圈的激振力 $f_B(t)$ 与线圈中流过的电流的平方成正比。因此,若线圈中通入的是交流电流 $i(t)$,有

$$i(t) = I_m \sin \omega t \tag{11.6.1}$$

则激振力为

$$f_B(t) = K_f i^2(t) = K_f I_m^2 \sin^2 \omega t = \frac{1}{2} K_f I_m^2 (1 - \cos 2\omega t) \tag{11.6.2}$$

式中 $K_f$——转换系数($N/A^2$)。

由式(11.6.2)可知,激振线圈产生的激振力 $f_B(t)$ 中交变力的角频率是激振电流角频率的2倍,这是谐振式传感器中不允许的。为了使它们保持同频关系,应在线圈中通入一定的直流电流 $I_0$,即激励电流为

$$i(t) = I_0 + I_m \sin \omega t \tag{11.6.3}$$

这时

$$f_B(t) = K_f (I_0 + I_m \sin \omega t)^2 = K_f \left( I_0^2 + \frac{1}{2} I_m^2 + 2 I_0 I_m \sin \omega t - \frac{1}{2} I_m^2 \cos 2\omega t \right) \tag{11.6.4}$$

当满足 $I_m \ll I_0$ 时,由式(11.6.4)可以看出:此时激振线圈所产生的激振力 $f_B(t)$ 中,交变力的主要成分是与激振电流 $i(t)$ 同频率的分量。由此可见,要使电磁激振的谐振筒式传感器正常工作,激振线圈中必须通入一定的直流电流 $I_0$,且应保证 $I_0$ 大于所通交流分量幅值 $I_m$。

对于电磁激励方式,要防止外界磁场对传感器的干扰,应当把维持振荡的电磁装置屏蔽起来。通常可用高导磁率合金材料制成同轴外筒,即可达到屏蔽目的。

除了电磁激励方式外,也可以采用压电激励方式。利用压电换能元件的正压电特性检测谐振筒的振动,逆压电特性产生激振力;采用电荷放大器构成闭环自激电路。压电激励的谐振筒压力传感器在结构、体积、功耗、抗干扰能力和生产成本等方面优于电磁激励方式,但传感器的迟滞可能稍高些。

## 11.6.4　特性的解算

谐振式压力传感器的输出是准数字频率信号，稳定性高，不受传递信息的影响，可以用一般数字频率计读出，但是不能直接显示压力值。这是由于输出频率与被测压力不成线性关系之故(见式(3.3.94))，一般具有图 11.6.4 的特性。当压力为零时，有一较高的初始频率；随着被测压力增加，频率增加，输出显示值与被测压力之间的“非线性误差”太大，不便于判读。为此要对传感器的输出进行“线性化”处理。

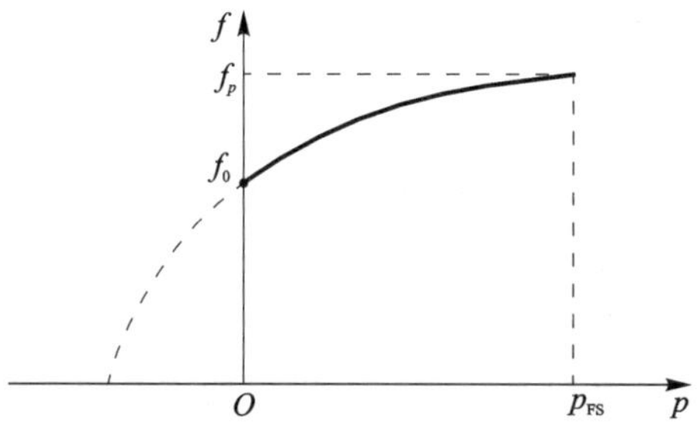


图 11.6.4　谐振筒式压力传感器的频率压力特性

谐振筒式压力传感器的线性化主要采用软件补偿方案。通常有两种：一种是利用测控系统已有的计算机，通过解算，直接把传感器的输出转换为经修正的所需要的工程单位，由外部设备直接显示出被测值或记录下来；另一种是利用专用微处理器，通过可编程的存储器，把测试数据存储在内存中，通过查表方法和插值公式找出被测压力值。

谐振筒式压力传感器存在着温度误差。该传感器通过两种不同途径受到温度的影响：

① 温度对谐振筒金属材料的影响。材料的弹性模量 $E$ 随温度而变化，谐振筒的几何参数如长度、厚度和半径等也随温度略有变化，但因采用的是恒弹材料，这些影响相对比较小。

② 温度对被测气体密度的影响。测量过程中，被测气体充满筒内空间，气体质量随气体压力和温度而变化。当谐振筒振动时，其内部的气体也随筒一起振动，气体质量必然附加在筒的质量上。气体密度的变化将引起测量误差。气体密度 $\rho_{gas}$ 可用下式表示，即

$$\rho_{gas} = K_{gas}\frac{p}{T} \tag{11.6.5}$$

式中　$p$——待测压力(Pa)；

$T$——绝对温度(K)；

$K_{gas}$——取决于气体成分的系数($m^{-2}\cdot s^2\cdot K$)。

可见，在谐振筒式压力传感器中，气体密度的影响表现为温度误差。实际测试表明，在 −55～125 ℃温度范围内，输出频率的变化约为 2 %，即温度误差约为 0.01 %/℃。在高精度测量的场合，必须进行温度补偿。

温度误差补偿方法目前实用的有以下两种：

方法之一是采用石英晶体作为温度传感器，与谐振筒压力传感器封装在一起，感受相同的环境温度。石英晶体是按具有最大温度效应的方向切割成的。石英晶体温度传感器的输出频率与温度成单值函数关系，输出频率量可以与解算电路一起处理，使压力传感器在 −55～125 ℃温度范围内工作的综合误差不超过 0.01 %。

方法之二是用一只半导体二极管作为感温元件，利用其偏置电压随温度而变化的原理进行传感器的温度补偿。二极管安装在传感器底座上，与压力传感器感受相同的环境温度。二极管的偏置电压灵敏度可达 −2 mV/℃，感温灵敏度比热电偶高 30～40 倍，而且其电压变化与温度近似是直线关系(参见 7.4 节)。当然，也可以采用铂电阻测温，进行温度补偿(参见图 11.6.1)。

通过对谐振筒式压力传感器在不同温度和不同压力值下的测试,可以得到对应于不同压力下的传感器的温度误差特性。利用这一特性,可以对传感器温度误差进行修正,以达到预期的测量精度。

此外,也可以采用“双模态”技术来减小谐振筒压力传感器的温度误差。谐振筒的21次模($n=2,m=1$)的频率、压力特性变化非常小;41次模($n=4,m=1$)的频率、压力特性变化比较大。同时,温度对上述两个不同振动模态的频率特性影响规律比较接近。因此,当选择上述两个模态作为谐振筒的工作模态时,可以采用“差动检测”原理来改善谐振筒压力传感器的温度误差。当谐振筒采用“双模态”工作方式时,对其加工工艺、激振及拾振方式、放大电路和信号处理等方面都提出了更高的要求。

谐振筒式压力传感器的精度比一般模拟量输出的压力传感器高1~2个数量级、重复性高、工作极其可靠、长期稳定性好,尤其适宜于比较恶劣的环境条件。实测表明,该传感器在100 $m/s^2$ 振动加速度作用下,满量程输出误差仅为0.004 5 %;电源电压波动20 %时,满量程输出误差仅为0.001 5 %。由于这一系列独特的优点,近年来,高性能超声速飞机上已装备了谐振筒压力传感器,可获得飞行中的高度和速度;经计算机直接解算可以得到大气数据参数。同时,它还可以作压力测试的标准仪器,也可用来代替无汞压力计。

# 11.7 谐振膜式压力传感器

## 11.7.1 结构与原理

图11.7.1为谐振膜式压力传感器的原理图。周边固支的圆平膜片是谐振弹性敏感元件,在膜片中心处安装激振电磁线圈。膜片的边缘贴有半导体应变元件以拾取其振动。在传感器的基座上装有引压管嘴。传感器的参考压力腔和被测压力腔以膜片分隔。

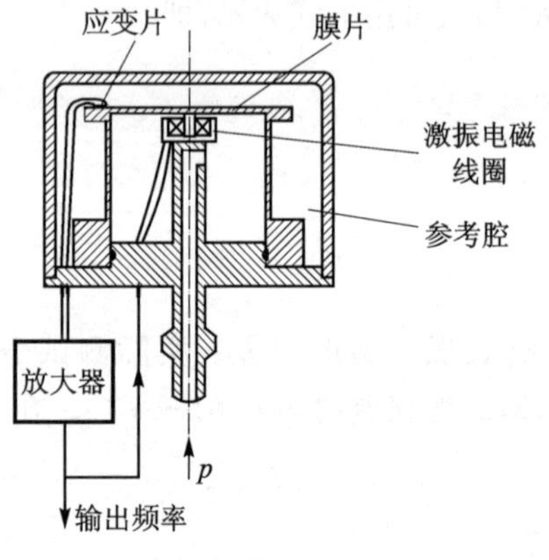


**图11.7.1 谐振膜式压力传感器原理示意图**

振膜式压力传感器的工作原理与谐振筒式压力传感器的工作原理一样,是利用振膜的固有频率随被测压力而变化来测量压力的。

当圆膜片受激振力后,以其固有频率振动。当被测压力变化时,引起圆膜片的刚度变化,导致固有频率发生相应的变化;同时,圆膜片振动使其边缘处的应力发生周期性变化,因而通过半导体应变片实现检测圆平膜片的振动信号,经电桥输出信号,送至放大电路。该信号一方面反馈到激振线圈,以维持膜片振动,另一方面经整形后输出方波信号给后续测量电路。

振膜式压力传感器同样具有很高的精度,也作为关键传感器应用于高性能超声速飞机上。与谐振筒式压力传感器相比,振动膜弹性敏感元件的频率、压力特性稳定性高、测量灵敏度高、体积小、质量小、结构简单,但加工难度要大些。

### 11.7.2　特性方程

3.3.5 节提供了计算圆平膜片最低阶固有频率(Hz)的近似公式，可描述如下：

$$f_{\mathrm{R,B1}}(p) = \frac{0.469H}{R^2}\sqrt{\frac{E}{\rho(1-\mu)^2}}\sqrt{1+\frac{(1+\mu)(173-73\mu)}{120}(\overline{W}_{\mathrm{R,max}})^2} \tag{11.7.1}$$

$$p = \frac{16E}{3(1-\mu^2)}\left(\frac{H}{R}\right)^4\left[\overline{W}_{\mathrm{R,max}} + \frac{(1+\mu)(173-73\mu)}{360}(\overline{W}_{\mathrm{R,max}})^3\right] \tag{11.7.2}$$

应当指出：计算圆平膜片在不同压力下的最低阶固有频率 $f_{\mathrm{R,B1}}(p)$时，应首先由式(11.7.2)计算出压力 $p$ 对应的圆平膜片的最大法向位移与其厚度之比 $\overline{W}_{\mathrm{R,max}}$，然后将 $\overline{W}_{\mathrm{R,max}}$ 代入式(11.7.1)再计算。利用上述模型，基于被测压力范围与圆平膜片适当的频率相对变化率，即可设计圆平膜片的几何结构参数，即半径 $R$ 和厚度 $H$。

## 11.8　石英谐振梁式压力传感器

上述三种谐振式压力传感器，由于均用金属材料做振动敏感元件，因此材料性能的长期稳定性、老化和蠕变都可能造成频率漂移，而且易受电磁场的干扰和环境振动的影响，因此实现零点和灵敏度稳定有一定难度。

石英晶体具有稳定的固有振动频率，当强迫振动等于其固有振动频率时，便产生谐振。利用这一特性可制成石英晶体谐振器，用不同几何参数和不同振动模式可做成几 kHz 到几百 MHz 的石英谐振器。

由于石英谐振器的机械品质因数非常高，固有频率高，频带很窄，故对抑制干扰和减少相角偏差所引起的频率误差很有利。当用其做成石英谐振式压力传感器时，精度和稳定性均很高，而且动态响应好，是一种综合性能很高的压力传感器。最大的不足是石英的加工比较困难，传感器价格昂贵。

### 11.8.1　结构与原理

图 11.8.1 给出了由石英晶体谐振器构成的振梁式压力传感器。两个相对的波纹管用来接受输入压力 $p_1$，$p_2$，作用在波纹管有效面积上的压力差产生一个合力，形成了一个绕支点的力矩。该力矩由石英晶体谐振梁(参见图 11.8.2)的拉伸力或压缩力来平衡，这样就改变了石英晶体的谐振频率。频率的变化是被测压力的单值函数，从而达到了测量目的。

图 11.8.2 为石英谐振梁及其隔离结构的整体示意图。石英谐振梁是该压力传感器的敏感元件，横跨在图 11.8.2 所示结构的正中央。谐振梁两端的隔离结构的作用是防止反作用力和力矩造成基座上的能量损失，从而使品质因数 $Q$ 值降低；同时，不让外界的有害干扰传递进来，以防降低稳定性，影响谐振器的性能。梁的形状选择应使其成为一种以弯曲方式振动的双端固支梁，这种形状感受力的灵敏度高。

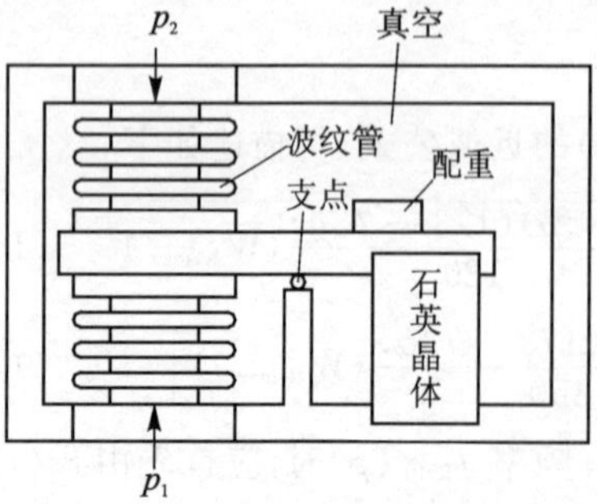


图 11.8.1　石英谐振梁式压力传感器原理示意图

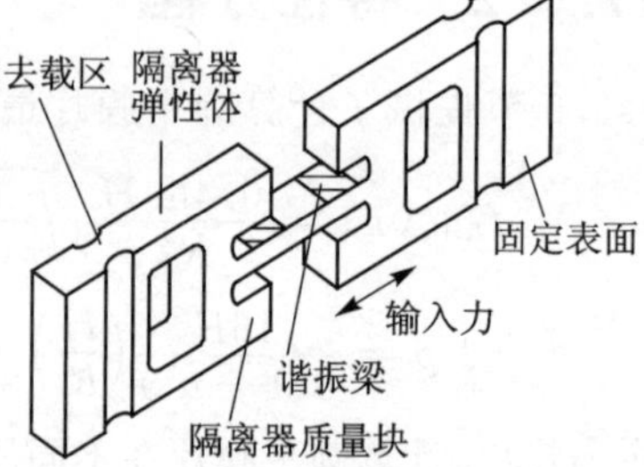


图 11.8.2　梁式石英晶体谐振器

在谐振梁的上、下两面蒸发沉积着四个电极。利用石英晶体自身的压电效应，当四个电极加上电场后，梁在一阶弯曲振动状态下起振。未输入压力时，其自然谐振频率主要决定于梁的几何形状和结构。当电场加到梁晶体上时，矩形梁变成平行四边形梁，如图 11.8.3 所示。梁歪斜的形状取决于所加电场的极性。当斜对着的一组电极与另一组电极的极性相反时，梁呈一阶弯曲状态；一旦变换电场极性，梁就朝相反方向弯曲。这样，当用一个维持振荡电路代替所加电场时，梁就会发生谐振，并由测量电路维持振荡。

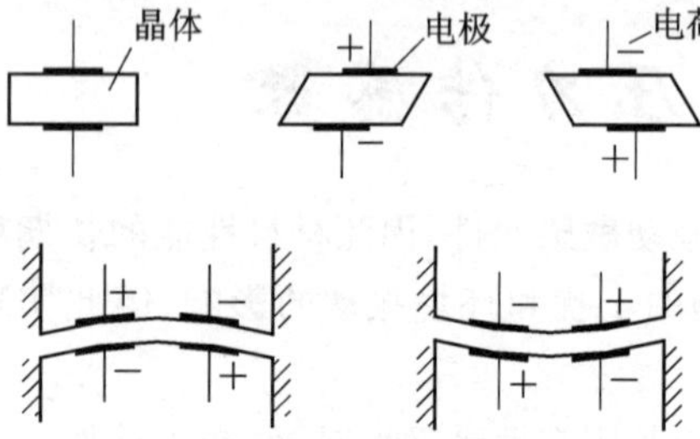


图 11.8.3　谐振梁振动模式

当输入压力 $p_1 < p_2$ 时，谐振梁受拉伸力(见图 11.8.1、图 11.8.2)，梁的刚度增加，谐振频率上升；反之，当输入压力 $p_2 < p_1$ 时，振动梁受压缩力，谐振频率下降。因此，输出频率的变化反映了输入压力的大小。

波纹管采用高纯度材料经特殊加工制成，其作用是把输入压力差转换为振动梁上的轴向力(沿梁的长度方向)。为了提高测量精度，波纹管的迟滞要小。

当石英晶体谐振器的形状、几何参数和位置决定后，配重可以调节运动组件的重心与支点重合。在受到外界加速度干扰时，配重还有补偿加速度的作用，因其力臂几乎是零，使得谐振器仅仅感受压力引起的力矩，而对其他外力不敏感。

## 11.8.2　特性方程

根据图 11.8.1 的结构，输入压力 $p_1$，$p_2$ 转换为梁所受到的轴向力的关系为

$$T_x = \frac{L_1}{L_2}(p_2 - p_1)A_{eq} = \frac{L_1}{L_2}\Delta p A_{eq} \tag{11.8.1}$$

式中　$A_{eq}$——波纹管的有效面积($m^2$)；

$\Delta p$——压力差(Pa)，$\Delta p = p_2 - p_1$；

$L_1$——波纹管到支承点的距离(m)；

$L_2$——谐振梁到支承点的距离(m)。

借助于式(3.3.40)，式(3.3.42)，结合式(11.8.1)可知：压力差 $\Delta p$ 使梁受有轴向作用力 $T_x$；在力 $T_x$ 作用下，其最低阶(一阶)固有频率与压力差 $\Delta p$ 的关系为

$$f_{B1}(\Delta p) = f_{B1}\sqrt{1 + 0.294\,9\frac{T_x L^2}{Ebh^3}} = f_{B1}\sqrt{1 + 0.294\,9\frac{L_1}{L_2}\cdot\frac{\Delta p A_{eq}}{Ebh}\cdot\frac{L^2}{h^2}} \tag{11.8.2}$$

$$f_{B1}=\frac{4.730^2h}{2\pi L^2}\sqrt{\frac{E}{12\rho}} \tag{11.8.3}$$

式中　$f_{B1}(\Delta p)$——压力差 $\Delta p$ 作用下谐振梁的一阶弯曲固有频率(Hz)；

$f_{B1}$——零压力差时谐振梁的一阶弯曲固有频率(Hz)；

$\rho$——梁材料的密度(kg/m$^3$)；

$\mu$——梁材料的泊松比；

$E$——梁材料的弹性模量(Pa)；

$L$——谐振梁工作部分的长度(m)；

$b$——谐振梁的宽度(m)；

$h$——谐振梁的厚度(m)。

这种传感器有许多优点，对温度、振动和加速度等外界干扰不敏感。有实测数据表明：其灵敏度温漂为 $4\times10^{-5}\%/℃$，加速度灵敏度为 $8\times10^{-5}\%/(m\cdot s^{-2})$，稳定性好、体积小(2.5 cm×4 cm×4 cm)、质量小(约 0.7 kg)、$Q$ 值高(达 40 000)。这种传感器目前已用于大气数据系统、喷气发动机试验、数字程序控制及压力二次标准仪表等。

# 11.9　谐振式科里奥利直接质量流量传感器

## 11.9.1　结构与工作原理

图 11.9.1 为以典型的 U 形结构的测量管为敏感元件的谐振式科里奥利直接质量流量传感器 CMF(Coriolis massflow meter)的结构及其工作原理示意图。激励单元 E 使一对平行的 U 形管作一阶弯曲主振动，建立传感器的工作点。当管内流过质量流量时，由于科氏效应(Coriolis effect)的作用，使 U 形管产生关于中心对称轴的一阶扭转“副振动”。该一阶扭转“副振动”相当于 U 形管自身的二阶弯曲振动(参见图 11.9.2，(a)为一阶，(b)为二阶)。同时，

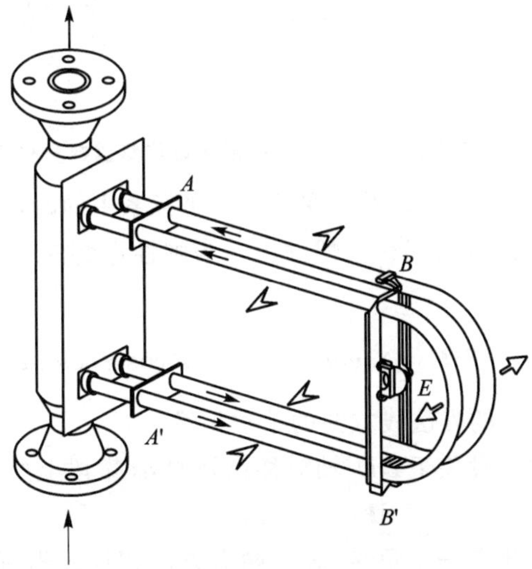


$B$,$B'$—测量元件；$E$—激励单元；　← —流体流动方向；　⇦—主振动；　≺ —副振动

**图 11.9.1　U 形管式谐振式直接质量流量传感器结构示意图**

该“副振动”直接与所流过的“质量流量(kg/s)”成比例。因此,通过 $B,B'$ 两点处的测量元件检测U形管的“合成振动”,就可以直接得到流体的质量流量。

图11.9.3给出了U形管质量流量传感器的数学模型。谐振子在激励器的激励下,产生绕 $CC'$ 轴的弯曲主振动,可写为

$$x(s,t)=A(s)\sin\omega t \tag{11.9.1}$$

式中　$\omega$——系统的主振动角频率(rad/s),由包括弹性弯管、弹性支承在内的谐振子整体结构决定;

$A(s)$——对应于 $\omega$ 的主振型;

$s$——沿管子轴线方向的曲线坐标。

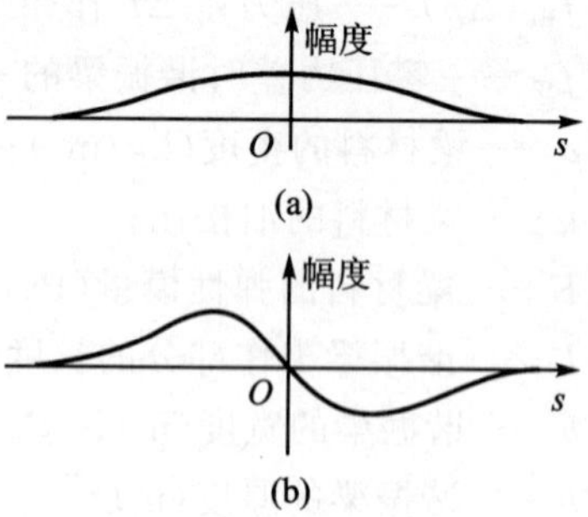


**图11.9.2　U形管一、二阶弯曲振动振型示意图**

管子的振动可以看成绕 $CC'$ 轴的转动,当然这个等效的转动也是周期性的。于是弹性弯管绕 $CC'$ 轴的角速度为

$$\Omega(s,t)=\frac{\mathrm{d}x(s,t)}{\mathrm{d}t}\cdot\frac{1}{x(s)}=\frac{A(s)}{x(s)}\omega\cos\omega t \tag{11.9.2}$$

式中　$x(s)$——管子上任一点到 $CC'$ 轴的距离(m)。

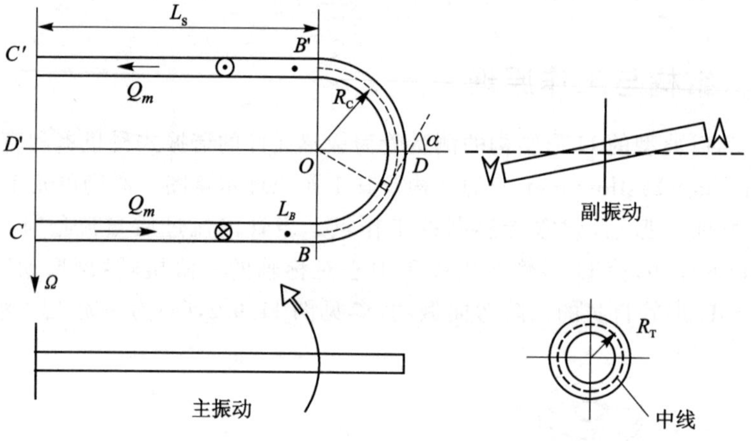


**图11.9.3　U形管式谐振式直接质量流量传感器数学模型**

当流体以速度 $\boldsymbol{v}$ 在管中流动时,可以看成在转动的坐标系中同时伴随着相对线运动,于是便产生了科氏加速度。科氏加速度引起科氏惯性力。当弹性弯管向正向振动时,在 $CBD$ 段,$\mathrm{d}s$ 微段上所受的科氏力为

$$\mathrm{d}\boldsymbol{F}_C=-\boldsymbol{a}_C\mathrm{d}m=-2\boldsymbol{\Omega}(s)\times\boldsymbol{v}\mathrm{d}m=-2Q_m\omega\cos\alpha\cos\omega t\frac{A(s)}{x(s)}\mathrm{d}s\boldsymbol{n} \tag{11.9.3}$$

式中　$\boldsymbol{n}$——垂直于U形管平面的外法线方向的单位矢量。

同样,在 $C'B'D$ 段,与 $CBD$ 段关于 $DD'$ 轴对称点处的 $\mathrm{d}s$ 微段上所受的科氏力为

$$\mathrm{d}\boldsymbol{F}'_C=-\mathrm{d}\boldsymbol{F}_C \tag{11.9.4}$$

式(11.9.3)与式(11.9.4)相差一个负号,表示两者方向相反。当有流体流过振动的谐振子时,在 $\mathrm{d}\boldsymbol{F}_C$ 和 $\mathrm{d}\boldsymbol{F}'_C$ 的作用下,将产生对 $DD'$ 轴的力偶,即

$$\boldsymbol{M} = \int 2\mathrm{d}\boldsymbol{F}_{\mathrm{C}} \times \boldsymbol{r}(s) \tag{11.9.5}$$

式中　$\boldsymbol{r}(s)$——微元体到轴 $DD'$ 的距离(m)。

由式(11.9.3),式(11.9.5)得

$$M = 2Q_m\omega\cos\alpha\cos\omega t\int\frac{A(s)r(s)}{x(x)}\mathrm{d}s \tag{11.9.6}$$

式中　$Q_m$——流体流过管子的质量流量(kg/s);

$\alpha$——流体的速度方向与 $DD'$ 轴的夹角,在直线段 $\alpha=0$,在圆弧段,如图 11.9.3 所示。

科氏效应引起的力偶将使谐振子产生一个绕 $DD'$ 轴的扭转运动。相对于谐振子的主振动而言,它称为“副振动”。其运动方程可写为

$$x_1(t) = B_1(s)Q_m\omega\cos(\omega t+\varphi) \tag{11.9.7}$$

式中　$B_1(s)$——副振动响应的灵敏系数($\mathrm{m\cdot s^2/kg}$),与敏感结构、参数以及检测点所处的位置有关;

$\varphi$——副振动响应对扭转力偶的相位变化。

根据上述分析,当有流体流过管子时,谐振子的 $B,B'$ 两点处的振动方程可以分别写为

$B$ 点处:

$$S_B = A(L_B)\sin\omega t - B_1(L_B)Q_m\omega\cos(\omega t+\varphi) = A_1\sin(\omega t+\varphi_1) \tag{11.9.8}$$

$$A_1 = [A^2(L_B)+Q_m^2\omega^2B_1^2(L_B)+2A(L_B)Q_m\omega B_1(L_B)\sin\varphi]^{0.5}$$

$$\varphi_1 = -\arctan\frac{Q_m\omega B_1(L_B)\cos\varphi}{A(L_B)+Q_m\omega B_1(L_B)\sin\varphi}$$

$B'$ 点处:

$$S_{B'} = A(L_B)\sin\omega t + B_1(L_B)Q_m\omega\cos(\omega t+\varphi) = A_2\sin(\omega t+\varphi_2) \tag{11.9.9}$$

$$A_2 = [A^2(L_B)+Q_m^2\omega^2B_1(L_B)-2A(L_B)Q_m\omega B_1(L_B)\sin\varphi]^{0.5}$$

$$\varphi_2 = \arctan\frac{Q_m\omega B_0(L_B)\cos\varphi}{A(L_B)-Q_m\omega B_1(L_B)\sin\varphi}$$

式中　$L_B$——$B$ 点在轴线方向的坐标值(m)。

于是 $B,B'$ 两点信号 $S_B,S_{B'}$ 之间产生了相位差 $\varphi_{BB'}=\varphi_2-\varphi_1$,见图 11.9.4。由式(11.9.8)和式(11.9.9)得

$$\tan\varphi_{BB'} = \frac{2A(L_B)Q_mB_1(L_B)\omega\cos\varphi}{A^2(L_B)-Q_m^2B_1^2(L_B)\omega^2} \tag{11.9.10}$$

实用中总有 $Q_m^2B_1^2(L_B)\omega^2 \ll A^2(L_B)$,于是式(11.9.10)可写为

$$Q_m = \frac{A(L_B)\tan\varphi_{BB'}}{2B_1(L_B)\,\omega\cos\varphi} \tag{11.9.11}$$

式(11.9.11)便是基于 $S_B,S_{B'}$ 相位差 $\varphi_{BB'}$ 直接解算质量流量 $Q_m$ 的基本方程。由式(11.9.11)可知:若 $\varphi_{BB'}\leqslant 5^\circ$,有

$$\tan\varphi_{BB'} \approx \varphi_{BB'} = \omega\Delta t_{BB'} \tag{11.9.12}$$

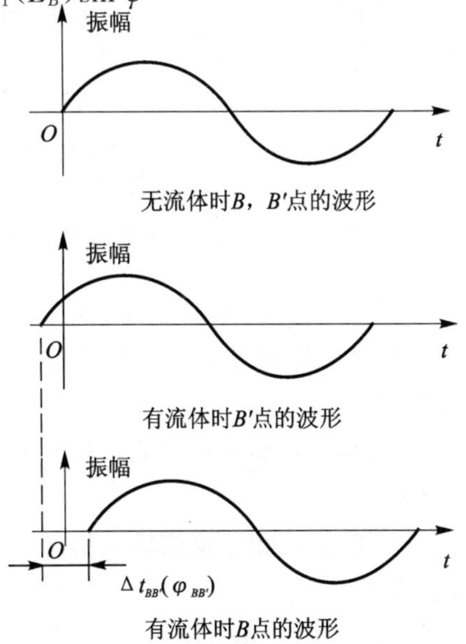


图 11.9.4　$B,B'$ 两点信号示意图

则

$$Q_m = \frac{A(L_B)\Delta t_{BB'}}{2B_1(L_B)\cos\varphi} \tag{11.9.13}$$

这时质量流量 $Q_m$ 与弹性结构的振动频率无关，而只与 $B$,$B'$ 两点信号的时间差 $\Delta t_{BB'}$ 成正比。这也是该类传感器非常好的一个优点。但由于它与 $\cos\varphi$ 有关，故实际测量时会带来一定误差，同时检测的实时性也不理想。因此可以考虑采用幅值比检测的方法。

由式(11.9.8)，式(11.9.9)得

$$S_{B'} - S_B = 2B_1(L_B)Q_m\omega\cos(\omega t + \varphi) \tag{11.9.14}$$

$$S_{B'} + S_B = 2A(L_B)\sin\omega t \tag{11.9.15}$$

设 $R_a$ 为 $S_{B'} - S_B$ 和 $S_{B'} + S_B$ 的幅值比，则

$$Q_m = \frac{R_a A(L_B)}{B_1(L_B)\omega} \tag{11.9.16}$$

式(11.9.16)就是基于 $B$,$B'$ 两点信号"差"与"和"的幅值比 $R_a$ 而直接解算 $Q_m$ 的基本方程。

## 11.9.2 信号检测电路

基于以上理论分析，谐振式直接质量流量传感器输出信号检测的关键，是对两路同频率周期信号的相位差(时间差)或幅值比的测量。图 11.9.5 给出了一种检测幅值比的原理电路。其中 $u_{i1}$ 和 $u_{i2}$ 是质量流量传感器输出的两路信号。单片机通过对两路信号的幅值检测传感器算出幅值比，进而求出流体的质量流量。

图 11.9.6 给出了周期信号幅值检测的原理电路。利用二极管正向导通、反向截止的特性对交流信号进行整流，利用电容的保持特性获取信号幅值。

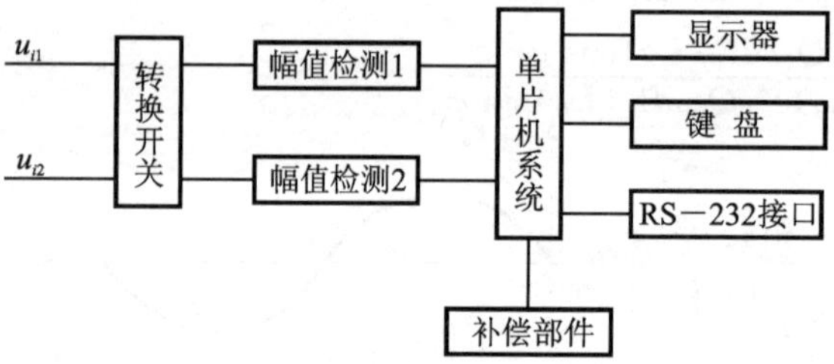


图 11.9.5 信号检测系统总体设计图

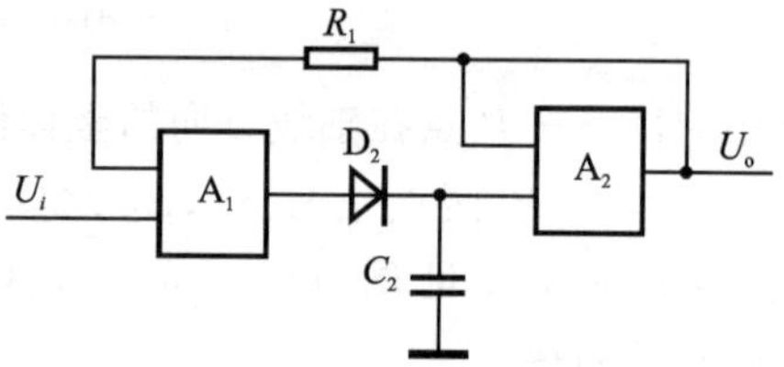


图 11.9.6 周期信号幅值检测电路

对图 11.9.5 给出的电路，两路幅值检测部件的对称性越好，系统的精度就越高。为了减小由于器件的原因可能产生的不对称带来的影响，在幅值测量及幅值比测量过程中，可以按以下步骤进行。

① 用幅值检测 1 检测输入信号 $u_{i1}$ 的幅值，记为 $A_{11}$；用幅值检测 2 检测输入信号 $u_{i2}$ 的幅值，记为 $A_{22}$。

② 用幅值检测 2 检测输入信号 $u_{i1}$ 的幅值，记为 $A_{12}$；用幅值检测 1 检测输入信号 $u_{i2}$ 的幅值，记为 $A_{21}$。

③ $B_1 = A_{11} + A_{12}$，$B_2 = A_{21} + A_{22}$，用 $C = B_1/B_2$ 作为输入信号的幅值比。

这样就抵消了部分因器件的原因引起的误差。这是靠牺牲时间来换取精度的措施。

此外，根据前面的分析可知：传感器输出的两路正弦信号，其中一路是基准参考信号，在整个工作过程中会有微小的漂移，不会有大幅度的变化；另一路的输出和质量流量存在着函数关系，所以利用这两路信号的比值解算也可以消除某些环境因素引起的误差，如电源波动等。同时，检测周期信号的幅值比还具有较好的实时性和连续性。

### 11.9.3　密度的测量

基于图 11.9.1 所示的谐振式直接质量流量传感器的结构与工作原理，测量管弹性系统的等效刚度可以描述为

$$k = k(E,\mu,L,R_C,R_f,h) = E \cdot k_0(\mu,L,R_C,R_f,h) \tag{11.9.17}$$

式中　$k(\cdot)$——描述弹性系统等效刚度的函数；

$E$——测量管材料的弹性模量(Pa)；

$\mu$——测量管材料的泊松比；

$R$——U 形测量管圆弧部分的中轴线半径(m)；

$L$——U 形测量管直段工作部分的长度(m)；

$R_f$——测量管的内半径(m)；

$h$——测量管的壁厚(m)。

测量管弹性系统的等效质量可以描述为

$$m = m(\rho,L,R_C,R_f,h) = \rho \cdot m_0(L,R_C,R_f,h) \tag{11.9.18}$$

式中　$m(\cdot)$——描述弹性系统等效质量的函数；

$\rho$——测量管材料的密度(kg/m$^3$)。

流体流过测量管引起的附加等效质量可以描述为

$$m_f = m_f(\rho_f,L,R_C,R_f) = \rho_f \cdot m_{f0}(L,R_C,R_f) \tag{11.9.19}$$

式中　$m_f(\cdot)$——描述流体流过测量管引起的附加等效质量的函数；

$\rho_f$——流体密度(kg/m$^3$)。

于是，在流体充满测量管的情况下(实际测量情况)，系统的固有角频率(rad/s)为

$$\omega_f = \sqrt{\frac{k}{m+m_f}} = \sqrt{\frac{E \cdot k_0(\mu,L,R_C,R_f,h)}{\rho \cdot m_0(L,R_C,R_f,h) + \rho_f \cdot m_{f0}(L,R_C,R_f)}} \tag{11.9.20}$$

式(11.9.20)描述了系统的固有频率与测量管结构参数、材料参数及流体密度的函数关系，揭示了谐振式直接质量流量传感器同时实现流体密度测量的机理。

由式(11.9.20)可知：当测量管没有流体时(即空管)，有如下关系：

$$\omega_0^2 = \frac{k}{m} \tag{11.9.21}$$

结合式(11.9.17)～(11.9.21)可得

$$\rho_f = K_D\left(\frac{\omega_0^2}{\omega_f^2} - 1\right) \tag{11.9.22}$$

$$K_D = \frac{\rho \cdot m_0(L,R_C,R_f,h)}{m_{f0}(L,R_C,R_f)} \tag{11.9.23}$$

式中　$K_D$——与测量管材料参数、几何参数有关的系数(kg/m$^3$)。

### 11.9.4　双组分流体的测量

一般情况下，当被测流体是两种不互溶的混合液时(如油和水)，可以很好地对双组分流体

各自的质量流量与体积流量进行测量。

基于体积守恒与质量守恒的关系,考虑在全部测量管内的情况,有

$$V = V_1 + V_2 \tag{11.9.24}$$

$$V\rho_f = V_1\rho_1 + V_2\rho_2 \tag{11.9.25}$$

式中 $V_1,V_2$——在全部测量管内体积 $V$ 中,密度为 $\rho_1,\rho_2$ 的流体所占的体积($m^3$);

$\rho_1,\rho_2$——组成双组分流体的组分1和组分2的密度($kg/m^3$),为已知设定值;

$\rho_f$——实测的混合组分流体密度($kg/m^3$)。

由式(11.9.24),式(11.9.25)可得:密度为 $\rho_1$ 的组分1与密度为 $\rho_2$ 的组分2在总的流体体积中各自占有的比例为

$$R_{V1} = \frac{V_1}{V} = \frac{\rho_f - \rho_2}{\rho_1 - \rho_2} \tag{11.9.26}$$

$$R_{V2} = \frac{V_2}{V} = \frac{\rho_f - \rho_1}{\rho_2 - \rho_1} \tag{11.9.27}$$

流体组分1与流体组分2在总的质量中各自占有的比例为

$$R_{m1} = \frac{V_1\rho_1}{V\rho_f} = \frac{\rho_f - \rho_2}{\rho_1 - \rho_2}\frac{\rho_1}{\rho_f} \tag{11.9.28}$$

$$R_{m2} = \frac{V_2\rho_2}{V\rho_f} = \frac{\rho_f - \rho_1}{\rho_2 - \rho_1}\frac{\rho_2}{\rho_f} \tag{11.9.29}$$

由式(11.9.28),式(11.9.29)可得:组分1和组分2的质量流量分别为

$$Q_{m1} = \frac{\rho_f - \rho_2}{\rho_1 - \rho_2}\frac{\rho_1}{\rho_f}Q_m \tag{11.9.30}$$

$$Q_{m2} = \frac{\rho_f - \rho_1}{\rho_2 - \rho_1}\frac{\rho_2}{\rho_f}Q_m \tag{11.9.31}$$

式中 $Q_m$——质量流量传感器实测得到的双组分流体的质量流量(kg/s)。

组分1和组分2的的体积流量分别为

$$Q_{V1} = \frac{\rho_f - \rho_2}{\rho_1 - \rho_2}\frac{1}{\rho_f}Q_m \tag{11.9.32}$$

$$Q_{V2} = \frac{\rho_f - \rho_1}{\rho_2 - \rho_1}\frac{1}{\rho_f}Q_m \tag{11.9.33}$$

利用式(11.9.30)~(11.9.33)就可以计算出某一时间段内流过质量流量计的双组分流体各自的质量和各自的体积。

在有些工业生产中,尽管被测双组分流体不发生化学反应,但会发生物理上的互溶现象,即两种组分的体积之和大于混合液的体积。这时上述模型不再成立,但可以通过工程实践,给出有针对性的工程化处理方法。

## 11.9.5 分类与应用特点

1. 分 类

科氏质量流量计发展到现在已有30多个系列品种,其主要区别在于流量传感器测量管结构上的设计创新。通过敏感结构设计,提高仪表的精确度、稳定性、灵敏度等性能;增加测量管挠度,改善应力分布,降低疲劳损坏;加强抗振动干扰能力等。因而测量管出现了多种形状和结构。这里仅就测量管的结构形式进行分类与讨论。

科氏质量流量计按测量管形状可分为弯曲形和直形；按测量管段数可分为单管型和双管型；按双管型测量管段的连接方式可分为并联型和串联型；按测量管流体流动方向和工艺管道流动方向间布置方式可分为并行方式和垂直方式。

(1) 按测量管形状分类

有弯曲形和直形。最早投入市场的仪表测量管弯成 U 字形，现在已开发的弯曲形状有 Ω 字形、B 字形、S 字形、圆环形、长圆环形等。弯曲形测量管的仪表系列比直形测量管的仪表多。设计成弯曲形状是为了降低刚性，可以采用较厚的管壁，仪表性能受磨蚀腐蚀影响较小；但易积存气体和残渣引起附加误差。此外，弯形测量管的 CMF 的流量传感器整机重量和尺寸要比直形的大。

直形测量管的 CMF 不易积存气体及便于清洗。垂直安装测量浆液时，固体颗粒不易在暂停运行时沉积于测量管内。流量传感器尺寸小，重量轻。但刚性大，管壁相对较薄，测量值受磨损腐蚀影响大。

直形测量管仪表的激励频率较高，在 600 Hz～1 200 Hz 之间(弯形测量管的激励频率仅 40 Hz～150 Hz 之间)，不易受外界工业振动频率的干扰。

近年来，由于制造工艺水平的提高，直形测量管的 CMF 增加趋势明显。

(2) 按测量管段数分类

这里所指测量管段是流体通过各自振动并检测科氏效应划分的独立测量管。有单管型和双管型。单管型易受外界振动干扰影响；双管型可降低外界振动干扰的敏感性，容易实现相位差的测量。

(3) 按双管型测量管的连接方式分类

有并联型和串联型。并联型流体流入传感器后经上游管道分流器分成二路进入并联的二根测量管段，然后经与分流器形状相同的集流器进入下游管道。这种型式中的分流器要求尽可能等量分配，但使用过程中分流器由于沉积粘附异物或磨损会改变原有流动状态，引起零点漂移和产生附加误差。

串联型流体流过第一测量管段再经导流块引入第二测量管段。这种型式流体流过两测量管段的量相同，不会产生因分流值变化所引起的缺点，适用于双切变敏感的流体。

(4) 按测量管流动方向和工艺管道流动方向布置方式分类

有平行方式和串联型垂直方式。平行方式的测量管布置使流体流动方向和工艺管道流动方向平行。垂直方式的测量管布置与工艺管道垂直，流量传感器整体不在工艺管道振动干扰作用的平面内，抗管道振动干扰的能力强。

2. 应用特点

基于科氏质量流量计的工作原理、传感器的敏感结构与整体结构特点，该流量计具有如下独特优点：

(1) 科氏质量流量计除了可直接测量质量流量，受流体的黏度、密度、压力等因素的影响很小、性能稳定、实时性好，是目前精度最高的直接获取流体质量流量的传感器。

(2) 多功能性，可同步测出流体的密度(从而可以解算出体积流量)；并可解算出双组分液体(如互不相容的油和水)各自所占的比例(包括体积流量和质量流量以及他们的累计量)；同时，在一定程度上将此功能扩展到具有一定的物理相溶性的双组分液体的测量上。

(3) 信号处理，质量流量、密度的解算都是直接针对周期信号、全数字式的，便于与计算机连接构成分布式计算机测控系统;便于远距离传输;易于解算出被测流体的瞬时质量流量(kg/s)和累计质量(kg);也可以同步解算出体积流量($m^3/s$)及累积量($m^3$)。

(4) 可测量流体范围广泛,包括高黏度的各种液体、含有固形物的浆液、含有微量气体的液体、有足够密度的中高压气体。

(5) 测量管路内无阻碍件和活动件,测量管的振动幅度小,可视为非活动件;对迎流流速分布不敏感,因而无上下游直管段要求。

(6) 涉及多学科领域,技术含量高、加工工艺复杂。

目前国外有多家公司,如美国的 Rosemount、Fisher、德国的 Krohne、Reuther、日本的东机等研制出各种结构形式测量管的谐振式直接质量流量传感器,精度已达到0.1 %,主要用于石油化工等领域。

国内20世纪80年代末一些单位开始研制谐振式直接质量流量传感器,近几年发展很快,推出了一些性能优良的产品,在许多工业自动化领域发挥了重要作用。

# 思考题与习题

**11.1** 建立以质量、弹簧和阻尼器组成的二阶系统的动力学方程,并以此说明谐振现象和基本特点。

**11.2** 如何从谐振式传感器的输出信号的特征,理解谐振现象?

**11.3** 什么是谐振子的机械品质因数 $Q$ 值?如何测定 $Q$ 值?如何提高 $Q$ 值?

**11.4** 对于弱阻尼系统,$0<\zeta_n\ll1$,试证明式(11.1.9)。

**11.5** 利用半功率点测量谐振子的品质因数时,讨论其测量误差。

**11.6** 利用式(11.1.9),当利用谐振子归一化幅值特性的峰值 $A_{max}$ 测量其品质因数时,讨论其测量误差。

**11.7** 某工程技术人员欲通过测试一谐振子的幅频特性曲线求得其 $Q$ 值,记录了两个半功率点的频率值分别为5.1315 kHz和5.1327 kHz,由于疏忽,没有记录下谐振频率值。你能帮助该技术人员解决这一问题吗?并讨论可能的评估误差。

**11.8** 实现谐振式测量原理时,通常需要构成以谐振子(谐振敏感元件)为核心的闭环自激系统。该闭环自激系统主要由哪几部分组成?各有什么用途?

**11.9** 讨论谐振式传感器闭环系统的实现条件。简要说明复频域条件与时域条件的应用特点。

**11.10** 从谐振式传感器的闭环自激条件来说明 $Q$ 值越高越好。

**11.11** 谐振式传感器的主要优点是什么?它有哪些可能的不足点?

**11.12** 利用谐振现象构成的谐振式传感器,除了检测频率的敏感机理外,还有哪些敏感机理?它们在使用时应注意什么问题?

**11.13** 在频率输出的谐振式传感器中,主要采用什么方法来测量频率?各自的特点是什么?

**11.14** 在谐振式压力传感器中,谐振子可以采用哪些敏感元件?

**11.15** 简述谐振弦式压力传感器的工作原理与特点。

**11.16** 间歇式激励方式的谐振式传感器的主要应用特点有哪些?

**11.17**　谐振弦式压力传感器中的谐振弦为什么必须施加预紧力？设置预紧力的原则是什么？

**11.18**　给出谐振筒式压力传感器原理示意图，简述其工作原理和特点。

**11.19**　简单说明谐振筒式压力传感器中谐振筒选择 $m=1, n=4$ 的原因。

**11.20**　谐振筒式压力传感器中如何进行温度补偿？

**11.21**　给出谐振膜式压力传感器的原理图，简述其工作原理和特点。

**11.22**　说明石英谐振梁式压力传感器的工作原理与应用特点。

**11.23**　什么是科里奥利(Coriolis)效应？在谐振式科里奥利直接质量流量传感器中，科里奥利效应是如何发挥作用的？

**11.24**　简述谐振式科里奥利直接质量流量传感器的工作原理及特点。

**11.25**　为什么说谐振式科里奥利直接质量流量传感器是多功能的流量传感器？

**11.26**　试给出式(11.9.8)详细的推导过程。

**11.27**　在谐振式科里奥利直接质量流量传感器中，有两种输出检测实现方式。它们各自的特点是什么？

**11.28**　利用最新的微处理器及其相关技术，设计一种用于谐振式科里奥利直接质量流量传感器的信号检测方案及原理电路。

**11.29**　利用谐振式科里奥利直接质量流量传感器，能够实现双组分测量的原理是什么？有什么条件？

**11.30**　一圆柱振筒由 3J53 加工而成，其几何结构参数为 $R=9$ mm，$L=50$ mm，$h=0.078$ mm。试由式(3.3.94)～式(3.3.95)计算当振型沿圆柱壳体母线方向的半波数取 1，圆周方向的整波数取 2，3，4，压力为 0～$10^5$ Pa 时的压力-频率特性(等间隔计算 11 个点)(注：3J53 材料，$E=196\times10^9$ Pa，$\rho=7.85\times10^3$ kg/m$^3$，$\mu=0.3$)。

**11.31**　一振膜压力传感器的圆平膜片敏感元件采用 3J53 加工而成，基于工艺条件将其半径设计为 9 mm。如被测压力为 0～$1.35\times10^5$ Pa，当要求传感器具有 25 %～30 %的相对频率变化时，试设计圆平膜片的厚度取值范围。

**11.32**　对于利用科氏直接质量流量传感器测量不发生化学反应但物理上互溶的两种组分流体的过程，讨论各自组分解算时可能遇到的问题以及可采取的措施。

**11.33**　利用科氏直接质量流量传感器测量油水混合液的双组分，若水和油的密度分别为 $10^3$ kg/m$^3$ 和 $0.78\times10^3$ kg/m$^3$，当实测液体密度在 $0.8\times10^3$ kg/m$^3$～$0.98\times10^3$ kg/m$^3$ 范围时，油在总体积流量中的比例是多少？在总质量流量中的比例是多少？绘制这两条特性曲线。

# 第12章　声表面波传感器

基本内容：

声表面波叉指换能器

叉指换能器的基本特性

叉指换能器的基本分析模型

声表面波谐振器及其特性

典型的声表面波传感器

## 12.1　概　述

声表面波SAW(surface acoustic wave)是英国物理学家瑞利在1886年研究地震波过程中发现的一种能量集中于地表面传播的声波。1965年，美国的R. M. White和F. M. Voltmov发明了能在压电材料表面激励声表面波的叉指换能器IDT(Interdigital Transducer)之后，大大加速了声表面波技术的发展，相继出现了许多各具特色的声表面波器件，使声表面波技术逐渐应用到许多学科领域，例如，通信、广播电视、航空航天、石油勘探和无损检测等。

基于SAW器件频率特性对温度、压力、磁场、电场和某些气体成分等敏感的规律，设计、研制和开发的声表面波传感器(SAW transducer/sensor)引起了传感器技术领域的重视。SAW传感器在欧美和日本发展非常迅速，已出现了十几种类型的SAW传感器。尽管SAW传感器的历史并不长，还没有在较多的领域实用化，但它符合信息系统的小型化、数字化、智能化和高精度的发展方向。SAW传感器具有如下一些独特的优点：

① 高精度、高灵敏度。例如，SAW压力传感器的相对灵敏度可达$2\times10^{-7}$/Pa。若传感器的中心频率为500 MHz，检测器能检测出100 Hz的频率变化，那么该传感器可反映出1 Pa压力的变化，约相当于0.1 mm$H_2O$压力的变化。再如SAW温度传感器，它的理论分辨力可达10 μ℃。因此，SAW传感器非常适用于微小量程的测量。

② 结构工艺性好，便于批量生产。SAW传感器是平面结构，设计灵活；片状外形，易于组合和实现单片多功能化；易于实现智能化；安装容易，并能获得良好的热性能和机械性能。SAW传感器中的关键部件——SAW器件，包括谐振器或延迟线，极易集成化、一体化；同时，各种功能电路易组合和简化，结构牢固，质量稳定，重复性及可靠性好。由于SAW传感器易于大规模生产，故可以降低成本。

③ 体积小，质量小，功耗低。由于采用平面结构，易于集成，所以SAW传感器体积非常小；由于声表面波90％以上的能量集中在距表面一个波长左右的深度内，因而损耗低；此外，SAW传感器电路相对简单，所以整个传感器的功耗很小。这对于煤矿、油井或其他有防爆要求的场合特别重要。

④ 与微处理器相连，接口简单。SAW传感器直接将被测量的变化转换成频率的变化。这是准数字式信号，便于传输、处理，极易与微处理器直接配合，组成自适应实时处理系统。

# 12.2 声表面波叉指换能器

声表面波叉指换能器是一个非常重要的声表面波器件。自从出现了叉指换能器，才使声表面波技术以及声表面波传感器得到了具有实用价值的飞速发展。到目前为止，叉指换能器是惟一可实用的声表面波换能器。

## 12.2.1 叉指换能器的基本特性

1. 叉指换能器的基本结构

叉指换能器的基本结构形式如图 12.2.1 所示。它由若干淀积在压电衬底材料（压电基片）上的金属膜电极组成。这些电极条互相交叉放置，两端由汇流条连在一起。其形状如同交叉平放的两排手指，故称为均匀（或非色散）叉指换能器。叉指周期 $T=2a+2b$。两相邻电极构成一电极对，其相互重叠的长度为有效指长，即换能器的孔径，记为 $W$。若换能器的各电极对重叠长度相等，则叫等孔径（或等指长）换能器。

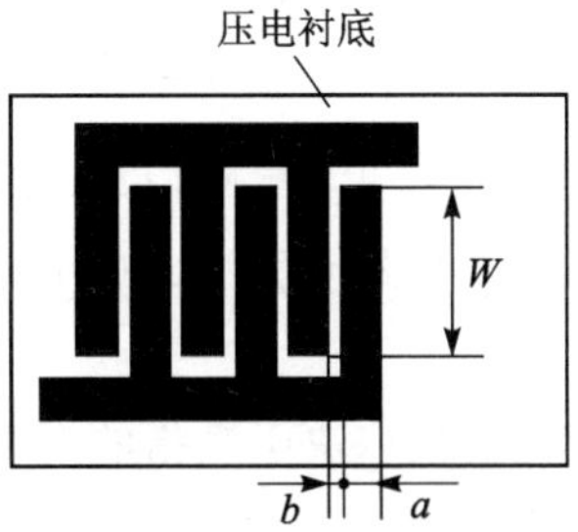


**图 12.2.1　叉指换能器的基本结构**

2. 叉指换能器激励 SAW 的物理过程

利用压电材料的逆压电效应与正压电效应，叉指换能器既可以作为发射换能器，用来激励 SAW，又可作为接收换能器，用来接收 SAW。因而叉指换能器是可逆的。

当在发射叉指换能器上施加适当频率的交流电信号后，在压电基片内部的电场分布如图 12.2.2所示。该电场可分解为相互垂直的两个分量 $E_V$ 和 $E_H$。由于基片的逆压电效应，这个电场使指条电极间的材料发生形变，使质点发生位移。$E_H$ 使质点产生平行于表面的压缩（膨胀）位移，$E_V$ 则产生垂直于表面的剪切位移。这种周期性的应变就产生沿叉指换能器两侧表面传播出去的 SAW，其频率等于所施加电信号的频率。一侧无用的波可用一种高损耗介质吸收，另一侧的波传播至接收叉指换能器，借正压电效应将 SAW 转换为电信号输出。

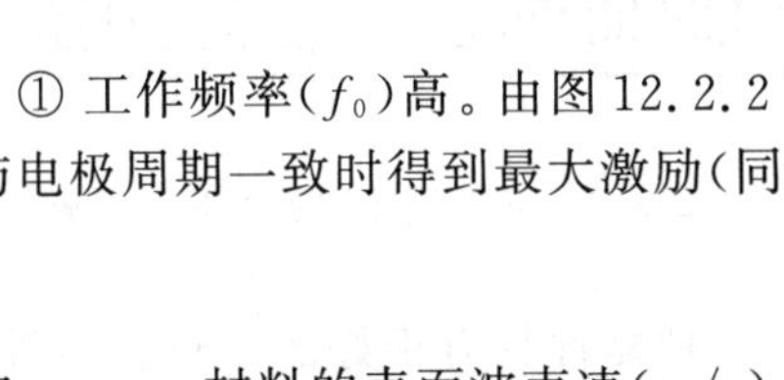


**图 12.2.2　叉指电极下某一瞬间的电场分布**

3. 叉指换能器的基本特性

① 工作频率（$f_0$）高。由图 12.2.2 可知：基片在外加电场作用下产生局部形变。当声波波长与电极周期一致时得到最大激励（同步）。这时电极的周期 $T$ 即为声波波长 $\lambda$，可表示为

$$\lambda = T = \frac{v}{f_0} \tag{12.2.1}$$

式中　$v$——材料的表面波声速（m/s）；

$f_0$——SAW 频率，即外加电场的同步频率（Hz）。

当指宽 $a$ 与间隔 $b$ 相等时，$T=4a$，则工作频率 $f_0$ 为

$$f_0 = \frac{v}{4a} \tag{12.2.2}$$

可见,对于确定的声速 $v$,叉指换能器的工作频率只受工艺上所能获得的最小电极宽度 $a$ 的限制。叉指电极由平面工艺制造,随着集成电路工艺技术的发展,现已能获得 0.3 μm 左右的线宽。对石英基片,换能器的工作频率可高达 3 GHz。

② 时域(脉冲)响应与空间几何图形的对应性。叉指换能器的每对叉指电极的空间位置直接对应于时间波形的取样。在图 12.2.3 所示的多指对发射、接收情况下,将一个 $\delta$ 脉冲加到发射换能器上,在接收端收到的信号是到达接收换能器的声波幅度与相位的叠加,能量大小正比于指长。图中单个换能器的脉冲为矩形调制脉冲,如同几何图形一样,卷积输出为三角形调制脉冲。

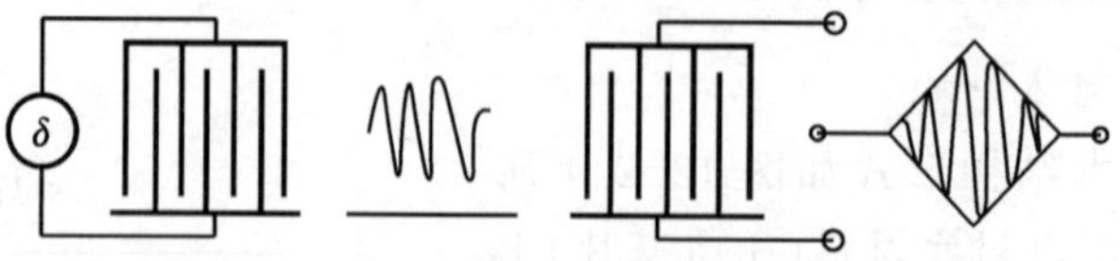


图 12.2.3 叉指换能器脉冲响应几何图形示意图

换能器的传输(转移)函数为脉冲响应的傅里叶变换。这一关系为设计换能器提供了简单的方法。

③ 带宽直接取决于叉指的对数。对于均匀的,等指宽、等间隔的叉指换能器,带宽(Hz)可简单表示为

$$\Delta f = \frac{f_0}{N} \tag{12.2.3}$$

式中 $f_0$——中心频率(工作频率)(Hz);

$N$——叉指对数。

由式(12.2.3)可知:中心频率一定时,带宽只决定于叉指的对数。叉指对数越多,换能器带宽越窄。声表面波器件的带宽具有很大的灵活性,相对带宽可窄到 0.1 %,可宽到 1 倍频程(即 100 %)。

④ 具有互易性。作为激励 SAW 用的叉指换能器,同样(且同时)也可作接收用。这在分析和设计时都很方便;但因此也带来麻烦,如声电再生等次级效应将使器件性能变坏。

⑤ 可作内加权。由特性②可推知,在叉指换能器中,每对叉指辐射的能量与指长重叠的有效长度,即孔径有关。这就可以用改变指长重叠的办法实现对脉冲信号幅度的加权。同时,因为叉指位置是信号相位的取样,因此刻意改变叉指的周期,就可实现信号的相位加权,如色散换能器;或者两者同时使用,以获得某种特定的信号谱,如脉冲压缩滤波器。图 12.2.4 简单地表示了这种情况。其中,(a)为幅度加权换能器;(b)为相位加权换能器。

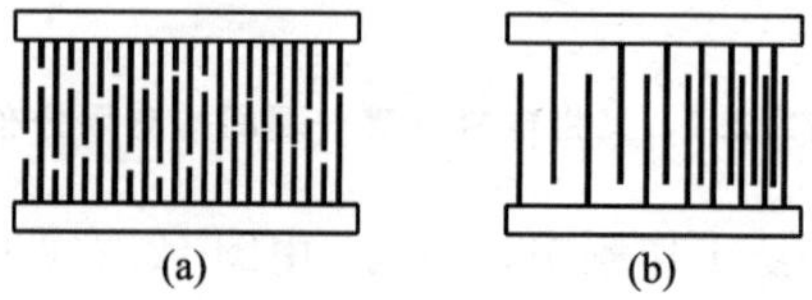


图 12.2.4 叉指换能器的内加权特性

⑥ 制造简单,重复性、一致性好。SAW 器件制造过程类似半导体集成电路工艺,一旦设计完成,制得掩膜母版,只要复印就可获得一样的器件。所以这种器件具有很好的一致性、互换性和重复性。

## 12.2.2 叉指换能器的基本分析模型

为分析叉指换能器的工作机理和设计满足要求的 SAW 器件,必须研究其分析模型。下

面介绍应用最广的两种模型。

1. $\delta$ 函数模型

叉指换能器截面的电场分布如图 12.2.5(a)所示。若近似地认为只有垂直表面的电场才激励 SAW,那么可将电场分布简化为图 12.2.5(b)的形式。这时,认为电场仅存在于叉指电极的下方,而电极间无电场分量的作用,且各电极的电场是正负交替出现的。沿 $x$ 轴传播方向的电场分布如图 12.2.5(c)所示。电场梯度最大的地方是在电极边缘处,如图 12.2.5(d)所示。这是一系列脉冲,且两两同号相间。即将每条叉指的每个边缘看成相互独立的 $\delta$ 函数声源输出的叠加。

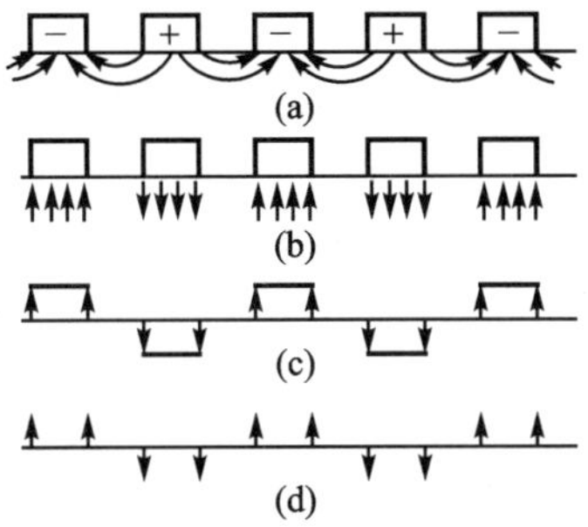


**图 12.2.5　$\delta$ 函数模型电场分布及简化形式**

设某一 IDT 有 $N$ 个指边缘(即 $N/2$ 条指):$x_1$,$x_2$,…,$x_n$,…,$x_N$;$\delta$ 脉冲声源作用在指中心,且两个 $\delta$ 声源脉冲间距为 $\lambda_0/2$,如图 12.2.6 所示。各叉指重叠长度相等,即 $W_1=W_2=\cdots=W_n=W$。于是,对有 $N$ 对指的换能器($2N+1$ 根指,$2N$ 个间隔),当考虑到 $\Delta\omega/\omega_0\ll 1$ 时,其转移函数为

$$H(\omega)=2NW\frac{\sin X}{X}\mathrm{e}^{\mathrm{j}\left[\omega_0 t-\left(\frac{2N-1}{2}\right)\pi\right]} \tag{12.2.4}$$

$$X=N\pi\frac{\Delta\omega}{\omega}$$

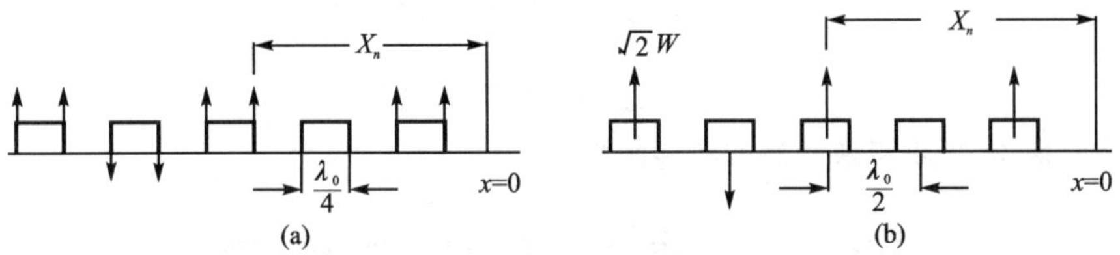


**图 12.2.6　$\delta$ 函数模型的离散平面波源**

由式(12.2.4)可知:等指长的均匀叉指换能器的转移函数为辛格函数,如图 12.2.7所示。

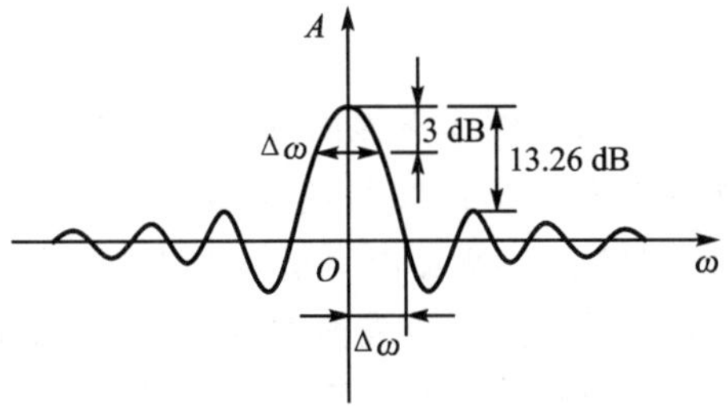


**图 12.2.7　均匀、等孔径叉指换能器的转移函数波形**

将主峰值下降 3 dB 时的频谱宽度定义为带宽。由此定义可求得

$$\left(\frac{\Delta\omega}{\omega}\right)_{3\,\mathrm{dB}}\approx\frac{1}{N} \tag{12.2.5}$$

一个 SAW 器件有两个叉指换能器,分别用于发射与接收。其位置如图 12.2.8 所示。设两个 IDT 相同,且接收换能器有 $M$ 个边缘,则总的输出应为 $M$ 个边缘输出的叠加。其频率响应简化为

$$H(\omega)=\left[\sum_{n=1}^{N}W_n\mathrm{e}^{\mathrm{j}\frac{2\pi f}{v}x_n}\right]^2\cdot\mathrm{e}^{-\mathrm{j}\frac{2\pi f}{v}B} \tag{12.2.6}$$

$$B=y_m-x_n$$

式中　$y_m$——两个叉指换能器中心之间的距离(m),如图12.2.8所示;

$e^{-j\frac{2\pi f}{v}B}$——固定延迟。

δ函数模型的主要优点在于简单、直观。在同步频率附近,δ函数模型能给出通带形状的较好描述。

2. 脉冲响应模型

IDT的一个特性是其脉冲响应与叉指电极的几何形状有一一对应的关系。这一关系提供了一个直观而简便的模型——脉冲响应模型。

对于如图12.2.9所示的一对换能器,若接收换能器为一宽带换能器,有足够的孔径将全部发射声波束收集起来,则总的频率响应为

$$H(\omega) = H_1(\omega) \cdot H_2(\omega) \tag{12.2.7}$$

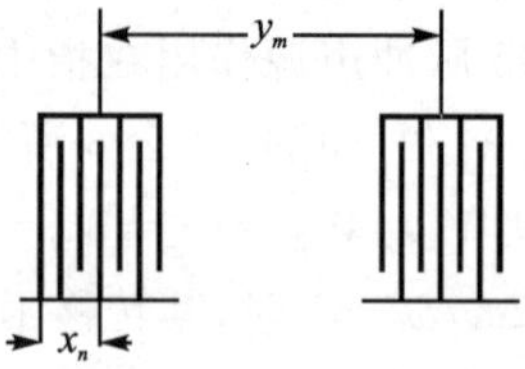


图12.2.8　一对完全相同换能器的δ函数模型分析示意图

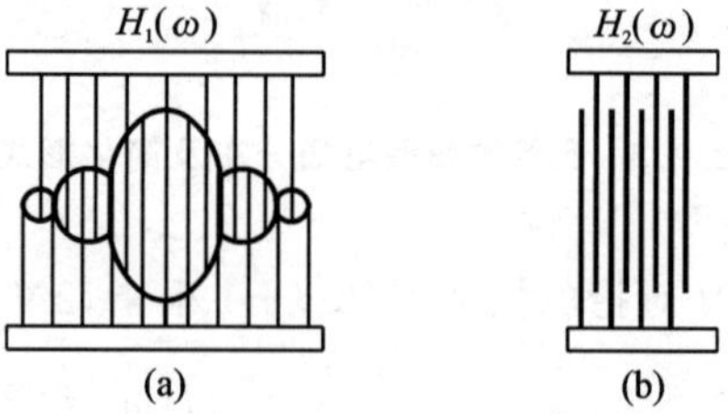


图12.2.9　叉指换能器对的频率响应

按卷积定理,总脉冲响应$h(t)$为两个换能器的脉冲响应之卷积,即

$$h(t) = \int_{-\infty}^{\infty} h_1(\tau) h_2(t-\tau)\, d\tau \tag{12.2.8}$$

利用脉冲响应模型,可求得换能器的转移函数。

# 12.3　声表面波谐振器

## 12.3.1　结构组成及其工作原理

声表面波传感器的一个关键部分是声表面波谐振器。它由声表面波谐振子SAWR(surface acoustic wave resonator或SAW谐振子)或声表面波延迟线与放大器以及匹配网络组成,是一种目前在甚高频和超高频段实现高$Q$值的器件。SAWR由叉指换能器及金属栅条式反射器构成,如图12.3.1所示。两个叉指换能器一个用作发射声表面波,一个用作接收声表面波。叉指换能器及反射器是用半导体集成工艺将金属铝淀积在压电基底材料上,再用光刻技术将金属薄膜刻成一定尺寸及形状的特殊结构。叉指换能器的指宽、叉指间隔以及反射器栅条宽度、间隔,都必须根据中心频率、$Q$值的大小、对噪声抑制的程度和损耗大小来进行设计、制作。

SAWR是一种平板电极结构。它是采用光刻技术在一个合适的压电材料上制成的。其工作原理和通常的压电石英谐振器一样。SAW由叉指换能器产生,叉指换能器可将机械信号变换成电信号,或将电信号变换成机械信号。SAW被限制在谐振腔内。谐振腔的$Q$值由材料的插损和空腔泄漏损耗决定。只要严格地控制制造工艺,SAWR同样也能达到体波石英

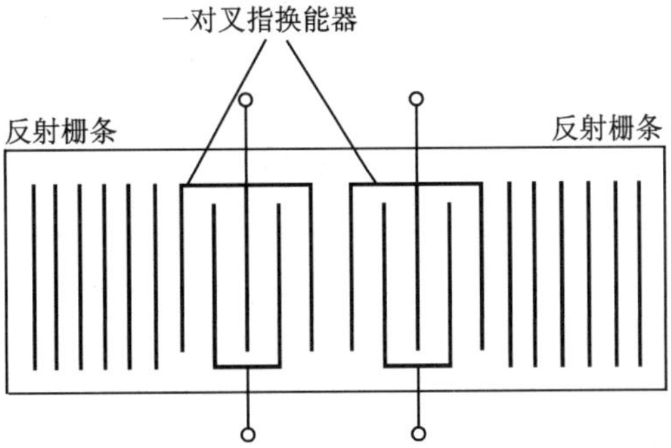


图 12.3.1 SAWR 基本结构

谐振器所具有的优良的频率控制特性。图 12.3.2 是三种常用 SAWR 的简图。图 12.3.2(a) 所示是单叉指换能器式谐振子,是最简单的一种,属于单端对、单通道谐振器结构。

图 12.3.2(a)所示的谐振子具有低的相互干扰和低的插入损耗。而图 12.3.2(b)和图 12.3.2(c)所示是双叉指换能器式谐振子和带耦合的双叉指换能器式谐振子的结构,由于在谐振腔中心,声信号的传播损耗大,而使整个谐振子具有较高的插入损耗。但它们都具有受正反馈谐振器控制的振荡结构所必需的 180°相移。

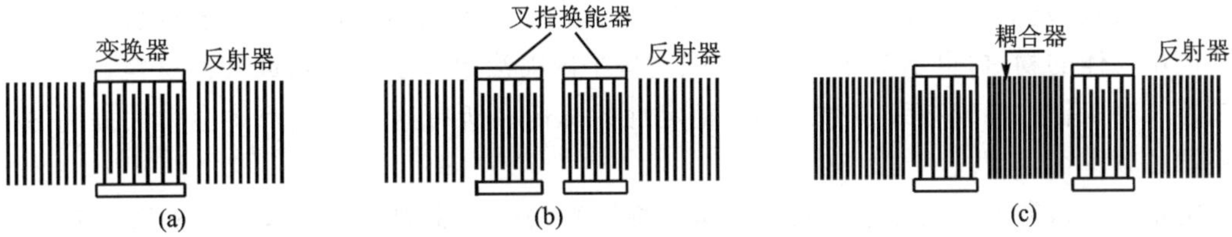


图 12.3.2 SAWR 不同的谐振腔结构

在输入或输出换能器两边有许多周期性排列的反射栅条。当 SAW 的波长近似等于栅条周期的 2 倍时,反射栅的作用就像一面镜子。在这个频率范围内,所有的表面波能量都被限制在由这两个栅条组成的谐振腔内。每个栅条就像一个阻抗不匹配的传输线那样产生反射。用足够数目的栅条,就可以使来自所有反射栅条的总反射几乎等于来自叉指换能器的入射波;在谐振频率上,所有的反射叠加在一起,就产生一个高 $Q$ 值的窄带信号。

虽然单端对谐振子有许多合乎要求的特性,但它没有双端对谐振子设计来得灵活。当用它组成谐振器电路时,单端对谐振子反馈到谐振器放大器的输入端的信号必须设计成具有 180°的相移。实际上,单端对谐振子所要求的 180°相移虽然能够得到,但相位噪声却超过了双端对谐振子。

在选择 SAWR 基片材料时,可考虑下面一些因素:相对带宽、插入损耗、工作温度要求以及与温度有函数关系的频率稳定度等。各种不同的压电材料,它们的应用特性不大相同。当要求宽频带且温度系数不大于 $10^{-4}$/℃时,可采用高耦合材料——铌酸锂;而石英材料由于插入损耗大,不适合应用于宽频带。当要求窄频带用时,则由于石英晶体有很高的稳定性而常常被采用。在 0~80 ℃的温度范围内,使用温度补偿振荡电路,也可使石英晶体制作的 SAWR 标称频率漂移小于 $10^{-4}$。

由SAWR组成的声表面波谐振器结构原理如图12.3.3所示。

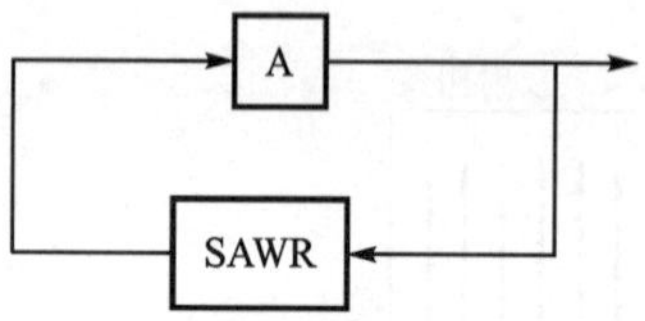


**图12.3.3 由SAWR组成的声表面波谐振器结构原理图**

将SAWR的输出信号经放大后,正反馈到它的输入端。只要放大器的增益能补偿谐振器及其连接导线的损耗,同时又能满足一定的相位条件,那么SAWR就可以起振、自激。起振后的SAWR的谐振频率会随着温度、压电基底材料的变形等因素影响而发生变化。因此,SAWR可用来做成测量多种物理量的传感器。

若用声表面波延迟线做成谐振器,并在两叉指电极之间涂覆一层对某种气体或湿度敏感的材料,就可制成SAW气体或湿度传感器。

### 12.3.2 频率和温度的稳定性

为了提高声表面波谐振器的频率稳定性,需要在电路中加入一定的补偿电路。这样,在很宽的温度范围内,声表面波谐振器就能以高精度在一个给定的频率上振荡。

为了提高稳定性,在制造SAW器件时,必须在工作频率范围(例如300~400 MHz)内进行老化试验,以确定SAW器件老化特性的几种因素的影响。例如,为减小老化的影响,必须采取密封装置、真空烘干和抽真空封装等措施。另外,在安装SAW器件的密封盒中,不应该有会放出气体的物质,也不要在SAW空腔谐振子内喷涂单分子有机物或其他材料,以免影响谐振器长期工作性能或导致频率漂移及稳定性的降低。所有这些措施都将会大大提高SAW谐振器的频率稳定度。

定量分析谐振子的老化情况是分析研究稳定度的一个主要任务。无论是石英谐振子、体波谐振子还是SAWR,它们的特性随时间的变化都是很小的。在它们工作一年以后,其频率稳定精度仍可达$10^{-7}$或更小。这是因为谐振子是无源装置,一般都是将谐振子作为频率反馈元件而构成谐振器电路。另外,采用集成温度补偿、双通道SAWR以及先进的高真空封装技术,可使频率和温度的稳定度达到很高水平。

## 12.4 典型的声表面波传感器

声表面波传感器都是基于声表面波谐振器的频率特性实现的,即基于声表面波谐振器的频率随着被测参量的变化而改变来实现对被测量的检测的。

以声表面波谐振器为核心并配以必要的电路和结构,可以做成测量机械应变、应力、压力、微小位移、作用力及温度等的传感器;利用同样的机理,通过合适的结构设计,可以做成声表面波加速度计;在两叉指换能器电极之间涂覆一层对某种气体敏感(吸附和脱附)的材料,可制成各种声表面波气体传感器、湿度传感器等。近年来的发展趋势表明:用声表面波谐振器来制作测量多种物理量和化学量的传感器,具有十分广阔的前景。本节简要介绍几种典型的SAW传感器。

## 12.4.1　SAW 应变传感器

在力或力矩等被测量的作用下，SAWR 均产生应变，如图 12.4.1 所示。因此，许多被测量的检测，可以通过对由其引起的应变的测量来实现。本章介绍的加速度传感器、压力传感器均归结于应变测量。

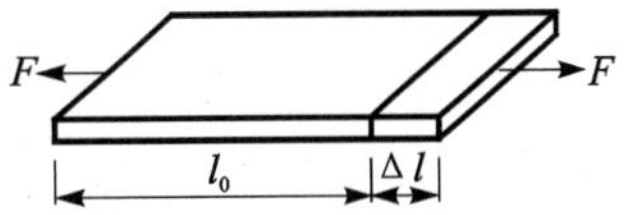


图 12.4.1　加力后 SAWR 产生变形示意图

通常，SAWR 的谐振频率(Hz)可表示为

$$f = \frac{v}{\lambda} \tag{12.4.1}$$

式中　$v$——声波在压电基底材料表面传播的速度(m/s)，$v \approx \sqrt{\frac{E}{\rho}}$；

$E$——材料的弹性模量(Pa)；

$\rho$——材料的密度($kg/m^3$)；

$\lambda$——声波的波长(m)。

如图 12.4.2 所示，对于均匀分布的叉指换能器，声表面波的波长 $\lambda$ 与叉指换能器两相邻电极中心距 $d$ 满足

$$\lambda = 2d \tag{12.4.2}$$

若指宽 $a$ 与指间距 $b$ 相等，则

$$a = b = \frac{\lambda}{4} \tag{12.4.3}$$

设未加载的 SAWR 表面波传播速度为 $v_0$，波长为 $\lambda_0$，则谐振频率(Hz)为

$$f_0 = \frac{v_0}{\lambda_0} \tag{12.4.4}$$

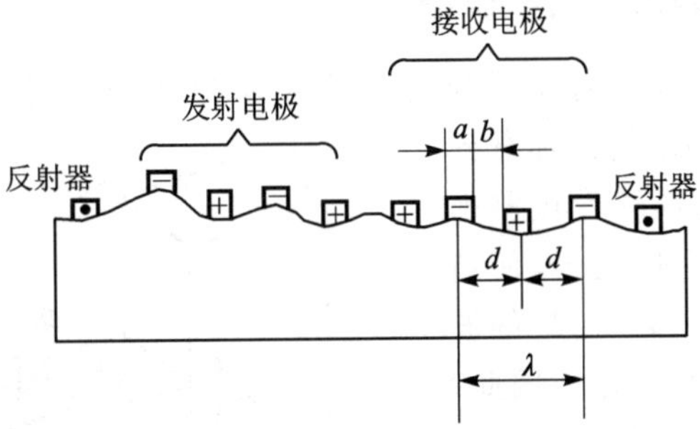


图 12.4.2　激振后 SAWR 表面状态示意图

当作用力沿着声波传播方向加在 SAWR 基片上时，使之产生应变 $\varepsilon$(参见图 12.4.1)，则有

$$\varepsilon = \frac{\Delta l}{l_0} \tag{12.4.5}$$

由于叉指电极是淀积在压电基底材料上的，所以两叉指中心距 $d$ 与声表面波的波长也因基底材料应变而改变。

$$d(\varepsilon) = d_0 + \Delta d = d_0 + \varepsilon d_0 = d_0(1+\varepsilon) \tag{12.4.6}$$

$$\lambda(\varepsilon) = 2d(\varepsilon) = 2d_0(1+\varepsilon) = \lambda_0(1+\varepsilon) \tag{12.4.7}$$

式(12.4.7)表明:压电材料表面声波的波长随着应变 $\varepsilon$ 的增加而增加。

同时,在压电材料发生应变时,会引起材料密度 $\rho$ 的变化,从而影响声波传播速度的变化。应变 $\varepsilon$ 对传播速度 $v$ 的影响可以表述为

$$v(\varepsilon) = v_0(1 + k_\varepsilon \varepsilon) \tag{12.4.8}$$

式中 $k_\varepsilon$——材料常数。

因此,声表面波谐振器的谐振频率与应变 $\varepsilon$ 有关,即可描述为

$$f(\varepsilon) = \frac{v(\varepsilon)}{\lambda(\varepsilon)} = \frac{v_0(1+k_\varepsilon \varepsilon)}{\lambda_0(1+\varepsilon)} \tag{12.4.9}$$

由应变所引起的谐振频率的绝对变化为

$$\Delta f = f(\varepsilon) - f_0 = f_0\left(\frac{1+k_\varepsilon \varepsilon}{1+\varepsilon} - 1\right) = f_0\frac{\varepsilon(k_\varepsilon - 1)}{1+\varepsilon} \tag{12.4.10}$$

一般情况下,由于 $\varepsilon < 10^{-3}$,故式(12.4.11)分母中的 $\varepsilon$ 可以略去不计,于是得到下面的近似线性关系式:

$$\Delta f = f(\varepsilon) - f_0 \approx f_0 \varepsilon(k_\varepsilon - 1) \tag{12.4.11}$$

$$f(\varepsilon) = f_0 + \Delta f \approx f_0(1 - k\varepsilon) \tag{12.4.12}$$

式中 $k = 1 - k_\varepsilon$。

若 SAWR 的基底材料是石英晶体,则有

$$k_\varepsilon = -0.4$$

$$k = 1 - k_\varepsilon = 1 - (-0.4) = 1.4$$

所以

$$f(\varepsilon) = f_0 + \Delta f = f_0(1 - 1.4\varepsilon) \tag{12.4.13}$$

### 12.4.2 SAW 加速度传感器

SAW 加速度传感器采用悬臂梁式弹性敏感结构,在由压电材料(如压电晶体)制成的悬臂梁的表面上设置 SAWR 结构。加载到悬臂梁自由端的敏感质量块感受被测加速度,在敏感质量块上产生惯性力,使谐振器区域产生表面变形,改变 SAW 的波速,导致谐振器的中心频率变化。因此,SAW 加速度传感器实质上是加速度-力-应变-频率变换器。输出的频率信号经相关处理,就可以得到被测加速度值。

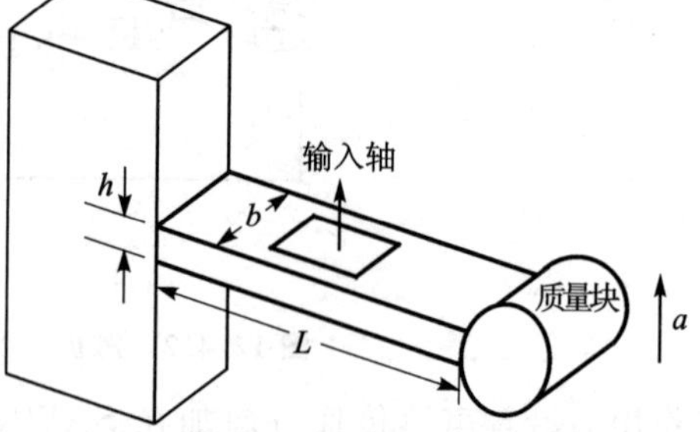


图 12.4.3 SAW 悬臂梁加速度传感器的结构示意图

图 12.4.3 所示为长 $L$、宽 $b$、厚 $h$ 的一端固支的悬臂梁。自由端通过半径为 $R$ 的质量块加载,以感受加速度。

借助于式(6.3.38),悬臂梁敏感结构的最低阶固有谐振频率为

$$f_{B,m}=\frac{1}{4\pi}\sqrt{\frac{Ebh^3}{L^3m}} \tag{12.4.14}$$

$$m=\rho\pi R^2 b$$

式中　$f_{B,m}$——带有敏感质量 $m$ 的悬臂梁的最低阶固有谐振频率(Hz)；

$m$——敏感质量块的质量(kg)；

$E$——基片材料的弹性模量(Pa)。

借助于式(5.6.27)，可得加速度 $a$ 引起的梁上表面沿 $x$ 方向的正应变为

$$\varepsilon_x(x)=\frac{-6ma(L+R-x)}{Ebh^2} \tag{12.4.15}$$

当 SAWR 置于悬臂梁的$(x_1,x_2)$时，则 SAWR 感受到的平均应变为

$$\bar{\varepsilon}_x(x_1,x_2)=\frac{-6ma[L+R-0.5(x_1+x_2)]}{Ebh^2} \tag{12.4.16}$$

借助于式(12.4.13)，可得加速度传感器的输出频率(Hz)为

$$f(a)=f_0\left\{1+\frac{8.4\,ma[L+R-0.5(x_1+x_2)]}{Ebh^2}\right\} \tag{12.4.17}$$

式中　$f_0$——加速度传感器的初始频率，即加速度为 0 时的频率(Hz)。

利用式(12.4.14)，可以针对加速度传感器的最低固有频率，来设计悬臂梁的有关结构参数和敏感质量块的结构参数。

利用式(12.4.17)，可以针对加速度传感器的检测灵敏度，来设计悬臂梁的有关结构参数和敏感质量块的结构参数。

## 12.4.3　SAW 压力传感器

图 12.4.4 为 SAW 压力传感器的基本原理示意图。这是一个具有温度补偿的差动结构的 SAW 压力传感器。该 SAW 传感器的关键部件是在石英晶体膜片上制备的压力敏感芯片，其上制备有两个完全相同的声表面波谐振器。分别置于膜片的中央和边缘。

两个 SAWR 分别连接到放大器的反馈回路中，构成输出频率的谐振器。两路输出的频率经混频、低通滤波和放大，得到一个与外加压力一一对应的差频输出。

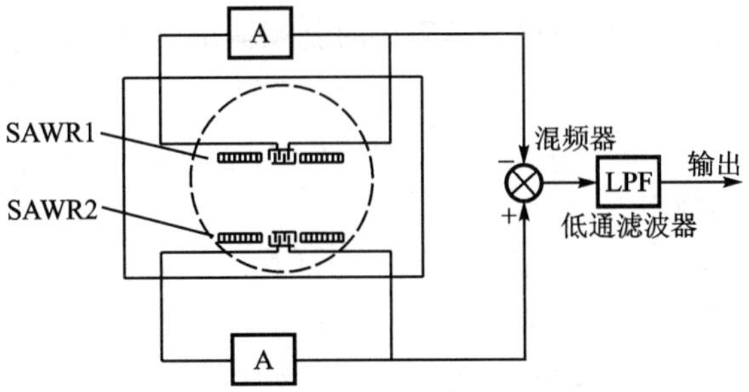


**图 12.4.4　差动式双 SAWR 的 SAW 压力传感器的结构原理框图**

由图 12.4.4 可知：因为敏感膜片上的两个 SAWR 相距很近，故认为环境温度变化对两个谐振器的影响所引起的频率偏移近似相等，经混频，取差频信号就可以减小或抵消温度对输出的影响，即具有差动结构的 SAW 压力传感器可以实现温度补偿。

在两个振荡回路内,若设计的放大器的增益能补偿SAWR的插入损耗,同时又能满足一定的相位条件,则系统就可以起振,实现闭环工作。借助于式(11.2.6),式(11.2.7),起振条件可以表述为

$$L_s(f) < G_A \tag{12.4.18}$$

$$\varphi_R + \varphi_E = 2n\pi \quad (n\text{ 为整数}) \tag{12.4.19}$$

式中 $G_A$——放大器增益;

$L_s(f)$——谐振子的插入损耗;

$\varphi_R,\varphi_E$——谐振子的相移(°)和放大器的相移(°)。

由式(12.4.1)可知:SAW的谐振频率(Hz)为

$$f = \frac{v}{\lambda}$$

由于基片中传播的声速 $v$ 和叉指电极中心距 $d$ 或SAW波长 $\lambda$ 都是压力和温度的函数,因此谐振频率也是压力 $p$ 和温度 $T$ 的函数,可以描述为

$$f(p,T) = \frac{v(p,T)}{\lambda(p,T)} \tag{12.4.20}$$

由于两个SAWR在一个圆膜片上且靠得很近,故认为所受环境温度影响近似相等,在工作过程中有相同的温度变化量 $\Delta T$。

基于上述分析及相关结果,可以写出两路通道的输出频率(Hz)分别为

$$\left.\begin{aligned} f_1 &= f_{10}[1 - \bar{\alpha}_{p1}p - \bar{\alpha}_T\Delta T] \\ f_2 &= f_{20}[1 - \bar{\alpha}_{p2}p - \bar{\alpha}_T\Delta T] \end{aligned}\right\} \tag{12.4.21}$$

式中 $f_{10},f_{20}$——设置于圆膜片中心和边缘处的谐振子1和2在未加压时的输出频率(Hz);

$\bar{\alpha}_{p1},\bar{\alpha}_{p2}$——圆膜片中心和边缘处的平均压力系数(1/Pa),可以由压力引起的圆平膜片的应变特性进行分析,推导;

$\bar{\alpha}_T$——基片的平均温度系数(1/℃);

$\Delta T$——温度的变化量(℃)。

由式(12.4.21)可得传感器的输出差频(Hz)为

$$f_D = f_1 - f_2 = f_{D0} - (\bar{\alpha}_{p1}f_{10} - \bar{\alpha}_{p2}f_{20})p - \bar{\alpha}_T(f_{10} - f_{20})\Delta T \tag{12.4.22}$$

其中 $f_{D0} = f_{10} - f_{20}$,是未加压力时两个SAWR的差频输出,所以由外加压力而引起的频率偏移为

$$\Delta f_{Dp} = f_D - f_{D0} = -(\bar{\alpha}_{p1}f_{10} - \bar{\alpha}_{p2}f_{20})p \tag{12.4.23}$$

由温度 $\Delta T$ 引起的漂移为

$$\begin{aligned} \Delta f_{DT} &= -\bar{\alpha}_T f_{D0}\Delta T = -\bar{\alpha}_T(f_{10} - f_{20})\Delta T = \\ &-(\bar{\alpha}_T f_{10}\Delta T - \bar{\alpha}_T f_{20}\Delta T) = \\ &\Delta f_{1T} - \Delta f_{2T} \end{aligned} \tag{12.4.24}$$

式中 $\Delta f_{1T},\Delta f_{2T}$——由于温度变化而引起的两个SAWR的频率偏移(Hz)。

分析式(12.4.23)可知:只要参数选择合适,采用差动结构的压力传感器,其灵敏度将比单通道结构大大提高。从式(12.4.24)可知:如果使 $f_{D0} = f_{10} - f_{20} \ll f_{10}$(或 $f_{20}$),则由温度变化引起的差频输出偏移远小于由温度所引起的单通道内的频率偏移 $\Delta f_{1T}$ 或 $\Delta f_{2T}$。这样就得到一个具有温度补偿的高灵敏度的声表面波谐振式压力传感器。

# 思考题与习题

**12.1**　什么是声表面波？其特点是什么？

**12.2**　简述声表面波传感器的特点。

**12.3**　画出叉指换能器的结构示意图，并简要说明其工作机理。

**12.4**　叉指换能器的主要功能参数是什么？它与其结构参数有怎样的关系？

**12.5**　声表面波叉指换能器的基本分析模型有几种？各有什么应用特点？

**12.6**　简述 SARW 的工作原理与应用特点。

**12.7**　图 12.3.3 给出了一种由 SAWR（声表面波谐振子）构成的声表面波谐振器的结构示意图，说明其基本工作原理。

**12.8**　对于延迟线型声表面波谐振器，基于其工作机理，简要分析其发射叉指换能器与接受叉指换能器的结构参数设计问题。

**12.9**　如何实现声表面波谐振器，并对两类典型的声表面波谐振器进行比较。

**12.10**　比较第 11 章介绍的谐振式传感器与声表面波传感器的异同。

**12.11**　简述 SAW 应变传感器的工作机理和应用特点。

**12.12**　简述图 12.4.3 所示的 SAW 加速度传感器的工作机理和应用特点。

**12.13**　简述图 12.4.4 所示的差动式双谐振器 SAW 压力传感器的工作机理，并简要分析该传感器能否补偿过载的影响。

**12.14**　简述 SAW 传感器工作于差动模式的必要性。

**12.15**　利用压电石英基片制成的声表面波叉指换能器的指宽 $a$ 与间隔 $b$ 均为 1 $\mu$m，试计算其工作频率。

**12.16**　基于模型分析与公式推导，说明图 12.4.4 所示的声表面波压力传感器具有补偿温度误差的能力。

# 第 13 章　光纤传感器

基本内容：

光纤及其传光原理

光纤的数值孔径

光纤传感器中应用的调制方法

反射式光纤位移传感器

基于萨格纳克干涉仪的光纤陀螺

分布式光纤传感器

## 13.1　概　述

光纤传感器FOS(fiber optic sensor)是20世纪70年代末期发展起来的一种新型传感器。它具有灵敏度高，质量轻，可传输信号的频带宽，电绝缘性能好，耐火、耐水性好，抗电磁干扰强，可挠性好，可实现不带电的全光型探头等独特的优点。在防爆要求较高和某些要在电磁场下应用的技术领域，可以实现点位式测量或分布式参数测量。利用光纤的传光特性和感光特性，可实现位移、速度、加速度、转角、压力、温度、液位、流量、水声、浊度、电流、电压和磁场等多种物理量的测量；它还能应用于气体(尤其是可燃性气体)浓度等化学量的检测，也可以用于生物、医学等领域中。总之，光纤传感器具有广阔的应用前景。当然，对于光纤式传感器，在实现方案和具体的应用中一定要充分考虑测量过程中参数之间的干扰问题。

光纤传感器可分为非功能型和功能型两类。前者利用其他敏感元件感受被测量的变化，光纤仅作为光信号的传输介质，因此，这一类光纤传感器也称为传光型光纤传感器。后者利用光纤本身感受被测量变化而改变传输光的特性，如光强、相位、偏振态、波长；光纤既是传光元件，又是敏感元件，因此，这一类光纤传感器也可称为传感型光纤传感器。

## 13.2　光纤及有关特性

### 13.2.1　光纤的结构与种类

光纤是一种工作在光频范围内的圆柱形介质波导，主要包括纤芯、包层和涂覆层，如图13.2.1所示。纤芯位于光纤的中心部分，通常由折射率(为 $n_1$)稍高的介质制作，直径约为5～100 μm；纤芯周围包封一层折射率(为 $n_2$)较低的包层，即满足 $n_2<n_1$。纤芯与包层一般由玻璃或石英等透明材料制成，构成一个同心圆的双层结构。光纤具有能将光功率封闭在光纤里面进行传输的功能。涂覆层起保护作用，通常是一层塑料护套。

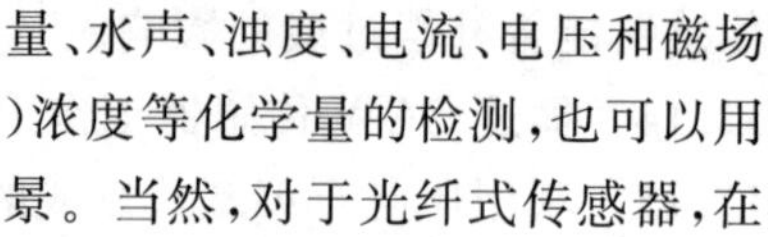


图13.2.1　光纤的基本结构

光纤按本身的材料组成不同，可分为石英光纤、多组分玻璃光纤和全塑料光纤。石英光纤的纤芯与包层是由高纯度的 $SiO_2$ 掺适当杂质制成，其损耗小；多组分玻璃光纤用钠玻璃($SiO_2-Na_2O-CaO$)掺适当杂质制成；全塑料光纤的损耗最大，但机械性能好。

按光纤折射率分布不同，可分为阶跃折射率光纤和梯度折射率光纤。

阶跃型光纤纤芯的折射率 $n_1$ 不随半径变化，包层内的折射率 $n_2$ 也基本上不随半径而变。在纤芯内，中心光线沿光纤轴线传播；通过轴线平面的不同方向入射的光线(即子午光线)呈锯齿状轨迹传播，如图 13.2.2(a)所示。

梯度型光纤纤芯内的折射率不是常值，从中心轴开始沿半径方向大致按抛物线规律逐渐减小。因此，光在传播中会自动地从折射率小的界面处向中心汇聚，光线偏离中心轴线越远，则传播路程越长，传播轨迹类似于波曲线。这种光纤又称为自聚焦光纤。图 13.2.2(b)为经过轴线的子午光线传播的轨迹。

光纤也可以按其传播模式进行分类，即分为单模光纤和多模光纤。单模光纤在纤芯中仅能传输一个模的光波，如图 13.2.2(c)所示。而多模光纤则能传输多于一个模的光波。

在光纤内传播的光波，可以分解为沿轴向传播的平面波和沿垂直方向(剖面方向)传播的平面波。沿剖面方向传播的平面波在纤芯与包层的界面上将产生反射。如果此波在一个往复(入射和反射)中相位变化为 $2\pi$ 的整数倍，就会形成驻波。只有能形成驻波的那些以特定的角度射入光纤的光才能在光纤内传播，这些光波就称为“模”。在光纤内只能传输一定数量的模。通常，纤芯直径较粗时(几十 μm 以上)，能传播几百个以上的模；而纤芯直径很细时(5～10 μm)，只能传播一个模，即基模 $HE_{11}$。

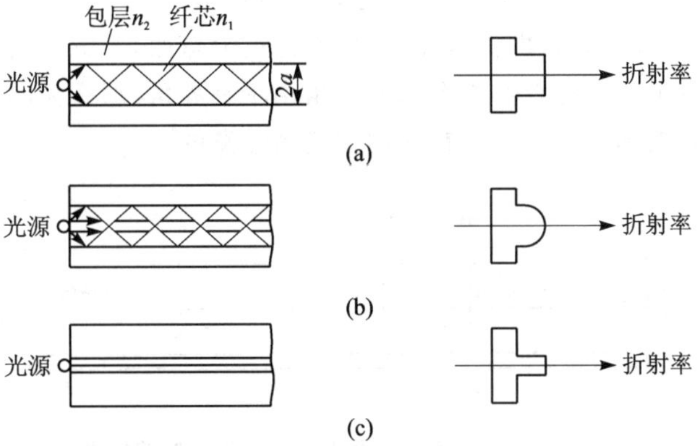


**图 13.2.2　光纤的种类和光传播形式**

## 13.2.2　传光原理

光的全反射原理是研究光纤传光原理的基础。根据几何光学原理，当光线以较小的入射角 $\varphi_1$($\varphi_1<\varphi_C$，$\varphi_C$ 为临界角)由折射率为 $n_1$ 的光密媒质射入到折射率为 $n_2$ 的光疏媒质时，一部分光线被反射，另一部分光线折射入光疏媒质中，如图 13.2.3(a)所示。折射角 $\varphi_2$ 满足斯耐尔(Snell)定律，即

$$n_1 \sin \varphi_1 = n_2 \sin \varphi_2 \tag{13.2.1}$$

根据能量守恒定律，反射光与折射光的能量之和等于入射光的能量。

当入射角增加时,一直到临界角 $\varphi_C$,折射光就会沿着界面传播,即折射角达到 90°,如图 13.2.3(b)所示。临界角 $\varphi_C$ 由式(13.2.2)确定,即

$$\varphi_C = \arcsin\left(\frac{n_2}{n_1}\right) \tag{13.2.2}$$

当入射角继续增加($\varphi_C<\varphi_1$)时,光线不再产生折射,只有反射,形成光的全反射现象,如图 13.2.3(c)所示。

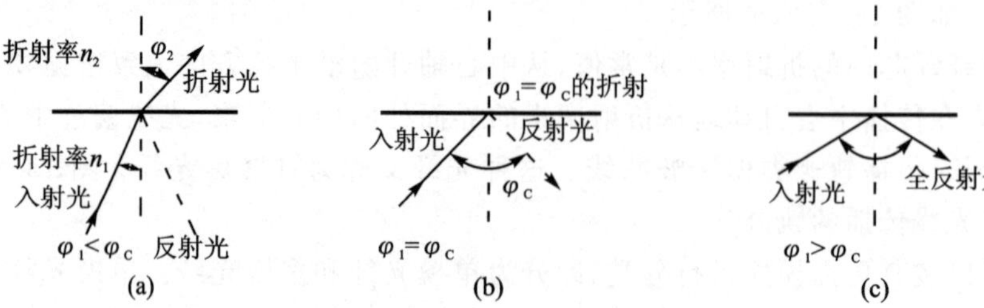


**图 13.2.3 光的全反射原理**

以阶跃型多模光纤来说明光纤中的传光原理。

阶跃型多模光纤的基本结构如图 13.2.4 所示。纤芯的折射率为 $n_1$,包层的折射率为 $n_2$,满足 $n_2<n_1$。当光线从折射率为 $n_0$ 的空气中射入光纤的端面,并与其轴线的夹角为 $\theta_0$ 时,按斯耐尔定律,在光纤内折成 $\theta_1$ 角,然后以 $\varphi_1$($\varphi_1=90°-\theta_1$)角入射到纤芯与包层的界面上。如果入射角 $\varphi_1$ 大于临界角 $\varphi_C$,则入射的光线就能在界面上产生全反射,并在光纤内部以同样的角度反复逐次全反射向前传播,直至从光纤的另一端射出。由于光纤两端处于同一媒质(空气)中,所以出射角也为 $\theta_0$。光纤即使弯曲,只要不是过分弯曲,光就能沿着光纤传播。如果光纤弯曲程度太大,以至于使光射至界面上的入射角小于临界角,那么大部分光线将透过包层损失掉,从而不能在纤芯内部传播。这是在使用中应当注意的。

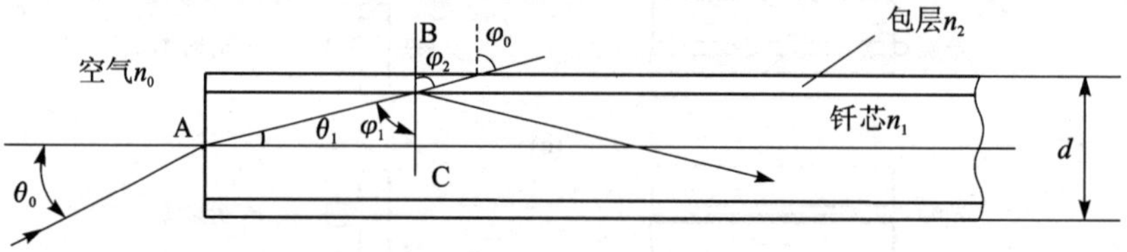


**图 13.2.4 阶跃折射率光纤中子午光线的传播**

从空气中射入到光纤的光线不一定都能在光纤中实现全反射。只有在光纤端面一定的入射角范围内的光线才能在光纤内部产生全反射传输出去。能产生全反射的入射角可以由斯耐尔定律以及临界角 $\varphi_C$ 的定义求得。

如图 13.2.4 所示,假设光线在 $A$ 点入射,则有

$$n_0\sin\theta_0 = n_1\sin\theta_1 = n_1\cos\varphi_1 \tag{13.2.3}$$

基于全反射条件,当入射光在纤芯与包层的界面上形成全反射时,应满足

$$\frac{n_2}{n_1} < \sin\varphi_1 \tag{13.2.4}$$

即

$$\cos \varphi_1 < \sqrt{1-\frac{n_2^2}{n_1^2}} = \frac{\sqrt{n_1^2-n_2^2}}{n_1} \tag{13.2.5}$$

将式(13.2.5)代入到式(13.2.3)可得

$$\sin \theta_0 < \frac{\sqrt{n_1^2-n_2^2}}{n_0} \tag{13.2.6}$$

式(13.2.6)确定了能发生全反射的子午线光线在端面的入射角范围。如果入射角超出这个范围，则进入光纤的光线便会透入包层而散失。

利用式(13.2.6)可以得到入射角度最大值 $\theta_C$，即

$$\sin \theta_C = \frac{\sqrt{n_1^2-n_2^2}}{n_0} \overset{\text{def}}{=\!=} NA \tag{13.2.7}$$

式中　$NA$——光纤的数值孔径(numerical aperture)。

考虑到空气中 $n_0=1$，则式(13.2.7)可以写成

$$NA = \sin \theta_C = \sqrt{n_1^2-n_2^2} \tag{13.2.8}$$

因 $n_1$ 与 $n_2$ 的差值甚小，故式(13.2.8)可近似表示为

$$NA \approx n_1 \sqrt{2\Delta} \tag{13.2.9}$$

$$\Delta \overset{\text{def}}{=\!=} \frac{n_1-n_2}{n_1}$$

式中　$\Delta$——相对折射率差。

数值孔径 $NA$ 表征了光纤的集光能力。在一定的条件下，$NA$ 值大，则由光源输入光纤的光功率大；反之则小。数值孔径是一个比 1 小的量，其数值通常为 0.14～0.5。由式(13.2.8)可知：纤芯与包层的折射率差越大，数值孔径就越大，光纤集光能力越强。

基于数值孔径，引入一个与光纤纤芯半径有关的归一化频率，即

$$v = \frac{2\pi a}{\lambda}(NA) \tag{13.2.10}$$

式中　$\lambda$——光波长(m)；

　　$a$——纤芯半径(m)。

归一化频率 $v$ 值能够确定在光纤纤芯内部沿轴线方向传播光波的模式数量。理论研究表明：当 $v<2.405$ 时，光纤中只能存在一个模式光波的传播，即只能传播基模 $HE_{11}$，这种光纤称为单模光纤；当 $2.405<v$ 时，光纤中将存在很多模式光波的传播，这种能传播多种模式的光纤称为多模光纤。多模光纤中传播的模式数目，随着 $v$ 值的增加而增多；对于阶跃光纤，其上限总数约为$\frac{v^2}{2}$。

由式(13.2.10)可知：在传播光波的波长、数值孔径确定的情况下，$v$ 值取决于纤芯半径 $a$。因此，单模光纤的芯径比较小，一般为 2.5～5 $\mu$m；而多模光纤的芯径比较大。

对于单模光纤，偏振状态沿光纤长度不变的单模光纤，称为单模保偏光纤。保偏光纤有两类：低双折射率光纤和高双折射率光纤。拍长长的光纤，称为低双折射率光纤；拍长短的光纤，称为高双折射率光纤。在一些光纤传感器中，必须使用单模保偏光纤。

## 13.2.3　光纤的集光能力

图 13.2.5 中 dS 为面光源中的发光面积元，锥体半顶角 $\theta_C$ 为光纤的最大半孔径角。发光

元面积 dS 在立体角 dΩ 内的光通量 dF 为

$$dF = B\cos\theta dSd\Omega \qquad (13.2.11)$$

式中 $B$——面光源的亮度；

$\theta$——$r$ 方向与面光源法线间的夹角。

考虑如图 13.2.5 中锥面上的一环带，即

$$dA = rd\theta\cdot 2\pi r\sin\theta = 2\pi r^2\sin\theta d\theta \qquad (13.2.12)$$

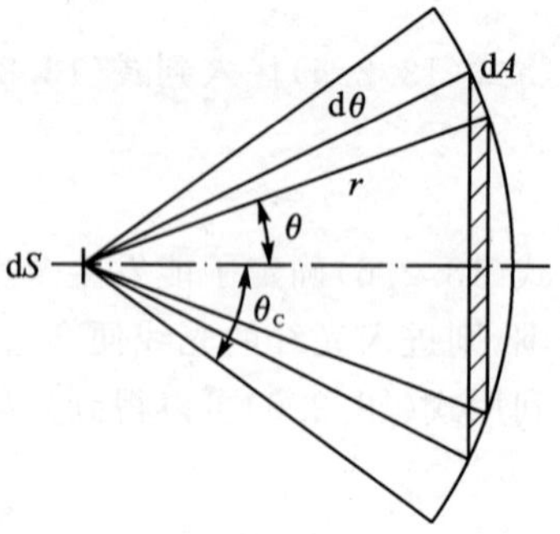

图 13.2.5 半顶角为 $\theta_C$ 的面光源光锥

dA 所对应的立体角为

$$d\Omega = \frac{dA}{r^2} = 2\pi\sin\theta d\theta \qquad (13.2.13)$$

将式(13.2.13)代入式(13.2.11)可得

$$dF = 2\pi B\sin\theta\cos\theta dSd\theta \qquad (13.2.14)$$

即

$$F = 2\pi BdS\int_0^{\theta_C}\sin\theta\cos\theta d\theta = \pi B\sin^2\theta_C dS \qquad (13.2.15)$$

$F$ 是由面光源上面积元 dS 发出的射入光纤端面的有效光通量，即能为光纤传输的光通量。大于 $\theta_C$ 角的光线虽然能进入光纤端面，但不能在光纤内部产生全反射而传播出去。

由面光源发出的总的光通量相当于 $\theta_C=90°$的情况。这时由式(13.2.15)可得

$$F_{max} = \pi BdS \qquad (13.2.16)$$

定义 $f=\frac{F}{F_{max}}$为集光率，则有

$$f = \sin^2\theta_C = NA^2 \qquad (13.2.17)$$

由式(13.2.17)进一步揭示了数值孔径充分反映了光纤的集光能力，集光率与数值孔径的平方成正比。特别地，由式(13.2.8)可知：如果 $1\leqslant\sqrt{n_1^2-n_2^2}$，则集光能力达到最大，集光率 $f=1$。

## 13.2.4 光纤的传输损耗

上面的讨论忽略了光在传播过程中的各种损耗。实际上，光从光纤的一端射入，从另一端射出，光强将发生衰减现象，即存在着光纤的传输损耗，可描述为

$$\alpha = \frac{10}{L}\lg\frac{P_{in}}{P_{out}} \qquad (13.2.18)$$

式中 $\alpha$——光纤损耗(dB/km)；

$L$——光纤的长度(km)；

$P_{in}$，$P_{out}$——光纤的输入和输出光功率(W)。

光纤中引起光能量衰减(损耗)的原因主要有吸收损耗、散射损耗和辐射损耗。下面分别加以简要说明。

1. 吸收损耗

吸收损耗与组成光纤材料的电子受激跃迁和分子共振有关。当电子与光子相互发生作用时，电子会吸收能量而被激发到较高能级。分子共振吸收则与材料的原子构成分子时共价键的特性有关。当光子的频率与分子的振动频率接近或相等时，即发生共振，并大量吸收光能量。以上吸收损耗是材料本身所固有的，即使在不含任何杂质的材料中，也存在这种现象，所

以又被称为本征吸收。

透过媒质的光强与入射光强之间有如下关系：

$$I_{out} = I_{in} e^{-\alpha x} \tag{13.2.19}$$

式中 $\alpha$——光纤纤芯的吸收系数(1/km)；

$x$——光透过媒质层的距离(km)；

$I_{in}, I_{out}$——光纤的入射光强和透过媒质的光强(cd)。

当子午光线沿光纤传播时，基于图 13.2.4 可知光路的总长度为

$$x = L \sec \theta_1 \tag{13.2.20}$$

式中 $\theta_1$——光线在光纤端面上的折射角，$\theta_1 = 90° - \varphi_1$；

$L$——光纤总长度(km)。

2. 散射损耗

玻璃中的散射损耗是由于材料密度的微观变化、成分起伏以及在制造光纤过程中产生的结构上的不均匀性或缺陷引起的，从而导致材料中出现折射率的差异，使光波在光纤传播过程中产生不均匀或不连续的情况；一部分光就会散射到不同方向去，不能传输到终点，造成散射损耗。散射损耗可以用式(13.2.21)近似表示，即

$$\alpha_R = \frac{8\pi^2}{3\lambda^4} n_1^8 p^2 kT\beta_T \tag{13.2.21}$$

式中 $\lambda$——光波长(m)；

$n_1$——光纤纤芯折射率；

$p$——弹光系数；

$k$——玻耳兹曼常数，$k = 1.381 \times 10^{-23}$ J/K；

$T$——绝对温度(K)；

$\beta_T$——材料的等温压缩系数。

从式(13.3.21)可知：散射损耗与 $\lambda^4$ 成反比，它随着光波长的增加而急剧减小。

3. 辐射损耗

当光纤以一定曲率半径弯曲时，就会产生辐射损耗。光纤可能受到两种类型的弯曲：一是弯曲半径比光纤直径大很多的弯曲，例如，当光缆拐弯时就会发生这样的弯曲；二是微弯曲，当把光纤组合成光缆时，可能使光纤的轴线产生随机性的微弯曲。

对于曲率半径大的情况下引起的辐射损耗，可以通过对图 13.2.6 所示模式的电场分布加以定性的说明。束缚在纤芯中的导波模式场，有一个延伸到包层中的衰减场尾部。这个尾部随着距纤芯距离的增加而呈指数衰减。当光纤发生弯曲时，位于曲率外沿部分的衰减场尾部，必须以大于光速行进才能跟着纤芯中的场一同前进。显然这是不可能的。因此，衰减场尾部中的光能量只能从光纤内辐射出去，从而造成传输光能量的损耗。辐射损耗与光纤的曲率半径有关。当曲率半径很大时(轻度弯曲)，辐射损耗较小，一般可不予考虑；当曲率半径减小时，损耗呈指数增长，必须认真考虑。

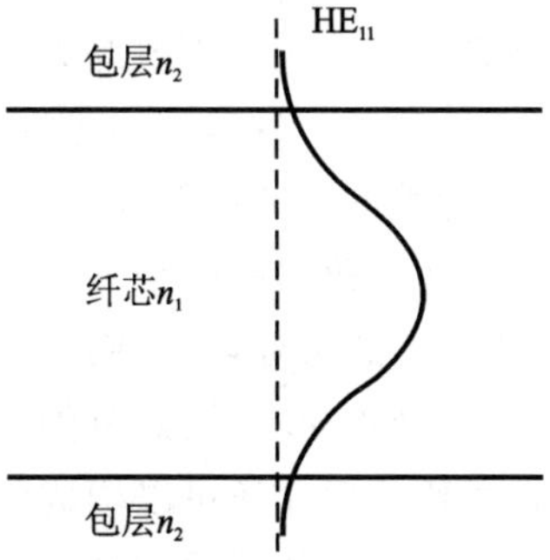


**图 13.2.6 光纤中传导模式的电场分布**

光波导中另一种形式的辐射损耗是光纤产生的随机微弯引起的。光纤的弯曲是由于光纤护套的不均匀性或是光纤成缆时产生的不均匀侧向压力引起的。其结果使光纤轴线弯曲，曲率半径呈重复性变化，从而引起光纤中的传导模与辐射模之间反复产生耦合，使一部分光能量从纤芯中消失。

由以上分析、讨论可知：光纤的损耗是多种因素影响的综合结果。它可以简单地归结为固有损耗和非固有损耗两类。固有损耗包括光纤材料的性质和微观结构引起的吸收损耗和散射损耗。它们是光纤中都存在的损耗因素，从原理上讲是不可克服的，因而它们决定了光纤损耗的极限值。非固有损耗是指杂质吸收、结构不完善引起的散射和弯曲辐射损耗等。非固有损耗可以通过光纤制造技术的完善得以消除或减小，它们对总损耗的影响已不是主要问题。

一般而言，要减小光纤的损耗，应当加大光纤的直径，缩短光纤的长度，减小光的入射角。一般光纤的损耗在3～10 dB/km，最低的可达到0.18 dB/km的水平。

# 13.3 强度调制光纤传感器

利用外界因素改变光纤中光的强度，通过测量光强的变化来检测外界物理量的传感器，称为强度调制光纤传感器。

强度调制光纤传感器是最早研究和应用的一类光纤传感器。其特点是结构简单，光强度信号可以直接用光探测器进行检测。

对光进行强度调制的方法一般有以下几种：

① 直接改变光纤的微弯状态；

② 利用介质折射率变化；

③ 利用外部敏感元件调制投射光强或调制反射光强等。

下面介绍几种典型的强度调制光纤传感器。

## 13.3.1 光纤微弯传感器

光纤微弯传感器是利用光纤的微弯损耗来检测外界物理量的变化。一根多模光纤从一对机械变形器中间通过，如图13.3.1(a)所示。当变形器受到微扰(位移或压力)作用时，光纤沿轴线产生周期性微弯曲。正如在前面关于光纤损耗机理的简要讨论中指出的，光纤的随机弯曲将会引起光纤中的一部分光波泄漏到包层中去，如图13.3.1 (b)所示。通过检测光纤纤芯中的传导光功率或包层中泄漏光功率的变化，就能测量出与之成一定关系的位移或压力大小。图13.3.2给出了一种典型的光纤微弯力传感器的光强透射率与被测力值的关系曲线。在力值较低时，特性的线性度较高。

光纤微弯传感器的一个突出优点是光功率维持在光纤内部，这样可以避免周围环境污染的影响，适宜在恶劣环境中使用。光纤微弯传感器的灵敏度高，能检测出100 μPa的压力变化，同时具有结构简单、动态范围宽、线性度较好和性能稳定等优点。

这种微弯传感器还可以构成阵列系统，如图13.3.3所示。其中，(a)为串行连接；(b)为并行连接。利用微弯传感器阵列系统，可以对大型建筑工程如桥梁、水坝、坑道等的结构变形进行长时间监测，组成健康监测与诊断系统。

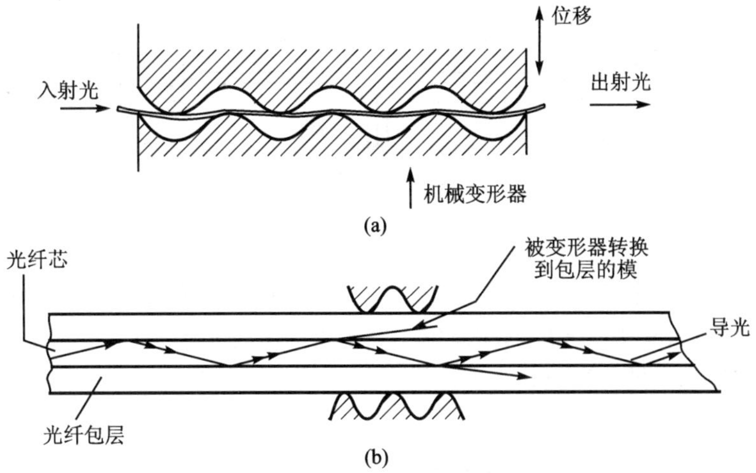


图 13.3.1　微弯损耗调制原理图

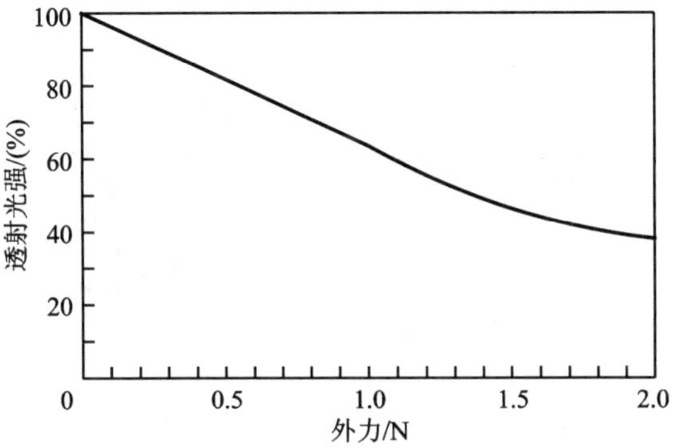


图 13.3.2　光纤纤芯光强透射率与外力的关系

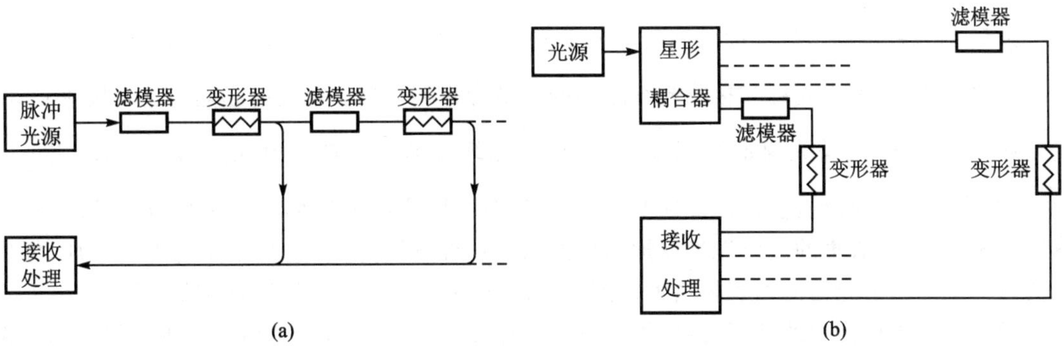


图 13.3.3　光纤微弯传感器阵列

## 13.3.2　反射式光纤位移传感器

反射式光纤位移传感器如图 13.3.4 所示。光源发出的光经发送光纤射向被测物体的表面(反射面)上,反射光由接收光纤收集,并传送到光探测器转换成电信号输出,从而解算出被测物理量。

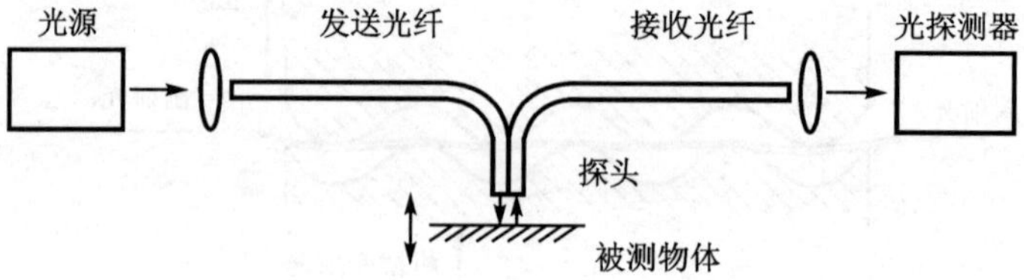


**图 13.3.4 反射式光纤位移传感器**

光强调制原理可以参照图 13.3.5 加以说明。由图中发送光纤的虚像与接收光纤构成的等效光路分析得知:只有接收光纤的端面位于发送光纤出射光锥之内,接收光纤才能收集到反射光;而且,接收的光通量与交叠的光斑面积有关。

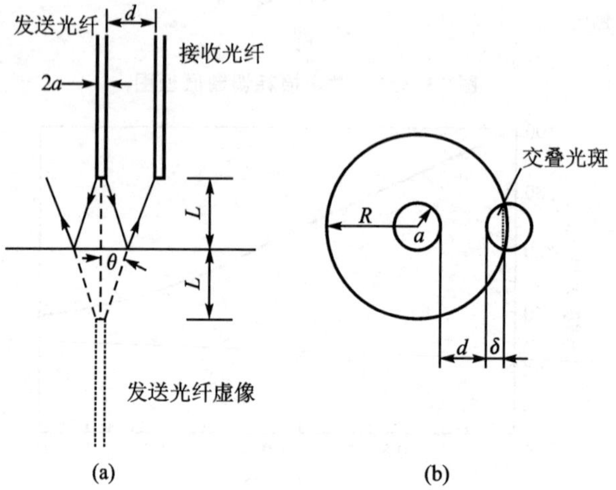


**图 13.3.5 发送光纤与接收光纤的光耦合**

设发送光纤与接收光纤的芯径为 $2a$,孔径角为 $\theta$,均为阶跃型折射率光纤,两根光纤相距 $d$。显然,当光纤端面与反射面之间的距离 $L$ 很小,以至当 $L<\dfrac{d}{2\tan\theta}$时,接收光纤位于发送光纤像的光锥之外,发送光纤与接收光纤之间的光耦合为零,因此,无反射光能量进入接收光纤。随着距离 $L$ 增大,交叠光斑面积逐渐增大,接收光纤端面逐渐被反射光照射。当 $L=\dfrac{d+2a}{2\tan\theta}$时,接收光纤端面完全被发送光纤虚像发出的光锥照亮,交叠光斑面积等于接收光纤端面积。这时光耦合最强,收集的反射光光通量达到最大。$L$ 继续增大,交叠光斑面积不再增加,但发送光纤产生的出射光锥的面积将增大。因此,接收的光通量反而随距离的增加而减小。

关于交叠光斑面积的计算,这里给出近似计算方法,即假设发送光纤的出射光锥边缘与接收光纤纤芯端面交界的弧线近似为直线,如图 13.3.5(b)中虚线所示。在线性近似条件下,通过对交叠面的简单的几何分析,得到交叠面积与光纤纤芯端面积之比为

$$\alpha=\frac{1}{\pi}\left[\arccos\left(1-\frac{\delta}{a}\right)-\left(1-\frac{\delta}{a}\right)\sin\arccos\left(1-\frac{\delta}{a}\right)\right] \tag{13.3.1}$$

式中 $\delta$——光斑交叠扇形面的高度(m),$\delta=2L\tan\theta-d$。

由式(13.3.1)可以绘出 $\alpha$ 与$\dfrac{\delta}{a}$的关系曲线,如图 13.3.6 所示。

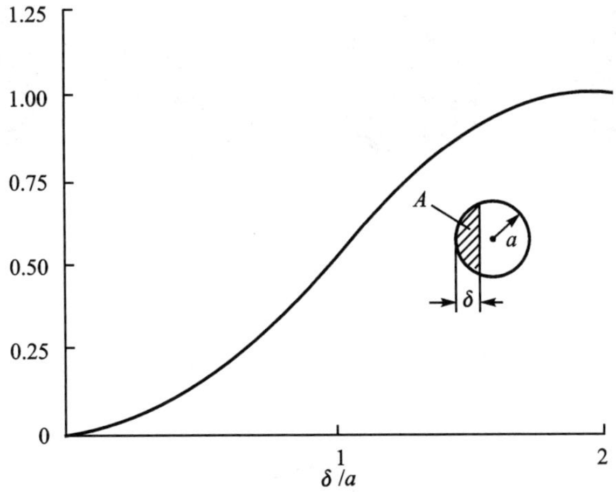


图 13.3.6　$\alpha$ 与 $\frac{\delta}{a}$ 的关系曲线

假设反射面无光吸收，则两束光纤的光功率耦合效率为交叠光斑面积与光纤端面处的光锥面积之比，即

$$\eta = \frac{\alpha\pi a^2}{\pi(2L\tan\theta)^2} = \alpha\left(\frac{a}{2L\tan\theta}\right)^2 \tag{13.3.2}$$

根据式(13.3.2)，可以绘出反射面位移 $L$ 与光功率耦合效率 $\eta$ 的关系曲线。如图 13.3.7 所示的 $\eta$ 与 $L$ 的关系曲线是在纤芯直径 $2a=100\ \mu\text{m}$，数值孔径 $NA=0.5$，两根光纤间距离为 100 $\mu$m 的条件下得到的。

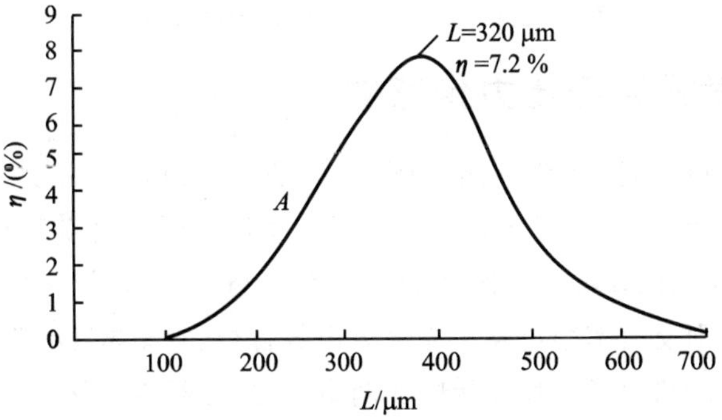


图 13.3.7　耦合效率 $\eta$ 与反射面距离之间的关系曲线

实际应用的反射式光纤位移传感器，光纤采用束状结构。在光纤探头中，发送光纤束与接收光纤束可以有多种排列分布方式，如随机分布(见图 13.3.8(a))、对半分布(见图 13.3.8(b))及同轴分布等。同轴分布包括发送光纤在内层(见图 13.3.8(c))和发送光纤在外层(见图 13.3.8(d))两种。

四种光纤分布方式相应的反射光强与位移的关系曲线如图 13.3.9 中的 1,2,3,4 所示。由图可见，在曲线 1 两侧有两段近似线性的区域(AB 段和 CD 段)。AB 段的斜率比 CD 段大得多，线性也较好。因此测量小位移的传感器的工作范围应选择在 AB 段，而偏置工作点则设置在 AB 段的中点 M 点。如果要测量较大的位移量，则可选择在 CD 段工作。工作点设置在 CD 段的中心 N 点。

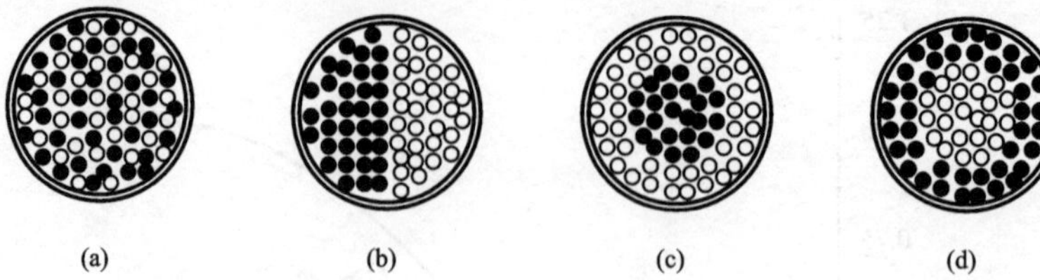


**图 13.3.8　光纤分布方式**

光纤位移传感器可广泛应用于表面粗糙度及小位移测量。它具有非接触、探头小、频响高和线性度好等优点。

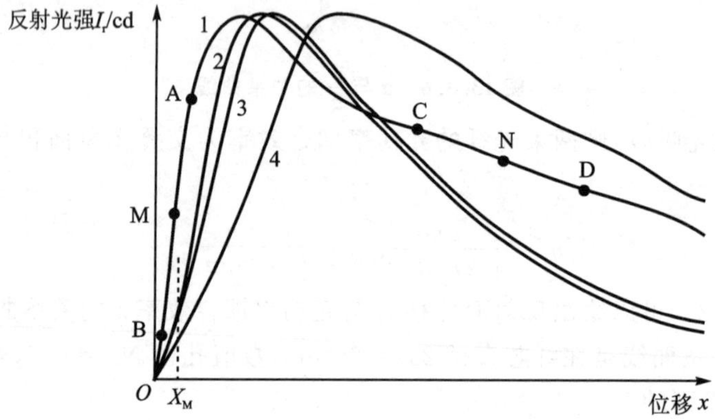


**图 13.3.9　反射光强与位移的关系曲线**

## 13.3.3　反射式光纤压力传感器

上述测量位移的原理同样适合于测量压力，只是反射面是压力敏感元件(如圆平膜片)。图 13.3.10 为反射式光纤压力传感器原理示意图。膜片由弹性合金材料制成，用电子束焊等焊接工艺将它焊接到探头的端面上。膜片的内表面应当抛光，以提高反射率。如果在内表面上再蒸镀一层反射膜，则反射率会更高。光纤束由数百根，甚至数千根阶跃型多模光纤集束而成。它被分成纤维数目大致相等、长度相同的两束：发送光纤束和接收光纤束。在两束光纤的汇集端，两种光纤排列呈随机分布。

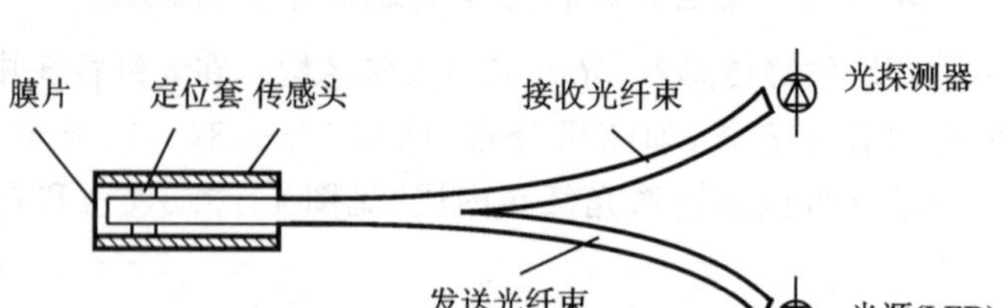


**图 13.3.10　反射式光纤压力传感器**

由 3.3.5 节讨论结果可知：周边固支圆平膜片在小挠度变形时，其中心位移与所受压力成正比。当压力增加时，光纤与膜片之间的距离将线性地减小；反之，压力减小，则距离将增大。

这样，光纤接收的反射光强度将随压力增加而减小，随压力减小而增加。

光纤压力传感器尤其适用于动态压力测量。由于该传感器尺寸小，因此固有频率相当高。尽管传感器的频率响应受到光电器件特性的限制，但其动态响应还是相当好。图 13.3.11 为测量动态压力时，反射光强随压力(位移)变化的波形。

光纤压力传感器还具有结构简单、灵敏度高等优点，应用领域广泛。

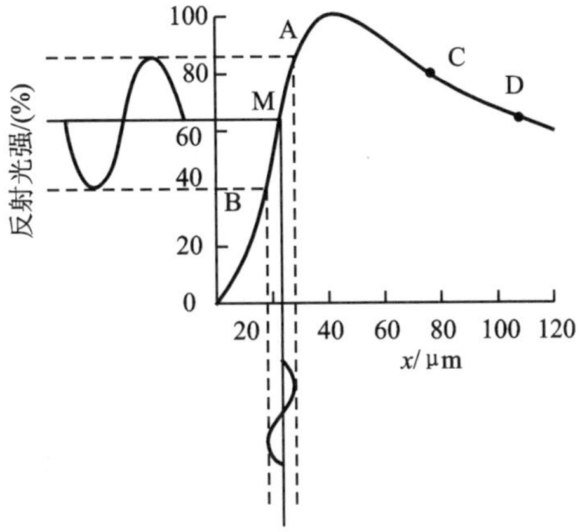


**图 13.3.11　用于动态压力测量时反射光强的变化**

# 13.4　相位调制光纤传感器

利用被测量改变光纤中光波的相位，通过检测相位变化来测量被测量的传感器，称为相位调制光纤传感器。

## 13.4.1　相位调制的原理

当一束波长为 $\lambda$ 的相干光在光纤中传播时，光波的相位角与光纤的长度、纤芯折射率 $n_1$ 和纤芯直径 $d(d=2a)$有关。若光纤受被测物理量的作用，将会引起上述三个参数发生不同程度的变化，从而引起光相移。一般而言，光纤的长度和折射率的变化引起光相位的变化要比直径变化引起的相位变化大得多，因此可以忽略光纤直径引起的相位变化。

一段长为 $L$，波长为 $\lambda$ 的输出光相对输入端来说，其相位角为

$$\phi=\frac{2\pi n_1 L}{\lambda} \tag{13.4.1}$$

当光纤受到外界物理量作用时，则光波的相位角变化量为

$$\Delta\phi=\frac{2\pi}{\lambda}(n_1\Delta L+\Delta n_1 L)=\frac{2\pi L}{\lambda}(n_1\varepsilon_L+\Delta n_1) \tag{13.4.2}$$

式中　$\Delta\phi$——光波相位角变化量(rad)；

$\lambda$——光波波长(m)；

$n_1$——光纤纤芯的折射率；

$\Delta L$——光纤长度的变化量(m)；

$\Delta n_1$——光纤纤芯折射率的变化量；

$\varepsilon_L$——光纤的轴向应变量，$\varepsilon_L=\dfrac{\Delta L}{L}$。

由于光的频率很高，在$10^{14}$ Hz量级，光电探测器不能够响应这样高的频率，也就是说，光电探测器不能跟踪以这样高的频率进行变化的瞬时值，因此，光波的相位变化必须通过间接的方式来检测。为了能够检测光波的相位变化，可以应用光学干涉测量技术，将相位调制转换成振幅(光强)调制。通常，在光纤传感器中采用马赫-泽德尔(Mach - Zender)干涉仪、法布里-泊罗(Fabry - Perot)干涉仪和迈克尔逊(Michelson)干涉仪、萨格纳克(Sagnac)干涉仪等。它们有一个共同之处，即光源的输出光被分束器(棱镜或低损耗光纤耦合器)分成光功率相等的两束光(也有的分成几束光)，并分别耦合到两根或几根光纤中去。在光纤的输出端，再将这些分离光束汇合起来，输到一个光电探测器。在干涉仪中采用锁相零差、合成外差等解调技术，可以检测出调制信号。

总之，相位调制光纤传感器主要有两个技术问题：一是实现光波相位调制的物理效应；二是构成检测相位变化的光纤干涉仪。

在相位调制传感器上通常采用的物理效应有：应力应变效应、光弹效应、磁致伸缩效应、声光效应、光热效应和萨格纳克效应等。

### 13.4.2 相位调制光纤压力传感器

图13.4.1为利用马赫-泽德尔干涉仪测量压力(水声)的光纤传感器原理示意图。He - Ne激光器发出一束相干光，经过扩束以后，被分束棱镜分成两束光，并分别耦合到单模的信号光纤(又称传感光纤)和参考光纤中。这两根光纤分别作为马赫-泽德尔干涉仪的两个臂。其中，一根光纤被置于被测压力场中，感受压力的变化；另一根光纤是参考光纤，构成参考臂。参考光纤应有效地屏蔽，以减小或避免来自被测对象和环境温度的影响。两根光纤的长度相等，因此，在光源的相干长度内，两臂的光程长相等。光合成后形成一系列明暗相间的干涉条纹。

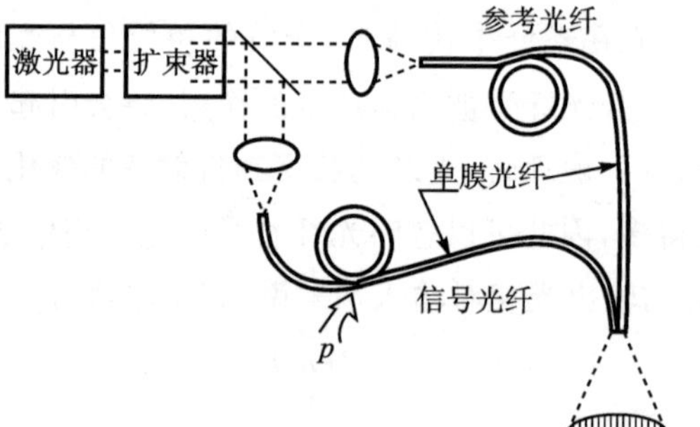


**图13.4.1 干涉型光纤压力传感器原理图**

由式(13.4.2)可知：压力的作用会使光纤的长度和折射率发生变化。这将会引起光波相位发生变化，从而引起两束光的相对相位发生变化，导致干涉条纹移动。相位每变化$2\pi$，干涉条纹就移动一根条纹。通过条纹移动数目便能测量出压力信号的大小。

如果在信号光纤和参考光纤的汇合端放置一个合适的光电探测器，就可以将合成的光强的强弱变换成电信号大小的变化，如图 13.4.2 所示。

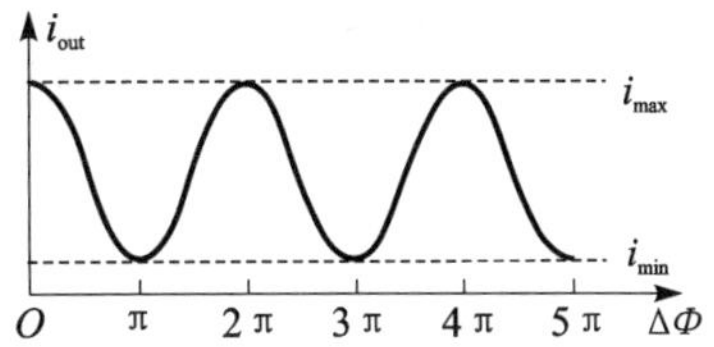


图 13.4.2　输出光电流与光相位变化的关系

由图 13.4.2 可知：在初始阶段，传感光纤中的传播光与参考光纤中的传播光同相，输出光电流最大；随着相位增加，光电流逐渐减小；相移增加到 π，光电流达到最小值；相移继续增加到 2π，光电流又上升到最大值。这样，光的相位调制便能转换为电信号的幅值调制。对应于相位 2π 的变化，移动一根干涉条纹。如果在两光纤的输出端用光电元件来扫描干涉条纹的移动，并变换成相应的电信号，就可以从移动条纹解算出压力的变化。

应当指出：图 13.4.1 所示的干涉型光纤压力传感器原理图也可以实现对温度的测量，构成干涉型光纤温度传感器，而且也有较高的灵敏度。

## 13.4.3　相位调制光纤力传感器

图 13.4.3 为矩形截面悬臂梁式光纤力传感器原理图。在梁的上、下两面各开两个深 0.5 mm、宽 0.5 mm 的平行槽，然后把马赫-泽德尔干涉仪的两根光纤臂按水平方式铺设在槽内，并用环氧树脂或其他粘合剂把光纤与悬臂梁固连在一起，保证光纤的变形与悬臂梁变形相同。激光器发出的光被分束器分成两束进入上、下两根光纤，出射端的光在屏上会产生干涉条纹。当悬臂梁受外力作用而发生变化时，上、下两根光纤中一根伸长，一根缩短，于是引起光相位变化，干涉条纹发生移动。利用零差检测法将相位变化转变成光强变化，即可实现对力的测量。

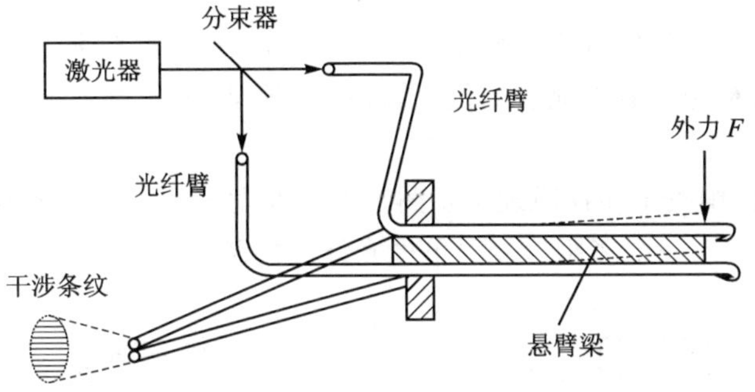


图 13.4.3　悬臂梁式光纤力传感器原理图

当作用力 F 向下时，则梁上面的光纤伸长，下面的光纤缩短。

借助于式(3.3.28)，当悬臂梁受向下的外力 F 作用时，梁上、下表面的应变分别为

$$\varepsilon_x^u(x) = \frac{6F}{Ebh^2}(L - x) \tag{13.4.3}$$

$$\varepsilon_x^d(x) = \frac{-6F}{Ebh^2}(L - x) \tag{13.4.4}$$

式中　$\varepsilon_x^u(x)$，$\varepsilon_x^d(x)$——梁上、下表面的应变；

$E$——梁材料的弹性模量(Pa)；

$L$——梁的长度(m)；

$b$——梁的宽度(m)；

$h$——梁的厚度(m)。

将光纤的长度方向也定义为 $x$ 轴，与悬臂梁长度方向的 $x$ 轴一致，故在悬臂梁上、下表面设置的光纤长度方向受到的应变分别为

$$\varepsilon_{F,x}^{u}(x)=\frac{6F}{Ebh^2}(L-x) \tag{13.4.5}$$

$$\varepsilon_{F,x}^{d}(x)=\frac{-6F}{Ebh^2}(L-x) \tag{13.4.6}$$

式中　$\varepsilon_{F,x}^{u}$，$\varepsilon_{F,x}^{d}(x)$——设置在梁上、下表面光纤的应变。

由于式(13.4.5)和式(13.4.6)描述的光纤的应变为坐标值 $x(x\in[0,L])$ 的线性函数，故其平均值为

$$\bar{\varepsilon}_{F,x}^{u}(x)=\frac{3LF}{Ebh^2} \tag{13.4.7}$$

$$\bar{\varepsilon}_{F,x}^{d}(x)=\frac{-3LF}{Ebh^2} \tag{13.4.8}$$

考虑到差动方式工作，故该光纤力传感器感受到的总的平均应变为

$$\bar{\varepsilon}_{F,x}^{T}(x)=\frac{6LF}{Ebh^2} \tag{13.4.9}$$

利用马赫-泽德尔干涉仪检测应变 $\bar{\varepsilon}_{F,x}^{T}(x)$，从而实现对力值的测量。

差动工作方式可以有效地减小或避免来自被测对象和环境温度的影响，也可以有效地减小或避免其他共模干扰的影响。

## 13.4.4 基于萨格纳克干涉仪的光纤陀螺

利用萨格纳克效应可以实现高灵敏度的旋转角速度的测量，即构成光纤陀螺。

光纤陀螺较之机械陀螺有着显著的优点，最突出的是：灵敏度高，无活动部件，体积小，质量小，抗干扰能力强。

图13.4.4为萨格纳克干涉仪原理示意图。激光源发出的光由分束器或3 dB耦合器分成1∶1的两束光，耦合进入一个多匝(多环)单模光纤圈的两端。光纤两端出射光经分束器送到光探测器。

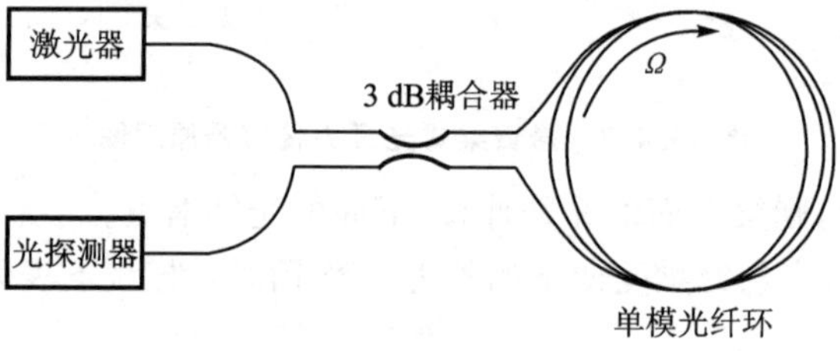


图13.4.4　萨格纳克干涉仪原理图

设半径为 $R$ 的圆形闭合光路上，同时从相同的起始点A沿相反方向传播两列光波。当闭合光路静止时(即 $\Omega=0$)，两列光波回到起始点所需的时间是一样的，即两束光的相位差为零。当闭合光路沿顺时针方向以角速度 $\Omega$ 转动时，两列光波再回到A点花费的时间各自不同，同时A点已从位置1转到了位置2，如图13.4.5所示。

顺时针方向传播的光所需的时间可以描述为

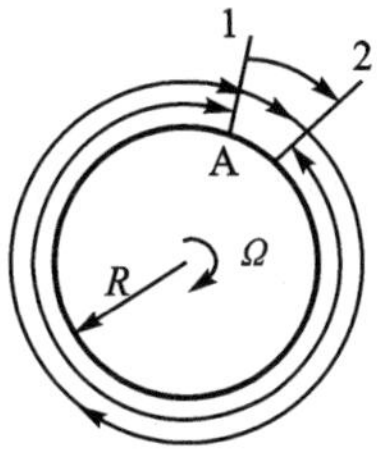


图 13.4.5　萨格纳克效应示意图

$$t_r = \frac{2\pi R + R \cdot \Omega t_r}{c_r} \tag{13.4.10}$$

或

$$t_r = \frac{2\pi R}{c_r - R\Omega} \tag{13.4.11}$$

式中　$c_r$——光路中沿顺时针方向传播的光速(m/s)。

逆时针方向传播的光所需的时间可以描述为

$$t_l = \frac{2\pi R - R \cdot \Omega t_l}{c_l} \tag{13.4.12}$$

或

$$t_l = \frac{2\pi R}{c_l + R\Omega} \tag{13.4.13}$$

式中　$c_l$——光路中沿逆时针方向传播的光速(m/s)。

根据相对论,有

$$c_r = \frac{\frac{c}{n} + R\Omega}{1 + \frac{R\Omega}{nc}} = \frac{c}{n} + R\Omega\left(1 - \frac{1}{n^2}\right) + \cdots \tag{13.4.14}$$

$$c_l = \frac{\frac{c}{n} - R\Omega}{1 - \frac{R\Omega}{nc}} = \frac{c}{n} - R\Omega\left(1 - \frac{1}{n^2}\right) + \cdots \tag{13.4.15}$$

式中　$n$——光路介质的折射率;

$c$——光速(m/s),在真空中,$c \approx 2.998 \times 10^8$ m/s。

考虑到 $R\Omega \ll c$,则两列光波传输的时间差为

$$\Delta t = t_r - t_l = \frac{4\pi R^2 \Omega}{c^2} = \frac{4A}{c^2}\Omega \tag{13.4.16}$$

式中　$A$——光路所包含的面积($m^2$),$A = \pi R^2$。

为了提高萨格纳克效应,即光纤陀螺的测量灵敏度,可用 $N$ 匝光纤圈代替图 13.4.5 的圆盘周长传播光路,使光路等效面积增加 $N$ 倍,则 $\Delta t$ 为

$$\Delta t = \frac{4AN}{c^2}\Omega \tag{13.4.17}$$

因此,两列光相应的光程差和相位差分别为

$$\Delta L = c \cdot \Delta t = \frac{4AN}{c}\Omega \tag{13.4.18}$$

$$\Delta\phi = 2\pi \frac{\Delta L}{\lambda} = \frac{8\pi AN}{\lambda c}\Omega \tag{13.4.19}$$

式中　$\lambda$——光波长(m)。

这样,测出 $\Delta\phi$,即可确定转速 $\Omega$ 值。这就是光纤陀螺的基本工作原理。

# 13.5　频率调制光纤传感器

利用外界因素改变光的频率,通过检测光的频率变化来测量被测物理量的传感器,称为频

率调制光纤传感器。值得注意的是,频率调制并不以改变光纤的特性来实现。这里,光纤仅起传输光的作用,而不是作为敏感元件。

频率调制是基于光学多普勒效应。如果一束光频率为 $f$ 的光入射到相对于探测器速度为 v 的运动物体上,则从运动物体反射的光频率为

$$f_s = \frac{f}{1-\dfrac{v}{c}} \approx \left(1+\frac{v}{c}\right)f \tag{13.5.1}$$

式中 $c$——光在介质中传播的速度(m/s);在真空中,$c \approx 2.998\times10^8$ m/s。

利用多普勒效应,能够检测运动物体的速度。图13.5.1为光纤血流速度传感器工作原理图。激光源发出频率为 $f_0$ 的线偏振光束,被分束器分成两束:一束经偏振分束器,被一显微镜聚焦后进入光纤,并经光纤传输至光纤探头,射入血液;另一束作为参考光束。如将光导管以 $\theta$ 角插入血管,则由光纤探头射出的激光,被直径为 7 μm 的移动着的红血球所散射,经多普勒频移的部分背向散射光信号,由同一光纤反向回送,其频移为

$$\Delta f = \frac{2nv\cos\theta}{\lambda} \tag{13.5.2}$$

式中 $n$——血的折射率($n=1.33$);

$v$——血流速度(m/s);

$\theta$——光纤轴线与血管轴线间的夹角(°);

$\lambda$——激光波长(m)。

当 $\lambda=0.632\,8$ μm,$\theta=60°$,$v=1$ m/s 时,由式(13.5.2)计算的频移 $\Delta f$ 约为 2.1 MHz。

在参考光束中,设置一声光频率调制器——布喇格盒,目的是为了区别血流的方向。通过布喇格盒调制,参考光已是有频移的光,其频率为 $f_0-f_B$($f_B$ 为超声波频率)。将参考光($f_0-f_B$)与频率为 $f_0+\Delta f$ 的多普勒频移光信号进行混频,即使用光外差法检测,采用信噪比较高的雪崩二极管(APD)作为光探测器(接收器),接收频率为 $f_B+\Delta f$ 的信号,形成光电流。来自 APD 的光电流被送入频谱分析仪,分析多普勒频移,以解算血流速度 $v$。图13.5.1所示的光纤血流速度传感器的速度测量范围的典型值为 0.04~10 m/s,精度为 5 %,所用光纤直径为 150 μm。光纤传感探头部分不带电,化学状态稳定,直径小,已用于眼底及动物腿部血管中血流速度的测量,其空间分辨率(100 μm)和时间分辨率(8 ms)都相当高。其缺点是光纤造

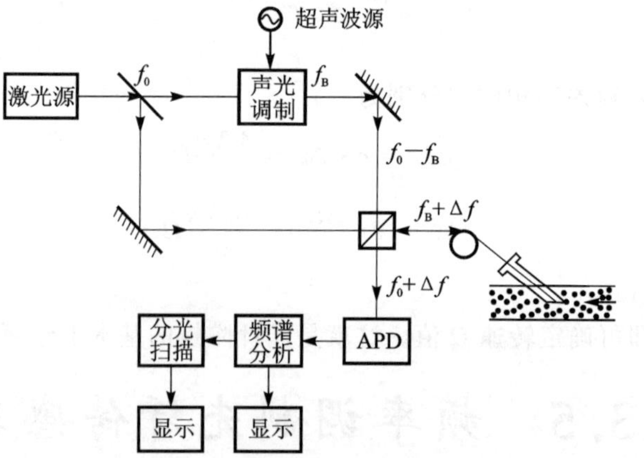


**图13.5.1 光纤血流速度传感器工作原理图**

成流动干扰，并且背向散射光非常弱。因此，设计信号检测电路时必须考虑这种情况。

# 13.6　分布式光纤传感器

为了充分发挥光纤传感器的技术优势，尤其是近年来“灵巧”结构(smart structure)的提出和研制，充分反映出分布式光纤传感器已经成为应用的一个热点。

利用分布式光纤传感器，对材料结构的损伤评估、应力应变和温度等参数的测量，有非常大的优势。当把光纤埋入结构内时，对于损伤评估传感器，埋入的光纤应尽可能靠近最大应变的表面，并夹在基体材料的两平行纤维层之间，且与之正交，这样，可获得最佳灵敏度和最佳检测效果；对于应变类传感器，应尽量平行置于基体材料两纤维层之间，方向与增强纤维相一致。

一般来说，若埋入光纤的直径小于 140 μm，则不会降低材料的抗拉强度和疲劳寿命。但当埋入光纤和复合材料相邻层间存在夹角，形成所谓的“树脂眼”时，在其附近，会导致一定的应力集中。这可以通过选择适当几何参数和强度的光纤包层加以消除。

损伤评估通常是在复合材料内埋入光纤传感器阵列，采取两种不同的检测方法：当材料出现损伤时，测定阵列内各光纤传输光强随着响应位置上应变的变化；或者检测出由于基底材料破碎、纤维断裂和层间开裂等损伤情况所释放的声频能量(即所谓的“声发射”现象)，经过适当的处理，确定损伤的位置和程度。这两种损伤评估方法分别如图 13.6.1 和图 13.6.2 所示。

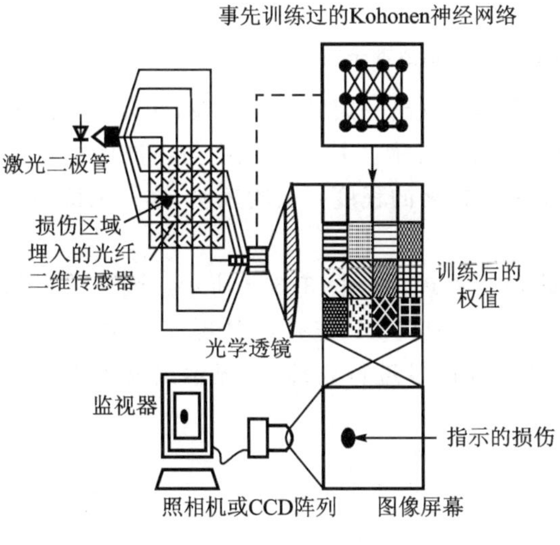


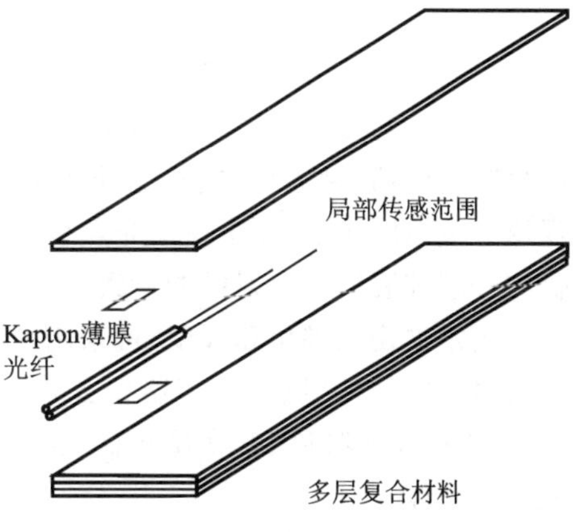


**图 13.6.1　光纤阵列传感器用于损伤评估原理示意图**

图 13.6.1 为通过测量光强变化进行损伤评估的原理图。激光源通过耦合器，把激光射入复合材料内的光纤传感器阵列。材料不同的损伤，引起材料不同的应变，每一光纤的光强输出信号是其所在位置应变的函数；光强信号通过透镜输入光并行处理器，该处理器由事先经过学习训练的 Kohonen 神经网络组成，它能对输入信号进行处理，形成对应于某种损伤的应变模式；神经网络就将这一模式用于自身相对空间位置下某一特定族中，并使得应变模式和族的神经元间的权值为最大；权值对应不同的透光率，从屏幕上不同的光点位置和亮度，就可确定材料损伤的位置和程度。

图 13.6.2 为某复合材料试件损伤的声发射检测原理图。这里采用埋入材料内部的迈克

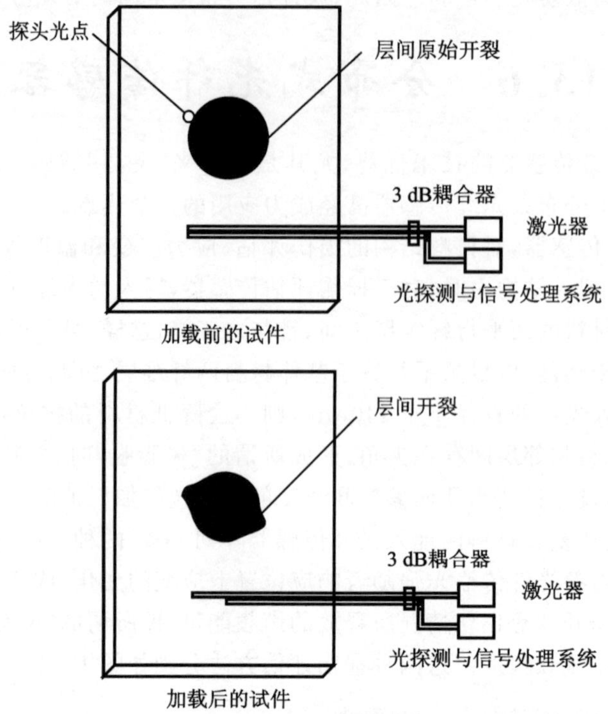


**图 13.6.2　检测声发射的损伤评估原理示意图**

尔逊干涉仪。当复合材料出现层间开裂(脱层损伤)时,发出一定频率的声波,并以应力波的形式在材料内传播,被迈克尔逊干涉仪检测,如图 13.6.3 所示。其损伤程度与声波的能量谱分布规律有关。图 13.6.2 中探头光点可直接表明损伤扩展的程度。实验表明,这一束传输光强变化与开裂扩展的声发射脉冲一致。

为确定损伤的部位和程度,可采用神经网络进行处理,如图 13.6.4 所示。图中的黑圆点指埋入材料中的传感器,传感器先分别与多个局部处理机 LP 连接,LP 再连到主机 PC 上;CPU 对各种传感器和 LP 实施控制,又对接收的声频信号进行处理,并显示出材料损伤部位和程度的图像。

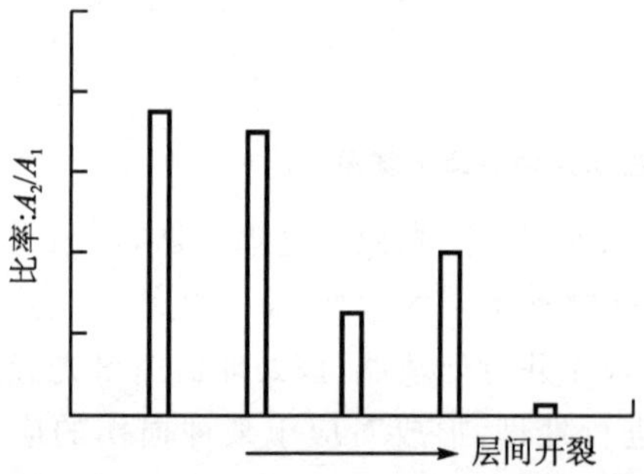


**图 13.6.3　用迈克尔逊干涉仪检测损伤程度**

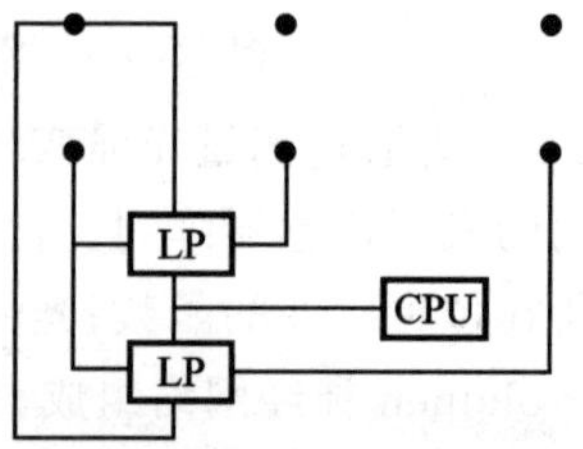


**图 13.6.4　声发射传感器阵列网络图**

# 思考题与习题

**13.1**　简要说明光纤传感器的特点。它主要有哪些类型?

**13.2**　说明功能型光纤传感器和非功能型光纤传感器的不同点。

**13.3**　光的全反射是光纤传光的基础,简述光的全反射现象。

**13.4**　简述光纤的基本结构,并基于几何光学的原理,以阶跃光纤为例,利用图和必要的公式说明其传光过程。

**13.5**　解释光纤数值孔径的物理意义。

**13.6**　光纤的传输损耗是怎么产生的? 它对光纤传感技术有哪些影响?

**13.7**　从调制光的特征参数考虑,有哪几大类光纤传感器? 各有什么主要特点?

**13.8**　简述光纤微弯传感器的工作机理和应用特点。

**13.9**　简述反射式光纤压力传感器的工作机理和应用特点。

**13.10**　用图表述反射式光纤位移传感器交叠光斑面积的变化过程。

**13.11**　简要说明反射式光纤位移传感器中收集的反射光通量的变化过程。

**13.12**　图 13.4.1 所示的干涉型光纤压力传感器原理也可以应用于干涉型光纤温度传感器。试简要分析该光纤温度传感器的工作机理。

**13.13**　图 13.4.3 所示的悬臂梁力传感器,若悬臂梁的厚度较薄时也即需要考虑光纤纤芯直径时,简要说明对测量结果的影响。

**13.14**　分析图 13.4.3 所示的光纤力传感器可能存在的测量误差。

**13.15**　给出一种相位调制型光纤加速度传感器的原理结构示意图,并简要说明其工作机理与应用特点。

**13.16**　简述光纤陀螺仪的工作原理与应用特点。如何提高其测量灵敏度?

**13.17**　简述光纤血流速度传感器的工作原理。

**13.18**　分析分布式光纤传感器的应用优势。

**13.19**　若某一光纤的纤芯与包层的折射率分别为 1.544 3 和 1.512 2,试计算该光纤的数值孔径。

**13.20**　某一段光纤长 10 km,输入光功率为 $4\times10^{-3}$ W 时,输出光功率为 $2\times10^{-3}$ W,试计算该段光纤的传输损耗。

**13.21**　某光纤陀螺用波长 $\lambda=0.632\ 8\ \mu\text{m}$ 的光,圆形环光纤的半径 $R=3\times10^{-2}$ m,光纤总长 $L=400$ m,试分别计算当 $\Omega=0.01\ ^\circ/\text{h}$ 和 $400\ ^\circ/\text{s}$ 时的相移。

**13.22**　图 13.5.1 所示的光纤血流速度传感器,当 $\lambda=0.632\ 8\ \mu\text{m}$,$\theta=45\ ^\circ$,$n=1.33$,$v=1$ m/s时,试计算所对应的频率偏移和相对频率变化。

# 第 14 章　微机械传感器

基本内容：

MEMS

微机械加工工艺

微机械传感器及其特点

微传感器中微弱信号的处理问题

硅电容式集成压力传感器

硅电容式加速度传感器

硅电容式微机械陀螺

微机械科氏质量流量传感器

硅谐振式压力微传感器

## 14.1　概　述

### 14.1.1　微传感器的发展

传感器技术一个重要的里程碑式的发展是 20 世纪 60 年代出现的硅传感器技术。在当时，最具代表性的就是硅压阻式传感器技术、P－N 结温度传感器技术和基于霍尔效应的传感器技术。这一发展为传感器技术带来了巨大的促进与推动。硅传感器很好地结合了硅材料优良的机械性能和电学性能，其制造工艺与微电子集成制造工艺相容，使得传感器技术开始向小型化、微型化、集成化、多功能化和智能化方向迅速发展；与此同时，硅传感器还具有功耗低、质量小、响应快、便于批量生产和性能价格比高等优点，有利于进一步提高其稳定性、可靠性和测量精度。更为重要的是，硅传感器在信息技术、工业自动化领域、消费电子方面等得到了大量的成功应用，为传感器技术的又好又快发展注入了强大动力。

以硅传感器为主的微机械传感器近 30 年来发展非常快，引起了许多专家的高度关注，涌现了一批新的微机械传感技术。除了上述三种经典的硅微传感器以外，近年来又形成了硅电容式传感器技术和硅谐振式传感器技术等。它们不仅具有一般硅微传感器的优点，还具有一些上述早期硅传感器不具备的优点，如非常好的温度稳定性、长期稳定性和较高的灵敏度等。特别是硅谐振式传感器，更具有直接的准数字式输出信号的独特优点。

应当指出：微传感器的一个突出特征就是其敏感结构的几何参数非常微小。其典型尺寸在 μm 级或亚 μm 级。微传感器的体积只有传统传感器的几十分之一乃至几百分之一；质量从 kg 级下降到几十 g 乃至几 g。但微传感器绝不是传统传感器按比例缩小的产物，其基础理论、设计方法、结构工艺、关键技术、系统实现以及性能测试和评估等都有许多自身的特殊规律与现象，必须进行有针对性的理论与试验研究。

本章主要从宏观上介绍几种典型的、有发展前景的微机械传感器，最后重点介绍近年来北京航空航天大学微机械传感技术实验室研制的一种热激励硅微结构谐振式压力传感器的阶段性工作结果。

### 14.1.2　微传感器中应用的材料

微传感器敏感结构所应用的材料首选硅，包括单晶硅、多晶硅、非晶硅和硅蓝宝石等。

单晶硅为正立方晶格，具有优良的力学性质，材质纯、内耗小、功耗低。理论上，其机械品质因数高达 $10^6$，弹性滞后和蠕变非常低，长期稳定性好。单晶硅具有很好的导热性，为不锈钢的 5 倍，而热膨胀系数仅为不锈钢的 1/7。单晶硅是各向异性材料，其许多物理特性取决于晶向（详见 6.1.2 节），如弹性模量在＜100＞，＜110＞，＜111＞三个方向的值以 Pa 为单位，分别为 $1.3\times10^{11}$，$1.7\times10^{11}$，$1.9\times10^{11}$。硅材料在自然界储量非常丰富，成本低，非常适合于制成片状结构。

多晶硅是许多单晶（晶粒）的聚合物。这些晶粒排列无序，不同的晶粒有不同的单晶取向，每一单晶内部具有单晶的特征。

非晶硅由于具有许多晶体材料难以得到的特性，多用于制作温度传感器、光电器件和光电式传感器等。

硅蓝宝石材料是一种在蓝宝石（$\alpha$－$Al_2O_3$）衬底上应用外延生长技术形成的硅薄膜。由于衬底是绝缘体，可以实现元件之间的分离，且寄生电容量小。特别需要说明的是：硅蓝宝石制成的传感器可以用于高达 300 ℃的温度条件下。

除了硅材料以外，在微传感器中应用较多的材料还有：化合物半导体材料、石英晶体材料、熔凝石英材料、精密陶瓷材料、压电陶瓷材料、薄膜材料、形状记忆合金材料、智能材料和复合材料等。

### 14.1.3　微传感器中应用的加工工艺

由于在微传感器中采用了大量的新材料（非金属），因此必须采用相应的加工工艺，这就是微机械加工工艺。其核心是利用上述材料制成层与层之间差别较大的微小的三维敏感结构。通常认为微机械加工工艺主要内容包括：硅微机械加工工艺、LIGA 技术（X 射线深层光刻电铸成型、塑铸）和特种精密机械加工技术。这三种技术互为补充，为微传感器的主体结构加工和表面加工提供了必要的制造工艺。

在硅微机械传感器中，主要有以下几项关键工艺技术。

（1）薄膜技术

在硅微机械结构中利用各种材料制作成薄膜，如可作为敏感膜、介质膜和导电膜等。

（2）光刻技术

把设计好的图形转换到硅片上的一种技术。这些图形是微机械的各个零件及其组成部分。光刻技术包括紫外线光刻、X 射线光刻、电子束光刻和离子束光刻等。

（3）腐蚀技术

它是形成硅微机械结构的重要手段，包括各向异性腐蚀技术、电化学腐蚀技术、等离子腐蚀技术和牺牲层技术。

（4）键合技术

这是在微机械加工中，在不使用粘接剂的情况下，将分别制作的硅部件连接在一起的技术。它主要包括：硅-硅直接键合技术 SDB(silicon direct bonding)，即在 1 000 ℃的高温条件下依靠原子间的力把两个平坦的硅面直接键合在一起而形成一个整体；静电键合技术，主要用于硅和玻璃之间的键合,即在400 ℃下,在硅与玻璃之间施加电压产生静电引力,使两者键合成一个整体。

(5) LIGA技术

LIGA技术是由深度同步辐射X射线光刻、电铸制模和注模复制三个主要工艺步骤组成的。先使用强大的同步加速器产生的X射线,通过掩膜照射,将部件的图形深深刻在光敏聚合物层上,经过处理,在光敏聚合物上留下了部件的立体模型。再使用电场将金属迁移到由上述光刻过程所形成的模型中,这样就得到一个金属结构。以该金属结构作为微型模型将其他材料成型为所需要的结构与部件。

LIGA技术可以实现高深宽比的三维微结构,可在硅、聚合物、陶瓷以及金属材料上加工制作。

LIGA技术的局限性是只能制成没有活动部件的微结构和部件。近年来创造发展了"牺牲层"LIGA技术,可以制作含有活动部件的微机械结构。

在微传感器中,特种精密机械加工技术主要用于精密定位、精密机械切割技术等。制造硅微机械传感器时,是把多个芯片制作在一个基片上,因此,需要将每个芯片用分离切断技术分割开来,以避免损伤和残余应力。

### 14.1.4 微传感器中敏感结构的模型问题

由于微传感器敏感结构的几何参数非常微小,典型尺寸在μm级或亚μm级,因此分析、研究其工作机理时,应特别注意其可能产生的尺寸效应。一般而言,对于利用微型敏感元件结构特性的微传感器,如经典的硅压阻式传感器、硅电容式传感器和硅谐振式传感器等,理论与试验研究表明,在目前的几何结构参数范围内,其尺寸效应可以忽略;但对于进一步发展的以及其他利用一些特殊敏感膜的特性实现测量的微传感器,如下面将要介绍的纳米皮拉尼压力传感器,就要考虑其几何结构参数的尺寸效应。

总之,对微传感器敏感结构的模型问题应当予以高度重视。

### 14.1.5 微传感器中微弱信号的处理问题

由于微传感器敏感结构的几何参数非常微小,所以从敏感结构上直接检测到的信号非常微弱。例如电压信号在μV、亚μV量级;电流信号在nA量级;电容值低于pF量级,在fF量级。而且微传感器中有用信号远远低于噪声电平,并与噪声信号始终混叠在一起。所以检测高噪声背景下的微弱信号,是实现微传感器必须要解决好的关键问题之一。

通常在微传感器中采用的微弱信号的检测方法主要有:滤波技术、相关原理与相关检测技术、锁相环技术、时域信号的取样平均技术及开关电容网络技术等。

微传感器中至关重要的微弱信号问题不仅仅体现在检测上,也体现在所需加载到敏感结构上的输入激励信号方面。由于敏感结构几何参数的微小性,输入激励信号应当严格控制,稍微偏大就将使传感器敏感结构的工作性能变坏,使其不能正常工作,甚至使其永久损坏。

另一方面,如果加载到敏感结构上的输入激励信号过于弱小,将不能获得较理想的敏感特性。因此根据应用背景,设计选择合理的输入激励信号并实施严格的控制,也是实现微传感器必须要解决好的关键问题之一。

总之,对微传感器中微弱信号的处理问题必须予以高度重视。

# 14.2　硅电容式集成压力传感器

图 14.2.1 为差动输出的硅电容式集成压力传感器结构示意图。核心部件是一个对压力敏感的电容器 $C_p$ 和固定的参考电容 $C_{ref}$。敏感电容 $C_p$ 位于感压硅膜片上，参考电容 $C_{ref}$ 则位于压力敏感区之外。感压的方形硅膜片采用化学腐蚀法制作在硅芯片上，硅芯片的上、下两侧用静电键合技术分别与硼硅酸玻璃固接在一起，形成有一定间隙的电容器 $C_p$ 和 $C_{ref}$。

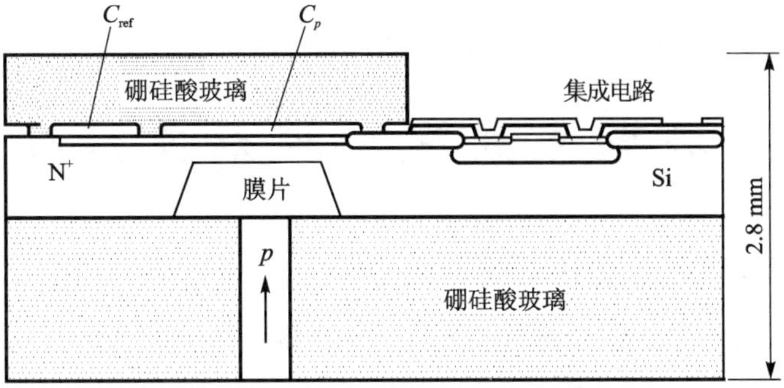


**图 14.2.1　硅电容式集成压力传感器结构示意图**

当硅膜片感受压力 $p$ 的作用变形时，导致 $C_p$ 变化，可表述为

$$C_p = \iint_S \frac{\varepsilon}{\delta_0 - w(p,x,y)} \mathrm{d}S = \frac{\varepsilon_r \varepsilon_0}{\delta_0} \iint_S \frac{\mathrm{d}x\mathrm{d}y}{\left[1 - \dfrac{w(p,x,y)}{\delta_0}\right]} \tag{14.2.1}$$

式中　$S$——感压膜片的面积($\mathrm{m}^2$)；

$\delta_0$——压力 $p=0$ 时，固定极板与活动极板(感压膜片)间的距离(m)；

$\varepsilon_r$——固定极板与活动极板间介质的相对介电常数；

$\varepsilon_0$——真空中的介电常数(F/m)，$\varepsilon_0 = \frac{10^{-9}}{4\pi \times 9}$ F/m；

$w(p,x,y)$——方形膜片在压力作用下的法向位移(m)。

考虑周边固支的方形膜片，借助于式(3.3.63)与式(3.3.64)，在均布压力 $p$ 的作用下，小挠度变形情况下，方平膜片的法向位移可写为

$$w(p,x,y) = \overline{W}_{S,\max} H \left(\frac{x^2}{A^2} - 1\right)^2 \left(\frac{y^2}{A^2} - 1\right)^2$$

$$\overline{W}_{S,\max} = \frac{49p(1-\mu^2)}{192E} \left(\frac{A}{H}\right)^4$$

式中　$\overline{W}_{S,\max}$——方形平膜片的最大法向位移与其厚度的比值；

$A$——方形平膜片的半边长(m)；

$H$——方形平膜片的厚度(m)；

$E$——材料的弹性模量(Pa)；

$\mu$——材料的泊松比。

对于硅电容式集成压力传感器，方膜片敏感结构半边长可设计为 $A=1\times10^{-3}$ m，其厚度主要由压力测量范围和所需要的灵敏度来确定。例如对于 0～$10^5$ Pa 的测量范围，膜厚 $H$ 的

设计约为 $20\times10^{-6}$ m,电容的初始间隙 $\delta_0$ 约为 $2\times10^{-6}$ m。这样的敏感结构,其初始电容约为

$$C_{p0}=\frac{\varepsilon S}{\delta_0}=\frac{10^{-9}}{4\pi\times9}\cdot\frac{2^2\times10^{-6}}{2\times10^{-6}}\approx17.68\ (\mathrm{pF}) \tag{14.2.2}$$

该值非常小,故其改变量 $\Delta C_{p0}=C_p-C_{p0}$ 将更小。

因此,必须将敏感电容器和参考电容与后续的信号处理电路尽可能靠近或制作在一块硅片上,才有实用价值。图 14.2.1 所示的硅电容式集成压力传感器就是按这样的思路设计、制作的。压力敏感电容 $C_p$、参考电容 $C_{\mathrm{ref}}$ 与测量电路制作在一块硅片上,构成集成式硅电容式压力传感器。该传感器采用的差动方案的优点主要是测量电路对杂散电容和环境温度的变化不敏感;缺点是对大过载、随机振动的干扰几乎没有抑止作用。

# 14.3 硅电容式微机械加速度传感器

## 14.3.1 单轴加速度传感器

图 14.3.1 为一种已实用的、具有差动输出的硅电容式单轴加速度传感器原理示意图。该传感器的敏感结构包括一个活动电极和两个固定电极。活动电极固连在连接单元的正中心;两个固定电极设置在活动电极初始位置对称的两端。连接单元将两组梁框架结构的一端连在一起,梁框架结构的另一端用连接"锚"固定。

该敏感结构可以敏感沿着连接单元主轴方向的加速度。其基本原理是:基于惯性原理,被测加速度 $a$ 使连接单元产生与加速度方向相反的惯性力 $F_a$;惯性力 $F_a$ 使敏感结构产生位移,从而带动活动电极移动,与两个固定电极形成一对差动敏感电容 $C_1$,$C_2$ 的变化,如图 14.3.1 所示。将 $C_1$,$C_2$ 组成适当的检测电路便可以解算出被测加速度 $a$。该敏感结构只能敏感沿连接单元主轴方向的加速度。对于其正交方向的加速度,由于它们引起的惯性力作用于梁的横向(宽度与长度方向),而梁的横向相对于其厚度方向具有非常大的刚度,因此这样的敏感结构不会(能)敏感与所测加速度 $a$ 正交的加速度。

将两个或三个如图 14.3.1 所示的敏感结构组合在一起,就可以构成微机械双轴或三轴加速度传感器。

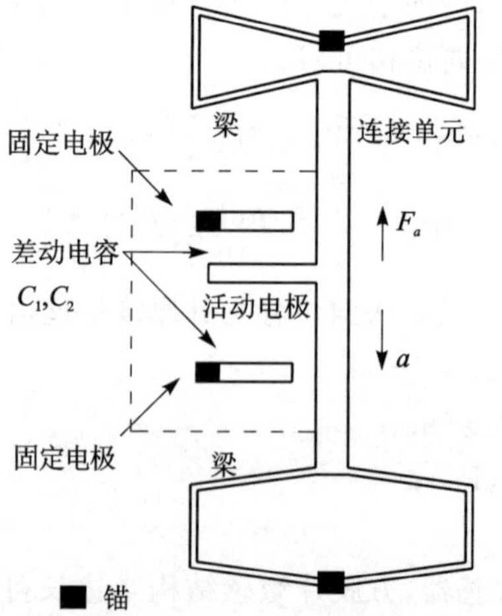


图 14.3.1 硅电容式单轴加速度传感器原理示意图

## 14.3.2　三轴加速度传感器

图 14.3.2 所示为外形结构参数为 6 mm×4 mm×1.4 mm 的一种新型的硅微机械三轴加速度传感器。它有四个敏感质量块、四个独立的信号读出电极和四个参考电极。基于图 14.3.2可以很好地对传感器敏感结构和作用机理进行解释。它巧妙地利用了敏感梁在其厚度方向具有非常小的刚度而能够感知垂直于梁厚度方向的加速度，在其他方向刚度相对很大而不能够感知加速度的结构特征。图 14.3.3 所示为该加速度传感器的横截面示意图。由于各向异性腐蚀的结果，敏感梁的厚度方向与加速度传感器的法线方向（$z$ 轴）成 35.26°（$\arctan\frac{1}{\sqrt{2}}\approx 35.26°$）。图 14.3.4 所示为单轴加速度传感器的总体坐标系与局部坐标系之间的关系。

基于实际敏感结构特征，三个加速度分量为

$$\left.\begin{aligned} a_x &= C(S_2 - S_4) \\ a_y &= C(S_3 - S_1) \\ a_z &= \frac{C}{\sqrt{2}}(S_1 + S_2 + S_3 + S_4) \end{aligned}\right\} \tag{14.3.1}$$

式中　$C$——由几何结构参数决定的系数（$\mathrm{m/(s^2 \cdot V)}$）；

$S_i$——第 $i$ 个梁和质量块之间的电信号（V），$i=1\sim4$。

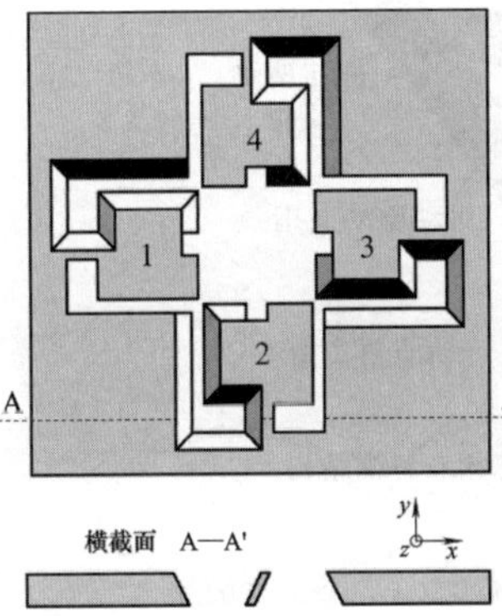


注：四个敏感质量块设置于悬臂梁的端部。

**图 14.3.2　三轴加速度检测原理的顶视图和横截面视图**

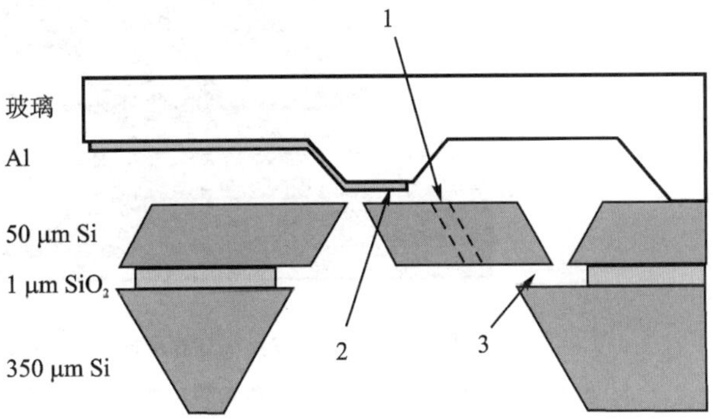


1. 敏感质量块和梁（虚线部分）；
2. 信号读出电容，超量程保护装置和压膜阻尼；
3. 超量程保护装置。

**图 14.3.3　SOI 加速度传感器的横截面示意图**

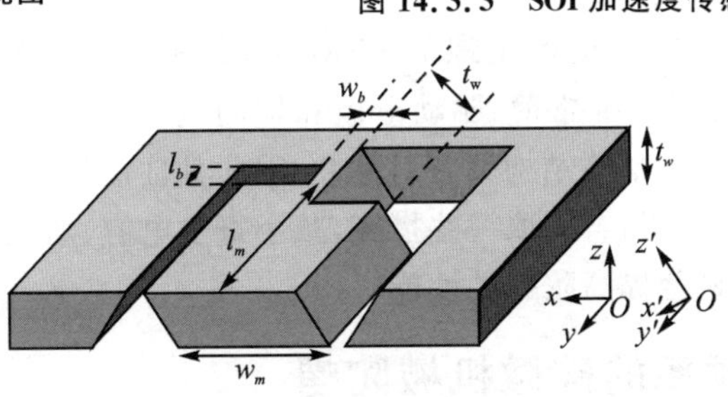


注：梁局部坐标系相对 $y$ 轴转动 35.26°。$l_b$，$t_w$，$w_b$ 分别为敏感悬臂梁的长度、宽度、厚度

**图 14.3.4　在梁局部坐标系下的单轴加速度传感器**

# 14.4 微机械陀螺

## 14.4.1 硅电容式表面微机械陀螺

图14.4.1所示为一种结构对称并具有解耦特性的表面微机械陀螺的结构示意图。该敏感结构在其最外边的四个角设置了支承“锚”,并且通过梁将驱动电极和敏感电极有机地连接在一起。由于两个振动模态的固有振动相互不影响,故上述连接方式避免了机械耦合。此外,与常规的直接支承在“锚”上的实现方式不同,它利用一种对称结构将敏感质量块支承在连接梁上,通过支承梁与驱动电极和敏感电极连接在一起。

微机械陀螺的工作机理基于科氏效应。工作时,在敏感质量块上施加一直流偏置电压,在活动叉指和固定叉指间施加一适当的交流激励电压,从而使敏感质量块产生沿 $y$ 轴方向的固有振动。当陀螺感受到绕 $z$ 轴的角速度时,由于科氏效应,敏感质量块将产生沿 $x$ 轴的附加振动。通过测量上述附加振动的幅值就可以得到被测的角速度。

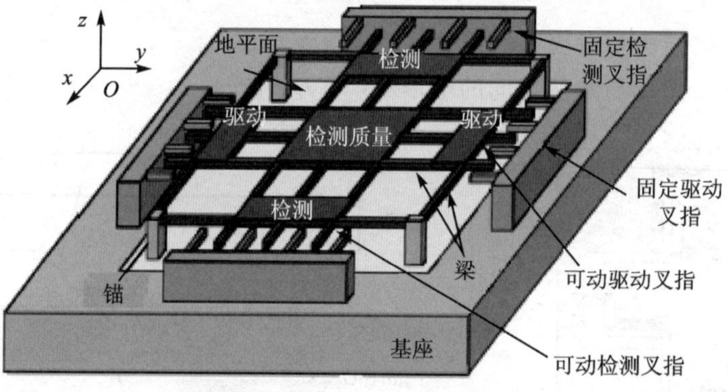


注:所设计的整体结构具有对称性,驱动模态与检测模态相互解耦结构在 $x$ 和 $y$ 轴具有相同的谐振频率。

**图14.4.1 微机械陀螺的结构示意图**

通常微机械陀螺的驱动模态和检测模态是相互耦合的。由于采用了相互解耦的弹性系统设计思路,该结构在很大程度上解决了上述问题。因该设计仍然保持了整体结构的对称性,故该微机械陀螺的灵敏度仍然较高。

图14.4.2所示为制造的微机械陀螺的SEM图,其平面外轮廓的结构参数为1 mm×1 mm,厚度为2 μm。由于结构非常薄,驱动电极和检测电极的电容量约为6.5 fF,这在一定程度上限制了其性能;但由于整体结构具有对称性,因此其性能仍然比较理想。

理论研究与实测结果表明,若采取一些措施,减小寄生电容、增大膜片结构厚度、将整体敏感结构置于真空中,能够显著提高陀螺的性能。

## 14.4.2 输出频率的硅微机械陀螺

图14.4.3为一种具有直接频率量输出能力的谐振陀螺的工作原理图。中心质量块沿着 $y$ 方向作简谐振动。当有绕 $z$ 方向角速度时,$y$ 方向上的简谐振动将引起Coriolis加速度,产生 $x$

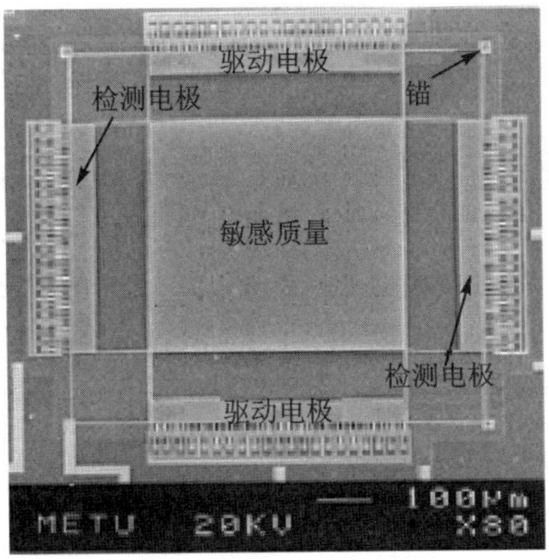


注：平面结构参数为 1 mm×1 mm。

**图 14.4.2 微机械陀螺的 SEM 图**

方向的惯性力。该惯性力通过外框间和杠杆机构将此惯性力施加于两侧的谐振音叉的轴向，从而改变谐振音叉 1、2 的谐振频率。谐振音叉 1、2 的谐振频率改变量就反映了角速度的大小。

需要指出的是，由于加载于谐振音叉 1、2 上的惯性力是由作用于中心质量块沿 $y$ 方向的简谐振动引起的，这个惯性力的频率与上述简谐振动的频率相同。这与一般的以音叉作为谐振敏感元件实现测量的传感器差别很大。音叉自身的谐振状态处于调制状态，其调制频率就是上述中心质量块沿着 $y$ 方向简谐振动的频率。为了准确解算出音叉的谐振频率，保证该谐振陀螺的正常工作，这就要求音叉的谐振频率应远远高于上述简谐振动的频率。此外，谐振音叉 1 与 2 构成了差动工作模式，有利于提高灵敏度和抗干扰能力。

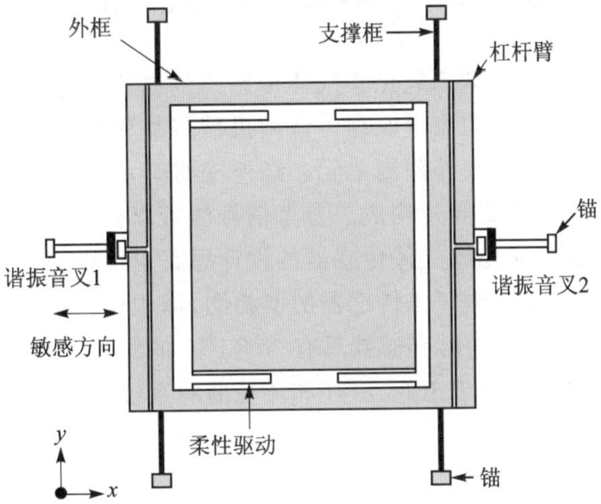


**图 14.4.3 具有直接输出频率量的谐振式微机械陀螺结构示意图**

# 14.5 微机械磁通门传感器

图 14.5.1(a)所示为一种理想的环型结构的微机械磁通门传感器，图 14.5.1(b)所示为一种矩形结构的微机械磁通门传感器。该传感器具有很高的方向灵敏度，且铁心线圈可以设计成不同的几何结构。例如，一种 700 μm 宽的铁芯，其最大的灵敏度已经达到 900 V/T；在不采取任何放大电路的情况下，就可获得高达 50 mV/(°)的方向灵敏度。这样的微机械磁通门传感器不仅可以很好地用于磁场方向的测量，而且还可以用于导航系统中。

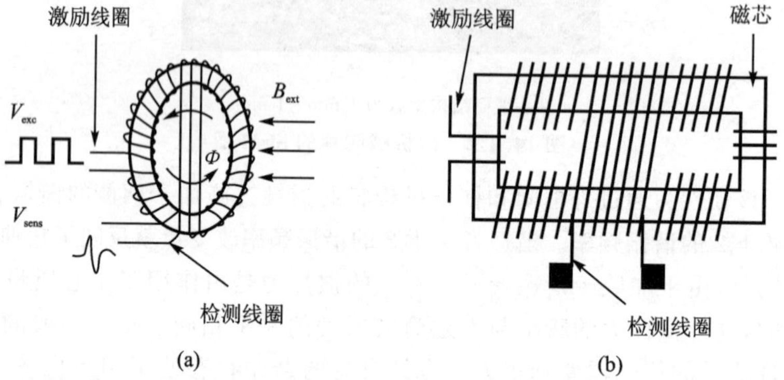


图 14.5.1 磁通门传感器示意图

# 14.6 微机械二氧化碳气体传感器

图 14.6.1 所示为一种微机械二氧化碳气体传感器的结构示意图。该传感器工作机理基于非散射的红外双光束、双波长的测量原理。该微机械二氧化碳气体传感器包括一个常规的小型红外光源、一个气室和一个红外探测单元。红外探测单元由两个单晶硅微型热辐射仪、一个带宽滤波器和一个可变红外滤光片构成。参考信号源可以补偿由于光源污染产生的测量信号衰减所带来的影响。该二氧化碳气体传感器的设计思路也可以用于其他的气体传感器。

图 14.6.2 所示为该二氧化碳气体传感器的实物图，体积仅为 1 $cm^3$。实测结果表明：在二氧化碳浓度为 2 000×$10^{-6}$的样气中，传感器具有 20×$10^{-6}$的分辨力(1σ)，时间常数为 3 s。

该二氧化碳气体传感器可用于工业、医疗和环境监测系统中。

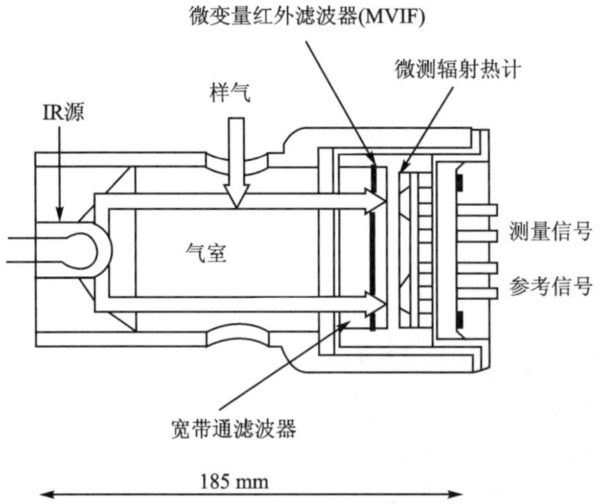


**图 14.6.1　$CO_2$气体传感器结构示意图**

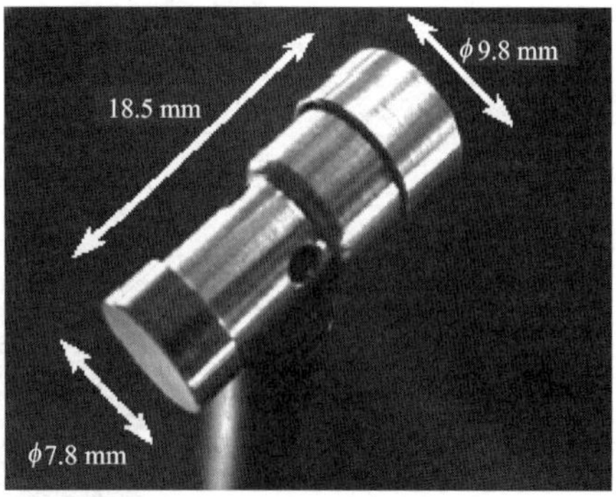


**图 14.6.2　微机械 $CO_2$气体传感器实物图**

# 14.7　微机械科氏质量流量传感器

图 14.7.1 所示为一种基于科氏效应的微机械质量流量传感器。其中,(a)为传感器三维视图;(b)为传感器横截面视图。它与图 11.9.1 介绍的科氏质量流量传感器工作原理一样,可以实现对质量流量的直接测量,同时也可以测量流体的密度。硅微机械质量流量传感器除了具有体积小的优势外,还具有一些独特的优势:成本低、响应快、分辨率高。

如图 14.7.1 所示,该微机械质量流量传感器的基本结构包括一个微管和一个玻璃底座,微管的根部与玻璃底座键合在一起,并且用一个硅片将它们真空封装起来。U 形的微管是在硅基底上通过深度的硼扩散形成的。微管的振动通过电容来检测,简单实用,精度较高。

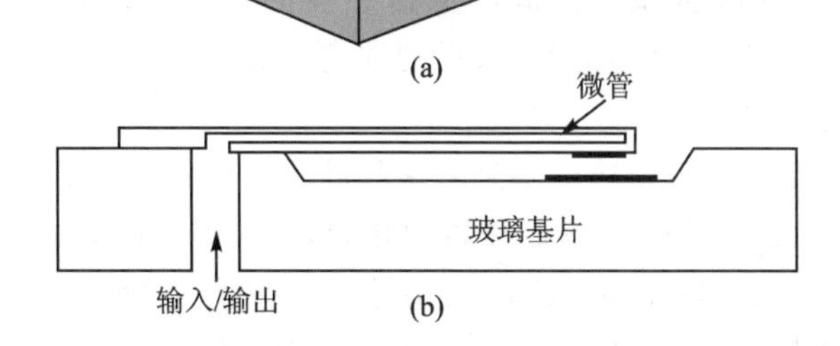


**图 14.7.1　微机械质量流量传感器**

图 14.7.2(a)和图 14.7.2(b)为所研制的微机械质量流量传感器的整体结构视图和横截

面视图。微管的横截面可以制成矩形的或梯形的,其与硅基底平行。微管可以很方便地实现不同的形状和参数,例如,微管的横截面可以制成一根头发丝(100 μm)截面的大小,也可以制成一根头发丝截面的1/10的大小,详见图14.7.2中的(b)和(c)。

对于一个具体的微机械质量流量传感器样机,实测的微管振动频率约为16 kHz,机械品质因数为1 000,具有2 μg/s非常出色的质量流量分辨力和优于2.0 $mg/cm^3$流体密度的分辨力。

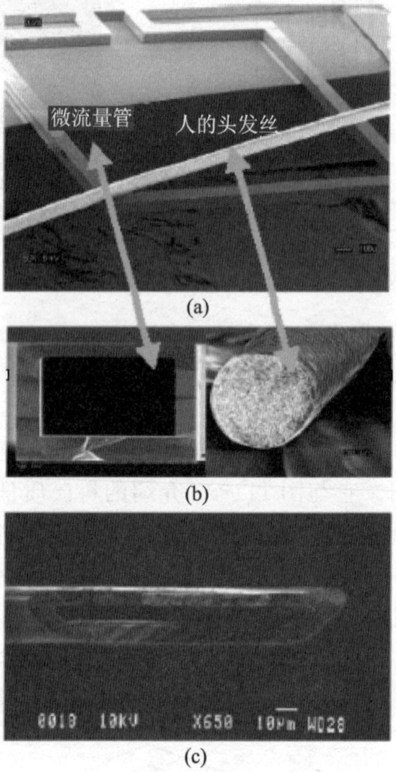


**图14.7.2 微机械质量流量传感器**

# 14.8 毫米波图像传感器

图14.8.1所示为一种微机械毫米波图像传感器的结构图。其膜片的参数为4 mm×4.6 mm。图中长的垂直线是一个热电偶,水平的深色线条为一个天线。图14.8.2所示为具有单热电偶的毫米波传感器。

该新型毫米波传感器中的微型热电偶是由多晶硅和金属铝制成的,并将天线连接在一起。该传感器制造简单,而且工艺与CMOS制作过程相容,即可以采用集成工艺,因此可以制成焦平面阵列传感器FPA(focal plane array),构成图像测量系统。为了使图像传感器正常工作,应当将其封装于不超过1.333 Pa(10 mTorr)的真空度中。传感器的谐振频率为44 GHz,单热电偶的灵敏度为2.9 V/W,六个热电偶串联在一起的灵敏度为7.5 V/W。

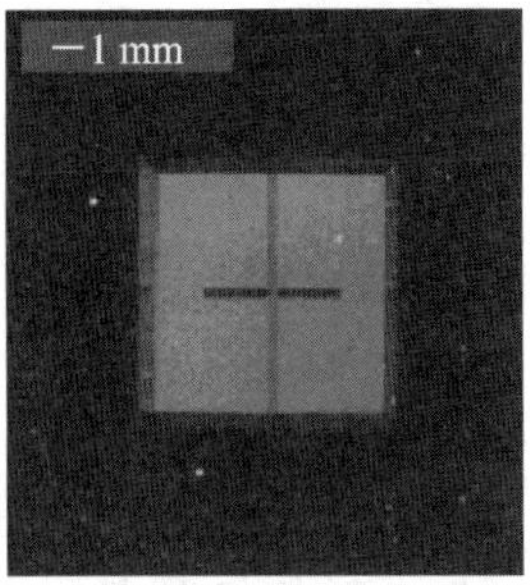


图 14.8.1　在 SiN 膜上制作的毫米波传感器

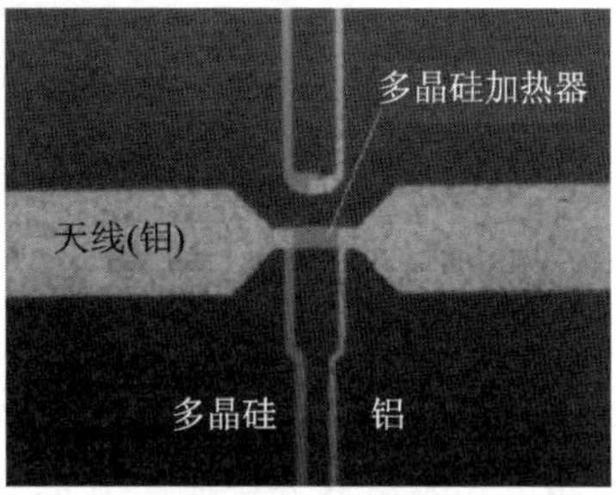


图 14.8.2　具有单热电偶的毫米波传感器

与微波相比,毫米波的波长较短,但具有较高的分辨率,而且毫米波受空气中水分子的影响又比红外波的小。因此,毫米波图像传感器甚至可以在雾天或在毛毛雨的气候条件下获得较清晰的图像,即它可以全天候地用于军事以及飞机、船舶等的测量系统中。

## 14.9　基于皮拉尼真空计的微小型压力传感器

图 14.9.1 所示为小型化的皮拉尼传感器的结构示意图,有效面积仅为 10 μm×1 μm。其工作原理与用于真空测量的皮拉尼真空计(Pirani - type)非常类似,但用于测量大气压力。其工作原理是:通过微梁(梁长 $L$、宽 $b$、厚 $h$,与基底间的高度为 $d$)上的电流产生焦耳热,热损失与被测压力具有确定的函数关系。

图 14.9.2 给出了在室温下测得的纳米皮拉尼压力传感器(几何结构参数为 10 μm×1 μm)的输出结果和模拟计算结果。微传感器采用惠斯通电桥输出,工作电压为 $V_{in}$=375 mV。

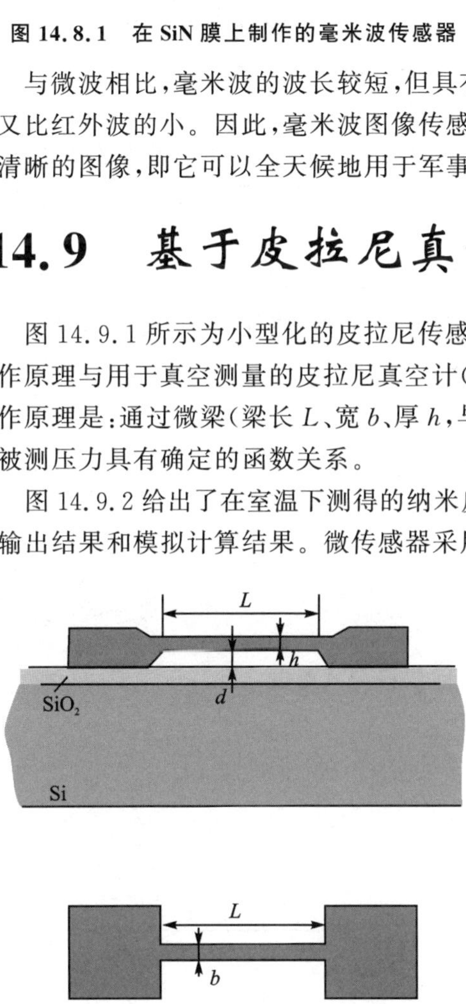


图 14.9.1　微小型皮拉尼传感器结构视图

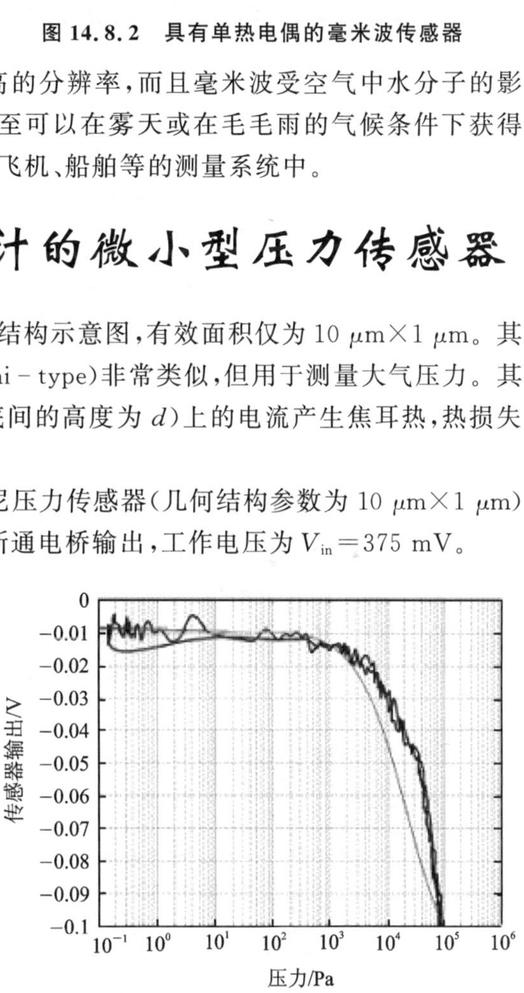


图 14.9.2　纳米皮拉尼压力传感器的特性曲线(平滑线为计算结果)

# 14.10　硅谐振式压力微传感器

## 14.10.1　热激励硅微结构谐振式压力传感器

1. 压力微传感器的敏感结构及数学模型

图14.10.1所示为一种典型的热激励微结构谐振式压力传感器的敏感结构,由方形膜片、梁谐振子和边界隔离部分构成。方形硅膜片作为一次敏感元件,直接感受被测压力,将被测压力转化为膜片的应变与应力;在膜片的上表面制作浅槽和硅梁,以硅梁作为二次敏感元件,感受膜片上的应力,即间接感受被测压力。外部压力 $p$ 的作用使梁谐振子的等效刚度发生变化,从而梁的固有频率随被测压力的变化而变化。通过检测梁谐振子的固有频率的变化,即可间接测出外部压力的变化。为了实现微传感器的闭环自激系统,可以采用电阻热激励、压阻拾振方式。基于激励与拾振的作用与信号转换过程,热激励电阻设置在梁谐振子的正中间,拾振压敏电阻设置在梁谐振子一端的根部。

在膜片的中心建立直角坐标系,如图14.10.2所示。$xOy$ 平面与膜片的中平面重合,$z$ 轴向上。借助于式(3.3.63)与式(3.3.64),在压力 $p$ 的作用下,方形膜片的法向位移(m)为

$$w(x,y)=\overline{W}_{\mathrm{S,max}}H\left(\frac{x^2}{A^2}-1\right)^2\left(\frac{y^2}{A^2}-1\right)^2$$

$$\overline{W}_{\mathrm{S,max}}=\frac{49p(1-\mu^2)}{192E}\left(\frac{A}{H}\right)^4$$

式中　$\rho$——梁材料的密度(kg/m$^3$);

$\mu$——梁材料的泊松比;

$E$——梁材料的弹性模量(Pa);

$A,H$——膜片的半边长和厚度(m);

$\overline{W}_{\mathrm{S,max}}$——在压力 $p$ 的作用下,膜片的最大法向位移与其厚度之比。

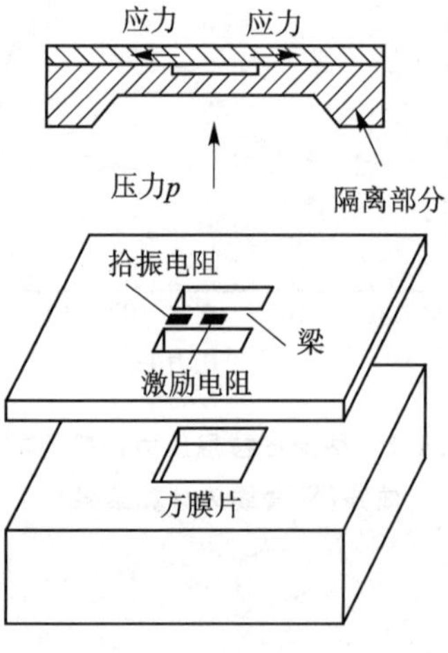

图14.10.1　硅谐振式压力微传感器敏感结构

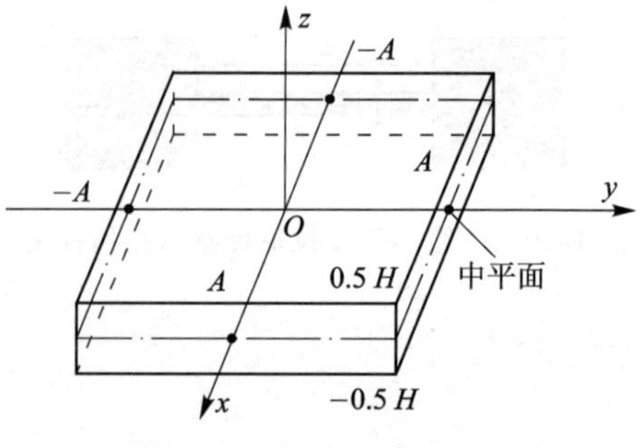

图14.10.2　方膜片坐标系

根据敏感结构的实际情况及工作机理，当梁谐振子沿着 $x$ 轴设置在 $x\in[X_1,X_2]$ $(X_1<X_2)$ 时，借助于式(3.3.65)，由压力 $p$ 引起梁的谐振子的初始应力为

$$\sigma_0 = E\frac{u_2-u_1}{L} \tag{14.10.1}$$

$$u_1 = -2H^2\overline{W}_{\mathrm{S,max}}\left(\frac{X_1^2}{A^2}-1\right)\frac{X_1}{A^2} \tag{14.10.2}$$

$$u_2 = -2H^2\overline{W}_{\mathrm{S,max}}\left(\frac{X_2^2}{A^2}-1\right)\frac{X_2}{A^2} \tag{14.10.3}$$

式中　$\sigma_0$——梁所受到的轴向应力(Pa)；

$X_1,X_2$——梁在方膜片的直角坐标系中的坐标值(m)；

$u_1,u_2$——梁在其两个端点 $X_1,X_2$ 处的轴向位移(m)；

$L,h$——梁的长度(m)、厚度(m)，且有 $L=X_2-X_1$。

借助于式(3.3.40)，在初始应力 $\sigma_0$(即压力 $p$)作用下，双端固支梁的一阶固有频率为

$$f_{\mathrm{B1}}(p) = f_{\mathrm{B1}}\sqrt{1+0.294\,9\frac{C_1pL^2}{h^2}}\quad(\mathrm{Hz}) \tag{14.10.4}$$

$$f_{\mathrm{B1}} = \frac{4.730^2h}{2\pi L^2}\sqrt{\frac{E}{12\rho}}\quad(\mathrm{Hz})$$

$$C_1 = \frac{49(1-\mu^2)}{96EH^2}(-L^2-3X_2^2+3X_2L+A^2)$$

式中　$\rho$——梁材料的密度(kg/m$^3$)；

式(14.10.1)～(14.10.4)给出了上述硅微结构谐振式压力传感器的压力、频率特性方程。利用该模型，这里提供一组压力测量范围在 0～0.1 MPa 的微传感器敏感结构参数的参考值：方形膜边长 4 mm，膜厚 0.1 mm；梁谐振子沿 $x$ 轴设置于方形膜片的正中间，长 1.3 mm，宽 0.08 mm，厚 0.007 mm；此外，浅槽的深度为 0.002 mm。基于对方形膜片的静力学分析结果，可以给出方形膜片结构参数优化设计的准则。结合对加工工艺实现的考虑，可以取方形膜片边界隔离部分的底边宽度为 1 mm，厚为 1 mm。

当硅材料的弹性模量、密度和泊松比分别为 $E=1.3\times10^{11}$ Pa，$\rho=2.33\times10^3$ kg/m$^3$，$\mu=0.278$，被测压力范围为 0～0.1 MPa 时，利用上述模型计算出梁谐振子的频率范围为 31.80～48.42 kHz，相对变化率约为 52.3%。

2. 微结构谐振式传感器的信号转换过程

图 14.10.3 所示为微传感器敏感结构中梁谐振子部分的激励、拾振示意图。激励热电阻 $R_{\mathrm{E}}$ 设置于梁的正中间，拾振电阻 $R_{\mathrm{D}}$ 设置在梁端部。当敏感元件开始工作时，在激励电阻上加载交变的正弦电压 $U_{\mathrm{ac}}\cos\omega t$ 和直流偏压 $U_{\mathrm{dc}}$，激振电阻 $R_{\mathrm{E}}$ 上将产生热量。

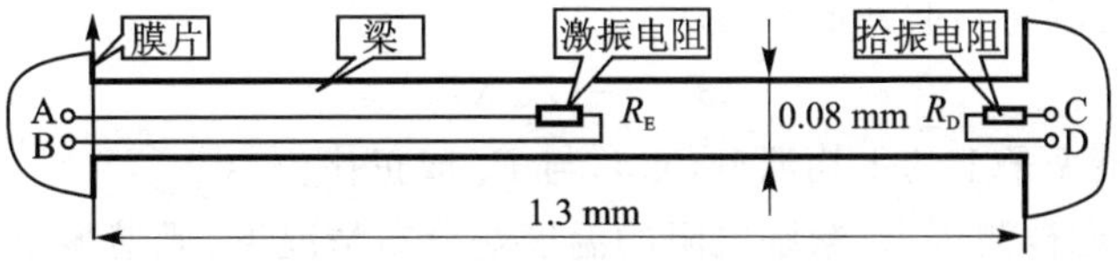


图 14.10.3　梁谐振子平面结构示意图

$$P(t)=\frac{U_{dc}^2+0.5U_{ac}^2+2U_{dc}U_{ac}\cos\omega t+0.5U_{ac}^2\cos 2\omega t}{R_E} \tag{14.10.5}$$

$P(t)$包含常值分量$P_s$、与激励频率相同的交变分量$P_{d1}(t)$和二倍频交变分量$P_{d2}(t)$，分别为

$$P_s=\frac{2U_{dc}^2+U_{ac}^2}{2R_E} \tag{14.10.6}$$

$$P_{d1}(t)=\frac{2U_{dc}U_{ac}\cos\omega t}{R_E} \tag{14.10.7}$$

$$P_{d2}(t)=\frac{U_{ac}^2\cos 2\omega t}{2R_E} \tag{14.10.8}$$

交变分量$P_{d1}(t)$将使梁谐振子产生交变的温度差分布场$\Delta T(x,t)\cos(\omega t+\varphi_1)$，从而在梁谐振子上产生交变热应力(Pa)

$$\sigma_{ther}=-E\alpha\Delta T(x,t)\cos(\omega t+\varphi_1+\varphi_2) \tag{14.10.9}$$

式中 $\alpha$——硅材料的热应变系数(1/℃)；

$x,t$——梁谐振子的轴向位置(m)和时间(s)；

$\varphi_1$——由热功率到温度差分布场产生的相移(°)；

$\varphi_2$——由温度差分布场到热应力产生的相移(°)。

显然，相移$\varphi_1,\varphi_2$与激励电阻在梁谐振子上的位置、激励电阻的参数、梁的结构参数及材料参数等有关。

设置在梁根部的拾振压敏电阻感受此交变的热应力。由压阻效应，其电阻变化为

$$\Delta R_D=\beta R_D\sigma_{axial}=-\beta R_D E\alpha\Delta T(x_0,t)\cos(\omega t+\varphi_1+\varphi_2) \tag{14.10.10}$$

式中 $\sigma_{axial}$——电阻感受的梁端部的应力值(Pa)；

$\beta$——压敏电阻的灵敏系数($Pa^{-1}$)；

$x_0$——梁端部坐标(m)。

利用电桥可以将拾振电阻的变化转换为交变电压信号$\Delta u(t)$的变化，可描述为

$$\Delta u(t)=K_B\frac{\Delta R_D}{R_D}=-K_B\beta E\alpha\Delta T(x_0,t)\cos(\omega t+\varphi_1+\varphi_2) \tag{14.10.11}$$

式中 $K_B$——电桥的灵敏度(V)。

当$\Delta u(t)$的角频率$\omega$与梁谐振子的固有角频率一致时，梁谐振子发生谐振。故$P_{d1}(t)$是所需要的交变信号，由它实现了“电-热-机”转换。

3. 梁谐振子的温度场模型与热特性分析

常值分量$P_s$将使梁谐振子产生恒定的温度差分布场$\Delta T_{av}$，在梁谐振子上引起初始热应力，从而对梁谐振子的谐振频率产生影响。

梁谐振子的温度场将引起初始热应力

$$\sigma_T=-E\alpha\Delta T_{av} \tag{14.10.12}$$

式中 $\Delta T_{av}$——梁谐振子上的平均温升(℃)，与$P_s$成正比。

于是，在综合考虑被测压力、激励电阻的温度场分布情况下，梁谐振子一阶固有频率(Hz)为

$$f_{B1}(p,\Delta T_{av})=\frac{4.73^2h}{2\pi L^2}\left\{\frac{E}{12\rho}\left[1+0.2949\frac{(Kp-\alpha\Delta T_{av})L^2}{h^2}\right]\right\}^{0.5} \tag{14.10.13}$$

由上述分析及式(14.10.13)可知：激励电阻引起的温度场将减小梁谐振子的等效刚度。因此必须对这个刚度的减小量加以限制，以保证梁谐振子稳定可靠地工作。通常可以由式(14.10.14)来确定加在梁谐振子上的常值功率 $P_s$。

$$0.2949\alpha\Delta T_{av}\frac{L^2}{h^2}\leqslant\frac{1}{K_s}\tag{14.10.14}$$

式中　$K_s$——安全系数，通常可以取为 5～7。

由式(14.10.13)可知，温度场对梁谐振子压力、频率特性的影响规律是：当考虑激励电阻的热功率时，梁谐振子的频率将减小，而且减小的程度与激励热功率 $P_s$ 成单调变化；当激励电阻的热功率保持不变时，温度场对梁谐振子压力、频率特性的影响是固定的。

4. 微结构谐振式传感器的闭环系统

基于图 14.10.3 所示的微传感器敏感结构中梁谐振子激励、拾振设置方式以及相关的信号转换规律，当采用激励电阻上加载交变的正弦电压 $U_{ac}\cos\omega t$ 和直流偏压 $U_{dc}$ 时，重点需要解决二倍频交变分量 $P_{d2}(t)$ 带来的干扰信号问题。通常可选择适当的交直流分量，使 $U_{ac}\ll U_{dc}$，或在调理电路中进行滤波处理。于是可以给出如图 14.10.4 所示的传感器闭环自激振荡系统电路实现的原理框图。由拾振桥路测得的交变信号 $\Delta u(t)$ 经差分放大器进行前置放大，通过带通滤波器滤除掉通带范围以外的信号，再由移相器对闭环电路其他各环节的总相移进行调整。

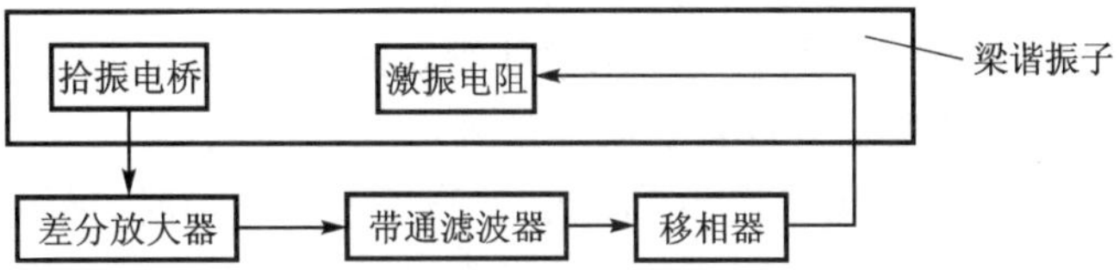


**图 14.10.4　加直流偏置的闭环自激系统示意图**

利用幅值、相位条件(式(11.2.2)与式(11.2.3))，可以设计、计算放大器的参数，以保证谐振式压力微传感器在整个工作频率范围内自激振荡，使传感器稳定、可靠地工作。但这种方案易受到温度差分布场 $\Delta T_{av}$ 对传感器性能的影响。

为了尽量减小 $\Delta T_{av}$ 对梁谐振子频率的影响，可以考虑采用单纯交流激励的方案。借助于式(14.10.5)，这时的热激励功率为

$$P(t)=\frac{U_{ac}^2+U_{ac}^2\cos 2\omega t}{2R_E}\tag{14.10.15}$$

考虑到了梁谐振子的机械品质因数非常高，激励信号 $U_{ac}\cos\omega t$ 可以选得非常小，因此这时的常值功率 $P_s=\frac{U_{ac}^2}{2R_E}$ 非常低，可以忽略其对梁谐振子谐振频率的影响。而交流分量不再包含一倍频的信号，只有二倍频交变分量 $P_{d2}(t)=\frac{U_{ac}^2\cos 2\omega t}{2R_E}$，纯交流激励的闭环自激系统必须解决分频问题。一个实用的方案是在电路中采用锁相分频技术，即在设计的基本锁相环的反馈支路中接入一个倍频器，以实现分频，其原理如图 14.10.5 所示。假设由拾振电阻相位比较器中进行比较的两个信号频率是 $2\omega_D$ 和 $N\omega_E$，当环路锁定时，则有 $2\omega_D=N\omega_E$，即 $\omega_E=\frac{2\omega_D}{N}$。其中 $N$ 为倍频系数，由它决定分频次数。当 $N=2$ 时，压控振荡器的输出频率 $\omega_{out}$ 就等于检测

到的梁谐振子的固有频率 $\omega_D$。由于该频率受被测压力的调制，因此直接检测压控振荡器的输出频率 $\omega_{out}$ 就可以实现对压力的测量；同时，以 $\omega_E=\omega_{out}$ 为激励信号频率反馈到激励电阻，构成微传感器的闭环自激系统。

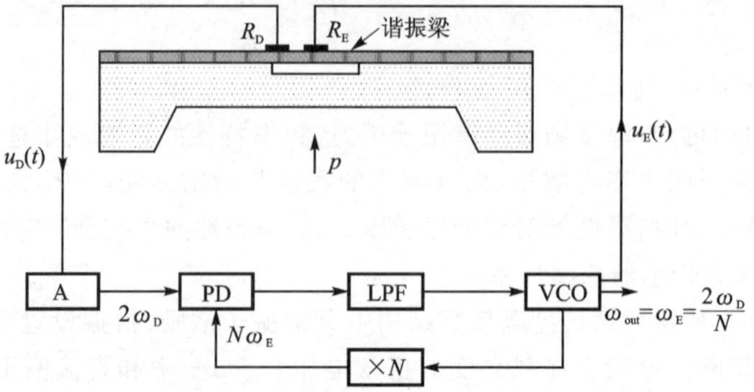


图 14.10.5 纯交流激励的闭环自激系统示意图

## 14.10.2 差动输出的微结构谐振式压力传感器

图 14.10.6 所示为差动输出的微结构谐振式压力传感器结构示意图。这是一种利用硅微机械加工工艺制成的一种精巧的复合敏感结构。被测压力 $p$ 直接作用于E形膜片的下表面；在其环形膜片的上表面，制作一对起差动作用的硅梁谐振子，封装于真空内。考虑到梁谐振子1设置在膜片的内边缘，梁谐振子2设置在膜片的外边缘，借助于图 3.3.22 可知：梁谐振子1处于拉伸状态，梁谐振子2处于压缩状态。因此，被测压力 $p$ 增加时，梁谐振子1的固有频率增大，梁谐振子2的固有频率减小。上述分析结果为由梁谐振子1与梁谐振子2构成差动输出的微结构谐振式压力传感器提供了理论依据。

这种具有差动输出的微结构谐振式压力传感器不仅可以提高测量灵敏度，而且对于共模干扰的影响，如温度、环境振动、过载等具有很好的补偿功能，从而可以有效地提高其性能指标。

对于该微传感器，系统实现方式与图 14.10.1 所示的硅谐振式压力微传感器一样，只是其输出信号为梁谐振子1与梁谐振子2的频率差。

通过几种典型的微机械传感器的介绍，不难发现：微机械传感器除了具有体积小、质量小、功耗低和响应快等这些通常意义下的优势外，也许在将来还会出现许多新颖独特的设计和实现方式。尽管目前多数还处于实验室的样机或样件的研制阶段，但有理由相信，在不远的将来，微机械传感器将会给人类社会带来更加美好的未来。

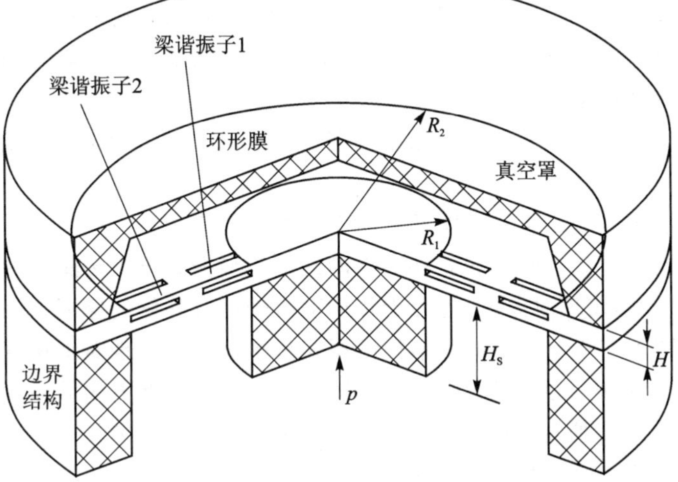


图 14.10.6　差动输出的微结构谐振式压力传感器结构示意图

# 思考题与习题

**14.1**　简述微机械传感器技术的发展过程。

**14.2**　与传统的传感器技术相比，微机械传感器技术的主要特征有哪些？

**14.3**　为什么说硅微传感器技术是微机械传感器技术中最重要的组成部分？

**14.4**　微机械传感器中常使用的材料及其加工工艺有哪些？

**14.5**　简述 LIGA 技术的应用特点。

**14.6**　简要说明在微机械传感器中建模的重要性。

**14.7**　简述必须解决好微机械传感器中的微弱信号处理问题的理由。

**14.8**　在微机械传感器中，微弱信号检测的常用方法有哪些？

**14.9**　试从原理上解释如图 14.2.1 所示的硅电容式压力传感器能够实现对环境温度变化的补偿，而对随机振动的干扰没有补偿作用。另外，如果要使硅电容式压力传感器具有对随机振动干扰的补偿功能，可采取哪些措施？

**14.10**　说明图 14.3.1 所示的硅电容式单轴加速度传感器的原理，并建立其动态测量过程中的数学模型。

**14.11**　简述图 14.3.2 所示三轴加速度传感器的设计思路，并说明可能的测量误差。

**14.12**　说明图 14.4.1 所示的微机械陀螺的工作原理，说明谐振状态在该陀螺工作中的作用。

**14.13**　说明图 14.4.3 所示的直接输出频率量的微机械陀螺的原理，建立其数学模型，说明其工作特点。

**14.14**　简要说明图 14.4.1 和图 14.4.3 所示的两种微机械陀螺，在工作原理上的主要差异。

**14.15**　简述图 14.4.3 所示的微机械陀螺对干扰加速度的响应情况。

**14.16**　比较图 11.9.1 所示的弹性弯管式直接质量流量传感器与图 14.7.1 所示的微机械质量流量传感器的结构特点。

**14.17** 试简要说明图14.9.1所示的微小型皮拉尼压力传感器的工作原理。

**14.18** 说明图14.10.1所示的热激励微结构谐振式压力传感器的工作原理及应用特点。

**14.19** 对于图14.10.1所示的热激励微结构谐振式压力传感器,如果想提高测量灵敏度,可以采取哪些合理措施?

**14.20** 图14.10.1所示的热激励微结构谐振式压力传感器闭环自激系统可以采用哪些方案?各自的特点是什么?

**14.21** 说明图14.10.5所示的闭环自激系统的工作原理。

**14.22** 说明图14.10.6所示的差动输出的微结构谐振式压力传感器的工作原理及优点,并从原理上解释其能够实现对温度、外界干扰振动影响进行补偿的原因。

**14.23** 说明图14.10.6所示的微结构谐振式传感器可以实现对加速度测量的原理,并解释其不仅可以实现对加速度大小的测量,而且还可以敏感加速度方向的原理。

**14.24** 如图14.2.1所示的硅电容式压力传感器,$E=1.3\times10^{11}$ Pa,$\rho=2.33\times10^{3}$ kg/m$^3$,$\mu=0.278$;假设其敏感结构的有关参数为$A=1\times10^{-3}$ m,$H=30\times10^{-6}$ m,$\delta_0=20\times10^{-6}$ m;压力测量范围为$p\in[0,10^5]$ Pa。试计算$p-C_p$关系曲线(等间隔计算11个点)。

**14.25** 借助于图14.3.2所示的结构,推导式(14.3.1);依式(14.3.1)说明该加速度传感器的"差动检测"机制的实现情况。

**14.26** 如图14.10.1所示的压力微传感器,其敏感结构的有关参数为方形膜边长4 mm,膜厚0.25 mm,梁谐振子沿$x$轴设置于方形膜片的正中间,长1.2 mm,宽0.1 mm,厚0.010 mm;$E=1.3\times10^{11}$ Pa,$\rho=2.33\times10^{3}$ kg/m$^3$,$\mu=0.278$。当被测压力范围为0~0.1 MPa时,利用式(14.10.4)的模型计算梁谐振子的频率特性(等间隔计算11个点)。

**14.27** 题14.26中,若被测压力范围为0~1 MPa,如何优化设计传感器敏感结构的几何参数。

# 第15章　传感器技术的智能化发展

基本内容：

传感器发展趋势

基本传感器

传感器技术的智能化

智能化传感器中的软件

嵌入式智能化大气数据传感器系统

智能化流量传感器系统

## 15.1　传感器技术的智能化

进入20世纪70年代以来，微处理器举世瞩目的成就对仪器仪表行业的发展也起到了巨大的推动作用。现代测控系统紧紧依赖于传感器技术与微计算机技术，以传感器作为获取实时信号的源头，以微处理器作为信息处理的核心。随着系统自动化程度和复杂性的增加，对传感器的精度、稳定性、可靠性和动态响应要求越来越高。传统的传感器因其功能单一、体积大，其性能和工作容量已不能适应以微处理器为基础构成的多种多样测控系统的要求，而减少其应用或被逐步淘汰。为了满足测量和控制系统自动化的需求，仪器仪表界提出了研制以微处理器控制的新型传感器系统，把传感器的发展推到了一个更高的层次上。人们把这种与专用微处理器相结合而组成的、具有许多新功能的传感器称为smart sensor，中文译为灵巧传感器或智能化传感器。这种传感器于20世纪80年代初期问世。近年来，伴随着微处理器技术的大力发展，DSP(digital signal processor)技术、FPGA(field programmable gate array)技术、蓝牙(Bluetooth)技术等在测控技术领域都获得了成功的应用，从而为智能化传感器不断赋予新的内涵与功能。

智能化传感器与传统传感器不同，传统的传感器仅是在物理层次上进行分析和设计，其功能原理如图15.1.1所示。而智能化传感器不仅仅是一个简单的传感器，还具有诊断和数字双向通信等新功能，如图15.1.2所示。

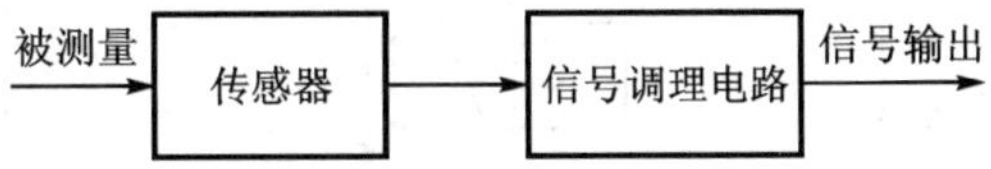


**图15.1.1　传统传感器功能简图**

下面是智能化传感器的一些主要新功能。

① 自补偿功能：如非线性、温度误差、响应时间、噪声、交叉耦合干扰以及缓慢的时漂等的补偿。

② 自诊断功能：如在接通电源时进行自检测，在工作中实现运行检查、诊断测试，以确定哪一组件有故障等。

③ 双向通信功能：微处理器和基本传感器之间具有双向通信的功能，构成一闭环工作模

式。这是智能化传感器关键的标志之一。不具备双向通信功能的,不能称为智能化传感器。

④ 信息存储和记忆功能。

⑤ 数字量输出或总线式输出功能。

由于智能化传感器具有自补偿能力和自诊断能力,所以基本传感器的精度、稳定性、重复性和可靠性都将得到提高和改善。

由于智能化传感器具有双向通信能力,所以在控制室就可对基本传感器实施软件控制;还可以实现远程设定基本传感器的量程以及组合状态,使基本传感器成为一个受控的灵巧检测工具。而基本传感器又可通过数据总线把信息反馈给控制室。如果不是智能化传感器,重新设定量程等操作,必须到现场进行。从这个意义上,基本传感器又可称为现场传感器(或现场仪表)。

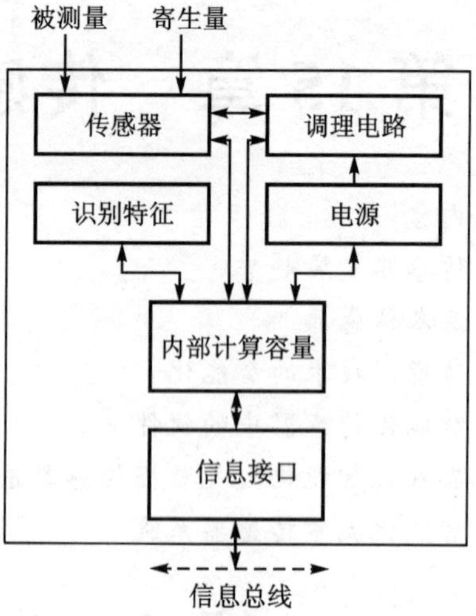


图 15.1.2 智能化传感器功能简图

由于智能化传感器有存储和记忆功能,所以该传感器可以存储已有的各种信息,如工作日期、校正数据等。

智能化传感器依其功能可划分为两个部分,即基本传感器部分和信号处理单元部分,如图 15.1.3所示。这两部分可以集成在一起实现,形成一个整体,封装在一个表壳内;也可以远距离实现,特别在测量现场环境比较差的情况下,有利于电子元器件和微处理器的保护,也便于远程控制和操作。

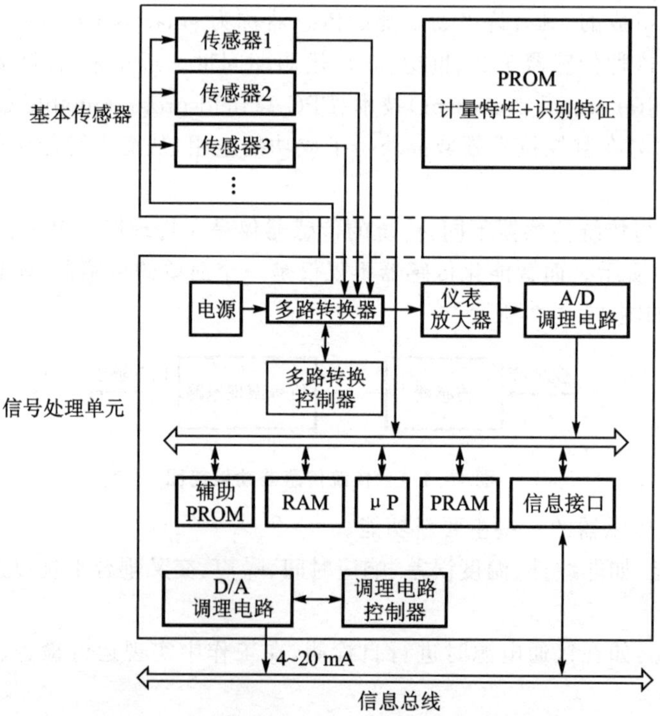


图 15.1.3 智能化传感器一种可能的结构方案

采用整体封装式还是远距离封装式，应由使用场合和条件而定。

基本传感器应执行下列三项基本任务：

① 用相应的传感器现场测量需要的被测参数。

② 将传感器的识别特征存在可编程的只读存储器中。

③ 将传感器计量的特性存在同一只读存储器中，以便校准计算。

信号处理单元应完成下列三项基本任务：

① 为所有器件提供相应的电源并进行管理。

② 用微处理器计算上述对应的只读存储器中的被测量，并校正传感器感知的非被测量。

③ 通信网络以数字形式传输数据(如读数、状态、内检等项)并接收指令或数据。

此外，智能化传感器也可以作为分布式处理系统的组成单元，受中央计算机控制，如图 15.1.4 所示。其中每一单元代表一个智能化传感器，含有基本传感器、信号调理电路和一个微处理器；各单元的接口电路直接挂在分时数字总线上，以便与中央计算机通信。

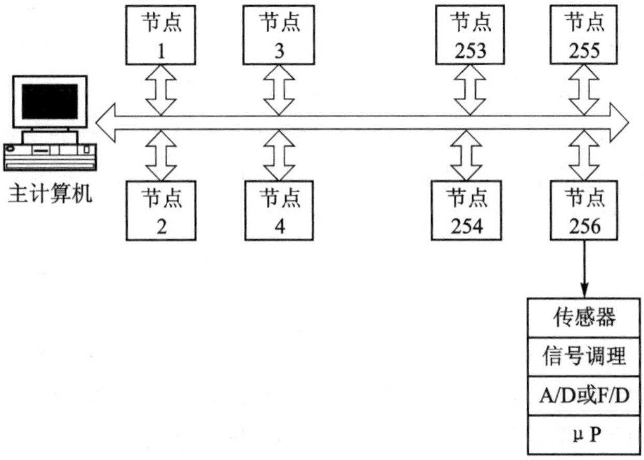


**图 15.1.4　分布式系统中的智能化传感器示意图**

# 15.2　基本传感器

基本传感器是构成智能化传感器的基础。它在很大程度上决定着智能化传感器的性能，因此，基本传感器的选用、设计至关重要。近年来，随着微机械加工工艺的逐步成熟，相继加工出许多实用的高性能微结构传感器，不仅有单参数测量的，还开发了多参数测量的。在本书前几章已有部分介绍，其中特别是先进的硅传感器和光纤传感器尤为重要。硅材料的许多物理效应适于制作多种敏感机理的固态传感器。这不仅因为硅具有优良的物理性质，也因为它与硅集成电路工艺有很好的相容性。它与其他敏感材料相比，更便于制作出多种集成传感器。当然，石英、陶瓷等材料也是制作先进传感器的优良材料。这些先进传感器为设计智能化传感器提供了基础。光纤传感器集敏感与传输于一体，便于实现分布式测量，构成阵列式测控系统，因此也是实现智能化传感器的基础。

为了省去 A/D 和 D/A 变换，应进一步提高智能化传感器的精度，发展直接输出数字或准数字式的传感器，并与微处理器控制系统配套。这是理想的选择。硅谐振式传感器为准数字输出,无须 A/D 变换,可简便地与微处理器接口,构成智能化传感器。当今,微型谐振式传感器被认为是用于精密测量的一种有希望替换其他原理的新型传感器。

以往在传感器设计和生产中,最希望得到的是传感器输入/输出的线性特性;而在智能化传感器的设计思想中,不需要基本传感器是线性传感器,只要求其特性有好的重复性和稳定性。基本传感器的非线性特性可很方便地利用微处理器进行补偿,只要把表示传感器特性的数据及参数存入微处理器的存储器中,便可利用存储器中这些数据进行非线性度的补偿。

这样,基本传感器的研究、设计和选用的自由度就增加了。像本书介绍的谐振式传感器、声表面波传感器和硅电容式传感器等,它们的输入/输出特性都是非线性的,但有很好的重复性和稳定性,为智能化传感器的优选者。

但是,传感器的迟滞现象和重复性问题仍然是相当棘手的问题,主要原因是引起迟滞和重复性误差的机理非常复杂,且无规律可依,利用微处理器还不能彻底消除它们的影响,只能有所改善。因此,在传感器的设计和生产阶段,应从材料选用、结构设计、热处理和稳定处理以及生产检验上采取合理而有效的措施,力求减小传感器的迟滞误差和重复性误差。

传感器的长期稳定性表现为传感器输出信号随时间的缓慢变化,称为漂移。这是另一个比较难以校正和补偿的问题。必须在传感器生产阶段,设法减小加工材料的物理缺陷和内在特性对传感器长期稳定性的影响;同时,应针对实际使用过程,通过远程通信功能和一定的控制功能,实现基本传感器的现场校验。

传感器在实际测量背景下的动态响应问题,也可以在掌握了具体的应用背景的动态特性规律的基础上,进行一定补偿。

总之,在智能化传感器的设计中,对于基本传感器的某些固有缺陷,而又不易在系统中进行补偿的,应在传感器的设计与生产阶段尽量对其补偿,然后,在系统中再对其进行改善。这是设计智能化传感器的主要思路。例如,在生产电阻型传感器中,适当地加入正或负温度系数电阻,就可以对其进行温度补偿。

# 15.3 智能化传感器中的软件

关于智能化传感器中的硬件结构已在图 15.1.3 中有所表明。本节仅对用于处理传感器信息的软件加以说明,软件能实现硬件难以实现的功能。

智能化传感器一般具有实时性很强的功能,尤其动态测量时,常要求在几个 μs 内完成数据的采样、处理、计算和输出。智能化传感器的一系列工作都是在软件(程序)支持下进行的。如功能的多少与强弱、使用方便与否、工作是否可靠以及基本传感器的性能等,都在很大程度上依赖于软件设计的质量。下面介绍软件设计的主要内容。

## 15.3.1 标度变换技术

在被测信号变换成数字量后,往往还要变换成人们所熟悉的测量值,如压力、温度和流量等。这是因为被测对象的输入值不同,经 A/D 变换后得到一系列的数码,必须把它变换成带有单位的数据后才能运算、显示和打印输出。这种变换叫标度变换。

### 15.3.2　数字调零技术

在检测系统的输入电路中，一般都存在零点漂移、增益偏差和器件参数不稳定等现象。它们会影响测量数据的准确性，必须对其进行自动校准。在实际应用中，常常采用各种程序来实现偏差校准，称为数字调零。

除数字调零外，还可在系统开机时或每隔一定时间，自动测量基准参数，实现自动校准。

### 15.3.3　非线性补偿

在检测系统中，希望传感器具有线性特性，这样不但读数方便，而且使仪表在整个刻度范围内灵敏度一致，从而便于对系统进行分析处理。但是传感器的输入/输出特性往往有一定的非线性，为此必须对其进行补偿和校正。

用微处理器进行非线性补偿常采用插值方法实现。首先用实验方法测出传感器的特性曲线，然后进行分段插值，只要插值点数取得合理且足够多，即可获得良好的线性度。

在某些检测系统中，有时参数的计算非常复杂，仍采用计算法会增加编写程序的工作量和占用计算时间。对于这些检测系统，采用查表的数据处理方法，经微处理器对非线性进行补偿更合适。

### 15.3.4　温度补偿

环境温度的变化会给测量结果带来不可忽视的误差。在智能化传感器的检测系统中，要实现传感器的温度补偿，只要能建立起表达温度变化的数学模型(如多项式)，用插值或查表的数据处理方法，便可有效地实现温度补偿。

实际应用中，由温度传感器在线测出传感器所处环境的温度，将测温传感器的输出经过放大和 A/D 变换送到微处理器处理，即可实现温度误差的校正。

### 15.3.5　数字滤波技术

当传感器信号经过 A/D 变换输入微处理器时，经常混有如尖脉冲之类的随机噪声干扰，尤其在传感器输出电压低的情况下，这种干扰更不可忽视，必须予以削弱或滤除。对于周期性的工频(50 Hz)干扰信号，采用积分时间等于 20 ms 的整数倍的双积分 A/D 变换器，可以有效地消除其影响；对于随机干扰信号，利用软件数字滤波技术有助于解决这个问题。

总之，采用数字补偿技术，可使传感器的精度比不补偿时获得较明显的提高，有时能提高一个数量级。

## 15.4　典型应用

### 15.4.1　智能化差压传感器

图 15.4.1 所示为一种早期典型的智能化差压传感器，由基本传感器、微处理器和现场通信器组成。传感器采用硅压阻力敏元件。它是一个多功能器件，即在同一单晶硅芯片上扩散有可测差压、静压和温度的多功能传感器。该传感器输出的差压、静压和温度三个信号，经前

置放大、A/D变换,送入微处理器中。其中静压和温度信号用于对差压进行补偿,经过补偿处理后的差压数字信号再经D/A变成4~20 mA的标准信号输出;也可经由数字接口直接输出数字信号。

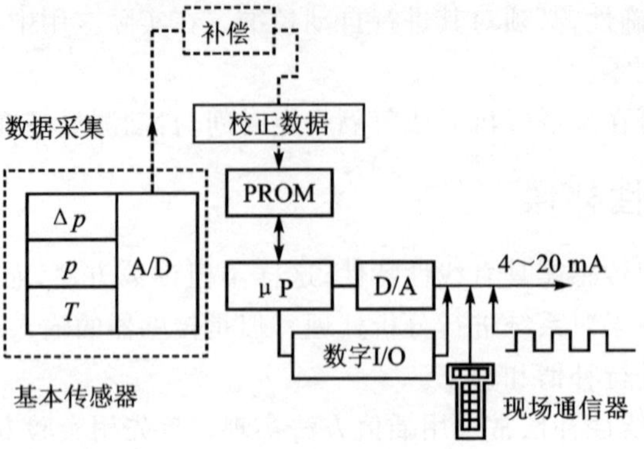


图15.4.1 智能化差压传感器

该智能化传感器指标的特点是:

① 量程比高,可达到400∶1;

② 精度较高,在其满量程内优于0.1 %;

③ 具有远程诊断功能,如在控制室内就可断定是哪一部分发生了故障;

④ 具有远程设置功能,在控制室内可设定量程比,选择线性输出还是平方根输出,调整阻尼时间和零点设置等;

⑤ 在现场通信器上可调整智能化传感器的流程位置、编号和测压范围;

⑥ 具有数字补偿功能,可有效地对非线性特性、温度误差等进行补偿。

图15.4.2所示为智能化硅电容式集成差压传感器,由两部分组成,即硅电容传感器和它的信号处理单元。微硅电容传感器的外形尺寸为9 mm×9 mm×7 mm。传感器的感压硅膜片由硅微电子集成工艺技术(如等离子刻蚀等工艺)制成。其满量程偏移量仅有4 μm。微硅电容传感器的工作原理、结构特点和信号变换等可参考14.2节。信号处理单元各部分的功能直接表明在图中,此不赘述。

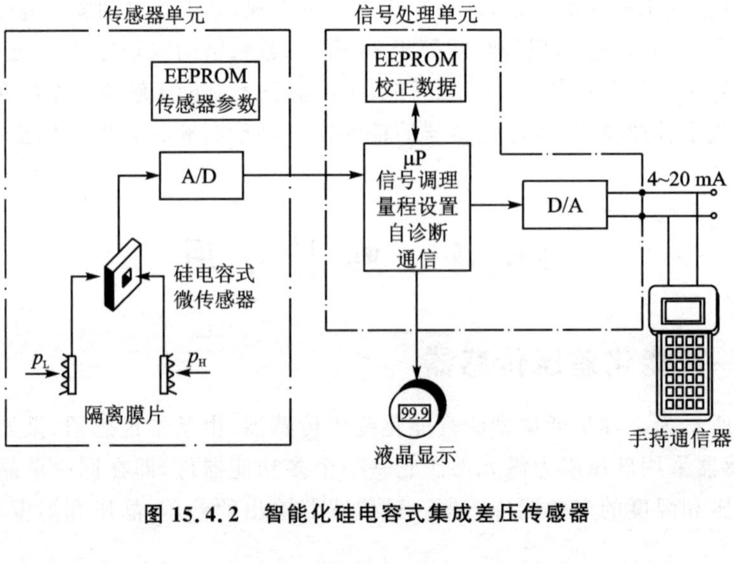


图15.4.2 智能化硅电容式集成差压传感器

## 15.4.2　全向空速智能化传感器

由空速测量理论可知：所在方向的空速与相应的压差、气体密度和温度密切相关，同时也与被测空速的范围有关。因此，基于智能化传感器的设计思路，可以构成全向空速传感系统。

图 15.4.3 所示为用于飞机上测量风速、风向的智能化全向空速传感器。该传感器由固态全向空速探头及其信号处理单元组成，全向空速探头感受沿东—西和北—南轴向的风速。

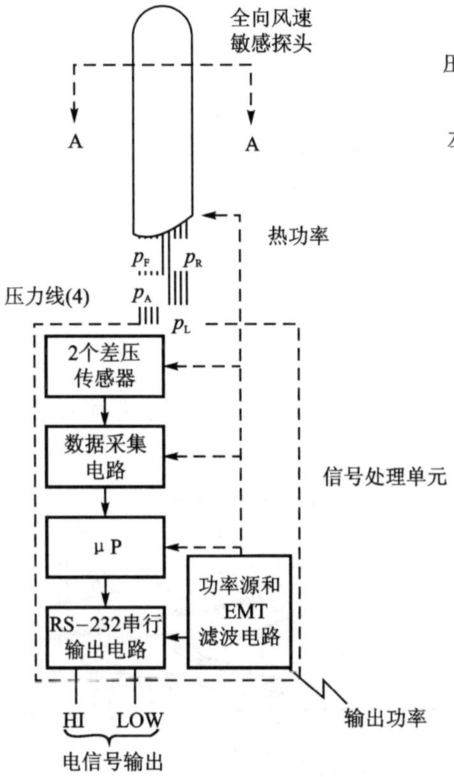


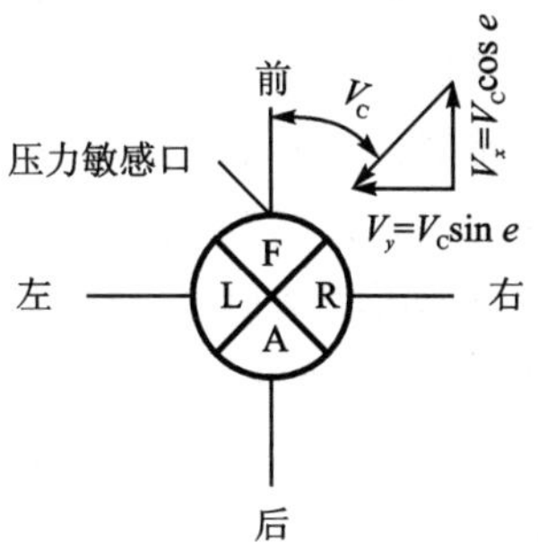


**图 15.4.3　全向空速智能化传感器**

定义 $x$ 轴为由前、后感压口确定的方向；$y$ 轴为由左、右感压口确定的方向。前、后、左、右分别用 F，A，L，R 表示。

合成风速的大小和方向分别由式(15.4.1)和式(15.4.2)确定，即

合风速为

$$V_C = \sqrt{V_x^2 + V_y^2} \tag{15.4.1}$$

风向角为

$$\theta = \arctan\left(\frac{V_y}{V_x}\right) \tag{15.4.2}$$

式中　$V_x$，$V_y$——沿 $x$ 轴和 $y$ 轴的风速(m/s)。

它们可以描述为

$$\left.\begin{aligned} V_x &= f(p_F - p_A, \rho_a, T_t) \\ V_y &= f(p_L - p_R, \rho_a, T_t) \end{aligned}\right\} \tag{15.4.3}$$

式中 $f(\cdot)$——空速解算函数;

$p_F, p_A$——全向空速探头感受前向和后向的压力(Pa);

$p_L, p_R$——全向空速探头感受左向和右向的压力(Pa);

$\rho_a$——测量位置处的空气密度($kg/m^3$);

$T_t$——测量位置处的总温(K)。

信号处理单元中含有两个差压传感器,敏感东—西和北—南风速形成的压差,经数据采集电路送至微处理器解算处理后,经所需接口输出。

全向空速传感器系统是现代飞机上不可缺少的重要监测设备,往往用它为飞机提供不可预测的风速、风向和瞬间的风切变信息,以确保飞机的安全飞行和着陆。这点特别对于那些在舰艇上起飞和降落的飞机尤为重要。而全向空速智能化传感器系统为全向空速的快速、精确测量提供了技术保证。

## 15.4.3 智能化结构传感器系统

图15.4.4所示为智能化结构传感器系统在先进飞机上应用的示意图。现代飞机和空间飞行器的结构更多地采用复合材料已成为发展趋势。更引入瞩目的是,在复合材料内埋入分布式光纤传感器(或阵列),像植入人工神经元一样,构成智能化结构件;光纤传感器既是结构件的组成部分,又是结构件的监测部分。所以,这种智能化结构是一种具有自我监测功能的构件。设法把埋入在结构中的分布式光纤传感器(或阵列)和机内设备(特别是计算机)联网,便构成智能化传感器系统。它们可以连续地对结构应力、振动、加速度、温度、声和结构的完好性等多种状态实施监测和处理,成为飞机的健康监测与诊断系统。它们具体可实现如下主要功能:

① 提供飞行前完好性和适航性状态报告;

② 监视飞行载荷和环境,并能快速作出响应;

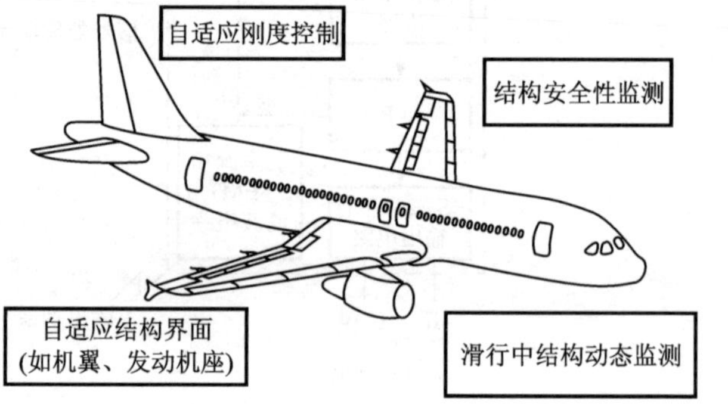


(a)

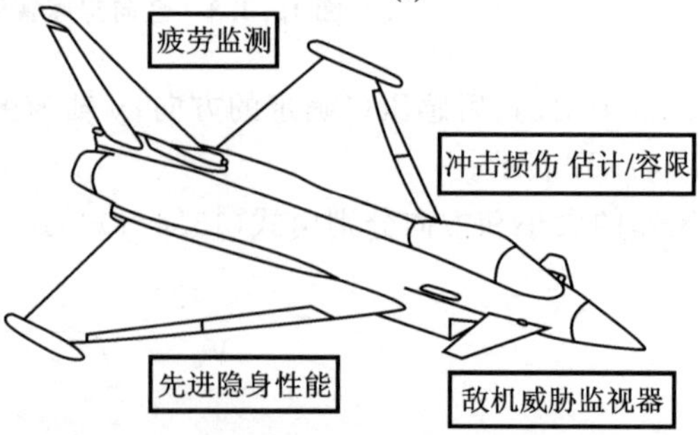


(b)

**图15.4.4 智能化传感器系统在先进飞机上应用的示意图**

③ 飞行过程中结构完好性故障或异常告警；

④ 具有自适应能力；

⑤ 能适时合理地安排飞行后的维护与检修。

### 15.4.4　嵌入式智能化大气数据传感器系统

传统的大气数据传感器系统以中央处理式为主，即利用机头前的总压、静压受感器和机身两侧的总压、静压受感器，并通过一定的气压管路将这些压力信号引到装在机身某处的高精度总压和静压传感器；同时通过安装在机头左右两侧的迎角传感器、总温传感器测量迎角与大气总温；通过安装在机翼上的角度传感器获取左右机翼的后掠角信号。将这些信号汇总到中央大气数据处理计算机中进行处理，以解算出各种所需要的飞行大气数据，如自由气体的静压、动压、静温、高度、高度偏差、高度变化率、指示空速、真空速、*Ma* 数、*Ma* 数变化率和大气密度等重要参数。它是飞行器和发动机自动控制系统、导航系统、火控系统、空中交通管理系统，以及用于航行驾驶的仪表显示系统、告警系统等不可缺少的信息。它对飞行安全、飞行品质与作战性能起着重要作用。

随着飞机技术的发展，中央式大气数据传感器系统渐渐显出了其不足，例如机头前伸出去的空速管影响气动特性不利于隐身；气压测量的管路过长，严重影响了压力测量的动态响应品质，这又限制了飞行的机动性。

为此，近年来在飞行器上设计、实现了分布式大气数据计算系统，并进一步发展到嵌入式智能化大气数据传感器系统。该系统的核心设计思想是：取消机身外部气动感压形式，基于智能结构（如图 15.4.5 所示）将 8～12 只微机械压力传感器在环线方向和母线方向按一定规律分布嵌入飞机头部的复合材料蒙皮中，360°全方向感受飞机前方的气流信息，以获得综合大气数据。将所获得的综合大气数据送入信号处理机中进行处理、分析和解算，就可获得具有精度高、动态响应优和可靠性高的大气数据。显然嵌入式智能化大气数据传感器系统也大大减少了飞机的雷达发射截面，有效地提高了隐身性。

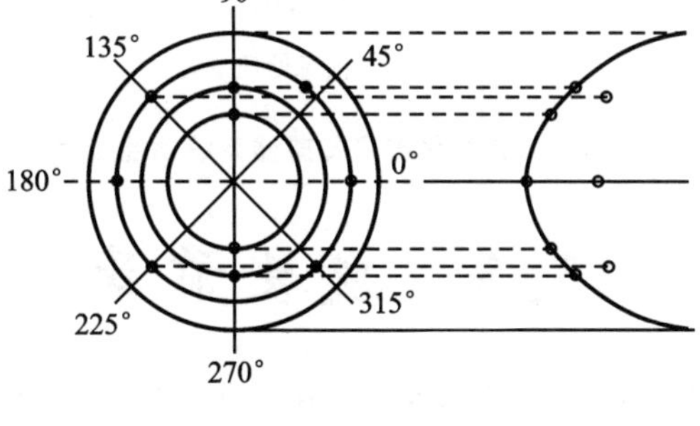


图 15.4.5　嵌入式智能化大气数据传感器系统示意图

### 15.4.5　智能化流量传感器系统

11.9 节详细介绍了基于科氏效应的谐振式直接质量流量传感器的工作原理与应用特点。该直接质量流量传感器系统是一个典型的智能化流量传感器系统。

利用流体流过测量管所引起的科氏效应，可直接测量流体的质量流量，而且受流体的粘度、密度和压力等因素的影响较小，在一定范围内无须补偿。

利用流体流过测量管所引起的系统谐振频率的变化,可以直接测量流体的密度,详见式(11.9.22),而且受流体的粘度、压力、流速等因素的影响较小,在一定范围内无须补偿。

基于系统同时直接测得的流体的质量流量和密度,就可以实现对流体体积流量的实时解算。

基于系统同时直接测得的流体的质量流量和体积流量,就可以实现对流体质量数与体积数的累计积算,从而实现罐装的批控功能。

基于直接测得的流体的密度,就可以实现对两组分流体(如油和水)各自质量流量、体积流量的测量,详见式(11.9.30)~(11.9.33);同时也可以实现对两组分流体各自质量与体积的积算,给出两组分流体各自的质量比例和体积比例,详见式(11.9.26)~(11.9.29)。这在原油生产过程中具有十分重要的应用价值。

图15.4.6所示为智能化流量传感器系统功能示意图。

除了实现上述功能外,在流体的测量过程中,实时性要求也越来越高,而由于传感器自身的工作频率较低,如弯管结构在60~110 Hz,直管结构在几百~1 000 Hz,因此必须以一定的解算模型对流量测量过程进行在线动态校正,从而提高测量过程的实时性。

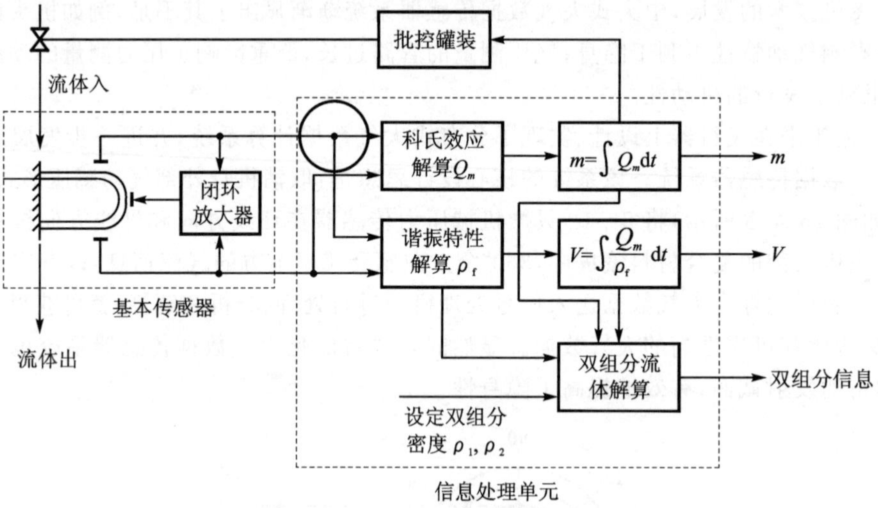


**图15.4.6 智能化流量传感器系统功能示意图**

# 15.5 发展前景

20世纪80年代美国Honeywell公司推出了第一个智能化传感器。它将硅微机械敏感技术与微处理器的计算、控制能力结合在一起,从而建立起一种新的传感器概念。这种新传感器(智能化传感器)是由一个或多个基本传感器、信号调理电路、微处理器和通信网络等功能单元组成的一种高性能传感器。这些功能单元块可以封装在同一表壳内,也可分别封装。目前智能化传感器多实用在压力、应力、应变、加速度和流量等传感器中,并逐渐向化学、生物、磁和光学等各类传感器的应用上扩展。

智能化传感器中的微处理器控制系统本身都是数字式的,其通信规程目前仍不统一,有多种协议。目前应用比较多的是寻址远程传感器的数据线:HART(highway addressable remote transducer)协议、FF 基金会现场总线(foundation fieldbus)协议、LonWorks 总线协议、PROFIBUS 总线协议和 CAN(controller area network)总线协议等。

智能化传感器必然走向全数字化。这种全数字式智能化传感器的结构如图 15.5.1 所示。其中,(a)为一般原理示意图;(b)为现场总线的结构图。这种传感器能消除许多与模拟电路有关的误差源(例如,总的测量回路中无须再用 A/D 和 D/A 变换器)。这样,每个传感器的特性都能如此重复地得到补偿,再配合相应的环境补偿,就可获得前所未有的测量高重复性,从而能大大提高测量准确性。这一实现,对测量与控制技术将是一个重大进展。

未来几年内,将有更多的传感器系统全部集成在一个芯片上(或多片模块上),其中包括微传感器、微处理器和微执行器,它们构成一个闭环工作的微系统。将数字接口与更高一级的计算机控制系统相连,通过利用专家系统中得到的算法,可对基本微传感器部分提供更好的校正与补偿。这样的智能化传感器,功能会更多,精度和可靠性会更高,智能化的程度也将不断提高,优点会越来越明显。

最近快速发展的传感器网络(sensor networks)或无线传感网络(WSN,wireless sensor network)以及以传感技术为重要基础的物联网(IOT,internet of things)技术,已成为智能化传感器的重要应用与发展方向。

智能化传感器代表着传感技术今后发展的大趋势,这已是世界上仪器仪表界共同瞩目的研究内容。有理由相信:伴随着微机械加工工艺与微处理器技术的大力发展,智能化传感器必将不断地被赋予更新的内涵与功能,也必将推动传感器技术及应用、测控技术与仪器的大力发展。

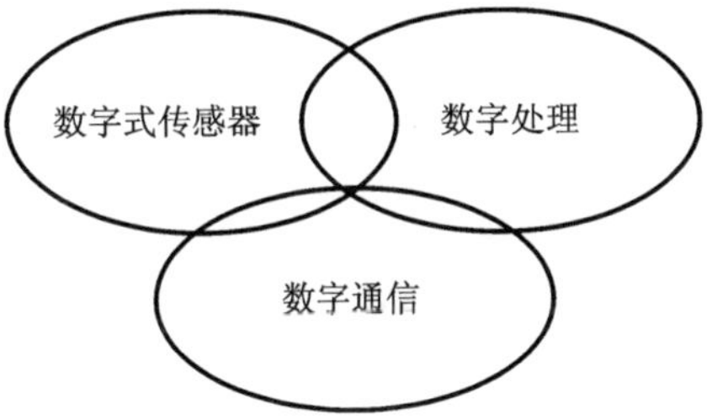


(a)

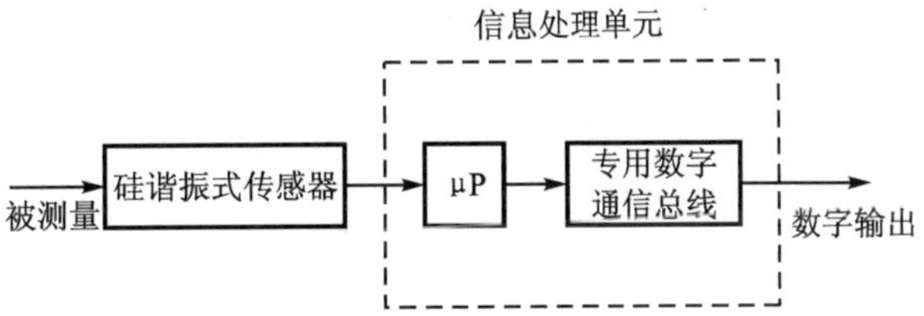


(b)

**图 15.5.1　全数字化智能化传感器**

# 思考题与习题

**15.1**　有人认为应用微处理器的传感器就是智能化传感器,这个观点是否正确?为什么?

**15.2**　智能化传感器应有哪些主要功能?如何理解双向通信功能?

**15.3**　简述智能化传感器的优点。

**15.4**　智能化传感器中的基本传感器如何选用?基本传感器中哪些误差可以补偿,哪些误差不能补偿?为什么?

**15.5**　以微传感器为基本传感器的智能化传感器,基本传感器本身的动态特性比较理想,请说明为什么还要在智能化传感器中考虑其动态响应问题?

**15.6**　智能化传感器中的软件主要有哪些功能?

**15.7**　“智能化传感器的特性主要由其软件来实现”这一观点是否正确?为什么?

**15.8** 有观点认为:"智能化传感器只能由微机械传感器作为基本传感器来实现",你认为对吗?说明理由。

**15.9** 简述图15.4.5所示的嵌入式智能化大气数据传感器的应用特点。

**15.10** 基于科氏质量流量传感器的工作机理,简述图15.4.6所示的智能化流量传感器系统的功能。

**15.11** 针对一个具体的智能化传感器,分析其设计思想、功能实现。

**15.12** 物联网技术主要由感知层,网络层和应用层组成,说明为什么作为感知层的传感器技术是其重要的基础。

**15.13** 简述智能化传感器的发展前景。

# 附　　录

## 附录 A　基本常数

附表 A 为在测量与传感器技术中应用的基本常数、符号、单位、量值与近似值。

**附表 A　基本常数表**

| 常数名称 | 符　号 | 单　位 | 量　值 | 近似值 |
|---|---|---|---|---|
| 元电荷 | $e$ | C | $(1.602\,177\,33 \pm 0.000\,000\,49) \times 10^{-19}$ | $1.602 \times 10^{-19}$ |
| 原子质量常数 | $m_u$ | kg | $(1.660\,540\,2 \pm 0.000\,001\,0) \times 10^{-27}$ | $1.661 \times 10^{-27}$ |
| 普朗克常数 | $h$ | J·s | $(6.626\,075\,5 \pm 0.000\,004\,0) \times 10^{-34}$ | $6.626 \times 10^{-34}$ |
| 玻耳兹曼常数 | $k$ | J/K | $(1.380\,658 \pm 0.000\,012) \times 10^{-23}$ | $1.381 \times 110^{-23}$ |
| 阿伏伽德罗常数 | $N_A$ | $mol^{-1}$ | $(6.022\,136\,7 \pm 0.000\,003\,6) \times 10^{23}$ | $6.022 \times 10^{23}$ |
| 法拉第常数 | $F$ | C/mol | $(9.648\,530\,9 \pm 0.000\,002\,9) \times 10^{4}$ | $9.649 \times 10^{4}$ |
| 理想气体中的普适比例常数 | $R$ | J/(mol·K) | $(8.314\,510 \pm 0.000\,070)$ | 8.314 |
| 第一辐射常数 | $C_1$ | $W \cdot m^2$ | $3.741\,3 \times 10^{-16}$ | |
| 第二辐射常数 | $C_2$ | m·K | $1.438\,8 \times 10^{-2}$ | |
| 真空中的介电常数 | $\varepsilon_0$ | F/m | $10^{-9}/(4\pi \times 9)$ | $8.842 \times 10^{-12}$ |
| 空气的导磁率 | $\mu_0$ | H/m | $4\pi \times 10^{-7}$ | $1.257 \times 10^{-6}$ |
| 标准自由落体重力加速度[1)] | $g_n$ | $m/s^2$ | 9.806 65 | 9.807 |
| 光速 | $c$ | m/s | 299 792 458 | $2.998 \times 10^{8}$ |
| 标准空气压力[2)] | $p_n$ | Pa | 101 325 | $1.013 \times 10^{5}$ |
| 标准声速[3)] | $c_n$ | m/s | 340.294 | 340.3 |
| 绝热指数 | $k$ | | 1.4 | |

1) 纬度为 45°的海平面上的值，为国际协议值。

2) 温度为 0℃，重力加速度 9.806 65 $m/s^2$，高度 0.760 m，密度 13 595.1 $kg/m^3$ 的水银柱所产生的压力。

3) 温度为 15℃。

# 附录B 国际制词冠

附表B为我国对国际制词冠的词头、译名及其符号的规定。

附表B 国际制词冠表

| 因 数 | 词头名称 | | 符 号 |
|---|---|---|---|
| | 英 文 | 中 文 | |
| $10^{24}$ | yotta | 尧[它] | Y |
| $10^{21}$ | zetta | 泽[它] | Z |
| $10^{18}$ | exa | 艾[可萨] | E |
| $10^{15}$ | peta | 拍[它] | P |
| $10^{12}$ | tera | 太[拉] | T |
| $10^{9}$ | giga | 吉[咖] | G |
| $10^{6}$ | mega | 兆 | M |
| $10^{3}$ | kilo | 千 | k |
| $10^{2}$ | hecto | 百 | h |
| $10^{1}$ | deca | 十 | da |
| $10^{-1}$ | deci | 分 | d |
| $10^{-2}$ | centi | 厘 | c |
| $10^{-3}$ | milli | 毫 | m |
| $10^{-6}$ | micro | 微 | μ |
| $10^{-9}$ | nano | 纳[诺] | n |
| $10^{-12}$ | pico | 皮[可] | p |
| $10^{-15}$ | femto | 飞[母托] | f |
| $10^{-18}$ | atto | 阿[托] | a |
| $10^{-21}$ | zepto | 仄[普托] | z |
| $10^{-24}$ | yocto | 幺[科托] | y |

# 附录C 国际单位制(SI)的主要单位

附表C.1为国际单位制的基本单位量的名称、单位名称和单位符号。

附表C.2为国际单位制的辅助单位量的名称、单位名称和单位符号。

附表 C.3 为国际单位制中具有专门名称导出单位量的名称、单位名称、单位符号以及用国际单位制基本单位的表示式。

附表 C.4 为国际单位制中常用的没有专门名称的导出单位量的名称、单位名称、单位符号以及用国际单位制基本单位的表示式。

附表 C.5 为国家选定的非国际单位制单位量的名称、单位名称、单位符号以及换算关系。

附表 C.6.1～C.6.8 为国际单位制(SI)与欧美常用单位制的主要换算表,包括长度、体积、质量、力、压力、应力、低压、功、能、热量和功率等。

**附表 C.1 国际单位制的基本单位**

| 量的名称 | 单位名称 | 单位符号 |
|---|---|---|
| 长度 | 米 | m |
| 质量 | 千克(公斤) | kg |
| 时间 | 秒 | s |
| 电流 | 安[培] | A |
| 热力学温度 | 开[尔文] | K |
| 物质的量 | 摩[尔] | mol |
| 发光强度 | 坎[德拉] | cd |

**附表 C.2 国际单位制的辅助单位**

| 量的名称 | 单位名称 | 单位符号 |
|---|---|---|
| [平面]角 | 弧度 | rad |
| 立体角 | 球面度 | sr |

**附表 C.3 国际单位制中具有专门名称的导出单位**

| 量的名称 | 单位名称 | 单位符号 | 用 SI 单位的表示式 | 用 SI 基本单位的表示式 |
|---|---|---|---|---|
| 频率 | 赫[兹] | Hz | | $s^{-1}$ |
| 力、重力 | 牛[顿] | N | | $m \cdot kg \cdot s^{-2}$ |
| 压力、应力、压强 | 帕[斯卡] | Pa | $N/m^2$ | $m^{-1} \cdot kg \cdot s^{-2}$ |
| 能[量]、功、热量 | 焦[耳] | J | $N \cdot m$ | $m^2 \cdot kg \cdot s^{-2}$ |
| 功率、辐[射能]通量 | 瓦[特] | W | J/s | $m^2 \cdot kg \cdot s^{-2}$ |
| 摄氏温度 | 摄氏度 | ℃ | | K |
| 电荷[量] | 库[仑] | C | | $s \cdot A$ |

续附表 C.3

| 量的名称 | 单位名称 | 单位符号 | 用 SI 单位的表示式 | 用 SI 基本单位的表示式 |
|---|---|---|---|---|
| 电位、电压、电动势 | 伏[特] | V | W/A | $m^2 \cdot kg \cdot s^{-3} \cdot A^{-1}$ |
| 电阻 | 欧[姆] | Ω | V/A | $m^2 \cdot kg \cdot s^{-2} \cdot A^{-2}$ |
| 电导 | 西[门子] | S | A/V | $m^{-2} \cdot kg^{-1} \cdot s^3 \cdot A^2$ |
| 电容 | 法[拉] | F | C/V | $m^{-2} \cdot kg^{-1} \cdot s^4 \cdot A^2$ |
| 磁通[量] | 韦[伯] | Wb | V · s | $m^2 \cdot kg \cdot s^{-2} \cdot A^{-1}$ |
| 磁通[量]密度,磁感应强度 | 特[斯拉] | T | $Wb/m^2$ | $kg \cdot s^{-2} \cdot A^{-1}$ |
| 电感 | 亨[利] | H | Wb/A | $m^2 \cdot kg \cdot s^{-2} \cdot A^{-2}$ |
| 光通量 | 流[明] | lm | | cd · sr |
| [光]照度 | 勒[克斯] | lx | $lm/m^2$ | $m^{-2} \cdot cd \cdot sr$ |
| [放射性]活度 | 贝可[勒尔] | Bq | | $s^{-1}$ |
| 吸收计量 | 戈[瑞] | Gy | J/kg | $m^2 \cdot s^{-2}$ |
| 剂量当量 | 希[沃特] | Sv | J/kg | $m^2 \cdot s^{-2}$ |

**附表 C.4 国际单位制中常用的没有专门名称的导出单位**

| 量的名称 | 单位名称 | 单位符号 | 用 SI 单位的表示式 | 用 SI 基本单位的表示式 |
|---|---|---|---|---|
| 面积 | 平方米 | $m^2$ | | |
| 体积 | 立方米 | $m^3$ | | |
| 速度 | 米每秒 | m/s | | |
| 加速度 | 米每二次方秒 | $m/s^2$ | | |
| 角速度 | 弧度每秒 | rad/s | | |
| 角加速度 | 弧度每二次方秒 | $rad/s^2$ | | |
| 密度 | 千克每立方米 | $kg/m^3$ | | |
| 力矩 | 牛[顿]米 | N · m | | $m^2 \cdot kg \cdot s^{-2}$ |
| 粘度(动力学) | 帕[斯卡]秒 | Pa · s | $N \cdot s/m^2$ | $m^{-1} \cdot kg \cdot s^{-1}$ |
| 粘度(运动学) | 平方米每秒 | $m^2/s$ | | $m^2 \cdot s^{-1}$ |
| 热导率[导热系数] | 瓦[特]每米开[尔文] | W/m · K | | $m \cdot kg \cdot s^{-3} \cdot K^{-1}$ |
| 热容、熵 | 焦[耳]每开[尔文] | J/K | | $m^2 \cdot kg \cdot s^{-2} \cdot K^{-1}$ |
| 电场强度 | 伏[特]每米 | V/m | | $m \cdot kg \cdot s^{-3} \cdot A^{-1}$ |
| 电位移 | 库[仑]每平方米 | $C/m^2$ | | $m^{-2} \cdot s \cdot A$ |

**续附表 C.4**

| 量的名称 | 单位名称 | 单位符号 | 用 SI 单位的表示式 | 用 SI 基本单位的表示式 |
|---|---|---|---|---|
| 电阻率 | 欧[姆]米 | $\Omega\cdot m$ | $V/A\cdot m$ | $m^3\cdot kg\cdot s^{-2}\cdot A^{-2}$ |
| 介电常数[电容率] | 法[拉]每米 | F/m | | $m^{-3}\cdot kg^{-1}\cdot s^4\cdot A^2$ |
| 磁场强度 | 安[培]每米 | A/m | | |
| 磁导率 | 亨[利]每米 | H/m | | $m\cdot kg\cdot s^{-2}\cdot A^{-2}$ |
| 光亮度 | 坎[德拉]每平方米 | $cd/m^2$ | | |

**附表 C.5 国家选定的非国际单位制单位**

| 量的名称 | 单位名称 | 单位符号 | 换算关系和说明 |
|---|---|---|---|
| 长度 | 海里 | n mile | 1 n mile=1 852 m(只用于航程) |
| 面积 | 公顷 | $hm^2$ | $1\ hm^2=10^4\ m^2$ |
| 体积 | 升 | L,(l) | $1\ L=1\ dm^3=10^{-3}\ m^3$ |
| 质量 | 吨 | t | $1\ t=10^3 kg$ |
| | 原子质量单位 | u | $1\ u\approx1.660\ 540\times10^{-27}kg$ |
| 速度 | 节 | kn | 1 kn=1 n mile/1 h=(1 852/3 600) m/s(只用于航行) |
| 时间 | 分 | min | 1 min=60 s |
| | [小]时 | h | 1 h=60 min=3 600 s |
| | 日,(天) | d | 1 d=24 h=1 440 min=86 400 s |
| [平面]角 | [角]秒 | (″) | $1''=(\pi/648\ 000)$ rad |
| | [角]分 | (′) | $1'=60''=(\pi/10\ 800)$ rad |
| | 度 | (°) | $1^\circ=60'=(\pi/180)$ rad |
| 旋转速度 | 转每分 | r/min | $1\ r/min=(1/60)\ s^{-1}$ |
| 能 | 电子伏 | eV | $1\ eV\approx1.602\ 177\times10^{-19}$ J |
| 线密度 | 特[克斯] | tex | $1\ tex=1\ g/km=10^{-6}\ kg/m$ |
| 级差 | 分贝[1)] | dB | |

1) 分贝(dB)是两个同类功率量或可与功率类比的量之比值的常用对数乘以 10 等于 1 时的级差。

**附表 C.6.1 国际单位制(SI)与欧美常用单位制中长度的主要换算表**

| 米(m) | 英寸(in) | 英尺(ft) | 码(yd) | 英里(mile) | 海里(nautical mile) |
|---|---|---|---|---|---|
| 1 | 39.37 | 3.281 | 1.093 | $6.214\times10^{-4}$ | $5.397\times10^{-4}$ |
| $2.54\times10^{-2}$ | 1 | $8.333\times10^{-2}$ | $2.778\times10^{-2}$ | $1.578\times10^{-5}$ | $1.371\times10^{-5}$ |
| 0.304 8 | 12 | 1 | 0.333 3 | $1.894\times10^{-4}$ | $1.645\times10^{-4}$ |
| 0.914 4 | 36 | 3 | 1 | $5.682\times10^{-4}$ | $4.935\times10^{-4}$ |
| 1 609 | $6.366\times10^4$ | 5 280 | 1 760 | 1 | 0.868 4 |
| 1 852 | $7.291\times10^4$ | 6 076 | 2 024 | 1.151 | 1 |

附表 C.6.2 国际单位制(SI)与欧美常用单位制中体积的主要换算表

| 升(L) | 加仑(英)(UK gal) | 加仑(美)(US gal) | 桶(美)(barrel) |
|---|---|---|---|
| 1 | 0.220 0 | 0.264 2 | $6.290\times10^{-3}$ |
| 4.546 | 1 | 1.201 | $2.859\times10^{-2}$ |
| 3.785 | 0.832 7 | 1 | $2.381\times10^{-2}$ |
| 159.0 | 34.97 | 42 | 1 |

附表 C.6.3 国际单位制(SI)与欧美常用单位制中质量的主要换算表

| 公斤(kg) | 盎司(oz) | 磅(lb) |
|---|---|---|
| 1 | 35.27 | 2.205 |
| $2.835\times10^{-2}$ | 1 | $6.25\times10^{-2}$ |
| 0.453 6 | 16 | 1 |

附表 C.6.4 国际单位制(SI)与欧美常用单位制中力的主要换算表

| 牛顿(N) | 达因(dyn) | 千克力(kgf) | 磅力(lbf) |
|---|---|---|---|
| 1 | $10^5$ | 0.102 | 0.224 8 |
| $10^{-5}$ | 1 | $1.02\times10^{-6}$ | $2.248\times10^{-6}$ |
| 9.807 | $9.807\times10^5$ | 1 | 2.205 |
| 4.448 | $4.448\times10^5$ | 0.453 7 | 1 |

附表 C.6.5 国际单位制(SI)与欧美常用单位制中压力、应力的主要换算表

| 帕斯卡(Pa) | 达因每平方厘米($dyn\cdot cm^{-2}$) | 千克力每平方厘米($kgf\cdot cm^{-2}$) | 磅每平方英寸(psi) |
|---|---|---|---|
| 1 | 10 | $1.02\times10^{-5}$ | $1.45\times10^{-4}$ |
| 0.1 | 1 | $1.02\times10^{-6}$ | $1.45\times10^{-5}$ |
| $9.807\times10^4$ | $9.807\times10^5$ | 1 | 14.22 |
| 6 895 | $6.895\times10^4$ | $7.033\times10^{-2}$ | 1 |

**附表 C.6.6　国际单位制(SI)与欧美常用单位制中低压的主要换算表**

| 帕斯卡(Pa) | 毫巴(mbar) | 毫米汞柱(mmHg) | 毫米水柱($mmH_2O$) | 英寸汞柱(inHg) |
|---|---|---|---|---|
| 1 | $10^{-2}$ | $7.502\times10^{-3}$ | 0.102 | $2.953\times10^{-4}$ |
| 100 | 1 | 0.750 2 | $1.02\times10^{-3}$ | $2.953\times10^{-2}$ |
| 133.3 | 1.333 | 1 | 13.6 | $3.936\times10^{-2}$ |
| 9.807 | $9.807\times10^{-2}$ | $7.357\times10^{-2}$ | 1 | $2.896\times10^{-3}$ |
| 3 386 | 33.86 | 25.40 | 345.4 | 1 |

注：标准大气压(atm)＝760 mmHg＝14.696 psi＝101 325 Pa。

**附表 C.6.7 国际单位制(SI)与欧美常用单位制中功、能、热量的主要换算表**

| 焦　耳<br>(J) | 千瓦小时<br>(kW·h) | 千克力米<br>(kgf·m) | 千　卡<br>(kcal) | 英尺英镑力<br>(ft·lbf) |
|---|---|---|---|---|
| 1 | $2.778\times10^{-7}$ | 0.102 | $2.39\times10^{-4}$ | 0.737 6 |
| $3.6\times10^{6}$ | 1 | $3.762\times10^{5}$ | 860.4 | $2.655\times10^{6}$ |
| 9.807 | $2.724\times10^{-6}$ | 1 | $2.344\times10^{-3}$ | 7.234 |
| 4 187 | $1.163\times10^{-3}$ | 427.1 | 1 | 3 088 |
| 1.356 | $3.767\times10^{-7}$ | 0.138 3 | $3.241\times10^{-4}$ | 1 |

**附表 C.6.8　国际单位制(SI)与欧美常用单位制中功率的主要换算表**

| 瓦　特<br>(W) | 千克力米每秒<br>($kgf\cdot m\cdot s^{-1}$) | 英尺英镑力每秒<br>($ft\cdot lbf\cdot s^{-1}$) | 千卡每小时<br>($kcal\cdot h^{-1}$) |
|---|---|---|---|
| 1 | 0.102 | 0.737 6 | 0.859 8 |
| 9.807 | 1 | 7.234 | 8.432 |
| 1.356 | 0.138 3 | 1 | 1.106 |
| 1.163 | 0.118 6 | 0.857 8 | 1 |

常用磁单位的换算如下：

1 高斯(Gs,G)＝$10^{-4}$特斯拉(T)；

1 奥斯特(Oe)＝$\frac{1\ 000}{4\pi}$安/米 (A/m)；

1 麦克斯韦(Mx)＝$10^{-8}$韦伯(Wb)。

# 附录D 国际单位制(SI)下空气与常见液体的物理性质

附表D.1为国际单位制下水的物理性质,附表D.2为在标准大气压力下干空气的物理性质。

附表D.1 国际单位制(SI)下水的物理性质

| 温度/℃ | $10^3$·动力学粘度/(Pa·s) | 密度/(kg·$m^{-3}$) | 表面张力/(N·$m^{-1}$) | 饱和蒸气压力/kPa |
|---|---|---|---|---|
| 0 | 1.781 | 999.8 | 0.075 6 | 0.61 |
| 5 | 1.518 | 1 000.0 | 0.074 9 | 0.87 |
| 10 | 1.307 | 999.7 | 0.074 2 | 1.23 |
| 20 | 1.005 | 998.2 | 0.072 8 | 2.34 |
| 30 | 0.801 | 995.7 | 0.071 2 | 4.24 |
| 40 | 0.656 | 992.2 | 0.069 6 | 7.38 |
| 50 | 0.549 | 988.0 | 0.067 9 | 12.33 |
| 60 | 0.469 | 983.2 | 0.066 2 | 19.92 |
| 70 | 0.406 | 977.8 | 0.064 4 | 31.16 |
| 80 | 0.357 | 971.8 | 0.062 6 | 47.34 |
| 90 | 0.317 | 965.3 | 0.060 8 | 70.10 |
| 100 | 0.284 | 958.4 | 0.058 9 | 101.33 |

附表D.2 在标准大气压力下干空气的物理性质

| 温度/℃ | $10^5$·动力学粘度/(Pa·s) | 密度/(kg·$m^{-3}$) |
|---|---|---|
| 0 | 1.68 | 1.26 |
| 10 | 1.73 | 1.22 |
| 20 | 1.80 | 1.18 |
| 30 | 1.85 | 1.14 |
| 40 | 1.91 | 1.10 |
| 50 | 1.97 | 1.07 |
| 60 | 2.03 | 1.04 |
| 70 | 2.09 | 1.00 |
| 80 | 2.15 | 0.968 |
| 90 | 2.22 | 0.943 |
| 100 | 2.28 | 0.924 |

# 参考文献


[1] 中华人民共和国国家标准 GB 7665—2004 传感器通用术语. 北京:中国标准出版社,2005.

[2] 樊尚春,周浩敏. 信号与测试技术. 北京:北京航空航天大学出版社,2004.

[3] 国家质量技术监督局计量司. 通用计量术语及定义解释. 北京:中国计量出版社,2001.

[4] 现代测量与控制技术词典编委会. 现代测量与控制技术词典. 北京:中国标准出版社,1999.

[5] 马少梅. 关于我国传感器行业九十年代发展的若干问题. 测控技术,1994(1): 9~11.

[6] 金篆芷,王明时. 现代传感技术. 北京:电子工业出版社,1995.

[7] GB/T 18459—2001 传感器主要静态性能指标计算方法. 北京:中国标准出版社,2001.

[8] 樊大钧,刘广玉. 新型弹性敏感元件设计. 北京:国防工业出版社,1995.

[9] Doebelin E O. Measurement Systems Application and Design (Fifth Edition). McGraw - Hill Book Company,2004.

[10] Beckwith T G, Marangoni R D. Mechanical Measurements(Sixth Edition). Addison - Wesley Publishing Company, 2006.

[11] Budynas R G. Advanced Strength and Applied Stress Analysis (Second Edition). McGraw - Hill Book Company. 北京:清华大学出版社,2001.

[12] 王纪龙. 大学物理:上、下册. 北京:科学出版社,2002.

[13] 黄俊钦. 测试系统动力学. 北京:国防工业出版社,1996.

[14] 程鹏. 自动控制原理. 北京:高等教育出版社,2003.

[15] 樊尚春,刘广玉. 非线性压力传感器静态性能校准方法探讨. 计量学报,1993,14(2): 34~37.

[16] [美]铁木辛柯 S,沃诺斯基 S. 板壳理论. 北京:科学出版社,1997.

[17] 刘广玉. 几种新型传感器——设计与应用. 北京:国防工业出版社,1988.

[18] 刘广玉,陈明,吴志鹤,等. 新型传感器技术及应用. 北京:北京航空航天大学出版社,1995.

[19] 王厚枢,余瑞芬,陈行禄,等. 传感器原理. 北京:航空工业出版社,1987.

[20] 余瑞芬. 传感器原理. 2 版. 北京:航空工业出版社,1995.

[21] 刘惠彬,刘玉刚. 测试技术. 北京:北京航空航天大学出版社,1989.

[22] 朱定国,林燕珊,杨世均. 航空测试系统. 北京:国防工业出版社,1990.

[23] 张建民. 传感器与检测技术. 北京:机械工业出版社,2000.

[24] 张维新,朱秀文,毛赣如. 半导体传感器. 天津:天津大学出版社,1990.

[25] 张国忠,赵家贵. 检测技术. 北京:中国计量出版社,1998.

[26] 国家技术监督局计量司. 国际温标宣贯手册. 北京:中国计量出版社,1990.

[27] 秦自楷. 压电石英传感器. 北京:电子工业出版社,1980.

[28] [苏]马洛夫 B B. 压电谐振传感器. 翁善臣, 等译. 北京:国防工业出版社,1984.

[29] 樊尚春,魏鸿然. 双功能电子式温度报警器. 北京航空航天大学学报，1994(1):46～50.

[30] 蔡武昌,孙淮清,纪纲. 流量测量方法和仪表的选用. 北京:化学工业出版社,2001.

[31] Luo R C. Sensor Technologies and Microsensor Issues For Mechatronics Systems (Invited Paper)[J] IEEE/ASME Trans. On Mechatronics. 1996, 1(1):39～49.

[32] 刘广玉,樊尚春,周浩敏. 微机械电子系统及其应用. 北京航空航天大学出版社,2003.

[33] 樊尚春,刘广玉. 热激励谐振式硅微结构压力传感器. 航空学报，2000(9):474～476.

[34] 樊尚春. 科里奥利直接质量流量计. 中国学术期刊文摘,1999(12):1551～1554.

[35] 黄俊钦,樊尚春,刘广玉. 微机械传感器最新发展. 航空计测技术,2003(1):1～8.

[36] Proceeding of the 11th International Conference on Solid-State Sensors and Actuators. Munich, Germany, June 10～14, 2001.

[37] Grandke T, KO W H. Sensors. Vol. 1,Chap. 12. Smart Sensors ,1989.

[38] 李慎安,戴润生,赵燕. 作者 编者 记者 常用量和单位简明手册. 北京:计量出版社,1997.

[39] 张也影. 流体力学. 2版. 北京:高等教育出版社,2002.